Ⅰ 실수와 그 연산

1. 제곱근과 실수

(1) 제곱근 : 어떤 수 x를 제곱하여 a가 될 때, 즉 $x^2=a$일 때, x를 a의 제곱근이라 한다.

(2) 제곱근의 표현

　① 제곱근을 나타내기 위하여 $\sqrt{}$(근호)라는 기호를 사용하고, 이 기호를 '제곱근' 또는 '루트'라 읽는다.

　② 양수 a에 대하여 $\begin{cases} a의\ 양의\ 제곱근 \rightarrow \sqrt{a} \\ a의\ 음의\ 제곱근 \rightarrow -\sqrt{a} \end{cases}$

(3) 제곱근의 성질

　① $a>0$일 때

　　$(\sqrt{a})^2=a, \qquad (-\sqrt{a})^2=a$

　　$\sqrt{a^2}=a, \qquad \sqrt{(-a)^2}=a$

　② 근호 안의 수가 어떤 수의 제곱이면 근호를 없앨 수 있다.

(4) 제곱근의 대소 관계

　$a>0,\ b>0$일 때

　① $a<b$이면 $\sqrt{a}<\sqrt{b},\qquad \sqrt{a}<\sqrt{b}$이면 $a<b$

　② $\sqrt{a}<\sqrt{b}$이면 $-\sqrt{a}>-\sqrt{b}$

(5) 무리수 : 유리수가 아닌 수, 즉 소수로 나타낼 때 순환소수가 아닌 무한소수가 되는 수

・실수의 분류

$$실수\begin{cases} 유리수\begin{cases} 정수\begin{cases} 양의\ 정수(자연수) : 1,\ 2,\ 3,\ \cdots \\ 0 \\ 음의\ 정수 : -1,\ -2,\ -3,\ \cdots \end{cases} \\ 정수가\ 아닌\ 유리수 : \dfrac{3}{2},\ -\dfrac{3}{4},\ 3.5,\ 0.\dot{1},\ \cdots \end{cases} \\ 무리수 : \sqrt{2},\ -\sqrt{7},\ \pi,\ \cdots \end{cases}$$

2. 근호를 포함한 식의 계산

(1) 제곱근의 곱셈과 나눗셈

　$a>0,\ b>0$이고 $m,\ n$이 유리수일 때

　① $\sqrt{a}\times\sqrt{b}=\sqrt{ab}$

　　$m\sqrt{a}\times n\sqrt{b}=mn\sqrt{ab}$

　② $\sqrt{a}\div\sqrt{b}=\sqrt{\dfrac{a}{b}}$

　　$m\sqrt{a}\div n\sqrt{b}=\dfrac{m}{n}\sqrt{\dfrac{a}{b}}$ (단, $n\neq0$)

　③ $\sqrt{a^2b}=a\sqrt{b}$

　④ $\sqrt{\dfrac{a}{b^2}}=\dfrac{\sqrt{a}}{b}$

(2) 분모의 유리화

　분모에 근호가 있을 때 분모, 분자에 0이 아닌 같은 수를 각각 곱하여 분모를 유리수로 고치는 것

　① $\dfrac{a}{\sqrt{b}}=\dfrac{a\times\sqrt{b}}{\sqrt{b}\times\sqrt{b}}=\dfrac{a\sqrt{b}}{b}$ (단, $b>0$)

　② $\dfrac{\sqrt{a}}{\sqrt{b}}=\dfrac{\sqrt{a}\times\sqrt{b}}{\sqrt{b}\times\sqrt{b}}=\dfrac{\sqrt{ab}}{b}$ (단, $a>0,\ b>0$)

(3) 제곱근의 덧셈과 뺄셈

　$a>0$이고 $m,\ n$이 유리수일 때

　① $m\sqrt{a}+n\sqrt{a}=(m+n)\sqrt{a}$

　② $m\sqrt{a}-n\sqrt{a}=(m-n)\sqrt{a}$

(4) 제곱근표

　1.00부터 99.9까지의 수의 양의 제곱근을 반올림하여 소수점 아래 셋째 자리까지 구하여 나타낸 표

(5) 실수의 대소 관계 : 두 실수의 차의 부호를 이용한다.

　$A,\ B$가 실수일 때,

　① $A-B>0$이면 $A>B$

　② $A-B=0$이면 $A=B$

　③ $A-B<0$이면 $A<B$

IV 이차함수

1. 이차함수와 그 그래프

(1) 이차함수의 뜻

함수 $y=f(x)$에서 y가 x에 대한 이차식

$$y=ax^2+bx+c \ (a, b, c\text{는 상수}, a\neq0)$$

로 나타내어질 때, y를 x에 대한 이차함수라 한다.

(2) 이차함수 $y=x^2$의 그래프

① 원점 $(0, 0)$을 지나고, 아래로 볼록한 곡선이다.

② y축에 대칭이다.

③ $x<0$일 때, x의 값이 증가하면 y의 값은 감소한다. $x>0$일 때, x의 값이 증가하면 y의 값도 증가한다.

④ 원점을 제외한 모든 부분은 x축보다 위쪽에 있다.

⑤ $y=-x^2$의 그래프와 x축에 서로 대칭이다.

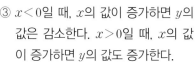

이차함수의 그래프와 같은 모양의 곡선을 포물선이라 한다.
① 축 : 선대칭도형인 포물선의 대칭축
② 꼭짓점 : 포물선과 축의 교점

(3) 이차함수 $y=ax^2$의 그래프

① 원점 $(0, 0)$을 꼭짓점으로 하는 포물선이다.

② y축에 대칭이다. ―축의 방정식 : $x=0$ (y축)

③ a의 부호에 따라 그래프의 모양이 결정된다.

$a>0$이면 아래로 볼록하다.

$a<0$이면 위로 볼록하다.

④ a의 절댓값이 클수록 그래프의 폭이 좁아진다.

⑤ $y=-ax^2$의 그래프와 x축에 서로 대칭이다.

(4) 이차함수 $y=a(x-p)^2+q$의 그래프

$y=ax^2 \xrightarrow[\substack{x\text{축의 방향으로 }p\text{만큼 평행이동}\\y\text{축의 방향으로 }q\text{만큼 평행이동}}]{} y=a(x-p)^2+q$

➔ 꼭짓점의 좌표 : (p, q)

➔ 축의 방정식 : $x=p$

2. 이차함수의 활용

(1) 이차함수 $y=ax^2+bx+c$의 그래프는

$y=a(x-p)^2+q$의 꼴로 고쳐서 그린다.

(2) 이차함수 $y=ax^2+bx+c$의 그래프에서 a, b, c의 부호

① a의 부호 : 그래프의 모양에 따라 결정

➔ 아래로 볼록($\smile$) : $a>0$

위로 볼록($\frown$) : $a<0$

② b의 부호 : 축의 위치에 따라 결정

➔ 축이 y축의 왼쪽 : a, b는 같은 부호

축이 y축과 일치 : $b=0$

축이 y축의 오른쪽 : a, b는 다른 부호

③ c의 부호 : y축과의 교점의 위치에 따라 결정

➔ y축과의 교점이 x축보다 위쪽 : $c>0$

y축과의 교점이 원점 : $c=0$

y축과의 교점이 x축보다 아래쪽 : $c<0$

(3) 이차함수의 식 구하기

① 꼭짓점 (p, q)와 그래프 위의 다른 한 점이 주어질 때

➔ $y=a(x-p)^2+q$로 놓고 다른 한 점의 좌표를 대입한다.

② 축의 방정식 $x=p$와 그래프 위의 서로 다른 두 점이 주어질 때

➔ $y=a(x-p)^2+q$로 놓고 두 점의 좌표를 각각 대입한다.

③ y축과의 교점 $(0, k)$와 그래프 위의 서로 다른 두 점이 주어질 때

➔ $y=ax^2+bx+k$로 놓고 두 점의 좌표를 각각 대입한다.

④ x축과의 두 교점 $(m, 0)$, $(n, 0)$과 그래프 위의 다른 한 점이 주어질 때

➔ $y=a(x-m)(x-n)$으로 놓고 한 점의 좌표를 대입한다.

Ⅲ 이차방정식

1. 이차방정식

(1) 이차방정식과 그 해

① 등식의 우변의 모든 항을 좌변으로 이항하여 정리하였을 때, $(x$에 대한 이차식$)=0$의 꼴로 나타내어지는 방정식을 x에 대한 이차방정식이라 한다. 즉,

$$ax^2+bx+c=0 \ (a,\ b,\ c \text{는 상수}, \ a\neq0)$$

② 이차방정식 $ax^2+bx+c=0$을 참이 되게 하는 x의 값을 이차방정식의 해 또는 근이라 한다.

③ 이차방정식의 해를 모두 구하는 것을 이차방정식을 푼다고 한다.

(2) 인수분해를 이용한 이차방정식의 풀이

❶ 주어진 이차방정식을 정리한다.

❷ 좌변을 인수분해한다.

❸ $AB=0$의 성질을 이용한다.

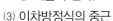

❹ 해를 구한다.

두 수 또는 두 식
A, B에 대하여
AB=0이면
A=0 또는 B=0
이 성립하지~

(3) 이차방정식의 중근

① 이차방정식의 두 해가 중복되어 서로 같을 때, 이 해를 주어진 이차방정식의 중근이라 한다.

② 이차방정식이 중근을 가질 조건

➡ 이차방정식이 $(\text{완전제곱식})=0$의 꼴로 나타내어진다.
$(\ )^2=0$

➡ 이차방정식 $x^2+ax+b=0$이 중근을 가지려면 좌변이 완전제곱식이어야 하므로 $b=\left(\dfrac{a}{2}\right)^2$이어야 한다.

(4) 제곱근을 이용한 이차방정식의 풀이

① 이차방정식 $x^2=q(q\geq0)$의 해

➡ $x=\pm\sqrt{q}$

② 이차방정식 $ax^2=q(a\neq0,\ q\geq0)$의 해

➡ $x=\pm\sqrt{\dfrac{q}{a}}$

③ 이차방정식 $(x-p)^2=q(q\geq0)$의 해

➡ $x=p\pm\sqrt{q}$

④ 이차방정식 $a(x-p)^2=q(a\neq0,\ q\geq0)$의 해

➡ $x=p\pm\sqrt{\dfrac{q}{a}}$

(5) 완전제곱식을 이용한 이차방정식의 풀이

이차방정식을 $(x-p)^2=q(q\geq0)$의 꼴로 고친 후 제곱근을 이용하여 푼다.

❶ 이차항의 계수를 1로 만든다.

❷ 상수항을 우변으로 이항한다.

❸ 양변에 $\left(\dfrac{\text{일차항의 계수}}{2}\right)^2$을 더한다.

❹ 좌변을 완전제곱식으로 고친다.

❺ 제곱근을 이용하여 이차방정식을 푼다.

(6) 이차방정식의 근의 공식 : x에 대한 이차방정식

$$ax^2+bx+c=0(a\neq0)\text{의 근은}$$
$$x=\dfrac{-b\pm\sqrt{b^2-4ac}}{2a} \ (\text{단}, \ b^2-4ac\geq0)$$

참고 근의 짝수 공식 : x에 대한 이차방정식

$ax^2+2b'x+c=0(a\neq0)$의 근은

$x=\dfrac{-b'\pm\sqrt{b'^2-ac}}{a}$ (단, $b'^2-ac\geq0$)

(7) 이차방정식의 근의 개수

x에 대한 이차방정식 $ax^2+bx+c=0(a\neq0)$에서

① $b^2-4ac>0$ ➡ 근이 2개

② $b^2-4ac=0$ ➡ 근이 1개

③ $b^2-4ac<0$ ➡ 근이 0개

근이 존재할 조건
$b^2-4ac\geq0$

(8) 이차방정식의 활용

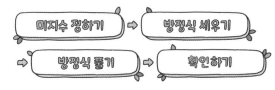

미지수 정하기 ➡ 방정식 세우기
➡ 방정식 풀기 ➡ 확인하기

Ⅱ 다항식의 곱셈과 인수분해

1. 다항식의 곱셈과 인수분해

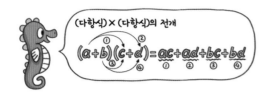

(다항식) × (다항식)의 전개

$$(a+b)(c+d)=ac+ad+bc+bd$$

(1) 다항식과 다항식의 곱셈
① 분배법칙을 이용하여 식을 전개한다.
② 동류항이 있으면 동류항끼리 모아서 간단히 한다.

(2) 곱셈 공식

① $(a+b)^2=a^2+2ab+b^2$
$(a-b)^2=a^2-2ab+b^2$
② $(a+b)(a-b)=a^2-b^2$
③ $(x+a)(x+b)=x^2+(a+b)x+ab$
④ $(ax+b)(cx+d)=acx^2+(ad+bc)x+bd$

(3) 공통인 부분이 있는 다항식의 전개
❶ 공통인 부분을 하나의 문자로 치환한다.
❷ ❶의 식을 곱셈 공식을 이용하여 전개한다.
❸ ❷의 식에 치환하기 전의 식을 대입한다.
❹ ❸의 식을 전개한 후 동류항끼리 모아서 간단히 한다.

(4) 곱셈 공식의 변형
① $a^2+b^2=(a+b)^2-2ab$
$a^2+b^2=(a-b)^2+2ab$
② $(a+b)^2=(a-b)^2+4ab$
③ $(a-b)^2=(a+b)^2-4ab$

(5) 인수분해
① 인수 : 하나의 다항식을 두 개 이상의 다항식의 곱으로 나타낼 때, 각각의 식을 처음 식의 인수라 한다.
② 인수분해 : 하나의 다항식을 두 개 이상의 인수의 곱으로 나타내는 것을 그 다항식을 인수분해한다고 한다.

(6) 완전제곱식 : 다항식의 제곱으로 이루어진 식이나 이 식에 수를 곱한 식

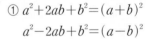
곱셈 공식의 좌변과 우변을 바꾸면 인수분해 공식을 구할 수 있어!

(7) 인수분해 공식

① $a^2+2ab+b^2=(a+b)^2$
$a^2-2ab+b^2=(a-b)^2$
② $a^2-b^2=(a+b)(a-b)$
③ $x^2+(a+b)x+ab=(x+a)(x+b)$
④ $acx^2+(ad+bc)x+bd=(ax+b)(cx+d)$

(8) 복잡한 식의 인수분해
① 공통인 인수가 있으면 공통인 인수로 묶어 내고 인수분해 공식을 이용한다.
② 공통인 식이 있으면 한 문자로 치환한 후 인수분해 공식을 이용한다.
③ 항이 여러 개 있으면 적당한 항끼리 묶어서 인수분해한다.
④ 항과 문자가 여러 개인 경우는 한 문자에 대하여 정리하여 인수분해한다.

수
매씽
MATHING
개념

개념북

중학 수학 3·1

구성과 특징

세 가지 코칭으로 개념 이해를 높이는

개념북

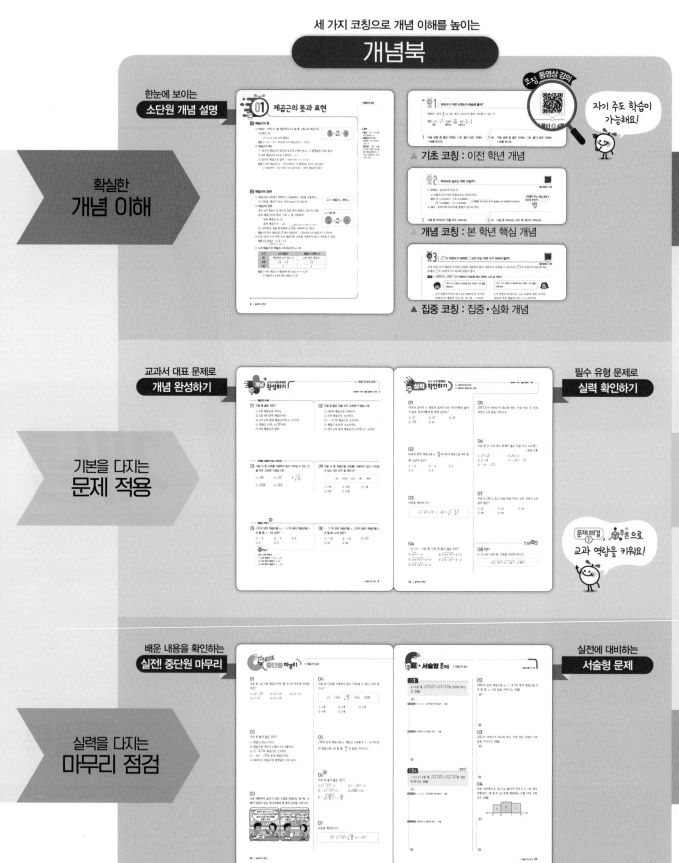

한눈에 보이는
소단원 개념 설명

확실한
개념 이해

자기 주도 학습이
가능해요!

기초 코칭 : 이전 학년 개념

개념 코칭 : 본 학년 핵심 개념

▲ 집중 코칭 : 집중·심화 개념

교과서 대표 문제로
개념 완성하기

필수 유형 문제로
실력 확인하기

기본을 다지는
문제 적용

문제해결, 추론으로
교과 역량을 키워요!

배운 내용을 확인하는
실전! 중단원 마무리

실전에 대비하는
서술형 문제

실력을 다지는
마무리 점검

개념북과 1:1 매칭

워크북

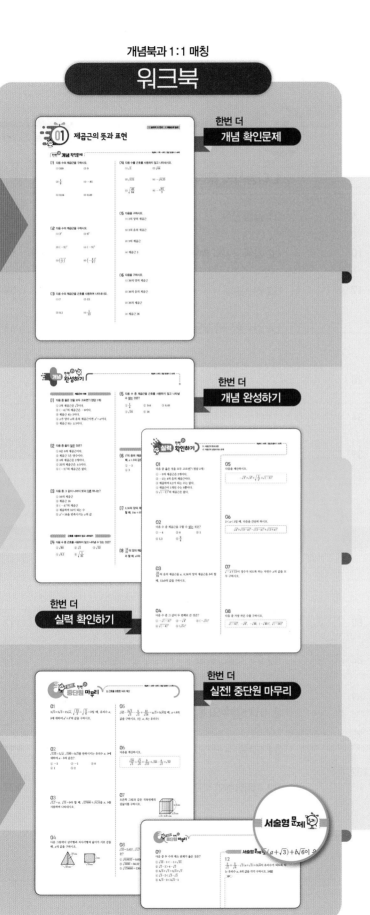

한번 더
개념 확인문제

한번 더
개념 완성하기

한번 더
실력 확인하기

한번 더
실전! 중단원 마무리

서술형 **문제**

교과서에서 쏙 빼온 문제

특별한 부록

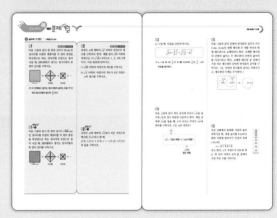

2015개정 교과서 10종의 특이 문제 분석 수록

차례

I

실수와 그 연산

1. 제곱근과 실수

2. 근호를 포함한 식의 계산

이 단원을 배우면 근호를 포함한 식에서의 사칙계산을 할 수 있어요. 또, 근호를 포함한 수의 대소를 판단하여 수의 크기를 비교할 수 있어요.

01 제곱근의 뜻과 표현

1 제곱근의 뜻

(1) **제곱근** : 어떤 수 x를 제곱하여 a가 될 때, x를 a의 제곱근이라 한다. 즉,

$$x^2 = a \Rightarrow x는 \ a의 \ 제곱근$$

[예] $2^2 = 4$, $(-2)^2 = 4$이므로 4의 제곱근은 2, −2이다.

(2) **제곱근의 개수**

① 양수의 제곱근은 양수와 음수의 2개가 있고, 그 절댓값은 서로 같다.

② 0의 제곱근은 0으로 1개이다. ─ $0^2 = 0$

③ 음수의 제곱근은 없다. ─ 제곱하여 음수가 되는 수는 없다.

[예] ① 9의 제곱근은 3, −3의 2개이고, 그 절댓값은 3으로 서로 같다.

② 제곱하여 −25가 되는 수는 없으므로 −25의 제곱근은 없다.

2 제곱근의 표현

(1) 제곱근을 나타내기 위하여 $\sqrt{}$ (근호)라는 기호를 사용하고, 이 기호를 '제곱근' 또는 '루트(root)'라 읽는다.

$$\sqrt{a} \Rightarrow 제곱근 \ a, \ 루트 \ a$$

(2) **제곱근의 표현**

양수 a의 제곱근 중 양수인 것을 양의 제곱근, 음수인 것을 음의 제곱근이라 하고, 기호 $\sqrt{}$ 를 사용하여

양의 제곱근 $\Rightarrow \sqrt{a}$

음의 제곱근 $\Rightarrow -\sqrt{a}$ ─ '플러스 마이너스 루트 a'라 읽는다.

로 나타내며, 둘을 한꺼번에 $\pm\sqrt{a}$로 나타내기도 한다.

[예] 2의 양의 제곱근은 $\sqrt{2}$, 음의 제곱근은 $-\sqrt{2}$이므로 2의 제곱근은 $\pm\sqrt{2}$이다.

(3) 근호 안의 수가 어떤 수의 제곱이면 근호를 사용하지 않고 나타낼 수 있다.

[예] 4의 제곱근 : $\pm\sqrt{4} = \pm2$
└ 제곱하여 4가 되는 수

(4) 'a의 제곱근'과 '제곱근 a'의 비교 (단, $a > 0$)

쓰기	a의 제곱근	제곱근 a(루트 a)
뜻	제곱하여 a가 되는 수	a의 양의 제곱근
표현	$\sqrt{a}, -\sqrt{a}$	$\sqrt{a}$
개수	2	1

[예] ① 6의 제곱근 ➡ 제곱하여 6이 되는 수 ➡ $\pm\sqrt{6}$

② 제곱근 6 ➡ 6의 양의 제곱근 ➡ $\sqrt{6}$

- 제곱근 구하기

25의 제곱근	→ 제곱하여 25가 되는 수
	→ $x^2=25$를 만족시키는 x의 값
	→ $\underline{5,\ -5}$

한꺼번에 ±5

- 제곱근의 개수

25의 제곱근	0의 제곱근	−25의 제곱근
$x^2=25$를 만족시키는 x의 값	$x^2=0$을 만족시키는 x의 값	$x^2=-25$를 만족시키는 x의 값
↓	↓	↓
$5^2=25$, $(-5)^2=25$이므로 5, −5의 **2개**	$0^2=0$이므로 0의 **1개**	제곱하여 음수가 되는 수는 **없다.**
양수의 제곱근 ➜ **2개**	**0**의 제곱근 ➜ **1개**	**음수**의 제곱근 ➜ **없다.**

1 다음 □ 안에 알맞은 수를 써넣으시오.

36의 제곱근 ➜ 제곱하여 □이 되는 수
➜ $x^2=$ □을 만족시키는 x의 값
➜ □, □

1-❶ 다음 □ 안에 알맞은 수를 써넣으시오.

100의 제곱근 ➜ 제곱하여 □이 되는 수
➜ $x^2=$ □을 만족시키는 x의 값
➜ □, □

2 다음 수의 제곱근을 구하시오.

(1) 1 (2) 64

(3) $-\dfrac{1}{9}$ (4) $\dfrac{4}{25}$

(5) 0.01 (6) 0.36

2-❶ 다음 수의 제곱근을 구하시오.

(1) 49 (2) 0

(3) $\dfrac{1}{16}$ (4) $\dfrac{9}{64}$

(5) −0.25 (6) 0.81

3 다음 수의 제곱근을 구하시오.

(1) 5^2 (2) 9^2

(3) $(-1)^2$ (4) $(-7)^2$

(5) $\left(\dfrac{1}{6}\right)^2$ (6) $\left(-\dfrac{3}{11}\right)^2$

3-❶ 다음 수의 제곱근을 구하시오.

(1) 4^2 (2) 10^2

(3) $(-2)^2$ (4) $(-12)^2$

(5) $\left(\dfrac{1}{8}\right)^2$ (6) $\left(-\dfrac{5}{13}\right)^2$

개념 코칭 2 제곱근은 어떻게 표현할까?

정답 및 풀이 ☞ 1쪽

• 7의 제곱근
→ 제곱하여 7이 되는 수
→ $\sqrt{7}$, $-\sqrt{7}$
  7의 양의 제곱근 7의 음의 제곱근

 $\sqrt{7}$과 $-\sqrt{7}$을 한꺼번에 나타내면 $\pm\sqrt{7}$

• 9의 제곱근
→ 제곱하여 9가 되는 수
→ $\sqrt{9}$, $-\sqrt{9}$
→ 3, -3
  └ 한꺼번에 ±3

근호 안의 수가 어떤 수의 제곱이면 근호를 사용하지 않고 나타낼 수 있어.

4 다음 수의 제곱근을 근호를 사용하여 나타내시오.

(1) 5 (2) 11

(3) $\dfrac{1}{2}$ (4) 0.8

4-❶ 다음 수의 제곱근을 근호를 사용하여 나타내시오.

(1) 8 (2) 23

(3) $\dfrac{3}{7}$ (4) 0.6

5 다음 수를 근호를 사용하지 않고 나타내시오.

(1) $\sqrt{4}$ (2) $-\sqrt{25}$

(3) $\sqrt{0.09}$ (4) $-\sqrt{\dfrac{49}{100}}$

5-❶ 다음 수를 근호를 사용하지 않고 나타내시오.

(1) $\sqrt{9}$ (2) $-\sqrt{36}$

(3) $-\sqrt{0.16}$ (4) $\sqrt{\dfrac{144}{25}}$

 개념 코칭 3 $a>0$일 때, 'a의 제곱근'과 '제곱근 a'는 어떤 차이점이 있을까?

정답 및 풀이 ☞ 1쪽

| 2의 제곱근 | → | 제곱하여 2가 되는 수 | → | $\sqrt{2}$, $-\sqrt{2}$ | ← a의 제곱근은 $\sqrt{a}$, $-\sqrt{a}$의 2개 |

| 제곱근 2 | → | 2의 양의 제곱근 | → | $\sqrt{2}$ | ← 제곱근 a는 $\sqrt{a}$의 1개 |

6 다음을 알맞은 것끼리 연결하시오.

(1) 6의 양의 제곱근 •

(2) 6의 음의 제곱근 •

(3) 6의 제곱근 •

(4) 제곱근 6 •

• ㉠ $\pm\sqrt{6}$

• ㉡ $\sqrt{6}$

• ㉢ $-\sqrt{6}$

6-❶ 다음을 구하시오.

(1) 10의 양의 제곱근 (2) 15의 음의 제곱근

(3) 0.3의 제곱근 (4) 제곱근 13

(5) 16의 양의 제곱근 (6) 제곱근 25

제곱근의 이해

01 다음 중 옳은 것은?

① 4의 제곱근은 2이다.
② 3은 9의 양의 제곱근이다.
③ x가 a의 양의 제곱근이면 $x=a^2$이다.
④ 제곱근 17은 $\pm\sqrt{17}$이다.
⑤ 0의 제곱근은 없다.

02 다음 중 옳은 것을 모두 고르면? (정답 2개)

① 100의 제곱근은 1개이다.
② 4^2의 제곱근은 ±2이다.
③ $(-5)^2$의 제곱근은 ±5이다.
④ 제곱근 0.01은 ±0.1이다.
⑤ 양수 a의 음의 제곱근이 x이면 $x^2=a$이다.

근호를 사용하지 않고 나타내기

03 다음 수 중 근호를 사용하지 않고 나타낼 수 있는 것을 모두 고르면? (정답 2개)

① $\sqrt{49}$　　② $\sqrt{15}$　　③ $\sqrt{\dfrac{1}{13}}$

④ $\sqrt{0.36}$　　⑤ $\sqrt{0.9}$

04 다음 수 중 근호를 사용하지 않고 제곱근을 나타낼 수 있는 것은 모두 몇 개인가?

$$-16, \quad 0.64, \quad 0.4, \quad 90, \quad 400$$

① 1개　　② 2개　　③ 3개
④ 4개　　⑤ 5개

제곱근 구하기

05 $\sqrt{16}$의 양의 제곱근을 a, $(-3)^2$의 음의 제곱근을 b라 할 때, $a-b$의 값은?

① -5　　② -2　　③ 0
④ 2　　⑤ 5

 Plus

양수 a에 대하여
(1) a의 제곱근 ➡ $\sqrt{a}$, $-\sqrt{a}$
(2) a의 양의 제곱근 ➡ $\sqrt{a}$
(3) a의 음의 제곱근 ➡ $-\sqrt{a}$

06 $(-7)^2$의 양의 제곱근을 a, $\sqrt{81}$의 음의 제곱근을 b라 할 때, ab의 값은?

① -45　　② -21　　③ $\sqrt{21}$
④ 21　　⑤ 45

02 제곱근의 성질과 대소 관계

1 제곱근의 성질

$a>0$일 때

(1) a의 제곱근 $\sqrt{a}$와 $-\sqrt{a}$를 제곱하면 a가 된다.

$$(\sqrt{a})^2=a, \ (-\sqrt{a})^2=a$$

> 예 $\sqrt{3}$, $-\sqrt{3}$은 3의 제곱근이므로 $(\sqrt{3})^2=3$, $(-\sqrt{3})^2=3$

(2) 근호 안의 수가 어떤 수의 제곱이면 근호를 없앨 수 있다.

$$\sqrt{a^2}=a, \ \sqrt{(-a)^2}=a$$

> 예 $3^2=9$, $(-3)^2=9$이고 9의 양의 제곱근은 3이므로 $\sqrt{3^2}=\sqrt{9}=3$, $\sqrt{(-3)^2}=\sqrt{9}=3$

2 $\sqrt{A^2}$의 성질

모든 수 A에 대하여

$$\sqrt{A^2}=|A|=\begin{cases} A\geq0\text{일 때,} & A \\ A<0\text{일 때,} & -A \end{cases} \quad \text{음이 아닌 값}$$

> 예 ① $A=2$일 때

$$\sqrt{A^2}=\sqrt{2^2}=2=A$$
부호 그대로

② $A=-2$일 때

$$\sqrt{A^2}=\sqrt{(-2)^2}=2=-(-2)=-A$$
부호 반대로

> 참고 $\sqrt{A^2}$은 A^2의 양의 제곱근이므로 항상 음이 아닌 값을 갖는다.

3 제곱근과 제곱인 수의 관계

(1) 근호 안의 수가 (자연수)^{2}이면 근호를 없애고 자연수로 나타낼 수 있다.

> 예 $\sqrt{1}=\sqrt{1^2}=1$, $\sqrt{4}=\sqrt{2^2}=2$, $\sqrt{9}=\sqrt{3^2}=3$, $\cdots$

> 참고 모든 자연수는 근호를 사용하여 $\sqrt{(\text{제곱인 수})}$의 꼴로 나타낼 수 있다.

(2) 제곱인 수의 성질 : 제곱인 수를 소인수분해하면 소인수의 지수가 모두 짝수이다.
(자연수)^{2}의 꼴로 고칠 수 있다.

4 제곱근의 대소 관계

$a>0$, $b>0$일 때

(1) $a<b$이면 $\sqrt{a}<\sqrt{b}$

> 예 $2<3$이므로 $\sqrt{2}<\sqrt{3}$

(2) $\sqrt{a}<\sqrt{b}$이면 $a<b$

> 예 $\sqrt{2}<\sqrt{3}$이므로 $2<3$

(3) $\sqrt{a}<\sqrt{b}$이면 $-\sqrt{a}>-\sqrt{b}$

> 예 $\sqrt{2}<\sqrt{3}$이므로 $-\sqrt{2}>-\sqrt{3}$

> 참고 (1) 정사각형의 넓이가 넓을수록 그 한 변의 길이도 길다.
> ➡ $a<b$이면 $\sqrt{a}<\sqrt{b}$
>
> (2) 정사각형의 한 변의 길이가 길수록 그 넓이도 넓다.
> ➡ $\sqrt{a}<\sqrt{b}$이면 $a<b$

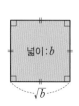

중2

부등식의 양변에 같은 음수를 곱하면 부등호의 방향이 바뀐다.

개념 코칭 1 제곱근은 어떤 성질이 있을까?

정답 및 풀이 ○ 2쪽

(1) a의 제곱근을 제곱하면 a가 된다.

2의 제곱근 : $\sqrt{2}$, $-\sqrt{2}$ ⟶ $(\sqrt{2})^2=2$, $(-\sqrt{2})^2=(\sqrt{2})^2=2$

(2) 근호 안의 수가 어떤 수의 제곱이면 근호를 없앨 수 있다.

$$\sqrt{2^2}=\sqrt{4}=2,\ \sqrt{(-2)^2}=\sqrt{2^2}=\sqrt{4}=2$$

 제곱근($\sqrt{\ }$)과 제곱(^{2})은 서로 반대의 관계이므로 만나면 지워진다고 생각해.

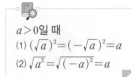 $a>0$일 때
(1) $(\sqrt{a})^2=(-\sqrt{a})^2=a$
(2) $\sqrt{a^2}=\sqrt{(-a)^2}=a$

1 다음 값을 구하시오.

(1) $(\sqrt{8})^2$

(2) $-\left(-\sqrt{\dfrac{1}{6}}\right)^2$

(3) $\sqrt{\left(\dfrac{3}{4}\right)^2}$

(4) $\sqrt{(-3.4)^2}$

1-❶ 다음 값을 구하시오.

(1) $(-\sqrt{100})^2$

(2) $\left(\sqrt{\dfrac{2}{5}}\right)^2$

(3) $-\sqrt{0.3^2}$

(4) $-\sqrt{\left(-\dfrac{2}{3}\right)^2}$

개념 코칭 2 문자가 포함된 식에서 근호는 어떻게 없앨까?

정답 및 풀이 ○ 2쪽

 $\sqrt{3^2}=3$, $\sqrt{(-3)^2}=3$
부호 그대로   부호 반대로

⟶ $\sqrt{A^2}=|A|=\begin{cases} A\geq 0 \text{일 때, } A \quad \text{부호 그대로} \\ A<0 \text{일 때, } -A \quad \text{부호 반대로}\end{cases}$

 $\sqrt{A^2}$은 A의 부호에 관계없이 항상 음이 아닌 값을 갖는다.
➔ $A\geq 0$일 때는 A
$A<0$일 때는 $-A$, 즉 부호를 바꾸어 양수가 되게 한다.

2 다음 □ 안에 알맞은 것을 써넣으시오.

(1) $\sqrt{(2x)^2}=\begin{cases} x>0 \text{일 때, } \boxed{} \\ x<0 \text{일 때, } \boxed{}\end{cases}$

(2) $\sqrt{(-3x)^2}=\begin{cases} x>0 \text{일 때, } \boxed{} \\ x<0 \text{일 때, } \boxed{}\end{cases}$

(3) $\sqrt{(x-5)^2}=\begin{cases} x>5 \text{일 때, } \boxed{} \\ x<5 \text{일 때, } \boxed{}\end{cases}$

2-❶ 다음 식을 간단히 하시오.

(1) $x>0$일 때, $\sqrt{(-x)^2}=$ _____

(2) $x<0$일 때, $\sqrt{(4x)^2}=$ _____

(3) $x>-2$일 때, $\sqrt{(x+2)^2}=$ _____

(4) $x<-2$일 때, $\sqrt{(x+2)^2}=$ _____

집중 코칭 3 — $\sqrt{\square}$가 자연수가 되려면 $\square$ 안의 수는 어떤 수가 되어야 할까?

정답 및 풀이 ▸ 2쪽

근호 안의 수가 제곱인 수이면 근호를 사용하지 않고 자연수로 나타낼 수 있으므로 $\sqrt{\square}$가 자연수가 되도록 하는 문제는 $\square$가 (자연수)^{2}이 되도록 만들어 푼다.

집중 ❶ $\sqrt{(수)+x}$, $\sqrt{(수)-x}$가 자연수가 되도록 하는 자연수 x의 값 구하기

 $\sqrt{10+x}$가 자연수가 되도록 하는 자연수 x의 값을 구해 보자.

x가 자연수이므로 $10+x$는 10보다 큰 수이다.
10보다 큰 제곱인 수는 16, 25, 36, …이므로
$10+x=16$일 때 $x=6$
$10+x=25$일 때 $x=15$
$10+x=36$일 때 $x=26$
⋮
따라서 가능한 자연수 x는 6, 15, 26, …이다.

$\sqrt{10-x}$가 자연수가 되도록 하는 자연수 x의 값을 구해 보자.

x가 자연수이므로 $10-x$는 10보다 작은 수이다.
10보다 작은 제곱인 수는 1, 4, 9이므로
$10-x=1$일 때 $x=9$
$10-x=4$일 때 $x=6$
$10-x=9$일 때 $x=1$
따라서 가능한 자연수 x는 1, 6, 9이다.

집중 ❷ $\sqrt{(수)\times x}$, $\sqrt{\dfrac{(수)}{x}}$가 자연수가 되도록 하는 자연수 x의 값 구하기

 $\sqrt{12x}$가 자연수가 되도록 하는 자연수 x의 값을 구해 보자.

근호 안의 수를 소인수분해하면
$\sqrt{12x}=\sqrt{2^2\times 3 \times x}$
소인수의 지수가 모두 짝수가 되어야 하므로
$x=3\times(자연수)^2$
따라서 가능한 자연수 x는
$3\times 1^2,\ 3\times 2^2,\ 3\times 3^2,\ \cdots$
즉, 3, 12, 27, …이다.

$\sqrt{\dfrac{24}{x}}$가 자연수가 되도록 하는 자연수 x의 값을 구해 보자.

근호 안의 수를 소인수분해하면
$\sqrt{\dfrac{24}{x}}=\sqrt{\dfrac{2^3\times 3}{x}}=\sqrt{\dfrac{2^2\times 2\times 3}{x}}$
소인수의 지수가 모두 짝수가 되어야 하므로
$x=2\times 3\times(자연수)^2$
이때 x는 24의 약수이므로
가능한 자연수 x는
$2\times 3\times 1^2,\ 2\times 3\times 2^2$
즉, 6, 24이다.

$\dfrac{24}{x}$가 자연수이므로
x는 24의 약수!

 $\sqrt{}$가 자연수가 되려면 $\sqrt{}$ 안의 수를 소인수분해했을 때, 소인수의 지수가 모두 짝수이어야 해.

---

3 다음 물음에 답하시오.

(1) $\sqrt{5+x}$가 자연수가 되도록 하는 가장 작은 자연수 x의 값을 구하시오.

(2) $\sqrt{20-x}$가 자연수가 되도록 하는 두 자리 자연수 x의 값을 모두 구하시오.

4 다음 식이 자연수가 되도록 하는 가장 작은 자연수 x의 값을 구하시오.

(1) $\sqrt{40x}$

(2) $\sqrt{\dfrac{50}{x}}$

개념 코칭 4 | 제곱근의 대소는 어떻게 비교할 수 있을까?

정답 및 풀이 ▶ 2쪽

(1) $\sqrt{a}$와 $\sqrt{b}$의 대소 관계

　　$\sqrt{2}$, $\sqrt{5}$의 대소 관계

　　➡ $2<5$이므로 $\sqrt{2}<\sqrt{5}$

(2) a와 $\sqrt{b}$의 대소 관계

　　3, $\sqrt{7}$의 대소 관계

　　➡ **방법 1** $3=\sqrt{9}$이고 $\sqrt{9}>\sqrt{7}$이므로 $3>\sqrt{7}$ ← 모두 근호가 있는 수로 바꾸기

　　➡ **방법 2** $3^2=9$, $(\sqrt{7})^2=7$이고 $9>7$이므로 $3>\sqrt{7}$ ← 각 수를 제곱하기

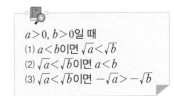

$a>0$, $b>0$일 때
(1) $a<b$이면 $\sqrt{a}<\sqrt{b}$
(2) $\sqrt{a}<\sqrt{b}$이면 $a<b$
(3) $\sqrt{a}<\sqrt{b}$이면 $-\sqrt{a}>-\sqrt{b}$

5 다음 ◯ 안에 알맞은 부등호를 써넣으시오.

(1) $\sqrt{3}$ ◯ $\sqrt{5}$

(2) $-\sqrt{5}$ ◯ $-\sqrt{7}$

(3) $\sqrt{15}$ ◯ 4

(4) $\dfrac{1}{2}$ ◯ $\sqrt{\dfrac{1}{3}}$

5-① 다음 ◯ 안에 알맞은 부등호를 써넣으시오.

(1) $\sqrt{5}$ ◯ $\sqrt{6}$

(2) $-\sqrt{9}$ ◯ $-\sqrt{11}$

(3) $\sqrt{35}$ ◯ 6

(4) $\dfrac{4}{3}$ ◯ $\sqrt{\dfrac{5}{2}}$

개념 코칭 5 | 제곱근을 포함한 부등식은 어떻게 풀까?

정답 및 풀이 ▶ 2쪽

$1<\sqrt{x}<2$를 만족시키는 자연수 x의 값을 모두 구해 보자.

$1<\sqrt{x}<2$에서 각 변이 모두 양수이므로 각 변을 제곱하면

$1^2<(\sqrt{x})^2<2^2$ ⎫ 각 변을 제곱하여 $\sqrt{}$ 를 없앤다.

$\therefore 1<x<4$

➡ 부등식을 만족시키는 자연수 x는 2, 3이다.

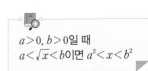

$a>0$, $b>0$일 때
$a<\sqrt{x}<b$이면 $a^2<x<b^2$

6 다음은 부등식 $2<\sqrt{x}<3$을 만족시키는 자연수 x의 값을 모두 구하는 과정이다. ☐ 안에 알맞은 수를 써넣으시오.

> 각 변이 모두 양수이므로 각 변을 제곱하면
> $2^2<(\sqrt{x})^2<\boxed{}^2$
> $\therefore 4<x<\boxed{}$
> 따라서 부등식을 만족시키는 자연수 x는
> $\boxed{}$, $\boxed{}$, $\boxed{}$, $\boxed{}$이다.

6-① 다음 물음에 답하시오.

(1) 부등식 $2<\sqrt{x}<4$를 만족시키는 자연수 x는 모두 몇 개인지 구하시오.

(2) 부등식 $4\leq\sqrt{x}\leq5$를 만족시키는 자연수 x는 모두 몇 개인지 구하시오.

─── 제곱근의 성질 ───

01 다음 중 옳은 것을 모두 고르면? (정답 2개)

① $\sqrt{(-3)^2}=-3$ ② $(-\sqrt{5})^2=-5$

③ $-\sqrt{6^2}=-6$ ④ $\sqrt{(-7)^2}=7$

⑤ $-\sqrt{(-8)^2}=8$

02 다음 중 그 값이 나머지 넷과 <u>다른</u> 하나는?

① $(\sqrt{2})^2$ ② $\sqrt{(-2)^2}$ ③ $(-\sqrt{2})^2$

④ $-\sqrt{2^2}$ ⑤ $\sqrt{2^2}$

─── 제곱근의 성질을 이용한 계산 ───

03 다음을 계산하시오.

(1) $\sqrt{7^2}-\sqrt{(-5)^2}$

(2) $(-\sqrt{6})^2\times\sqrt{(-3)^2}$

(3) $\sqrt{(-12)^2}\div\sqrt{\left(\dfrac{3}{2}\right)^2}$

(4) $(\sqrt{3})^2\times(-\sqrt{3})^2-\sqrt{(-5)^2}$

04 다음 중 옳지 <u>않은</u> 것은?

① $(-\sqrt{8})^2+\sqrt{(-7)^2}=15$

② $\sqrt{(-6)^2}-(\sqrt{6})^2=0$

③ $-\sqrt{5^2}\times\sqrt{\left(-\dfrac{1}{5}\right)^2}=-1$

④ $\sqrt{(-4)^2}\div\left(-\sqrt{\dfrac{2}{3}}\right)^2=\dfrac{8}{3}$

⑤ $\sqrt{(-8)^2}\times(-\sqrt{2})^2-\sqrt{(-6)^2}\div\sqrt{4}=13$

─── $\sqrt{A^2}$의 꼴을 포함한 식을 간단히 하기 ───

05 $a<0$일 때, 다음 식을 간단히 하시오.

$$\sqrt{a^2}-\sqrt{(-a)^2}+\sqrt{(4a)^2}$$

 Plus

$\sqrt{(양수)^2}=(양수)$, $\sqrt{(음수)^2}=-(음수)$

06 $a>0$, $b<0$일 때, 다음 식을 간단히 하시오.

$$\sqrt{a^2}+\sqrt{b^2}+\sqrt{(-a)^2}+\sqrt{(-b)^2}$$

─── $\sqrt{(A-B)^2}$의 꼴을 포함한 식을 간단히 하기 ───

07 $-2<x<2$일 때, 다음 식을 간단히 하시오.

$$\sqrt{(x-2)^2}+\sqrt{(-2-x)^2}$$

08 $1<x<2$일 때, 다음 식을 간단히 하시오.

$$\sqrt{(x-1)^2}+\sqrt{(x-2)^2}$$

$\sqrt{A+x}$, $\sqrt{A-x}$ 가 자연수가 되도록 하는 자연수 x의 값 구하기

09 다음 중 $\sqrt{25-x}$가 자연수가 되도록 하는 자연수 x의 값이 될 수 <u>없는</u> 것은?

① 9   ② 16   ③ 19

④ 21   ⑤ 24

10 $\sqrt{17+x}$가 자연수가 되도록 하는 가장 작은 자연수 x의 값을 구하시오.

$\sqrt{Ax}$, $\sqrt{\dfrac{A}{x}}$ 가 자연수가 되도록 하는 자연수 x의 값 구하기

11 다음 중 $\sqrt{24x}$가 자연수가 되도록 하는 자연수 x의 값이 될 수 <u>없는</u> 것은?

① 6   ② 24   ③ 54

④ 72   ⑤ 96

12 $\sqrt{\dfrac{160}{x}}$이 자연수가 되도록 하는 자연수 x는 모두 몇 개인가?

① 1개   ② 2개   ③ 3개

④ 4개   ⑤ 5개

제곱근의 대소 관계

13 다음 중 두 수의 대소 관계가 옳은 것을 모두 고르면?

(정답 2개)

① $\sqrt{3}>2$ ② $\sqrt{13}<\sqrt{15}$

③ $-\sqrt{6}<-\sqrt{7}$ ④ $-\sqrt{5}<-2$

⑤ $-\sqrt{3}>\sqrt{2}$

14 다음 수를 작은 것부터 차례대로 나열하시오.

$$-\sqrt{3},\quad \sqrt{11},\quad \sqrt{6},\quad -\sqrt{5},\quad 3$$

제곱근을 포함한 부등식

15 부등식 $3<\sqrt{2x}<5$를 만족시키는 자연수 x는 모두 몇 개인지 구하시오.

16 부등식 $5<\sqrt{x+2}<7$을 만족시키는 자연수 x 중에서 가장 작은 수를 a, 가장 큰 수를 b라 할 때, $b-a$의 값을 구하시오.

01

가로의 길이가 3, 세로의 길이가 5인 직사각형과 넓이가 같은 정사각형의 한 변의 길이는?

① $\sqrt{3}$ ② $\sqrt{5}$ ③ $\sqrt{8}$

④ $\sqrt{15}$ ⑤ 15

02

0.64의 양의 제곱근을 a, $\dfrac{81}{16}$의 음의 제곱근을 b라 할 때, $5ab$의 값은?

① -9 ② -4 ③ 1

④ 4 ⑤ 9

03

다음을 계산하시오.

$$\sqrt{(-9)^2}\times\sqrt{3^4}-(-\sqrt{8})^2\div\sqrt{\left(-\dfrac{1}{4}\right)^2}$$

04

$-3<a<-2$일 때, 다음 중 옳지 <u>않은</u> 것은?

① $\sqrt{a^2}=-a$ ② $\sqrt{(a+3)^2}=a+3$

③ $\sqrt{(a+2)^2}=a+2$ ④ $\sqrt{(2-a)^2}=2-a$

⑤ $\sqrt{(3-a)^2}=3-a$

05

$\sqrt{19+x}$가 자연수가 되도록 하는 가장 작은 두 자리 자연수 x의 값을 구하시오.

06

다음 중 두 수의 대소 관계가 옳은 것을 모두 고르면?
(정답 2개)

① $\sqrt{7}<\sqrt{5}$ ② $\sqrt{6}<4$

③ $3<\sqrt{8}$ ④ $-\sqrt{6}>-\sqrt{5}$

⑤ $-4<-\sqrt{11}$

07

부등식 $\sqrt{26}\leq\sqrt{4x}\leq6$을 만족시키는 모든 자연수 x의 값의 합은?

① 22 ② 24 ③ 26

④ 28 ⑤ 30

한걸음 더

08 문제해결①

$a<b$, $ab<0$일 때, 다음 식을 간단히 하시오.

$$\sqrt{(a-b)^2}+\sqrt{(-2a)^2}-\sqrt{(3b)^2}$$

03 무리수와 실수

1 무리수

(1) **무리수** : 소수로 나타낼 때 순환소수가 아닌 무한소수가 되는 수, 즉 유리수가 아닌 수

예 $\sqrt{2}=1.4142\cdots$, $\sqrt{3}=1.7320\cdots$, $\sqrt{5}=2.2360\cdots$, $\pi=3.141592\cdots$

(2) 소수의 분류

$$소수 \begin{cases} 유한소수 : 0.2, \ 3.25, \ \cdots \\ 무한소수 \begin{cases} 순환소수 : 0.\dot{3}, \ 1.2\dot{1}\dot{3}, \ \cdots \\ 순환소수가 \ 아닌 \ 무한소수 : 3.141592\cdots, \ 1.41421\cdots, \ \cdots \end{cases} \end{cases}$$

— 유리수

— 무리수

2 실수

(1) **실수** : 유리수와 무리수를 통틀어 실수라 한다.

(2) 실수의 분류

$$실수 \begin{cases} 유리수 \begin{cases} 정수 \begin{cases} 양의 \ 정수(자연수) : 1, \ 2, \ 3, \ \cdots \\ 0 \\ 음의 \ 정수 : -1, \ -2, \ -3, \ \cdots \end{cases} \\ 정수가 \ 아닌 \ 유리수 : -\dfrac{1}{2}, \ 3.7, \ 1.\dot{2}, \ \cdots \end{cases} \\ 무리수(순환소수가 \ 아닌 \ 무한소수) : \sqrt{2}, \ -\sqrt{3}, \ \pi, \ \cdots \end{cases}$$

3 실수와 수직선

(1) 수직선은 유리수와 무리수, 즉 실수에 대응하는 점들로 완전히 메울 수 있다.

(2) 모든 실수에 수직선 위의 점이 하나씩 대응하고, 수직선 위의 모든 점에 실수가 하나씩 대응한다.

(3) 서로 다른 두 실수 사이에는 무수히 많은 실수가 있다.

4 실수의 대소 관계

실수의 대소를 비교할 때에는 다음 세 가지 방법 중 하나를 이용한다.

(1) 두 수의 차 이용하기

a, b가 실수일 때

① $a-b>0$이면 $a>b$　　② $a-b=0$이면 $a=b$　　③ $a-b<0$이면 $a<b$

예 $\sqrt{3}-1$과 1의 대소 관계

$(\sqrt{3}-1)-1=\sqrt{3}-2=\sqrt{3}-\sqrt{4}<0$　　$\therefore \sqrt{3}-1<1$

(2) 부등식의 성질 이용하기

예 $\sqrt{3}+1$과 $1+\sqrt{5}$의 대소 관계

$\sqrt{3}+1 \bigcirc 1+\sqrt{5}$의 양변에서 1을 빼면

$\sqrt{3} \boxed{<} \sqrt{5}$　　$\therefore \sqrt{3}+1<1+\sqrt{5}$

(3) 제곱근의 값 이용하기

예 $\sqrt{7}+1$과 3의 대소 관계

$2<\sqrt{7}<3$이므로 $\sqrt{7}=2.\cdots$, $\sqrt{7}+1=3.\cdots$　　$\therefore \sqrt{7}+1>3$

중2
부등식의 성질
① $a>b$이면
　$a+c>b+c$,
　$a-c>b-c$
② $a>b$이고 $c>0$이면
　$ac>bc$, $\dfrac{a}{c}>\dfrac{b}{c}$
③ $a>b$이고 $c<0$이면
　$ac<bc$, $\dfrac{a}{c}<\dfrac{b}{c}$

정답 및 풀이 **⊙ 4쪽**

중 1~2 | 기초 코칭 **1**

유리수가 어떤 수였는지 복습해 볼까?

유리수 : 분수 $\dfrac{a}{b}$ (a, b는 정수, $b \neq 0$)의 꼴로 나타낼 수 있는 수

예 $\underset{\text{정수}}{-2 = \dfrac{-2}{1}}$, $\underset{\text{유한소수}}{0.49 = \dfrac{49}{100}}$, $\underset{\text{순환소수}}{0.\dot{3} = \dfrac{3}{9} = \dfrac{1}{3}}$

1 다음 설명 중 옳은 것에는 ○표, 옳지 않은 것에는 ×표를 하시오.

(1) 양의 유리수는 모두 자연수이다. (　　)

(2) 0은 유리수가 아니다. (　　)

(3) 순환소수는 유리수이다. (　　)

1-❶ 다음 설명 중 옳은 것에는 ○표, 옳지 않은 것에는 ×표를 하시오.

(1) $0.1\dot{2}$는 유리수가 아니다. (　　)

(2) 정수는 유리수이다. (　　)

(3) 유리수는 양의 유리수와 음의 유리수로 이루어져 있다. (　　)

개념 코칭 **2**

무리수와 실수는 어떤 수일까?

정답 및 풀이 **⊙ 4쪽**

(1) **무리수** : 유리수가 아닌 수

➜ 순환소수가 아닌 무한소수는 무리수이다.

예 $\sqrt{2} = 1.414213\cdots$, $\sqrt{3} = 1.732050\cdots$,
$\sqrt{5} = 2.236067\cdots$, $\pi = 3.141592\cdots$ ⟩ $\sqrt{\text{(제곱인 수가 아닌 수)}}$와 원주율 π는 대표적인 무리수이다.

(2) **실수** : 유리수와 무리수를 통틀어 실수라 한다.

 $\sqrt{\text{(제곱인 수)}}$는 근호를 없앨 수 있으므로 유리수야.

2 다음 중 무리수인 것을 모두 고르시오.

$$\sqrt{3}, \quad \sqrt{4}, \quad 0, \quad 0.\dot{6}, \quad \pi, \quad -\sqrt{\dfrac{25}{4}}$$

2-❶ 다음 중 무리수는 모두 몇 개인지 구하시오.

$$\dfrac{\pi}{2}, \quad -\sqrt{9}, \quad -\sqrt{15}, \quad \dfrac{99}{4}, \quad 0.4\dot{3}1\dot{5}$$

3 다음 설명 중 옳은 것에는 ○표, 옳지 않은 것에는 ×표를 하시오.

(1) 무한소수는 무리수이다. (　　)

(2) 실수 중 무리수가 아닌 수는 유리수이다. (　　)

(3) 유리수이면서 무리수인 수가 있다. (　　)

3-❶ 다음 설명 중 옳은 것에는 ○표, 옳지 않은 것에는 ×표를 하시오.

(1) $\sqrt{16}$은 무리수이다. (　　)

(2) 순환소수가 아닌 무한소수는 실수이다. (　　)

(3) 근호를 사용한 수는 모두 무리수이다. (　　)

정답 및 풀이 ➔ 4쪽

기초 코칭 3 · 피타고라스 정리에 대해 복습해 볼까?

직각삼각형에서 빗변의 길이의 제곱은 나머지 두 변의 길이의 제곱의 합과 같다.

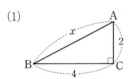

△ABC는 직각삼각형 →

피타고라스 정리에 의하여 $\overline{AB}^2 = \overline{BC}^2 + \overline{CA}^2$

$x^2 = 1^2 + 1^2$, $x^2 = 2$

$\therefore x = \sqrt{2}$ ($\because x > 0$)

└➔ 변의 길이는 항상 양수이다.

4 다음 직각삼각형에서 x의 값을 구하시오.

(1) (2)

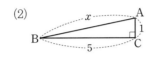

4-❶ 다음 직각삼각형에서 x의 값을 구하시오.

(1) (2)

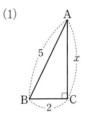
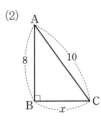

개념 코칭 4 · 무리수는 수직선 위에 어떻게 나타낼 수 있을까?

정답 및 풀이 ➔ 4쪽

무리수 $\sqrt{2}$와 $-\sqrt{2}$를 수직선 위에 나타내어 보자.

❶ 직각삼각형 AOB에서 피타고라스 정리를 이용하여 $\overline{OA}$의 길이를 구한다.

➔ $\overline{OA}^2 = 1^2 + 1^2 = 2$ $\therefore \overline{OA} = \sqrt{2}$ ($\because \overline{OA} > 0$)

❷ 원점 O를 중심으로 하고 $\overline{OA}$를 반지름으로 하는 원이 수직선과 만나는 점을 각각 P, Q라 할 때,

점 P : 기준점의 **오른쪽** ➔ $0 + \sqrt{2} = \sqrt{2}$

점 Q : 기준점의 **왼쪽** ➔ $0 - \sqrt{2} = -\sqrt{2}$

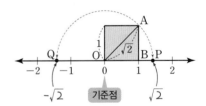

5 아래 그림에서 사각형은 한 변의 길이가 1인 정사각형이다. 점 A를 중심으로 하고 $\overline{AP}$를 반지름으로 하는 원이 수직선과 만나는 점을 각각 B, C라 할 때, 다음을 구하시오.

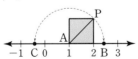

(1) $\overline{AP}$의 길이

(2) 점 B에 대응하는 수

(3) 점 C에 대응하는 수

5-❶ 아래 그림에서 작은 사각형은 모두 한 변의 길이가 1인 정사각형이다. 점 A를 중심으로 하고 $\overline{AP}$를 반지름으로 하는 원이 수직선과 만나는 점을 각각 B, C라 할 때, 다음을 구하시오.

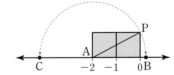

(1) $\overline{AP}$의 길이

(2) 점 B에 대응하는 수

(3) 점 C에 대응하는 수

정답 및 풀이 ○ 4쪽

 개념 코칭 5 실수와 수직선은 어떤 관계가 있을까?

(1) 모든 실수는 각각 수직선 위의 한 점에 대응한다.
(2) 수직선은 실수에 대응하는 점들로 완전히 메울 수 있다.
(3) 유리수(또는 무리수)에 대응하는 점만으로 수직선을 완전히 메울 수 없다.

서로 다른 두 실수 사이에는 무수히 많은 실수가 있다.

6 다음 설명 중 옳은 것에는 ○표, 옳지 않은 것에는 ×표를 하시오.

(1) 1과 2 사이에는 무리수가 없다. (　　)

(2) 유리수와 무리수에 대응하는 점들로 수직선을 완전히 메울 수 있다. (　　)

(3) 수직선 위에 π에 대응하는 점이 있다. (　　)

6-❶ 다음 설명 중 옳은 것에는 ○표, 옳지 않은 것에는 ×표를 하시오.

(1) 유리수에 대응하는 점들로 수직선을 완전히 메울 수 있다. (　　)

(2) 1과 $\sqrt{5}$ 사이에는 실수가 무수히 많다. (　　)

(3) 수직선 위에 $0.\dot{2}$에 대응하는 점이 있다. (　　)

 개념 코칭 6 두 실수 a, b의 대소 관계는 어떻게 알 수 있을까?

정답 및 풀이 ○ 4쪽

방법 1 두 수의 차 이용하기 ◁ $a-b$의 값의 부호를 확인한다.

(1) $2+\sqrt{5}$, 3의 대소 관계
$2+\sqrt{5}-3$
$=-1+\sqrt{5}$
$=-\sqrt{1}+\sqrt{5}>0$ $a-b>0$이면 $a>b$
$\therefore 2+\sqrt{5}>3$

(2) 5, $\sqrt{25}$의 대소 관계
$5-\sqrt{25}$
$=\sqrt{25}-\sqrt{25}=0$ $a-b=0$이면 $a=b$
$\therefore 5=\sqrt{25}$

(3) $1+\sqrt{2}$, $2+\sqrt{2}$의 대소 관계
$1+\sqrt{2}-(2+\sqrt{2})$
$=1+\sqrt{2}-2-\sqrt{2}$
$=-1<0$ $a-b<0$이면 $a<b$
$\therefore 1+\sqrt{2}<2+\sqrt{2}$

방법 2 부등식의 성질 이용하기 ◁ a, b에 같은 수를 더하거나 빼어 간단히 한 후 비교한다.

$3 \bigcirc \sqrt{5}+1$ ──양변에서 1을 빼면──▶ $2 < \sqrt{5}$　　$\therefore 3 < \sqrt{5}+1$

방법 3 제곱근의 값 이용하기 ◁ 제곱근의 대략적인 값을 구해 비교한다.

$\sqrt{3}+2 \bigcirc 4$ ──$1<\sqrt{3}<2$이므로──▶ $\sqrt{3}=1.\cdots$, $\sqrt{3}+2=3.\cdots$　　$\therefore \sqrt{3}+2 < 4$

7 다음 ○ 안에 알맞은 부등호를 써넣으시오.

(1) $1+\sqrt{2} \bigcirc 2$

(2) $1 \bigcirc 3-\sqrt{2}$

(3) $2 \bigcirc \sqrt{5}-1$

7-❶ 다음 ○ 안에 알맞은 부등호를 써넣으시오.

(1) $1+\sqrt{3} \bigcirc 3$

(2) $\sqrt{2}-2 \bigcirc 0$

(3) $4 \bigcirc \sqrt{6}+2$

---| 유리수와 무리수의 구별 |---

01 다음 중 무리수인 것을 모두 고르시오.

$$\sqrt{2}, \quad \sqrt{100}, \quad 0.\dot{5}, \quad -\sqrt{\frac{1}{9}}, \quad \pi, \quad -\sqrt{8}$$

02 다음 중 순환소수가 아닌 무한소수로 나타내어지는 것은?

① 1   ② $0.\dot{7}$ ③ $\sqrt{121}$

④ $-\sqrt{3}$ ⑤ $\sqrt{\dfrac{4}{81}}$

---| 무리수의 이해 |---

03 다음 중 옳은 것은?

① 순환소수가 아닌 무한소수는 유리수이다.

② 모든 무한소수는 무리수이다.

③ 순환소수는 무리수이다.

④ $\sqrt{30}$은 $\dfrac{(정수)}{(0이\ 아닌\ 정수)}$의 꼴로 나타낼 수 있다.

⑤ 무한소수 중에는 유리수도 있다.

04 다음 중 옳지 않은 것은?

① $\dfrac{\pi}{3}$는 무리수이다.

② $2+\sqrt{2}$는 무리수이다.

③ $\sqrt{3}$은 순환소수가 아닌 무한소수이다.

④ 1에 가장 가까운 무리수는 $\sqrt{2}$이다.

⑤ $\sqrt{5}$는 2보다 크고 3보다 작은 수이다.

---| 무리수를 수직선 위에 나타내기 (1) |---

05 오른쪽 그림에서 작은 사각형은 모두 한 변의 길이가 1인 정사각형이다. 점 A를 중심으로 하고 $\overline{\mathrm{AP}}$를 반지름으로 하는 원이 수직선과 만나는 점을 각각 B, C라 할 때, 다음을 구하시오.

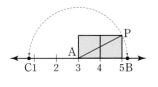

(1) $\overline{\mathrm{AP}}$의 길이

(2) 두 점 B, C에 대응하는 수

06 아래 그림에서 작은 사각형은 모두 한 변의 길이가 1인 정사각형이다. 점 A를 중심으로 하고 $\overline{\mathrm{AP}}$를 반지름으로 하는 원이 수직선과 만나는 점을 각각 B, C라 할 때, 다음을 구하시오.

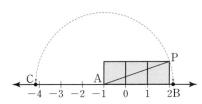

(1) $\overline{\mathrm{AP}}$의 길이

(2) 두 점 B, C에 대응하는 수

┤ 무리수를 수직선 위에 나타내기(2) ├

07 오른쪽 그림에서 □ABCD는 넓이가 6 인 정사각형이다. 점 A 를 중심으로 하고 $\overline{AB}$ 를 반지름으로 하는 원이 수직선과 만나는 점을 각각 P, Q라 하자. 점 A의 좌표가 A(-3)일 때, 두 점 P, Q의 좌표를 각각 구하시오.

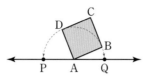

08 오른쪽 그림에서 □ABCD는 넓이가 7 인 정사각형이다. 점 A 를 중심으로 하고 $\overline{AB}$ 를 반지름으로 하는 원이 수직선과 만나는 점을 각각 P, Q라 하자. 점 A의 좌표가 A(2)일 때, 두 점 P, Q에 대응하는 수를 각각 구하시오.

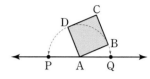

┤ 실수와 수직선 ├

09 다음 설명 중 옳지 <u>않은</u> 것을 모두 고르면? (정답 2개)

① 0과 1 사이에는 무수히 많은 유리수가 있다.
② $\sqrt{2}$와 $\sqrt{3}$ 사이에는 무수히 많은 무리수가 있다.
③ 서로 다른 두 유리수 사이에는 무수히 많은 정수가 있다.
④ 수직선은 실수에 대응하는 점만으로 완전히 메울 수 없다.
⑤ 순환소수가 아닌 무한소수도 수직선 위의 점에 하나씩 대응한다.

10 다음 보기의 설명 중 옳은 것은 모두 몇 개인가?

┌─ 보기 ──────────────────────┐
ㄱ. 수직선 위의 모든 점은 유리수에 대응시킬 수 있다.
ㄴ. 실수는 유리수와 무리수로 이루어져 있다.
ㄷ. 서로 다른 두 정수 사이에는 무수히 많은 유리수가 있다.
ㄹ. 무리수 중에는 수직선 위의 점에 대응하지 못하는 수가 있다.
└─────────────────────────────┘

① 없다.　　② 1개　　③ 2개
④ 3개　　⑤ 4개

┤ 실수의 대소 관계 ├

11 세 수 $A=4-\sqrt{3}$, $B=2$, $C=\sqrt{5}+4$의 대소 관계를 부등호를 사용하여 나타내시오.

 Plus

세 실수의 대소 관계
세 실수 a, b, c에 대하여 $a<b$, $b<c$
➔ $a<b<c$

12 다음 세 수 a, b, c의 대소 관계를 부등호를 사용하여 바르게 나타낸 것은?

┌────────────────────────────────┐
　$a=4$,　　$b=\sqrt{2}+3$,　　$c=\sqrt{3}+3$
└────────────────────────────────┘

① $a<b<c$　② $a<c<b$　③ $b<a<c$
④ $b<c<a$　⑤ $c<a<b$

01

다음 수 중 오른쪽 □ 안에 해당하는 것은 모두 몇 개인지 구하시오.

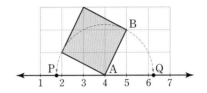

$$\pi, \quad \sqrt{2}, \quad \sqrt{\frac{9}{25}}, \quad \sqrt{3}+1, \quad \sqrt{7^2}$$

02

다음 조건을 모두 만족시키는 수 x는 모두 몇 개인지 구하시오.

(가) x는 25 이하의 자연수이다.
(나) $\sqrt{x}$는 순환소수가 아닌 무한소수로 나타내어진다.

03

다음 설명 중 옳은 것을 모두 고르면? (정답 2개)

① 근호를 사용하여 나타낸 수는 모두 무리수이다.
② 3.14는 무리수이다.
③ 유리수는 모두 유한소수이다.
④ 무리수는 유리수가 아닌 실수이다.
⑤ 제곱하여 5가 되는 수는 무리수이다.

04

다음 그림에서 모눈 한 칸의 가로와 세로의 길이는 각각 1이다. 점 A를 중심으로 하고 $\overline{AB}$를 반지름으로 하는 원이 수직선과 만나는 점을 각각 P, Q라 하자. 점 A의 좌표가 A(4)일 때, 두 점 P, Q의 좌표를 각각 구하시오.

05

다음 수를 수직선 위에 나타낼 때, 왼쪽에서 세 번째에 있는 수를 구하시오.

$$0, \quad 1-\sqrt{2}, \quad -\sqrt{2}, \quad -\sqrt{3}, \quad \sqrt{3}-1$$

한걸음 더

06 추론

다음 그림과 같이 지름의 길이가 2인 원 모양의 자전거 바퀴가 수직선 위를 굴러가고 있다. 자전거 바퀴 위의 점 P가 수직선 위의 1에 대응하는 점에 접해 있고 바퀴가 시계 방향으로 굴러갈 때, 점 P가 처음으로 다시 수직선 위에 접하는 점을 P′이라 하자. 이때 점 P′에 대응하는 수를 구하시오.

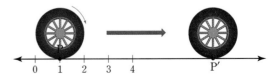

01

다음 중 'x는 9의 제곱근이다.'를 식으로 바르게 나타낸 것은?

① $\sqrt{x}=\sqrt{9}$ ② $\sqrt{x}=9^2$ ③ $\sqrt{x}=9$
④ $x^2=9$ ⑤ $x^2=\sqrt{9}$

02

다음 중 옳지 <u>않은</u> 것은?

① 제곱근 25는 5이다.
② 제곱근의 개수가 1개인 수는 0뿐이다.
③ $\sqrt{(-4)^2}$의 제곱근은 ±2이다.
④ −2는 $-\sqrt{2^2}$의 음의 제곱근이다.
⑤ 100의 두 제곱근의 절댓값은 서로 같다.

03

다음 대화에서 넓이가 같은 도형을 만들려고 할 때, 나혜가 만들고 있는 정사각형의 한 변의 길이를 구하시오.

04

다음 수 중 근호를 사용하지 않고 나타낼 수 있는 것은 모두 몇 개인가?

$$\sqrt{1}, \quad \sqrt{144}, \quad \sqrt{\dfrac{49}{9}}, \quad \sqrt{0.4}, \quad \sqrt{0.09}$$

① 1개   ② 2개   ③ 3개
④ 4개   ⑤ 5개

05

$\sqrt{16}$의 음의 제곱근을 a, 제곱근 144를 b, $(-9)^2$의 양의 제곱근을 c라 할 때, $\dfrac{bc}{a}$의 값을 구하시오.

06 ^{중요}

다음 중 옳지 <u>않은</u> 것은?

① $\sqrt{(-2)^2}=2$ ② $(-\sqrt{5})^2=5$
③ $-\sqrt{(-7)^2}=7$ ④ $\sqrt{225}=15$
⑤ $-\sqrt{\left(\dfrac{25}{9}\right)^2}=-\dfrac{25}{9}$

07

다음을 계산하시오.

$$\sqrt{3^2}-\sqrt{(-3)^2}\times\sqrt{\dfrac{16}{9}}+(-\sqrt{3})^2$$

08

$x < 0$일 때, 다음 식을 간단히 하시오.

$$\sqrt{x^2} + \sqrt{(-9x)^2}$$

09

$a > 0$, $b < 0$일 때, 다음 **보기**에서 옳은 것을 모두 고른 것은?

보기
ㄱ. $\sqrt{a^2} = a$ 　　　　ㄴ. $\sqrt{(-b)^2} = -b$
ㄷ. $\sqrt{(a-b)^2} = a-b$ 　　ㄹ. $\sqrt{(b-a)^2} = b-a$

① ㄱ, ㄴ 　　② ㄱ, ㄷ 　　③ ㄴ, ㄹ
④ ㄱ, ㄴ, ㄷ 　⑤ ㄱ, ㄴ, ㄹ

10 ^{중요}

$1 < x < 2$일 때, $\sqrt{(x-3)^2} + \sqrt{(3-x)^2}$을 간단히 하면?

① 6 　　　　② $-2x+6$ 　　③ $2x-6$
④ $2x$ 　　　　⑤ $-2x$

11

$0 < a < 1$일 때, $\sqrt{\left(a+\dfrac{1}{a}\right)^2} - \sqrt{\left(a-\dfrac{1}{a}\right)^2}$을 간단히 하면?

① $-2a$ 　　② a 　　　③ $2a$
④ $\dfrac{2}{a}$ 　　　⑤ $-\dfrac{2}{a}$

12 ^{중요}

$\sqrt{13+x}$가 자연수가 되도록 하는 가장 작은 자연수 x의 값을 구하시오.

13

$\sqrt{\dfrac{108}{n}}$이 자연수가 되도록 하는 자연수 n은 모두 몇 개인지 구하시오.

14

$\sqrt{(3-\sqrt{7})^2} + \sqrt{(2-\sqrt{7})^2}$을 계산하시오.

15

다음 중 두 수의 대소 관계가 옳지 <u>않은</u> 것은?

① $\sqrt{26} > 5$ 　　　　② $\sqrt{13} > \sqrt{12}$
③ $-4 < -\sqrt{15}$ 　　　④ $\sqrt{\dfrac{1}{3}} > \dfrac{1}{5}$
⑤ $-0.2 < -\sqrt{0.2}$

16

자연수 x에 대하여 $\sqrt{x}$ 이하의 자연수의 개수를 $f(x)$
라 할 때, $f(10)+f(30)+f(50)$의 값은?

① 12   ② 13   ③ 14

④ 15   ⑤ 16

17

부등식 $\sqrt{2}<\sqrt{5x-2}\leq 4$를 만족시키는 모든 자연수 x
의 값의 합은?

① 6   ② 7   ③ 8

④ 9   ⑤ 10

18 중요

다음 설명 중 옳지 <u>않은</u> 것은?

① 서로 다른 두 유리수 사이에는 무수히 많은 실수가
   있다.
② 수직선 위의 각 점에 실수를 하나씩 빠짐없이 대응
   시킬 수 있다.
③ 모든 무리수는 수직선 위의 점에 대응시킬 수 있다.
④ 서로 다른 두 무리수 사이에는 무수히 많은 정수가
   있다.
⑤ 수직선 위에서 유리수가 아닌 점에 대응하는 수는
   모두 무리수이다.

19

다음 중 $\dfrac{(정수)}{(0이\ 아닌\ 정수)}$의 꼴로 나타낼 수 없는 수는
모두 몇 개인지 구하시오.

$$\sqrt{5}+1, \quad -\sqrt{16}-2, \quad \sqrt{\dfrac{1}{9}}, \quad \sqrt{121}, \quad \sqrt{38}, \quad 3\pi$$

20

다음 그림에서 두 정사각형의 넓이는 모두 10이다. 두
정사각형의 한 꼭짓점을 각각 수직선 위의 두 점 A(2),
B(3)에 놓고 각 점을 중심으로 정사각형을 회전시킬
때, 다른 한 꼭짓점이 수직선과 만나는 점을 각각 P, Q
라 하자. 두 점 P, Q에 대응하는 수를 각각 구하시오.

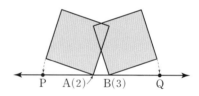

21 창의·융합 수학+실생활

가운이는 수학 신문을 만들려
고 한다. 오른쪽과 같이 세 종
류의 기사를 넣기 위해 직사각
형 모양의 공간을 두 정사각형
A, B와 직사각형 C로 나누었
다. A, B의 한 변의 길이가 각

각 $\sqrt{\dfrac{27x}{2}}$ cm, $\sqrt{33-x}$ cm일 때, 다음 물음에 답하시

오. (단, A, B의 한 변의 길이는 모두 자연수이다.)

⑴ 자연수 x의 값을 구하시오.

⑵ 직사각형 C의 넓이를 구하시오.

01

$a>3$일 때, $\sqrt{(3+a)^2}+\sqrt{(3-a)^2}$을 간단히 하시오. [5점]

풀이

채점 기준 ❶ $3+a$, $3-a$의 부호 각각 구하기 … 2점

채점 기준 ❷ 주어진 식 간단히 하기 … 3점

답

01-1   한번 ↗

$-2<x<1$일 때, $\sqrt{(x+2)^2}+\sqrt{(x-1)^2}$을 간단히 하시오. [5점]

풀이

채점 기준 ❶ $x+2$, $x-1$의 부호 각각 구하기 … 2점

채점 기준 ❷ 주어진 식 간단히 하기 … 3점

답

02

$\sqrt{625}$의 음의 제곱근을 a, $(-8)^2$의 양의 제곱근을 b라 할 때, $a-b$의 값을 구하시오. [5점]

풀이

답

03

$\sqrt{84x}$가 자연수가 되도록 하는 가장 작은 자연수 x의 값을 구하시오. [5점]

풀이

답

04

다음 그림에서 A, B, C는 넓이가 각각 5, 9, 7인 정사각형이다. 세 점 P, Q, R에 대응하는 수를 각각 구하시오. [5점]

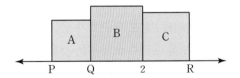

풀이

답

01 제곱근의 곱셈과 나눗셈

1 제곱근의 곱셈

(1) 제곱근의 곱셈 — 근호 밖의 수끼리, 근호 안의 수끼리 곱한다.

$a>0$, $b>0$이고 m, n이 유리수일 때

① $\sqrt{a} \times \sqrt{b} = \sqrt{a}\sqrt{b} = \sqrt{ab}$

　예 $\sqrt{2} \times \sqrt{5} = \sqrt{2}\sqrt{5} = \sqrt{2 \times 5} = \sqrt{10}$

② $m\sqrt{a} \times n\sqrt{b} = mn\sqrt{ab}$

　예 $3\sqrt{2} \times 2\sqrt{5} = (3 \times 2)\sqrt{2 \times 5} = 6\sqrt{10}$
　　$2\sqrt{3} \times 4 = (2 \times 4)\sqrt{3} = 8\sqrt{3}$

(2) 제곱근의 곱셈에서 근호가 있는 식의 변형

$a>0$, $b>0$일 때

① $\sqrt{a^2 b} = \sqrt{a^2}\sqrt{b} = a\sqrt{b}$

　예 $\sqrt{12} = \sqrt{2^2 \times 3} = \sqrt{2^2}\sqrt{3} = 2\sqrt{3}$

② $a\sqrt{b} = \sqrt{a^2}\sqrt{b} = \sqrt{a^2 b}$

　예 $2\sqrt{3} = \sqrt{2^2}\sqrt{3} = \sqrt{2^2 \times 3} = \sqrt{12}$

> 유리수에서와 마찬가지로 실수에서도 곱셈에 대한 교환법칙과 결합법칙이 성립한다.

2 제곱근의 나눗셈

(1) 제곱근의 나눗셈 — 근호 밖의 수끼리, 근호 안의 수끼리 나눈다.

$a>0$, $b>0$이고 m, $n(n \neq 0)$이 유리수일 때

① $\sqrt{a} \div \sqrt{b} = \dfrac{\sqrt{a}}{\sqrt{b}} = \sqrt{\dfrac{a}{b}}$

　예 $\sqrt{15} \div \sqrt{3} = \dfrac{\sqrt{15}}{\sqrt{3}} = \sqrt{\dfrac{15}{3}} = \sqrt{5}$

② $m\sqrt{a} \div n\sqrt{b} = \dfrac{m\sqrt{a}}{n\sqrt{b}} = \dfrac{m}{n}\sqrt{\dfrac{a}{b}}$

　예 $4\sqrt{15} \div 2\sqrt{3} = \dfrac{4\sqrt{15}}{2\sqrt{3}} = \dfrac{4}{2}\sqrt{\dfrac{15}{3}} = 2\sqrt{5}$

참고 나눗셈은 역수의 곱셈으로 고쳐서 계산할 수도 있다.

(2) 제곱근의 나눗셈에서 근호가 있는 식의 변형

$a>0$, $b>0$일 때, $\sqrt{\dfrac{a}{b^2}} = \dfrac{\sqrt{a}}{\sqrt{b^2}} = \dfrac{\sqrt{a}}{b}$

예 $\sqrt{\dfrac{3}{4}} = \sqrt{\dfrac{3}{2^2}} = \dfrac{\sqrt{3}}{\sqrt{2^2}} = \dfrac{\sqrt{3}}{2}$

3 분모의 유리화

(1) 분모의 유리화 : 분모가 근호가 있는 무리수일 때, 분모, 분자에 0이 아닌 같은 수를 각각 곱하여 분모를 유리수로 고치는 것을 분모의 유리화라 한다.

(2) 분모를 유리화하는 방법

① $\dfrac{a}{\sqrt{b}} = \dfrac{a \times \sqrt{b}}{\sqrt{b} \times \sqrt{b}} = \dfrac{a\sqrt{b}}{b}$ (단, $b>0$)

　예 $\dfrac{1}{\sqrt{3}} = \dfrac{1 \times \sqrt{3}}{\sqrt{3} \times \sqrt{3}} = \dfrac{\sqrt{3}}{3}$

② $\dfrac{\sqrt{a}}{\sqrt{b}} = \dfrac{\sqrt{a} \times \sqrt{b}}{\sqrt{b} \times \sqrt{b}} = \dfrac{\sqrt{ab}}{b}$ (단, $a>0$, $b>0$)

　예 $\dfrac{\sqrt{3}}{\sqrt{2}} = \dfrac{\sqrt{3} \times \sqrt{2}}{\sqrt{2} \times \sqrt{2}} = \dfrac{\sqrt{6}}{2}$

참고 분모의 근호 안에 제곱인 인수가 포함되어 있으면 먼저 제곱인 인수를 근호 밖으로 꺼낸 다음 분모를 유리화하면 편리하다.

예 $\dfrac{3}{\sqrt{20}} = \dfrac{3}{\sqrt{2^2 \times 5}} = \dfrac{3}{2\sqrt{5}} = \dfrac{3 \times \sqrt{5}}{2\sqrt{5} \times \sqrt{5}} = \dfrac{3\sqrt{5}}{2 \times 5} = \dfrac{3\sqrt{5}}{10}$

개념코칭 1 제곱근의 곱셈은 어떻게 할까?

정답 및 풀이 ◉ 8쪽

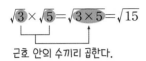

근호 안의 수끼리 곱한다.

$\sqrt{3} \times \sqrt{5} = \sqrt{3 \times 5} = \sqrt{15}$

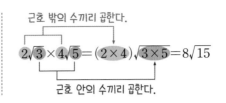

근호 밖의 수끼리 곱한다.

$2\sqrt{3} \times 4\sqrt{5} = (2 \times 4)\sqrt{3 \times 5} = 8\sqrt{15}$

근호 안의 수끼리 곱한다.

1 다음을 계산하시오.

(1) $\sqrt{2} \times \sqrt{7}$

(2) $\sqrt{\dfrac{25}{6}} \times \sqrt{\dfrac{6}{5}}$

(3) $3\sqrt{2} \times 2\sqrt{7}$

(4) $2\sqrt{5} \times \sqrt{3}$

1-① 다음을 계산하시오.

(1) $\sqrt{3} \times \sqrt{7}$

(2) $\sqrt{22} \times \sqrt{\dfrac{3}{2}}$

(3) $\sqrt{2} \times 3\sqrt{3}$

(4) $4\sqrt{2} \times (-2\sqrt{3})$

개념코칭 2 제곱근의 곱셈에서 근호가 있는 식은 어떻게 변형할까?

정답 및 풀이 ◉ 8쪽

$\sqrt{18} = \sqrt{2 \times 3^2} = \sqrt{2}\sqrt{3^2} = 3\sqrt{2}$

소인수분해   제곱인 인수는 근호 밖으로

$3\sqrt{2} = \sqrt{3^2 \times 2} = \sqrt{18}$

제곱하여 근호 안으로

근호 밖으로

$\sqrt{a^2 b} = a\sqrt{b}$

근호 안으로

주의 (1) $a\sqrt{b}$의 꼴로 나타낼 때, b는 제곱인 인수가 없는 가장 작은 자연수가 되도록 한다.

(2) 근호 밖에 음수가 있는 경우에는 부호를 뺀 양수 부분만 제곱하여 근호 안에 넣는다.

2 다음을 $a\sqrt{b}$의 꼴로 나타내시오.

(단, b는 가장 작은 자연수)

(1) $\sqrt{20}$

(2) $\sqrt{27}$

(3) $\sqrt{48}$

(4) $-\sqrt{200}$

2-① 다음을 $a\sqrt{b}$의 꼴로 나타내시오.

(단, b는 가장 작은 자연수)

(1) $\sqrt{8}$

(2) $-\sqrt{28}$

(3) $\sqrt{54}$

(4) $\sqrt{98}$

3 다음을 $\sqrt{a}$ 또는 $-\sqrt{a}$의 꼴로 나타내시오.

(1) $4\sqrt{2}$

(2) $-3\sqrt{5}$

(3) $-2\sqrt{10}$

(4) $5\sqrt{3}$

3-① 다음을 $\sqrt{a}$ 또는 $-\sqrt{a}$의 꼴로 나타내시오.

(1) $2\sqrt{6}$

(2) $-4\sqrt{5}$

(3) $-3\sqrt{7}$

(4) $5\sqrt{2}$

개념 코칭 3 제곱근의 나눗셈은 어떻게 할까?

정답 및 풀이 ▶ 8쪽

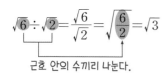

근호 안의 수끼리 나눈다.

근호 밖의 수끼리 나눈다.

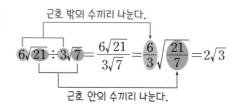

근호 안의 수끼리 나눈다.

4 다음을 계산하시오.

(1) $\sqrt{10} \div \sqrt{2}$

(2) $-\dfrac{\sqrt{12}}{\sqrt{6}}$

(3) $4\sqrt{6} \div 2\sqrt{3}$

(4) $\sqrt{6} \div \dfrac{1}{\sqrt{5}}$

4-❶ 다음을 계산하시오.

(1) $-\sqrt{45} \div \sqrt{3}$

(2) $-\dfrac{\sqrt{22}}{\sqrt{2}}$

(3) $-\sqrt{12} \div (-3\sqrt{3})$

(4) $\dfrac{\sqrt{16}}{\sqrt{3}} \div \dfrac{\sqrt{8}}{\sqrt{15}}$

개념 코칭 4 제곱근의 나눗셈에서 근호가 있는 식은 어떻게 변형할까?

정답 및 풀이 ▶ 8쪽

$\sqrt{\dfrac{3}{49}} = \sqrt{\dfrac{3}{7^2}} = \dfrac{\sqrt{3}}{\sqrt{7^2}} = \dfrac{\sqrt{3}}{7}$

소인수분해 제곱인 인수는 근호 밖으로

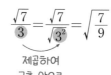

제곱하여 근호 안으로

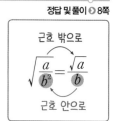

5 다음을 $a\sqrt{b}$의 꼴로 나타내시오.

(단, b는 가장 작은 자연수)

(1) $\sqrt{\dfrac{2}{9}}$

(2) $\sqrt{0.05}$

(3) $\sqrt{\dfrac{4}{98}}$

(4) $-\sqrt{0.12}$

5-❶ 다음을 $a\sqrt{b}$의 꼴로 나타내시오.

(단, b는 가장 작은 자연수)

(1) $\sqrt{\dfrac{11}{25}}$

(2) $\sqrt{0.07}$

(3) $-\sqrt{\dfrac{6}{32}}$

(4) $\sqrt{0.75}$

6 다음을 $\sqrt{a}$ 또는 $-\sqrt{a}$의 꼴로 나타내시오.

(1) $\dfrac{\sqrt{5}}{2}$

(2) $\dfrac{2\sqrt{3}}{5}$

(3) $-\dfrac{\sqrt{6}}{3}$

(4) $-\dfrac{5\sqrt{3}}{4}$

6-❶ 다음을 $\sqrt{a}$ 또는 $-\sqrt{a}$의 꼴로 나타내시오.

(1) $\dfrac{\sqrt{5}}{6}$

(2) $\dfrac{3\sqrt{2}}{4}$

(3) $-\dfrac{\sqrt{3}}{5}$

(4) $-\dfrac{2\sqrt{6}}{7}$

정답 및 풀이 ▸ 8쪽

개념 코칭 5 — 분모에 근호가 있을 때 분모의 유리화는 어떻게 할까? (1)

분모의 유리화 : 분모의 무리수를 유리수로 고치는 것

$$\frac{1}{\sqrt{3}} \leftarrow \text{분모가 } \sqrt{3}$$

$$= \frac{1 \times \sqrt{3}}{\sqrt{3} \times \sqrt{3}} \leftarrow \text{분모, 분자에 } \sqrt{3} \text{을 각각 곱한다.}$$

$$= \frac{\sqrt{3}}{3} \text{ 유리수}$$

$$\frac{\sqrt{5}}{\sqrt{2}} \leftarrow \text{분모가 } \sqrt{2}$$

$$= \frac{\sqrt{5} \times \sqrt{2}}{\sqrt{2} \times \sqrt{2}} \leftarrow \text{분모, 분자에 } \sqrt{2} \text{를 각각 곱한다.}$$

$$= \frac{\sqrt{10}}{2} \text{ 유리수}$$

$$\frac{2}{3\sqrt{6}} \leftarrow \text{분모의 근호 부분이 } \sqrt{6}$$

$$= \frac{2 \times \sqrt{6}}{3\sqrt{6} \times \sqrt{6}} \leftarrow \text{분모, 분자에 } \sqrt{6} \text{을 각각 곱한다.}$$

$$= \frac{2\sqrt{6}}{3 \times 6} = \frac{\sqrt{6}}{9} \text{ 유리수}$$
약분

참고 분모를 유리화하면 수의 크기를 쉽게 짐작할 수 있고, 식을 계산하기 더 편리하다.

7 다음 수의 분모를 유리화하시오.

(1) $\dfrac{1}{\sqrt{2}}$

(2) $\dfrac{\sqrt{3}}{\sqrt{5}}$

(3) $\dfrac{\sqrt{2}}{2\sqrt{3}}$

(4) $-\dfrac{4}{\sqrt{2}}$

7-❶ 다음 수의 분모를 유리화하시오.

(1) $\dfrac{1}{\sqrt{11}}$

(2) $\dfrac{\sqrt{2}}{\sqrt{7}}$

(3) $\dfrac{\sqrt{3}}{3\sqrt{5}}$

(4) $-\dfrac{4}{3\sqrt{6}}$

개념 코칭 6 — 분모에 근호가 있을 때 분모의 유리화는 어떻게 할까? (2)

정답 및 풀이 ▸ 8쪽

방법 1 분모의 근호 안에 제곱인 인수가 있을 때

$$\frac{4}{\sqrt{12}} = \frac{4}{2\sqrt{3}} = \frac{2}{\sqrt{3}} = \frac{2 \times \sqrt{3}}{\sqrt{3} \times \sqrt{3}} = \frac{2\sqrt{3}}{3}$$

제곱인 인수는 근호 밖으로 / 약분 / 분모의 유리화

$a\sqrt{b}$의 꼴로 고친 후, 분모를 유리화해.

방법 2 근호 안의 수끼리 약분이 될 때

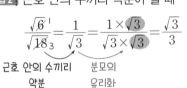

$$\frac{\sqrt{6}}{\sqrt{18}} = \frac{1}{\sqrt{3}} = \frac{1 \times \sqrt{3}}{\sqrt{3} \times \sqrt{3}} = \frac{\sqrt{3}}{3}$$

근호 안의 수끼리 약분 / 분모의 유리화

약분을 먼저 한 후 분모를 유리화해.

8 다음 수의 분모를 유리화하시오.

(1) $\dfrac{1}{\sqrt{18}}$

(2) $\dfrac{6}{\sqrt{20}}$

(3) $-\sqrt{\dfrac{1}{50}}$

(4) $-\sqrt{\dfrac{7}{27}}$

(5) $\dfrac{12}{\sqrt{2}\sqrt{3}}$

(6) $\dfrac{\sqrt{3}}{2\sqrt{6}}$

8-❶ 다음 수의 분모를 유리화하시오.

(1) $\dfrac{1}{\sqrt{28}}$

(2) $-\dfrac{2}{\sqrt{24}}$

(3) $\sqrt{\dfrac{3}{32}}$

(4) $\dfrac{2\sqrt{3}}{\sqrt{15}}$

(5) $\dfrac{5\sqrt{2}}{\sqrt{12}}$

(6) $-\dfrac{\sqrt{21}}{\sqrt{5}\sqrt{7}}$

| 제곱근의 곱셈과 나눗셈 |

01 다음 중 옳지 <u>않은</u> 것은?

① $2\sqrt{3} \times \sqrt{5} = 2\sqrt{15}$　　② $3\sqrt{6} \times \dfrac{\sqrt{5}}{\sqrt{2}} = 3\sqrt{15}$

③ $4\sqrt{24} \div \sqrt{6} = 16$　　④ $\dfrac{5\sqrt{8}}{\sqrt{3}} \div \dfrac{\sqrt{4}}{\sqrt{6}} = 10$

⑤ $2\sqrt{6} \div \dfrac{1}{\sqrt{5}} = 2\sqrt{30}$

02 $a = \dfrac{\sqrt{5}}{\sqrt{2}} \times \dfrac{\sqrt{4}}{\sqrt{5}}$, $b = \dfrac{\sqrt{10}}{\sqrt{3}} \div \dfrac{\sqrt{5}}{\sqrt{6}}$일 때, ab의 값은?

① $\sqrt{2}$　　② 2　　③ $\sqrt{6}$

④ $2\sqrt{2}$　　⑤ $\sqrt{10}$

| 근호가 있는 식의 변형 | 중요

03 $\sqrt{48} = a\sqrt{3}$, $\dfrac{\sqrt{5}}{2} = \sqrt{b}$일 때, ab의 값은?

(단, a, b는 유리수)

① 1　　② 2　　③ 3

④ 4　　⑤ 5

04 $-\sqrt{45} = a\sqrt{5}$, $\dfrac{\sqrt{7}}{3} = \sqrt{b}$일 때, $3ab$의 값은?

(단, a, b는 유리수)

① -11　　② -7　　③ -5

④ 5　　⑤ 7

| 문자를 이용한 제곱근의 표현 |

05 $\sqrt{2} = a$, $\sqrt{5} = b$라 할 때, 다음 중 $\sqrt{90}$을 a, b를 사용하여 나타낸 것은?

① ab　　② $3ab$　　③ $5ab$

④ $5a^2b$　　⑤ $5ab^2$

 Plus

문자를 이용하여 제곱근을 표현할 때
(1) 자연수는 소인수분해한다.
(2) 소수는 분수로 나타낸다.

06 $\sqrt{3} = a$라 할 때, 다음 중 $\sqrt{0.75}$를 a를 사용하여 나타낸 것은?

① $\dfrac{a}{5}$　　② $\dfrac{a}{3}$　　③ $\dfrac{a}{2}$

④ $2a$　　⑤ $3a$

—— 분모의 유리화 ——

07 다음 중 분모를 유리화한 것으로 옳지 <u>않은</u> 것은?

① $\dfrac{\sqrt{3}}{\sqrt{6}} = \dfrac{\sqrt{2}}{2}$　　② $\dfrac{1}{\sqrt{8}} = \dfrac{\sqrt{2}}{4}$

③ $\dfrac{\sqrt{5}}{3\sqrt{2}} = \dfrac{\sqrt{10}}{6}$　　④ $\dfrac{\sqrt{3}}{2\sqrt{5}} = \dfrac{3\sqrt{10}}{10}$

⑤ $\dfrac{\sqrt{8}}{3\sqrt{7}} = \dfrac{2\sqrt{14}}{21}$

08 $\dfrac{6\sqrt{5}}{\sqrt{3}} = a\sqrt{15}$, $\dfrac{5}{\sqrt{12}} = b\sqrt{3}$일 때, ab의 값은?

(단, a, b는 유리수)

① $\dfrac{3}{5}$　　② $\dfrac{4}{5}$　　③ 1

④ $\dfrac{5}{4}$　　⑤ $\dfrac{5}{3}$

—— 제곱근의 곱셈과 나눗셈의 혼합 계산 ——

09 $\dfrac{\sqrt{3}}{\sqrt{2}} \times \sqrt{12} \div \sqrt{\dfrac{6}{5}}$ 을 계산하면?

① $\dfrac{\sqrt{30}}{2}$　　② $\sqrt{30}$　　③ $\sqrt{15}$

④ $2\sqrt{15}$　　⑤ $4\sqrt{15}$

 Plus

제곱근의 곱셈과 나눗셈의 혼합 계산
⑴ 나눗셈은 역수의 곱셈으로 고친다.
⑵ 근호 안의 제곱인 인수는 밖으로 꺼내어 근호 안을 가장 작은 자연수로 만든다.

10 다음을 계산하시오.

$$\sqrt{6} \div (-\sqrt{12}) \times \dfrac{2}{\sqrt{10}}$$

—— 제곱근의 곱셈과 나눗셈의 도형에서의 활용 ——

11 다음 그림의 삼각형과 정사각형의 넓이가 서로 같을 때, x의 값을 구하시오.

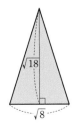

12 다음 그림과 같이 가로의 길이가 $2\sqrt{5}$, 세로의 길이가 $\sqrt{6}$인 직육면체의 부피가 $4\sqrt{15}$일 때, h의 값을 구하시오.

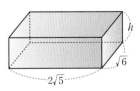

02 제곱근의 덧셈과 뺄셈

1 제곱근의 덧셈과 뺄셈

제곱근의 덧셈과 뺄셈은 근호 안의 수가 같은 것끼리 모아서 계산한다.

$a>0$이고 m, n이 유리수일 때

(1) 제곱근의 덧셈

$$m\sqrt{a}+n\sqrt{a}=(m+n)\sqrt{a}$$

예 $3\sqrt{2}+5\sqrt{2}=(3+5)\sqrt{2}=8\sqrt{2}$

(2) 제곱근의 뺄셈

$$m\sqrt{a}-n\sqrt{a}=(m-n)\sqrt{a}$$

예 $7\sqrt{5}-3\sqrt{5}=(7-3)\sqrt{5}=4\sqrt{5}$

설명 오른쪽 그림과 같이 세로의 길이가 같은 두 직사각형의 넓이의 합은
$2\sqrt{3}+5\sqrt{3}=(2+5)\sqrt{3}=7\sqrt{3}$임을 알 수 있다. 이를 이용하면 근호 안의 수가 같을 때, 제곱근끼리 더하고 빼는 것이 가능하다는 것을 알 수 있다.

주의 제곱근의 덧셈과 뺄셈은 근호 안의 수가 같지 않으면 더 이상 간단히 할 수 없다.
즉, $\sqrt{2}+\sqrt{3}=\sqrt{5}$, $\sqrt{5}-\sqrt{2}=\sqrt{3}$과 같이 계산하지 않도록 주의한다.

참고 $\sqrt{a^2b}$의 꼴이 포함된 경우는 $a\sqrt{b}$의 꼴로, 즉 근호 안의 수가 가장 작은 자연수가 되게 한 후 계산하는 것이 편리하다.

2 근호를 포함한 복잡한 식의 계산

(1) 근호를 포함한 식의 분배법칙

$a>0$, $b>0$, $c>0$일 때

① $\sqrt{a}(\sqrt{b}\pm\sqrt{c})=\sqrt{a}\sqrt{b}\pm\sqrt{a}\sqrt{c}=\sqrt{ab}\pm\sqrt{ac}$

예 $\sqrt{2}(\sqrt{3}+\sqrt{5})=\sqrt{2}\sqrt{3}+\sqrt{2}\sqrt{5}=\sqrt{6}+\sqrt{10}$

② $(\sqrt{a}\pm\sqrt{b})\sqrt{c}=\sqrt{a}\sqrt{c}\pm\sqrt{b}\sqrt{c}=\sqrt{ac}\pm\sqrt{bc}$

예 $(\sqrt{2}+\sqrt{3})\sqrt{5}=\sqrt{2}\sqrt{5}+\sqrt{3}\sqrt{5}=\sqrt{10}+\sqrt{15}$

(2) 분배법칙을 이용한 분모의 유리화

$a>0$, $b>0$, $c>0$일 때,

$$\frac{\sqrt{a}+\sqrt{b}}{\sqrt{c}}=\frac{(\sqrt{a}+\sqrt{b})\times\sqrt{c}}{\sqrt{c}\times\sqrt{c}}=\frac{\sqrt{ac}+\sqrt{bc}}{c}$$

예 $\dfrac{\sqrt{2}+\sqrt{3}}{\sqrt{3}}=\dfrac{(\sqrt{2}+\sqrt{3})\times\sqrt{3}}{\sqrt{3}\times\sqrt{3}}=\dfrac{\sqrt{6}+3}{3}$

(3) 근호를 포함한 복잡한 식의 계산

❶ 괄호가 있으면 분배법칙을 이용하여 전개한다.

❷ 근호 안에 제곱인 인수가 있으면 근호 밖으로 꺼낸다.

❸ 분모에 근호가 있으면 분모를 유리화한다.

❹ 곱셈과 나눗셈을 먼저 한 후 덧셈과 뺄셈을 한다.

유리수에서와 마찬가지로 실수에서도 분배법칙이 성립한다.

개념코칭 1 제곱근의 덧셈과 뺄셈은 어떻게 계산할까?

정답 및 풀이 ➎ 9쪽

$2\sqrt{3}+5\sqrt{3}$ 근호 안의 수가 같은 것끼리 모은다.
$=(2+5)\sqrt{3}$
$=7\sqrt{3}$

$\sqrt{18}+2\sqrt{2}$ $\sqrt{a^2b}$ 꼴을 $a\sqrt{b}$ 꼴로 고친 후 계산한다.
$=3\sqrt{2}+2\sqrt{2}$
$=5\sqrt{2}$

$\dfrac{3}{\sqrt{3}}+\sqrt{3}$ 분모의 유리화를 먼저 한 후 계산한다.
$=\sqrt{3}+\sqrt{3}$
$=2\sqrt{3}$

주의 근호 안의 수가 다른 무리수끼리는 더 이상 간단히 할 수 없다.

1 다음을 계산하시오.

(1) $4\sqrt{5}-\sqrt{5}$

(2) $3\sqrt{6}+4\sqrt{6}-2\sqrt{3}$

(3) $\sqrt{8}+\sqrt{12}-\sqrt{18}-4\sqrt{3}$

(4) $\dfrac{5}{\sqrt{5}}+\sqrt{125}$

1-❶ 다음을 계산하시오.

(1) $4\sqrt{7}-5\sqrt{7}$

(2) $6\sqrt{3}+\sqrt{5}-10\sqrt{3}$

(3) $4\sqrt{5}-\sqrt{20}+\sqrt{45}$

(4) $\dfrac{\sqrt{3}}{\sqrt{2}}+\sqrt{6}+\sqrt{\dfrac{27}{2}}$

개념코칭 2 근호를 포함한 식에서도 분배법칙을 이용하여 계산할 수 있을까?

정답 및 풀이 ➎ 9쪽

$\sqrt{5}(\sqrt{2}+\sqrt{3})=\sqrt{5}\sqrt{2}+\sqrt{5}\sqrt{3}=\sqrt{10}+\sqrt{15}$

$(\sqrt{2}-\sqrt{3})\sqrt{2}=\sqrt{2}\sqrt{2}-\sqrt{3}\sqrt{2}=2-\sqrt{6}$

2 다음을 계산하시오.

(1) $\sqrt{2}(\sqrt{8}+\sqrt{6})$

(2) $-(\sqrt{6}-\sqrt{3})\sqrt{3}$

2-❶ 다음을 계산하시오.

(1) $(\sqrt{2}-3)\sqrt{2}$

(2) $\sqrt{5}(3\sqrt{5}-\sqrt{2})$

개념 코칭 3 | 근호를 포함한 복잡한 식의 계산은 어떻게 하는 것이 편리할까?

$$\sqrt{2}(2-\sqrt{8})+10 \div \sqrt{2}$$

$$=2\sqrt{2}-\sqrt{16}+\frac{10}{\sqrt{2}}$$

$$=2\sqrt{2}-4+\frac{10}{\sqrt{2}}$$

$$=2\sqrt{2}-4+\frac{10\times\sqrt{2}}{\sqrt{2}\times\sqrt{2}}$$

$$=2\sqrt{2}-4+5\sqrt{2}$$

$$=7\sqrt{2}-4$$

괄호가 있으면 **분배법칙**을 이용, ÷는 ×로 바꾸어 계산

제곱인 인수는 **근호 밖으로**

분모에 근호가 있으면 **분모의 유리화**

근호 안의 수가 같은 것끼리 모으기

괄호가 있으면 분배법칙을 이용하여 전개한다.
↓
근호 안에 제곱인 인수가 있으면 근호 밖으로 꺼낸다.
↓
분모에 근호가 있으면 분모를 유리화한다.
↓
곱셈과 나눗셈을 먼저 한 후 덧셈과 뺄셈을 한다.

3 다음을 계산하시오.

(1) $7\sqrt{2}+\sqrt{5}(\sqrt{10}-\sqrt{5})$

(2) $\dfrac{3\sqrt{5}-\sqrt{15}}{\sqrt{5}}+\sqrt{3}-1$

3-❶ 다음을 계산하시오.

(1) $(\sqrt{15}+\sqrt{6})\div\sqrt{3}+\dfrac{10}{\sqrt{5}}$

(2) $\dfrac{\sqrt{2}-\sqrt{3}}{\sqrt{6}}+\dfrac{\sqrt{2}}{2}$

4 다음을 계산하시오.

(1) $\sqrt{2}(\sqrt{3}+\sqrt{10})-\sqrt{45}$

(2) $\sqrt{6}\left(\dfrac{1}{\sqrt{2}}+\dfrac{1}{\sqrt{3}}\right)+2(\sqrt{12}-\sqrt{8})$

(3) $(2\sqrt{5}+\sqrt{2})\div\sqrt{2}-\sqrt{10}+1$

4-❶ 다음을 계산하시오.

(1) $\sqrt{2}(\sqrt{6}-\sqrt{3})+\sqrt{54}$

(2) $\sqrt{32}-2\sqrt{24}-\sqrt{2}(2+3\sqrt{3})$

(3) $\dfrac{\sqrt{5}-\sqrt{2}}{\sqrt{3}}+\dfrac{2}{3}\left(\sqrt{15}-\dfrac{\sqrt{6}}{2}\right)$

---| 제곱근의 덧셈과 뺄셈 |---

01 다음 중 옳지 않은 것은?

① $2\sqrt{3}+3\sqrt{3}-\sqrt{3}=4\sqrt{3}$

② $8\sqrt{2}+5\sqrt{2}-3\sqrt{2}=10\sqrt{2}$

③ $\sqrt{7}+2\sqrt{3}-(4\sqrt{3}+2\sqrt{7})=-2\sqrt{3}-\sqrt{7}$

④ $\sqrt{72}-\dfrac{4}{\sqrt{8}}=4\sqrt{2}$

⑤ $-\dfrac{18}{\sqrt{6}}+\sqrt{150}-\dfrac{4\sqrt{3}}{\sqrt{2}}=0$

02 $\dfrac{3\sqrt{2}}{2}+\dfrac{13\sqrt{3}}{6}-\dfrac{7}{2\sqrt{3}}+\dfrac{11}{3\sqrt{2}}=a\sqrt{2}+b\sqrt{3}$일 때, ab 의 값은? (단, a, b는 유리수)

① 3 　　② $\dfrac{10}{3}$ 　　③ $\dfrac{11}{3}$

④ 4 　　⑤ $\dfrac{13}{3}$

---| 근호를 포함한 식의 분배법칙 |---

03 $\sqrt{2}(\sqrt{6}+\sqrt{12})+2\sqrt{3}(3+2\sqrt{2})=a\sqrt{3}+b\sqrt{6}$일 때, $a+b$의 값은? (단, a, b는 유리수)

① 10 　　② 11 　　③ 12

④ 13 　　⑤ 14

04 다음을 계산하시오.

$$\sqrt{3}(\sqrt{6}+\sqrt{3})-\sqrt{5}\left(\dfrac{2}{\sqrt{10}}+2\sqrt{5}\right)$$

중요

---| 유리수가 될 조건 |---

05 $\sqrt{3}(2\sqrt{3}-3)-a(1-\sqrt{3})$이 유리수가 되도록 하는 유리수 a의 값을 구하시오.

코칭 Plus

a, b는 유리수, $\sqrt{m}$은 무리수일 때,
$a+b\sqrt{m}$이 유리수가 될 조건 ➔ $b=0$

06 $2+k\sqrt{2}+\sqrt{2}(1+2\sqrt{2})$가 유리수가 되도록 하는 유리수 k의 값을 구하시오.

---| 제곱근의 덧셈과 뺄셈의 도형에서의 활용 |---

07 오른쪽 그림과 같이 밑면의 가로의 길이가 $3\sqrt{2}$, 세로의 길이가 $2\sqrt{3}$인 직육면체가 있다. 이 직육면체의 모든 모서리의 길이의 합이 $16\sqrt{2}+16\sqrt{3}$일 때, 이 직육면체의 높이를 구하시오.

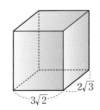

08 오른쪽 그림과 같이 가로의 길이가 $2\sqrt{3}$인 직사각형의 넓이가 $6+4\sqrt{6}$일 때, 이 직사각형의 둘레의 길이를 구하시오.

01

다음 중 옳지 <u>않은</u> 것은?

① $\sqrt{15} \times \sqrt{10} = 5\sqrt{6}$

② $\dfrac{1}{\sqrt{2}} \times 3\sqrt{6} = 3\sqrt{3}$

③ $\sqrt{6} \div \sqrt{\dfrac{2}{3}} = 3\sqrt{3}$

④ $\sqrt{2}(\sqrt{2} + \sqrt{3}) = 2 + \sqrt{6}$

⑤ $(\sqrt{24} - \sqrt{18}) \div \sqrt{3} = 2\sqrt{2} - \sqrt{6}$

02

$\sqrt{3} = a$, $\sqrt{7} = b$라 할 때, 다음 중 $\sqrt{0.84}$를 a, b를 사용하여 나타낸 것은?

① ab ② $5ab$ ③ $10ab$

④ $\dfrac{ab}{5}$ ⑤ $\dfrac{ab}{10}$

03

$\sqrt{63} - \sqrt{75} + \sqrt{27} - \sqrt{28} = a\sqrt{3} + b\sqrt{7}$일 때, $a+b$의 값을 구하시오. (단, a, b는 유리수)

04

다음을 계산하시오.

$$\sqrt{80} + \dfrac{5}{\sqrt{5}} - \dfrac{1}{2\sqrt{3}} \div \dfrac{1}{\sqrt{60}}$$

05

$\sqrt{3}(5 + 3\sqrt{2}) - \dfrac{6 - 2\sqrt{2}}{\sqrt{3}} = p\sqrt{3} + q\sqrt{6}$일 때, pq의 값은?

(단, p, q는 유리수)

① 10   ② 11   ③ 12

④ 13   ⑤ 14

06

$\sqrt{2}(7\sqrt{2} - 2) - k(3 - 4\sqrt{2})$가 유리수가 되도록 하는 유리수 k의 값은?

① $-\dfrac{1}{2}$ ② $-\dfrac{1}{4}$ ③ $\dfrac{1}{4}$

④ $\dfrac{1}{2}$ ⑤ 1

한걸음 더

07 (문제해결)

다음 그림에서 직육면체의 부피를 V_1, 원뿔의 부피를 V_2라 할 때, $\dfrac{V_2}{V_1} = \pi$이다. 이때 직육면체의 겉넓이를 구하시오.

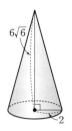

03 제곱근의 활용

1 제곱근표를 이용한 제곱근의 값

(1) 제곱근표 : 1.00부터 99.9까지의 수에 대한 양의 제곱근을 반올림하여 소수점 아래 셋째 자리까지 구하여 나타낸 표

(2) 제곱근표 읽는 방법

$\sqrt{1.62}$의 값은 제곱근표에서 1.6의 가로줄과 2의 세로줄이 만나는 곳의 수인 1.273이다. 어림한 수이지만 값을 나타낼 때는 $\sqrt{1.62}=1.273$과 같이 등호를 사용하여 나타낸다.

수	0	1	2	3	4
⋮	⋮	⋮	⋮	⋮	⋮
1.5	1.225	1.229	1.233	1.237	1.241
1.6	1.265	1.269	1.273	1.277	1.281
1.7	1.304	1.308	1.311	1.315	1.319
⋮	⋮	⋮	⋮	⋮	⋮

(3) 제곱근표에 없는 수의 제곱근의 값

1.00보다 작거나 100보다 큰 수의 제곱근의 값은 제곱근표에서 찾을 수 없으므로 $\sqrt{a^2b}=a\sqrt{b}\,(a>0)$임을 이용하여 근호 안의 수를 제곱근표에 있는 수로 만들어서 구한다.

예 $\sqrt{3}=1.732$, $\sqrt{30}=5.477$일 때,

$$\sqrt{300}=\sqrt{3\times10^2}=10\sqrt{3}=10\times1.732=17.32$$
$$\sqrt{300000}=\sqrt{30\times100^2}=100\sqrt{30}=100\times5.477=547.7$$
$$\sqrt{0.03}=\sqrt{\frac{3}{10^2}}=\frac{\sqrt{3}}{10}=\frac{1}{10}\times1.732=0.1732$$
$$\sqrt{0.003}=\sqrt{\frac{3}{1000}}=\sqrt{\frac{30}{100^2}}=\frac{\sqrt{30}}{100}=\frac{1}{100}\times5.477=0.05477$$

2 실수의 대소 관계

두 실수 A, B의 대소 관계는 $A-B$의 부호를 이용하여 조사한다.

(1) $A-B>0$이면 $A>B$

(2) $A-B=0$이면 $A=B$

(3) $A-B<0$이면 $A<B$

예 $A=2\sqrt{2}+2$, $B=4\sqrt{2}-1$일 때,
$A-B=(2\sqrt{2}+2)-(4\sqrt{2}-1)=3-2\sqrt{2}=\sqrt{9}-\sqrt{8}>0$이므로 $A>B$

3 무리수의 정수 부분과 소수 부분

(1) 무리수는 정수 부분과 소수 부분으로 나눌 수 있다.

예 $\sqrt{2}=1.414\cdots$
$=\underset{\text{정수 부분}}{1}+\underset{\text{소수 부분}}{0.414\cdots}$

(2) 소수 부분은 무리수에서 정수 부분을 빼서 나타낸다.

예 $\sqrt{2}=1+0.414\cdots$ ← 이항
$\sqrt{2}-1=\underset{\text{소수 부분}}{0.414\cdots}$

즉, $\sqrt{2}$의 소수 부분은 $\sqrt{2}-1$로 나타낼 수 있다.

> $\sqrt{a}$가 무리수일 때
> $\sqrt{a}=$(정수 부분)+(소수 부분)
> ➡ (소수 부분)$=\sqrt{a}-$(정수 부분)

개념 코칭 1 제곱근표에서 제곱근의 값은 어떻게 찾을까?

정답 및 풀이 ○ 11쪽

$\boxed{\sqrt{5.75}\text{의 값}}$ → 제곱근표에서 5.7의 가로줄과 5의 세로줄이 만나는 곳의 수 → 2.398

수	0	1	2	3	4	5	6	7	8	9
5.6	2.366	2.369	2.371	2.373	2.375	2.377	2.379	2.381	2.383	2.385
5.7	2.387	2.390	2.392	2.394	2.396	2.398	2.400	2.402	2.404	2.406
5.8	2.408	2.410	2.412	2.415	2.417	2.419	2.421	2.423	2.425	2.427

처음 두 자리 수의 가로줄과 끝자리 수의 세로줄이 만나는 칸에 적혀 있는 수를 찾아 봐.

1 제곱근표를 보고 다음 제곱근의 값을 구하시오.

수	0	1	2	3	4	5
4.5	2.121	2.124	2.126	2.128	2.131	2.133
4.6	2.145	2.147	2.149	2.152	2.154	2.156
4.7	2.168	2.170	2.173	2.175	2.177	2.179

(1) $\sqrt{4.52}$ (2) $\sqrt{4.70}$

1-❶ 제곱근표를 보고 다음 제곱근의 값을 구하시오.

수	4	5	6	7	8	9
35	5.950	5.958	5.967	5.975	5.983	5.992
36	6.033	6.042	6.050	6.058	6.066	6.075
37	6.116	6.124	6.132	6.140	6.148	6.156

(1) $\sqrt{35.7}$ (2) $\sqrt{36.4}$

 개념 코칭 2 제곱근표에 없는 수의 제곱근의 값은 어떻게 구할까?

정답 및 풀이 ○ 11쪽

제곱근표에 없는 수의 제곱근의 값은 제곱근표에 있는 수가 나올 때까지 소수점을 앞 또는 뒤로 두 칸씩 이동하여 구한다.

$\sqrt{200} = \sqrt{2 \times 100} = 10\sqrt{2}$ 제곱근표에서 $\sqrt{2}=1.414$
$\qquad = 10 \times 1.414$
$\qquad = 14.14$
$\boxed{\sqrt{200}}$

→ 100보다 큰 수의 제곱근은 소수점을 앞으로 두 칸씩 이동한다.

$\sqrt{0.2} = \sqrt{\dfrac{20}{100}} = \dfrac{\sqrt{20}}{10}$ 제곱근표에서 $\sqrt{20}=4.472$
$\qquad = \dfrac{4.472}{10}$
$\qquad = 0.4472$
$\boxed{\sqrt{0.20}}$

→ 0과 1 사이의 수의 제곱근은 소수점을 뒤로 두 칸씩 이동한다.

2 $\sqrt{5}=2.236$, $\sqrt{50}=7.071$일 때, 다음 제곱근의 값을 구하시오.

(1) $\sqrt{500}$ (2) $\sqrt{5000}$

(3) $\sqrt{0.5}$ (4) $\sqrt{0.05}$

 2-❶ $\sqrt{7}=2.646$, $\sqrt{70}=8.367$일 때, 다음 제곱근의 값을 구하시오.

(1) $\sqrt{7000}$ (2) $\sqrt{70000}$

(3) $\sqrt{0.07}$ (4) $\sqrt{0.007}$

정답 및 풀이 ○ 11쪽

개념 코칭 3 제곱근의 뺄셈을 이용하여 실수의 대소를 비교해 볼까?

두 실수 $3\sqrt{2}+2$와 $2\sqrt{3}+2$의 대소를 비교해 보자.

$$(3\sqrt{2}+2)-(2\sqrt{3}+2)=3\sqrt{2}+2-2\sqrt{3}-2$$
$$=3\sqrt{2}-2\sqrt{3}$$
$$=\sqrt{18}-\sqrt{12}>0$$

$a-b>0$이면 $a>b$

$\therefore 3\sqrt{2}+2>2\sqrt{3}+2$

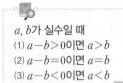

a, b가 실수일 때
(1) $a-b>0$이면 $a>b$
(2) $a-b=0$이면 $a=b$
(3) $a-b<0$이면 $a<b$

3 다음 ◯ 안에 알맞은 부등호를 써넣으시오.

(1) $2+\sqrt{2}$ ◯ $\sqrt{2}+\sqrt{3}$

(2) $4\sqrt{2}$ ◯ $\sqrt{5}+2\sqrt{2}$

(3) $2+\sqrt{12}$ ◯ $3+\sqrt{3}$

3-❶ 다음 ◯ 안에 알맞은 부등호를 써넣으시오.

(1) $3\sqrt{2}-1$ ◯ $2+\sqrt{2}$

(2) $2+3\sqrt{6}$ ◯ $2\sqrt{6}+4$

(3) $\sqrt{18}+1$ ◯ $\sqrt{8}+2$

정답 및 풀이 ○ 11쪽

집중 코칭 4 무리수의 정수 부분과 소수 부분은 어떻게 구할까?

$\sqrt{1}<\sqrt{3}<\sqrt{4}$이므로 $1<\sqrt{3}<2$

($\sqrt{3}$의 정수 부분)$=1$

($\sqrt{3}$의 소수 부분)$=\sqrt{3}-1$

제곱근의 대소 관계를 이용하여 무리수의 정수 부분을 구한다.

(소수 부분)$=$(무리수)$-$(정수 부분)임을 이용하여 무리수의 소수 부분을 구한다.

$0\leq$(소수 부분)<1

$n\leq\sqrt{a}<n+1$일 때
(1) $\sqrt{a}$의 정수 부분: n
(2) $\sqrt{a}$의 소수 부분: $\sqrt{a}-n$

4 다음을 구하시오.

(1) $\sqrt{5}$의 정수 부분

(2) $\sqrt{17}$의 정수 부분

(3) $\sqrt{13}+2$의 정수 부분

5 다음을 구하시오.

(1) $\sqrt{11}$의 소수 부분

(2) $\sqrt{23}$의 소수 부분

(3) $\sqrt{2}+3$의 소수 부분

───── **제곱근표에 없는 수의 제곱근의 값 구하기**(1) 〔중요〕

01 $\sqrt{5.1}=2.258$, $\sqrt{51}=7.141$일 때, 다음 중 옳은 것을 모두 고르면? (정답 2개)

① $\sqrt{0.51}=0.7141$ ② $\sqrt{0.051}=0.07141$

③ $\sqrt{510}=22.58$ ④ $\sqrt{5100}=714.1$

⑤ $\sqrt{51000}=2258$

02 $\sqrt{3.82}=1.954$, $\sqrt{38.2}=6.181$일 때, 다음 중 옳지 않은 것은?

① $\sqrt{382}=19.54$ ② $\sqrt{3820}=61.81$

③ $\sqrt{0.382}=0.6181$ ④ $\sqrt{0.0382}=0.1954$

⑤ $\sqrt{0.00382}=0.01954$

───── **제곱근표에 없는 수의 제곱근의 값 구하기**(2)

03 $\sqrt{7}=2.646$, $\sqrt{70}=8.367$일 때, $\sqrt{2800}$의 값은?

① 26.46 ② 41.835 ③ 52.92

④ 79.38 ⑤ 83.67

 Plus

$\sqrt{2800}$을 $\sqrt{7}$ 또는 $\sqrt{70}$의 값을 이용할 수 있도록 근호 안의 제곱인 인수를 근호 밖으로 꺼내어 정리한다.

04 $\sqrt{6}=2.449$, $\sqrt{60}=7.746$일 때, $\sqrt{0.24}$의 값은?

① 0.7746 ② 0.7438 ③ 0.6122

④ 0.4898 ⑤ 0.2449

───── 〔중요〕 **실수의 대소 관계**

05 다음 중 두 실수의 대소 관계가 옳은 것을 모두 고르면? (정답 2개)

① $4\sqrt{2}-3<2\sqrt{2}-2$

② $\sqrt{27}-2<2\sqrt{3}$

③ $\sqrt{20}-3<\sqrt{5}-2$

④ $4\sqrt{5}-2\sqrt{3}<\sqrt{3}+2\sqrt{5}$

⑤ $3+\sqrt{6}<\sqrt{8}+\sqrt{6}$

06 다음 세 수 A, B, C의 대소 관계를 부등호를 사용하여 나타내시오.

$$A=3\sqrt{2}-2\sqrt{3}$$
$$B=\sqrt{2}+\sqrt{3}$$
$$C=2\sqrt{2}-\sqrt{3}$$

───── **무리수의 정수 부분과 소수 부분**

07 $3+\sqrt{5}$의 소수 부분을 x라 할 때, $2x$의 값을 구하시오.

08 $3\sqrt{2}+1$의 정수 부분을 a, 소수 부분을 b라 할 때, $2a+b$의 값을 구하시오.

01

다음 제곱근표에서 $\sqrt{2.53}=a$, $\sqrt{b}=1.646$일 때, $100a+10b$의 값을 구하시오.

수	0	1	2	3	4
2.5	1.581	1.584	1.587	1.591	1.594
2.6	1.612	1.616	1.619	1.622	1.625
2.7	1.643	1.646	1.649	1.652	1.655

02

다음 중 $\sqrt{3.7}=1.924$를 이용하여 그 값을 구할 수 없는 것은?

① $\sqrt{0.037}$ ② $\sqrt{0.00037}$ ③ $-\sqrt{370}$

④ $\sqrt{37000}$ ⑤ $\sqrt{370000}$

03

$\sqrt{164}=12.81$, $\sqrt{1640}=40.50$일 때, 다음 제곱근표의 □ 안에 들어갈 수로 알맞은 것은?

수	⋯	4	⋯
⋮	⋮	⋮	⋮
16	⋯	□	⋯
⋮	⋮	⋮	⋮

① 0.1281 ② 1.281 ③ 3.225

④ 0.4050 ⑤ 4.050

04

$\sqrt{2}=1.414$일 때, $\sqrt{0.32}+\sqrt{50}$의 값을 구하시오.

05

다음 중 두 실수의 대소 관계가 옳지 않은 것은?

① $2\sqrt{5}+2<3\sqrt{5}$ ② $\sqrt{25}>3+\sqrt{2}$

③ $1+\sqrt{3}<2\sqrt{3}$ ④ $\sqrt{90}-2\sqrt{2}>\sqrt{10}+\sqrt{2}$

⑤ $3\sqrt{2}+1<2\sqrt{3}+1$

06

$6-2\sqrt{3}$의 정수 부분을 a, 소수 부분을 b라 할 때, $\dfrac{b}{a}$의 값은?

① $\sqrt{3}-1$ ② $2-\sqrt{3}$ ③ $4-2\sqrt{3}$

④ $6-3\sqrt{3}$ ⑤ $2\sqrt{3}-3$

한걸음 더

07 문제해결①

$5-\sqrt{3}$의 소수 부분을 a라 할 때, $\sqrt{192}$의 소수 부분을 a를 사용하여 나타내시오.

08 추론

자연수 x에 대하여 $\langle x \rangle$는 $\sqrt{x}$의 정수 부분이라 하자. 예를 들어 $\langle 3 \rangle$은 $\sqrt{3}$의 정수 부분이 1이므로 $\langle 3 \rangle=1$이다. 이때 $\langle n \rangle=4$를 만족시키는 자연수 n은 모두 몇 개인지 구하시오.

01

다음 중 옳지 <u>않은</u> 것은?

① $\sqrt{14} \times \sqrt{7} = 7\sqrt{2}$

② $3\sqrt{2} \times \sqrt{6} \div (-\sqrt{3}) = -6$

③ $\sqrt{5} \times \sqrt{20} \div \sqrt{8} = \dfrac{5\sqrt{2}}{2}$

④ $3\sqrt{8} \div \sqrt{4} \times \dfrac{\sqrt{2}}{\sqrt{6}} = 2\sqrt{3}$

⑤ $\sqrt{15} \times (-\sqrt{3}) \div \left(-\dfrac{\sqrt{5}}{\sqrt{2}}\right) = 3\sqrt{2}$

02 ^{중요}

$\sqrt{3} = a$, $\sqrt{7} = b$라 할 때, 다음 중 $\sqrt{3.36}$을 a, b를 사용하여 나타낸 것은?

① $\dfrac{ab}{5}$　　　② $\dfrac{2ab}{5}$　　　③ $\dfrac{3ab}{5}$

④ $\dfrac{4ab}{5}$　　　⑤ ab

03

다음 중 그 값이 나머지 넷과 <u>다른</u> 하나는?

① $3\sqrt{2}$　　　② $\sqrt{18}$　　　③ $\dfrac{3\sqrt{2}}{\sqrt{3}}$

④ $\dfrac{6}{\sqrt{2}}$　　　⑤ $\dfrac{6\sqrt{6}}{\sqrt{12}}$

04

다음 중 옳은 것은?

① $\sqrt{7} + \sqrt{3} = \sqrt{10}$　　　② $\sqrt{8} - \sqrt{4} = 2$

③ $\sqrt{3^2 + 4^2} = 7$　　　④ $-2\sqrt{3} = \sqrt{-12}$

⑤ $\sqrt{12} + \sqrt{3} = 3\sqrt{3}$

05

$\sqrt{48}(\sqrt{3} + 1) + \dfrac{6 - 11\sqrt{3}}{\sqrt{3}} = a + b\sqrt{3}$일 때, 유리수 a, b에 대하여 $a + b$의 값을 구하시오.

06

$a = \sqrt{3} + 1$, $b = \sqrt{3} - 1$일 때, $\dfrac{a}{\sqrt{3}} - \dfrac{b}{\sqrt{3}}$의 값을 구하시오.

07

$a > 0$, $b > 0$이고 $ab = 25$일 때, $a\sqrt{\dfrac{9b}{a}} - b\sqrt{\dfrac{4a}{b}}$의 값은?

① 2　　　② 3　　　③ 4

④ 5　　　⑤ 6

08

$5(a\sqrt{3} + 3) - \sqrt{3}(4\sqrt{3} + 12)$가 유리수가 되도록 하는 유리수 a의 값은?

① $\dfrac{3}{5}$　　　② 2　　　③ $\dfrac{12}{5}$

④ 3　　　⑤ $\dfrac{17}{5}$

09

오른쪽 그림과 같은 사다리꼴의 넓이를 구하시오.

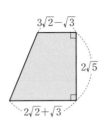

$3\sqrt{2}-\sqrt{3}$

$2\sqrt{5}$

$2\sqrt{2}+\sqrt{3}$

10

다음은 넓이가 각각 5인 두 정사각형을 수직선 위에 그린 것이다. $\overline{PA}=\overline{PQ}$, $\overline{RB}=\overline{RS}$이고 두 점 A, B에 대응하는 수를 각각 a, b라 할 때, $2a+b$의 값을 구하시오.

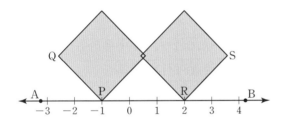

11 ⑧

다음 중 $\sqrt{5}=2.236$을 이용하여 그 값을 구할 수 없는 것을 모두 고르면? (정답 2개)

① $\sqrt{0.05}$ ② $\sqrt{0.2}$ ③ $\sqrt{20}$

④ $\sqrt{150}$ ⑤ $\sqrt{5000}$

12 ⑧

다음 중 두 실수의 대소 관계가 옳은 것은?

① $3\sqrt{7}-2<2\sqrt{7}$

② $\sqrt{27}-\sqrt{3}>\sqrt{12}+1$

③ $\sqrt{50}-1>2\sqrt{2}+2$

④ $7-\sqrt{5}<2+\sqrt{5}$

⑤ $4\sqrt{5}-4<\sqrt{5}+1$

13

다음 수를 수직선 위에 나타낼 때, 가장 오른쪽에 있는 수를 구하시오.

$$3\sqrt{2}-2, \qquad 3, \qquad 1+\sqrt{5}$$

14

$\sqrt{5}-1$의 소수 부분을 a라 할 때, $\dfrac{10}{a+2}$의 값은?

① $\sqrt{5}$ ② $\sqrt{5}+1$ ③ $2\sqrt{5}$

④ $\sqrt{5}+3$ ⑤ $5\sqrt{5}$

15 ☀️창의·융합 수학➕실생활

다음 그림의 공원은 넓이가 각각 $2\,\mathrm{m}^2$, $3\,\mathrm{m}^2$, $8\,\mathrm{m}^2$, $12\,\mathrm{m}^2$인 네 개의 정사각형을 한 정사각형의 대각선의 교점에 다른 정사각형의 한 꼭짓점을 맞추고 겹치는 부분이 정사각형이 되도록 차례대로 이어 붙여서 만든 모양이다. 이 공원 전체의 둘레의 길이를 구하시오.

(단, 산책로의 폭은 무시한다.)

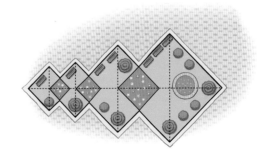

01

$2\sqrt{2}$의 정수 부분을 a라 하고 $4\sqrt{2}$의 소수 부분을 b라 할 때, $a+b$의 값을 구하시오. [5점]

풀이

채점 기준 **1** a의 값 구하기 … 2점

채점 기준 **2** b의 값 구하기 … 2점

채점 기준 **3** $a+b$의 값 구하기 … 1점

답

01-1 한번△↗

$1+\sqrt{5}$의 정수 부분을 a라 하고 $\sqrt{10}$의 소수 부분을 b라 할 때, $a-b$의 값을 구하시오. [5점]

풀이

채점 기준 **1** a의 값 구하기 … 2점

채점 기준 **2** b의 값 구하기 … 2점

채점 기준 **3** $a-b$의 값 구하기 … 1점

답

02

다음을 만족시키는 유리수 a, b에 대하여 ab의 값을 구하시오. [5점]

$$\frac{5}{\sqrt{20}}=a\sqrt{5}, \qquad \sqrt{240}=b\sqrt{15}$$

풀이

답

03

$\sqrt{3}(2\sqrt{3}+4)-k\sqrt{3}(2-\sqrt{3})$이 유리수가 되도록 하는 유리수 k의 값을 구하시오. [5점]

풀이

답

04

다음 그림에서 삼각형과 정사각형의 넓이의 비가 $1:3$일 때, 정사각형의 둘레의 길이를 구하시오. [6점]

풀이

답

II

다항식의 곱셈과 인수분해

1. 다항식의 곱셈과 인수분해

이 단원을 배우면 다항식의 곱셈 공식을 이해하고 이를 활용하여 계산을 간단히 할 수 있어요. 또 인수분해의 뜻을 이해하고 다항식의 인수분해를 할 수 있어요.

01 곱셈 공식

1 다항식과 다항식의 곱셈

(1) 분배법칙을 이용하여 식을 전개한다.

(2) 동류항이 있으면 동류항끼리 모아서 간단히 한다.

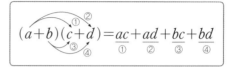

중1

분배법칙
$a \times (b+c)$
$= a \times b + a \times c$

설명 도형의 넓이를 이용한 다항식과 다항식의 곱셈

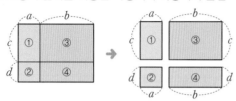

$(a+b)(c+d) =$ (가장 큰 직사각형의 넓이)
$\quad = ① + ② + ③ + ④$
$\quad = ac + ad + bc + bd$

2 곱셈 공식

(1) $(a+b)^2 = a^2 + 2ab + b^2$, $(a-b)^2 = a^2 - 2ab + b^2$

(2) $(a+b)(a-b) = a^2 - b^2$

(3) $(x+a)(x+b) = x^2 + (a+b)x + ab$

(4) $(ax+b)(cx+d) = acx^2 + (ad+bc)x + bd$

설명 도형의 넓이를 이용한 곱셈 공식

(1)
$(a+b)^2$
$=$ (가장 큰 정사각형의 넓이)
$= ① + ② + ③ + ④$
$= a^2 + ab + ab + b^2$
$= a^2 + 2ab + b^2$

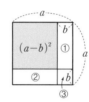

$(a-b)^2$
$=$ (색칠한 정사각형의 넓이)
$= a^2 - ① - ② - ③$
$= a^2 - b(a-b) - b(a-b) - b^2$
$= a^2 - 2ab + b^2$

(2)
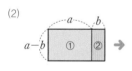

$(a+b)(a-b) =$ (색칠한 직사각형의 넓이)
$\quad = ① + ② = ① + ③$
$\quad = a^2 - ④$
$\quad = a^2 - b^2$

(3)
$(x+a)(x+b) =$ (가장 큰 직사각형의 넓이)
$\quad = ① + ② + ③ + ④$
$\quad = x^2 + ax + bx + ab$
$\quad = x^2 + (a+b)x + ab$

(4)
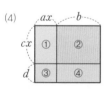

$(ax+b)(cx+d) =$ (가장 큰 직사각형의 넓이)
$\quad = ① + ② + ③ + ④$
$\quad = acx^2 + bcx + adx + bd$
$\quad = acx^2 + (ad+bc)x + bd$

참고 ① $(-a-b)^2 = \{-(a+b)\}^2 = (a+b)^2$

② $(-a+b)^2 = \{-(a-b)\}^2 = (a-b)^2$

③ $(-a-b)(-a+b) = (-a)^2 - b^2 = a^2 - b^2$

④ $(-a-b)(a-b) = (-b)^2 - a^2 = -a^2 + b^2$

개념 코칭 1. 다항식과 다항식의 곱셈은 어떻게 할까?

정답 및 풀이 ▶ 15쪽

분배법칙을 이용하여 전개한 후, 동류항이 있으면 동류항끼리 모아서 계산한다.

예 $(a+b)(2a-b)$ ⟩ 분배법칙 이용하기
$= 2a^2 - ab + 2ab - b^2$
⌞동류항⌟ ⟩ 동류항끼리 계산하기
$= 2a^2 + ab - b^2$

$$(a+b)(c+d) = \underset{①}{ac} + \underset{②}{ad} + \underset{③}{bc} + \underset{④}{bd}$$

참고 문자가 여러 개일 경우 알파벳 순으로 나열한다.

1 다음 식을 전개하시오.

(1) $(a+2b)(c+2d)$

(2) $(2a-b)(-a+b)$

(3) $(3x-2)(x+1)$

(4) $(x+2y)(4x-y)$

1-❶ 다음 식을 전개하시오.

(1) $(a-2)(a+4)$

(2) $(3a+2b)(a-3b)$

(3) $(5x+4)(2x-3)$

(4) $(-x+3y)(2x-5y)$

개념 코칭 2. $(a+b)^2$을 전개해 볼까?

정답 및 풀이 ▶ 15쪽

$$(a+b)^2 = (a+b)(a+b) = \underset{①}{a^2} + \underset{②}{ab} + \underset{③}{ba} + \underset{④}{b^2} = a^2 + 2ab + b^2$$

참고 $(-a-b)^2 = \{-(a+b)\}^2 = (a+b)^2$

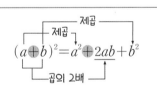

2 다음 식을 전개하시오.

(1) $(3x+2)^2 = (\boxed{})^2 + 2 \times \boxed{} \times 2 + \boxed{}^2$
$= \boxed{}x^2 + \boxed{}x + \boxed{}$

(2) $(3a+4b)^2$

(3) $(5a+3)^2$

(4) $(-4x-3y)^2$

2-❶ 다음 식을 전개하시오.

(1) $(a+6)^2$

(2) $(2x+7y)^2$

(3) $(2+4y)^2$

(4) $(-6x-1)^2$

개념 코칭 **3** $(a-b)^2$을 전개해 볼까?

정답 및 풀이 ▶ 15쪽

$(a-b)^2=(a-b)(a-b)=\underset{①}{a^2}-\underset{②}{ab}-\underset{③}{ba}+\underset{④}{b^2}=a^2-2ab+b^2$

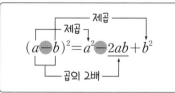

참고 $(-a+b)^2=\{-(a-b)\}^2=(a-b)^2$

3 다음 식을 전개하시오.

(1) $(3x-4)^2=(\boxed{})^2-2\times\boxed{}\times 4+\boxed{}^2$
$=\boxed{}x^2-\boxed{}x+\boxed{}$

(2) $(2x-1)^2$

(3) $(7a-3b)^2$

(4) $(5x-2y)^2$

3-❶ 다음 식을 전개하시오.

(1) $(a-7)^2$

(2) $(3a-2)^2$

(3) $(2x-6y)^2$

(4) $\left(\dfrac{1}{2}x-3y\right)^2$

개념 코칭 **4** $(a+b)(a-b)$를 전개해 볼까?

정답 및 풀이 ▶ 15쪽

$(a+b)(a-b)=\underset{①}{a^2}-\underset{②}{ab}+\underset{③}{ba}-\underset{④}{b^2}=a^2-b^2$

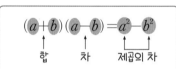

참고 $(-a-b)(-a+b)=(-a)^2-b^2=a^2-b^2$
$(-a-b)(a-b)=(-b-a)(-b+a)=(-b)^2-a^2=-a^2+b^2$

4 다음 식을 전개하시오.

(1) $(a-5)(a+5)=a^2-\boxed{}^2$
$=a^2-\boxed{}$

(2) $(1+2b)(1-2b)$

(3) $(2x-y)(2x+y)$

(4) $\left(y+\dfrac{1}{2}x\right)\left(\dfrac{1}{2}x-y\right)$

4-❶ 다음 식을 전개하시오.

(1) $(x+7)(x-7)$

(2) $(x-3y)(x+3y)$

(3) $(-5x+4y)(5x+4y)$

(4) $\left(\dfrac{2}{3}x+\dfrac{1}{2}y\right)\left(\dfrac{2}{3}x-\dfrac{1}{2}y\right)$

5 $(x+a)(x+b)$를 전개해 볼까?

정답 및 풀이 ▶ 15쪽

$$(x+a)(x+b)=\underset{①}{x^2}+\underset{②}{xb}+\underset{③}{ax}+\underset{④}{ab}$$
$$=x^2+(a+b)x+ab$$

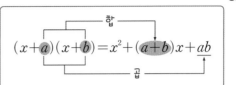

---

5 다음 식을 전개하시오.

(1) $(a+4)(a-2)$
$=a^2+\{4+(\boxed{})\}a+4\times(\boxed{})$
$=a^2+\boxed{}a-\boxed{}$

(2) $(x-3)(x+6)$

(3) $(x-1)(x-7)$

(4) $(y+9)(y-5)$

5-❶ 다음 식을 전개하시오.

(1) $(b-3)(b+7)$

(2) $(x-4)(x-5)$

(3) $(y+8)(y-2)$

(4) $(a+10)(a-1)$

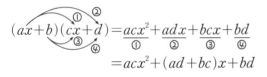 **6** $(ax+b)(cx+d)$를 전개해 볼까?

정답 및 풀이 ▶ 15쪽

$$(ax+b)(cx+d)=\underset{①}{acx^2}+\underset{②}{adx}+\underset{③}{bcx}+\underset{④}{bd}$$
$$=acx^2+(ad+bc)x+bd$$

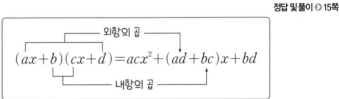

---

6 다음 식을 전개하시오.

(1) $(2x+3)(x-5)$
$=(2\times\boxed{})x^2+\{\boxed{}\times(-5)+\boxed{}\times1\}x$
$\qquad\qquad+3\times(\boxed{})$
$=\boxed{}x^2-\boxed{}x-\boxed{}$

(2) $(3x-2)(5x+3)$

(3) $(5y-3)(2y-1)$

(4) $(4b+5)(2b-5)$

6-❶ 다음 식을 전개하시오.

(1) $(3x+4)(2x-5)$

(2) $(4y-1)(4y+3)$

(3) $(2a-7)(3a-2)$

(4) $(6k+1)(-2k+4)$

개념 교과서 대표 문제로
완성하기

| 다항식과 다항식의 곱셈에서 전개식의 계수 구하기 |

01 $\left(\dfrac{3}{2}x+4\right)(6x-2)$의 전개식에서 x^2의 계수를 a, x의 계수를 b라 할 때, $b-a$의 값을 구하시오.

코칭 Plus

특정한 항의 계수를 구할 때, 필요한 항이 나오는 부분만 전개하면 효율적이다.

02 $(3a-2b)(a+4b-1)$의 전개식에서 b^2의 계수와 ab의 계수의 합을 구하시오.

| 곱셈 공식 |

03 다음 중 옳은 것은?

① $(2a+7b)^2=4a^2+49b^2$

② $(6x-y)^2=36x^2-6xy+y^2$

③ $(-2+3x)(-2-3x)=-4-9x^2$

④ $(b+5)(b-2)=b^2+3b-10$

⑤ $(3y+4)(2y-5)=6y^2-14y-20$

04 다음 중 옳지 <u>않은</u> 것은?

① $(3x-4)^2=9x^2-24x+16$

② $(2x-1)(-2x+1)=-4x^2+4x-1$

③ $(5-3x)(5+3x)=25-9x^2$

④ $(x+9)(x-2)=x^2+7x-18$

⑤ $(4x-3)(x+5)=4x^2+23x-15$

| 곱셈 공식을 이용하여 미지수의 값 구하기 | 중요

05 $(x-a)(2x+7)=2x^2+bx+14$일 때, 상수 a, b에 대하여 $a+b$의 값을 구하시오.

06 다음 등식을 만족시키는 상수 a, b, c, d에 대하여 $a+b-c-d$의 값을 구하시오.

$$(3x+a)^2=9x^2+24x+b$$
$$(x-3)(x+c)=x^2+dx-12$$

| 전개식이 같은 것 찾기 |

07 다음 중 $\left(\dfrac{1}{2}a-b\right)^2$과 전개식이 같은 것은?

① $\dfrac{1}{2}(a-2b)^2$

② $-\dfrac{1}{2}(-a+2b)^2$

③ $\dfrac{1}{4}(2b-a)^2$

④ $-\dfrac{1}{4}(a-2b)^2$

⑤ $-\dfrac{1}{4}(-a+2b)^2$

08 다음 중 $(-a+b)(a-b)$와 전개식이 같은 것은?

① $-(a-b)^2$

② $-(a+b)(a-b)$

③ $(a+b)^2$

④ $(-a-b)^2$

⑤ $-(a+b)^2$

02 곱셈 공식의 활용

중1

식의 값: 문자에 수를 대입하여 계산한 결과

1 곱셈 공식을 이용한 수의 계산

(1) 수의 제곱의 계산

곱셈 공식 $(a+b)^2=a^2+2ab+b^2$ 또는 $(a-b)^2=a^2-2ab+b^2$을 이용하여 계산한다.

> **예** · $103^2=(100+3)^2=100^2+2\times100\times3+3^2=10609$
> · $97^2=(100-3)^2=100^2-2\times100\times3+3^2=9409$

(2) 두 수의 곱의 계산

곱셈 공식 $(a+b)(a-b)=a^2-b^2$ 또는 $(x+a)(x+b)=x^2+(a+b)x+ab$를 이용하여 계산한다.

> **예** · $102\times98=(100+2)(100-2)=100^2-2^2=9996$
> · $91\times92=(90+1)(90+2)=90^2+3\times90+1\times2=8372$

2 곱셈 공식을 이용한 제곱근의 계산

(1) 근호를 포함한 식의 계산

제곱근을 문자로 생각하고 곱셈 공식을 이용하여 다항식의 곱셈처럼 계산한다.

① $(\sqrt{a}+\sqrt{b})^2=a+2\sqrt{ab}+b$

② $(\sqrt{a}-\sqrt{b})^2=a-2\sqrt{ab}+b$

③ $(\sqrt{a}+\sqrt{b})(\sqrt{a}-\sqrt{b})=a-b$

> **예** $(\sqrt{3}+1)(\sqrt{3}+2)=(\sqrt{3})^2+(1+2)\sqrt{3}+1\times2=3+3\sqrt{3}+2=5+3\sqrt{3}$

(2) 분모의 유리화

분모가 두 수의 합 또는 차로 되어 있는 무리수일 때, 곱셈 공식 $(a+b)(a-b)=a^2-b^2$을 이용하여 분모를 유리화한다.

$$\frac{A}{\sqrt{a}+\sqrt{b}}=\frac{A(\sqrt{a}-\sqrt{b})}{(\sqrt{a}+\sqrt{b})(\sqrt{a}-\sqrt{b})}=\frac{A(\sqrt{a}-\sqrt{b})}{a-b} \quad (단,\ a>0,\ b>0,\ a\neq b)$$

> **예** $\dfrac{1}{\sqrt{3}+\sqrt{2}}=\dfrac{\sqrt{3}-\sqrt{2}}{(\sqrt{3}+\sqrt{2})(\sqrt{3}-\sqrt{2})}=\dfrac{\sqrt{3}-\sqrt{2}}{3-2}=\sqrt{3}-\sqrt{2}$

3 곱셈 공식의 변형

(1) $a^2+b^2=(a+b)^2-2ab$ (2) $a^2+b^2=(a-b)^2+2ab$

(3) $(a+b)^2=(a-b)^2+4ab$ (4) $(a-b)^2=(a+b)^2-4ab$

> **설명** (1) $(a+b)^2=a^2+2ab+b^2$이므로 $a^2+b^2=(a+b)^2-2ab$
>
> (2) $(a-b)^2=a^2-2ab+b^2$이므로 $a^2+b^2=(a-b)^2+2ab$
>
> (3), (4) $(a+b)^2-2ab=(a-b)^2+2ab$이므로
> $(a+b)^2=(a-b)^2+4ab,\ (a-b)^2=(a+b)^2-4ab$

> **참고** 곱셈 공식의 변형에서 b 대신 $\dfrac{1}{a}$을 대입하면 두 수의 곱이 1인 식의 변형 공식을 얻을 수 있다.
>
> (1) $a^2+\dfrac{1}{a^2}=\left(a+\dfrac{1}{a}\right)^2-2$ (2) $a^2+\dfrac{1}{a^2}=\left(a-\dfrac{1}{a}\right)^2+2$
>
> (3) $\left(a+\dfrac{1}{a}\right)^2=\left(a-\dfrac{1}{a}\right)^2+4$ (4) $\left(a-\dfrac{1}{a}\right)^2=\left(a+\dfrac{1}{a}\right)^2-4$

정답 및 풀이 ❯ 16쪽

개념 코칭 1 곱셈 공식을 이용하여 수의 계산을 좀 더 쉽게 해 볼까?

• $101^2 = (100+1)^2$
$\quad = 100^2 + 2 \times 100 \times 1 + 1^2$
$\quad = 10000 + 200 + 1$
$\quad = 10201$
➡ $(a+b)^2 = a^2 + 2ab + b^2$을 이용

• $99^2 = (100-1)^2$
$\quad = 100^2 - 2 \times 100 \times 1 + 1^2$
$\quad = 10000 - 200 + 1$
$\quad = 9801$
➡ $(a-b)^2 = a^2 - 2ab + b^2$을 이용

• $101 \times 99 = (100+1)(100-1)$
$\quad = 100^2 - 1^2$
$\quad = 10000 - 1$
$\quad = 9999$
➡ $(a+b)(a-b) = a^2 - b^2$을 이용

• $51 \times 52 = (50+1)(50+2)$
$\quad = 50^2 + (1+2) \times 50 + 1 \times 2$
$\quad = 2500 + 150 + 2$
$\quad = 2652$
➡ $(x+a)(x+b) = x^2 + (a+b)x + ab$를 이용

1 곱셈 공식을 이용하여 다음을 계산하시오.

(1) 102^2　　　　　(2) 997^2

(3) 58×62　　　　(4) 82×84

1-❶ 곱셈 공식을 이용하여 다음을 계산하시오.

(1) 1001^2　　　　(2) 98^2

(3) 10.8×11.2　　(4) 101×103

개념 코칭 2 분모가 2개의 항으로 되어 있는 무리수는 어떻게 분모를 유리화할까?

정답 및 풀이 ❯ 16쪽

곱셈 공식 $(a+b)(a-b) = a^2 - b^2$을 이용하여 분모를 유리화한다.

(1) $\dfrac{1}{2+\sqrt{5}} = \dfrac{2-\sqrt{5}}{(2+\sqrt{5})(2-\sqrt{5})}$ ＞분모, 분자에 $2-\sqrt{5}$를 곱한다.

$\quad = \dfrac{2-\sqrt{5}}{4-5} = -2+\sqrt{5}$

(2) $\dfrac{3}{\sqrt{5}-\sqrt{2}} = \dfrac{3 \times (\sqrt{5}+\sqrt{2})}{(\sqrt{5}-\sqrt{2})(\sqrt{5}+\sqrt{2})}$ ＞분모, 분자에 $\sqrt{5}+\sqrt{2}$를 곱한다.

$\quad = \dfrac{3(\sqrt{5}+\sqrt{2})}{5-2} = \sqrt{5}+\sqrt{2}$

분모의 모양	분모, 분자에 곱해야 할 식
$a + \sqrt{b}$	$a - \sqrt{b}$
$a - \sqrt{b}$	$a + \sqrt{b}$
$\sqrt{a} + \sqrt{b}$	$\sqrt{a} - \sqrt{b}$
$\sqrt{a} - \sqrt{b}$	$\sqrt{a} + \sqrt{b}$

 부호가 반대

2 다음 수의 분모를 유리화하시오.

(1) $\dfrac{1}{2+\sqrt{3}}$

(2) $\dfrac{2}{\sqrt{5}-\sqrt{3}}$

(3) $\dfrac{\sqrt{2}-1}{\sqrt{2}+1}$

2-❶ 다음 수의 분모를 유리화하시오.

(1) $\dfrac{1}{\sqrt{7}+\sqrt{2}}$

(2) $\dfrac{7}{3-\sqrt{2}}$

(3) $\dfrac{\sqrt{3}-1}{\sqrt{3}+1}$

개념 코칭 3 공통인 부분이 있는 다항식의 전개를 해 볼까?

정답 및 풀이 ◐ 16쪽

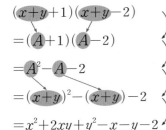

$(x+y+1)(x+y-2)$ ⟩ 공통인 부분 x+y를 A로 치환하기

$=(A+1)(A-2)$ ⟩ 곱셈 공식을 이용하여 전개하기

$=A^2-A-2$ ⟩ A에 원래의 식 x+y를 대입하기

$=(x+y)^2-(x+y)-2$ ⟩ 곱셈 공식을 이용하여 전개하기

$=x^2+2xy+y^2-x-y-2$

```
공통인 부분을 치환하기
        ↓
     전개하기
        ↓
공통인 부분에 원래의 식 대입하기
        ↓
     전개하기
```

3 다음 식을 전개하시오.

$$(2a+b-1)(2a+b-5)$$

3-❶ 다음 식을 전개하시오.

$$(x+3y+4)(x+3y-2)$$

집중 코칭 4 곱셈 공식을 변형하여 식의 값을 구해 볼까?

정답 및 풀이 ◐ 16쪽

$$(a+b)^2=a^2+2ab+b^2$$
$$(a-b)^2=a^2-2ab+b^2$$

변형하면 →

$$a^2+b^2=(a+b)^2-2ab$$
$$a^2+b^2=(a-b)^2+2ab$$

$$(a+b)^2-2ab=(a-b)^2+2ab$$

변형하면 →

$$(a+b)^2=(a-b)^2+4ab$$
$$(a-b)^2=(a+b)^2-4ab$$

집중 1 두 수의 합(또는 차)과 곱이 주어진 경우

$a+b=-3$, $ab=1$일 때,
$a^2+b^2=(a+b)^2-2ab=(-3)^2-2\times1=7$
$(a-b)^2=(a+b)^2-4ab=(-3)^2-4\times1=5$

집중 2 $a\pm\dfrac{1}{a}$의 값이 주어진 경우

$a+\dfrac{1}{a}=-4$일 때,

$a^2+\dfrac{1}{a^2}=\left(a+\dfrac{1}{a}\right)^2-2=(-4)^2-2=14$

$\left(a-\dfrac{1}{a}\right)^2=\left(a+\dfrac{1}{a}\right)^2-4=(-4)^2-4=12$

4 $a-b=6$, $ab=2$일 때, 다음 식의 값을 구하시오.

(1) a^2+b^2

(2) $(a+b)^2$

5 $a-\dfrac{1}{a}=5$일 때, 다음 식의 값을 구하시오.

(1) $a^2+\dfrac{1}{a^2}$

(2) $\left(a+\dfrac{1}{a}\right)^2$

---| 곱셈 공식을 이용한 수의 계산 |---

01 다음 중 399^2을 계산할 때, 가장 편리한 곱셈 공식은?

(단, $a>0$, $b>0$)

① $(a+b)^2=a^2+2ab+b^2$

② $(a-b)^2=a^2-2ab+b^2$

③ $(a+b)(a-b)=a^2-b^2$

④ $(x+a)(x+b)=x^2+(a+b)x+ab$

⑤ $(ax+b)(cx+d)=acx^2+(ad+bc)x+bd$

02 다음 중 곱셈 공식

$(x+a)(x+b)=x^2+(a+b)x+ab$를 이용하면 계산하기 편리한 것은? (단, a, b는 서로 다른 양수)

① 98^2 ② 104^2 ③ 53×47

④ 9.9×10.1 ⑤ 41×42

---| 곱셈 공식을 이용한 제곱근의 계산 |---

03 $\dfrac{(\sqrt{2}+2)^2}{\sqrt{2}}+(\sqrt{2}+2)(\sqrt{2}-2)$를 간단히 하시오.

04 두 수 A, B가 다음과 같을 때, $A+2B$의 값을 구하시오.

$$A=(\sqrt{5}-2)^2$$
$$B=(2\sqrt{5}+1)(\sqrt{5}-3)$$

---| 곱셈 공식을 이용한 분모의 유리화 |---

05 $\dfrac{1}{3+\sqrt{2}}-\dfrac{1}{3-\sqrt{2}}$을 간단히 하시오.

06 $\dfrac{\sqrt{7}-\sqrt{3}}{\sqrt{7}+\sqrt{3}}+\dfrac{\sqrt{7}+\sqrt{3}}{\sqrt{7}-\sqrt{3}}$ 을 간단히 하시오.

---| 치환을 이용한 다항식의 전개 |---

07 다음 식을 전개하시오.

(1) $(a-b+2)^2$

(2) $(x+2y-1)(x+2y-4)$

08 $(3x+y-2)(3x+y+3)$의 전개식이 $9x^2+axy+y^2+bx+cy-6$일 때, 상수 a, b, c에 대하여 $a+b-c$의 값은?

① 5 ② 6 ③ 7

④ 8 ⑤ 9

| 곱셈 공식을 이용한 식의 값 구하기(1) |

09 $x=2+\sqrt{3}$일 때, x^2-4x+6의 값은?

① $\sqrt{3}$　　　② $2\sqrt{3}$　　　③ 5

④ 7　　　⑤ 9

$x=a+\sqrt{b}$ (a는 유리수, $\sqrt{b}$는 무리수)의 꼴일 때
❶ a를 좌변으로 이항한다. ➡ $x-a=\sqrt{b}$
❷ 양변을 제곱하여 정리한다. ➡ $(x-a)^2=b$
❸ 주어진 식에 정리한 식을 대입하여 식의 값을 구한다.

10 $x=\dfrac{1}{\sqrt{2}-1}$일 때, x^2-2x의 값은?

① $2-\sqrt{2}$　　　② 1　　　③ 2

④ $1+\sqrt{2}$　　　⑤ $2+\sqrt{2}$

| 곱셈 공식을 이용한 식의 값 구하기(2) |

11 $a=2+\sqrt{3}$, $b=2-\sqrt{3}$일 때, $\dfrac{1}{a}+\dfrac{1}{b}$의 값을 구하시오.

12 $x=\dfrac{2}{3+\sqrt{7}}$, $y=\dfrac{2}{3-\sqrt{7}}$일 때, $\dfrac{x+y}{xy}$의 값을 구하시오.

| 곱셈 공식을 변형하여 식의 값 구하기(1) |

13 $x+y=4$, $x^2+y^2=18$일 때, 다음 식의 값을 구하시오.

(1) xy

(2) $(x-y)^2$

(1) $x+y$, x^2+y^2의 값이 주어진 경우
　➡ $(x+y)^2=x^2+y^2+2xy$를 이용하여 xy의 값을 구한다.
(2) $x-y$, x^2+y^2의 값이 주어진 경우
　➡ $(x-y)^2=x^2+y^2-2xy$를 이용하여 xy의 값을 구한다.

14 $a-b=-3$, $a^2+b^2=5$일 때, 다음 식의 값을 구하시오.

(1) ab

(2) $(a+b)^2$

| 곱셈 공식을 변형하여 식의 값 구하기(2) |

15 $x^2-2x+1=0$일 때, $x^2+\dfrac{1}{x^2}$의 값을 구하시오.

$x^2-ax+1=0\,(a\neq0)$일 때
➡ $x\neq0$이므로 양변을 x로 나누면 $x+\dfrac{1}{x}=a$

16 $x>1$이고 $x+\dfrac{1}{x}=2\sqrt{3}$일 때, $x-\dfrac{1}{x}$의 값을 구하시오.

01

다음 **보기**에서 옳은 것을 모두 고르시오.

-- 보기 --

ㄱ. $(7x+2y)^2 = 49x^2 + 28xy + 4y^2$

ㄴ. $(2x-6)^2 = 4x^2 - 12x + 36$

ㄷ. $\left(\dfrac{3}{4}x+2\right)\left(\dfrac{3}{4}x-2\right) = \dfrac{9}{16}x^2 + 4$

ㄹ. $(4x-5)(3x+4) = 12x^2 + x - 20$

02

$(2x+3)^2 - (x+2)(3x-7)$의 전개식에서 x의 계수와 상수항의 합은?

① 33   ② 34   ③ 35

④ 36   ⑤ 37

03

곱셈 공식을 이용하여 $97 \times 103 - 99^2$을 계산하면?

① 189   ② 190   ③ 191

④ 192   ⑤ 193

04

$(2x-y+3)(2x-y-3)$의 전개식에서 xy의 계수를 a, x의 계수를 b, y^2의 계수를 c라 할 때, $a+b+c$의 값을 구하시오.

05

$x+y=4$, $x^2+y^2=24$일 때, $\dfrac{x}{y}+\dfrac{y}{x}$의 값은?

① -6 ② -4 ③ -2

④ 4   ⑤ 6

06

$x=\dfrac{1}{\sqrt{5}-2}$, $y=\dfrac{1}{\sqrt{5}+2}$일 때, x^2+y^2의 값을 구하시오.

한걸음 더

07 문제해결 ①

$(2-\sqrt{5})(a\sqrt{5}+6)$을 계산한 결과가 유리수가 되도록 하는 유리수 a의 값을 구하시오.

08 문제해결 ①

$(x-2)(x+2)(x^2+4)(x^4+16) = x^a - b$일 때, 정수 a, b에 대하여 $a+b$의 값을 구하시오.

03 인수분해

1 인수분해

(1) **인수** : 하나의 다항식을 두 개 이상의 다항식의 곱으로 나타낼 때, 각각의 식을 처음 다항식의 인수라 한다.

(2) **인수분해** : 하나의 다항식을 두 개 이상의 인수의 곱으로 나타내는 것을 그 다항식을 인수분해한다고 한다.

> **참고** 모든 다항식에서 1과 자기 자신은 그 다항식의 인수이다.

(3) **공통인 인수를 이용한 인수분해**

다항식의 각 항에 공통으로 들어 있는 인수를 찾아 공통인 인수로 묶어 내어 인수분해한다.

> **예** $ma+mb=m(a+b)$, $ma-mb=m(a-b)$

> **주의** 인수분해할 때는 공통인 인수가 남지 않도록 모두 묶어 낸다.

> **참고** 특별한 조건이 없으면 다항식의 인수분해는 유리수의 범위에서 더 이상 인수분해할 수 없을 때까지 계속한다.

$$x^2+3x+2$$
전개 ↓ 인수분해
$$(x+1)(x+2)$$
인수

2 완전제곱식

(1) **완전제곱식** : 다항식의 제곱으로 이루어진 식이나 이 식에 수를 곱한 식

> **예** $(2x-1)^2$, $3(a+2b)^2$

(2) x^2+ax+b가 완전제곱식이 될 b의 조건 ➡ $b=\left(\dfrac{a}{2}\right)^2$

3 인수분해 공식 — 곱셈 공식의 반대 과정

(1) $a^2+2ab+b^2=(a+b)^2$, $a^2-2ab+b^2=(a-b)^2$ — 완전제곱식

(2) $a^2-b^2=(a+b)(a-b)$ — 제곱의 차

(3) $x^2+(a+b)x+ab=(x+a)(x+b)$ — 이차항의 계수가 1인 이차식

> **참고** $x^2+(a+b)x+ab$를 인수분해하는 방법
> ❶ 곱하여 상수항이 되는 두 정수를 찾는다.
> ❷ ❶에서 두 수의 합이 x의 계수가 되는 두 정수 a, b를 찾는다.
> ❸ $(x+a)(x+b)$의 꼴로 나타낸다.

> **예** x^2+2x-3을 인수분해하여 보자.
>
> | 곱이 -3인 두 정수 | 두 정수의 합 |
> |:---:|:---:|
> | 1, -3 | -2 |
> | -1, 3 | 2 |
>
> ➡ $x^2+2x-3=(x-1)(x+3)$

(4) $acx^2+(ad+bc)x+bd=(ax+b)(cx+d)$ — 이차항의 계수가 1이 아닌 이차식

> **참고** $acx^2+(ad+bc)x+bd$를 인수분해하는 방법
> ❶ 곱하여 x^2의 계수가 되는 두 정수 a, c를 세로로 나열한다.
> ❷ 곱하여 상수항이 되는 두 정수 b, d를 세로로 나열한다.
> ❸ 대각선 방향으로 곱하여 더한 값이 x의 계수가 되는 것을 찾는다.
> ❹ $(ax+b)(cx+d)$의 꼴로 나타낸다.

> **예** $3x^2+8x+4$를 인수분해하여 보자.
>
>
>
> ➡ $3x^2+8x+4=(x+2)(3x+2)$

용어

인수(원인 因, 수 數)

분해 : 어떤 수나 식을 원인이 되는 수나 식의 곱의 꼴로 나타내는 것

개념 코칭 1 인수분해의 뜻을 알고, 주어진 식의 인수를 찾을 수 있을까?

정답 및 풀이 ❯ 18쪽

$$x^2+4x+3 \xrightarrow[\text{전개}]{\text{인수분해}} \underset{\text{인수}}{(x+1)}\underset{\text{인수}}{(x+3)}$$

→ $x^2+4x+3=(x+1)(x+3)$이므로
$x+1$, $x+3$은 다항식 x^2+4x+3의 인수이다.

1 다음 **보기**에서 다항식 $xy(x+y)$의 인수를 모두 고르시오.

•보기•
ㄱ. x ㄴ. y ㄷ. x^2y
ㄹ. $x+y$ ㅁ. $(x+y)^2$ ㅂ. $y(x+y)$

1-❶ 다음 중 다항식 $y(x+1)(x-1)$의 인수가 <u>아닌</u> 것은?

① y ② $x-1$ ③ x^2-1
④ $y(x+1)$ ⑤ xy

개념 코칭 2 공통인 인수를 이용하여 어떻게 인수분해할까?

정답 및 풀이 ❯ 18쪽

문자는 차수가 낮은 것으로 묶어 낸다.

(1)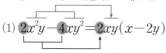
$2x^2y-4xy^2=2xy(x-2y)$

수는 최대공약수로 묶어 낸다.

$$\boxed{\text{주의}}\ 2x^2y-4xy^2=2x(xy-2y^2)$$과 같이 공통인 인수를 남긴 채 인수분해하지 않도록 주의한다.

$$ma+mb=m(a+b)$$
공통인 인수

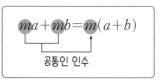

문자는 차수가 낮은 것으로 묶어 낸다.

(2)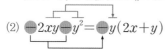
$-2xy-y^2=-y(2x+y)$

−로 묶어 낼 때는 부호에 주의한다.

2 다음 식을 공통인 인수를 이용하여 인수분해하시오.

(1) $ax-2ay$

(2) $-x^2-3xy$

(3) $2ax-4bx+6x$

(4) $a(x+1)-b(x+1)$

2-❶ 다음 식을 공통인 인수를 이용하여 인수분해하시오.

(1) $2x^2+4xy$

(2) $-2ax-3bx$

(3) a^2b-ab^2+2ab

(4) $2(a+b)+(x+2)(a+b)$

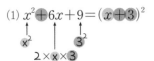 **$a^2+2ab+b^2$, $a^2-2ab+b^2$은 어떻게 인수분해할까?**

정답 및 풀이 ⊙ 18쪽

(1) $x^2+6x+9=(x+3)^2$

x^2 3^2

$2 \times x \times 3$

(2) $x^2-4xy+4y^2=(x-2y)^2$

x^2 $(2y)^2$

$2 \times x \times 2y$

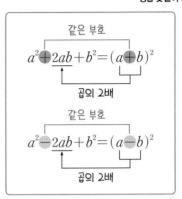

참고 도형의 넓이를 이용한 인수분해 공식

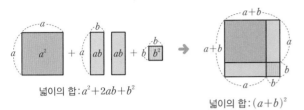

넓이의 합 : $a^2+2ab+b^2$

넓이의 합 : $(a+b)^2$

---

3 다음 식을 인수분해하시오.

(1) x^2+4x+4

(2) $4x^2-4x+1$

(3) $x^2+8xy+16y^2$

(4) $3ax^2-12ax+12a$

3-① 다음 식을 인수분해하시오.

(1) $x^2-14x+49$

(2) $9x^2+12x+4$

(3) $25x^2-10xy+y^2$

(4) $2ax^2+16ax+32a$

 □ 안에 무엇이 들어가면 완전제곱식이 될까?

정답 및 풀이 ⊙ 18쪽

(1) $x^2+8x+\square$ 가 완전제곱식이 되려면

$x^2+8x+\square$ ➡ $\square=\left(\dfrac{8}{2}\right)^2=16$

절반의 제곱

(2) $4x^2+\square x+9$가 완전제곱식이 되려면

$4x^2+\square x+9$ ➡ $\square=\pm2\times2\times3=\pm12$

$(\pm2)^2$ $(\pm3)^2$

주의 x의 계수에 □가 있는 경우 답은 양수, 음수의 2개가 존재한다.

- x^2+ax+b가 완전제곱식 이다.

  ➡ $b=\left(\dfrac{a}{2}\right)^2$

- ax^2+bx+c가 완전제곱식 이다.

  ➡ $b=\pm2\sqrt{ac}$

---

4 다음 식이 완전제곱식이 되도록 □ 안에 알맞은 수를 구하고, 완전제곱식으로 고치시오.

(1) $x^2+12x+\boxed{}$

(2) $x^2+10xy+\boxed{}y^2$

(3) $9x^2+\boxed{}x+1$

4-① 다음 식이 완전제곱식이 되도록 □ 안에 알맞은 수를 구하고, 완전제곱식으로 고치시오.

(1) $x^2-8x+\boxed{}$

(2) $x^2+\boxed{}xy+4y^2$

(3) $4x^2+\boxed{}x+49$

개념 코칭 5 | a^2-b^2은 어떻게 인수분해할까?

정답 및 풀이 ⊙ 18쪽

(1) $x^2-9=(x+3)(x-3)$

(2) $9x^2-4y^2=(3x+2y)(3x-2y)$

$$\underset{\text{제곱의 차}}{a^2-b^2}=\underset{\text{합}}{(a+b)}\underset{\text{차}}{(a-b)}$$

참고 도형의 넓이를 이용한 인수분해 공식

넓이의 합: a^2-b^2

넓이의 합: $(a+b)(a-b)$

---

5 다음 식을 인수분해하시오.

(1) x^2-25

(2) $25x^2-64y^2$

(3) $36x^2-1$

(4) $-y^2+9x^2$

5-❶ 다음 식을 인수분해하시오.

(1) a^2-16

(2) $9a^2-49b^2$

(3) $121a^2-1$

(4) $-25b^2+4a^2$

6 다음 식을 인수분해하시오.

(1) $x^2-\dfrac{1}{4}$

(2) $9x^2-\dfrac{1}{25}y^2$

(3) $2x^2-50$

(4) $45a^2-5b^2$

6-❶ 다음 식을 인수분해하시오.

(1) $x^2-\dfrac{1}{100}$

(2) $25x^2-\dfrac{1}{81}$

(3) $16a^2-4b^2$

(4) $-50x^2+8y^2$

개념 코칭 6 $x^2+(a+b)x+ab$는 어떻게 인수분해할까?

정답 및 풀이 ● 18쪽

x^2-5x+6을 인수분해하여 보자.

곱이 6인 두 수 중 합이 -5인 수는 -2, -3이므로

$x^2-5x+6=(x-2)(x-3)$

참고 다음과 같이 세로로 나열하여 구할 수도 있다.

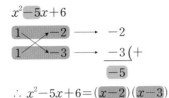

$\therefore x^2-5x+6=(x-2)(x-3)$

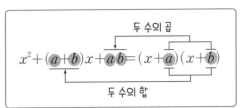

두 수의 곱

$x^2+(a+b)x+ab=(x+a)(x+b)$

두 수의 합

x^2의 계수가 1인 이차식의 인수분해
❶ 곱하여 상수항이 되는 두 정수를 찾는다.
❷ ❶에서 두 수의 합이 x의 계수가 되는 두 정수 a, b를 찾는다.
❸ $(x+a)(x+b)$의 꼴로 나타낸다.

---

7 다음은 $x^2-7x+12$를 인수분해하는 과정이다. 아래 표를 완성하고, 인수분해한 식을 쓰시오.

곱이 12인 두 정수	두 정수의 합
-1, -12	
-2, -6	
-3, -4	

➡ 인수분해한 식 : _____

7-❶ 다음은 $x^2-6x-40$을 인수분해하는 과정이다. 아래 표를 완성하고, 인수분해한 식을 쓰시오.

곱이 -40인 두 정수	두 정수의 합
4, -10	
-4, 10	
5, -8	
-5, 8	

➡ 인수분해한 식 : _____

---

8 다음은 $x^2+6x-16$을 인수분해하는 과정이다. □ 안에 알맞은 수를 써넣으시오.

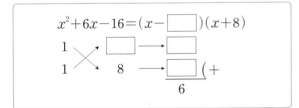

8-❶ 다음은 $x^2+10x+24$를 인수분해하는 과정이다. □ 안에 알맞은 수를 써넣으시오.

$x^2+10x+24=(x+\boxed{})(x+6)$

$1 \times \boxed{} \longrightarrow \boxed{}$
$1 \quad 6 \longrightarrow \boxed{} (+$
$\qquad\qquad 10$

---

9 다음 식을 인수분해하시오.

(1) $x^2-2x-24$

(2) $x^2+4x-12$

(3) $x^2+7x+12$

(4) $x^2-11x+28$

9-❶ 다음 식을 인수분해하시오.

(1) x^2+8x+7

(2) $x^2-13x+42$

(3) $x^2+3x-10$

(4) $x^2-2x-15$

개념 코칭 7 | $acx^2+(ad+bc)x+bd$는 어떻게 인수분해할까?

정답 및 풀이 ▶ 18쪽

$6x^2-13x-8$을 인수분해하여 보자.

❶ x^2항 아래 : 곱하여 6이 되는 두 정수를 쓴다.
↳ x^2의 계수

❷ 상수항 아래 : 곱하여 -8이 되는 두 정수를 쓴다.
↳ 상수항

❸ 대각선 방향으로 곱하여 더한 값이 x의 계수가 되는 것을 찾는다.

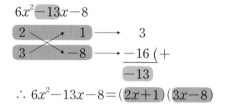

$$\therefore 6x^2-13x-8=(2x+1)(3x-8)$$

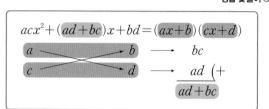

곱하여 더한 값이 x의 계수가 되는 것을 찾을 때는 ✕의 방향, 인수를 찾을 때는 ⇉의 방향임을 기억하자.

---

10 다음은 $3x^2-14x-5$를 인수분해하는 과정이다. □ 안에 알맞은 수를 써넣으시오.

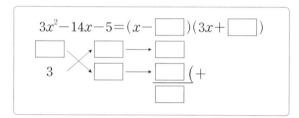

10-❶ 다음은 $5x^2-6x+1$을 인수분해하는 과정이다. □ 안에 알맞은 수를 써넣으시오.

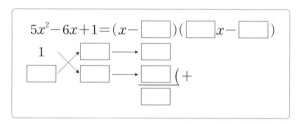

---

11 다음 식을 인수분해하시오.

(1) $2x^2-x-6$

(2) $10x^2-9x-7$

(3) $5x^2-9x+4$

(4) $3x^2-5xy+2y^2$

11-❶ 다음 식을 인수분해하시오.

(1) $2x^2+5x+2$

(2) $3x^2+2x-16$

(3) $4x^2-8x+3$

(4) $3x^2+13xy+4y^2$

 인수인 것 찾기

01 다음 **보기**에서 다항식 $8x^2y-2y$의 인수를 모두 고르시오.

•보기•
ㄱ. $2y$　　　ㄴ. $2x+1$　　　ㄷ. $2x-1$
ㄹ. $4x^2+1$　　ㅁ. $4x^2-1$　　ㅂ. $(2x+1)^2$

코칭 Plus

다항식의 인수를 찾을 때에는 먼저 인수분해한 다음 각각의 인수뿐만 아니라 인수끼리의 곱도 인수임을 잊지 않도록 한다.

02 다음 **보기**에서 다항식 $8ab^2-10a^2b$의 인수를 모두 고르시오.

•보기•
ㄱ. $2b$　　　　　　ㄴ. ab
ㄷ. a^2　　　　　　ㄹ. $4b-5a$
ㅁ. $a(4b-5a)$　　ㅂ. $2a^2(4b-5a)$

공통인 인수를 이용한 인수분해

03 다음 중 다항식 $-4a+16ab$를 인수분해한 것으로 옳은 것은?

① $4a(1-4b)$　　　② $4a(4b-1)$
③ $-4a(1+4b)$　　④ $-4ab(4b+1)$
⑤ $-4ab(1-4b)$

04 다음 식을 인수분해하시오.

$$a(b-1)-b+1$$

 완전제곱식이 될 조건

05 다음 두 이차식이 각각 완전제곱식이 될 때, $A+B$의 값을 구하시오. (단, A, B는 양수)

$$x^2+14x+A, \quad x^2+Bxy+25y^2$$

코칭 Plus

(1) x^2+ax+b가 완전제곱식이 될 b의 조건 ➡ $b=\left(\dfrac{a}{2}\right)^2$

(2) x의 계수에 □가 있는 경우 양수, 음수의 두 가지 값이 존재하는 것에 주의한다.

06 다음 두 이차식이 각각 완전제곱식이 될 때, $A+B$의 값은? (단, A, B는 상수)

$$x^2-6x+A, \quad Bx^2+4x+1$$

① 5　　　　② 7　　　　③ 9
④ 11　　　⑤ 13

---| 근호 안이 완전제곱식으로 인수분해되는 식 |---

07 $1<x<2$일 때, $\sqrt{x^2-2x+1}+\sqrt{x^2-4x+4}$를 간단히 하면?

① $-x+3$ ② 0 ③ 1

④ $2x-3$ ⑤ $2x+1$

 Plus

근호 안이 완전제곱식으로 인수분해되면 근호를 사용하지 않고

나타낼 수 있다. ➜ $\sqrt{a^2}=|a|=\begin{cases} a \ (a \geq 0) \\ -a \ (a<0) \end{cases}$

08 $0<x<3$일 때, 다음 식을 간단히 하시오.

$$\sqrt{x^2}-\sqrt{x^2-6x+9}$$

---| 인수분해 공식 종합 |---

09 다음 중 인수분해한 것으로 옳지 <u>않은</u> 것은?

① $mx-my=m(x-y)$

② $a^2+9=(a+3)^2$

③ $4x^2+4x+1=(2x+1)^2$

④ $a^2-3a+2=(a-1)(a-2)$

⑤ $9x^2-4y^2=(3x+2y)(3x-2y)$

10 다음 중 인수분해한 것으로 옳지 <u>않은</u> 것은?

① $9a^2-6a+1=(3a-1)^2$

② $4ab^2+20ab=4ab(b+5)$

③ $x^2-2x-24=(x-4)(x+6)$

④ $2a^2-8b^2=2(a+2b)(a-2b)$

⑤ $3a^2+7ab+2b^2=(a+2b)(3a+b)$

---| 공통인 인수 구하기 |---

11 다음 두 다항식의 1이 아닌 공통인 인수를 구하시오.

$$x^2-4x+3, \quad 2x^2-3x-9$$

12 다음 세 다항식의 1이 아닌 공통인 인수를 구하시오.

$$2x^2+x-6, \quad x^2-4, \quad 3x^2-4x-20$$

---| 인수분해와 두 일차식의 합 |---

13 $2x^2-5x-12$가 x의 계수가 자연수인 두 일차식의 곱으로 인수분해될 때, 두 일차식의 합은?

① $x+1$ ② $2x-1$ ③ $2x+1$

④ $3x-1$ ⑤ $3x+1$

14 $6x^2-17x+5$가 x의 계수가 자연수인 두 일차식의 곱으로 인수분해될 때, 두 일차식의 합은?

① $5x-6$ ② $5x-3$ ③ $3x-1$

④ $3x+1$ ⑤ $5x+3$

인수분해를 이용하여 미지수의 값 구하기

15 $x^2+ax-6=(x+2)(x+b)$일 때, $a+b$의 값을 구하시오. (단, a, b는 상수)

16 ax^2+5x-2를 인수분해한 식이 $(x+2)(3x+b)$일 때, $a+b$의 값은? (단, a, b는 상수)

① -3 ② -1 ③ 1
④ 2 ⑤ 3

전개와 인수분해

17 $(x-1)(x+6)-8$을 인수분해하시오.

18 $(x-5)(x+2)+6x$가 x의 계수가 1인 두 일차식의 곱으로 인수분해될 때, 두 일차식의 합은?

① $2x-7$ ② $2x-3$ ③ $2x+3$
④ $2x+7$ ⑤ $2x+9$

인수분해의 도형에의 활용

19 다음 그림의 정사각형과 직사각형을 모두 이용하여 하나의 큰 직사각형을 만들 때, 새로 만든 직사각형의 둘레의 길이는?

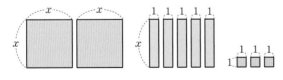

① $2x+8$ ② $3x+4$ ③ $6x+4$
④ $6x+8$ ⑤ $14x$

 Plus

(1) 직사각형의 조각이 주어지는 도형 문제는 각 직사각형의 넓이의 합을 식으로 나타낸 후 인수분해한다.

(2) 전체 넓이의 합이 이차식일 때 그 이차식을 (일차식)×(일차식)으로 인수분해하면 각 일차식이 직사각형의 가로, 세로의 길이가 된다.

20 다음 직사각형의 넓이가 $10a^2+19a+6$이고 세로의 길이가 $2a+3$일 때, 이 직사각형의 둘레의 길이를 구하시오.

04 인수분해의 활용

1 복잡한 식의 인수분해

(1) 공통인 부분을 한 문자로 치환하여 인수분해하기

공통인 부분이 있으면 공통인 부분을 한 문자로 치환한 후 인수분해한다.

주의 치환하여 인수분해한 후 반드시 원래의 식을 대입하여 답을 쓴다. 이때 부호에 주의한다.

예 $(x+1)^2+2(x+1)+1$ ⎫ $x+1=A$로 치환
　　$=A^2+2A+1$ ⎬
　　$=(A+1)^2$ ⎬ 인수분해
　　$=(x+2)^2$ ⎭ $A=x+1$ 대입

(2) 적당한 항끼리 묶어 인수분해하기

① 공통인 인수가 생기도록 (2항)+(2항)으로 묶는다.

예 $ax+ay+bx+by=\underline{(ax+ay)}+\underline{(bx+by)}$
　　　　　　　　　　　(2항)+(2항)으로 묶기
　　$=a(x+y)+b(x+y)=(x+y)(a+b)$

② A^2-B^2의 꼴이 되도록 (3항)+(1항) 또는 (1항)+(3항)으로 묶는다.

　　　　　　　　　　완전제곱식　　완전제곱식　　　　완전제곱식

예 $x^2-y^2-2y-1=x^2-\underline{(y^2+2y+1)}$
　　　　　　　　　　　　　(1항)+(3항)으로 묶기
　　$=x^2-(y+1)^2=(x+y+1)(x-y-1)$
　　$A^2-B^2=(A+B)(A-B)$를 이용

(3) 내림차순으로 정리하여 인수분해하기

항이 5개 이상이거나 문자가 2개 이상 있으면 차수가 낮은 문자에 대하여 내림차순으로 정리한다.

　　　　　　　　　　　　y에 대하여 내림차순으로 정리

예 $x^2+xy+x+2y-2=(x+2)y+(x^2+x-2)$
　　$=(x+2)y+(x+2)(x-1)=(x+2)(x+y-1)$

2 인수분해 공식을 이용한 수의 계산

복잡한 수의 계산을 할 때, 인수분해 공식을 이용하면 편리하다.

(1) 공통인 인수로 묶은 후 계산하기

→ $ma+mb=m(a+b)$

예 $16\times25-16\times15=16\times(25-15)=16\times10=160$

(2) 완전제곱식 이용하기

→ $a^2+2ab+b^2=(a+b)^2$, $a^2-2ab+b^2=(a-b)^2$

예 $98^2+2\times98\times2+2^2=(98+2)^2=100^2=10000$

(3) 제곱의 차 이용하기

→ $a^2-b^2=(a+b)(a-b)$

예 $97^2-3^2=(97+3)(97-3)=100\times94=9400$

3 인수분해 공식을 이용한 식의 값

식의 값을 구할 때, 주어진 식을 인수분해한 후 대입하여 계산하면 편리하다.

예 $x=13$일 때, x^2-6x+9의 값을 구하면

$x^2-6x+9=(x-3)^2=(13-3)^2=10^2=100$
　　　　　인수분해　　$x=13$을 대입

개념 코칭 1 　치환을 이용하여 어떻게 인수분해할까?

정답 및 풀이 ○ 21쪽

$(2x-1)^2-6(2x-1)+8$
$=A^2-6A+8$　　　　　　 ⎞ $2x-1=A$로 치환
$=(A-2)(A-4)$　　　　　 ⎬ 인수분해
$=(2x-1-2)(2x-1-4)$　 ⎭ A 대신 $2x-1$ 대입
$=(2x-3)(2x-5)$

$(3x+1)^2-(x-2)^2$　　　　　 ⎞ $3x+1=A$, $x-2=B$로 치환
$=A^2-B^2$　　　　　　　　　 ⎬ 인수분해
$=(A+B)(A-B)$　　　　　　 ⎭
$=(3x+1+x-2)(3x+1-x+2)$　⎞ A 대신 $3x+1$,
　　　　　　　　　　　　　　 ⎭ B 대신 $x-2$ 대입
$=(4x-1)(2x+3)$

1 다음 식을 인수분해하시오.

(1) $3(3x+1)^2-(3x+1)-2$

(2) $(2x-1)^2-(3x+4)^2$

1-❶ 다음 식을 인수분해하시오.

(1) $(x-1)^2-2(x-1)-15$

(2) $6(x+1)^2+(x-4)(x+1)-(x-4)^2$

개념 코칭 2 　공통인 인수가 없는 항이 4개인 다항식은 어떻게 인수분해할까?

정답 및 풀이 ○ 21쪽

• 공통인 인수가 생기도록 묶기
$a^2+ab-a-b$
$=(a^2+ab)-(a+b)$　 ⎞ (2항)+(2항)으로 묶기
$=a(a+b)-(a+b)$　　⎭
$=(a+b)(a-1)$　　　 ⎞ 공통인 인수로 묶기

• $(\ )^2-(\ )^2$의 꼴이 되도록 묶기
x^2-y^2+2x+1
$=(x^2+2x+1)-y^2$　 ⎞ (3항)+(1항)으로 묶기
$=(x+1)^2-y^2$　　　 ⎬ $(\ )^2-(\ )^2$의 꼴로 만들기
$=(x+y+1)(x-y+1)$　⎭ 인수분해하기

참고 다음과 같이 두 항을 다르게 묶어 인수분해하여도 그 결과는 같다.
$a^2+ab-a-b=a(a-1)+b(a-1)=(a+b)(a-1)$

2 다음 식을 인수분해하시오.

(1) $a^2-2ab-2a+4b$

(2) ab^2-a-b^2+1

(3) $x^2-8x+16-y^2$

2-❶ 다음 식을 인수분해하시오.

(1) $ax-ay+bx-by$

(2) x^2-y-y^2-x

(3) $x^2-4x+4-y^2$

정답 및 풀이 ◎ 21쪽

개념코칭 3 인수분해를 이용하여 수의 계산을 어떻게 간단히 할까?

- 공통인 인수가 생기도록 묶어 계산하기

$$12 \times 86 + 12 \times 14 = 12 \times (86 + 14)$$
$$= 12 \times 100$$
$$= 1200$$

- 인수분해 공식을 이용할 수 있도록 변형하기

$$104^2 - 4^2 = (104 + 4)(104 - 4) = 108 \times 100 = 10800$$
$$\quad\quad a^2 - b^2 = (a+b)(a-b)$$

$$17^2 + 2 \times 17 \times 3 + 3^2 = (17 + 3)^2 = 20^2 = 400$$
$$\quad\quad a^2 + 2ab + b^2 = (a+b)^2$$

3 인수분해 공식을 이용하여 다음을 계산하시오.

(1) $17 \times 47 + 17 \times 53$

(2) $105^2 - 95^2$

(3) $99^2 + 2 \times 99 \times 1 + 1$

(4) $\sqrt{58^2 - 42^2}$

3-❶ 인수분해 공식을 이용하여 다음을 계산하시오.

(1) $24 \times 36 - 24 \times 33$

(2) $48^2 - 47^2$

(3) $53^2 - 2 \times 53 \times 3 + 3^2$

(4) $\sqrt{82^2 + 2 \times 82 \times 18 + 18^2}$

개념코칭 4 인수분해를 이용하여 주어진 식의 값을 어떻게 간단히 구할까?

정답 및 풀이 ◎ 21쪽

- $x = 97$일 때, $x^2 + 6x + 9$의 값을 구해 보자.

$$x^2 + 6x + 9$$
$$= (x + 3)^2 \quad\quad \text{인수분해}$$
$$= (97 + 3)^2 \quad x=97을 대입$$
$$= 100^2$$
$$= 10000$$

- $a = \sqrt{2} - 3$, $b = \sqrt{2} + 3$일 때, $a^2 - b^2$의 값을 구해 보자.

$$a^2 - b^2$$
$$= (a + b)(a - b) \quad\quad \text{인수분해}$$
$$= (\sqrt{2} - 3 + \sqrt{2} + 3)(\sqrt{2} - 3 - \sqrt{2} - 3) \quad a=\sqrt{2}-3, \; b=\sqrt{2}+3을 대입$$
$$= 2\sqrt{2} \times (-6)$$
$$= -12\sqrt{2}$$

4 다음 식의 값을 구하시오.

(1) $x = 45$일 때, $x^2 + 10x + 25$의 값

(2) $x = \sqrt{3} + 2\sqrt{2}$, $y = \sqrt{3} - 2\sqrt{2}$일 때,
$x^2 + 2xy + y^2$의 값

4-❶ 다음 식의 값을 구하시오.

(1) $x = 103$일 때, $x^2 - 6x + 9$의 값

(2) $x = \sqrt{3} + \sqrt{2}$, $y = \sqrt{3} - \sqrt{2}$일 때, $x^2 - y^2$의 값

치환을 이용한 인수분해(1)

01 다음 식을 인수분해하시오.

(1) $3(x+3)^2-5(x+3)-2$

(2) $(x-2y)(x-2y-7)+10$

02 $(a-3b)(a-3b-7)-18$이 a의 계수가 1인 두 일차식의 곱으로 인수분해될 때, 두 일차식의 합은?

① $2a+4b-1$ ② $2a-4b-1$

③ $2a-6b-3$ ④ $2a-3b-6$

⑤ $2a-6b-7$

치환을 이용한 인수분해(2)

03 다음 식을 인수분해하시오.

(1) $(5a+6b)^2-(4a-3b)^2$

(2) $2(x+y)^2-5(x-2y)(x+y)-3(x-2y)^2$

04 $(3x+1)^2-(2x-3)^2=(5x+a)(x+b)$일 때, $a+b$의 값은? (단, a, b는 정수)

① 1   ② 2   ③ 3

④ 4   ⑤ 5

복잡한 식의 인수분해

05 다음 식을 인수분해하시오.

(1) ax^2-a+bx^2-b

(2) $25a^2-9b^2+6b-1$

 Plus

항이 4개인 다항식을 인수분해할 때

(1) 공통인 인수가 생기도록 2항씩 묶어 인수분해한다.

(2) 완전제곱식으로 인수분해되는 3항과 1항을 A^2-B^2의 꼴로 만들어 인수분해한다.

06 다음 **보기**에서 다항식 $x^3+y-x-x^2y$의 인수인 것을 모두 고른 것은?

┌─ 보기 ─────────────────┐

ㄱ. $x-1$ ㄴ. $x+1$

ㄷ. $x-y$ ㄹ. $x+y$

ㅁ. $x-y-1$ ㅂ. $x+y+1$

└────────────────────────┘

① ㄱ, ㄴ, ㄷ   ② ㄱ, ㄴ, ㄹ

③ ㄴ, ㄷ, ㄹ   ④ ㄴ, ㄷ, ㅁ

⑤ ㄷ, ㄹ, ㅂ

| 인수분해 공식을 이용한 수의 계산 | 중요

07 다음 중 $95^2-10\times95+5^2=90^2$임을 설명할 때, 가장 알맞은 인수분해 공식은? (단, $a>0$, $b>0$)

① $a^2+2ab+b^2=(a+b)^2$

② $a^2-2ab+b^2=(a-b)^2$

③ $a^2-b^2=(a+b)(a-b)$

④ $x^2+(a+b)x+ab=(x+a)(x+b)$

⑤ $acx^2+(ad+bc)x+bd=(ax+b)(cx+d)$

08 다음을 인수분해 공식을 이용하여 계산하시오.

$$\frac{12\times98+12\times2}{11^2-1}$$

| 인수분해 공식을 이용한 식의 값 구하기(1) | 중요

09 $x=\dfrac{1}{\sqrt{2}+1}$, $y=\dfrac{1}{\sqrt{2}-1}$일 때, $x^2+xy+x+y$의 값은?

① $\sqrt{2}$ ② 2 ③ $2\sqrt{2}$

④ 4 ⑤ $4\sqrt{2}$

10 $x=2+\sqrt{3}$, $y=2-\sqrt{3}$일 때, x^2y-xy^2의 값은?

① $-7\sqrt{3}$ ② $-2\sqrt{3}$ ③ $2\sqrt{3}$

④ $7\sqrt{3}$ ⑤ $14\sqrt{3}$

| 인수분해 공식을 이용한 식의 값 구하기(2) |

11 $x+y=\sqrt{3}$, $x-y=\sqrt{2}$일 때, $x^2-y^2+4x-4y$의 값은?

① $\sqrt{6}-4\sqrt{2}$ ② $\sqrt{6}+4$

③ $\sqrt{3}+4\sqrt{2}$ ④ $\sqrt{6}+4\sqrt{2}$

⑤ $2\sqrt{3}+4\sqrt{2}$

12 $a+b=4$, $a-b=-2$일 때, $a^2(a-b)+b^2(b-a)$의 값은?

① -8 ② -2 ③ 4

④ 8 ⑤ 16

 코칭 Plus

연립방정식의 풀이를 이용하여 x, y의 값을 먼저 구할 수도 있지만 주어진 식을 인수분해한 후 값을 대입하는 것이 더 편리하다.

| 주어진 식을 인수분해 | → | 주어진 수를 대입 | → | 식의 값 구하기 |

01

다음 이차식이 모두 완전제곱식이 될 때, □ 안에 들어갈 양수 중 가장 작은 것은?

① $x^2+□x+4$

② $□x^2+6x+1$

③ $4x^2+12x+□$

④ $x^2+□x+\dfrac{1}{4}$

⑤ $\dfrac{1}{9}x^2+□x+1$

02

$-1<a<3$일 때, $\sqrt{a^2+2a+1}+\sqrt{a^2-6a+9}$를 간단히 하면?

① -2

② 4

③ $2a$

④ $2a-2$

⑤ $2a+4$

03

다음 두 다항식의 1이 아닌 공통인 인수는?

$$x^2-81, \quad x^2-7x-18$$

① $x-9$

② $x-2$

③ $x+2$

④ $x+3$

⑤ $x+9$

04

다음 중 $x-1$을 인수로 갖지 않는 다항식은?

① $2x^2-x-1$

② $5x^2-2x-3$

③ $-x^2-x+2$

④ $2x^2+x-1$

⑤ x^2-4x+3

05

다음 식에서 $A+B$의 값은? (단, A, B는 상수)

$$x^2-Ax+12=(x-3)(x-B)$$

① 8

② 9

③ 10

④ 11

⑤ 12

06

다항식 $2x^2+15x+m$이 $2x+3$을 인수로 가질 때, 상수 m의 값은?

① 12

② 14

③ 16

④ 18

⑤ 20

07

$(3x+2)(5x-3)+4$를 인수분해하였더니 $(Ax+B)(Cx+2)$가 되었다. $A+B+C$의 값은?

(단, A, B, C는 상수)

① 1

② 3

③ 5

④ 7

⑤ 9

08

철수네 집에는 직사각형 모양의 화단이 있다. 이 화단의 가로의 길이가 $3a-4$이고 넓이가 $6a^2+7a-20$일 때, 이 화단의 세로의 길이는?

① $2a-5$

② $2a-3$

③ $2a+1$

④ $2a+3$

⑤ $2a+5$

09

다음 그림의 모든 직사각형을 겹치지 않게 이어 붙여 만든 새로운 직사각형의 둘레의 길이를 구하시오.

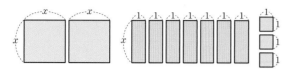

10

다음 식을 인수분해하시오.

$$x^2+2xy+y^2-2x-2y-3$$

11

$1003^2-997^2=2000\times\square$일 때, $\square$ 안에 알맞은 수를 구하시오.

12

$x=\dfrac{\sqrt{3}+\sqrt{2}}{2}$, $y=\dfrac{\sqrt{3}-\sqrt{2}}{2}$일 때, $\dfrac{x^2-2xy+y^2}{x^2+2xy+y^2}$의 값을 구하시오.

13

$x=\dfrac{3+\sqrt{5}}{3-\sqrt{5}}$, $y=\dfrac{3-\sqrt{5}}{3+\sqrt{5}}$일 때, x^2y+xy^2의 값을 구하시오.

한걸음 더

14 문제해결

$0<a<b$일 때, $\sqrt{a^2+2ab+b^2}-\sqrt{a^2-2ab+b^2}$을 간단히 하시오.

15 문제해결

x^2-6x+k가 $x+1$로 나누어떨어질 때, 상수 k의 값을 구하시오.

16 추론

$1^2-2^2+3^2-4^2+5^2-6^2+7^2-8^2+9^2-10^2$을 인수분해 공식을 이용하여 계산하시오.

중단원 마무리

1. 다항식의 곱셈과 인수분해

01 중요

다음 중 옳은 것은?

① $(-a+2b)^2 = a^2 + 4ab + 4b^2$

② $(a-3b)^2 = a^2 - 6ab + 3b^2$

③ $\left(5 - \dfrac{1}{2}x\right)\left(\dfrac{1}{2}x + 5\right) = -\dfrac{1}{4}x^2 + 25$

④ $(x-10)(x-2) = x^2 + 12x - 20$

⑤ $(5x+4)(-x+7) = -5x^2 + 23x + 28$

02

$(6x-1)^2 - (3x+2)^2 = ax^2 + bx + c$일 때, $a+b-c$ 의 값은? (단, a, b, c는 상수)

① 2 　　　② 4 　　　③ 6

④ 8 　　　⑤ 10

03

$(ax+3)(5x-b) = -15x^2 + 6x + 9$일 때, $a+b$의 값 을 구하시오. (단, a, b는 상수)

04

오른쪽 그림은 가로, 세로의 길 이가 각각 $6x$, $4x$인 직사각형 모양의 땅에 폭이 3으로 일정한 길을 낸 것이다. 색칠한 부분의 넓이는?

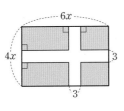

① $24x^2 - 30x + 9$ 　　② $24x^2 - 32x + 9$

③ $24x^2 - 36x + 9$ 　　④ $20x^2 - 30x + 3$

⑤ $20x^2 - 36x + 3$

05

$\dfrac{7}{4+\sqrt{2}} = a + b\sqrt{2}$를 만족시키는 유리수 a, b에 대하여 ab의 값은?

① -2 　　　② $-\dfrac{3}{2}$ 　　　③ -1

④ $\dfrac{1}{2}$ 　　　⑤ $\dfrac{3}{2}$

06

다음 식을 전개하시오.

$$(2x - y - 2)(2x - y + 3)$$

07

$xy = 3$, $x^2 + y^2 = 10$일 때, $(x+y)\left(\dfrac{1}{x} + \dfrac{1}{y}\right)$의 값은?

① 4 　　　② $\dfrac{13}{3}$ 　　　③ $\dfrac{14}{3}$

④ 5 　　　⑤ $\dfrac{16}{3}$

08

$x = \sqrt{7} + \sqrt{3}$, $y = \sqrt{7} - \sqrt{3}$일 때, $x^2 + y^2 + 3xy$의 값을 구하시오.

09

$x^2+4x+1=0$일 때, $x^2+\dfrac{1}{x^2}$의 값은?

① 10　　　② 12　　　③ 14

④ 16　　　⑤ 18

13

$2<x<3$일 때, $\sqrt{x^2-6x+9}-\sqrt{x^2-4x+4}$를 간단히 하면?

① $-2x+6$　　② $-2x+5$　　③ $-2x$

④ $2x-6$　　⑤ $2x-5$

10

다음 중 다항식 $3x^3+6x$의 인수가 <u>아닌</u> 것은?

① 3　　　② x　　　③ $3x$

④ x^2　　⑤ x^2+2

14

다음 중 인수분해를 바르게 한 것은?

① $x^2+4x+4=(x+4)^2$

② $9x^2-6x+1=(3x-1)^2$

③ $4x^2-9=(4x+3)(4x-3)$

④ $x^2+6x+5=(x+6)(x+5)$

⑤ $-6x^2y-9y^2=-3y(2x^2+4y)$

11 중요

$\dfrac{1}{16}x^2-\boxed{}x+\dfrac{1}{9}$이 완전제곱식이 될 때, 다음 중 □ 안에 알맞은 수는?

① $\dfrac{1}{3}$　　② $\dfrac{1}{12}$　　③ $-\dfrac{1}{12}$

④ $\pm\dfrac{1}{6}$　　⑤ $\pm\dfrac{1}{3}$

15

다음 두 다항식의 1이 아닌 공통인 인수는?

$$x^2-x-12,\quad 2x^2-5x-12$$

① $x+3$　　② $x-3$　　③ $2x+3$

④ $x-4$　　⑤ $2x-3$

12

$x^2+(n+1)x+25$가 완전제곱식이 되도록 하는 모든 상수 n의 값의 합을 구하시오.

16 중요

x의 계수가 1인 두 일차식의 곱이 x^2+2x-3일 때, 두 일차식의 합을 구하시오.

17 (중요)

$6x^2+Ax-20=(2x+5)(3x+B)$일 때, $A-B$의 값을 구하시오. (단, A, B는 상수)

18

$(a-1)^2-3(a-1)+2$를 인수분해하시오.

19

x^2+6y-y^2-9를 인수분해하면?

① $(x+y+3)(x-y+3)$
② $(x+y+3)(x-y-3)$
③ $(x+y-3)(x-y+3)$
④ $(x+y-3)(x-y-3)$
⑤ $(x-y+3)^2$

20

다음 중 다항식 $x^2y^2-x^2-y^2+1$의 인수가 <u>아닌</u> 것은?

① $x+1$ ② $x-1$ ③ $y+1$
④ $y-1$ ⑤ $x-y$

21

$x=\dfrac{1}{\sqrt{2}-1}$, $y=\dfrac{1}{\sqrt{2}+1}$일 때, x^2-1-y^2+2y의 값을 구하시오.

22

다음과 같이 네 학생이 인수분해를 하여 그 결과를 공유하였다. 인수분해를 바르게 한 사람을 고르시오.

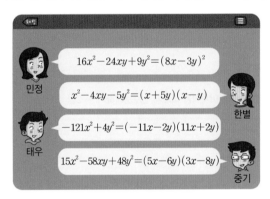

민정: $16x^2-24xy+9y^2=(8x-3y)^2$
한별: $x^2-4xy-5y^2=(x+5y)(x-y)$
태우: $-121x^2+4y^2=(-11x-2y)(11x+2y)$
중기: $15x^2-58xy+48y^2=(5x-6y)(3x-8y)$

23

창의·융합 수학+체육

어느 체육 종목이든 경기를 진행하는 경기장이 필요하다. 이때 각 경기장마다 용도에 맞는 모양과 크기가 정해져 있다. 다음 그림과 같이 직사각형 모양의 농구장의 넓이가 $(3x^2+10x+8)$ m²이고, 가로의 길이가 $(3x+4)$ m일 때, 이 농구장의 둘레의 길이를 구하시오.

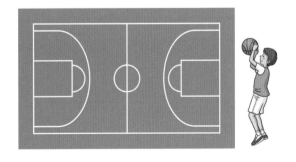

01

이차항의 계수가 1인 어떤 이차식을 인수분해하는데 상현이는 x의 계수를 잘못 보고 $(x+3)(x-6)$으로 인수분해하였고, 태연이는 상수항을 잘못 보고 $(x-3)(x+10)$으로 인수분해하였다. 다음 물음에 답하시오. [6점]

(1) 처음 이차식을 구하시오. [4점]
(2) (1)에서 구한 이차식을 바르게 인수분해하시오. [2점]

풀이

채점 기준 ❶ 처음 이차식 구하기 … 4점

채점 기준 ❷ 처음 이차식을 바르게 인수분해하기 … 2점

답

01-1

한번 ↗

민정이는 $(x+4)(x-5)$를 전개하는데 상수항 4를 a로 잘못 보아서 x^2-8x+b로 전개하였고, 정환이는 $(4x-3)(2x+1)$을 전개하는데 x의 계수 2를 c로 잘못 보아서 $12x^2+dx-3$으로 전개하였다. 상수 a, b, c, d에 대하여 $a+b+c+d$의 값을 구하시오. [6점]

풀이

채점 기준 ❶ a, b의 값 각각 구하기 … 2점

채점 기준 ❷ c, d의 값 각각 구하기 … 2점

채점 기준 ❸ $a+b+c+d$의 값 구하기 … 2점

답

02

$x-\dfrac{1}{x}=\sqrt{5}$일 때, $x^2+\dfrac{1}{x^2}-3$의 값을 구하시오. [5점]

풀이

답

03

다음 그림의 정사각형과 직사각형을 모두 이용하여 하나의 큰 직사각형을 만들 때, 그 직사각형의 둘레의 길이를 구하시오. [6점]

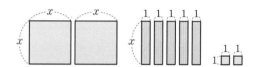

풀이

답

04

두 수 A, B가 다음과 같을 때, 인수분해 공식을 이용하여 $A+B$의 값을 구하시오. [5점]

$$A=41^2-2\times41+1$$
$$B=9.6^2-0.4^2$$

풀이

답

Ⅲ

이차방정식

1. 이차방정식

이 단원을 배우면 한 문자에 대한 이차식의 꼴인 방정식의 해를 구할 수 있어요. 이차방정식과 그 해의 뜻을 알고, 이차방정식을 푸는 방법을 학습하여 실생활 문제를 해결하는 데 활용할 수 있어요.

01 이차방정식과 그 해

1 이차방정식의 뜻

(1) 등식의 우변의 모든 항을 좌변으로 이항하여 정리하였을 때

$$(x에 대한 이차식)=0$$

의 꼴이 되는 방정식을 x에 대한 **이차방정식**이라 한다.

> **예** $x^2=2x+3$ ➡ $x^2-2x-3=0$ ➡ 이차방정식이다.
>
> $x^2+2x=x^2+x+3$ ➡ $x-3=0$ ➡ 이차방정식이 아니다. —일차방정식
>
> x^2+2x+3 ➡ 이차방정식이 아니다. —이차식

(2) 일반적으로 x에 대한 이차방정식은

$$ax^2+bx+c=0 \ (a,\ b,\ c는 상수,\ a\neq0)$$

$\underset{\text{(이차항의 계수)}\neq0}{}$

의 꼴로 나타낼 수 있다.

> **주의** $ax^2+bx+c=0$이 x에 대한 이차방정식이 되려면 b, c는 0이어도 상관없지만 x^2의 계수 a는 반드시 0이 아니어야 한다.

2 이차방정식의 해

(1) 이차방정식의 해(근)

이차방정식을 참이 되게 하는 미지수 x의 값을 이차방정식의 해 또는 근이라 한다.

$x=p$가 이차방정식 $ax^2+bx+c=0$의 해(근)이다.	$\longleftrightarrow$	$x=p$를 $ax^2+bx+c=0$에 대입하면 등식이 성립한다.

> **예** 이차방정식 $x^2-3x+2=0$에서

	좌변의 값	우변의 값	참 / 거짓
$x=1$일 때	$1^2-3\times1+2=0$	0	참
$x=2$일 때	$2^2-3\times2+2=0$	0	참
$x=3$일 때	$3^2-3\times3+2=2$	0	거짓

주어진 방정식을 참이 되게 하는 x의 값은 1, 2이므로 이차방정식 $x^2-3x+2=0$의 해는 $x=1$ 또는 $x=2$이다.

> **참고** 일반적으로 일차방정식의 해는 1개이지만 이차방정식의 해는 최대 2개이다.

(2) 이차방정식을 푼다

이차방정식의 해를 모두 구하는 것을 이차방정식을 푼다고 한다.

> **참고** (1) 다음 세 문장은 모두 같은 의미이다.
> - 이차방정식을 푸시오.
> - 이차방정식의 해를 구하시오.
> - 이차방정식이 참이 되게 하는 미지수 x의 값을 모두 구하시오.
>
> (2) 이차방정식의 해를 구할 때, 특별한 언급이 없으면 x의 값의 범위를 실수 전체로 생각한다.

중1

- **방정식** : 미지수 x의 값에 따라 참이 되기도 하고 거짓이 되기도 하는 등식
- **이항** : 등식의 성질을 이용하여 등식의 한 변에 있는 항을 부호를 바꾸어 다른 변으로 옮기는 것

기초 코칭 1 일차방정식의 뜻과 그 풀이 방법에 대해 복습해 볼까?

정답 및 풀이 ● 25쪽

(1) 일차방정식

$$2x+1=3$$ —— 좌변으로 이항 →— $2x+1-3=0$
$2x-2=0$ —— (일차식)=0의 꼴 →— 일차방정식

(2) 일차방정식의 풀이

$$5x-1=3x-7$$ —— 일차항은 좌변으로 상수항은 우변으로 →— $5x-3x=-7+1$
$2x=-6$ —— 양변을 x의 계수로 나눈다. →— $x=-3$ ← 해

1 다음 일차방정식의 해를 구하시오.

(1) $2x+3=1$

(2) $4x+1=2x-3$

1-❶ 다음 일차방정식의 해를 구하시오.

(1) $-x+6=5$

(2) $5x-2=3x+8$

 개념 코칭 2 이차방정식인 것과 이차방정식이 아닌 것을 어떻게 구분할까?

정답 및 풀이 ● 25쪽

$2x^2-5x+4=x^2-x$ ⎫ 우변의 항을 좌변으로 이항하기

$2x^2-x^2-5x+x+4=0$ ⎫ 동류항끼리 간단히 정리하기

$x^2-4x+4=0$
→ (x에 대한 이차식)=0의 꼴이므로 이차방정식이다.

주의 $4x^2+2$는 이차식이지만 등식이 아니므로 이차방정식은 아니다.

$x^2-3x+2=x^2+1$ ⎫ 우변의 항을 좌변으로 이항하기

$x^2-x^2-3x+2-1=0$ ⎫ 동류항끼리 간단히 정리하기

$-3x+1=0$
→ (x에 대한 이차식)=0의 꼴이 아니므로 이차방정식이 아니다.

2 다음 중 이차방정식인 것에는 ○표, 이차방정식이 아닌 것에는 ×표를 하시오.

(1) x^2+3x-1 ( )

(2) $x^2=0$ ( )

(3) $x(x-2)=x^2+2$ ( )

(4) $2x^3+x^2-4=2x(x^2-2x+3)$ ( )

2-❶ 다음 중 이차방정식인 것에는 ○표, 이차방정식이 아닌 것에는 ×표를 하시오.

(1) $2x^2-3x$ ( )

(2) $(x+2)^2=0$ ( )

(3) $\frac{1}{2}x^2-3x+8=0$ ( )

(4) $(x+1)(x-1)=x^2+3x$ ( )

정답 및 풀이 ▶ 25쪽

개념 코칭 3 · 계수가 문자로 주어진 방정식이 이차방정식이 되려면 계수는 어떤 조건을 만족시켜야 할까?

$ax^2+1=2x^2-ax+7$이 x에 대한 이차방정식이 되기 위한 상수 a의 조건을 구해 보자.

$$ax^2+1=2x^2-ax+7 \xrightarrow{\text{좌변으로 이항하여 정리}} \underset{\text{이차항의 계수}}{(a-2)}x^2+ax-6=0$$

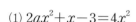

이 식이 x에 대한 이차방정식이 되려면 (이차항의 계수)$\neq 0$이어야 하므로

$a-2\neq 0$ ∴ $a\neq 2$

3 다음 등식이 x에 대한 이차방정식일 때, 상수 a의 조건을 구하시오.

(1) $2ax^2+x-3=4x^2$

(2) $ax^2+2x+6=-x^2-2x+1$

3-❶ 다음 등식이 x에 대한 이차방정식일 때, 상수 a의 조건을 구하시오.

(1) $ax^2+2x+2=3x^2-x+2$

(2) $ax^2-x=(x+2)(x-1)$

개념 코칭 4 · 주어진 수가 이차방정식의 해인지 아닌지는 어떻게 알 수 있을까?

정답 및 풀이 ▶ 25쪽

$x=-1, 0, 1, 2$일 때, 이차방정식 $x^2-x=0$의 해를 구해 보자.

	좌변의 값	우변의 값	참 / 거짓
$x=-1$일 때	$(-1)^2-(-1)=2$	0	거짓
$x=0$일 때	$0^2-0=0$	0	참
$x=1$일 때	$1^2-1=0$	0	참
$x=2$일 때	$2^2-2=2$	0	거짓

➡ 이차방정식 $x^2-x=0$의 해는 $x=0$ 또는 $x=1$이다.

x의 값을 방정식에 대입하여 참이 되는 것을 찾아!

4 다음 [ ] 안의 수가 주어진 이차방정식의 해인 것에는 ○표, 해가 아닌 것에는 ×표를 하시오.

(1) $x^2+6x-6=0$ [1] (　　)

(2) $x^2-20=2x+15$ [-5] (　　)

(3) $(x-2)(x+3)=0$ [7] (　　)

(4) $(2x-1)^2=0$ $\left[\dfrac{1}{2} \right]$ (　　)

4-❶ 다음 [ ] 안의 수가 주어진 이차방정식의 해인 것에는 ○표, 해가 아닌 것에는 ×표를 하시오.

(1) $x^2-3x-7=0$ [3] (　　)

(2) $2x^2-5x-7=0$ [-1] (　　)

(3) $(2x-1)(x-2)=0$ [2] (　　)

(4) $2x^2-3=x^2-3x+15$ [-6] (　　)

─────── 이차방정식의 뜻 ───────

01 다음 중 x에 대한 이차방정식인 것은?

① $(x-1)(x-2)=x^2-4$

② $x^2+2x=x(x+2)$

③ $(x+1)(3x-2)=x^2$

④ $3x^2-x=(3x+1)(x-1)$

⑤ $5x-1=3(x+1)$

02 다음 중 x에 대한 이차방정식이 <u>아닌</u> 것을 모두 고르면? (정답 2개)

① $x^2=2(x+3)$

② $(x-1)^2=1+x^2$

③ $3x^2-4x-2=x^2+x+1$

④ $x^2=-x$

⑤ $(x-3)(x+2)=x^2+6$

─────── 이차방정식이 되는 조건 ───────

03 $(x-2)(x+2)=(a-1)x^2+x$가 x에 대한 이차방정식이 되기 위한 상수 a의 조건을 구하시오.

04 $-4x(ax-3)=2x^2+1$이 x에 대한 이차방정식이 되기 위한 상수 a의 조건을 구하시오.

─────── 이차방정식의 해 ───────

05 다음 수 중 이차방정식 $x^2-x-2=0$의 해가 되는 것을 모두 구하시오.

$$-1, \quad 0, \quad 1, \quad 2$$

06 다음 중 [ ] 안의 수가 주어진 이차방정식의 해인 것을 모두 고르면? (정답 2개)

① $x^2-2x+1=0$ [1]

② $x^2+5x+4=0$ [4]

③ $x^2-7x+10=0$ [3]

④ $x^2+x-6=0$ [-3]

⑤ $x^2-5x-6=0$ [5]

─────── 한 근이 주어졌을 때, 미지수의 값 구하기 ───────

07 $x=-2$가 이차방정식 $2x^2+2x+a=0$의 해일 때, 상수 a의 값을 구하시오.

 Plus

$x=p$가 이차방정식 $ax^2+bx+c=0$의 해이다.
➡ $x=p$를 $ax^2+bx+c=0$에 대입하면 등식이 성립한다.

08 이차방정식 $x^2+ax+a-5=0$의 한 근이 $x=3$일 때, 상수 a의 값을 구하시오.

02 인수분해를 이용한 이차방정식의 풀이

1 인수분해를 이용한 이차방정식의 풀이

(1) $AB=0$의 성질

① 두 수 또는 두 식 A, B에 대하여 <u>$A=0$ 또는 $B=0$이면 $AB=0$</u>이 성립한다.

  또한, 거꾸로 <u>$AB=0$이면 $A=0$ 또는 $B=0$</u>이 성립한다. └ 둘 중 적어도 하나가 0이면 그 곱은 0이다.

  └ 곱이 0이면 둘 중 적어도 하나는 0이다.

  참고 「$A=0$ 또는 $B=0$」은 다음 세 가지 중 하나가 성립한다는 뜻이다.

  (i) $A=0$이고 $B=0$

  (ii) $A\neq0$이고 $B=0$

  (iii) $A=0$이고 $B\neq0$

② $AB=0$의 성질을 이용하면 $AB=0$의 꼴의 이차방정식의 해를 구할 수 있다.

  예 $\underset{A}{(x+1)}\underset{B}{(x+2)}=0$이면 $\underset{A}{x+1}=0$ 또는 $\underset{B}{x+2}=0$

  $\therefore x=-1$ 또는 $x=-2$

(2) 인수분해를 이용한 이차방정식의 풀이

  이차방정식을 (일차식)×(일차식)$=0$의 꼴로 변형한 후 $AB=0$의 성질을 이용하여 푼다.

(3) 인수분해를 이용한 이차방정식의 풀이 순서

  ❶ 이차방정식을 $ax^2+bx+c=0$의 꼴로 정리한다.

  ❷ 좌변을 인수분해한다.

  ❸ $AB=0$의 성질을 이용한다.

  ❹ 해를 구한다.

  예 이차방정식 $x^2+3x=-2$에서

  $x^2+3x+2=0$ ⎫ 인수분해

  $(x+1)(x+2)=0$ ⎬ $AB=0$의

  $x+1=0$ 또는 $x+2=0$ ⎭ 성질 이용

  $\therefore x=-1$ 또는 $x=-2$

2 이차방정식의 중근

(1) 이차방정식의 중근

  이차방정식의 두 해(근)가 중복되어 서로 같을 때, 이 해(근)를 주어진 이차방정식의 **중근**이라 한다.

  예 이차방정식 $x^2-2x+1=0$의 좌변을 인수분해하면 $(x-1)^2=0$이므로

  $\underbrace{(x-1)(x-1)}_{중복}=0$에서 $x-1=0$ $\therefore x=1$

(2) 이차방정식이 중근을 가질 조건

  ① 이차방정식이 중근을 가지려면 (완전제곱식)$=0$의 꼴이 되어야 한다.

  ② x^2의 계수가 1인 이차방정식 $x^2+ax+b=0$이 중근을 가지려면

  $\rightarrow b=\left(\dfrac{a}{2}\right)^2 - (상수항)=\left(\dfrac{x의\ 계수}{2}\right)^2$

  설명 $(x+p)^2=x^2+\underbrace{2px}+p^2$이므로 x^2의 계수가 1일 때, (상수항)$=\left(\dfrac{x의\ 계수}{2}\right)^2$이면 이차방정식

  반의 제곱 : $\left(\dfrac{2p}{2}\right)^2=p^2$

  의 좌변이 완전제곱식이 된다.

  예 이차방정식 $x^2+6x+k=0$이 중근을 가지려면 $k=\left(\dfrac{6}{2}\right)^2$에서 $k=9$

  참고 x^2의 계수가 1이 아닌 경우에는 양변을 x^2의 계수로 나눈 다음 위의 방법을 이용한다.

용어

중근(거듭할 重, 뿌리 根) : 중복되는 근

정답 및 풀이 ⊙ 26쪽

개념코칭 1. 이차방정식을 풀 때 $AB=0$의 성질을 어떻게 이용할까?

$AB=0$이면 $A=0$ 또는 $B=0$이므로 다음과 같이 이차방정식의 해를 구한다.

$AB=0$	$A=0$ 또는 $B=0$	이차방정식의 해
$x(x+1)=0$	$x=0$ 또는 $x+1=0$	$x=0$ 또는 $x=-1$
$(x-1)(x+2)=0$	$x-1=0$ 또는 $x+2=0$	$x=1$ 또는 $x=-2$
$(3x-2)(2x-3)=0$	$3x-2=0$ 또는 $2x-3=0$	$x=\dfrac{2}{3}$ 또는 $x=\dfrac{3}{2}$

1 다음 이차방정식을 푸시오.

(1) $(x+1)(x-3)=0$

(2) $2x(x-2)=0$

1-① 다음 이차방정식을 푸시오.

(1) $(x+5)(x+6)=0$

(2) $(5x-3)(3x+2)=0$

정답 및 풀이 ⊙ 26쪽

개념코칭 2. 인수분해를 이용하여 이차방정식을 어떻게 풀까?

$2x^2-3x+1=0$ ⟩ 인수분해

$\underset{A}{(2x-1)}\times\underset{B}{(x-1)}=0$

$\underset{A=0}{2x-1=0}$ 또는 $\underset{B=0}{x-1=0}$

$\therefore x=\dfrac{1}{2}$ 또는 $x=1$

$x^2-9=0$ ⟩ 인수분해

$\underset{A}{(x+3)}\times\underset{B}{(x-3)}=0$

$\underset{A=0}{x+3=0}$ 또는 $\underset{B=0}{x-3=0}$

$\therefore x=-3$ 또는 $x=3$

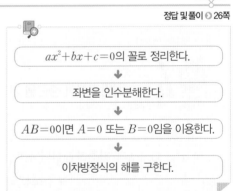

- $ax^2+bx+c=0$의 꼴로 정리한다.
- 좌변을 인수분해한다.
- $AB=0$이면 $A=0$ 또는 $B=0$임을 이용한다.
- 이차방정식의 해를 구한다.

2 다음 이차방정식을 인수분해를 이용하여 푸시오.

(1) $x^2-x-6=0$

(2) $4x^2-9=0$

(3) $x(x-8)=9$

(4) $(x+1)^2-3x=13$

2-① 다음 이차방정식을 인수분해를 이용하여 푸시오.

(1) $x^2-x=0$

(2) $x^2-25=0$

(3) $x^2-3x+2=2x+8$

(4) $6x^2=5x-1$

개념 코칭 3 이차방정식의 중근이란 무엇일까?

정답 및 풀이 ● 26쪽

이차방정식의 중근
→ 이차방정식의 두 해가 중복되어 같을 때의 근
→ 이차방정식이 (완전제곱식)＝0의 꼴로 나타난다.

$x^2+2x+1=0$

인수분해

$\dfrac{(x+1)^2=0}{(완전제곱식)=0의 꼴}$ (x+1)(x+1)=0이므로 x+1=0 또는 x+1=0

$x+1=0$ 중복

$\therefore x=-1$

---

3 다음 이차방정식을 푸시오.

(1) $x^2-8x+16=0$

(2) $x^2-10x+25=0$

(3) $9x^2+24x+16=0$

(4) $2x^2+24x+72=0$

3-① 다음 이차방정식을 푸시오.

(1) $x^2+18x+81=0$

(2) $x^2-12x+36=0$

(3) $9x^2-12x+4=0$

(4) $3x^2+12x+12=0$

개념 코칭 4 이차방정식이 중근을 가지려면 어떤 조건을 만족시켜야 할까?

정답 및 풀이 ● 26쪽

이차방정식 $x^2-4x+k=0$이 중근을 갖는다.
→ x^2-4x+k가 완전제곱식이 된다.

(상수항)$=\left(\dfrac{x의 계수}{2}\right)^2$

→ $k=\left(\dfrac{-4}{2}\right)^2$에서 $k=4$

x²의 계수가 1이 아닐 때는 먼저 x²의 계수로 양변을 나누어 x²의 계수를 1로 만든 후 생각해!

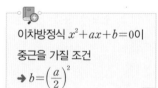

이차방정식 $x^2+ax+b=0$이 중근을 가질 조건
→ $b=\left(\dfrac{a}{2}\right)^2$

---

4 다음 이차방정식이 중근을 갖도록 하는 상수 k의 값을 모두 구하시오.

(1) $x^2+4x+2k=0$

(2) $x^2+2kx+9=0$

(3) $x^2-8x=k$

4-① 다음 이차방정식이 중근을 갖도록 하는 상수 k의 값을 모두 구하시오.

(1) $x^2+6x+11-k=0$

(2) $x^2-10x+2k+5=0$

(3) $2x^2+8kx=-8$

┤ **인수분해를 이용한 이차방정식의 풀이** ├

01 이차방정식 $8x^2-10x+3=0$의 두 근이 $x=a$ 또는 $x=b$일 때, $2a+4b$의 값은? (단, $a<b$)

① -4　　　② -2　　　③ 0

④ 2　　　⑤ 4

02 이차방정식 $3x^2+5x-2=0$의 두 근이 $x=a$ 또는 $x=b$일 때, $3a-b$의 값은? (단, $a>b$)

① 1　　　② 2　　　③ 3

④ 5　　　⑤ 7

┤ **한 근이 주어졌을 때, 다른 한 근 구하기** ├ 중요

03 x에 대한 이차방정식 $2x^2+ax-10=0$의 한 근이 $x=-2$일 때, 다음을 구하시오. (단, a는 상수)

(1) a의 값

(2) 다른 한 근

 Plus

$x=p$가 이차방정식의 한 근일 때,
❶ 이차방정식에 $x=p$를 대입하여 미지수의 값을 구한다.
❷ 구한 미지수의 값을 주어진 이차방정식에 대입하여 푼다.
❸ 두 근 중 $x=p$를 제외한 다른 한 근을 구한다.

04 x에 대한 이차방정식 $x^2-mx-2m^2+8=0$의 한 근이 $x=2$일 때, 다음을 구하시오. (단, m은 $m<0$인 상수)

(1) m의 값

(2) 다른 한 근

┤ **이차방정식의 근의 활용** ├

05 이차방정식 $x^2-3x-10=0$의 두 근 중 작은 근이 이차방정식 $x^2-2x+k=0$의 한 근일 때, 상수 k의 값은?

① -8　　　② -6　　　③ -4

④ 6　　　⑤ 8

06 이차방정식 $x^2-1=0$의 두 근 중 큰 근이 이차방정식 $x^2-2kx+k+1=0$의 한 근일 때, 상수 k의 값은?

① 1　　　② 2　　　③ 3

④ 4　　　⑤ 5

━━━ **두 이차방정식의 공통인 근** 중요

07 다음 두 이차방정식의 공통인 근을 구하시오.

$$x^2+x-6=0, \qquad x^2+8x+15=0$$

08 두 이차방정식 $x^2-4x+3=0$, $2x^2+x-3=0$을 동시에 만족시키는 x의 값을 구하시오.

━━━ **이차방정식의 중근** ┃

09 다음 이차방정식 중에서 중근을 갖는 것은?

① $16x^2-16=0$　　② $(x+1)^2=1$

③ $x-2=(4-x)^2$　　④ $x^2-8x+64=0$

⑤ $4x^2-20x+25=0$

 Plus

이차방정식이 중근을 갖는다.

➡ (완전제곱식)=0의 꼴로 나타내어진다.

➡ $a(x-m)^2=0\,(a\neq0)$의 꼴로 나타내어진다.

10 다음 **보기**에서 중근을 갖는 이차방정식을 모두 고른 것은?

┌─ 보기 ─

ㄱ. $(x+1)^2=0$　　ㄴ. $(x-2)^2=1$

ㄷ. $x^2-6x+9=0$　　ㄹ. $x^2-x+\dfrac{1}{4}=0$

ㅁ. $x^2+2x+2=0$

① ㄱ, ㄴ　　② ㄱ, ㄷ　　③ ㄴ, ㄷ

④ ㄱ, ㄷ, ㄹ　　⑤ ㄴ, ㄹ, ㅁ

━━━ **이차방정식이 중근을 가질 조건** 중요

11 이차방정식 $x^2-10x+3k+4=0$이 중근을 가질 때, 상수 k의 값은?

① -7　　② -3　　③ -1

④ 3　　⑤ 7

12 이차방정식 $4x-8=x^2+6x+m$이 중근 $x=k$를 가질 때, $m+k$의 값은? (단, m은 상수)

① -10　　② -8　　③ -6

④ -4　　⑤ -2

03 완전제곱식을 이용한 이차방정식의 풀이

1 제곱근을 이용한 이차방정식의 풀이

용어

제곱근 : 어떤 수 x를 제곱하여 음이 아닌 수 a가 될 때, 즉 $x^2=a$일 때, x를 a의 제곱근이라 한다.

(1) 이차방정식 $x^2=q\,(q\geq0)$의 해

$$x^2=q \;\Rightarrow\; x=\pm\sqrt{q} \;\leftarrow\; x\text{는 }q\text{의 제곱근}$$

예 $x^2-3=0$에서 $x^2=3$ $\quad\therefore x=\pm\sqrt{3}$

참고 이차방정식 $x^2-4=0$의 경우 인수분해와 제곱근을 모두 이용하여 풀 수 있다.

① 인수분해를 이용하여 풀면

$$(x+2)(x-2)=0 \quad\therefore x=-2 \text{ 또는 } x=2$$

② 제곱근을 이용하여 풀면

$$x^2=4 \quad\therefore x=\pm2$$

(2) 이차방정식 $(x-p)^2=q\,(q\geq0)$의 해

$$(x-p)^2=q \;\Rightarrow\; \underline{x-p=\pm\sqrt{q}} \quad\therefore x=p\pm\sqrt{q}$$
$$\quad\quad\quad\quad\quad\;\; \llcorner\, x-p\text{는 }q\text{의 제곱근}$$

예 $(x-1)^2=2$에서 $x-1=\pm\sqrt{2}$ $\quad\therefore x=1\pm\sqrt{2}$

(3) $(x-p)^2=q$의 꼴의 이차방정식이 해를 가질 조건

양수의 제곱근은 2개, 0의 제곱근은 1개, 음수의 제곱근은 없으므로

① $q>0$이면 서로 다른 두 근을 갖는다. $\;\Rightarrow\; x=p\pm\sqrt{q}$

② $q=0$이면 (완전제곱식)$=0$의 형태가 되므로 중근을 갖는다. $\;\Rightarrow\; x=p$

③ $q<0$이면 해는 없다. — 제곱하여 음수가 되는 실수는 없다.

참고 $q>0$ 또는 $q=0$인 경우에 $(x-p)^2=q$의 해가 존재하므로 이차방정식 $(x-p)^2=q$가 해를 가질 조건은 $q\geq0$이다.

2 완전제곱식을 이용한 이차방정식의 풀이

(1) 완전제곱식을 이용한 이차방정식의 풀이

이차방정식을 $(x-p)^2=q\,(q\geq0)$의 꼴로 변형한 후 제곱근을 이용하여 푼다.

(2) 완전제곱식을 이용한 이차방정식의 풀이 순서

❶ 이차항의 계수로 양변을 나눈다.

❷ 상수항을 우변으로 이항한다.

❸ 양변에 $\left(\dfrac{\text{일차항의 계수}}{2}\right)^2$을 더한다.

❹ $(x-p)^2=q$의 꼴로 고친다.

❺ 제곱근을 이용하여 해를 구한다.

예 이차방정식 $2x^2-4x-10=0$에서 ⟍양변을 2로 나눈다.

$$x^2-2x-5=0$$
$$x^2-2x=5$$
$$x^2-2x+1=5+1 \leftarrow \left(\dfrac{-2}{2}\right)^2=1$$
$$(x-1)^2=6$$
$$x-1=\pm\sqrt{6} \quad\therefore x=1\pm\sqrt{6}$$

참고 $x^2+ax=b$에서 좌변을 완전제곱식으로 만들려면 양변에 $\left(\dfrac{a}{2}\right)^2$을 더해야 한다.

(3) 이차방정식 $ax^2+bx+c=0$을 풀 때

① 좌변이 인수분해되면 $\;\Rightarrow\;$ 인수분해를 이용한다.

② 좌변이 인수분해되지 않으면 $\;\Rightarrow\;$ 완전제곱식을 이용한다.

개념코칭 1 제곱근을 이용하여 $x^2=q\,(q\geq 0)$의 꼴의 이차방정식을 어떻게 풀까?

정답 및 풀이 ● 27쪽

$$2x^2-10=0$$
$$2x^2=10$$ $x^2=q$의 꼴로 변형
$$x^2=5$$
$$\therefore\ x=\pm\sqrt{5}$$ x는 5의 제곱근

$$x^2=q\,(q\geq 0)$$
$$\therefore\ \boxed{x=\pm\sqrt{q}}$$

1 다음 이차방정식을 제곱근을 이용하여 푸시오.

(1) $x^2-21=0$

(2) $2x^2-72=0$

1-❶ 다음 이차방정식을 제곱근을 이용하여 푸시오.

(1) $x^2-49=0$

(2) $3x^2-36=0$

개념코칭 2 제곱근을 이용하여 $(x-p)^2=q\,(q\geq 0)$의 꼴의 이차방정식을 어떻게 풀까?

정답 및 풀이 ● 27쪽

$$2(x-2)^2-4=0$$
$$2(x-2)^2=4$$ $(x-p)^2=q$의 꼴로 변형
$$(x-2)^2=2$$
$$x-2=\pm\sqrt{2}$$ $x-2$는 2의 제곱근
$$\therefore\ x=2\pm\sqrt{2}$$

$$(x-p)^2=q\,(q\geq 0)$$
$$x-p=\pm\sqrt{q}$$
$$\therefore\ \boxed{x=p\pm\sqrt{q}}$$

2 다음 이차방정식을 제곱근을 이용하여 푸시오.

(1) $(x+2)^2=16$

(2) $3(x-3)^2=9$

(3) $2(x-5)^2=1$

(4) $(3x+2)^2=6$

2-❶ 다음 이차방정식을 제곱근을 이용하여 푸시오.

(1) $(x-2)^2=8$

(2) $4(x-3)^2=16$

(3) $3(x-2)^2=18$

(4) $(2x+1)^2=3$

개념 코칭 3 완전제곱식을 이용하여 이차방정식을 어떻게 풀까?

정답 및 풀이 ⊙ 27쪽

이차방정식을 인수분해하기 어려운 경우에는 (완전제곱식)=(상수)의 꼴로 변형한 후, 제곱근을 이용하여 푼다.

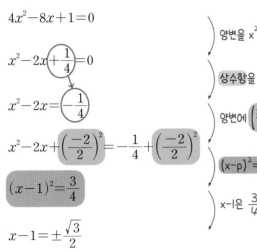

$$4x^2-8x+1=0$$

양변을 x^2의 계수 4로 나눈다.

$$x^2-2x+\frac{1}{4}=0$$

상수항을 우변으로 이항한다.

$$x^2-2x=-\frac{1}{4}$$

양변에 $\left(\dfrac{x의 계수}{2}\right)^2$을 더한다.

$$x^2-2x+\left(\frac{-2}{2}\right)^2=-\frac{1}{4}+\left(\frac{-2}{2}\right)^2$$

$(x-p)^2=q$의 꼴로 변형한다.

$$(x-1)^2=\frac{3}{4}$$

$x-1$은 $\dfrac{3}{4}$의 제곱근

$$x-1=\pm\frac{\sqrt{3}}{2}$$

$$\therefore x=1\pm\frac{\sqrt{3}}{2}=\frac{2\pm\sqrt{3}}{2}$$

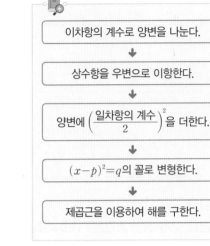

- 이차항의 계수로 양변을 나눈다.
- ↓
- 상수항을 우변으로 이항한다.
- ↓
- 양변에 $\left(\dfrac{일차항의 계수}{2}\right)^2$을 더한다.
- ↓
- $(x-p)^2=q$의 꼴로 변형한다.
- ↓
- 제곱근을 이용하여 해를 구한다.

3 다음 이차방정식을 $(x+p)^2=q$의 꼴로 고칠 때, 상수 p, q의 값을 각각 구하시오.

(1) $x^2-8x+4=0$

(2) $2x^2+6x-4=0$

(3) $2x^2-12x+3=0$

3-❶ 다음 이차방정식을 $(x+p)^2=q$의 꼴로 고칠 때, 상수 p, q의 값을 각각 구하시오.

(1) $x^2-2x-7=0$

(2) $2x^2-2x-6=0$

(3) $2x^2+4x+1=0$

4 다음 이차방정식을 완전제곱식을 이용하여 푸시오.

(1) $x^2-4x-1=0$

(2) $x^2+8x-3=0$

(3) $x^2+\frac{1}{2}x-2=0$

4-❶ 다음 이차방정식을 완전제곱식을 이용하여 푸시오.

(1) $x^2+6x+4=0$

(2) $x^2-4x+1=0$

(3) $\frac{1}{2}x^2-x-5=0$

┤ **제곱근을 이용한 이차방정식의 풀이** ├

01 이차방정식 $(x+3)^2-5=0$의 해가 $x=a\pm\sqrt{b}$일 때, $a+b$의 값은? (단, a, b는 유리수)

① -2　　② -1　　③ 0
④ 1　　⑤ 2

02 이차방정식 $2(x+1)^2=12$의 해가 $x=a\pm\sqrt{b}$일 때, $a-b$의 값은? (단, a, b는 유리수)

① -7　　② -5　　③ -3
④ 3　　⑤ 5

┤ **이차방정식이 해를 가질 조건** ├

03 다음 중 이차방정식 $a(x-p)^2=q$가 서로 다른 두 근을 갖기 위한 조건은? (단, a, p, q는 상수)

① $a>0$　　② $p>0$　　③ $q=0$
④ $aq>0$　　⑤ $aq<0$

이차방정식 $(x-p)^2=q$의 해는
(1) $q>0$이면 서로 다른 두 근을 갖는다.
(2) $q=0$이면 중근을 갖는다.
(3) $q<0$이면 해는 없다.

04 다음 중 이차방정식 $(x-5)^2=3-a$가 근을 갖도록 하는 상수 a의 값으로 옳지 <u>않은</u> 것을 모두 고르면?

(정답 2개)

① 7　　② 5　　③ 3
④ 1　　⑤ -1

┤ **완전제곱식을 이용한 이차방정식의 풀이** ├

05 다음은 완전제곱식을 이용하여 이차방정식 $2x^2+4x-1=0$의 해를 구하는 과정의 일부이다. 이 때 $a-b+c$의 값을 구하시오. (단, a, b, c는 유리수)

> $2x^2+4x-1=0$에서
> 양변을 2로 나누면 $x^2+2x-\dfrac{1}{2}=0$
> $-\dfrac{1}{2}$을 우변으로 이항하면 $x^2+2x=\dfrac{1}{2}$
> 양변에 a를 더하면 $x^2+2x+a=\dfrac{1}{2}+a$
> 좌변을 완전제곱식으로 바꾸면 $(x+b)^2=c$

06 다음은 이차방정식 $3x^2+18x-6=0$을 완전제곱식을 이용하여 푸는 과정이다. 이때 $a+b+c$의 값을 구하시오. (단, a, b, c는 유리수)

> $3x^2+18x-6=0$에서 $x^2+6x-2=0$
> $x^2+6x=2$
> $x^2+6x+a=2+a$
> $(x+b)^2=c$
> $\therefore x=-b\pm\sqrt{c}$

필수 유형 문제로
실력 확인하기

워크북 **45쪽** | 정답 및 풀이 **28쪽**

01. 이차방정식과 그 해
02. 인수분해를 이용한 이차방정식의 풀이
03. 완전제곱식을 이용한 이차방정식의 풀이

01

다음 중 x에 대한 이차방정식인 것은?

① $x^2+3x=x^3$　　　　② $(x+2)^2=(3-x)^2$
③ $(x+1)^2=x^2$　　　　④ $2x^2-3x=1-3x^2$
⑤ $2x^2+x=(x-1)(2x+1)$

02

다음 중 $5x^2-3=a(x+1)(x-2)$가 x에 대한 이차방정식이 되도록 하는 상수 a의 값으로 적당하지 <u>않은</u> 것은?

① -2　　　　② -1　　　　③ 1
④ 4　　　　⑤ 5

03

다음 **보기**의 이차방정식 중에서 $x=-2$를 해로 갖는 것을 모두 고른 것은?

┌─ 보기 ──────────────────┐
　ㄱ. $x^2-x-6=0$　　　ㄴ. $x^2+4x+3=0$
　ㄷ. $x^2+x=4-2x$　　　ㄹ. $x(x+2)=x+2$
└──────────────────────┘

① ㄱ, ㄴ　　　② ㄱ, ㄹ　　　③ ㄴ, ㄷ
④ ㄴ, ㄹ　　　⑤ ㄷ, ㄹ

04

다음 두 이차방정식의 공통이 아닌 근을 $x=\alpha$, $x=\beta$라 할 때, $\alpha+3\beta$의 값을 구하시오. (단, $\alpha<\beta$)

$$x^2+2x=35, \qquad 3x^2-17x+10=0$$

05

x에 대한 이차방정식 $2x^2-(a-3)x+10=0$의 한 근이 $x=2$일 때, 다른 한 근을 구하시오. (단, a는 상수)

06

두 이차방정식 $x^2+2x+a=0$, $(x-2)(x-b)=0$의 해가 서로 같을 때, ab의 값은? (단, a, b는 상수)

① -32　　　　② -16　　　　③ 4
④ 16　　　　⑤ 32

07

이차방정식 $x^2+8x+3-k=0$이 중근 $x=a$를 가질 때, $a-k$의 값을 구하시오. (단, k는 상수)

08

이차방정식 $3(x+a)^2=6$의 해가 $x=1\pm\sqrt{b}$일 때, $a+b$의 값을 구하시오. (단, a, b는 유리수)

09

이차방정식 $2x^2-8x-4=0$을 $(x-a)^2=b$의 꼴로 나타낼 때, $2a-b$의 값은? (단, a, b는 상수)

① -3 ② -2 ③ -1
④ 0 ⑤ 1

10

이차방정식 $(x-3)^2=5-k$에 대한 다음 **보기**의 설명 중에서 옳은 것을 모두 고르시오. (단, k는 상수)

┌─ •보기•
│ ㄱ. $k=4$이면 해는 모두 양수이다.
│ ㄴ. $k=5$이면 중근 $x=3$을 갖는다.
│ ㄷ. $k=6$이면 해가 없다.
└─

11

다음은 이차방정식 $x^2+6x+1=0$을 완전제곱식을 이용하여 푸는 과정이다. 이때 $a+b+c+d$의 값을 구하시오. (단, a, b, c, d는 유리수)

┌─
│ $x^2+6x+1=0$에서 $x^2+6x=-1$
│ $x^2+6x+a=-1+a$
│ $(x+b)^2=c$
│ $\therefore x=-3\pm2\sqrt{d}$
└─

한걸음 더

12 (문제해결)

x에 대한 이차방정식 $2x^2-kx-3k=0$의 한 근이 $x=2k$일 때, 상수 k의 값을 구하시오. (단, $k\neq0$)

13 (문제해결)

이차방정식 $x^2-(m-4)x-3m+7=0$이 중근을 갖도록 하는 상수 m의 값을 모두 구하시오.

14 (문제해결)

두 이차방정식 $x^2-3x-18=0$, $(x-1)^2=25$의 공통인 근이 이차방정식 $\frac{1}{2}x^2-ax+3a=0$의 근일 때, 상수 a의 값을 구하시오.

15 (추론)

이차방정식 $(x-1)^2=3k$의 해가 모두 정수가 되도록 하는 가장 작은 두 자리의 자연수 k의 값을 구하시오.

04 이차방정식의 근의 공식

1 이차방정식의 근의 공식

근의 공식 : x에 대한 이차방정식 $ax^2+bx+c=0\,(a\neq0)$의 근은

$$x=\dfrac{-b\pm\sqrt{b^2-4ac}}{2a}\ (\text{단, } b^2-4ac\geq0)$$

└ 근호 안에는 음수가 올 수 없으므로 $b^2-4ac<0$인 경우는 해가 없다.

참고 근의 짝수 공식

x에 대한 이차방정식 $ax^2+bx+c=0$에서 $b=2b'$, 즉 $ax^2+2b'x+c=0$일 때 근의 공식은

$$x=\dfrac{-b'\pm\sqrt{b'^2-ac}}{a}\ (\text{단, } b'^2-ac\geq0)$$

2 복잡한 이차방정식의 풀이

(1) 계수가 분수 또는 소수일 때 : 양변에 적당한 수를 곱하여 계수를 가장 간단한 정수로 만들어 $ax^2+bx+c=0$의 꼴로 정리한 후, 이차방정식을 푼다.

① 계수가 분수일 때 : 양변에 분모의 최소공배수를 곱한다.

② 계수가 소수일 때 : 양변에 10의 거듭제곱을 곱한다.

참고 상수항도 계수로 본다.

(2) 괄호가 있을 때 : 괄호를 풀어 $ax^2+bx+c=0$의 꼴로 정리한 후, 이차방정식을 푼다.

(3) 공통인 부분이 있을 때 : 공통인 부분을 한 문자로 치환하여 정리한 후, 이차방정식을 푼다.

3 이차방정식의 근의 개수

이차방정식 $ax^2+bx+c=0$의 근의 개수는 b^2-4ac의 부호에 따라 결정된다.

(1) $b^2-4ac>0$이면 서로 다른 두 근을 갖는다. ➔ 근이 2개 ┐

(2) $b^2-4ac=0$이면 중근을 갖는다. ➔ 근이 1개 ┘ └ 근을 가질 조건 : $b^2-4ac\geq0$

(3) $b^2-4ac<0$이면 근이 없다. ➔ 근이 0개 — 근호 안에는 음수가 올 수 없다.

4 이차방정식 구하기

(1) 두 근이 α, β이고 x^2의 계수가 a인 이차방정식은

➔ $a(x-\alpha)(x-\beta)=0$ $\xrightarrow{\text{전개}}$ $a\{x^2-(\alpha+\beta)x+\alpha\beta\}=0$

두 근의 합   두 근의 곱

예 두 근이 1, 2이고 x^2의 계수가 3인 이차방정식은

$3(x-1)(x-2)=0$ $\therefore 3x^2-9x+6=0$

(2) 중근이 α이고 x^2의 계수가 a인 이차방정식은

➔ $a(x-\alpha)^2=0$

예 중근이 1이고 x^2의 계수가 2인 이차방정식은

$2(x-1)^2=0$ $\therefore 2x^2-4x+2=0$

참고 이차방정식의 근과 계수의 관계 — 중학교 교육과정에서는 다루지 않지만 알고 있으면 편리하다.

이차방정식 $ax^2+bx+c=0$의 두 근을 α, β라 할 때

(1) 두 근의 합 : $\alpha+\beta=-\dfrac{b}{a}$

(2) 두 근의 곱 : $\alpha\beta=\dfrac{c}{a}$

개념 코칭 1 근의 공식을 이용하여 이차방정식을 어떻게 풀까?

정답 및 풀이 ❯ 30쪽

이차방정식 $2x^2-3x-1=0$의 해를 근의 공식을 이용하여 구해 보자.

$2x^2-3x-1=0$에서 $a=2$, $b=-3$, $c=-1$이므로

$$x=\frac{-(-3)\pm\sqrt{(-3)^2-4\times2\times(-1)}}{2\times2}=\frac{3\pm\sqrt{17}}{4}$$

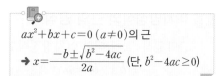

$ax^2+bx+c=0\ (a\neq0)$의 근

$\rightarrow x=\dfrac{-b\pm\sqrt{b^2-4ac}}{2a}$ (단, $b^2-4ac\geq0$)

1 다음 이차방정식을 근의 공식을 이용하여 푸시오.

(1) $x^2+x-3=0$

(2) $x^2+5x+5=0$

(3) $x^2-3x-2=0$

(4) $2x^2-5x-2=0$

1-❶ 다음 이차방정식을 근의 공식을 이용하여 푸시오.

(1) $x^2+7x-2=0$

(2) $x^2-5x-4=0$

(3) $x^2-3x-6=0$

(4) $2x^2+5x+1=0$

개념 코칭 2 근의 짝수 공식을 이용하여 이차방정식을 어떻게 풀까?

정답 및 풀이 ❯ 30쪽

이차방정식 $x^2+6x-2=0$의 해를 근의 짝수 공식을 이용하여 구해 보자.

$x^2+6x-2=0$에서 $a=1$, $b'=3$, $c=-2$이므로

$$x=\frac{-3\pm\sqrt{3^2-1\times(-2)}}{1}=-3\pm\sqrt{11}$$

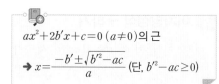

$ax^2+2b'x+c=0\ (a\neq0)$의 근

$\rightarrow x=\dfrac{-b'\pm\sqrt{b'^2-ac}}{a}$ (단, $b'^2-ac\geq0$)

2 다음 이차방정식을 근의 짝수 공식을 이용하여 푸시오.

(1) $x^2-8x+8=0$

(2) $x^2-4x-3=0$

(3) $x^2+10x+1=0$

(4) $2x^2+6x+1=0$

2-❶ 다음 이차방정식을 근의 짝수 공식을 이용하여 푸시오.

(1) $x^2+4x+1=0$

(2) $x^2-2x-4=0$

(3) $x^2+12x+9=0$

(4) $3x^2-6x+2=0$

집중 코칭 3 복잡한 이차방정식은 어떻게 풀어야 할까?

정답 및 풀이 ⊙ 30쪽

계수를 모두 정수로 고친 후 $ax^2+bx+c=0$의 꼴로 정리한다. 인수분해가 가능한가? — 예 → 인수분해를 이용한다. / 아니오 → 근의 공식을 이용한다.

집중 1 계수가 분수인 이차방정식의 풀이

→ 양변에 분모의 최소공배수를 곱하여 계수가 모두 정수가 되게 한다.

$x^2 - \dfrac{3}{4}x + \dfrac{1}{8} = 0$ 〉 양변에 분모의 최소공배수 8을 곱한다.

$8x^2 - 6x + 1 = 0$ 〉 인수분해

$(4x-1)(2x-1) = 0$ 〉 해 구하기

$\therefore x = \dfrac{1}{4}$ 또는 $x = \dfrac{1}{2}$

집중 2 계수가 소수인 이차방정식의 풀이

→ 양변에 10의 거듭제곱을 곱하여 계수가 모두 정수가 되게 한다.

$0.4x^2 - x + 0.3 = 0$ 〉 양변에 10을 곱한다.

$4x^2 - 10x + 3 = 0$

$\therefore x = \dfrac{-(-5) \pm \sqrt{(-5)^2 - 4 \times 3}}{4}$ 〉 근의 짝수 공식

$= \dfrac{5 \pm \sqrt{13}}{4}$ 〉 해 구하기

집중 3 괄호가 있는 이차방정식의 풀이

→ 전개한 후 동류항끼리 정리하여 $ax^2+bx+c=0$의 꼴로 고친다.

$x(x-3) = 4$ 〉 전개한 후 동류항끼리 정리한다.

$x^2 - 3x = 4, \ x^2 - 3x - 4 = 0$

$(x+1)(x-4) = 0$ 〉 인수분해

$\therefore x = -1$ 또는 $x = 4$ 〉 해 구하기

집중 4 공통인 부분이 있는 이차방정식의 풀이

→ (공통인 부분)$=A$로 치환하여 $aA^2+bA+c=0$의 꼴로 고친다.

$(x-2)^2 + 6(x-2) + 5 = 0$ 〉 $x-2=A$로 치환한다.

$A^2 + 6A + 5 = 0$

$(A+1)(A+5) = 0$ 〉 인수분해

$\therefore A = -1$ 또는 $A = -5$ 〉 A 대신 $x-2$를 대입한다.

$x-2 = -1$ 또는 $x-2 = -5$

$\therefore x = 1$ 또는 $x = -3$ 〉 해 구하기

---

3 다음 이차방정식을 푸시오.

(1) $\dfrac{1}{2}x^2 - \dfrac{1}{3}x - 1 = 0$

(2) $\dfrac{1}{5}x^2 + \dfrac{1}{2}x - \dfrac{3}{10} = 0$

4 다음 이차방정식을 푸시오.

(1) $x^2 - 0.3x - 0.1 = 0$

(2) $0.4x^2 + 0.8x - 0.1 = 0$

5 다음 이차방정식을 푸시오.

(1) $(x-1)(x-3) = 10$

(2) $(x+2)^2 = 2x + 7$

6 다음 이차방정식을 푸시오.

(1) $(x+5)^2 - 2(x+5) - 35 = 0$

(2) $(x-3)^2 - 2(x-3) + 1 = 0$

개념 코칭 4 이차방정식의 근의 개수와 각 항의 계수 사이에는 어떤 관계가 있을까?

정답 및 풀이 ▶ 30쪽

이차방정식 $ax^2+bx+c=0$의 근의 개수는 근의 공식 $x=\dfrac{-b\pm\sqrt{b^2-4ac}}{2a}$에서 b^2-4ac의 부호에 의해 결정된다.

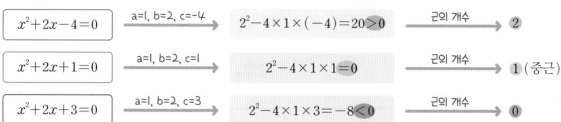

$x^2+2x-4=0$	$a=1,\ b=2,\ c=-4$	$2^2-4\times1\times(-4)=20>0$	근의 개수	②
$x^2+2x+1=0$	$a=1,\ b=2,\ c=1$	$2^2-4\times1\times1=0$	근의 개수	① (중근)
$x^2+2x+3=0$	$a=1,\ b=2,\ c=3$	$2^2-4\times1\times3=-8<0$	근의 개수	⓪

7 다음 이차방정식의 서로 다른 근의 개수를 구하시오.

(1) $x^2-4x+3=0$

(2) $x^2=6x-9$

(3) $2x^2+3x+5=0$

7-❶ 다음 이차방정식의 서로 다른 근의 개수를 구하시오.

(1) $x^2-2x+5=0$

(2) $x^2-3=6x-5$

(3) $x^2-2x-9=2x(x+2)$

8 이차방정식 $2x^2+10x+k+1=0$이 다음과 같은 근을 가질 때, 실수 k의 값 또는 범위를 구하시오.

(1) 서로 다른 두 근

(2) 중근

(3) 근을 갖지 않는다.

8-❶ 이차방정식 $3x^2-5x+2-m=0$의 서로 다른 근의 개수가 다음과 같을 때, 실수 m의 값 또는 범위를 구하시오.

(1) 2

(2) 1

(3) 0

개념 코칭 5 해가 주어진 이차방정식은 어떻게 구할까?

정답 및 풀이 ▶ 30쪽

두 근이 -1, 3이고 x^2의 계수가 ②인 이차방정식
➡ ②$(x+1)(x-3)=0$
  $\underset{x=-1}{}\quad\underset{x=3}{}$
➡ $2x^2-4x-6=0$

중근이 -1이고 x^2의 계수가 ③인 이차방정식
➡ ③$(x+1)^2=0$
  중근 $x=-1$
➡ $3x^2+6x+3=0$

9 다음 조건을 만족시키는 이차방정식을 구하시오.

(1) 두 근이 2, -3이고 x^2의 계수가 2이다.

(2) 중근이 -5이고 x^2의 계수가 -1이다.

9-❶ 다음 조건을 만족시키는 이차방정식을 구하시오.

(1) 두 근이 $\dfrac{1}{2}$, $\dfrac{1}{3}$이고 x^2의 계수가 6이다.

(2) 중근이 4이고 x^2의 계수가 2이다.

─── **이차방정식의 근의 공식(1)** ───

01 이차방정식 $3x^2+2x-3=0$의 근이 $x=\dfrac{A\pm\sqrt{B}}{3}$일 때, $B-A$의 값을 구하시오. (단, A, B는 유리수)

02 이차방정식 $x^2+(x+3)^2=15$의 근이 $x=\dfrac{A\pm\sqrt{B}}{2}$일 때, $A+B$의 값을 구하시오.

(단, A, B는 유리수)

─── **이차방정식의 근의 공식(2)** 중요 ───

03 이차방정식 $5x^2+4x+A=0$의 근이 $x=\dfrac{B\pm\sqrt{14}}{5}$일 때, $A+B$의 값을 구하시오. (단, A, B는 유리수)

 코칭 Plus

❶ 근의 공식을 이용하여 미지수가 포함되어 있는 근을 구한다.
❷ 주어진 근과 비교하여 미지수의 값을 정한다.

04 이차방정식 $3x^2-5x+A=0$의 근이 $x=\dfrac{B\pm\sqrt{13}}{6}$일 때, $A+B$의 값을 구하시오. (단, A, B는 유리수)

─── **계수가 분수 또는 소수인 이차방정식의 풀이** ───

05 이차방정식 $0.2x^2+\dfrac{1}{2}x-0.5=0$의 근이 $x=\dfrac{a\pm\sqrt{b}}{4}$일 때, $a+b$의 값을 구하시오.

(단, a, b는 유리수)

06 이차방정식 $0.5x^2+x+0.2=0$의 근 중 큰 근을 a, 이차방정식 $\dfrac{1}{5}x^2-\dfrac{1}{2}x+\dfrac{1}{5}=0$의 근 중 작은 근을 b 라 할 때, $10ab$의 값을 구하시오.

─── **치환을 이용한 이차방정식의 풀이** ───

07 이차방정식 $12(2x-1)^2-11(2x-1)+2=0$의 해가 $x=a$ 또는 $x=b$일 때, $6a+8b$의 값을 구하시오. (단, $a>b$)

08 $(x-y)(x-y-2)-8=0$일 때, $x-y$의 값을 구하시오. (단, $x>y$)

---| 이차방정식의 근의 개수 |

09 다음 이차방정식 중에서 근이 없는 것을 모두 고르면? (정답 2개)

① $2x^2-x+1=0$ ② $x^2+5x+2=0$
③ $x^2-3x-5=0$ ④ $16x^2+8x+1=0$
⑤ $4x^2-3x+1=0$

10 이차방정식 $x^2-3x-k+2=0$이 서로 다른 두 근을 갖도록 하는 가장 작은 정수 k의 값을 구하시오.

---| 이차방정식 구하기 |

11 이차방정식 $2x^2+ax+b=0$의 두 근이 -2, 4일 때, 상수 a, b에 대하여 $a-b$의 값을 구하시오.

12 이차방정식 $8x^2+ax+b=0$의 두 근이 $-\dfrac{1}{4}$, $\dfrac{1}{2}$일 때, ab의 값을 구하시오. (단, a, b는 상수)

---| 근의 조건이 주어졌을 때, 미지수의 값 구하기 |

13 이차방정식 $x^2-5x+k=0$의 두 근의 차가 3일 때, 상수 k의 값을 구하시오.

 Plus

두 근을 다음과 같이 문자로 놓은 후 두 근을 해로 갖는 이차방정식을 만들어 주어진 이차방정식과 비교한다.
• 차가 m인 두 근 ➡ 작은 근을 α, 큰 근을 $\alpha+m$으로 놓는다.
• 비가 $m:n$인 두 근 ➡ 두 근을 ma, na로 놓는다.

14 이차방정식 $x^2-10x+m+4=0$의 두 근의 비가 $2:3$일 때, 상수 m의 값을 구하시오.

---| 잘못 보고 푼 이차방정식 |

15 준호와 수호가 이차방정식 $x^2-px+q=0$을 푸는데 준호는 p를 잘못 보고 풀어서 두 근 1, -10을 얻었고, 수호는 q를 잘못 보고 풀어서 두 근 -1, 4를 얻었다. 이때 이 이차방정식을 구하시오.

(단, p, q는 상수)

 Plus

두 사람이 구한 근을 이용하여 이차방정식을 각각 구한 다음 두 사람이 바르게 본 부분만 골라 내어 바른 이차방정식을 찾아 낸다.
➡ 준호가 바르게 본 것 : q, 수호가 바르게 본 것 : p

16 x^2의 계수가 1인 어떤 이차방정식을 푸는데 x의 계수를 잘못 보고 풀었더니 두 근이 5, 1이었고, 상수항을 잘못 보고 풀었더니 두 근이 -2, -4이었다. 이 이차방정식을 바르게 푸시오.

01

이차방정식 $x^2+3x+1=0$의 해가 $x=\dfrac{a\pm\sqrt{b}}{2}$일 때, $a+b$의 값을 구하시오. (단, a, b는 유리수)

02

두 이차방정식 $0.2x^2-0.1x-1=0$과 $\dfrac{3}{10}(x^2+x)=\dfrac{3}{5}$의 공통인 근을 구하시오.

03

이차방정식 $(x+2)^2-2(x+2)-8=0$의 두 근을 α, β라 할 때, $\alpha+\beta$의 값은?

① -6 ② -2 ③ 0
④ 2 ⑤ 6

04

이차방정식 $x^2+(m-2)x+9=0$이 중근을 갖도록 하는 모든 상수 m의 값의 합은?

① 1 ② 2 ③ 3
④ 4 ⑤ 5

05

이차방정식 $x^2+ax+b=0$의 두 근이 2, 3일 때, 이차방정식 $bx^2+ax+1=0$의 해를 구하시오.
(단, a, b는 상수)

06

이차방정식 $2x^2-8x+k-3=0$의 두 근의 차가 2일 때, 상수 k의 값을 구하시오.

한걸음 더

07 문제해결

이차방정식 $(m+3)x^2+2(m-3)x+m-4=0$이 서로 다른 두 근을 갖도록 하는 모든 자연수 m의 값의 합을 구하시오.

08 추론

A와 B 두 사람이 x^2의 계수가 1인 어떤 이차방정식을 푸는데 A는 x의 계수를, B는 상수항을 잘못 보고 풀어서 A는 -3, 6, B는 -1, 8이라는 근을 얻었다. 원래의 이차방정식의 두 근의 차를 구하시오.

05 이차방정식의 활용

1 이차방정식의 활용

이차방정식의 활용에 대한 문제는 다음과 같은 순서로 푼다.

미지수 정하기 → 방정식 세우기 → 방정식 풀기 → 확인하기

예 둘레의 길이가 30 cm이고 넓이가 54 cm²인 직사각형의 가로의 길이를 구해 보자.

❶ 미지수 정하기 : 구하려는 것을 미지수 x로 놓는다.

가로의 길이를 x cm라 하면

2×{(가로의 길이)＋(세로의 길이)}＝30이므로 세로의 길이는 $(15-x)$ cm이다.

❷ 방정식 세우기 : 문제의 뜻에 맞게 이차방정식을 세운다.

직사각형의 넓이가 54 cm²이므로

$$x(15-x)=54 \qquad \therefore x^2-15x+54=0$$

❸ 방정식 풀기 : 이차방정식을 푼다.

이 이차방정식을 풀면 $(x-6)(x-9)=0$ $\qquad \therefore x=6$ 또는 $x=9$

❹ 조건에 맞는 답 정하기 : 구한 해 중에서 <u>문제의 조건에 맞는 것을 정한다.</u>

따라서 가로의 길이가 6 cm이면 세로의 길이는 9 cm이고, 가로의 길이가 9 cm이면 세로의 길이는 6 cm이다.
└ 문제의 조건에 가로의 길이가 더 길다는 조건이 있다면
가로의 길이는 9 cm, 세로의 길이는 6 cm로 정한다.

2 여러 가지 이차방정식의 활용 문제

(1) 수에 대한 이차방정식의 활용

연속하는 수에 대한 문제는 미지수를 다음과 같이 정하고 이차방정식을 세운다.

① 연속하는 두 정수 : x, $x+1$ — 또는 $x-1$, x

② 연속하는 세 정수 : $x-1$, x, $x+1$ — 또는 x, $x+1$, $x+2$

③ 연속하는 두 짝수 : x, $x+2$ (x는 짝수) — 또는 $2x$, $2x+2$ (x는 자연수)

④ 연속하는 두 홀수 : x, $x+2$ (x는 홀수) — 또는 $2x-1$, $2x+1$ (x는 자연수)

(2) 도형에 대한 이차방정식의 활용

도형에 대한 문제는 다음 관계를 이용하여 이차방정식을 세운다.

① (삼각형의 넓이)＝$\dfrac{1}{2}$×(밑변의 길이)×(높이)

② (직사각형의 넓이)＝(가로의 길이)×(세로의 길이)

(직사각형의 둘레의 길이)＝2×{(가로의 길이)＋(세로의 길이)}

③ (사다리꼴의 넓이)＝$\dfrac{1}{2}$×{(윗변의 길이)＋(아랫변의 길이)}×(높이)

④ (원의 넓이)＝π×(반지름의 길이)²

(원의 둘레의 길이)＝2π×(반지름의 길이)

참고 사람 수, 나이 등은 미지수의 값이 자연수가 되어야 하고, 도형의 길이, 시간 등은 미지수의 값이 양수가 되어야 한다.

정답 및 풀이 ○ 33쪽

개념코칭 1 연속하는 수에 대한 활용 문제는 어떻게 해결할까?

미지수를 다음과 같이 정하고 이차방정식을 세운다.

(1) 연속하는 두 정수 ➡ x, $x+1$

(2) 연속하는 세 정수 ➡ $x-1$, x, $x+1$

(3) 연속하는 두 짝수 ➡ x, $x+2$
　　　　　　　　↳ x는 짝수

(4) 연속하는 두 홀수 ➡ x, $x+2$
　　　　　　　　↳ x는 홀수

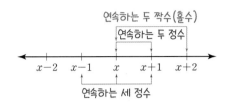

1 연속하는 두 자연수의 제곱의 합이 265일 때, 두 자연수를 구하려고 한다. 다음 물음에 답하시오.

(1) 연속하는 두 자연수 중 작은 수를 x라 할 때, 다른 자연수를 x에 대한 식으로 나타내시오.

(2) 이차방정식을 세워 $x^2+bx+c=0$의 꼴로 나타내시오. (단, b, c는 상수)

(3) (2)의 이차방정식을 풀어 두 자연수를 구하시오.

1-❶ 연속하는 두 홀수의 곱이 143일 때, 두 홀수를 구하려고 한다. 다음 물음에 답하시오.

(1) 연속하는 두 홀수 중 작은 수를 x라 할 때, 다른 홀수를 x에 대한 식으로 나타내시오.

(2) 이차방정식을 세워 $x^2+bx+c=0$의 꼴로 나타내시오. (단, b, c는 상수)

(3) (2)의 이차방정식을 풀어 두 홀수를 구하시오.

정답 및 풀이 ○ 33쪽

개념코칭 2 똑바로 위로 쏘아 올린 물체에 대한 활용 문제는 어떻게 해결할까?

시간 t에 따른 물체의 높이가 이차식 at^2+bt+c로 주어졌을 때

(1) 물체의 높이가 h일 때의 시간 ➡ $at^2+bt+c=h$의 해
　　↳ 높이가 h인 경우는 올라갈 때와 내려올 때의 2번이다.

(2) 물체가 지면에 떨어질 때의 시간 ➡ $at^2+bt+c=0$의 해
　　↳ 높이가 0일 때이다.

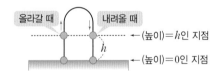

2 지면에서 초속 30 m로 똑바로 위로 쏘아 올린 공의 t초 후의 높이가 $(30t-5t^2)$ m라 한다. 다음 물음에 답하시오.

(1) 공의 높이가 40 m가 되는 것은 쏘아 올린 지 몇 초 후인지 모두 구하시오.

(2) 공이 지면에 떨어지는 것은 쏘아 올린 지 몇 초 후인지 구하시오.

2-❶ 지면에서 초속 60 m로 똑바로 위로 쏘아 올린 물로켓의 t초 후의 높이가 $(60t-5t^2)$ m라 한다. 다음 물음에 답하시오.

(1) 물로켓의 높이가 135 m가 되는 것은 쏘아 올린 지 몇 초 후인지 모두 구하시오.

(2) 물로켓이 지면에 떨어지는 것은 쏘아 올린 지 몇 초 후인지 구하시오.

집중 코칭 3 | 도형에 대한 활용 문제는 어떻게 해결할까?

정답 및 풀이 ❷ 33쪽

집중 1 변의 길이에 변화를 준 도형의 넓이에 대한 문제

한 변의 길이가 x인 정사각형의 가로의 길이는 a만큼 줄이고 세로의 길이는 b만큼 늘여서 새로운 직사각형을 만들 때, 새로 만든 직사각형의 넓이가 S이면

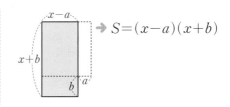

$S=(x-a)(x+b)$

집중 2 직사각형 모양의 땅에 도로를 만드는 문제

가로의 길이가 a, 세로의 길이가 b인 직사각형 모양의 땅에 각각 폭이 일정한 길을 낼 때, 길을 제외한 부분의 넓이가 S이면

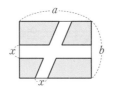

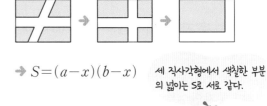

$S=(a-x)(b-x)$

세 직사각형에서 색칠한 부분의 넓이는 S로 서로 같다.

집중 3 직사각형 모양의 종이를 이용하여 상자를 만드는 문제

가로의 길이가 a, 세로의 길이가 b인 직사각형 모양의 종이의 네 귀퉁이에서 한 변의 길이가 x인 정사각형을 잘라 내고 남은 종이로 만든 상자의 밑면의 넓이가 S이면

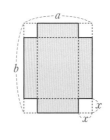

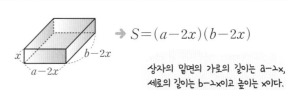

$S=(a-2x)(b-2x)$

상자의 밑면의 가로의 길이는 $a-2x$, 세로의 길이는 $b-2x$이고 높이는 x이다.

---

3 오른쪽 그림과 같이 가로의 길이가 8 cm, 세로의 길이가 5 cm인 직사각형에서 가로, 세로의 길이를 각각 x cm만큼 늘여서 새로운 직사각형을 만들었더니 그 넓이가 처음 직사각형의 넓이보다 68 cm²만큼 늘었다. 이때 x의 값을 구하시오.

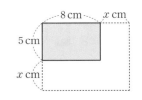

4 오른쪽 그림과 같이 가로의 길이가 18 m, 세로의 길이가 10 m인 직사각형 모양의 땅에 폭이 x m로 일정한 길을 만들었더니 길을 제외한 나머지 부분의 넓이가 128 m²가 되었다. 이때 x의 값을 구하시오.

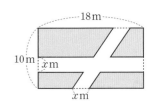

5 오른쪽 그림과 같이 가로, 세로의 길이가 각각 8 cm, 6 cm인 직사각형 모양의 종이가 있다. 이 직사각형의 네 귀퉁이에서 한 변의 길이가 x cm인 정사각형 모양을 잘라 내어 뚜껑이 없는 상자를 만들려고 한다. 상자의 밑면의 넓이가 24 cm²일 때, x의 값을 구하시오.

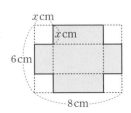

---| 수에 대한 문제 |---

01 연속하는 세 자연수에서 가장 큰 수의 제곱은 다른 두 수의 곱의 2배보다 20만큼 작다고 한다. 이 세 수를 구하시오.

02 연속하는 두 짝수의 제곱의 합이 244일 때, 이 두 짝수의 합을 구하시오.

---| 실생활에서의 활용 |---

03 수학책을 펼쳤더니 펼친 두 면의 쪽수의 곱이 210이었다. 이때 두 면의 쪽수를 구하시오.

04 정수는 구슬 40개를 친구들에게 남김없이 똑같이 나누어 주려고 한다. 한 친구에게 돌아가는 구슬의 개수가 친구들의 수보다 6만큼 크다고 할 때, 정수의 친구들은 모두 몇 명인지 구하시오.

---| 위로 쏘아 올린 물체에 대한 문제 |---

05 지면으로부터 50 m의 높이에서 초속 45 m로 똑바로 위로 던져 올린 물체의 t초 후의 지면으로부터의 높이는 $(50+45t-5t^2)$ m라 한다. 이 물체가 지면에 떨어지는 것은 던져 올린 지 몇 초 후인지 구하시오.

06 지면에서 초속 40 m로 똑바로 위로 던져 올린 물체의 t초 후의 높이가 $(40t-5t^2)$ m라 한다. 이 물체의 높이가 80 m가 되는 것은 던져 올린 지 몇 초 후인지 구하시오.

---| 도형에 대한 문제 |---

07 오른쪽 그림과 같이 어떤 원의 반지름의 길이를 3 cm만큼 줄였더니, 그 넓이가 처음 원의 넓이의 $\frac{1}{4}$이 되었다. 처음 원의 반지름의 길이를 구하시오.

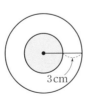

08 오른쪽 그림과 같이 길이가 12 cm인 선분을 두 부분으로 나누어 각각의 길이를 한 변으로 하는 정사각형을 만들었더니 두 정사각형의 넓이의 합이 74 cm²이었다. 이때 큰 정사각형의 한 변의 길이를 구하시오.

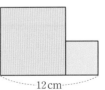

01

어떤 수 x에 3을 더하여 제곱해야 할 것을 잘못하여 x에 3을 더하여 2배를 하였더니 같은 결과를 얻었다. 이때 어떤 수 x를 모두 구하시오.

02

엄마의 생일은 아빠의 생일과 같은 달이고 아빠의 생일보다 일주일 빠르다고 한다. 엄마와 아빠의 생일인 두 날짜를 곱하였더니 120이라 할 때, 엄마와 아빠의 생일인 두 날짜의 합을 구하시오.

03

준영이는 형과의 나이 차이가 4살이고, 형의 나이의 제곱은 준영이의 나이의 제곱에 3배를 한 것보다 8살이 적다고 한다. 형과 준영이의 나이를 각각 구하시오.

04

n각형의 대각선의 개수는 $\dfrac{n(n-3)}{2}$이다. 대각선의 개수가 35인 다각형은 몇 각형인지 구하시오.

05

어떤 정사각형의 가로의 길이를 2 cm만큼 줄이고 세로의 길이를 12 cm만큼 늘여서 새로운 직사각형을 만들었더니 그 넓이가 처음 정사각형의 넓이의 2배가 되었을 때, 처음 정사각형의 한 변의 길이를 모두 구하시오.

06

오른쪽 그림과 같이 직사각형 모양의 보호 구역을 만들려고 한다. 길이가 70 m인 줄을 사용하여 넓이가 600 m²가 되도록 보호 구역을 만들려면 보호 구역의 세로의 길이를 몇 m로 해야 하는지 모두 구하시오.
(단, 담장에는 줄을 사용하지 않는다.)

07 문제해결 ①

오른쪽 그림과 같이 $\overline{AB}=8$ cm, $\overline{BC}=10$ cm인 직사각형 ABCD가 있다. 점 P는 점 A에서 출발하여 $\overline{AB}$를 따라 점 B까지 매초 1 cm의 속력으로, 점 Q는 점 B에서 출발하여 $\overline{BC}$를 따라 점 C까지 매초 2 cm의 속력으로 움직이고 있다. 두 점 P, Q가 동시에 출발할 때, 몇 초 후에 △PBQ의 넓이가 16 cm²가 되는지 구하시오.

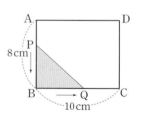

실전!
중단원 마무리

1. 이차방정식

01

다음 중 x에 대한 이차방정식이 <u>아닌</u> 것은?

① $x^2=0$ ② $2x^2=1$

③ $2x^2=9-5x$ ④ $x^2=5x^2-5$

⑤ $x^2+3x=(x+2)(x-3)$

02

다음 중 [ ] 안의 수가 주어진 이차방정식의 해인 것은?

① $x^2+x=0$ [1]

② $x^2-2x-8=0$ [-2]

③ $x^2-3=0$ [-3]

④ $x^2+x-6=0$ [3]

⑤ $(x+5)(x-1)=0$ [-1]

03

$x=a$가 이차방정식 $x^2-4x+1=0$의 한 근일 때, $a^2+\dfrac{1}{a^2}$의 값은?

① 13   ② 14   ③ 15

④ 16   ⑤ 17

04 ^{중요}

이차방정식 $x^2+ax-2a=0$의 근이 $x=1$ 또는 $x=b$일 때, $a-b$의 값을 구하시오. (단, a는 상수)

05

이차방정식 $(x-1)(x+4)=2(x+1)$의 근이 $x=a$ 또는 $x=b$일 때, $a+2b$의 값을 구하시오. (단, $a<b$)

06

이차방정식 $x^2+4x-21=0$의 두 근 중 음수인 근이 이차방정식 $x^2+3ax+11+a=0$의 한 근일 때, 상수 a의 값을 구하시오.

07

다음 이차방정식 중에서 중근을 갖는 것은?

① $x^2+3x-4=0$ ② $x^2-4x=5$

③ $x^2=-2x$ ④ $2x^2-3x-6=0$

⑤ $x^2-6x=-9$

08 ^{중요}

이차방정식 $3(x+5)^2-1=0$의 해가 $x=A\pm\dfrac{\sqrt{B}}{3}$일 때, AB의 값을 구하시오. (단, A, B는 유리수)

09

아래는 이차방정식 $x^2+4x-7=0$을 완전제곱식을 이용하여 푸는 과정이다. 다음 중 ① ~ ⑤에 알맞은 수로 옳지 <u>않은</u> 것은?

$x^2+4x-7=0$에서 $x^2+4x=$ ①
x^2+4x+ ② $=$ ① $+$ ②
$(x+$ ③ $)^2=$ ④　　$\therefore x=$ ⑤

① 7　　　　② 4　　　　③ 2
④ 11　　　⑤ $2\pm\sqrt{11}$

10

이차방정식 $(x-1)(x-5)=4$를 $(x+p)^2=q$의 꼴로 나타낼 때, $p+q$의 값을 구하시오. (단, p, q는 상수)

11

이차방정식 $9x^2-6x-4=0$의 근이 $x=\dfrac{a\pm\sqrt{b}}{3}$일 때, $2a+b$의 값을 구하시오. (단, a, b는 유리수)

12

이차방정식 $x^2-4x+k=0$에 대한 다음 **보기**의 설명 중에서 옳은 것을 모두 고른 것은? (단, k는 상수)

　• 보기 •
　ㄱ. $k=9$일 때, 두 근은 모두 유리수이다.
　ㄴ. $k=4$일 때, 중근을 갖는다.
　ㄷ. $k=1$일 때, 한 근은 $x=2+\sqrt{3}$이다.

① ㄱ　　　　② ㄴ　　　　③ ㄷ
④ ㄱ, ㄷ　　⑤ ㄴ, ㄷ

13

다음 이차방정식을 푸시오.

$$\frac{1}{3}x^2+\frac{1}{2}x=\frac{1}{6}$$

14

이차방정식 $0.2x^2-0.5x-0.3=0$의 두 근의 합을 구하시오.

15

$(a-b)(a-b-5)=14$일 때, $a-b$의 값은?
(단, $a>b$)

① 1　　　　② 3　　　　③ 5
④ 7　　　　⑤ 9

16 중요

다음 중 이차방정식 $x^2+6x-k+3=0$이 근을 갖지 않도록 하는 상수 k의 값은?

① -9　　　② -6　　　③ -3
④ 0　　　　⑤ 3

17

두 근이 3, -5인 이차방정식 $2x^2+ax+b=0$에서 $a+b$의 값은? (단, a, b는 상수)

① -26 ② -20 ③ -14

④ -8 ⑤ -2

18

이차방정식 $x^2-12x+k=0$의 한 근이 다른 한 근의 3배일 때, 상수 k의 값을 구하시오.

19

이차방정식 $x^2-2x-1=0$의 두 근을 α, β라 할 때, $\dfrac{\beta}{\alpha}+\dfrac{\alpha}{\beta}$의 값은?

① -8 ② -6 ③ -4

④ 4 ⑤ 6

20 _{중요}

연속하는 세 자연수가 있다. 가장 큰 수의 제곱은 나머지 두 수의 제곱의 합보다 60만큼 작을 때, 세 자연수 중 가장 작은 수를 구하시오.

21

사탕 99개를 어느 반 학생들에게 남김없이 똑같이 나누어 주려고 한다. 한 학생이 받는 사탕의 개수는 학생 수보다 2만큼 작다고 할 때, 학생 수를 구하시오.

22

다음은 인도의 수학자 바스카라(Bhaskara, A.: 1114~1185)가 쓴 책에 있는 시이다. 시를 읽고 숲속에 있는 원숭이는 모두 몇 마리인지 구하시오.

어느 밀림의 숲속엔 원숭이 무리가 신나게 놀고 있네.
그 무리의 $\dfrac{1}{4}$의 제곱은 숲속을 날뛰며 돌아다닌다네.
산들바람이 불 때마다 캬, 캬,
소리를 서로 외친다네.
남은 원숭이는 4마리.
거참, 원숭이는 숲에 모두
몇 마리나 있는 것인지 ….

23 _{창의·융합} 수학+역사

황금비는 고대부터 균형과 조화를 나타내는 가장 아름다운 비율로 여겨져 왔다. 황금비란 선분을 둘로 나누었을 때 짧은 부분과 긴 부분의 길이의 비가 긴 부분과 전체의 길이의 비와 같은 경우를 말한다. 즉, 밀로의 '비너스'에서 머리끝, 발끝, 배꼽의 위치를 각각 A, B, C라 할 때, $\overline{AC}:\overline{BC}=\overline{BC}:\overline{AB}$가 성립한다고 한다. $\overline{AC}=1$, $\overline{BC}=x$라 할 때, x의 값을 구하시오.

01

x에 대한 이차방정식 $x^2-3x+2k=0$이 중근을 가질 때, 상수 k의 값과 중근을 구하시오. [5점]

풀이

채점 기준 ❶ 상수 k의 값 구하기 ⋯ 3점

채점 기준 ❷ 중근 구하기 ⋯ 2점

답

01-1

한번 ↗

이차방정식 $3ax^2-12x+4=0$이 오직 하나의 근을 갖고 그때의 해가 $x=b$일 때, ab의 값을 구하시오. (단, a는 상수) [5점]

풀이

채점 기준 ❶ a의 값 구하기 ⋯ 2점

채점 기준 ❷ b의 값 구하기 ⋯ 2점

채점 기준 ❸ ab의 값 구하기 ⋯ 1점

답

02

이차방정식 $2x^2-12x+8=0$의 해를 완전제곱식을 이용하여 구하시오. [5점]

풀이

답

03

지면에서 초속 20 m로 똑바로 위로 던져 올린 물체의 t초 후의 높이는 $(20t-5t^2)$ m라 한다. 물체를 던져 올린 지 a초 후에 물체의 높이는 처음으로 15 m가 되었고, b초 후에 물체의 높이는 다시 15 m가 되었다. 이 물체가 c초 후에 지면에 떨어졌다고 할 때, a, b, c의 값을 각각 구하시오. [6점]

풀이

답

04

오른쪽 그림과 같이 가로, 세로의 길이가 각각 30 m, 24 m인 직사각형 모양의 땅에 폭이 일정한 십자형의 도로를 만들려고 한다. 도로를 제외한 땅의 넓이가 520 m^{2}일 때, 도로의 폭은 몇 m인지 구하시오. [5점]

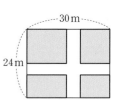

풀이

답

IV

이차함수

1. 이차함수와 그 그래프
2. 이차함수의 활용

이 단원을 배우면 두 변수 사이의 관계식이 이차식으로 나타내어지는 이차함수에 대해 알 수 있어요. 또, 이차함수의 그래프 그리기, 식 세우기 등의 활동을 통하여 이차함수의 성질에 대해 알 수 있어요.

01 이차함수 $y=ax^2$의 그래프

1 이차함수의 뜻

함수 $y=f(x)$에서 y가 x에 대한 이차식

$$y=ax^2+bx+c \ (a, b, c는 상수, a\neq 0) \rightarrow y=(x에 대한 이차식)의 꼴$$

로 나타내어질 때, 이 함수를 x에 대한 **이차함수**라 한다.

예 함수 $y=3x^2$, $y=x^2+1$, $y=\dfrac{1}{2}x^2-2x+4$는 y가 x에 대한 이차식이므로 이차함수이다.

참고 특별한 언급이 없으면 x의 값의 범위는 실수 전체로 생각한다.

2 이차함수 $y=x^2$의 그래프

(1) 이차함수 $y=x^2$의 그래프

① 원점 $(0, 0)$을 지나고 아래로 볼록한 곡선이다.

② y축에 대칭이다.

③ $x<0$일 때, x의 값이 증가하면 y의 값은 감소한다.

　$x>0$일 때, x의 값이 증가하면 y의 값도 증가한다.

④ 원점을 제외한 모든 부분은 x축보다 위쪽에 있다.

⑤ 이차함수 $y=-x^2$의 그래프와 x축에 서로 대칭이다.

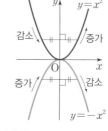

참고 ① y축에 대칭 ➡ y축을 접는 선으로 하여 접었을 때 그래프가 완전히 포개어진다.

　　② x축에 대칭 ➡ x축을 접는 선으로 하여 접었을 때 그래프가 완전히 포개어진다.

(2) **포물선** : 이차함수 $y=x^2$, $y=-x^2$의 그래프와 같은 모양의 곡선

① **축** : 포물선은 선대칭도형으로 그 대칭축을 포물선의 축이라 한다.

② **꼭짓점** : 포물선과 축의 교점

참고 이차함수 $y=x^2$, $y=-x^2$의 그래프에서

① 축의 방정식 : $x=0 \, (y축)$

　　포물선의 축을 나타내는 직선의 방정식

② 꼭짓점의 좌표 : $(0, 0)$

3 이차함수 $y=ax^2$의 그래프

(1) 원점 $(0, 0)$을 꼭짓점으로 하는 포물선이다.

(2) y축에 대칭이다.

➡ 축의 방정식 : $x=0 \, (y축)$

(3) a의 부호에 따라 그래프의 모양이 달라진다.

① $a>0$ ➡ 아래로 볼록($\cup$)

② $a<0$ ➡ 위로 볼록($\cap$)

(4) a의 절댓값이 클수록 그래프의 폭이 좁아진다. └─ 폭이 좁아지면 그래프는 y축에 가까워진다.

(5) 두 이차함수 $y=ax^2$과 $y=-ax^2$의 그래프는 x축에 서로 대칭이다.

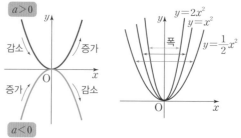

중2

• **함수** : x의 값이 변함에 따라 y의 값이 하나씩 정해질 때, y를 x의 함수라 한다.

• **함숫값** : 함수 $y=f(x)$에서 x의 값에 따라 하나씩 정해지는 y의 값

➔ $f(a)$는 $x=a$일 때의 함숫값

👤**용어**

• **포물선**(parabola, 던지다 抛 물체 物 선 線)

• **축**(axis, 축 軸)

• **꼭짓점**(vertex)

기초코칭 1 일차함수의 그래프의 x절편과 y절편, 평행이동에 대해 복습해 볼까?

정답 및 풀이 ▶ 37쪽

(1) x절편 : 그래프가 x축과 만나는 점의 x좌표
→ $y=0$일 때의 x의 값
(2) y절편 : 그래프가 y축과 만나는 점의 y좌표
→ $x=0$일 때의 y의 값

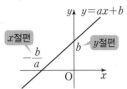

(3) 평행이동 : 한 도형을 일정한 방향으로 일정한 거리만큼 옮기는 것

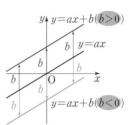

---

1 오른쪽 그림은 일차함수 $y=ax+b$의 그래프이다. 다음 □ 안에 알맞은 수를 써넣으시오. (단, a, b는 상수)

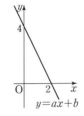

(1) x절편은 □, y절편은 □이다.

(2) $a=$ □, $b=$ □이다.

(3) 이 그래프는 일차함수 $y=$ □x의 그래프를 y축의 방향으로 □만큼 평행이동한 것이다.

1-❶ 다음 중 일차함수 $y=3x+2$의 그래프에 대한 설명으로 옳은 것에는 ○표, 옳지 않은 것에는 ×표를 하시오.

(1) 점 $(1, 1)$을 지난다. ( )

(2) 제1, 2, 4사분면을 지난다. ( )

(3) y축과 만나는 점의 좌표는 $(0, 2)$이다. ( )

(4) 일차함수 $y=3x$의 그래프를 y축의 방향으로 2만큼 평행이동한 것이다. ( )

개념코칭 2 이차함수인 것과 이차함수가 아닌 것을 어떻게 구분할까?

정답 및 풀이 ▶ 37쪽

• $y=-x^2-2x+3$
  └→ 이차식

• $y=x(4x+2)-x$에서 $y=4x^2+x$
                         └→ 이차식

→ $y=(x$에 대한 이차식$)$의 꼴로 나타내어지므로 y는 x에 대한 이차함수이다.

• $4x^2-4x+1=0$ ⟶ 이차방정식

• $y=\dfrac{1}{x^2}+1$ ⟶ x^2이 분모에 있다.

• $y=(x+1)^2-x^2$에서 $y=2x+1$ ⟶ 일차함수

→ $y=(x$에 대한 이차식$)$의 꼴로 나타낼 수 없으므로 y는 x에 대한 이차함수가 아니다.

---

2 다음 중 이차함수인 것에는 ○표, 이차함수가 아닌 것에는 ×표를 하시오.

(1) $5x^2-3x+1=0$ ( )

(2) $y=\dfrac{1}{2}x^2$ ( )

(3) $y=5x+2$ ( )

(4) $y=2(x-1)^2$ ( )

2-❶ 다음 **보기**에서 이차함수인 것을 모두 고르시오.

┌─ 보기 ─
ㄱ. $y=x^2-1$

ㄴ. $y=\dfrac{1}{x^2}$

ㄷ. $y=3x(x+1)-3x^2$

ㄹ. $y=2x(x-2)+6(x-1)$
└──────

개념 코칭 3 이차함수 $y=x^2$의 그래프는 어떻게 그릴까? 또, 어떤 성질을 가지고 있을까?

정답 및 풀이 → 37쪽

- 이차함수 $y=x^2$의 그래프 그리기

  x의 값에 따라 정해지는 y의 값을 구해서 얻은 순서쌍 (x, y)를 좌표로 하는 점을 좌표평면 위에 나타내면 오른쪽 그림과 같다.

- 이차함수 $y=x^2$의 그래프의 성질 → 제1, 2사분면을 지난다.

  (1) 원점을 지나고 아래로 볼록한 곡선이다.

  (2) 원점을 제외한 모든 부분은 x축보다 위쪽에 있다.

  (3) $x<0$일 때, x의 값이 증가하면 y의 값은 감소한다.

   $x>0$일 때, x의 값이 증가하면 y의 값도 증가한다.

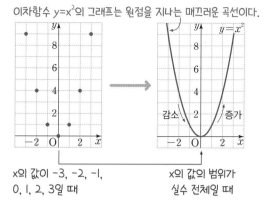

이차함수 $y=x^2$의 그래프는 원점을 지나는 매끄러운 곡선이다.

x의 값이 $-3, -2, -1,$ $0, 1, 2, 3$일 때

x의 값의 범위가 실수 전체일 때

3 다음은 이차함수 $y=x^2$의 그래프에 대한 설명이다. □ 안에 알맞은 것을 써넣으시오.

(1) 꼭짓점은 □이고, □로 볼록한 곡선이다.

(2) 제□, □사분면을 지난다.

(3) $x>0$일 때, x의 값이 증가하면 y의 값은 □ 한다.

3-❶ 다음 보기에서 이차함수 $y=x^2$의 그래프에 대한 설명으로 옳은 것을 모두 고르시오.

┌ 보기 ┐

ㄱ. 꼭짓점의 좌표는 $(0, 0)$이다.

ㄴ. x축에 대칭이다.

ㄷ. 점 $(-1, 1)$을 지난다.

└─────┘

개념 코칭 4 이차함수 $y=-x^2$의 그래프는 어떻게 그릴까? 또, 어떤 성질을 가지고 있을까?

정답 및 풀이 → 37쪽

- 이차함수 $y=-x^2$의 그래프 그리기

  이차함수 $y=-x^2$의 그래프는 이차함수 $y=x^2$의 그래프를 x축에 대하여 대칭이동하여 그릴 수 있다.

- 이차함수 $y=-x^2$의 그래프의 성질 → 제3, 4사분면을 지난다.

  (1) 원점을 지나고 위로 볼록한 곡선이다.

  (2) 원점을 제외한 모든 부분은 x축보다 아래쪽에 있다.

  (3) $x<0$일 때, x의 값이 증가하면 y의 값도 증가한다.

   $x>0$일 때, x의 값이 증가하면 y의 값은 감소한다.

  (4) 이차함수 $y=x^2$의 그래프와 x축에 서로 대칭이다.

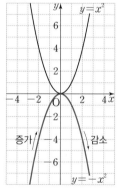

4 다음은 이차함수 $y=-x^2$의 그래프에 대한 설명이다. □ 안에 알맞은 것을 써넣으시오.

(1) 꼭짓점은 □이고, □로 볼록한 곡선이다.

(2) 제□, □사분면을 지난다.

(3) $x>0$일 때, x의 값이 증가하면 y의 값은 □ 한다.

4-❶ 다음 보기에서 이차함수 $y=-x^2$의 그래프에 대한 설명으로 옳은 것을 모두 고르시오.

┌ 보기 ┐

ㄱ. 꼭짓점의 좌표는 $(-1, 0)$이다.

ㄴ. 이차함수 $y=x^2$의 그래프와 x축에 서로 대칭이다.

ㄷ. 점 $(-2, -4)$를 지난다.

└─────┘

개념 코칭 5 이차함수 $y=ax^2$의 그래프는 어떻게 그릴까? 또, 어떤 성질을 가지고 있을까?

- 이차함수 $y=ax^2$의 그래프 그리기

같은 x의 값에 대하여 두 이차함수 $y=x^2$과 $y=2x^2$의 함숫값을 비교해 보면

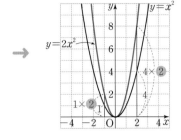

x	$\cdots$	-2	-1	0	1	2	$\cdots$
$y=x^2$	$\cdots$	4	1	0	1	4	$\cdots$
$y=2x^2$	$\cdots$	8	2	0	2	8	$\cdots$

(각 2배)

➡ 이차함수 $y=2x^2$의 그래프는 이차함수 $y=x^2$의 그래프의 각 점의 y좌표를 2배로 하는 점을 잡아 그릴 수 있다.

- 이차함수 $y=ax^2$의 그래프의 성질

(1) 원점을 꼭짓점으로 하는 포물선이다. → 꼭짓점의 좌표 : $(0, 0)$

(2) y축에 대칭이다. → 축의 방정식 : $x=0$

(3) a의 부호 : 그래프의 모양을 결정

　① $a>0$ ➡ 아래로 볼록

　② $a<0$ ➡ 위로 볼록

(4) a의 절댓값 : 그래프의 폭을 결정

　➡ a의 절댓값이 클수록 그래프의 폭이 좁아진다.

(5) 이차함수 $y=-ax^2$의 그래프와 x축에 서로 대칭이다.

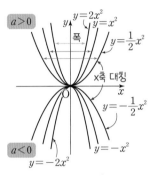

5 이차함수 $y=x^2$의 그래프를 이용하여 이차함수 $y=3x^2$의 그래프를 오른쪽 좌표평면 위에 그리시오.

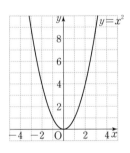

5-❶ 이차함수 $y=-x^2$의 그래프를 이용하여 이차함수 $y=-\dfrac{1}{2}x^2$의 그래프를 오른쪽 좌표평면 위에 그리시오.

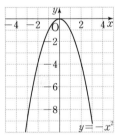

6 다음 **보기**의 이차함수에 대하여 물음에 답하시오.

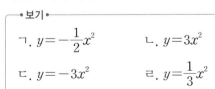

・보기・

　ㄱ. $y=-\dfrac{1}{2}x^2$　　　ㄴ. $y=3x^2$

　ㄷ. $y=-3x^2$　　　ㄹ. $y=\dfrac{1}{3}x^2$

(1) 그래프가 아래로 볼록한 것을 모두 고르시오.

(2) 그래프의 폭이 가장 넓은 것을 고르시오.

(3) 그래프가 x축에 서로 대칭인 것끼리 짝 지으시오.

6-❶ 다음 **보기**의 이차함수에 대하여 물음에 답하시오.

・보기・

　ㄱ. $y=4x^2$　　ㄴ. $y=-5x^2$　　ㄷ. $y=-\dfrac{3}{2}x^2$

　ㄹ. $y=\dfrac{3}{2}x^2$　　ㅁ. $y=x^2$　　ㅂ. $y=-\dfrac{1}{5}x^2$

(1) 그래프가 위로 볼록한 것을 모두 고르시오.

(2) 그래프의 폭이 가장 좁은 것을 고르시오.

(3) 그래프가 x축에 서로 대칭인 것끼리 짝 지으시오.

| 이차함수의 뜻 |

01 다음 중 y가 x에 대한 이차함수인 것은?

① 반지름의 길이가 x cm인 원의 넓이 y cm^2

② 밑변의 길이가 x cm이고 높이가 10 cm인 삼각형의 넓이 y cm^2

③ 자연수 x와 그 수보다 5 큰 수와의 합 y

④ 한 모서리의 길이가 x cm인 정육면체의 부피 y cm^3

⑤ 시속 5 km로 x시간 동안 걸어갔을 때 이동한 거리 y km

 Plus

두 변수 x와 y 사이의 관계식을 구한다.
➡ y가 x에 대한 이차식이면 y는 x에 대한 이차함수이다.

02 다음 **보기**에서 y가 x에 대한 이차함수인 것을 모두 고르시오.

•보기•

ㄱ. 한 변의 길이가 x cm인 정사각형의 둘레의 길이 y cm

ㄴ. 밑변의 길이와 높이가 모두 x cm인 삼각형의 넓이 y cm^2

ㄷ. 반지름의 길이가 x cm인 구의 겉넓이 y cm^2

ㄹ. 밑면의 반지름의 길이가 5 cm, 높이가 $2x$ cm인 원기둥의 부피 y cm^3

| 이차함수의 함숫값 |

03 이차함수 $f(x)=x^2-4x+a$에 대하여 $f(-1)=2$일 때, 상수 a의 값을 구하시오.

 Plus

(1) 함수 $y=f(x)$에서 $f(a)$ ➡ $x=a$일 때의 함숫값
  ➡ $x=a$일 때, y의 값
(2) $f(a)=b$일 때, $y=f(x)$에 $x=a$, $y=b$를 대입하면 등식이 성립한다.

04 이차함수 $f(x)=-3x^2+ax+7$에 대하여 $f(2)=3$일 때, $f(1)$의 값은? (단, a는 상수)

① 0 ② 2 ③ 4
④ 6 ⑤ 8

중요

| 이차함수 $y=ax^2$의 그래프의 성질 |

05 다음 **보기**에서 이차함수 $y=5x^2$의 그래프에 대한 설명으로 옳은 것을 모두 고르시오.

•보기•

ㄱ. 축의 방정식은 $x=0$이다.

ㄴ. 꼭짓점의 좌표는 $(5, 0)$이다.

ㄷ. 아래로 볼록한 포물선이다.

ㄹ. $x>0$일 때, x의 값이 증가하면 y의 값은 감소한다.

06 다음 중 이차함수 $y=-\dfrac{1}{3}x^2$의 그래프에 대한 설명으로 옳지 <u>않은</u> 것은?

① 꼭짓점은 원점이다.

② 점 $(3, -3)$을 지난다.

③ x축에 대칭이다.

④ 위로 볼록한 포물선이다.

⑤ 제3, 4사분면을 지나는 포물선이다.

이차함수 $y=ax^2$의 그래프가 지나는 점

07 이차함수 $y=ax^2$의 그래프가 두 점 $(-2, 2)$, $(3, b)$를 지날 때, $a+b$의 값을 구하시오. (단, a는 상수)

Plus

함수 $y=f(x)$의 그래프가 점 (m, n)을 지난다.
→ $f(m)=n$이 성립한다.

08 이차함수 $y=3x^2$의 그래프가 점 $(a, -3a)$를 지날 때, a의 값을 구하시오. (단, $a≠0$)

이차함수 $y=ax^2$의 식 구하기 중요

09 원점을 꼭짓점으로 하고, y축을 축으로 하며 점 $(2, -1)$을 지나는 포물선을 그래프로 하는 이차함수의 식을 구하시오.

Plus

원점을 꼭짓점으로 하고, y축을 축으로 하는 포물선을 그래프로 하는 이차함수의 식 → $y=ax^2$ $(a≠0)$

10 이차함수 $y=f(x)$의 그래프가 오른쪽 그림과 같을 때, 이 이차함수의 식을 구하시오.

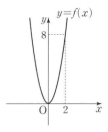

이차함수 $y=ax^2$의 그래프의 폭

11 다음 이차함수 중 그 그래프의 폭이 가장 좁은 것은?

① $y=3x^2$　　② $y=-\dfrac{2}{3}x^2$　　③ $y=-5x^2$

④ $y=\dfrac{1}{4}x^2$　　⑤ $y=-4x^2$

12 다음 **보기**의 이차함수에 대하여 그 그래프의 폭이 넓은 것부터 차례대로 나열하시오.

• 보기 •

ㄱ. $y=-x^2$　　　　ㄴ. $y=2x^2$

ㄷ. $y=-3x^2$　　　　ㄹ. $y=\dfrac{5}{2}x^2$

이차함수 $y=ax^2$, $y=-ax^2$의 그래프 사이의 관계

13 이차함수 $y=6x^2$의 그래프와 x축에 서로 대칭인 그래프를 나타내는 이차함수의 식은?

① $y=-6x^2$　　② $y=-\dfrac{1}{6}x^2$　　③ $y=x^2$

④ $y=\dfrac{1}{6}x^2$　　⑤ $y=12x^2$

14 이차함수 $y=-\dfrac{3}{4}x^2$의 그래프와 x축에 서로 대칭인 그래프가 점 $(4, k)$를 지날 때, k의 값을 구하시오.

01

이차함수 $f(x)=2x^2+x-6$에 대하여 $f(1)-f(-2)$의 값을 구하시오.

02

다음 중 이차함수 $y=2x^2$의 그래프에 대한 설명으로 옳지 <u>않은</u> 것은?

① y축을 축으로 한다.
② 위로 볼록한 포물선이다.
③ 꼭짓점의 좌표는 $(0, 0)$이다.
④ $x<0$일 때, x의 값이 증가하면 y의 값은 감소한다.
⑤ 이차함수 $y=-2x^2$의 그래프와 x축에 서로 대칭이다.

03

이차함수 $y=-\dfrac{1}{3}x^2$의 그래프가 점 $(-3, k)$를 지날 때, k의 값을 구하시오.

04

다음 중 오른쪽 그림에서 점선으로 나타나는 그래프의 식이 될 수 있는 것은?

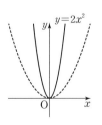

① $y=4x^2$
② $y=3x^2$
③ $y=\dfrac{3}{2}x^2$
④ $y=-x^2$
⑤ $y=-\dfrac{5}{3}x^2$

05

오른쪽 그림과 같이 원점을 꼭짓점으로 하고, y축을 축으로 하며 점 $(-2, -6)$을 지나는 포물선을 그래프로 하는 이차함수의 식은?

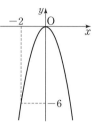

① $y=-2x^2$
② $y=-\dfrac{3}{2}x^2$
③ $y=-\dfrac{2}{3}x^2$
④ $y=\dfrac{2}{3}x^2$
⑤ $y=\dfrac{3}{2}x^2$

06

다음 이차함수 중 그 그래프가 위로 볼록하면서 폭이 가장 좁은 것은?

① $y=2x^2$
② $y=\dfrac{1}{3}x^2$
③ $y=-\dfrac{1}{3}x^2$
④ $y=-\dfrac{3}{4}x^2$
⑤ $y=-\dfrac{3}{2}x^2$

07

다음 **보기**에서 이차함수 $y=ax^2$의 그래프에 대한 설명으로 옳은 것을 모두 고르시오. (단, a는 상수)

┌ **보기** ┐
ㄱ. 원점을 꼭짓점으로 하고 x축을 축으로 하는 포물선이다.
ㄴ. $a<0$일 때, 아래로 볼록하다.
ㄷ. a의 절댓값이 클수록 그래프의 폭이 좁아진다.
ㄹ. 점 $(1, a)$를 지난다.
└─────┘

한걸음 더

08 추론

함수 $y=(2x+1)^2-x(ax+5)+1$이 x에 대한 이차함수가 되도록 하는 상수 a의 조건을 구하시오.

02 이차함수 $y=a(x-p)^2+q$의 그래프

1 이차함수 $y=ax^2+q$의 그래프

$\lceil$ $q>0$이면 y축의 양의 방향(위쪽)으로 평행이동
$\lfloor$ $q<0$이면 y축의 음의 방향(아래쪽)으로 평행이동

(1) 이차함수 $y=ax^2$의 그래프를 y축의 방향으로 q만큼 평행이동한 것이다.

(2) 꼭짓점의 좌표 : $(0, q)$ ― 꼭짓점이 y축 위에 있다.

(3) 축의 방정식 : $x=0$ (y축)

참고 이차함수 $y=ax^2$의 그래프를 y축의 방향으로 평행이동하여도 x^2의 계수 a의 값은 변하지 않으므로 그래프의 모양과 폭은 변하지 않는다.

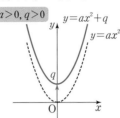

중2

평행이동 : 한 도형을 일정한 방향으로 일정한 거리만큼 옮기는 것

2 이차함수 $y=a(x-p)^2$의 그래프

$\lceil$ $p>0$이면 x축의 양의 방향(오른쪽)으로 평행이동
$\lfloor$ $p<0$이면 x축의 음의 방향(왼쪽)으로 평행이동

(1) 이차함수 $y=ax^2$의 그래프를 x축의 방향으로 p만큼 평행이동한 것이다.

(2) 꼭짓점의 좌표 : $(p, 0)$ ― 꼭짓점이 x축 위에 있다.

(3) 축의 방정식 : $x=p$

참고 이차함수 $y=ax^2$의 그래프를 x축의 방향으로 p만큼 평행이동하면 축의 방정식이 $x=p$로 변하므로 x의 값이 증가할 때 y의 값이 증가, 감소하는 x의 값의 범위는 $x=p$를 기준으로 변한다.

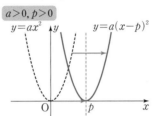

3 이차함수 $y=a(x-p)^2+q$의 그래프

(1) 이차함수 $y=ax^2$의 그래프를 x축의 방향으로 p만큼, y축의 방향으로 q만큼 평행이동한 것이다.

(2) 꼭짓점의 좌표 : (p, q)

(3) 축의 방정식 : $x=p$

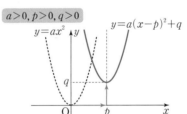

참고 이차함수의 그래프의 평행이동

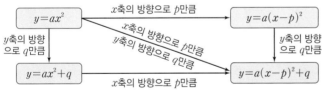

4 이차함수 $y=a(x-p)^2+q$의 그래프에서 a, p, q의 부호

(1) a의 부호 : 그래프의 모양에 따라 결정된다.

①  아래로 볼록 ➡ $a>0$

② 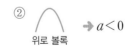 위로 볼록 ➡ $a<0$

(2) p, q의 부호 : 꼭짓점의 위치에 따라 결정된다.

① 꼭짓점이 제1사분면 위에 있으면 ➡ $p>0, q>0$

② 꼭짓점이 제2사분면 위에 있으면 ➡ $p<0, q>0$

③ 꼭짓점이 제3사분면 위에 있으면 ➡ $p<0, q<0$

④ 꼭짓점이 제4사분면 위에 있으면 ➡ $p>0, q<0$

제2사분면 $(-, +)$	제1사분면 $(+, +)$
제3사분면 $(-, -)$	제4사분면 $(+, -)$

개념 코칭 1 이차함수 $y=ax^2+q$의 그래프는 이차함수 $y=ax^2$의 그래프와 어떤 관계가 있을까?

정답 및 풀이 ◐ 39쪽

이차함수 $y=2x^2$, $y=2x^2+3$, $y=2x^2-3$의 그래프를 살펴보면

$y=2x^2-3$		$y=2x^2$		$y=2x^2+3$
	← y축의 방향으로 −3만큼 평행이동		y축의 방향으로 3만큼 평행이동 →	
꼭짓점의 좌표 : $(0, -3)$		꼭짓점의 좌표 : $(0, 0)$		꼭짓점의 좌표 : $(0, 3)$
축의 방정식 : $x=0$ (y축)		축의 방정식 : $x=0$ (y축)		축의 방정식 : $x=0$ (y축)

축의 방정식은 변하지 않는다.
꼭짓점의 y좌표는 평행이동한 양만큼 변한다.

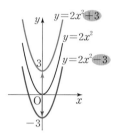

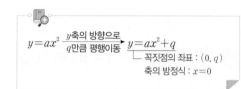

$y=ax^2$ $\xrightarrow[q만큼 평행이동]{y축의 방향으로}$ $y=ax^2+q$
└ 꼭짓점의 좌표 : $(0, q)$
축의 방정식 : $x=0$

---

1 오른쪽 그림은 이차함수 $y=\dfrac{1}{2}x^2$의 그래프이다. 이 그래프를 이용하여 이차함수 $y=\dfrac{1}{2}x^2+3$의 그래프를 그리고, 다음을 구하시오.

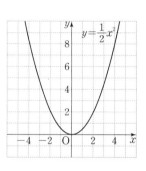

(1) 꼭짓점의 좌표

(2) 축의 방정식

1-❶ 오른쪽 그림은 이차함수 $y=-2x^2$의 그래프이다. 이 그래프를 이용하여 이차함수 $y=-2x^2-3$의 그래프를 그리고, 다음을 구하시오.

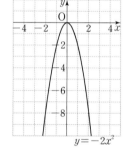

(1) 꼭짓점의 좌표

(2) 축의 방정식

---

2 이차함수 $y=4x^2$의 그래프를 y축의 방향으로 7만큼 평행이동한 그래프에 대하여 다음을 구하시오.

(1) 평행이동한 그래프를 나타내는 이차함수의 식

(2) 꼭짓점의 좌표

(3) 축의 방정식

2-❶ 이차함수 $y=-4x^2$의 그래프를 y축의 방향으로 −6만큼 평행이동한 그래프에 대하여 다음을 구하시오.

(1) 평행이동한 그래프를 나타내는 이차함수의 식

(2) 꼭짓점의 좌표

(3) 축의 방정식

개념코칭 2 | 이차함수 $y=a(x-p)^2$의 그래프는 이차함수 $y=ax^2$의 그래프와 어떤 관계가 있을까?

정답 및 풀이 ➡ 39쪽

이차함수 $y=2x^2$, $y=2(x+3)^2$, $y=2(x-3)^2$의 그래프를 살펴보면

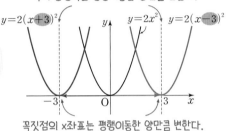

$y=2(x{+}3)^2$ ← x축의 방향으로 -3만큼 평행이동 $y=2x^2$ x축의 방향으로 3만큼 평행이동 → $y=2(x{-}3)^2$

꼭짓점의 좌표 : $(-3,\ 0)$ 꼭짓점의 좌표 : $(0,\ 0)$ 꼭짓점의 좌표 : $(3,\ 0)$

축의 방정식 : $x=-3$ 축의 방정식 : $x=0\ (y$축$)$ 축의 방정식 : $x=3$

축의 방정식은 평행이동한 양만큼 변한다.

이차함수 $y=a(x-p)^2$의 그래프에서 증가, 감소하는 x의 값의 범위는 직선 $x=p$를 기준으로 생각한다.

꼭짓점의 x좌표는 평행이동한 양만큼 변한다.

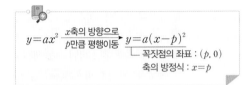

$y=ax^2$ x축의 방향으로 p만큼 평행이동 → $y=a(x-p)^2$

꼭짓점의 좌표 : $(p, 0)$
축의 방정식 : $x=p$

---

3   오른쪽 그림은 이차함수 $y=x^2$의 그래프이다. 이 그래프를 이용하여 이차함수 $y=(x+2)^2$의 그래프를 그리고, 다음을 구하시오.

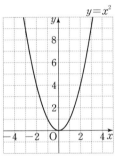

(1) 꼭짓점의 좌표

(2) 축의 방정식

3-❶   오른쪽 그림은 이차함수 $y=-3x^2$의 그래프이다. 이 그래프를 이용하여 이차함수 $y=-3(x-4)^2$의 그래프를 그리고, 다음을 구하시오.

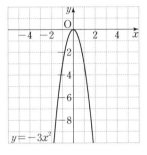

(1) 꼭짓점의 좌표

(2) 축의 방정식

---

4   이차함수 $y=\dfrac{1}{2}x^2$의 그래프를 x축의 방향으로 -3만큼 평행이동한 그래프에 대하여 다음을 구하시오.

(1) 평행이동한 그래프를 나타내는 이차함수의 식

(2) 꼭짓점의 좌표

(3) 축의 방정식

(4) x의 값이 증가하면 y의 값도 증가하는 x의 값의 범위

4-❶   이차함수 $y=-6x^2$의 그래프를 x축의 방향으로 5만큼 평행이동한 그래프에 대하여 다음을 구하시오.

(1) 평행이동한 그래프를 나타내는 이차함수의 식

(2) 꼭짓점의 좌표

(3) 축의 방정식

(4) x의 값이 증가하면 y의 값은 감소하는 x의 값의 범위

개념 코칭 3 이차함수 $y=a(x-p)^2+q$의 그래프는 이차함수 $y=ax^2$의 그래프와 어떤 관계가 있을까?

정답 및 풀이 ● 39쪽

이차함수 $y=2x^2$, $y=2(x-3)^2+1$의 그래프를 살펴보면

$$\boxed{y=2x^2}$$
x축의 방향으로 **3**만큼,
y축의 방향으로 **1**만큼 평행이동
$$\boxed{y=2(x-3)^2+1}$$

꼭짓점의 좌표 : $(0,\ 0)$
축의 방정식 : $x=0\ (y축)$

꼭짓점의 좌표 : $(3,\ 1)$
축의 방정식 : $x=3$

축의 방정식은 x축의 방향으로
평행이동한 양만큼 변한다.

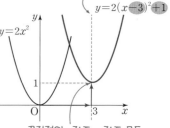

꼭짓점의 x좌표, y좌표 모두
평행이동한 양만큼 변한다.

참고 이차함수 $y=a(x-p)^2+q$의 그래프 그리는 방법

❶ 꼭짓점의 좌표 구하기
❷ y축과의 교점의 좌표 구하기
❸ a의 부호를 확인하여 포물선으로 연결하기
 ➡ $a>0$이면 아래로 볼록($\cup$)
  $a<0$이면 위로 볼록($\cap$)

$y=ax^2$　x축의 방향으로 p만큼
y축의 방향으로 q만큼 평행이동　$y=a(x-p)^2+q$
꼭짓점의 좌표 : $(p,\ q)$
축의 방정식 : $x=p$

---

5 오른쪽 그림은 이차함수 $y=2x^2$의 그래프이다. 이 그래프를 이용하여 이차함수 $y=2(x-1)^2-3$의 그래프를 그리고, 다음을 구하시오.

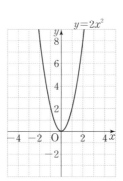

(1) 꼭짓점의 좌표

(2) 축의 방정식

5-❶ 오른쪽 그림은 이차함수 $y=-x^2$의 그래프이다. 이 그래프를 이용하여 이차함수 $y=-(x+3)^2+2$의 그래프를 그리고, 다음을 구하시오.

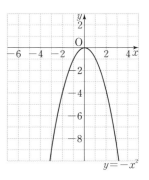

(1) 꼭짓점의 좌표

(2) 축의 방정식

---

6 이차함수 $y=-4x^2$의 그래프를 x축의 방향으로 -2만큼, y축의 방향으로 -6만큼 평행이동한 그래프에 대하여 다음을 구하시오.

(1) 평행이동한 그래프를 나타내는 이차함수의 식

(2) 꼭짓점의 좌표

(3) 축의 방정식

(4) x의 값이 증가하면 y의 값도 증가하는 x의 값의 범위

6-❶ 이차함수 $y=3x^2$의 그래프를 x축의 방향으로 2만큼, y축의 방향으로 4만큼 평행이동한 그래프에 대하여 다음을 구하시오.

(1) 평행이동한 그래프를 나타내는 이차함수의 식

(2) 꼭짓점의 좌표

(3) 축의 방정식

(4) x의 값이 증가하면 y의 값은 감소하는 x의 값의 범위

개념 코칭 4 이차함수 $y=a(x-p)^2+q$의 그래프를 보고 a, p, q의 부호를 어떻게 정할 수 있을까?

정답 및 풀이 ◑ 39쪽

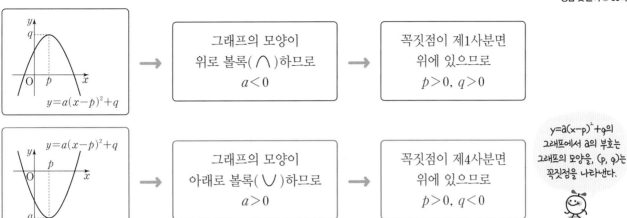

그래프의 모양이 위로 볼록($\cap$)하므로 $a<0$ → 꼭짓점이 제1사분면 위에 있으므로 $p>0$, $q>0$

그래프의 모양이 아래로 볼록($\cup$)하므로 $a>0$ → 꼭짓점이 제4사분면 위에 있으므로 $p>0$, $q<0$

> $y=a(x-p)^2+q$의 그래프에서 a의 부호는 그래프의 모양을, (p, q)는 꼭짓점을 나타낸다.

7 이차함수 $y=a(x-p)^2+q$의 그래프가 오른쪽 그림과 같을 때, 상수 a, p, q의 부호를 정하시오.

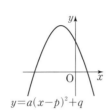

7-① 이차함수 $y=a(x-p)^2+q$의 그래프가 오른쪽 그림과 같을 때, 상수 a, p, q의 부호를 정하시오.

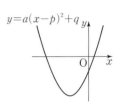

집중 코칭 5 이차함수 $y=a(x-p)^2+q$의 그래프를 평행이동한 그래프를 나타내는 이차함수의 식은 어떻게 구할까?

정답 및 풀이 ◑ 39쪽

$$y=2(x+5)^2+2$$

x축의 방향으로 3만큼, y축의 방향으로 -1만큼 평행이동

$$y=2(x+5-3)^2+2-1$$
$$\rightarrow y=2(x+2)^2+1$$

> 그래프를 평행이동하여도 그래프의 모양과 폭은 변하지 않는다.

꼭짓점의 좌표 : $(-5, 2)$　　　　　　　　　꼭짓점의 좌표 : $(-2, 1)$

참고 꼭짓점도 x축의 방향으로 3만큼, y축의 방향으로 -1만큼 평행이동한 것임을 알 수 있다.

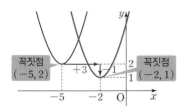

꼭짓점 $(-5, 2)$　　꼭짓점 $(-2, 1)$

$$y=a(x-p)^2+q \xrightarrow[\substack{x\text{축의 방향으로 }m\text{만큼}\\y\text{축의 방향으로 }n\text{만큼 평행이동}}]{} y=a(x-p-m)^2+q+n$$

꼭짓점의 좌표 : $(p+m, q+n)$
축의 방정식 : $x=p+m$

8 이차함수 $y=5(x+4)^2+6$의 그래프를 x축의 방향으로 1만큼, y축의 방향으로 -2만큼 평행이동한 그래프를 나타내는 이차함수의 식을 구하시오.

8-① 이차함수 $y=-3(x+2)^2+7$의 그래프를 x축의 방향으로 -1만큼, y축의 방향으로 2만큼 평행이동한 그래프를 나타내는 이차함수의 식을 구하시오.

─── 이차함수의 그래프 찾기 ───

01 다음 중 이차함수 $y=\dfrac{1}{2}(x+4)^2$의 그래프가 될 수 있는 것은?

02 다음 중 이차함수 $y=-2(x-3)^2+1$의 그래프가 될 수 있는 것은?

 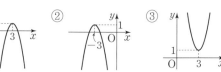

 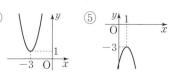

─── 이차함수 $y=ax^2+q$의 그래프 ───

03 이차함수 $y=3x^2$의 그래프를 y축의 방향으로 k만큼 평행이동한 그래프가 점 $(2,\ 4)$를 지난다고 할 때, k의 값을 구하시오.

04 다음 중 이차함수 $y=2x^2-5$의 그래프에 대한 설명으로 옳은 것은?

① 점 $(2,\ -1)$을 지난다.
② 위로 볼록한 포물선이다.
③ 축의 방정식은 $x=-5$이다.
④ 꼭짓점의 좌표는 $(0,\ -5)$이다.
⑤ 이차함수 $y=2x^2$의 그래프를 y축의 방향으로 5만큼 평행이동한 것이다.

─── 이차함수 $y=a(x-p)^2$의 그래프 ───

05 오른쪽 그림은 이차함수 $y=-x^2$의 그래프를 x축의 방향으로 평행이동한 것이다. 이 그래프가 점 $(7,\ k)$를 지날 때, k의 값은?

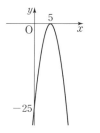

① -16 ② -9
③ -4 ④ -1
⑤ 0

06 다음 중 이차함수 $y=-\dfrac{1}{3}(x+6)^2$의 그래프에 대한 설명으로 옳지 않은 것은?

① 점 $(-3,\ -3)$을 지난다.
② 위로 볼록한 포물선이다.
③ 축의 방정식은 $x=-6$이다.
④ 꼭짓점의 좌표는 $(-6,\ 0)$이다.
⑤ 이차함수 $y=-\dfrac{1}{3}x^2$의 그래프를 x축의 방향으로 6만큼 평행이동한 것이다.

─── 이차함수 $y=a(x-p)^2+q$의 그래프 ───

07 이차함수 $y=-2(x+2)^2-6$의 그래프는 이차함수 $y=-2x^2$의 그래프를 x축의 방향으로 p만큼, y축의 방향으로 q만큼 평행이동한 것이다. 이때 $p+q$의 값을 구하시오.

08 다음 중 이차함수 $y=(x-1)^2+4$의 그래프에 대한 설명으로 옳지 <u>않은</u> 것은?

① 제1, 2사분면을 지난다.
② 아래로 볼록한 포물선이다.
③ 꼭짓점의 좌표는 $(-1, 4)$이다.
④ y축과 만나는 점의 좌표는 $(0, 5)$이다.
⑤ 이차함수 $y=x^2+3$의 그래프와 폭이 같다.

─── 이차함수의 그래프에서 증가, 감소하는 범위 ───

09 이차함수 $y=-4(x+3)^2-7$의 그래프에서 x의 값이 증가하면 y의 값도 증가하는 x의 값의 범위를 구하시오.

 Plus

이차함수 $y=a(x-p)^2+q$의 그래프에서 x의 값이 증가할 때 y의 값이 증가, 감소하는 x의 값의 범위는 축의 방정식 $x=p$를 기준으로 생각한다.

10 이차함수 $y=\dfrac{3}{4}x^2$의 그래프를 x축의 방향으로 2만큼, y축의 방향으로 -1만큼 평행이동한 그래프에서 x의 값이 증가하면 y의 값은 감소하는 x의 값의 범위를 구하시오.

─── 이차함수 $y=a(x-p)^2+q$의 그래프에서 a, p, q의 부호 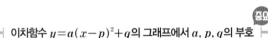 ───

11 이차함수 $y=a(x-p)^2+q$의 그래프가 오른쪽 그림과 같을 때, 상수 a, p, q의 부호를 정하시오.

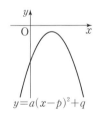

12 이차함수 $y=a(x+p)^2+q$의 그래프가 오른쪽 그림과 같을 때, 다음 중 옳은 것은?
(단, a, p, q는 상수)

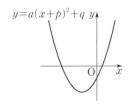

① $a<0$ ② $p<0$
③ $pq>0$ ④ $p-q>0$ ⑤ $apq>0$

─── 이차함수 $y=a(x-p)^2+q$의 그래프의 평행이동 ───

13 이차함수 $y=3(x+2)^2-6$의 그래프를 x축의 방향으로 p만큼, y축의 방향으로 q만큼 평행이동하였더니 이차함수 $y=3x^2$의 그래프와 일치하였다. 이때 $p+q$의 값을 구하시오.

14 이차함수 $y=-\dfrac{1}{2}(x-1)^2+7$의 그래프를 x축의 방향으로 p만큼, y축의 방향으로 q만큼 평행이동하였더니 이차함수 $y=-\dfrac{1}{2}(x+2)^2+9$의 그래프와 일치하였다. 이때 $p+q$의 값을 구하시오.

01

다음 중 이차함수 $y=-3x^2$의 그래프를 y축의 방향으로 -2만큼 평행이동한 그래프에 대한 설명으로 옳지 않은 것은?

① y축에 대칭이다.
② 점 $(1, -5)$를 지난다.
③ 제3, 4사분면을 지난다.
④ 위로 볼록한 포물선이다.
⑤ 꼭짓점의 좌표는 $(0, 2)$이다.

02

이차함수 $y=\dfrac{1}{3}x^2+q$의 그래프가 점 $(-3, 2)$를 지날 때, 이 그래프의 꼭짓점의 좌표는? (단, q는 상수)

① $(0, 5)$ ② $(0, 0)$ ③ $(0, -1)$
④ $(0, -5)$ ⑤ $(-1, 0)$

03

다음 중 $x>-2$일 때 x의 값이 증가하면 y의 값은 감소하는 그래프를 나타내는 이차함수의 식은?

① $y=(x+2)^2$ ② $y=-3(x+2)^2$
③ $y=5(x-2)^2+1$ ④ $y=-2(x-2)^2-1$
⑤ $y=2(x+1)^2-2$

04

꼭짓점의 좌표가 $(4, -1)$이고 점 $(2, -9)$를 지나는 그래프를 나타내는 이차함수의 식이 $y=a(x-p)^2+q$일 때, $a+p+q$의 값을 구하시오.

(단, a, p, q는 상수)

05

이차함수 $y=(x-2)^2-3$의 그래프가 지나지 않는 사분면은?

① 제1사분면   ② 제2사분면   ③ 제3사분면
④ 제4사분면   ⑤ 없다.

06 문제해결

이차함수 $y=4x^2$의 그래프와 x축에 서로 대칭인 그래프를 x축의 방향으로 -3만큼, y축의 방향으로 -2만큼 평행이동한 그래프가 점 $(-1, k)$를 지난다고 할 때, k의 값을 구하시오.

07 추론

오른쪽 그림과 같이 이차함수 $y=-\dfrac{1}{4}(x+4)^2+6$의 그래프의 꼭짓점을 A, 그래프가 y축과 만나는 점을 B라 할 때, $\triangle$AOB의 넓이를 구하시오.

(단, O는 원점)

01

다음 중 y가 x에 대한 이차함수인 것을 모두 고르면?
(정답 2개)

① 반지름의 길이가 x cm인 원의 둘레의 길이 y cm
② 한 변의 길이가 x cm인 정사각형의 넓이 y cm^2
③ 가로의 길이가 x cm이고 세로의 길이가 5 cm인 직사각형의 넓이 y cm^2
④ 밑변의 길이가 $4x$ cm, 높이가 x cm인 삼각형의 넓이 y cm^2
⑤ 아랫변의 길이가 $3x$ cm, 윗변의 길이가 x cm, 높이가 5 cm인 사다리꼴의 넓이 y cm^2

02

이차함수 $f(x)=x^2+x-2$에 대하여 $f(-2)$의 값은?

① -2　　　　② 0　　　　③ 2
④ 4　　　　⑤ 6

03 ⑳

다음 **보기**에서 이차함수 $y=ax^2$의 그래프에 대한 설명으로 옳은 것을 모두 고른 것은? (단, a는 상수)

┌─ 보기 ─
ㄱ. x축을 축으로 한다.
ㄴ. 꼭짓점의 좌표는 $(0, 0)$이다.
ㄷ. $a>0$이면 아래로 볼록한 포물선이다.
ㄹ. a의 절댓값이 클수록 그래프의 폭이 넓어진다.
ㅁ. 이차함수 $y=-ax^2$의 그래프와 x축에 서로 대칭이다.
└──────

① ㄱ, ㄴ, ㄷ　　② ㄱ, ㄹ, ㅁ　　③ ㄴ, ㄷ, ㄹ
④ ㄴ, ㄷ, ㅁ　　⑤ ㄷ, ㄹ, ㅁ

04

다음 **보기**의 이차함수의 그래프에 대한 설명으로 옳지 **않은** 것은?

┌─ 보기 ─
ㄱ. $y=x^2$　　　ㄴ. $y=\dfrac{1}{5}x^2$　　　ㄷ. $y=-\dfrac{1}{5}x^2$
ㄹ. $y=3x^2$　　　ㅁ. $y=-5x^2$　　　ㅂ. $y=-6x^2$
└──────

① 그래프의 폭이 가장 좁은 것은 ㅂ이다.
② 그래프가 위로 볼록한 것은 ㄷ, ㅁ, ㅂ이다.
③ 제1, 2사분면을 지나는 것은 ㄱ, ㄴ, ㄹ이다.
④ 그래프가 x축에 서로 대칭인 것은 ㄴ과 ㄷ이다.
⑤ $x>0$일 때, x의 값이 증가하면 y의 값도 증가하는 것은 ㄷ, ㅁ, ㅂ이다.

05

다음 이차함수 중 그 그래프가 위로 볼록하면서 폭이 가장 넓은 것은?

① $y=2x^2$　　　② $y=-x^2$　　　③ $y=-\dfrac{1}{2}x^2$
④ $y=\dfrac{3}{2}x^2$　　　⑤ $y=-4x^2$

06

이차함수 $y=2x^2$의 그래프는 점 $(-3, a)$를 지나고, 이차함수 $y=bx^2$의 그래프와 x축에 서로 대칭이다. 이때 $a-b$의 값은? (단, b는 상수)

① 7　　　　② 9　　　　③ 16
④ 20　　　　⑤ 27

07

이차함수 $y=-4x^2$의 그래프를 y축의 방향으로 1만큼 평행이동한 그래프를 나타내는 이차함수의 식은?

① $y=-4x^2-1$ 　② $y=-4x^2+1$
③ $y=-4(x+1)^2$ 　④ $y=-4(x-1)^2$
⑤ $y=-4(x-1)^2+1$

08

오른쪽 그림은 두 이차함수 $y=2x^2$, $y=2x^2+6$의 그래프이다. y축과 평행한 선분 AB의 길이는?

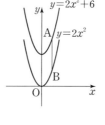

① 2 　② 3
③ 4 　④ 5
⑤ 6

09

다음 이차함수 중 그 그래프가 이차함수 $y=5x^2$의 그래프를 평행이동하여 포갤 수 있는 것을 모두 고르면?
(정답 2개)

① $y=5x^2+4$ 　② $y=(x-5)^2$
③ $y=-5x^2-1$ 　④ $y=\dfrac{1}{5}(x+1)^2$
⑤ $y=5(x-4)^2+3$

10

이차함수 $y=\dfrac{1}{2}x^2$의 그래프를 x축의 방향으로 4만큼 평행이동하면 점 $(-2, a)$를 지난다. 이때 a의 값은?

① -2 　② 2 　③ 6
④ 12 　⑤ 18

11

이차함수 $y=3x^2$의 그래프를 x축의 방향으로 p만큼, y축의 방향으로 q만큼 평행이동하였더니 이차함수 $y=a(x-1)^2-6$의 그래프와 일치하였다. 이때 $a+p+q$의 값을 구하시오. (단, a는 상수)

12

이차함수 $y=a(x-p)^2+q$의 그래프가 오른쪽 그림과 같을 때, 상수 a, p, q에 대하여 $3a+p+q$의 값을 구하시오.

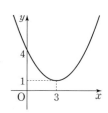

13 ^{중요}

다음 중 이차함수 $y=2(x+4)^2-3$의 그래프에 대한 설명으로 옳지 않은 것은?

① 아래로 볼록한 포물선이다.
② 축의 방정식은 $x=-4$이다.
③ 꼭짓점의 좌표는 $(-4, -3)$이다.
④ y축과 만나는 점의 좌표는 $(0, 29)$이다.
⑤ 이차함수 $y=2x^2$의 그래프를 x축의 방향으로 -4만큼, y축의 방향으로 3만큼 평행이동한 것이다.

정답 및 풀이 ❷ 42쪽

14

다음 이차함수 중 그 그래프가 모든 사분면을 지나는 것은?

① $y=-2x^2-5$ ② $y=-(x+3)^2$

③ $y=(x+1)^2-1$ ④ $y=2(x-1)^2-3$

⑤ $y=-\dfrac{1}{2}(x-4)^2+2$

15

일차함수 $y=ax+b$의 그래프가 오른쪽 그림과 같을 때, 다음 중 이차함수 $y=a(x-b)^2$의 그래프로 적당한 것은?

(단, a, b는 상수)

① ② ③

④ ⑤

16 중요

이차함수 $y=-(x-k)^2+3k$의 그래프의 꼭짓점이 일차함수 $y=-x+8$의 그래프 위에 있을 때, 상수 k의 값을 구하시오.

17

이차함수 $y=-4(x-1)^2+2$의 그래프를 x축의 방향으로 p만큼, y축의 방향으로 q만큼 평행이동하였더니 이차함수 $y=-4x^2$의 그래프와 일치하였다. 이때 $p+q$의 값을 구하시오.

18

오른쪽 그림은 두 이차함수 $y=(x-3)^2$, $y=(x-3)^2-9$ 의 그래프이다. 이때 색칠한 부분의 넓이는?

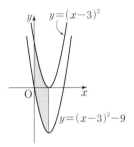

① 9 ② 12

③ 18 ④ 24

⑤ 27

19 창의·융합 수학+실생활

운전자가 달리는 차를 멈출 때, 브레이크를 밟은 후부터 차가 정지할 때까지 미끄러진 거리를 제동 거리라 하는데 이 제동 거리를 알고 있으면 앞차와의 간격을 일정 거리 이상 유지할 수 있어 교통사고 예방에 도움이 된다.

달리는 차의 속력을 시속 x km, 이때의 제동 거리를 y m라 하면 x와 y 사이에는 $y=ax^2$인 관계가 성립한다고 한다. $x>0$인 범위에서 $y=ax^2$의 그래프가 오른쪽 그림과 같고 달리는 차의 속력이 시속 20 km일 때의 제동 거리가 k m일 때, k의 값을 구하시오. (단, $a\neq0$인 상수)

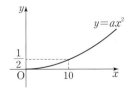

01

오른쪽 그림은 이차함수
$y=ax^2$의 그래프를 x축의
방향으로 평행이동한 것이
다. 이 그래프가 점 $(5, k)$
를 지날 때, k의 값을 구하
시오. (단, a는 상수) [6점]

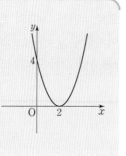

풀이

채점 기준 1 꼭짓점의 좌표를 이용하여 그래프를 나타내는 식 정하기 … 2점

채점 기준 2 주어진 그래프를 나타내는 식 구하기 … 2점

채점 기준 3 k의 값 구하기 … 2점

답

01-1

한번 ↗

오른쪽 그림은 이차함수
$y=-2x^2$의 그래프를 y축의
방향으로 a만큼 평행이동한 것이
다. 이 그래프가 점 $(1, b)$
를 지날 때, $2ab$의 값을 구하
시오. [5점]

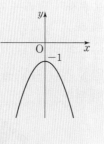

풀이

채점 기준 1 a의 값 구하기 … 2점

채점 기준 2 b의 값 구하기 … 2점

채점 기준 3 $2ab$의 값 구하기 … 1점

답

02

점 $(0, -3)$을 꼭짓점으로 하는 이차함수의 그래프가
두 점 $(-3, 0)$, $(6, k)$를 지난다고 할 때, k의 값을
구하시오. [6점]

풀이

답

03

이차함수 $y=\dfrac{2}{3}x^2$의 그래프를 x축의 방향으로 -3만
큼, y축의 방향으로 -2만큼 평행이동한 그래프가 점
$(-1, m)$을 지날 때, m의 값을 구하시오. [5점]

풀이

답

04

오른쪽 그림과 같이 이차함수
$y=-\dfrac{1}{2}(x-2)^2+8$의 그래프의
꼭짓점을 A, x축과 만나는 두 점
을 각각 B, C라 할 때, △ABC의
넓이를 구하시오. [7점]

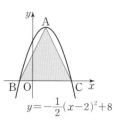

$y=-\dfrac{1}{2}(x-2)^2+8$

풀이

답

01 이차함수 $y=ax^2+bx+c$의 그래프

1 이차함수 $y=ax^2+bx+c$의 그래프

이차함수 $y=ax^2+\underset{\llcorner 일반형}{bx}+c$의 그래프는 $y=a(\underset{\llcorner 표준형}{x-p})^2+q$의 꼴로 바꾸어 생각한다.

$$y=ax^2+bx+c \rightarrow y=a\left(x^2+\frac{b}{a}x\right)+c$$
$$=a\left\{x^2+\frac{b}{a}x+\left(\frac{b}{2a}\right)^2-\left(\frac{b}{2a}\right)^2\right\}+c$$
$$=a\left(x+\frac{b}{2a}\right)^2-\frac{b^2-4ac}{4a}$$

(1) 꼭짓점의 좌표 : $\left(-\dfrac{b}{2a},\ -\dfrac{b^2-4ac}{4a}\right)$

(2) 축의 방정식 : $x=-\dfrac{b}{2a}$

(3) y축과의 교점의 좌표 : $(0,\ \underset{\llcorner x=0일\ 때의\ y의\ 값}{c})$

2 이차함수 $y=ax^2+bx+c$의 그래프와 x축, y축과의 교점

(1) x축과의 교점의 x좌표 : $y=0$일 때의 x의 값 — 이차방정식 $ax^2+bx+c=0$의 해

(2) y축과의 교점의 y좌표 : $x=0$일 때의 y의 값 — 교점의 좌표는 $(0,\ c)$

예 이차함수 $y=x^2-2x-3$의 그래프에서

(1) x축과의 교점의 좌표 ➡ $y=0$을 대입하면
$x^2-2x-3=0$, $(x+1)(x-3)=0$ ∴ $x=-1$ 또는 $x=3$
따라서 x축과의 교점의 좌표는 $(-1, 0)$, $(3, 0)$

(2) y축과의 교점의 좌표 ➡ $x=0$을 대입하면
$y=0^2-2\times0-3=-3$
따라서 y축과의 교점의 좌표는 $(0, -3)$

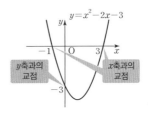

중2

직선과 x축과의 교점의 x좌표를 x절편, y축과의 교점의 y좌표를 y절편이라 한다.

3 이차함수 $y=ax^2+bx+c$의 그래프에서 a, b, c의 부호

(1) a의 부호 : 그래프의 모양에 따라 결정된다.

 ➡ $a>0$  ➡ $a<0$

(2) b의 부호 : 축의 위치에 따라 결정된다.

① 축이 y축의 왼쪽에 위치 ➡ a, b는 같은 부호 $(ab>0)$

② 축이 y축과 일치 ➡ $b=0$

③ 축이 y축의 오른쪽에 위치 ➡ a, b는 다른 부호 $(ab<0)$

(3) c의 부호 : y축과의 교점의 위치에 따라 결정된다.

① y축과의 교점이 x축보다 위쪽에 위치 ➡ $c>0$

② y축과의 교점이 원점 ➡ $c=0$

③ y축과의 교점이 x축보다 아래쪽에 위치 ➡ $c<0$

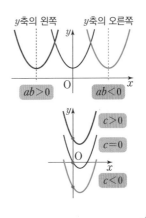

개념 코칭 **1** 이차함수 $y=ax^2+bx+c$를 $y=a(x-p)^2+q$의 꼴로 어떻게 변형할 수 있을까?

정답 및 풀이 **43쪽**

$$y=2x^2-4x-2$$
$$=2(x^2-2x)-2$$
$$=2(x^2-2x+1-1)-2$$ $y=($완전제곱식$)+($수$)$의 꼴로 변형한다.
$$=2(x-1)^2-4$$

$$y=-2x^2-4x+3$$
$$=-2(x^2+2x)+3$$
$$=-2(x^2+2x+1-1)+3$$ $y=($완전제곱식$)+($수$)$의 꼴로 변형한다.
$$=-2(x+1)^2+5$$

1 다음은 이차함수 $y=2x^2+8x+3$을 $y=a(x-p)^2+q$의 꼴로 나타내는 과정이다. □ 안에 알맞은 수를 써넣으시오. (단, a, p, q는 상수)

$$y=2x^2+8x+3$$
$$=2(x^2+\boxed{}x)+3$$
$$=2(x^2+4x+\boxed{}-\boxed{})+3$$
$$=2(x^2+4x+\boxed{})-\boxed{}+3$$
$$=2(x+\boxed{})^2-\boxed{}$$

1-❶ 다음 이차함수를 $y=a(x-p)^2+q$의 꼴로 나타내시오. (단, a, p, q는 상수)

(1) $y=\dfrac{1}{2}x^2-4x+6$ ➡ _____

(2) $y=-3x^2+6x+1$ ➡ _____

개념 코칭 **2** 이차함수 $y=ax^2+bx+c$의 그래프는 어떻게 그릴까?

정답 및 풀이 **43쪽**

이차함수 $y=2x^2+4x-1$의 그래프를 그려 보자.

| $y=a(x-p)^2+q$의 꼴로 고쳐 꼭짓점의 좌표 찾기 | → | a의 부호를 확인하고 y축과의 교점의 좌표 찾기 | → | 포물선으로 연결하기 |

$$y=2x^2+4x-1$$
$$=2(x^2+2x)-1$$
$$=2(x^2+2x+1-1)-1$$
$$=2(x+1)^2-3$$
➡ 꼭짓점의 좌표 : $(-1, -3)$

• $a=2>0$
➡ 아래로 볼록한 포물선
• $y=2x^2+4x-1$에 $x=0$을 대입하면
$$y=2\times0^2+4\times0-1=-1$$
➡ y축과의 교점의 좌표 : $(0, -1)$

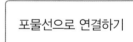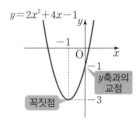

2 이차함수 $y=2x^2-8x+5$의 그래프를 다음 좌표평면 위에 그리시오.

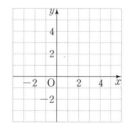

2-❶ 다음 이차함수의 그래프를 주어진 좌표평면 위에 그리시오.

(1) $y=\dfrac{1}{2}x^2+2x-3$　　(2) $y=-2x^2+4x+1$

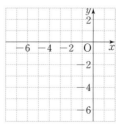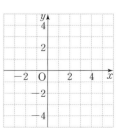

개념 코칭 3 이차함수 $y=ax^2+bx+c$의 그래프는 어떤 성질을 가지고 있을까?

정답 및 풀이 ◉ 43쪽

이차함수 $y=ax^2+bx+c$의 그래프의 성질 ➜ $y=a(x-p)^2+q$의 꼴로 바꾸어 생각한다.
ㄴ 이차함수 $y=ax^2$의 그래프를 x축의 방향으로 p만큼, y축의 방향으로 q만큼 평행이동한 것이다.

(1) 꼭짓점의 좌표 : $(p,\ q)$

(2) 축의 방정식 : $x=p$

(3) 그래프가 증가, 감소하는 범위

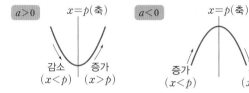

(4) 그래프와 좌표축과의 교점
　① x축과 만나는 점의 x좌표 ➜ $y=0$을 대입하여 구한다. → 이차방정식 $ax^2+bx+c=0$의 해와 같다.
　② y축과 만나는 점의 y좌표 ➜ $x=0$을 대입하여 구한다.

포물선은 선대칭도형이므로 그래프의 축에서 그래프와 x축과의 두 교점까지의 거리가 서로 같음을 기억해!

---

3 이차함수 $y=4x^2-8x-12$의 그래프에 대하여 다음을 구하시오.

(1) 꼭짓점의 좌표

(2) 축의 방정식

(3) x축과의 교점의 좌표

(4) y축과의 교점의 좌표

(5) x의 값이 증가하면 y의 값도 증가하는 x의 값의 범위

(6) x의 값이 증가하면 y의 값은 감소하는 x의 값의 범위

3-❶ 이차함수 $y=-\dfrac{1}{2}x^2+2x-\dfrac{3}{2}$의 그래프에 대하여 다음을 구하시오.

(1) 꼭짓점의 좌표

(2) 축의 방정식

(3) x축과의 교점의 좌표

(4) y축과의 교점의 좌표

(5) x의 값이 증가하면 y의 값도 증가하는 x의 값의 범위

(6) x의 값이 증가하면 y의 값은 감소하는 x의 값의 범위

---

4 이차함수 $y=x^2-6x+1$의 그래프는 $y=x^2$의 그래프를 어떻게 평행이동한 것인지 구하시오.

4-❶ 이차함수 $y=-3x^2+12x-5$의 그래프는 $y=-3x^2$의 그래프를 어떻게 평행이동한 것인지 구하시오.

개념 코칭 4 이차함수 $y=ax^2+bx+c$의 그래프를 보고 a, b, c의 부호를 어떻게 정할 수 있을까?

정답 및 풀이 ◐ 43쪽

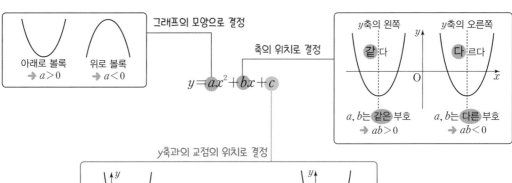

설명 이차함수 $y=ax^2+bx+c$에서 $y=a\left(x+\dfrac{b}{2a}\right)^2-\dfrac{b^2-4ac}{4a}$ → 그래프의 축의 방정식은 $x=-\dfrac{b}{2a}$

(1) 축이 y축의 왼쪽에 있으면 $-\dfrac{b}{2a}<0$, 즉 $\dfrac{b}{2a}>0$이므로 $ab>0$ → a, b는 서로 **같은** 부호

(2) 축이 y축이면 $-\dfrac{b}{2a}=0$이므로 $b=0$

(3) 축이 y축의 오른쪽에 있으면 $-\dfrac{b}{2a}>0$, 즉 $\dfrac{b}{2a}<0$이므로 $ab<0$ → a, b는 서로 **다른** 부호

---

5 이차함수 $y=ax^2+bx+c$의 그래프가 오른쪽 그림과 같을 때, □ 안에 알맞은 것을 써넣으시오. (단, a, b, c는 상수)

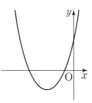

(1) 그래프가 □로 볼록
　　→ a □ 0

(2) 축이 y축의 □쪽 → a, b는 서로 □ 부호
　　→ b □ 0

(3) y축과의 교점이 x축보다 □쪽 → c □ 0

5-① 이차함수 $y=ax^2+bx+c$의 그래프가 오른쪽 그림과 같을 때, □ 안에 알맞은 것을 써넣으시오. (단, a, b, c는 상수)

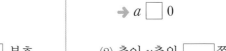

(1) 그래프가 □로 볼록
　　→ a □ 0

(2) 축이 y축의 □쪽 → a, b는 서로 □ 부호
　　→ b □ 0

(3) y축과의 교점이 x축보다 □쪽 → c □ 0

---

6 이차함수 $y=ax^2+bx+c$의 그래프가 다음 그림과 같을 때, 상수 a, b, c의 부호를 정하시오.

(1) 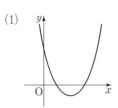　　(2)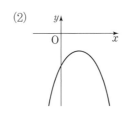

6-① 이차함수 $y=ax^2-bx+c$의 그래프가 다음 그림과 같을 때, 상수 a, b, c의 부호를 정하시오.

(1) 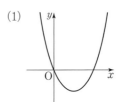　　(2)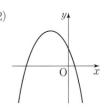

───┤ 이차함수 $y=ax^2+bx+c$의 그래프 그리기 ├───

01 다음 중 이차함수 $y=x^2+6x+7$의 그래프는?

02 다음 중 이차함수 $y=-2x^2+4x-3$의 그래프가 지나지 <u>않는</u> 사분면을 모두 고른 것은?

① 제1사분면   ② 제2사분면
③ 제3사분면   ④ 제1, 2사분면
⑤ 제3, 4사분면

───┤ 이차함수 $y=ax^2+bx+c$의 그래프 ├───

03 이차함수 $y=-2x^2+kx+4$의 그래프가 점 $(1, -2)$를 지날 때, 이 그래프의 꼭짓점의 좌표는? (단, k는 상수)

① $(-2, 12)$ ② $(-1, 3)$ ③ $(-1, 6)$
④ $(1, -6)$ ⑤ $(2, 12)$

04 점 $(-1, 5)$를 지나는 이차함수 $y=2x^2+8x+k$의 그래프의 꼭짓점의 좌표는 (m, n)이다. 이때 $k+m+n$의 값을 구하시오. (단, k는 상수)

───┤ 이차함수 $y=ax^2+bx+c$의 그래프의 성질 ├───

05 다음 중 이차함수 $y=-x^2-4x+1$의 그래프에 대한 설명으로 옳지 <u>않은</u> 것은?

① 꼭짓점의 좌표는 $(-2, 5)$이다.
② 축의 방정식은 $x=-2$이다.
③ x축과 두 점에서 만난다.
④ 위로 볼록한 포물선이다.
⑤ 제2, 3, 4사분면만을 지난다.

 Plus

이차함수 $y=ax^2+bx+c$를 $y=a(x-p)^2+q$의 꼴로 나타낸 후, 그래프를 그려 본다.

06 다음 중 이차함수 $y=3x^2-6x-1$의 그래프에 대한 설명으로 옳지 <u>않은</u> 것은?

① 축의 방정식은 $x=1$이다.
② 꼭짓점의 좌표는 $(1, -4)$이다.
③ y축과의 교점의 좌표는 $(0, -1)$이다.
④ $x>1$일 때 x의 값이 증가하면 y의 값도 증가한다.
⑤ 이차함수 $y=3x^2$의 그래프를 x축의 방향으로 -1만큼, y축의 방향으로 -4만큼 평행이동한 것이다.

---| 이차함수 $y=ax^2+bx+c$의 그래프의 평행이동 |

07 이차함수 $y=2x^2+4x-1$의 그래프를 x축의 방향으로 m만큼, y축의 방향으로 n만큼 평행이동한 그래프를 나타내는 이차함수의 식이 $y=2x^2-8x+6$일 때, $m+n$의 값을 구하시오.

 Plus

이차함수 $y=ax^2+bx+c$의 그래프를 x축의 방향으로 m만큼, y축의 방향으로 n만큼 평행이동한 그래프를 나타내는 이차함수의 식 구하기
❶ $y=ax^2+bx+c$를 $y=a(x-p)^2+q$의 꼴로 변형한다.
❷ 평행이동한 그래프의 식을 구한다.

$$y=a(x-p)^2+q \xrightarrow[\substack{x\text{축의 방향으로 }m\text{만큼,} \\ y\text{축의 방향으로 }n\text{만큼 평행이동}}]{}$$
$$y=a(x-p-m)^2+q+n$$

08 이차함수 $y=x^2-6x+10$의 그래프를 x축의 방향으로 -2만큼, y축의 방향으로 4만큼 평행이동한 그래프를 나타내는 이차함수의 식을 $y=ax^2+bx+c$의 꼴로 나타내시오. (단, a, b, c는 상수)

---| 이차함수 $y=ax^2+bx+c$의 그래프에서 a, b, c의 부호 |

09 이차함수 $y=ax^2+bx+c$의 그래프가 오른쪽 그림과 같을 때, 다음 중 옳지 <u>않은</u> 것은? (단, a, b, c는 상수)

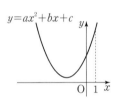

① $a>0$ ② $b>0$ ③ $c>0$
④ $ab>0$ ⑤ $a+b+c<0$

10 이차함수 $y=ax^2+bx+c$의 그래프가 오른쪽 그림과 같을 때, 다음 중 옳지 <u>않은</u> 것은? (단, a, b, c는 상수)

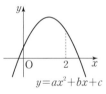

① $c>0$ ② $ab<0$ ③ $bc>0$
④ $a-c>0$ ⑤ $4a+2b+c>0$

---| 이차함수의 그래프와 삼각형의 넓이 |

11 오른쪽 그림과 같이 이차함수 $y=-x^2-2x+8$의 그래프의 꼭짓점을 A, x축과의 교점을 각각 B, C라 할 때, $\triangle ABC$의 넓이를 구하시오.

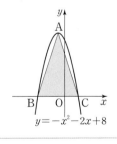

 Plus

삼각형의 넓이
➡ 꼭짓점의 좌표, 그래프와 x축, y축과의 교점의 좌표를 구한다.

12 오른쪽 그림과 같이 이차함수 $y=-x(x-6)$의 그래프의 꼭짓점을 A, x축과의 교점을 각각 O, B라 할 때, $\triangle AOB$의 넓이를 구하시오. (단, O는 원점)

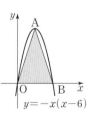

02 이차함수의 식 구하기

1 이차함수의 식 구하기

(1) 꼭짓점 (p, q)와 그래프 위의 다른 한 점이 주어질 때

❶ 이차함수의 식을 $y=a(x-p)^2+q$로 놓는다.

❷ 이 식에 다른 한 점의 좌표를 대입하여 상수 a의 값을 구한다.

> **예** 꼭짓점의 좌표가 (2, 3)이고 점 (1, 0)을 지나는 포물선을 그래프로 하는 이차함수의 식
>
> ➡ 꼭짓점의 좌표를 이용하여 이차함수의 식을 $y=a(x-2)^2+3$으로 놓고
> 다른 한 점 (1, 0)의 좌표를 대입하면
> $0=a+3$ ∴ $a=-3$
> ∴ $y=-3(x-2)^2+3=-3x^2+12x-9$

> **참고** 꼭짓점의 좌표에 따라 이차함수의 식을 다음과 같이 놓으면 편리하다.
>
> ① $(0, 0)$ ➡ $y=ax^2$　　　　　② $(0, q)$ ➡ $y=ax^2+q$
> ③ $(p, 0)$ ➡ $y=a(x-p)^2$　　　④ (p, q) ➡ $y=a(x-p)^2+q$

(2) 축의 방정식 $x=p$와 그래프 위의 서로 다른 두 점이 주어질 때

❶ 이차함수의 식을 $y=a(x-p)^2+q$로 놓는다. ― 축의 방정식이 $x=p$이면 꼭짓점의 x좌표는 p

❷ 이 식에 두 점의 좌표를 각각 대입하여 상수 a, q의 값을 구한다.

> **예** 축의 방정식이 $x=1$이고 두 점 $(-1, 8)$, $(2, -1)$을 지나는 포물선을 그래프로 하는 이차함수의 식
>
> ➡ 축의 방정식을 이용하여 이차함수의 식을 $y=a(x-1)^2+q$로 놓고
> 두 점 $(-1, 8)$, $(2, -1)$의 좌표를 각각 대입하면
> $8=4a+q$, $-1=a+q$ ∴ $a=3$, $q=-4$
> ∴ $y=3(x-1)^2-4=3x^2-6x-1$

(3) y축과의 교점 $(0, k)$와 그래프 위의 서로 다른 두 점이 주어질 때

❶ 이차함수의 식을 $y=ax^2+bx+k$로 놓는다.

❷ 이 식에 두 점의 좌표를 각각 대입하여 상수 a, b의 값을 구한다.

> **예** y축과 점 $(0, -3)$에서 만나고 두 점 $(1, -1)$, $(-3, 3)$을 지나는 포물선을 그래프로 하는 이차함수의 식
>
> ➡ 이차함수의 식을 $y=ax^2+bx-3$으로 놓고
> 두 점 $(1, -1)$, $(-3, 3)$의 좌표를 각각 대입하면
> $2=a+b$, $6=9a-3b$ ∴ $a=1$, $b=1$
> ∴ $y=x^2+x-3$

(4) x축과의 두 교점 $(m, 0)$, $(n, 0)$과 그래프 위의 다른 한 점이 주어질 때

❶ 이차함수의 식을 $y=a(x-m)(x-n)$으로 놓는다. ― m, n은 이차방정식 $a(x-m)(x-n)=0$의 근

❷ 이 식에 다른 한 점의 좌표를 대입하여 상수 a의 값을 구한다.

> **예** x축과 두 점 $(-2, 0)$, $(3, 0)$에서 만나고 점 $(1, 12)$를 지나는 포물선을 그래프로 하는 이차함수의 식
>
> ➡ 이차함수의 식을 $y=a(x+2)(x-3)$으로 놓고
> 다른 한 점 $(1, 12)$의 좌표를 대입하면
> $12=-6a$ ∴ $a=-2$
> ∴ $y=-2(x+2)(x-3)=-2x^2+2x+12$

개념 코칭 1 꼭짓점과 다른 한 점을 알 때, 이차함수의 식을 어떻게 구할까?

정답 및 풀이 ▶ 45쪽

꼭짓점의 좌표가 $(-2, 1)$이고 점 $(-1, 5)$를 지나는 포물선을 그래프로 하는 이차함수의 식을 구해 보면

이차함수의 식 놓기	→	다른 한 점의 좌표를 대입하여 상수 a의 값 구하기	→	식 완성하기

$y=a(x+2)^2+1$

$x=-1$, $y=5$를 대입하면
$5=a+1$
$\therefore a=4$

$y=4(x+2)^2+1$
$\therefore y=4x^2+16x+17$

1 꼭짓점의 좌표가 $(3, -5)$이고 점 $(1, 3)$을 지나는 포물선을 그래프로 하는 이차함수의 식을 $y=ax^2+bx+c$의 꼴로 나타내시오.
(단, a, b, c는 상수)

1-❶ 이차함수 $y=ax^2+bx+c$의 그래프가 오른쪽 그림과 같을 때, 상수 a, b, c의 값을 각각 구하시오.

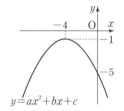

개념 코칭 2 축의 방정식과 서로 다른 두 점을 알 때, 이차함수의 식을 어떻게 구할까?

정답 및 풀이 ▶ 45쪽

축의 방정식이 $x=2$이고 두 점 $(1, 4)$, $(-1, -4)$를 지나는 포물선을 그래프로 하는 이차함수의 식을 구해 보면

이차함수의 식 놓기	→	두 점의 좌표를 각각 대입하여 상수 a, q의 값 구하기	→	식 완성하기

$y=a(x-2)^2+q$

$x=1$, $y=4$를 대입하면
$4=a+q$
$x=-1$, $y=-4$를 대입하면
$-4=9a+q$
두 식을 연립하여 풀면
$a=-1$, $q=5$

$y=-(x-2)^2+5$
$\therefore y=-x^2+4x+1$

2 축의 방정식이 $x=-1$이고 두 점 $(-2, -2)$, $(1, 7)$을 지나는 포물선을 그래프로 하는 이차함수의 식을 $y=ax^2+bx+c$의 꼴로 나타내시오.
(단, a, b, c는 상수)

2-❶ 이차함수 $y=ax^2+bx+c$의 그래프가 오른쪽 그림과 같을 때, 상수 a, b, c의 값을 각각 구하시오.

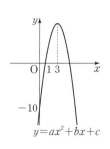

정답 및 풀이 ❯ 45쪽

 개념 코칭 3 **y축과의 교점과 서로 다른 두 점을 알 때, 이차함수의 식을 어떻게 구할까?**

y축과 점 $(0, -5)$에서 만나고 두 점 $(1, 1)$, $(-4, 11)$을 지나는 포물선을 그래프로 하는 이차함수의 식을 구해 보면

| 이차함수의 식 놓기 | → | 두 점의 좌표를 각각 대입하여 상수 a, b의 값 구하기 | → | 식 완성하기 |

$y=ax^2+bx-5$

$x=1$, $y=1$을 대입하면
$1=a+b-5$, 즉 $a+b=6$
$x=-4$, $y=11$을 대입하면
$11=16a-4b-5$, 즉 $16a-4b=16$
두 식을 연립하여 풀면
$a=2$, $b=4$

$y=2x^2+4x-5$

3 y축과 점 $(0, 7)$에서 만나고 두 점 $(-1, 4)$, $(2, -5)$를 지나는 포물선을 그래프로 하는 이차함수의 식을 $y=ax^2+bx+c$의 꼴로 나타내시오.
(단, a, b, c는 상수)

3-❶ 이차함수 $y=ax^2+bx+c$의 그래프가 오른쪽 그림과 같을 때, 상수 a, b, c의 값을 각각 구하시오.

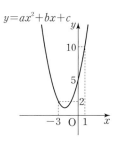

정답 및 풀이 ❯ 45쪽

 개념 코칭 4 **x축과의 두 교점과 다른 한 점을 알 때, 이차함수의 식을 어떻게 구할까?**

x축과 두 점 $(2, 0)$, $(-4, 0)$에서 만나고 점 $(0, -8)$을 지나는 포물선을 그래프로 하는 이차함수의 식을 구해 보면

| 이차함수의 식 놓기 | → | 다른 한 점의 좌표를 대입하여 상수 a의 값 구하기 | → | 식 완성하기 |

$y=a(x-2)(x+4)$

$x=0$, $y=-8$을 대입하면
$-8=a\times(0-2)\times(0+4)$
$-8a=-8$ ∴ $a=1$

$y=(x-2)(x+4)$
∴ $y=x^2+2x-8$

4 x축과 두 점 $(-3, 0)$, $(1, 0)$에서 만나고 점 $(0, 12)$를 지나는 포물선을 그래프로 하는 이차함수의 식을 $y=ax^2+bx+c$의 꼴로 나타내시오.
(단, a, b, c는 상수)

4-❶ 이차함수 $y=ax^2+bx+c$의 그래프가 오른쪽 그림과 같을 때, 상수 a, b, c의 값을 각각 구하시오.

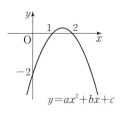

┤ 꼭짓점의 좌표 또는 축의 방정식을 알 때, 이차함수의 식 구하기 ├

01 꼭짓점의 좌표가 $(4, 7)$이고 점 $(2, 5)$를 지나는 포물선을 그래프로 하는 이차함수가 있다. 이 이차함수의 그래프가 y축과 만나는 점의 좌표는?

① $(0, -9)$　　② $(0, -5)$　　③ $(0, -1)$

④ $(0, 3)$　　　⑤ $(0, 7)$

02 이차함수 $y=ax^2+bx+c$의 그래프가 직선 $x=-2$를 축으로 하고, 두 점 $(-1, -2)$, $(0, -8)$을 지난다. 이때 $a+b-c$의 값을 구하시오.

(단, a, b, c는 상수)

┤ y축과의 교점과 두 점을 알 때, 이차함수의 식 구하기 ├

03 세 점 $(0, 6)$, $(1, 3)$, $(-4, -2)$를 지나는 이차함수의 그래프의 꼭짓점의 좌표를 구하시오.

세 점을 지나는 이차함수의 그래프의 꼭짓점의 좌표 구하기
❶ 세 점을 이용하여 이차함수의 식 $y=ax^2+bx+c$를 구한다.
❷ $y=ax^2+bx+c$ ➡ $y=a(x-p)^2+q$의 꼴로 나타낸 후, 꼭짓점의 좌표를 구한다.

04 오른쪽 그림은 이차함수 $y=ax^2+bx+c$의 그래프이다. 이 이차함수의 그래프가 점 $(2, k)$를 지날 때, k의 값을 구하시오.

(단, a, b, c는 상수)

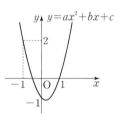

┤ x축과 만나는 두 점을 알 때, 이차함수의 식 구하기 ├

05 이차함수 $y=5x^2$의 그래프와 모양이 같고, x축과 두 점 $(-1, 0)$, $(3, 0)$에서 만나는 포물선을 그래프로 하는 이차함수의 식은?

① $y=-5x^2-10x+15$　② $y=-5x^2+10x+15$

③ $y=5x^2-10x+15$　　④ $y=5x^2-10x-15$

⑤ $y=\dfrac{1}{5}x^2-10x+15$

이차함수 $y=ax^2$의 그래프와 모양이 같고, x축과의 두 교점의 좌표가 $(m, 0)$, $(n, 0)$인 포물선을 그래프로 하는 이차함수의 식 ➡ $y=a(x-m)(x-n)$

06 오른쪽 그림은 이차함수 $y=ax^2+bx+c$의 그래프이다. 상수 a, b, c에 대하여 abc의 값을 구하시오.

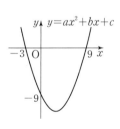

01

다음 이차함수 중 그 그래프의 축의 방정식이 나머지 넷과 다른 하나는?

① $y=2(x-1)^2$ 　　② $y=x^2-2x+5$

③ $y=-x(x-2)$ 　　④ $y=\dfrac{1}{2}x^2-x+3$

⑤ $y=-3x^2-6x-3$

02

이차함수 $y=\dfrac{1}{2}x^2$의 그래프를 x축의 방향으로 a만큼, y축의 방향으로 b만큼 평행이동한 그래프를 나타내는 이차함수의 식이 $y=\dfrac{1}{2}x^2+3x-1$일 때, $2ab$의 값을 구하시오.

03

이차함수 $y=-x^2+6x+a$의 그래프의 꼭짓점이 x축 위에 있도록 하는 상수 a의 값은?

① -9 　　② -8 　　③ -7

④ -6 　　⑤ -5

04

이차함수 $y=2x^2-4x-6$의 그래프가 x축과 만나는 두 점의 x좌표를 각각 p, q라 하고, y축과 만나는 점의 y좌표를 r라 할 때, $p+q+r$의 값을 구하시오.

05

꼭짓점의 좌표가 $(-1, -5)$인 이차함수의 그래프가 두 점 $(-2, -3)$, $(1, k)$를 지날 때, k의 값은?

① 2 　　② 3 　　③ 4

④ 5 　　⑤ 6

06

이차함수 $y=2x^2+bx+c$의 그래프가 x축과 만나는 두 점의 좌표가 $(-2, 0)$, $(3, 0)$일 때, $b+c$의 값을 구하시오. (단, b, c는 상수)

07 추론

이차함수 $y=ax^2+bx+c$의 그래프가 오른쪽 그림과 같을 때, 다음 중 이차함수 $y=cx^2+bx+a$의 그래프로 알맞은 것은?

(단, a, b, c는 상수)

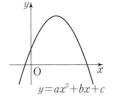

01

이차함수 $y=\dfrac{1}{2}x^2+x+k$의 그래프의 꼭짓점의 좌표가 $\left(-1,\ \dfrac{5}{2}\right)$일 때, 상수 k의 값을 구하시오.

02

다음 이차함수 중 그 그래프가 모든 사분면을 지나는 것은?

① $y=x^2-2x$ ② $y=x^2+4x+5$

③ $y=-(x+3)^2-3$ ④ $y=-2x^2+8x-8$

⑤ $y=-3x^2+6x+1$

03

이차함수 $y=x^2+x-6$의 그래프가 x축과 만나는 두 점의 x좌표를 각각 p, q라 하고, y축과 만나는 점의 y좌표를 r라 할 때, pqr의 값은?

① 10   ② 18   ③ 20

④ 24   ⑤ 36

04

이차함수 $y=-2x^2+px+1$의 그래프의 축의 방정식이 $x=-2$일 때, 꼭짓점의 y좌표를 구하시오.

(단, p는 상수)

05

다음 이차함수 중 그 그래프가 위로 볼록하면서 폭이 가장 좁은 것은?

① $y=-x^2-8x$ ② $y=2x^2+6x-1$

③ $y=-3x^2+5$ ④ $y=-\dfrac{1}{2}x^2+2x-2$

⑤ $y=\dfrac{1}{4}x^2+x+4$

06 중요

다음 **보기**에서 이차함수 $y=x^2-6x+5$의 그래프에 대한 설명으로 옳은 것을 모두 고른 것은?

> **• 보기 •**
> ㄱ. 꼭짓점의 좌표는 $(3,\ -4)$이다.
> ㄴ. 축의 방정식은 $x=-3$이다.
> ㄷ. 아래로 볼록한 포물선이다.
> ㄹ. $x<3$일 때 x의 값이 증가하면 y의 값도 증가한다.

① ㄱ, ㄴ   ② ㄱ, ㄷ   ③ ㄱ, ㄹ

④ ㄴ, ㄹ   ⑤ ㄷ, ㄹ

07

다음 중 이차함수 $y=-\dfrac{3}{2}x^2+3x-\dfrac{7}{2}$의 그래프에 대한 설명으로 옳지 <u>않은</u> 것을 모두 고르면? (정답 2개)

① 꼭짓점의 좌표는 $(1,\ -2)$이다.

② 축의 방정식은 $x=-1$이다.

③ y축과의 교점의 좌표는 $\left(-\dfrac{7}{2},\ 0\right)$이다.

④ 이차함수 $y=-2x^2$의 그래프보다 폭이 넓다.

⑤ $x<1$일 때 x의 값이 증가하면 y의 값도 증가한다.

08

다음 중 이차함수 $y=-\dfrac{1}{2}x^2+2x+1$의 그래프에서 x의 값이 증가할 때, y의 값도 증가하는 x의 값의 범위는?

① $x<2$ ② $x>2$ ③ $x>3$

④ $x<4$ ⑤ $x>4$

09

이차함수 $y=x^2+ax+b$의 그래프는 y축을 축으로 하고, 그래프가 x축과 만나는 두 점 사이의 거리가 6이라 한다. 이때 $a-b$의 값은? (단, a, b는 상수)

① 7   ② 8   ③ 9

④ 10   ⑤ 11

10

오른쪽 그림과 같은 이차함수의 그래프를 x축의 방향으로 4만큼, y축의 방향으로 -1만큼 평행이동한 그래프가 y축과 만나는 점의 y좌표를 구하시오.

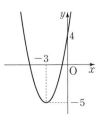

11

이차함수 $y=x^2-6x+4$의 그래프를 x축의 방향으로 2만큼, y축의 방향으로 5만큼 평행이동한 그래프를 나타내는 이차함수의 식을 $y=ax^2+bx+c$의 꼴로 나타내시오. (단, a, b, c는 상수)

12 중요

이차함수 $y=ax^2-bx-c$의 그래프가 오른쪽 그림과 같을 때, 상수 a, b, c의 부호는?

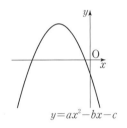
$y=ax^2-bx-c$

① $a>0$, $b<0$, $c>0$

② $a>0$, $b<0$, $c<0$

③ $a<0$, $b>0$, $c>0$

④ $a<0$, $b>0$, $c<0$

⑤ $a<0$, $b<0$, $c<0$

13

일차함수 $y=ax+b$의 그래프가 오른쪽 그림과 같을 때, 다음 중 이차함수 $y=ax^2+bx+ab$의 그래프로 알맞은 것은? (단, a, b는 상수)

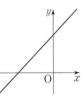

①   ②   ③

④   ⑤

14

오른쪽 그림과 같이 이차함수 $y=-x^2+3x+4$의 그래프가 x축과 만나는 점을 각각 A, B라 하고 y축과 만나는 점을 C라 할 때, △ABC의 넓이를 구하시오.

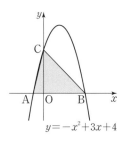

15

이차항의 계수가 -2이고 꼭짓점의 좌표가 $(-2, -3)$인 포물선을 그래프로 하는 이차함수의 식은?

① $y=-2x^2-8x-13$
② $y=-2x^2-8x-11$
③ $y=-2x^2-8x-5$
④ $y=-2x^2+8x+11$
⑤ $y=-2x^2+8x+13$

16 ^{중요}

오른쪽 그림과 같이 꼭짓점의 좌표가 $(4, 4)$이고 원점을 지나는 포물선을 그래프로 하는 이차함수의 식은?

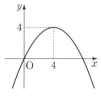

① $y=-\dfrac{1}{4}x^2+2x$
② $y=-\dfrac{1}{4}x^2-2x$
③ $y=-\dfrac{1}{4}x^2+2x+4$
④ $y=-\dfrac{1}{4}x^2-2x+4$
⑤ $y=-\dfrac{1}{4}x^2+2x+8$

17

다음 중 아래 조건을 모두 만족시키는 이차함수의 그래프 위의 점이 아닌 것은?

㉮ x축과 한 점에서 만난다.
㉯ 축의 방정식은 $x=1$이다.
㉰ 점 $(3, -2)$를 지난다.

① $(-3, -8)$　　② $(-1, -2)$　　③ $\left(0, \dfrac{1}{2}\right)$
④ $\left(4, -\dfrac{9}{2}\right)$　　⑤ $(7, -18)$

18 ^{중요}

세 점 $(-3, 0)$, $(4, 0)$, $(0, -2)$를 지나는 포물선을 그래프로 하는 이차함수의 식은?

① $y=x^2-x-12$
② $y=x^2+x-12$
③ $y=\dfrac{1}{6}x^2-\dfrac{1}{6}x-2$
④ $y=\dfrac{1}{6}x^2+\dfrac{1}{6}x-2$
⑤ $y=\dfrac{1}{6}x^2-x-2$

19　　_{창의·융합} 수학＋과학

불꽃 축제에서 폭죽마다 색이 다른 이유는 폭죽 속에 있는 물질이 다르기 때문이다. 폭죽 속에는 다양한 금속염들이 채워져 있는데 폭죽이 터질 때 각각의 금속염들은 고유의 색을 낸다. 초속 60 m로 지면에서 수직으로 쏘아 올린 폭죽의 x초 후의 지면으로부터의 높이를 y m라 하면 $y=60x-5x^2$인 관계가 성립한다고 한다. 이 폭죽이 올라가면서 지면으로부터 100 m의 높이에서 터졌다면 쏘아 올린 지 몇 초 후에 터진 것인지 구하시오.

01

이차함수 $y=-x^2-8x-14$의 그래프에 대하여 다음 물음에 답하시오. [5점]

(1) 꼭짓점의 좌표를 구하시오. [2점]

(2) 축의 방정식을 구하시오. [1점]

(3) 이차함수 $y=-x^2$의 그래프를 어떻게 평행이 동한 것인지 구하시오. [2점]

풀이

채점 기준 **1** 꼭짓점의 좌표 구하기 ⋯ 2점

채점 기준 **2** 축의 방정식 구하기 ⋯ 1점

채점 기준 **3** 어떻게 평행이동한 것인지 구하기 ⋯ 2점

답

01-1

한번데

이차함수 $y=3x^2-6x+8$의 그래프에 대하여 다음 물음에 답하시오. [5점]

(1) 꼭짓점의 좌표를 구하시오. [2점]

(2) 축의 방정식을 구하시오. [1점]

(3) 이차함수 $y=3x^2$의 그래프를 어떻게 평행이동한 것인지 구하시오. [2점]

풀이

채점 기준 **1** 꼭짓점의 좌표 구하기 ⋯ 2점

채점 기준 **2** 축의 방정식 구하기 ⋯ 1점

채점 기준 **3** 어떻게 평행이동한 것인지 구하기 ⋯ 2점

답

02

이차함수 $y=4x^2+ax-6$의 그래프의 꼭짓점의 좌표가 $(-1, b)$일 때, $a-b$의 값을 구하시오.

(단, a는 상수) [5점]

풀이

답

03

이차함수 $y=x^2-2ax+a^2-a+1$의 그래프의 꼭짓점이 직선 $y=2x+4$ 위에 있을 때, 상수 a의 값을 구하시오. [5점]

풀이

답

04

다음 조건을 모두 만족시키는 포물선을 그래프로 하는 이차함수의 식을 $y=ax^2+bx+c$의 꼴로 나타내시오.

(단, a, b, c는 상수) [6점]

> (가) 축의 방정식이 $x=-2$이다.
> (나) 이차함수 $y=x^2$의 그래프를 평행이동한 것이다.
> (다) 점 $(-3, 2)$를 지난다.

풀이

답

제곱근표

제곱근표 ❶

수	0	1	2	3	4	5	6	7	8	9
1.0	1.000	1.005	1.010	1.015	1.020	1.025	1.030	1.034	1.039	1.044
1.1	1.049	1.054	1.058	1.063	1.068	1.072	1.077	1.082	1.086	1.091
1.2	1.095	1.100	1.105	1.109	1.114	1.118	1.122	1.127	1.131	1.136
1.3	1.140	1.145	1.149	1.153	1.158	1.162	1.166	1.170	1.175	1.179
1.4	1.183	1.187	1.192	1.196	1.200	1.204	1.208	1.212	1.217	1.221
1.5	1.225	1.229	1.233	1.237	1.241	1.245	1.249	1.253	1.257	1.261
1.6	1.265	1.269	1.273	1.277	1.281	1.285	1.288	1.292	1.296	1.300
1.7	1.304	1.308	1.311	1.315	1.319	1.323	1.327	1.330	1.334	1.338
1.8	1.342	1.345	1.349	1.353	1.356	1.360	1.364	1.367	1.371	1.375
1.9	1.378	1.382	1.386	1.389	1.393	1.396	1.400	1.404	1.407	1.411
2.0	1.414	1.418	1.421	1.425	1.428	1.432	1.435	1.439	1.442	1.446
2.1	1.449	1.453	1.456	1.459	1.463	1.466	1.470	1.473	1.476	1.480
2.2	1.483	1.487	1.490	1.493	1.497	1.500	1.503	1.507	1.510	1.513
2.3	1.517	1.520	1.523	1.526	1.530	1.533	1.536	1.539	1.543	1.546
2.4	1.549	1.552	1.556	1.559	1.562	1.565	1.568	1.572	1.575	1.578
2.5	1.581	1.584	1.587	1.591	1.594	1.597	1.600	1.603	1.606	1.609
2.6	1.612	1.616	1.619	1.622	1.625	1.628	1.631	1.634	1.637	1.640
2.7	1.643	1.646	1.649	1.652	1.655	1.658	1.661	1.664	1.667	1.670
2.8	1.673	1.676	1.679	1.682	1.685	1.688	1.691	1.694	1.697	1.700
2.9	1.703	1.706	1.709	1.712	1.715	1.718	1.720	1.723	1.726	1.729
3.0	1.732	1.735	1.738	1.741	1.744	1.746	1.749	1.752	1.755	1.758
3.1	1.761	1.764	1.766	1.769	1.772	1.775	1.778	1.780	1.783	1.786
3.2	1.789	1.792	1.794	1.797	1.800	1.803	1.806	1.808	1.811	1.814
3.3	1.817	1.819	1.822	1.825	1.828	1.830	1.833	1.836	1.838	1.841
3.4	1.844	1.847	1.849	1.852	1.855	1.857	1.860	1.863	1.865	1.868
3.5	1.871	1.873	1.876	1.879	1.881	1.884	1.887	1.889	1.892	1.895
3.6	1.897	1.900	1.903	1.905	1.908	1.910	1.913	1.916	1.918	1.921
3.7	1.924	1.926	1.929	1.931	1.934	1.936	1.939	1.942	1.944	1.947
3.8	1.949	1.952	1.954	1.957	1.960	1.962	1.965	1.967	1.970	1.972
3.9	1.975	1.977	1.980	1.982	1.985	1.987	1.990	1.992	1.995	1.997
4.0	2.000	2.002	2.005	2.007	2.010	2.012	2.015	2.017	2.020	2.022
4.1	2.025	2.027	2.030	2.032	2.035	2.037	2.040	2.042	2.045	2.047
4.2	2.049	2.052	2.054	2.057	2.059	2.062	2.064	2.066	2.069	2.071
4.3	2.074	2.076	2.078	2.081	2.083	2.086	2.088	2.090	2.093	2.095
4.4	2.098	2.100	2.102	2.105	2.107	2.110	2.112	2.114	2.117	2.119
4.5	2.121	2.124	2.126	2.128	2.131	2.133	2.135	2.138	2.140	2.142
4.6	2.145	2.147	2.149	2.152	2.154	2.156	2.159	2.161	2.163	2.166
4.7	2.168	2.170	2.173	2.175	2.177	2.179	2.182	2.184	2.186	2.189
4.8	2.191	2.193	2.195	2.198	2.200	2.202	2.205	2.207	2.209	2.211
4.9	2.214	2.216	2.218	2.220	2.223	2.225	2.227	2.229	2.232	2.234
5.0	2.236	2.238	2.241	2.243	2.245	2.247	2.249	2.252	2.254	2.256
5.1	2.258	2.261	2.263	2.265	2.267	2.269	2.272	2.274	2.276	2.278
5.2	2.280	2.283	2.285	2.287	2.289	2.291	2.293	2.296	2.298	2.300
5.3	2.302	2.304	2.307	2.309	2.311	2.313	2.315	2.317	2.319	2.322
5.4	2.324	2.326	2.328	2.330	2.332	2.335	2.337	2.339	2.341	2.343

제곱근표 ❷

수	0	1	2	3	4	5	6	7	8	9
5.5	2.345	2.347	2.349	2.352	2.354	2.356	2.358	2.360	2.362	2.364
5.6	2.366	2.369	2.371	2.373	2.375	2.377	2.379	2.381	2.383	2.385
5.7	2.387	2.390	2.392	2.394	2.396	2.398	2.400	2.402	2.404	2.406
5.8	2.408	2.410	2.412	2.415	2.417	2.419	2.421	2.423	2.425	2.427
5.9	2.429	2.431	2.433	2.435	2.437	2.439	2.441	2.443	2.445	2.447
6.0	2.449	2.452	2.454	2.456	2.458	2.460	2.462	2.464	2.466	2.468
6.1	2.470	2.472	2.474	2.476	2.478	2.480	2.482	2.484	2.486	2.488
6.2	2.490	2.492	2.494	2.496	2.498	2.500	2.502	2.504	2.506	2.508
6.3	2.510	2.512	2.514	2.516	2.518	2.520	2.522	2.524	2.526	2.528
6.4	2.530	2.532	2.534	2.536	2.538	2.540	2.542	2.544	2.546	2.548
6.5	2.550	2.551	2.553	2.555	2.557	2.559	2.561	2.563	2.565	2.567
6.6	2.569	2.571	2.573	2.575	2.577	2.579	2.581	2.583	2.585	2.587
6.7	2.588	2.590	2.592	2.594	2.596	2.598	2.600	2.602	2.604	2.606
6.8	2.608	2.610	2.612	2.613	2.615	2.617	2.619	2.621	2.623	2.625
6.9	2.627	2.629	2.631	2.632	2.634	2.636	2.638	2.640	2.642	2.644
7.0	2.646	2.648	2.650	2.651	2.653	2.655	2.657	2.659	2.661	2.663
7.1	2.665	2.666	2.668	2.670	2.672	2.674	2.676	2.678	2.680	2.681
7.2	2.683	2.685	2.687	2.689	2.691	2.693	2.694	2.696	2.698	2.700
7.3	2.702	2.704	2.706	2.707	2.709	2.711	2.713	2.715	2.717	2.718
7.4	2.720	2.722	2.724	2.726	2.728	2.729	2.731	2.733	2.735	2.737
7.5	2.739	2.740	2.742	2.744	2.746	2.748	2.750	2.751	2.753	2.755
7.6	2.757	2.759	2.760	2.762	2.764	2.766	2.768	2.769	2.771	2.773
7.7	2.775	2.777	2.778	2.780	2.782	2.784	2.786	2.787	2.789	2.791
7.8	2.793	2.795	2.796	2.798	2.800	2.802	2.804	2.805	2.807	2.809
7.9	2.811	2.812	2.814	2.816	2.818	2.820	2.821	2.823	2.825	2.827
8.0	2.828	2.830	2.832	2.834	2.835	2.837	2.839	2.841	2.843	2.844
8.1	2.846	2.848	2.850	2.851	2.853	2.855	2.857	2.858	2.860	2.862
8.2	2.864	2.865	2.867	2.869	2.871	2.872	2.874	2.876	2.877	2.879
8.3	2.881	2.883	2.884	2.886	2.888	2.890	2.891	2.893	2.895	2.897
8.4	2.898	2.900	2.902	2.903	2.905	2.907	2.909	2.910	2.912	2.914
8.5	2.915	2.917	2.919	2.921	2.922	2.924	2.926	2.927	2.929	2.931
8.6	2.933	2.934	2.936	2.938	2.939	2.941	2.943	2.944	2.946	2.948
8.7	2.950	2.951	2.953	2.955	2.956	2.958	2.960	2.961	2.963	2.965
8.8	2.966	2.968	2.970	2.972	2.973	2.975	2.977	2.978	2.980	2.982
8.9	2.983	2.985	2.987	2.988	2.990	2.992	2.993	2.995	2.997	2.998
9.0	3.000	3.002	3.003	3.005	3.007	3.008	3.010	3.012	3.013	3.015
9.1	3.017	3.018	3.020	3.022	3.023	3.025	3.027	3.028	3.030	3.032
9.2	3.033	3.035	3.036	3.038	3.040	3.041	3.043	3.045	3.046	3.048
9.3	3.050	3.051	3.053	3.055	3.056	3.058	3.059	3.061	3.063	3.064
9.4	3.066	3.068	3.069	3.071	3.072	3.074	3.076	3.077	3.079	3.081
9.5	3.082	3.084	3.085	3.087	3.089	3.090	3.092	3.094	3.095	3.097
9.6	3.098	3.100	3.102	3.103	3.105	3.106	3.108	3.110	3.111	3.113
9.7	3.114	3.116	3.118	3.119	3.121	3.122	3.124	3.126	3.127	3.129
9.8	3.130	3.132	3.134	3.135	3.137	3.138	3.140	3.142	3.143	3.145
9.9	3.146	3.148	3.150	3.151	3.153	3.154	3.156	3.158	3.159	3.161

제곱근표

제곱근표 ❸

수	0	1	2	3	4	5	6	7	8	9
10	3.162	3.178	3.194	3.209	3.225	3.240	3.256	3.271	3.286	3.302
11	3.317	3.332	3.347	3.362	3.376	3.391	3.406	3.421	3.435	3.450
12	3.464	3.479	3.493	3.507	3.521	3.536	3.550	3.564	3.578	3.592
13	3.606	3.619	3.633	3.647	3.661	3.674	3.688	3.701	3.715	3.728
14	3.742	3.755	3.768	3.782	3.795	3.808	3.821	3.834	3.847	3.860
15	3.873	3.886	3.899	3.912	3.924	3.937	3.950	3.962	3.975	3.987
16	4.000	4.012	4.025	4.037	4.050	4.062	4.074	4.087	4.099	4.111
17	4.123	4.135	4.147	4.159	4.171	4.183	4.195	4.207	4.219	4.231
18	4.243	4.254	4.266	4.278	4.290	4.301	4.313	4.324	4.336	4.347
19	4.359	4.370	4.382	4.393	4.405	4.416	4.427	4.438	4.450	4.461
20	4.472	4.483	4.494	4.506	4.517	4.528	4.539	4.550	4.561	4.572
21	4.583	4.593	4.604	4.615	4.626	4.637	4.648	4.658	4.669	4.680
22	4.690	4.701	4.712	4.722	4.733	4.743	4.754	4.764	4.775	4.785
23	4.796	4.806	4.817	4.827	4.837	4.848	4.858	4.868	4.879	4.889
24	4.899	4.909	4.919	4.930	4.940	4.950	4.960	4.970	4.980	4.990
25	5.000	5.010	5.020	5.030	5.040	5.050	5.060	5.070	5.079	5.089
26	5.099	5.109	5.119	5.128	5.138	5.148	5.158	5.167	5.177	5.187
27	5.196	5.206	5.215	5.225	5.235	5.244	5.254	5.263	5.273	5.282
28	5.292	5.301	5.310	5.320	5.329	5.339	5.348	5.357	5.367	5.376
29	5.385	5.394	5.404	5.413	5.422	5.431	5.441	5.450	5.459	5.468
30	5.477	5.486	5.495	5.505	5.514	5.523	5.532	5.541	5.550	5.559
31	5.568	5.577	5.586	5.595	5.604	5.612	5.621	5.630	5.639	5.648
32	5.657	5.666	5.675	5.683	5.692	5.701	5.710	5.718	5.727	5.736
33	5.745	5.753	5.762	5.771	5.779	5.788	5.797	5.805	5.814	5.822
34	5.831	5.840	5.848	5.857	5.865	5.874	5.882	5.891	5.899	5.908
35	5.916	5.925	5.933	5.941	5.950	5.958	5.967	5.975	5.983	5.992
36	6.000	6.008	6.017	6.025	6.033	6.042	6.050	6.058	6.066	6.075
37	6.083	6.091	6.099	6.107	6.116	6.124	6.132	6.140	6.148	6.156
38	6.164	6.173	6.181	6.189	6.197	6.205	6.213	6.221	6.229	6.237
39	6.245	6.253	6.261	6.269	6.277	6.285	6.293	6.301	6.309	6.317
40	6.325	6.332	6.340	6.348	6.356	6.364	6.372	6.380	6.387	6.395
41	6.403	6.411	6.419	6.427	6.434	6.442	6.450	6.458	6.465	6.473
42	6.481	6.488	6.496	6.504	6.512	6.519	6.527	6.535	6.542	6.550
43	6.557	6.565	6.573	6.580	6.588	6.595	6.603	6.611	6.618	6.626
44	6.633	6.641	6.648	6.656	6.663	6.671	6.678	6.686	6.693	6.701
45	6.708	6.716	6.723	6.731	6.738	6.745	6.753	6.760	6.768	6.775
46	6.782	6.790	6.797	6.804	6.812	6.819	6.826	6.834	6.841	6.848
47	6.856	6.863	6.870	6.877	6.885	6.892	6.899	6.907	6.914	6.921
48	6.928	6.935	6.943	6.950	6.957	6.964	6.971	6.979	6.986	6.993
49	7.000	7.007	7.014	7.021	7.029	7.036	7.043	7.050	7.057	7.064
50	7.071	7.078	7.085	7.092	7.099	7.106	7.113	7.120	7.127	7.134
51	7.141	7.148	7.155	7.162	7.169	7.176	7.183	7.190	7.197	7.204
52	7.211	7.218	7.225	7.232	7.239	7.246	7.253	7.259	7.266	7.273
53	7.280	7.287	7.294	7.301	7.308	7.314	7.321	7.328	7.335	7.342
54	7.348	7.355	7.362	7.369	7.376	7.382	7.389	7.396	7.403	7.409

제곱근표 ❹

수	0	1	2	3	4	5	6	7	8	9
55	7.416	7.423	7.430	7.436	7.443	7.450	7.457	7.463	7.470	7.477
56	7.483	7.490	7.497	7.503	7.510	7.517	7.523	7.530	7.537	7.543
57	7.550	7.556	7.563	7.570	7.576	7.583	7.589	7.596	7.603	7.609
58	7.616	7.622	7.629	7.635	7.642	7.649	7.655	7.662	7.668	7.675
59	7.681	7.688	7.694	7.701	7.707	7.714	7.720	7.727	7.733	7.740
60	7.746	7.752	7.759	7.765	7.772	7.778	7.785	7.791	7.797	7.804
61	7.810	7.817	7.823	7.829	7.836	7.842	7.849	7.855	7.861	7.868
62	7.874	7.880	7.887	7.893	7.899	7.906	7.912	7.918	7.925	7.931
63	7.937	7.944	7.950	7.956	7.962	7.969	7.975	7.981	7.987	7.994
64	8.000	8.006	8.012	8.019	8.025	8.031	8.037	8.044	8.050	8.056
65	8.062	8.068	8.075	8.081	8.087	8.093	8.099	8.106	8.112	8.118
66	8.124	8.130	8.136	8.142	8.149	8.155	8.161	8.167	8.173	8.179
67	8.185	8.191	8.198	8.204	8.210	8.216	8.222	8.228	8.234	8.240
68	8.246	8.252	8.258	8.264	8.270	8.276	8.283	8.289	8.295	8.301
69	8.307	8.313	8.319	8.325	8.331	8.337	8.343	8.349	8.355	8.361
70	8.367	8.373	8.379	8.385	8.390	8.396	8.402	8.408	8.414	8.420
71	8.426	8.432	8.438	8.444	8.450	8.456	8.462	8.468	8.473	8.479
72	8.485	8.491	8.497	8.503	8.509	8.515	8.521	8.526	8.532	8.538
73	8.544	8.550	8.556	8.562	8.567	8.573	8.579	8.585	8.591	8.597
74	8.602	8.608	8.614	8.620	8.626	8.631	8.637	8.643	8.649	8.654
75	8.660	8.666	8.672	8.678	8.683	8.689	8.695	8.701	8.706	8.712
76	8.718	8.724	8.729	8.735	8.741	8.746	8.752	8.758	8.764	8.769
77	8.775	8.781	8.786	8.792	8.798	8.803	8.809	8.815	8.820	8.826
78	8.832	8.837	8.843	8.849	8.854	8.860	8.866	8.871	8.877	8.883
79	8.888	8.894	8.899	8.905	8.911	8.916	8.922	8.927	8.933	8.939
80	8.944	8.950	8.955	8.961	8.967	8.972	8.978	8.983	8.989	8.994
81	9.000	9.006	9.011	9.017	9.022	9.028	9.033	9.039	9.044	9.050
82	9.055	9.061	9.066	9.072	9.077	9.083	9.088	9.094	9.099	9.105
83	9.110	9.116	9.121	9.127	9.132	9.138	9.143	9.149	9.154	9.160
84	9.165	9.171	9.176	9.182	9.187	9.192	9.198	9.203	9.209	9.214
85	9.220	9.225	9.230	9.236	9.241	9.247	9.252	9.257	9.263	9.268
86	9.274	9.279	9.284	9.290	9.295	9.301	9.306	9.311	9.317	9.322
87	9.327	9.333	9.338	9.343	9.349	9.354	9.359	9.365	9.370	9.375
88	9.381	9.386	9.391	9.397	9.402	9.407	9.413	9.418	9.423	9.429
89	9.434	9.439	9.445	9.450	9.455	9.460	9.466	9.471	9.476	9.482
90	9.487	9.492	9.497	9.503	9.508	9.513	9.518	9.524	9.529	9.534
91	9.539	9.545	9.550	9.555	9.560	9.566	9.571	9.576	9.581	9.586
92	9.592	9.597	9.602	9.607	9.612	9.618	9.623	9.628	9.633	9.638
93	9.644	9.649	9.654	9.659	9.664	9.670	9.675	9.680	9.685	9.690
94	9.695	9.701	9.706	9.711	9.716	9.721	9.726	9.731	9.737	9.742
95	9.747	9.752	9.757	9.762	9.767	9.772	9.778	9.783	9.788	9.793
96	9.798	9.803	9.808	9.813	9.818	9.823	9.829	9.834	9.839	9.844
97	9.849	9.854	9.859	9.864	9.869	9.874	9.879	9.884	9.889	9.894
98	9.899	9.905	9.910	9.915	9.920	9.925	9.930	9.935	9.940	9.945
99	9.950	9.955	9.960	9.965	9.970	9.975	9.980	9.985	9.990	9.995

Memo

교과서에서

쏙

빼온 문제

특별한 부록

중학 수학 3·1

동아출판

교과서에서 쏙 빼온 문제

중학 수학 10종 교과서를
분석하여 수록하였습니다.

중학 수학

3·1

01

최다 교과서 수록 문제

다음 그림과 같이 한 변의 길이가 20 cm인 정사각형 모양의 색종이를 각 변의 중점을 꼭짓점으로 하는 정사각형 모양으로 접어 나갈 때, [3단계]에서 생기는 정사각형의 한 변의 길이를 구하시오.

📶 각 단계에서 생기는 정사각형의 넓이는 바로 전 단계의 정사각형의 넓이의 $\frac{1}{2}$이다.

01-❶

한번더↗

다음 그림과 같이 한 변의 길이가 $\sqrt{960}$ cm인 정사각형 모양의 색종이를 각 변의 중점을 꼭짓점으로 하는 정사각형 모양으로 접어 나갈 때, [4단계]에서 생기는 정사각형의 한 변의 길이를 구하시오.

02

최다 교과서 수록 문제

자연수 x에 대하여 $\sqrt{x}$ 이하의 자연수의 개수를 구하려고 한다. 예를 들어 $\sqrt{10}$ 이하의 자연수는 $3<\sqrt{10}<4$이므로 1, 2, 3의 3개이다. 다음 물음에 답하시오.

(1) $\sqrt{26}$ 이하의 자연수의 개수를 구하시오.

(2) $\sqrt{x}$ 이하의 자연수의 개수가 4인 자연수 x의 개수를 구하시오.

02-❶

한번더↗

자연수 x에 대하여 $\sqrt{x}$보다 작은 자연수의 개수를 $f(x)$라고 할 때,
$f(3)+f(4)+f(5)+\cdots+f(12)+f(13)$
의 값을 구하시오.

03

$a>1$일 때, 다음을 간단히 하시오.

$$\sqrt{\left(a+\frac{1}{a}\right)^2}+\sqrt{\left(\frac{1}{a}-a\right)^2}$$

📶 $a>1$일 때 a와 $\dfrac{1}{a}$의 크기를 비교하여 $a+\dfrac{1}{a}$과 $\dfrac{1}{a}-a$의 부호를 생각한다.

04

다음 그림과 같이 계산 상자에 무리수 $\sqrt{n}$을 넣으면 $\sqrt{n}$의 정수 부분만 나온다고 한다. 계산 상자에 $\sqrt{n}$을 넣을 때, 4가 나오는 무리수 $\sqrt{n}$의 개수를 구하시오. (단, n은 자연수)

$$\sqrt{n}$$
↓
$$\sqrt{n}=(\text{정수 부분})+(\text{소수 부분})$$
↓
$\sqrt{n}$의
정수 부분

05

다음 그림과 같이 단면의 반지름의 길이가 각각 4 cm, 6 cm인 원형 배수관 두 개를 하나의 원형 배수관으로 교체하려고 한다. 교체할 배수관의 단면의 넓이는 두 배수관의 단면의 넓이의 합 이상이라고 한다. 교체할 배수관 중 단면이 가장 작은 배수관의 단면의 반지름의 길이를 구하시오. (단, 단면의 반지름의 길이는 자연수이고, 배수관의 두께는 무시한다.)

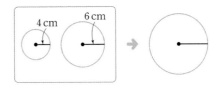

06

진공 상태에서 물체를 가만히 놓아 낙하시킬 때, 처음 높이를 h m라고 하면 지면에 떨어지기 직전의 속력 v m/s는

$$v=\sqrt{2\times9.8\times h}$$

라고 한다. v가 자연수가 되도록 하는 세 자리의 자연수 h의 값 중에서 가장 작은 수를 구하시오.

07

유진이는 다음 그림과 같이 A, B, C 3개의 그림을 맞닿게 붙여 직사각형 모양을 만들었다. 그림 A, B는 정사각형 모양이고 넓이가 각각 $6n$ cm², $(49-n)$ cm²라 할 때, 직사각형 모양의 그림 C의 넓이를 구하시오. (단, n과 그림 A, B의 한 변의 길이는 모두 자연수이다.)

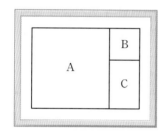

08

다음 그림에서 작은 사각형은 모두 한 변의 길이가 1인 정사각형이다. 점 A를 중심으로 하고 $\overline{AC}$를 반지름으로 하는 원이 수직선과 왼쪽에서 만나는 점을 P, 점 B를 중심으로 하고 $\overline{BD}$를 반지름으로 하는 원이 수직선과 오른쪽에서 만나는 점을 Q라 하자. 점 P에 대응하는 수가 $-3-\sqrt{10}$일 때, 점 Q에 대응하는 수를 구하시오.

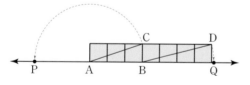

📶 점 P의 좌표를 이용하여 점 B의 좌표를 먼저 구한다.

09

다음 그림과 같이 반지름의 길이가 3인 원이 수직선 위에서 −1인 점에 접하고 있다. 이 접점을 A라 하고, 원을 수직선을 따라 시계방향으로 세 바퀴 굴려 점 A가 다시 수직선에 접하는 점을 A′이라고 할 때, 점 A′에 대응하는 수를 구하시오.

10

다음 그림과 같이 3개의 질문을 보고, ○, ×로 이동하는 놀이가 있다. [질문 1]부터 시작하여 각 질문에서 맞는 방향쪽으로 이동할 때, 도착 지점에서 만나는 수학자는 누구인지 말하시오.

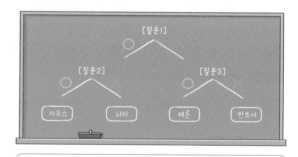

[질문 1] 수직선은 실수에 대응하는 점들로 완전히 채워진다.

[질문 2] π에 대응하는 점은 수직선 위에 존재하지 않는다.

[질문 3] 무한소수로 나타내어지는 수는 모두 무리수이다.

01
최다 교과서 수록 문제

다음 그림은 넓이가 각각 $5\,\text{cm}^2$, $45\,\text{cm}^2$, $20\,\text{cm}^2$인 정사각형 모양의 색종이를 겹치지 않게 이어 붙인 것이다. 이어 붙인 모양 전체의 둘레의 길이를 구하시오.

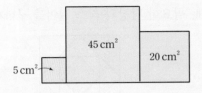

01-❶
한번더↗

다음 그림과 같이 정사각형 모양의 색종이 A, B, C가 겹치지 않게 이어 붙어 있다. 색종이 A, B, C가 아래의 세 조건을 만족시킬 때, 색종이 C의 한 변의 길이를 구하시오.

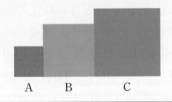

> ㈎ 색종이 A의 넓이는 $6\,\text{cm}^2$이다.
> ㈏ 색종이 B의 한 변의 길이는 색종이 A의 한 변의 길이의 $\sqrt{3}$배이다.
> ㈐ 색종이 C의 넓이는 색종이 B의 넓이의 $\dfrac{5}{3}$배이다.

02
최다 교과서 수록 문제

어느 맑은 날, 해발 $h\,\text{m}$인 곳에서 사람의 눈으로 볼 수 있는 가장 먼 거리가 $\sqrt{12.6h}\,\text{km}$라고 한다. 해발 $40\,\text{m}$인 전망대에서 사람의 눈으로 볼 수 있는 가장 먼 거리를 아래 제곱근표를 이용하여 소수로 나타내시오.

수	0	1	2	3	4	5	6
5.0	2.236	2.238	2.241	2.243	2.245	2.247	2.249
5.1	2.258	2.261	2.263	2.265	2.267	2.269	2.272
5.2	2.280	2.283	2.285	2.287	2.289	2.291	2.293
5.3	2.302	2.304	2.307	2.309	2.311	2.313	2.315
5.4	2.324	2.326	2.328	2.330	2.332	2.335	2.337

02-❶
한번더↗

지면으로부터 $h\,\text{m}$의 높이에 떠 있는 헬리콥터에서 물체를 떨어뜨렸을 때, 물체가 지면에 닿을 때까지 걸리는 시간은 $\sqrt{\dfrac{h}{4.9}}$초라고 한다. 지면으로부터 $98\,\text{m}$의 높이에서 물체를 떨어뜨렸을 때, 지면에 닿을 때까지 걸리는 시간을 **02**의 제곱근표를 이용하여 소수로 나타내시오.

03

세 양수 a, b, c에 대하여 $abc=80$일 때,

$\dfrac{3}{2}a\sqrt{\dfrac{bc}{a}}+\dfrac{1}{3}b\sqrt{\dfrac{ac}{b}}+\dfrac{1}{6}c\sqrt{\dfrac{ab}{c}}$ 의 값을 구하시오.

📶 $n>0$일 때, $n=\sqrt{n^2}$임을 이용한다.

04

다음은 길이가 오른쪽 그림과 같은 칠교판의 7개의 조각을 모두 사용하여 만든 도형이다. 만든 도형의 둘레의 길이를 구하시오.

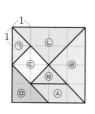

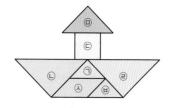

┌─ 참고 ─

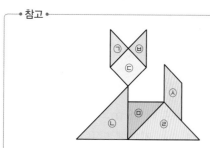

(도형의 둘레의 길이)
$=\sqrt{2}+\sqrt{2}+2+\sqrt{2}+(2\sqrt{2}-2)+2+2$
$\quad+\sqrt{2}+2+\sqrt{2}+4+2\sqrt{2}+4+\sqrt{2}+2$
$=10\sqrt{2}+16$

05

어느 도시에서는 봄꽃 축제를 위하여 다음 그림과 같이 정원을 꾸미려고 한다. 정원은 한 변의 길이가 8 m인 정사각형에 네 변의 중점을 연결한 정사각형을 연속해서 세 번 그린 모양이다. 색칠한 부분의 둘레를 따라 담장을 설치하려고 할 때, 필요한 담장의 최소 길이를 구하시오.

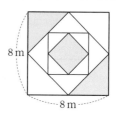

📶 네 변의 중점을 연결하여 만든 정사각형의 넓이는 처음 정사각형의 넓이의 $\dfrac{1}{2}$이다.

06

다음 그림과 같이 넓이가 600인 정사각형 ABCD의 각 변의 중점을 연결하여 □EFGH를, □EFGH의 각 변의 중점을 연결하여 □IJKL을 만들었다. □IJKL의 한 변의 길이가 $a\sqrt{b}$일 때, $a+b$의 값을 구하시오.

(단, a, b는 한 자리의 자연수)

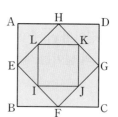

07

다음 그림은 직각이등변삼각형 3개를 세 빗변이 한 직선 위에 있도록 꼭짓점끼리 붙여 놓은 것이다. 세 직각삼각형의 넓이가 각각 $1\,\text{cm}^2$, $4\,\text{cm}^2$, $9\,\text{cm}^2$일 때, $\overline{\text{BC}}-\overline{\text{AB}}$의 길이를 구하시오.

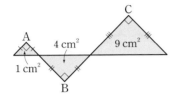

📶 직각이등변삼각형의 넓이를 이용하여 삼각형의 빗변이 아닌 변의 길이를 구해 본다.

08

다음 그림에서 수직선 위의 네 점 A, B, C, D에 대응하는 수의 합을 구하시오.

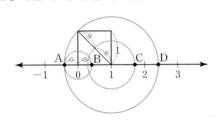

09

눈금 0으로부터 떨어진 거리가 $\sqrt{a}$인 곳에 눈금 a를 표시하여 만든 자가 있다. 다음 그림과 같이 한 자의 눈금 0, 27의 위치와 다른 자의 눈금 3, x의 위치가 각각 일치하도록 붙여 놓을 때, x의 값을 구하시오.

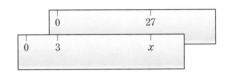

10

자연수 x에 대하여 $\sqrt{x}$보다 작은 자연수의 개수를 $f(x)$라 할 때,

$$f(1)+f(2)+f(3)+\cdots+f(n)=42$$

가 성립하도록 하는 자연수 n에 대하여

$\sqrt{n}+\dfrac{1}{\sqrt{n}}$의 값을 구하시오.

📶 제곱근의 값을 이용하여 $\sqrt{x}$보다 작은 자연수의 개수를 구해 본다.

01

최다 교과서 수록 문제

다항식 x^2+8x+k가 $(x+a)(x+b)$로 인수분해될 때, k가 될 수 있는 수 중에서 가장 큰 수를 구하시오.

(단, a, b는 서로 다른 정수)

01-❶ 한번🔼

다항식 $x^2+mx+12$가 $(x+a)(x+b)$로 인수분해될 때, m의 값이 될 수 있는 가장 작은 수를 구하시오. (단, a, b는 정수)

02

아래 그림은 육각형의 각 꼭짓점에 있는 수의 합이 모두 63이 되는 마방진이다. ①, ②가 적힌 칸에는 주어진 문제에서 각 문항의 답이 들어갈 때, 마방진의 색칠한 칸에 알맞은 수를 구하시오.

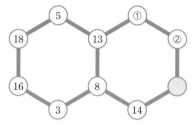

・문제・
① $(x-1)^2=x^2+ax+b$일 때, $-a-b$의 값
② $(3x+4)(2x-1)=ax^2+bx+c$일 때, $a+b+c$의 값

03

다음 그림과 같은 전개도로 만든 정육면체에서 마주 보는 면에 적힌 두 일차식의 곱을 각각 A, B, C라 할 때, $A+B+C$를 구하시오.

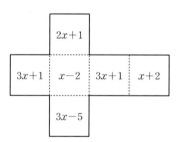

정답 및 풀이 ❭ 83쪽

04

직사각형 ABCD를 다음 그림과 같이 네 부분으로 나누었다. □AGHE, □IFCJ가 모두 정사각형일 때, 색칠한 부분의 넓이를 구하시오.

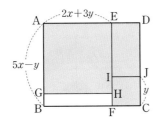

06

다음 그림과 같이 한 변의 길이가 각각 x와 y인 두 정사각형이 있다. 두 정사각형의 둘레의 길이의 합은 40이고, 넓이의 합은 56일 때, 두 정사각형의 둘레의 길이의 곱을 구하시오.

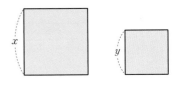

05

$(x-a)(x+3)$을 전개하면 $x^2-bx-12$일 때, 오른쪽 그림과 같이 빗변과 밑변의 길이가 각각 $a+b$, $a-b$인 직각삼각형의 넓이를 구하시오.

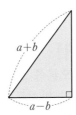

07

오른쪽 그림과 같이 정사각형 모양의 강당을 중앙 구역과 합동인 4개의 직사각형 모양의 구역으로 나누어 행사

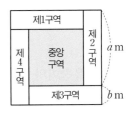

를 진행하려고 한다. 그림과 같이 각 구역에서 긴 쪽과 짧은 쪽의 길이를 각각 a m, b m라 하면 $a+b=25$, $a^2+b^2=425$일 때, 중앙 구역의 넓이를 구하시오.

08

곱셈 공식을 이용하여 다음 등식을 만족시키는 a, b에 대하여 a^2+b^2의 값을 구하시오.

(단, a, b는 한 자리의 자연수)

$$999^2+1999=a\times10^b$$

09

지유와 유찬이의 다음 대화를 읽고, 지유의 핸드폰 비밀번호를 구하시오.

지유 : 내 핸드폰 비밀번호는 $\boxed{A}\,\boxed{B}\,\boxed{C}\,\boxed{D}$야.

　　　숫자 A, B, C, D를 알아맞혀 봐.

유찬 : 힌트 좀 줘.

지유 : $(Ax-B)(x+7)$을 전개하면 $5x^2+34x-7$이고, $2x^2-Cx-3$을 인수분해하면 $(2x+D)(x-3)$이야.

10

다음 그림은 컬링 종목에서 사용하는 하우스이다. 흰색 영역의 바깥쪽 원과 안쪽 원의 반지름의 길이가 각각 121 cm, 59 cm일 때, 흰색 영역의 넓이를 구하시오.

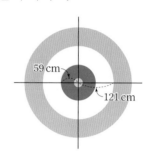

11

오른쪽 그림과 같이 밑면의 반지름의 길이가 7.75 cm, 높이가 10 cm인 두루마리 화장지가 있다. 가운데 비어 있는 원기둥의 밑면의 반지름의 길이가 2.75 cm일 때, 이 두루마리 화장지의 부피를 구하시오.

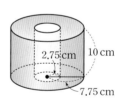

12

다항식 $x^2-8ax+b$에 다항식 $2ax+2b$를 더한 후 인수분해하면 완전제곱식이 된다고 한다. a, b가 50 이하의 자연수일 때, 이를 만족시키는 순서쌍 (a, b) 중에서 $a+b$의 최댓값을 구하시오.

13

가로의 길이가 $3a$, 세로의 길이가 $2b$인 직사각형 모양의 종이가 있다. 이 종이를 다음 그림과 같이 $\overline{\mathrm{BA}}$는 $\overline{\mathrm{BF}}$에, $\overline{\mathrm{ED}}$는 $\overline{\mathrm{EG}}$에, $\overline{\mathrm{HC}}$는 $\overline{\mathrm{HI}}$에 완전히 겹치도록 접었을 때, $\overline{\mathrm{EG}}^2-\overline{\mathrm{FJ}}^2$을 a, b에 대한 두 일차식의 곱으로 나타내시오.

(단, $3b<3a<4b$)

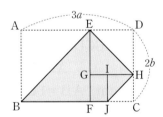

🛜 $\overline{\mathrm{EG}}$, $\overline{\mathrm{FJ}}$의 길이를 각각 a, b를 사용하여 나타내어 본다.

14

자연수 x에 대하여 $x^2-2x-24$의 값이 소수가 되도록 하는 x의 값과 그때의 소수를 구하시오.

🛜 소수는 약수가 1과 자기 자신뿐인 수이다.

15

다음 그림과 같이 바둑돌 400개를 20×20 정사각형의 모양으로 두고, 기태는 파란색으로 표시된 부분에 놓인 바둑돌을, 민하는 빨간색으로 표시된 부분에 놓인 바둑돌을 가져가려고 한다. 기태와 민하가 가져가는 바둑돌은 각각 몇 개인지 구하시오.

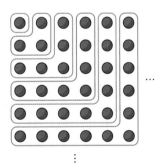

01

다음은 조선의 수학자 홍정하가 쓴 수학책 「구일집」에 수록된 수학 문제이다. 물음에 답하시오.

> 크고 작은 두 개의 정사각형이 있다. 두 정사각형의 넓이의 합은 468평방자이고 큰 정사각형의 한 변의 길이는 작은 정사각형의 한 변의 길이보다 6자만큼 길다. 두 정사각형의 각 변의 길이는 얼마인가?
>
> (단, 자는 길이의 단위, 평방자는 넓이의 단위)

01-❶ 한번더

다음은 중국의 고대 수학책 『구장산술』의 구고장에 실려 있는 문제이다. 물음에 답하시오.

> 네 변이 동서남북을 향하는 정사각형 모양인 마을이 있다. 이 마을의 네 개의 성벽 중앙에는 성문이 하나씩 나 있다. 북문을 나와 북쪽으로 20보가 되는 지점에 나무가 하나 서 있다. 그리고 남문을 나와 남쪽으로 14보를 걸은 다음 방향을 직각으로 꺾어 서쪽으로 1775보를 가면 비로소 그 나무가 보인다. 그렇다면 마을의 한 변의 길이는 몇 보인가?
>
> (단, 1보는 한 걸음 정도의 거리를 의미한다.)

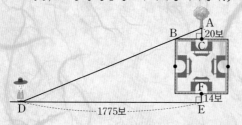

02

선분 PQ 위의 한 점 R에 대하여 $\overline{PQ}:\overline{QR}=\overline{QR}:\overline{PR}$를 만족시키는 비를 황금비라고 한다. 다음 그림에서 전체 직사각형 ABCD와 작은 직사각형 DEFC는 서로 닮은 도형이다. 이와 같은 직사각형 ABCD를 '황금 사각형(Golden Rectangle)'이라고 한다. $\overline{AB}=\overline{AE}=1$일 때, 다음 물음에 답하시오.

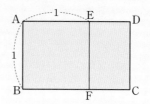

(1) $\overline{DE}$의 길이를 구하시오.

(2) $\overline{AD}$의 길이를 구하시오.

02-❶ 한번더

다음 그림에서 □ABCD와 □DEFC는 서로 닮은 직사각형이고, □ABFE는 정사각형이다. $\overline{AD}=x$ cm, $\overline{AB}=1$ cm라고 할 때, x의 값을 구하시오.

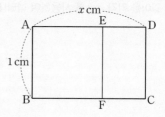

03

다음 이차방정식의 해를 그 줄의 x의 값에서 모두 찾아 빗금 칠 때, 빗금 친 부분이 나타내는 수를 말하시오.

이차방정식	x의 값			
(1) $x^2+x=0$	-2	-1	0	1
(2) $x^2+2x-3=0$	-2	-1	1	2
(3) $2x^2=8$	-3	-2	2	3
(4) $x^2-12x=-36$	2	4	6	8
(5) $x^2+3x=-2$	-3	-2	-1	0

04

다음은 이차방정식을 푸는 과정을 나타낸 것인데 식의 일부가 얼룩져서 보이지 않는다. 이차방정식의 나머지 한 해를 구하시오.

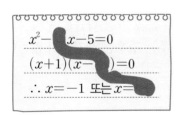

$$x^2- \blacksquare x-5=0$$
$$(x+1)(x- \blacksquare)=0$$
$$\therefore x=-1 \text{ 또는 } x= \blacksquare$$

05

다음은 이차방정식 $2x^2-8x+4=0$의 풀이 과정을 여섯 장의 카드에 나누어 쓴 것이다. 이 카드를 풀이 순서대로 나열하시오.

(1) $(x-2)^2=2$

(2) $x^2-4x=-2$

(3) $x-2=\pm\sqrt{2}$

(4) $x=2\pm\sqrt{2}$

(5) x^2-4x+4 $=-2+4$

(6) $2x^2-8x=-4$

06

일차함수 $y=ax-1$의 그래프가 점 $(a-3,\ 2a^2-5)$를 지나고 제2사분면을 지나지 않을 때, 상수 a의 값을 구하시오.

07

다음 그림과 같은 4조각의 직사각형 모양의 천을 빈틈없이 겹치지 않게 이어 붙여 넓이가 $1156\,cm^2$인 정사각형 모양의 조각 보자기를 만들었다. 이때 x의 값을 구하시오.

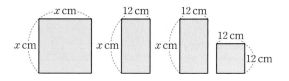

08

다음 그림과 같이 넓이가 각각 x^2, x, 1인 대수 막대 6개를 빈틈없이 겹치지 않게 이어 붙여 하나의 직사각형을 만들었더니 넓이가 5가 되었다. 이 직사각형의 두 변 중 짧은 변의 길이를 구하시오.

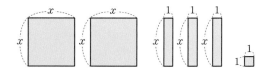

🛜 대수 막대 6개를 이어 붙인 직사각형의 넓이를 식으로 나타내어 본다.

09

한 개의 주사위를 두 번 던져서 처음 나온 눈의 수를 a, 두 번째로 나온 눈의 수를 b라 할 때, 이차방정식 $x^2-2ax+b=0$의 해가 중근일 확률을 구하시오.

🛜 $(확률) = \dfrac{(특정한\ 사건이\ 일어날\ 경우의\ 수)}{(전체\ 경우의\ 수)}$

10

오른쪽 그림과 같이 8등분된 원판을 돌려 멈춘 칸에 적힌 수를 이차방정식 $x^2+4x+\square=0$의 빈칸에 써 넣는 놀이를 하려고 한다. 원판을 한 번 돌렸을 때, 완성한 이차방정식이 서로 다른 두 근을 가질 확률을 구하시오. (단, 경계선에 멈추는 경우는 생각하지 않는다.)

11

이차방정식 $x^2+6x+a+5=0$의 해가 모두 유리수가 되도록 하는 자연수 a의 값을 모두 구하시오.

📡 근의 공식을 이용하여 이차방정식의 해를 구한 후, 해가 모두 유리수가 되기 위한 조건을 생각한다.

13

한 변의 길이가 12 m인 정사각형 모양의 공간을 오른쪽 그림과 같이 나누어 사용하려고 한다. 공용 공간과 창고, 휴게실은 각각 정사각형

모양이고 B 동아리가 사용하는 공간의 넓이는 18 m^{2}라 할 때, A 동아리가 사용하는 공간의 넓이를 구하시오.

(단, 벽의 두께는 생각하지 않는다.)

12

다음 주안이와 민준이의 대화 내용을 보고 영어 캠프가 시작되는 날짜를 구하시오.

> 주안 : 난, 8월 방학 중 2박 3일 동안 영어 캠프에 가기로 했어.
> 민준 : 나도 영어 캠프에 가고 싶은데, 언제부터야?
> 주안 : 캠프에 가는 3일 동안의 날짜를 각각 제곱하여 더했더니 194야. 맞혀 볼래?

14

오른쪽 그림과 같이 공원의 원형 화단 주위로 폭이 2 m인 지압로를 만들었더니 지압로의 넓이가 화단의 넓이의 2배가 되었다.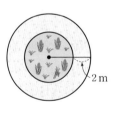

이 화단의 반지름의 길이를 구하시오.

15

다음 직사각형 ABCD에서 점 P는 점 D를 출발하여 변 DC를 따라 점 C까지 매초 2 cm의 속력으로 이동하고, 점 Q는 점 C를 출발하여 변 BC를 따라 점 B까지 매초 3 cm의 속력으로 이동한다. 두 점 P, Q가 동시에 출발할 때, 삼각형 PQC의 넓이가 처음으로 96 cm² 가 되는 것은 몇 초 후인지 구하시오.

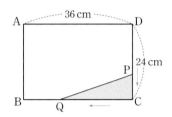

16

오른쪽 그림과 같이 두 변의 길이가 2 cm, 4 cm인 직각 삼각형 ABC의 세 변 위에 점 P, Q, R가 있다. 직사각형 PQCR의 넓이가 1.5 cm² 일 때, $\overline{PR}$의 길이를 구하시오. (단, $\overline{PQ}<\overline{PR}$)

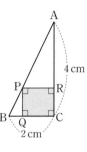

17

다음 그림은 3개의 반원으로 이루어진 도형이다. 큰 반원의 반지름의 길이가 12 cm이고, 색칠한 부분의 넓이가 27π cm² 일 때, $\overline{BC}$의 길이를 구하시오. (단, $\overline{AC}<\overline{BC}$)

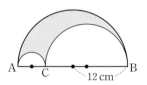

18

다음 그림에서 □ABCD는 한 변의 길이가 12 cm인 정사각형이고 $\overline{AE}=\overline{BF}=\overline{CG}=\overline{DH}$ 이다. □EFGH가 한 변의 길이가 3√10 cm인 정사각형일 때, $\overline{AH}$의 길이를 구하시오. (단, $\overline{DH}>\overline{AH}$)

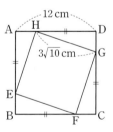

01

최다 교과서 수록 문제

다음 그림과 같은 규칙으로 타일을 붙이려고 한다. x단계에서 사용한 타일의 개수를 y라고 할 때, 물음에 답하시오.

[1단계] [2단계] [3단계]

(1) 다음 표를 완성하시오.

x	1	2	3	4	⋯
y	1				⋯

(2) y를 x에 대한 식으로 나타내시오.

(3) y가 x에 대한 이차함수인지 말하시오.

01-❶ 한번더↗

다음 그림과 같은 규칙으로 바둑돌을 배열하려고 한다. x단계에서 사용한 하얀색 바둑돌의 개수를 y라고 할 때, y가 x에 대한 이차함수인지 아닌지 말하시오.

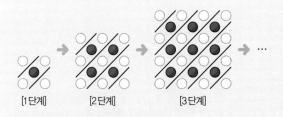

[1단계] [2단계] [3단계]

02

최다 교과서 수록 문제

다음 그림에서 두 점 A, B는 각각 두 이차함수 $y=-x^2+4$, $y=-(x-5)^2+4$의 그래프의 꼭짓점이다. 이때 색칠한 부분의 넓이를 구하시오.

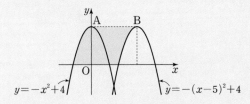

$y=-x^2+4$ $y=-(x-5)^2+4$

🛜 평행이동한 그래프의 모양은 변하지 않음을 이용하여 색칠한 부분의 넓이를 사각형으로 바꾸어 구한다.

02-❶ 한번더↗

두 이차함수 $y=(x+3)^2$, $y=(x+3)^2-9$의 그래프가 다음 그림과 같을 때, 색칠한 부분의 넓이를 구하시오.

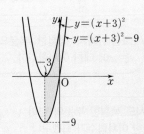

$y=(x+3)^2$
$y=(x+3)^2-9$

03

이차함수 $f(x)=3x^2+a$에 대하여 x의 값이 -1, 0, 1일 때, 각 x의 값에 대한 함숫값의 총합은 9이다. 이때 상수 a의 값을 구하시오.

04

[그림 1]은 한 변의 길이가 $x+1$인 정사각형의 한 모퉁이에서 한 변의 길이가 1인 정사각형을 잘라 낸 것이고, [그림 2]는 한 변의 길이가 $x+1$인 정사각형의 한 모퉁이에서 한 변의 길이가 x인 정사각형을 잘라 낸 것이다. 각 그림에서 색칠한 부분의 넓이를 y라고 할 때, 주어진 대화에서 잘못 말한 사람을 찾고, 그 이유를 쓰시오.

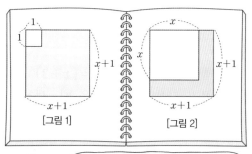

[그림 1]

[그림 2]

[그림 1]에서 색칠한 부분의 넓이 y는 x에 대한 이차함수야.

민재

[그림 2]에서도 색칠한 부분의 넓이 y는 x에 대한 이차함수가 되겠구나.

서연

05

자동차를 운전할 때, 전방의 위험을 감지하고 브레이크를 밟는 순간부터 자동차가 완전히 멈출 때까지 움직인 거리를 제동 거리라고 한다. 이때 제동 거리는 타이어와 도로의 상태 등에 영향을 받지만 같은 조건에서라면 달리는 속력의 제곱에 비례한다.

자동차가 x km/h의 속력으로 달릴 때 제동 거리를 y m라고 하자. 어느 맑은 날 어떤 자동차로 같은 조건에서 조사하였더니 x와 y 사이에 아래 표와 같은 관계가 있었다고 할 때, 다음 물음에 답하시오.

x	28	42	56	70
y	4	9	16	25

⑴ y를 x에 대한 식으로 나타내시오.

⑵ ⑴의 결과를 이용하여 달리는 자동차의 속력을 2배로 올리면 제동 거리는 몇 배로 늘어나는지 구하시오.

06

이차함수 $y=ax^2$, $y=bx^2$, $y=cx^2$, $y=dx^2$의 그래프가 다음 그림과 같을 때, 네 수 a, b, c, d의 대소를 비교하시오.

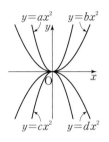

07

다음 그림과 같이 이차함수 $y=2x^2$, $y=ax^2$의 그래프와 직선 $y=2$가 만나는 네 점 A, B, C, D에 대하여 $\overline{AB}=\dfrac{1}{2}\overline{BC}=\overline{CD}$일 때, 상수 a의 값을 구하시오.

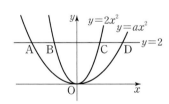

08

다음 그림과 같이 이차함수 $y=ax^2$의 그래프 위의 두 점 B, C와 x축 위의 두 점 A, D가 있다. □ABCD는 평행사변형일 때, 상수 a의 값을 구하시오.

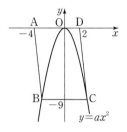

📶 평행사변형은 두 쌍의 대변의 길이가 각각 같음을 이용하여 점 C의 좌표를 구한다.

09

다음 그림과 같이 이차함수 $y=ax^2$의 그래프 위에 네 점 A, B, C, D가 있다. A$(-2, 1)$, B$(2, 1)$이고 $\overline{AB}$에 평행한 $\overline{CD}$의 길이가 16일 때, 사다리꼴 ABCD의 넓이를 구하시오.

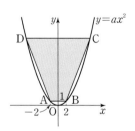

📶 주어진 그래프가 y축에 대칭임을 이용한다.

10

다음 각 문제에 대한 답을 찾고, 이에 해당하는 한자를 차례대로 나열하여 아래에서 설명하는 사자성어를 쓰시오.

이것은 '고니를 새기려다 실패해도 집오리와 비슷하게는 된다.'는 뜻으로 학업에 정진하여 성과가 있다는 의미이다.

➡ (1) (2) (3) (4)

문제	답	한자
(1) $y=\dfrac{1}{3}x^2$의 그래프는 아래로 볼록한 포물선이다.	◯	刻(각)
	×	췌(괄)
(2) $y=-6x^2$의 그래프는 $x>0$ 일 때 x의 값이 증가하면 y의 값도 증가한다.	◯	學(학)
	×	鵠(곡)
(3) $y=-x^2$의 그래프는 $y=-\dfrac{3}{2}x^2$의 그래프보다 폭 이 넓다.	◯	類(유)
	×	功(공)
(4) $y=3x^2$의 그래프와 $y=-3x^2$의 그래프는 x축 에 대하여 서로 대칭이다.	◯	鶩(목)
	×	鷄(계)

11

이차함수 $y=a(x+2)^2-1$의 그래프가 모든 사분면을 지나도록 하는 양수 a의 값의 범위를 구하시오.

12

다음 그림과 같이 포물선 $y=\dfrac{1}{2}x^2$에 대하여 x축에 평행한 직선이 이 포물선과 만나는 두 점을 P, Q, y축과 만나는 점을 R라 하자. $\overline{PQ}=8$일 때, $\overline{OR}$의 길이를 구하시오.

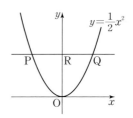

13

A의 그래프를 평행이동하여 B의 그래프가 되는 것을 A ⟶ B 와 같이 나타내었다. 예를 들어 ㉠은 $y=6x^2$의 그래프를 x축의 방향으로 3만큼 평행이동한 것이다. 다음 그림에서 ①~⑤는 각각 어떤 평행이동을 나타내는지 설명하시오.

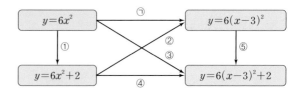

14

이차함수 $y=ax^2$의 그래프를 x축의 방향으로 p 만큼 평행이동할 때, 다음 **보기**에서 변하는 것과 변하지 않는 것을 골라 바르게 짝 지은 것은?
(단, a는 상수, $p \neq 0$)

┌─── • 보기 •───────────────────────┐
│ 축, 꼭짓점의 x좌표, 꼭짓점의 y좌표, 폭 │
└──────────────────────────────┘

　　　　〈변하는 것〉　　　　〈변하지 않는 것〉
① 축, 폭, 꼭짓점의 y좌표　　꼭짓점의 x좌표
② 축, 꼭짓점의 x좌표　　폭, 꼭짓점의 y좌표
③ 축, 꼭짓점의 y좌표　　폭, 꼭짓점의 x좌표
④ 폭, 꼭짓점의 x좌표　　축, 꼭짓점의 y좌표
⑤ 폭, 꼭짓점의 y좌표　　폭, 꼭짓점의 x좌표

15

주사위를 한 번 던져서 나오는 눈의 수가 홀수이면 주어진 이차함수의 그래프를 x축의 방향으로 3만큼, 짝수이면 y축의 방향으로 -2만큼 평행이동하려고 한다.
이차함수 $y=2x^2$의 그래프를 위의 규칙에 따라 연속하여 평행이동하려고 한다. 한 개의 주사위를 두 번 던져서 나온 눈의 모양이 다음 그림과 같을 때, 평행이동한 그래프를 나타내는 이차함수의 식을 $y=a(x-p)^2+q$의 꼴로 나타내시오. (단, a, p, q는 상수)

16

다음 그림은 세 이차함수 $y=(x+2)^2$, $y=(x-3)^2$, $y=(x+2)^2+q$의 그래프이다. 세 그래프 위의 점 A, B, C에 대하여 $\overline{AB}$는 x축에 평행하고, $\overline{AC}$는 y축에 평행하며 $\overline{AB}=\overline{AC}$이다. 이때 상수 q의 값을 구하시오.

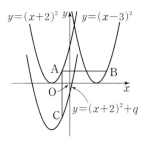

📶 $y=(x-3)^2$의 그래프는 $y=(x+2)^2$의 그래프를 x축의 방향으로 얼마만큼 평행이동한 것인지 구해 본다.

17

아래 그림과 같이 이차함수 $y=ax^2+q$의 그래프 위에 네 점 A, B, C, D가 있다. $\overline{AB}/\!/\overline{CD}$, $\overline{CD}=6$이고 A$(1, 2)$, B$(-1, 2)$일 때, 다음 물음에 답하시오. (단, a, q는 상수)

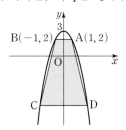

(1) a, q의 값을 각각 구하시오.

(2) 두 점 C, D의 좌표를 각각 구하시오.

(3) □ABCD의 넓이를 구하시오.

01

이차함수 $y=4x^2+4kx+k^2+k-5$의 그래프의 꼭짓점이 직선 $y=x$ 위에 있을 때, 상수 k의 값을 구하시오.

01-❶

이차함수
$y=x^2+2px+4p^2$의 그래프의 꼭짓점이 오른쪽 그림의 직선 위에 있을 때, 상수 p의 값을 구하시오. (단, $p<0$)

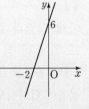

02

어느 놀이 기구의 레일 일부분의 모양이 다음 그림과 같이 포물선이라고 한다. O 지점에서의 기둥의 높이는 8 m이고, O 지점에서 4 m 떨어진 곳의 기둥의 높이는 10 m일 때, O 지점에서 8 m 떨어진 곳의 기둥의 높이를 구하시오. (단, 점 P는 포물선의 꼭짓점이며 기둥의 두께는 생각하지 않는다.)

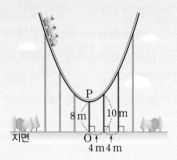

02-❶

다음 그림은 포물선 모양의 놀이 기구 레일의 일부분이다. 지점 O에서 지점 P까지의 높이가 5 m이고 지점 O에서 3 m 떨어진 지점 Q에서 지점 R까지의 높이가 7 m일 때, 지점 O에서 6 m 떨어진 지점 S에서 지점 T까지의 높이를 구하시오. (단, 점 P는 포물선의 꼭짓점이고 기둥의 두께는 생각하지 않는다.)

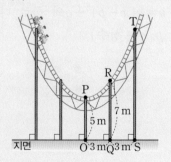

정답 및 풀이 **87쪽**

03

오른쪽 그림과 같이 이차함수 $y=-x^2-4x+12$의 그래프와 x축과의 교점을 각각 A, B, y축과의 교점을 C라 하자. 그래프의 축과 x축이 만나는 점을 D라 할 때, △CDB의 넓이를 구하시오.

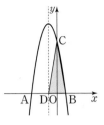

04

다음은 어떤 이차함수의 그래프의 일부분이 찢겨져 나간 것이다. 이 이차함수의 그래프가 두 점 $(4, a)$와 $(5, b)$를 지날 때, $a+b$의 값을 구하시오.

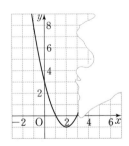

📡 그래프가 지나는 점과 꼭짓점의 좌표를 찾아 이차함수의 식을 먼저 구한 후, a, b의 값을 찾는다.

05

다음 소미와 민규의 대화를 보고, 상수 k의 값을 구하시오.

> 소미 : 내가 알고 있는 이차함수의 그래프는 점 $(3, k)$를 지나.
> 민규 : 그 이차함수에 대해 몇 가지 물어 보고 k의 값을 맞혀 볼게.
> 소미 : 질문은 두 번만 할 수 있어!
> 민규 : 음…, 그래프의 꼭짓점의 좌표는 뭐야?
> 소미 : $(2, 3)$이야.
> 민규 : 그래프가 지나는 한 점의 좌표는?
> 소미 : $(1, 2)$야!
> 민규 : 아! 알겠다. k의 값은 ….

📡 이차함수의 그래프의 꼭짓점과 그래프가 지나는 한 점의 좌표를 이용하여 그래프의 식을 구한다.

06

축의 방정식이 $x=-1$이고 점 $(-8, 24)$를 지나는 포물선이 x축과 서로 다른 두 점에서 만난다고 한다. 이 두 점 사이의 거리가 10일 때, 이 포물선을 그래프로 하는 이차함수의 식을 $y=ax^2+bx+c$의 꼴로 나타내시오.

(단, a, b, c는 상수)

07

다음 그림과 같이 꼭짓점 A의 x좌표가 -1인 이차함수의 그래프가 x축과 점 B$(-4, 0)$, y축과 점 C$(0, 8)$에서 만날 때, 사각형 ABOC의 넓이를 구하시오. (단, O는 원점)

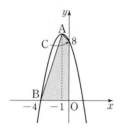

08

이차함수 $y=x^2+ax+b$의 그래프가 x축에 접하고 점 $(2, 4)$를 지난다. 이 그래프가 원점을 지나지 않을 때, $a+b$의 값을 구하시오.

(단, a, b는 상수)

📶 이차함수의 그래프가 x축에 접하려면 이차함수의 식은 $y=(x-k)^2$의 꼴임을 이용한다.

09

불꽃놀이 축제에서 같은 종류의 폭죽 2개를 시간 차를 두고 쏘아 올리려고 한다. 폭죽을 쏘아 올린 지 t초 후의 폭죽의 높이를 h m라고 할 때, $h=-5t^2+60t$인 관계가 성립한다고 한다. 다음 물음에 답하시오.

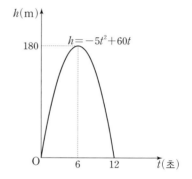

(1) 첫 번째 폭죽이 가장 높은 곳에 도달했을 때, 두 번째 폭죽을 쏘아 올리려고 한다. 첫 번째 폭죽을 쏘아 올린 뒤 몇 초 후에 두 번째 폭죽을 쏘아 올려야 하는지 구하시오.

(2) 첫 번째 폭죽이 올라 가면서 135 m 높이에 도달하는 순간 두 번째 폭죽을 쏘아 올리려 한다. 첫 번째 폭죽이 내려 오면서 135 m 높이에 도달하는 순간의 두 번째 폭죽의 지면으로부터 높이를 구하시오.

(3) 첫 번째 폭죽을 쏘아 올리고 3초 후 두 번째 폭죽을 쏘아 올리려고 한다. 첫 번째 폭죽이 내려 오면서 160 m 높이에 있을 때 두 폭죽을 동시에 터트린다면 두 번째로 쏘아 올린 폭죽이 터졌을 때의 지면으로부터의 높이를 구하시오.

수 매씽 MATHING 개념

중학 수학	개념 연산서	1~3학년 1·2학기
	개념 기본서	
	유형 기본서	

고등 수학	개념 기본서	공통수학1, 공통수학2, 대수, 미적분I, 확률과 통계, 미적분II, 기하
	유형 기본서	공통수학1, 공통수학2, 대수, 미적분I, 확률과 통계, 미적분II

개념 중학 수학 3·1

내신과 등업을 위한 강력한 한 권!

개념 연산서 **수매씽 개념연산**
중등 : 1~3학년 1·2학기

개념 기본서 **수매씽 개념**
중등 : 1~3학년 1·2학기
고등(22개정) : 공통수학1, 공통수학2

유형 기본서 **수매씽**
중등 : 1~3학년 1·2학기
고등(15개정) : 수학(상), 수학(하), 수학I, 수학II, 확률과 통계, 미적분
고등(22개정) : 공통수학1, 공통수학2

 동아출판

📞 **Telephone** 1644-0600
🏠 **Homepage** www.bookdonga.com
✉ **Address** 서울시 영등포구 은행로 30 (우 07242)

• 정답 및 풀이는 동아출판 홈페이지 내 학습자료실에서 내려받을 수 있습니다.
• 교재에서 발견된 오류는 동아출판 홈페이지 내 정오표에서 확인 가능하며, 잘못 만들어진 책은 구입처에서 교환해 드립니다.
• 학습 상담, 제안 사항, 오류 신고 등 어떠한 이야기라도 들려주세요.

MATHING

수 매씽 개념

워크북

중학 수학 3·1

동아출판

기본이 탄탄해지는 **개념 기본서**
수매씽 개념

▶ 개념북과 워크북으로 개념 완성

수매씽 개념 중학 수학 3·1

발행일	2023년 8월 30일
인쇄일	2024년 8월 10일
펴낸곳	동아출판㈜
펴낸이	이욱상
등록번호	제300-1951-4호(1951. 9. 19.)
개발총괄	김영지
개발책임	이상민
개발	김인영, 권혜진, 윤찬미, 이현아, 김다은
디자인책임	목진성
디자인	송현아
표지 일러스트	여는
대표번호	1644-0600
주소	서울시 영등포구 은행로 30 (우 07242)

수

매씽

MATHING

개념

워크북

중학 수학 3·1

01 제곱근의 뜻과 표현

한번 더 개념 확인문제

개념북 ❷ 7쪽~8쪽 | 정답 및 풀이 ❷ 50쪽

01 다음 수의 제곱근을 구하시오.

(1) 100　　　　(2) 0

(3) $\dfrac{1}{9}$　　　　(4) -81

(5) 0.04　　　　(6) 0.49

02 다음 수의 제곱근을 구하시오.

(1) 3^2　　　　(2) 6^2

(3) $(-5)^2$　　　　(4) $(-9)^2$

(5) $\left(\dfrac{1}{7}\right)^2$　　　　(6) $\left(-\dfrac{4}{9}\right)^2$

03 다음 수의 제곱근을 근호를 사용하여 나타내시오.

(1) 7　　　　(2) 15

(3) 0.1　　　　(4) $\dfrac{1}{13}$

04 다음 수를 근호를 사용하지 않고 나타내시오.

(1) $\sqrt{1}$　　　　(2) $\sqrt{64}$

(3) $\sqrt{121}$　　　　(4) $-\sqrt{0.25}$

(5) $\sqrt{\dfrac{49}{64}}$　　　　(6) $-\dfrac{\sqrt{81}}{3}$

05 다음을 구하시오.

(1) 3의 양의 제곱근

(2) 3의 음의 제곱근

(3) 3의 제곱근

(4) 제곱근 3

06 다음을 구하시오.

(1) 36의 양의 제곱근

(2) 36의 음의 제곱근

(3) 36의 제곱근

(4) 제곱근 36

제곱근의 이해

01 다음 중 옳은 것을 모두 고르면? (정답 2개)

① 2의 제곱근은 $\sqrt{2}$이다.
② $(-6)^2$의 제곱근은 -6이다.
③ 제곱근 4는 2이다.
④ x가 양수 a의 음의 제곱근이면 $x^2=a$이다.
⑤ 제곱근 9는 ±3이다.

02 다음 중 옳지 않은 것은?

① 0은 0의 제곱근이다.
② 제곱근 7은 양수이다.
③ 4의 제곱근은 2개이다.
④ 25의 제곱근은 ±5이다.
⑤ $(-2)^2$의 제곱근은 없다.

03 다음 중 그 값이 나머지 넷과 다른 하나는?

① 16의 제곱근
② 제곱근 16
③ $(-4)^2$의 제곱근
④ 제곱하여 16이 되는 수
⑤ $x^2=16$을 만족시키는 x의 값

근호를 사용하지 않고 나타내기

04 다음 수 중 근호를 사용하지 않고 나타낼 수 있는 것은?

① $\sqrt{80}$ ② $\sqrt{5}$ ③ $\sqrt{32}$
④ $\sqrt{0.1}$ ⑤ $\sqrt{\dfrac{1}{81}}$

05 다음 수 중 근호를 사용하지 않고 제곱근을 나타낼 수 없는 것은?

① $\dfrac{1}{4}$ ② 144 ③ 0.49
④ $\sqrt{16}$ ⑤ 18

제곱근 구하기

06 3^2의 음의 제곱근을 a, 16의 양의 제곱근을 b라 할 때, $a+b$의 값은?

① -3 ② -1 ③ 1
④ 3 ⑤ 5

07 0.36의 양의 제곱근을 a, $\sqrt{16}$의 음의 제곱근을 b라 할 때, $10a+b$의 값을 구하시오.

08 $\dfrac{16}{81}$의 양의 제곱근을 a, $(-12)^2$의 음의 제곱근을 b라 할 때, ab의 값을 구하시오.

제곱근의 성질과 대소 관계

01 다음 값을 구하시오.

(1) $(\sqrt{7})^2$ 　　(2) $(-\sqrt{5})^2$

(3) $\sqrt{11^2}$ 　　(4) $\sqrt{(-6)^2}$

(5) $-\sqrt{2.4^2}$ 　　(6) $-\sqrt{\left(-\dfrac{1}{3}\right)^2}$

02 다음 식을 간단히 하시오.

(1) $a>0$일 때, $\sqrt{(2a)^2}=$ _____

(2) $a>0$일 때, $\sqrt{(-3a)^2}=$ _____

(3) $a<0$일 때, $\sqrt{(4a)^2}=$ _____

(4) $a<0$일 때, $\sqrt{(-5a)^2}=$ _____

03 다음 식을 간단히 하시오.

(1) $x>1$일 때, $\sqrt{(x-1)^2}=$ _____

(2) $x>2$일 때, $\sqrt{(2-x)^2}=$ _____

(3) $x<3$일 때, $\sqrt{(x-3)^2}=$ _____

(4) $x<4$일 때, $\sqrt{(4-x)^2}=$ _____

04 다음 식이 자연수가 되도록 하는 가장 작은 자연수 x의 값을 구하시오.

(1) $\sqrt{20+x}$ 　　(2) $\sqrt{100-x}$

05 다음 식이 자연수가 되도록 하는 가장 작은 자연수 x의 값을 구하시오.

(1) $\sqrt{27x}$ 　　(2) $\sqrt{\dfrac{40}{x}}$

06 다음 ◯ 안에 알맞은 부등호를 써넣으시오.

(1) $\sqrt{2}$ ◯ $\sqrt{7}$ 　　(2) 3 ◯ $\sqrt{8}$

(3) $\sqrt{24}$ ◯ 5 　　(4) $-\sqrt{2}$ ◯ $-\sqrt{3}$

(5) $-\sqrt{10}$ ◯ -3 　　(6) $-\sqrt{17}$ ◯ -4

07 다음 물음에 답하시오.

(1) 부등식 $3 \leq \sqrt{x} \leq 5$를 만족시키는 자연수 x는 모두 몇 개인지 구하시오.

(2) 부등식 $5 < \sqrt{x} < 6$을 만족시키는 자연수 x는 모두 몇 개인지 구하시오.

제곱근의 성질

01 다음 중 옳은 것은?

① $\sqrt{(-5)^2}=-5$ ② $-\sqrt{(-3)^2}=-3$

③ $-\left(\sqrt{\dfrac{5}{6}}\right)^2=\dfrac{5}{6}$ ④ $\sqrt{(-4)^2}=-4$

⑤ $(-\sqrt{3})^2=-3$

02 다음 중 옳지 <u>않은</u> 것은?

① $-\sqrt{0.1^2}=-0.1$ ② $\{\sqrt{(-3)^2}\}^2=9$

③ $-\sqrt{5^2}=-5$ ④ $-\sqrt{(-7)^2}=-7$

⑤ $(-\sqrt{0.09})^2=-0.09$

제곱근의 성질을 이용한 계산

03 다음 중 옳지 <u>않은</u> 것은?

① $(\sqrt{4})^2+(-\sqrt{3})^2=7$

② $\sqrt{(-2)^2}-(-\sqrt{2})^2=0$

③ $(-\sqrt{5})^2\times\sqrt{(-3)^2}=-15$

④ $\sqrt{\left(-\dfrac{4}{3}\right)^2}\div(-\sqrt{4^2})=-\dfrac{1}{3}$

⑤ $\sqrt{(-3)^2}\times\sqrt{(-2)^2}+(-\sqrt{5^2})=1$

04 $(-\sqrt{4^2})^2\div(-\sqrt{2^2})+\sqrt{5^2}\times\sqrt{(-3)^2}$ 을 계산하시오.

$\sqrt{A^2}$의 꼴을 포함한 식을 간단히 하기

05 $a<0$일 때, 다음 식을 간단히 하시오.

$$\sqrt{(-a)^2}-\sqrt{a^2}+\sqrt{(-3a)^2}$$

06 $b<a<0$일 때, 다음 식을 간단히 하시오.

$$\sqrt{a^2}+\sqrt{b^2}+\sqrt{(-2a)^2}+\sqrt{(2b)^2}$$

$\sqrt{(A-B)^2}$의 꼴을 포함한 식을 간단히 하기

07 $-1<x<1$일 때, 다음 식을 간단히 하시오.

$$\sqrt{(x-1)^2}+\sqrt{(x+1)^2}$$

08 $2<x<3$일 때, 다음 식을 간단히 하시오.

$$\sqrt{(x-2)^2}+\sqrt{(3-x)^2}$$

◀ $\sqrt{A+x}$, $\sqrt{A-x}$가 자연수가 되도록 하는 자연수 x의 값 구하기 ▶

09 $\sqrt{29-2x}$가 자연수가 되도록 하는 자연수 x의 값을 모두 구하시오.

10 $\sqrt{25+x}$가 한 자리 자연수가 되도록 하는 자연수 x는 모두 몇 개인지 구하시오.

◀ $\sqrt{Ax}$, $\sqrt{\dfrac{A}{x}}$가 자연수가 되도록 하는 자연수 x의 값 구하기 ▶

11 $\sqrt{2^3 \times 3^3 \times 5x}$가 자연수가 되도록 하는 가장 작은 자연수 x의 값을 구하시오.

12 $\sqrt{\dfrac{84}{x}}$가 자연수가 되도록 하는 자연수 x는 모두 몇 개인지 구하시오.

■ 제곱근의 대소 관계

13 다음 중 두 수의 대소 관계가 옳은 것을 모두 고르면?
(정답 2개)

① $4 < \sqrt{11}$ ② $\sqrt{7} > \sqrt{8}$
③ $-\sqrt{5} > -\sqrt{3}$ ④ $\sqrt{3} < \sqrt{7}$
⑤ $-\sqrt{7} > -\sqrt{10}$

14 다음 수를 작은 것부터 차례대로 나열하시오.

$$-\sqrt{3}, \quad 2, \quad -1, \quad \sqrt{5}, \quad \sqrt{3}$$

■ 제곱근을 포함한 부등식

15 부등식 $2 < \sqrt{3x} < 9$를 만족시키는 자연수 x는 모두 몇 개인지 구하시오.

16 부등식 $4 < \sqrt{x+1} < \sqrt{20}$을 만족시키는 자연수 x 중에서 가장 작은 수를 a, 가장 큰 수를 b라 할 때, $a+b$의 값을 구하시오.

01

다음 중 옳은 것을 모두 고르면? (정답 2개)

① -9의 제곱근은 2개이다.

② -2는 4의 음의 제곱근이다.

③ 제곱하여 0.2가 되는 수는 없다.

④ 제곱근이 1개인 수는 0뿐이다.

⑤ $\sqrt{(-2)^2}$의 제곱근은 없다.

02

다음 수 중 제곱근을 구할 수 없는 것은?

① -4 ② 0 ③ 1

④ 1.3 ⑤ $\dfrac{9}{4}$

03

$\dfrac{25}{81}$의 음의 제곱근을 a, 0.36의 양의 제곱근을 b라 할 때, $12ab$의 값을 구하시오.

04

다음 수 중 그 값이 두 번째로 큰 것은?

① $-\sqrt{(-3)^2}$ ② $-\sqrt{4^2}$ ③ $(-\sqrt{3})^2$

④ $\sqrt{(-4)^2}$ ⑤ $(\sqrt{5})^2$

05

다음을 계산하시오.

$$-\sqrt{3^2} \times \sqrt{4^3} \times \sqrt{\dfrac{1}{2^2}} + \sqrt{(-5)^2}$$

06

$2 < a < 3$일 때, 다음 식을 간단히 하시오.

$$\sqrt{a^2} + \sqrt{(3-a)^2} - \sqrt{(2-a)^2} + \sqrt{(2+a)^2}$$

07

$\sqrt{-x+13}$이 정수가 되도록 하는 자연수 x의 값을 모두 구하시오.

08

다음 중 가장 작은 수를 구하시오.

$$\sqrt{(-6)^2}, \quad -\sqrt{6^2}, \quad -\sqrt{40}, \quad (-\sqrt{40})^2, \quad \sqrt{(-24)^2}$$

03 무리수와 실수

유리수와 무리수의 구별

01 다음 중 무리수인 것을 모두 고르시오.

$$\sqrt{3}, \quad \sqrt{49}, \quad 0.1\dot{2}, \quad \sqrt{\frac{9}{16}}, \quad \pi, \quad -\sqrt{25}$$

02 다음 수 중 그 제곱근이 유리수가 <u>아닌</u> 것은?

① 25　　　② $\frac{1}{81}$　　　③ $\sqrt{64}$

④ $\frac{1}{9}$　　　⑤ $\sqrt{16}$

무리수의 이해

03 다음 중 옳지 <u>않은</u> 것을 모두 고르면? (정답 2개)

① 무한소수는 무리수이다.
② 근호를 없앨 수 없는 수는 무리수이다.
③ 실수 중 유리수가 아닌 수는 무리수이다.
④ 모든 무리수는 분수, 즉 $\dfrac{(정수)}{(0이\ 아닌\ 정수)}$의 꼴로 나타낼 수 없다.
⑤ 모든 무리수는 제곱하면 유리수가 된다.

---

04 다음 중 옳은 것은?

① 순환소수는 무리수이다.
② 무리수 중 순환소수로 나타낼 수 있는 것이 있다.
③ π는 순환소수이다.
④ $\sqrt{2}$는 순환소수로 나타낼 수 있다.
⑤ 유한소수는 무리수가 아니다.

무리수를 수직선 위에 나타내기(1)

05 오른쪽 그림에서 작은 사각형은 모두 한 변의 길이가 1인 정사각형이다. 점 A를 중심으로 하고 $\overline{AP}$를 반지름으로 하는 원이 수직선과 만나는 점을 B라 할 때, 점 B에 대응하는 수를 구하시오.

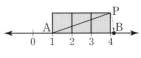

---

06 오른쪽 그림에서 작은 사각형은 모두 한 변의 길이가 1인 정사각형이다. 점 A를 중심으로 하고 $\overline{AP}$를 반지름으로 하는 원이 수직선과 만나는 점을 B, $\overline{AQ}$를 반지름으로 하는 원이 수직선과 만나는 점을 C라 할 때, 두 점 B, C의 좌표를 각각 구하시오.

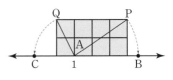

무리수를 수직선 위에 나타내기(2)

07 오른쪽 그림에서 □ABCD
는 넓이가 5인 정사각형이
다. 점 A를 중심으로 하고
$\overline{AB}$를 반지름으로 하는 원
이 수직선과 만나는 점을 각각 P, Q라 하자. 점 A의
좌표가 A(-1)일 때, 두 점 P, Q의 좌표를 각각 구
하시오.

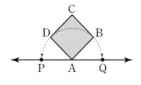

08 다음 그림은 한 변의 길이가 모두 1인 정사각형 4개
를 수직선 위에 그린 것이다. 각 정사각형의 대각선
을 반지름으로 하는 원이 수직선과 만나는 점을 A,
B, C, D, E라 할 때, $\sqrt{2}$에 대응하는 점을 구하시오.

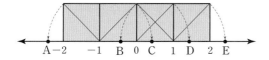

실수와 수직선

09 다음 중 옳은 것은?

① $\sqrt{5}$와 $\sqrt{6}$ 사이에는 유리수가 없다.
② 수직선은 유리수와 무리수에 대응하는 점들로
완전히 메울 수 있다.
③ 순환소수가 아닌 무한소수는 수직선 위의 점
에 대응시킬 수 없다.
④ 서로 다른 두 정수 사이에는 무리수가 없다.
⑤ 무리수이면서 동시에 유리수인 수가 존재한다.

10 다음 **보기**에서 옳은 것을 모두 고르시오.

• 보기 •

ㄱ. 수직선 위의 점에 대응하는 수들은 모두 순
환소수로 나타낼 수 있다.
ㄴ. 수직선에서 유리수에 대응하는 점을 모두
제외해도 무수히 많은 점이 남는다.
ㄷ. 모든 무리수는 각각 수직선 위의 한 점에
대응시킬 수 있다.
ㄹ. 서로 다른 두 정수 사이에는 무수히 많은
무리수가 있다.

실수의 대소 관계

11 다음 중 두 수의 대소 관계가 옳은 것은?

① $2+\sqrt{3}<3$ ② $\sqrt{3}+\sqrt{2}>\sqrt{3}+1$
③ $\sqrt{5}+\sqrt{2}>4+\sqrt{2}$ ④ $1+\sqrt{3}<1+\sqrt{2}$
⑤ $3-\sqrt{2}<3-\sqrt{3}$

12 다음 세 수 a, b, c의 대소 관계를 부등호를 사용하여
나타내시오.

$$a=\sqrt{7}+\sqrt{3}, \quad b=\sqrt{7}+3, \quad c=3+\sqrt{3}$$

01

다음 **보기**에서 무리수인 것의 개수는?

> **보기**
> ㄱ. $-\sqrt{144}$ ㄴ. $-0.\dot{2}$ ㄷ. $\sqrt{8}$
> ㄹ. $\sqrt{3.6}$ ㅁ. $\sqrt{\dfrac{49}{4}}$ ㅂ. $\dfrac{5}{3}$

① 1 ② 2 ③ 3
④ 4 ⑤ 5

02

다음 수 중 그 제곱근이 순환소수가 아닌 무한소수로 나타내어지는 것을 모두 고르면? (정답 2개)

① $\sqrt{81}$ ② $\sqrt{169}$ ③ $\sqrt{16 \times 3^4 \times 5^4}$

④ $\sqrt{\pi^4}$ ⑤ $\sqrt{\dfrac{81}{16}}$

03

다음 중 옳은 것을 모두 고르면? (정답 2개)

① 0은 유리수도 아니고 무리수도 아니다.

② 근호를 사용하여 나타낸 수는 무리수이다.

③ 유리수는 무리수가 아닌 실수이다.

④ 순환소수는 모두 분수, 즉 $\dfrac{(정수)}{(0이\ 아닌\ 정수)}$ 의 꼴로 나타낼 수 있다.

⑤ 무리수 중에는 분수, 즉 $\dfrac{(정수)}{(0이\ 아닌\ 정수)}$ 의 꼴로 나타낼 수 있는 수가 있다.

04

오른쪽 그림에서 정사각형 ABCD의 한 변의 길이는 1이다. 점 A를 중심으로 하고 $\overline{AC}$ 를 반지름으로 하는 원과 점 B를 중심으로 하고 $\overline{BD}$ 를 반지름으로 하는 원을 그려 수직선과 만나는 점을 각각 Q, P라 하자. 점 P에 대응하는 수가 $1-\sqrt{2}$ 일 때, 점 Q에 대응하는 수를 구하시오.

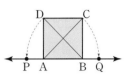

05

다음 중 4와 5 사이에 있는 수가 <u>아닌</u> 것은?

① $\sqrt{15}$ ② $\sqrt{17}$ ③ $\sqrt{\dfrac{98}{5}}$

④ $\sqrt{\dfrac{43}{2}}$ ⑤ $\sqrt{23.1}$

06

다음 중 두 수의 대소 관계가 옳은 것은?

① $\sqrt{6}+2<3$ ② $3+\sqrt{3}<2+\sqrt{3}$
③ $3-\sqrt{5}>3-\sqrt{6}$ ④ $2+\sqrt{2}>3+\sqrt{2}$
⑤ $\sqrt{5}-2>\sqrt{7}-2$

실전! 한번 더 중단원 마무리

1. 제곱근과 실수

01

다음 중 옳은 것을 모두 고르면? (정답 2개)

① 제곱근 9는 ±3이다.
② −4의 제곱근은 2개이다.
③ $\sqrt{(-13)^2}$의 양의 제곱근과 음의 제곱근의 합은 0
  이다.
④ 0의 제곱근은 없다.
⑤ −5는 25의 음의 제곱근이다.

02

다음 수의 제곱근 중 근호를 사용하지 않고 나타낼 수
없는 것은?

① 49
② $\sqrt{256}$
③ 0.36
④ $\dfrac{25}{64}$
⑤ $\dfrac{24}{25}$

03

오른쪽 그림과 같이 가로의 길
이가 7 cm이고 세로의 길이가
3 cm인 직사각형과 넓이가 같
은 정사각형의 한 변의 길이를 구하시오.

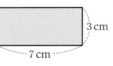
7 cm
3 cm

04

$\sqrt{a^2}=(-3)^4$을 만족시키는 a의 값을 모두 구하시오.

05

다음 중 가장 작은 수와 가장 큰 수의 합은?

$$\sqrt{(-4)^2}, \quad -\sqrt{4^2}, \quad (-\sqrt{20})^2, \quad \sqrt{(-15)^2}$$

① 10
② 12
③ 14
④ 16
⑤ 20

06

$a>2$일 때, 다음 식을 간단히 하시오.

$$\sqrt{(2+a)^2}-\sqrt{(2-a)^2}$$

07

$\sqrt{21-x}$가 자연수가 되도록 하는 가장 작은 자연수 x의
값은?

① 4
② 5
③ 9
④ 12
⑤ 17

08

자연수 x에 대하여 $\sqrt{x}$ 이하의 자연수의 개수를 $f(x)$
라 할 때, $f(10)+f(11)+f(12)+\cdots+f(19)$의 값은?

① 32
② 34
③ 36
④ 38
⑤ 40

09

부등식 $6<\sqrt{4x+1}\leq11$을 만족시키는 자연수 x의 값 중 가장 큰 값을 M, 가장 작은 값을 m이라 할 때, $M-m$의 값을 구하시오.

10

다음 **보기**에서 그림의 ㈎에 해당하는 수를 모두 고르시오.

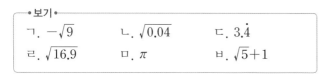

― 보기 ―
ㄱ. $-\sqrt{9}$	ㄴ. $\sqrt{0.04}$	ㄷ. $3.\dot{4}$
ㄹ. $\sqrt{16.9}$	ㅁ. π	ㅂ. $\sqrt{5}+1$

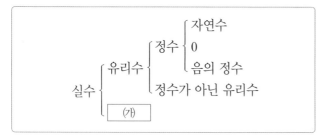

11

아래 그림에서 수직선 위에 있는 세 사각형은 모두 한 변의 길이가 1인 정사각형이다. 각 정사각형의 대각선을 반지름으로 하는 원이 수직선과 만나는 점을 각각 A, B, C, D, E라 할 때, 다음 중 $-1+\sqrt{2}$에 대응하는 점은?

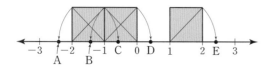

① A ② B ③ C
④ D ⑤ E

서술형 문제

12

다음 조건을 모두 만족시키는 x는 모두 몇 개인지 구하시오. [5점]

㈎ x는 30 이하의 자연수이다.
㈏ $\sqrt{3x}$는 유리수이다.

풀이

답

13

$\sqrt{48x}$가 자연수가 되도록 하는 자연수 x의 값 중에서 가장 작은 수를 a, $\sqrt{\dfrac{240}{y}}$이 자연수가 되도록 하는 자연수 y의 값 중에서 가장 작은 수를 b라 할 때, $a+b$의 값을 구하시오. [5점]

풀이

답

01 제곱근의 곱셈과 나눗셈

한번 더 개념 확인문제

01 다음을 계산하시오.

(1) $\sqrt{3} \times \sqrt{2}$

(2) $-\sqrt{21} \times \sqrt{\dfrac{2}{3}}$

(3) $3\sqrt{2} \times (-5\sqrt{7})$

(4) $2\sqrt{5} \times \sqrt{2}$

02 다음을 $a\sqrt{b}$의 꼴로 나타내시오.

(단, b는 가장 작은 자연수)

(1) $\sqrt{44}$

(2) $\sqrt{50}$

(3) $\sqrt{63}$

(4) $\sqrt{1000}$

03 다음을 $\sqrt{a}$ 또는 $-\sqrt{a}$의 꼴로 나타내시오.

(1) $2\sqrt{7}$

(2) $4\sqrt{3}$

(3) $5\sqrt{6}$

(4) $-6\sqrt{8}$

04 다음을 계산하시오.

(1) $\sqrt{15} \div \sqrt{3}$

(2) $-\dfrac{\sqrt{35}}{\sqrt{5}}$

(3) $4\sqrt{30} \div 2\sqrt{5}$

(4) $\dfrac{\sqrt{28}}{\sqrt{6}} \div \dfrac{\sqrt{7}}{\sqrt{3}}$

05 다음을 $a\sqrt{b}$의 꼴로 나타내시오.

(단, b는 가장 작은 자연수)

(1) $\sqrt{\dfrac{7}{16}}$

(2) $\sqrt{0.11}$

(3) $\sqrt{\dfrac{24}{50}}$

(4) $\sqrt{0.32}$

06 다음을 $\sqrt{a}$ 또는 $-\sqrt{a}$의 꼴로 나타내시오.

(1) $\dfrac{\sqrt{3}}{2}$

(2) $\dfrac{\sqrt{5}}{4}$

(3) $-\dfrac{\sqrt{21}}{3}$

(4) $-\dfrac{5\sqrt{3}}{6}$

07 다음 수의 분모를 유리화하시오.

(1) $\dfrac{1}{\sqrt{7}}$

(2) $\dfrac{2}{\sqrt{5}}$

(3) $\dfrac{3}{2\sqrt{7}}$

(4) $\dfrac{9}{\sqrt{3}}$

(5) $\dfrac{1}{\sqrt{12}}$

(6) $\sqrt{\dfrac{1}{45}}$

(7) $\dfrac{3\sqrt{6}}{\sqrt{30}}$

(8) $\dfrac{\sqrt{10}}{\sqrt{5}\sqrt{7}}$

제곱근의 곱셈과 나눗셈

01 다음 중 옳지 <u>않은</u> 것은?

① $2\sqrt{2} \times \sqrt{3} = 2\sqrt{6}$

② $2\sqrt{6} \times \dfrac{\sqrt{5}}{\sqrt{3}} = 2\sqrt{10}$

③ $3\sqrt{15} \div \sqrt{5} = 3\sqrt{3}$

④ $\dfrac{5\sqrt{7}}{2} \div \dfrac{\sqrt{14}}{\sqrt{2}} = \dfrac{5}{2}$

⑤ $\sqrt{27} \div \dfrac{1}{\sqrt{3}} = 3$

02 $a = \sqrt{\dfrac{14}{3}} \times \sqrt{\dfrac{9}{7}}$, $b = \dfrac{\sqrt{3}}{\sqrt{5}} \div \dfrac{\sqrt{6}}{\sqrt{20}}$ 일 때, $a \div b$의 값을 구하시오.

근호가 있는 식의 변형

03 $\sqrt{96} = a\sqrt{6}$, $\sqrt{45} = 3\sqrt{b}$일 때, $a - b$의 값을 구하시오. (단, a, b는 유리수)

04 $\sqrt{180} = a\sqrt{5}$, $\dfrac{2}{3}\sqrt{3} = \sqrt{b}$일 때, $\sqrt{2ab}$의 값을 구하시오. (단, a, b는 유리수)

05 다음 중 □ 안에 들어갈 수가 가장 큰 것은?

① $\sqrt{24} = \square\sqrt{6}$

② $\sqrt{60} = 2\sqrt{\square}$

③ $\sqrt{75} = 5\sqrt{\square}$

④ $\sqrt{98} = \square\sqrt{2}$

⑤ $\sqrt{125} = 5\sqrt{\square}$

문자를 이용한 제곱근의 표현

06 $\sqrt{2} = a$, $\sqrt{3} = b$라 할 때, 다음 중 $\sqrt{150}$을 a, b를 사용하여 나타낸 것은?

① $2a^2$ ② $3b^2$ ③ $2ab$

④ $5ab$ ⑤ $10ab$

07 $a = \sqrt{2}$, $b = \sqrt{3}$일 때, 다음 중 옳지 <u>않은</u> 것은?

① $\sqrt{18} = ab^2$

② $\sqrt{36} = a^2b^2$

③ $\sqrt{0.12} = \dfrac{b}{5}$

④ $\sqrt{1.08} = \dfrac{b^3}{5}$

⑤ $\sqrt{24} = a^2b$

분모의 유리화

08 $\dfrac{3\sqrt{2}}{\sqrt{5}} = a\sqrt{10}$, $\dfrac{5\sqrt{3}}{\sqrt{6}} = b\sqrt{2}$일 때, $2ab$의 값을 구하시오. (단, a, b는 유리수)

09 다음 중 분모를 유리화한 것으로 옳지 <u>않은</u> 것은?

① $\dfrac{\sqrt{5}}{\sqrt{3}}=\dfrac{\sqrt{15}}{3}$ 　　② $\dfrac{\sqrt{2}}{2\sqrt{3}}=\dfrac{\sqrt{6}}{6}$

③ $\dfrac{1}{\sqrt{27}}=\dfrac{\sqrt{3}}{9}$ 　　④ $\dfrac{2\sqrt{5}}{\sqrt{10}}=\sqrt{2}$

⑤ $\dfrac{18}{\sqrt{2}\sqrt{3}}=3\sqrt{3}$

제곱근의 곱셈과 나눗셈의 혼합 계산

10 $\dfrac{5\sqrt{2}}{\sqrt{11}}\times\sqrt{33}\div\dfrac{\sqrt{5}}{\sqrt{12}}=m\sqrt{n}$일 때, 자연수 m, n에 대

하여 $m+n$의 값은? (단, n은 가장 작은 자연수)

① 11　　　② 12　　　③ 13

④ 15　　　⑤ 16

11 다음을 계산하시오.

$$\dfrac{\sqrt{5}}{\sqrt{3}}\times\sqrt{21}\div\dfrac{3\sqrt{7}}{\sqrt{10}}$$

12 다음을 계산하시오.

$$\dfrac{3\sqrt{2}}{\sqrt{6}}\div(-5\sqrt{3})\times\dfrac{15\sqrt{2}}{\sqrt{5}}$$

제곱근의 곱셈과 나눗셈의 도형에서의 활용

13 겉넓이가 $120\ \mathrm{cm}^2$인 정육면체가 있다. 다음 물음에 답하시오.

(1) 이 정육면체의 한 모서리의 길이를 구하시오.

(2) 이 정육면체의 부피를 구하시오.

14 오른쪽 그림과 같이 높이가 5인 원뿔의 부피가 180π일 때, 이 원뿔의 모선의 길이를 구하시오.

15 오른쪽 그림은 밑면이 정사각형인 사각뿔이다. 이 사각뿔의 높이가 15이고 부피가 400일 때, 밑면의 한 변의 길이를 구하시오.

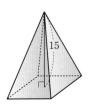

02 제곱근의 덧셈과 뺄셈

 **개념** 확인문제

개념북 ◉ 35쪽~36쪽 | 정답 및 풀이 ◉ 55쪽

01 다음을 계산하시오.

(1) $6\sqrt{3}+2\sqrt{3}$

(2) $\sqrt{12}-\sqrt{3}$

(3) $\sqrt{12}+\sqrt{27}$

02 다음을 계산하시오.

(1) $3\sqrt{2}-4\sqrt{2}+7\sqrt{2}$

(2) $5\sqrt{5}-7\sqrt{6}-3\sqrt{5}+2\sqrt{6}$

(3) $\sqrt{50}-\sqrt{32}+\sqrt{18}$

(4) $3\sqrt{3}+\sqrt{27}-2\sqrt{12}$

(5) $3\sqrt{8}-5\sqrt{3}+3\sqrt{18}+\sqrt{48}$

(6) $\dfrac{\sqrt{5}}{\sqrt{2}}+\sqrt{10}-\sqrt{\dfrac{18}{5}}$

03 다음을 계산하시오.

(1) $\sqrt{2}(\sqrt{3}+\sqrt{6})$

(2) $(\sqrt{6}-\sqrt{5})\sqrt{3}$

(3) $\sqrt{2}(\sqrt{2}+\sqrt{3})$

04 다음을 계산하시오.

(1) $\dfrac{\sqrt{3}-\sqrt{7}}{\sqrt{2}}$

(2) $\dfrac{6+\sqrt{6}}{\sqrt{6}}$

(3) $\dfrac{\sqrt{24}-\sqrt{12}}{\sqrt{6}}$

(4) $\dfrac{\sqrt{5}+\sqrt{2}}{\sqrt{12}}$

05 다음을 계산하시오.

(1) $\sqrt{6}(\sqrt{3}-\sqrt{2})+\dfrac{\sqrt{10}-\sqrt{15}}{\sqrt{5}}$

(2) $\sqrt{2}(\sqrt{27}+3)+\sqrt{12}\div\dfrac{\sqrt{6}}{2}$

제곱근의 덧셈과 뺄셈

01 $\sqrt{6} \div \dfrac{4\sqrt{2}}{3} + \dfrac{\sqrt{12}}{4} - \dfrac{3}{4\sqrt{3}}$ 을 계산하시오.

02 $\dfrac{2\sqrt{2}}{\sqrt{3}} + \dfrac{3}{\sqrt{6}} - \dfrac{7\sqrt{3}}{3\sqrt{2}} + \dfrac{5\sqrt{2}}{2\sqrt{3}} = a\sqrt{6}$ 일 때, 유리수 a의 값을 구하시오.

근호를 포함한 식의 분배법칙

03 $\sqrt{3}(\sqrt{24}+\sqrt{2}) + \sqrt{2}(\sqrt{27}+\sqrt{3}) = a\sqrt{2}+b\sqrt{6}$ 일 때, $a-b$의 값을 구하시오. (단, a, b는 유리수)

04 $\dfrac{\sqrt{2}}{\sqrt{5}}(\sqrt{10}-\sqrt{2}) + \dfrac{\sqrt{5}}{\sqrt{2}}(\sqrt{10}+\sqrt{5})$ 를 계산하면 $a+b\sqrt{2}+c\sqrt{5}$이다. 이때 abc의 값을 구하시오.
(단, a, b, c는 유리수)

유리수가 될 조건

05 $\sqrt{3}(1-a\sqrt{3}) - 2a\sqrt{3}$이 유리수가 되도록 하는 유리수 a의 값을 구하시오.

06 $3\sqrt{5}(\sqrt{5}+2) + k(2\sqrt{5}+5)$가 유리수가 되도록 하는 유리수 k의 값을 구하시오.

제곱근의 덧셈과 뺄셈의 도형에서의 활용

07 오른쪽 그림과 같이 밑면의 가로의 길이가 $2\sqrt{3}$, 세로의 길이가 $\sqrt{5}$, 높이가 $\sqrt{3}$인 직육면체의 옆넓이를 구하시오.

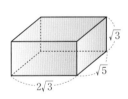

08 오른쪽 그림과 같이 밑면이 정사각형인 정사각뿔이 있다. 옆면의 한 모서리의 길이가 $5\sqrt{3}$이고 밑넓이가 48일 때, 이 정사각뿔의 모든 모서리의 길이의 합을 구하시오.

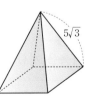

01

다음 중 옳지 <u>않은</u> 것은?

① $\sqrt{6} \times \sqrt{24} = 12$

② $3\sqrt{2} \times 3\sqrt{3} = 36$

③ $\sqrt{10} \times \sqrt{20} = 10\sqrt{2}$

④ $(\sqrt{18} + \sqrt{15}) \div \sqrt{3} = \sqrt{6} + \sqrt{5}$

⑤ $\dfrac{\sqrt{2}}{\sqrt{5}} \left(\dfrac{1}{\sqrt{2}} - \sqrt{2} \right) = -\dfrac{\sqrt{5}}{5}$

02

$\sqrt{2} = a$, $\sqrt{5} = b$라 할 때, 다음 중 $\sqrt{0.004}$를 a, b를 사용하여 나타낸 것은?

① $\dfrac{ab}{50}$ ② $\dfrac{ab}{10}$ ③ $\dfrac{ab}{5}$

④ $\dfrac{5}{ab}$ ⑤ $5ab$

03

$\sqrt{98} + \sqrt{63} - \sqrt{112} - \sqrt{18} = a\sqrt{2} + b\sqrt{7}$일 때, $a + b$의 값을 구하시오. (단, a, b는 유리수)

04

다음을 계산하시오.

$$\sqrt{108} + \dfrac{4\sqrt{6}}{\sqrt{2}} - \dfrac{\sqrt{10}}{3} \div \dfrac{\sqrt{5}}{21\sqrt{2}}$$

05

다음 중 분모를 유리화한 것으로 옳지 <u>않은</u> 것은?

① $\dfrac{2 - \sqrt{3}}{\sqrt{3}} = \dfrac{2\sqrt{3} - 3}{3}$

② $\dfrac{1 + \sqrt{5}}{\sqrt{2}} = \dfrac{\sqrt{2} + \sqrt{10}}{2}$

③ $\dfrac{\sqrt{5} + \sqrt{2}}{\sqrt{2}} = \dfrac{\sqrt{10} + 2}{2}$

④ $\dfrac{\sqrt{6} - 1}{\sqrt{6}} = \dfrac{6 - \sqrt{6}}{6}$

⑤ $\dfrac{1 - \sqrt{2}}{\sqrt{2}} = \sqrt{2} - 2$

06

$(\sqrt{2} + 1) \div \sqrt{5} + \dfrac{\sqrt{5} + \sqrt{10}}{\sqrt{2}} = a\sqrt{5} + b\sqrt{10}$일 때, $\dfrac{b}{a}$의 값을 구하시오. (단, a, b는 유리수)

07

오른쪽 그림과 같이 한 변의 길이가 8 cm인 정삼각형 ABC의 넓이를 구하시오.

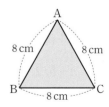

03 제곱근의 활용

개념북 ● 42쪽 | 정답 및 풀이 ● 57쪽

제곱근표에 없는 수의 제곱근의 값 구하기(1)

01 $\sqrt{2.1}=1.449$, $\sqrt{21}=4.583$일 때, 다음 중 옳은 것을 모두 고르면? (정답 2개)

① $\sqrt{0.21}=0.4583$ ② $\sqrt{0.021}=0.04583$

③ $\sqrt{210}=14.49$ ④ $\sqrt{2100}=144.9$

⑤ $\sqrt{21000}=458.3$

02 $\sqrt{4.1}=2.025$, $\sqrt{41}=6.403$일 때, 다음 중 옳지 않은 것은?

① $\sqrt{0.41}=0.6403$ ② $\sqrt{0.041}=0.2025$

③ $\sqrt{410}=20.25$ ④ $\sqrt{4100}=64.03$

⑤ $\sqrt{41000}=640.3$

제곱근표에 없는 수의 제곱근의 값 구하기(2)

03 $\sqrt{5}=2.236$, $\sqrt{50}=7.071$일 때, $\sqrt{2000}$의 값은?

① 22.36 ② 44.72 ③ 70.71

④ 89.44 ⑤ 141.421

04 $\sqrt{3}=1.732$, $\sqrt{30}=5.477$일 때, $\sqrt{0.12}$의 값은?

① 0.1732 ② 0.3464 ③ 0.5477

④ 0.866 ⑤ 0.9128

실수의 대소 관계

05 다음 중 두 실수의 대소 관계가 옳은 것은?

① $3\sqrt{2}+1>4\sqrt{2}$ ② $\sqrt{5}+\sqrt{7}<2\sqrt{5}$

③ $\sqrt{7}+3<2\sqrt{7}$ ④ $2+\sqrt{3}<1+\sqrt{3}$

⑤ $2\sqrt{6}+1>3\sqrt{2}+1$

06 다음 세 수 A, B, C의 대소 관계를 부등호를 사용하여 나타내시오.

$$A=3\sqrt{5}+2, \quad B=3\sqrt{5}+\sqrt{3}, \quad C=6+\sqrt{3}$$

무리수의 정수 부분과 소수 부분

07 $\sqrt{5}+2$의 정수 부분을 a, 소수 부분을 b라 할 때, $2a-b$의 값을 구하시오.

08 $3\sqrt{5}+1$의 정수 부분을 a, 소수 부분을 b라 할 때, $\dfrac{b}{a}$의 값을 구하시오.

실력 한번 더 확인하기

03. 제곱근의 활용

01

다음 중 $\sqrt{12}=3.464$를 이용하여 그 값을 구할 수 <u>없는</u> 것은?

① $\sqrt{0.0012}$　　② $\sqrt{0.12}$　　③ $\sqrt{1200}$

④ $\sqrt{12000}$　　⑤ $\sqrt{120000}$

02

다음 제곱근표를 이용하여 $\sqrt{321}$의 값을 구하시오.

수	0	1	2	3	4
3.2	1.789	1.792	1.794	1.797	1.800
⋮	⋮	⋮	⋮	⋮	⋮
32	5.657	5.666	5.675	5.683	5.692

03

$\sqrt{451}=21.24$, $\sqrt{4510}=67.16$일 때, 다음 제곱근표의 x, y에 대하여 $x+y$의 값은?

수	0	1	2	3	4
4.5		x			
⋮	⋮	⋮	⋮	⋮	⋮
45		y			

① 4.592　　② 4.729　　③ 8.482

④ 8.840　　⑤ 12.620

04

$\sqrt{6}=2.449$, $\sqrt{60}=7.746$일 때, $\sqrt{960}$의 값은?

① 14.694　　② 15.492　　③ 20.241

④ 23.238　　⑤ 30.984

05

다음 중 두 실수의 대소 관계가 옳지 <u>않은</u> 것은?

① $\sqrt{18}-3>\sqrt{8}-2$　　② $2+\sqrt{7}>2\sqrt{7}-1$

③ $3\sqrt{3}-5>4\sqrt{3}-6$　　④ $5\sqrt{2}+1<7\sqrt{2}-1$

⑤ $5-\sqrt{3}>1+\sqrt{3}$

06

$10-2\sqrt{5}$의 정수 부분을 a, 소수 부분을 b라 할 때, $a-b$의 값을 구하시오.

07

자연수 x에 대하여 $N(x)$는 $\sqrt{x}$의 정수 부분이라 하자. 예를 들어 $2<\sqrt{7}<3$이므로 $N(7)=2$이다. 이때 $N(1)+N(2)+\cdots+N(10)$의 값을 구하시오.

01

$3\sqrt{5} \times 5\sqrt{3} = 15\sqrt{a}$, $\sqrt{\dfrac{15}{2}} \div \sqrt{\dfrac{5}{6}} = b$일 때, 유리수 a, b에 대하여 $a^2 + b^2$의 값을 구하시오.

02

$\sqrt{125} = 5\sqrt{a}$, $\sqrt{180} = b\sqrt{5}$를 만족시키는 유리수 a, b에 대하여 $a - b$의 값은?

① -2　　　　② -1　　　　③ 0

④ 1　　　　⑤ 2

03

$\sqrt{2.7} = a$, $\sqrt{51} = b$라 할 때, $\sqrt{27000} + \sqrt{0.51}$을 a, b를 사용하여 나타내시오.

04

다음 그림에서 삼각형과 직사각형의 넓이가 서로 같을 때, x의 값을 구하시오.

05

$\sqrt{45} - \dfrac{5\sqrt{2}}{\sqrt{3}} - \dfrac{5}{\sqrt{5}} + \dfrac{12}{\sqrt{54}} = a\sqrt{5} + b\sqrt{6}$일 때, $a + b$의 값을 구하시오. (단, a, b는 유리수)

06

다음을 계산하시오.

$$\dfrac{\sqrt{10}}{\sqrt{3}} \div \dfrac{\sqrt{5}}{\sqrt{6}} \times \dfrac{9}{\sqrt{12}} + \sqrt{18} - \dfrac{4}{\sqrt{2}} + \sqrt{32}$$

07

오른쪽 그림과 같은 직육면체의 겉넓이를 구하시오.

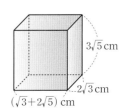

$3\sqrt{5}$ cm
$2\sqrt{3}$ cm
$(\sqrt{3} + 2\sqrt{5})$ cm

08

$\sqrt{32} = 5.657$, $\sqrt{1.7} = 1.304$일 때, 다음 중 옳지 <u>않은</u> 것은?

① $\sqrt{0.0032} = 0.05657$　　② $\sqrt{0.017} = 0.1304$

③ $\sqrt{3200} = 56.57$　　④ $\sqrt{17000} = 130.4$

⑤ $\sqrt{170000} = 1304$

09

다음 중 두 실수의 대소 관계가 옳은 것은?

① $\sqrt{12}-1<-1+\sqrt{11}$
② $\sqrt{5}-2>4-\sqrt{5}$
③ $3\sqrt{3}+\sqrt{7}>2\sqrt{3}+\sqrt{7}$
④ $\sqrt{3}-2<\sqrt{3}-\sqrt{5}$
⑤ $4\sqrt{3}-3<2\sqrt{3}-1$

10

다음 세 수의 대소 관계를 부등호를 사용하여 바르게 나타낸 것은?

$$A=\sqrt{3}+\sqrt{5}, \qquad B=2+\sqrt{3}, \qquad C=\sqrt{5}+2$$

① $A<B<C$ ② $A<C<B$ ③ $B<A<C$
④ $B<C<A$ ⑤ $C<A<B$

11

$5+\sqrt{3}$의 정수 부분을 a, $4-\sqrt{5}$의 소수 부분을 b라 할 때, $a-b$의 값은?

① 2 ② $\sqrt{5}$ ③ $1+\sqrt{5}$
④ $2+\sqrt{5}$ ⑤ $3+\sqrt{5}$

서술형 문제

12

$\dfrac{3}{\sqrt{2}}+\dfrac{5}{\sqrt{6}}-\sqrt{2}(a+\sqrt{3})+b\sqrt{6}$이 유리수가 되도록 하는 유리수 a, b의 값을 각각 구하시오. [4점]

풀이

답

13

다음 그림과 같이 넓이가 각각 $24\,\text{cm}^2$, $32\,\text{cm}^2$, $72\,\text{cm}^2$, $150\,\text{cm}^2$인 네 개의 정사각형 모양의 색종이를 서로 이웃하게 붙여서 만든 도형의 둘레의 길이를 구하시오.

[6점]

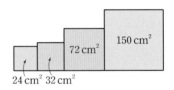

풀이

답

01 곱셈 공식

한번더 개념 확인문제

01 다음 식을 전개하시오.

(1) $(2a-3b)(c+2d)$

(2) $(5x+4)(3x-5)$

02 다음 식을 전개하시오.

(1) $(x+8)^2$

(2) $(2a+3)^2$

(3) $(3b-4)^2$

(4) $(-x+7y)^2$

(5) $\left(-\dfrac{3}{2}x-5y\right)^2$

03 다음 식을 전개하시오.

(1) $(x-10)(x+10)$

(2) $(2a+9b)(2a-9b)$

(3) $\left(5a-\dfrac{3}{4}b\right)\left(\dfrac{3}{4}b+5a\right)$

(4) $\left(-\dfrac{1}{3}x+8y\right)\left(-\dfrac{1}{3}x-8y\right)$

04 다음 식을 전개하시오.

(1) $(a+9)(a+4)$

(2) $(x-7)(x+3)$

(3) $(x+8)(x-6)$

(4) $(y-5)(y-9)$

(5) $(a+b)(a+2b)$

(6) $(x+3y)(x-10y)$

05 다음 식을 전개하시오.

(1) $(3x+7)(x-2)$

(2) $(4a+1)(3a-5)$

(3) $(2x-5)(5x-1)$

(4) $(7x+3)(3x+1)$

(5) $(5x-4y)(2x+5y)$

(6) $(-3x-8y)(x-2y)$

다항식과 다항식의 곱셈에서 전개식의 계수 구하기

01 $(x-5y)(6x+2y-4)$의 전개식에서 x^2의 계수를 a, xy의 계수를 b, y의 계수를 c라 할 때, $a+b+c$의 값을 구하시오.

02 다음 중 □ 안의 수가 가장 큰 것은?

① $(x+3)(x-4)=x^2-x-\square$

② $(x-4)(x+2)=x^2-\square x-8$

③ $(3x-1)(x+1)=3x^2+2x-\square$

④ $(2x+4)(3x-4)=6x^2+\square x-16$

⑤ $(5x-2)(4x-1)=20x^2-13x+\square$

곱셈 공식

03 다음 보기에서 옳은 것을 모두 고르시오.

보기

ㄱ. $(9x+2)^2=81x^2+4$

ㄴ. $(-a+3b)^2=a^2+6ab+9b^2$

ㄷ. $\left(\dfrac{4}{3}-3x\right)\left(\dfrac{4}{3}+3x\right)=-9x^2+\dfrac{16}{9}$

ㄹ. $(8x-3)(3x+1)=24x^2-x-3$

04 다음 식을 간단히 하면 ax^2+bx+c이다. 이때 상수 a, b, c에 대하여 $a+b-c$의 값을 구하시오.

$$3(x+4)(x+3)+(2x-5)(2x+5)$$

곱셈 공식을 이용하여 미지수의 값 구하기

05 $(ax-5)^2=36x^2-60x+b$일 때, 상수 a, b에 대하여 $a-b$의 값을 구하시오.

06 $(6x+a)(-x+4)-(x+1)^2$의 전개식에서 x의 계수가 18일 때, 상수 a의 값을 구하시오.

전개식이 같은 것 찾기

07 다음 중 전개식이 나머지 넷과 다른 하나는?

① $(x-y)^2$ ② $(-x-y)^2$

③ $(-x+y)^2$ ④ $(-y+x)^2$

⑤ $(x+y)^2-4xy$

08 다음 중 $(-2a+3b)^2$과 전개식이 같은 것은?

① $(2a+3b)^2$ ② $(2a-3b)^2$

③ $-(2a-3b)^2$ ④ $-(-2a+3b)^2$

⑤ $-(-2a-3b)^2$

02 곱셈 공식의 활용

개념북 ◐ 54쪽~55쪽 | 정답 및 풀이 ◐ 60쪽

01 곱셈 공식을 이용하여 다음을 계산하시오.

(1) 105^2　　　　　(2) 998^2

(3) 68×72　　　　(4) 1001×1004

02 다음 식을 간단히 하시오.

(1) $(\sqrt{5}-3)^2$　　　(2) $(2-\sqrt{3})(2+\sqrt{3})$

03 다음 수의 분모를 유리화하시오.

(1) $\dfrac{1}{\sqrt{3}-\sqrt{2}}$　　　(2) $\dfrac{11}{4+\sqrt{5}}$

04 다음 식을 간단히 하시오.

(1) $\sqrt{6}(\sqrt{3}-\sqrt{2})-\dfrac{1}{\sqrt{3}+\sqrt{2}}$

(2) $\dfrac{1}{\sqrt{2}+1}+\dfrac{1}{3+\sqrt{8}}$

05 다음 식을 전개하시오.

(1) $(2x+y-3)^2$

(2) $(a-2b+2)(a-2b-3)$

(3) $(4x-2y+5)(4x-2y-3)$

(4) $(2x+3y+z)(2x+3y-z)$

06 $x+y=-8$, $xy=-3$일 때, 다음 식의 값을 구하시오.

(1) x^2+y^2

(2) $(x-y)^2$

07 $x-y=4$, $xy=6$일 때, 다음 식의 값을 구하시오.

(1) x^2+y^2

(2) $(x+y)^2$

08 $a+\dfrac{1}{a}=4$일 때, 다음 식의 값을 구하시오.

(1) $a^2+\dfrac{1}{a^2}$

(2) $\left(a-\dfrac{1}{a}\right)^2$

09 $a-\dfrac{1}{a}=-3$일 때, 다음 식의 값을 구하시오.

(1) $a^2+\dfrac{1}{a^2}$

(2) $\left(a+\dfrac{1}{a}\right)^2$

곱셈 공식을 이용한 수의 계산

01 다음 중 121×119를 계산할 때, 가장 편리한 곱셈 공식은? (단, $a > 0$, $b > 0$)

① $(a+b)^2 = a^2 + 2ab + b^2$

② $(a-b)^2 = a^2 - 2ab + b^2$

③ $(a+b)(a-b) = a^2 - b^2$

④ $(x+a)(x+b) = x^2 + (a+b)x + ab$

⑤ $(ax+b)(cx+d) = acx^2 + (ad+bc)x + bd$

02 다음은 곱셈 공식을 이용하여 82×83을 계산하는 과정이다. □ 안에 알맞은 네 수의 합을 구하시오.

$$82 \times 83 = (\boxed{} + 2)(80 + \boxed{})$$
$$= \boxed{}^2 + 5 \times 80 + \boxed{}$$
$$= 6806$$

곱셈 공식을 이용한 제곱근의 계산

03 다음 식을 간단히 하시오.

$$\frac{(\sqrt{5}-\sqrt{3})^2}{2} + (\sqrt{5}+\sqrt{3})(\sqrt{5}-\sqrt{3})$$

04 다음 식을 간단히 하시오.

$$(\sqrt{7}+1)(\sqrt{7}-1) + (2\sqrt{3}+\sqrt{2})(2\sqrt{3}-\sqrt{2})$$

곱셈 공식을 이용한 분모의 유리화

05 다음 식을 간단히 하시오.

$$\frac{\sqrt{5}}{3-\sqrt{5}} + \frac{2\sqrt{5}}{3+\sqrt{5}}$$

06 다음 식을 간단히 하시오.

$$\frac{1}{\sqrt{3}+\sqrt{2}} + \frac{1}{\sqrt{4}+\sqrt{3}} + \frac{1}{\sqrt{5}+\sqrt{4}} + \frac{1}{\sqrt{6}+\sqrt{5}}$$

치환을 이용한 다항식의 전개

07 $(x-4y+1)(x-4y-1)$의 전개식에서 x^2의 계수를 a, xy의 계수를 b, 상수항을 c라 할 때, $a+b+c$의 값을 구하시오.

08 다음 중 $(a-b+c)(a+b-c)$를 전개하기 위해 가장 편리하게 고친 식과 그 전개식이 바르게 짝 지어진 것은?

① $\{a-(b-c)\}\{a+(b-c)\}$, $a^2-b^2-c^2+2bc$

② $\{(a-b)+c\}\{(a+b)-c\}$, $a^2-b^2-c^2+2ab$

③ $\{(a+c)-b\}\{(a-c)+b\}$, $a^2-b^2-c^2+2bc$

④ $\{a-(b-c)\}\{a+(b-c)\}$, $a^2-b^2-c^2+2ab$

⑤ $\{(a-b)+c\}\{(a+b)-c\}$, $a^2+b^2+c^2-2bc$

곱셈 공식을 이용한 식의 값 구하기(1)

09 $x=3+\sqrt{6}$일 때, x^2-6x+8의 값을 구하시오.

10 $x=\dfrac{1}{\sqrt{5}-2}$일 때, x^2-4x+2의 값을 구하시오.

곱셈 공식을 이용한 식의 값 구하기(2)

11 $x=\sqrt{3}+\sqrt{2}$, $y=\sqrt{3}-\sqrt{2}$일 때, $\dfrac{1}{x}+\dfrac{1}{y}$의 값을 구하시오.

12 $x=\dfrac{2}{\sqrt{6}-2}$, $y=\dfrac{2}{\sqrt{6}+2}$일 때, $x(y+2)-y(x+2)$의 값은?

① $-4\sqrt{6}$ ② -8 ③ 0
④ 8 ⑤ $4\sqrt{6}$

곱셈 공식을 변형하여 식의 값 구하기(1)

13 $x^2+y^2=12$, $x-y=2$일 때, 다음 식의 값을 구하시오.

(1) xy

(2) $(x+y)^2$

14 $a+b=8$, $a-b=6$일 때, a^2+b^2의 값을 구하시오.

곱셈 공식을 변형하여 식의 값 구하기(2)

15 $x^2-6x+1=0$일 때, $x^2+\dfrac{1}{x^2}$의 값은?

① 28 ② 30 ③ 32
④ 34 ⑤ 36

16 $x+\dfrac{1}{x}=3\sqrt{2}$일 때, $\left(x-\dfrac{1}{x}\right)^2$의 값을 구하시오.

01

$(3x-y+1)(x-2y)$를 전개하면?

① $3x^2-xy+2y^2+x+2y$

② $3x^2-5xy+2y^2+2x-2y$

③ $3x^2-7xy+2y^2+x-2y$

④ $3x^2-7xy-2y^2+x-2y$

⑤ $3x^2-7xy-2y^2+x+2y$

02

오른쪽 그림과 같이 한 변의 길이가 a인 정사각형에서 색칠한 직사각형의 넓이는?

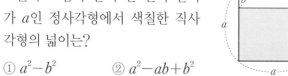

① a^2-b^2

② a^2-ab+b^2

③ a^2+ab+b^2

④ $a^2+2ab+b^2$

⑤ $a^2-2ab+b^2$

03

$(1-x)(1+x)(1+x^2)(1+x^4)=1-x^n$일 때, 자연수 n의 값을 구하시오.

04

$(ax+6)(2x+b)=10x^2-3x-18$일 때, $a+b$의 값을 구하시오. (단, a, b는 상수)

05

지영이는 $(x+3)(x-6)$을 전개하는데 상수항 -6을 $-a$로 잘못 보아서 x^2-b로 전개하였다.
$(ax+4)(x-b)$의 전개식에서 x의 계수를 구하시오.
(단, a, b는 상수)

06

곱셈 공식을 이용하여 $\dfrac{2019\times2023+3}{2020}$ 을 계산하시오.

07

$(4+x-y)(4+x+ay)$의 전개식에서 y^2의 계수가 5일 때, xy의 계수를 구하시오. (단, a는 상수)

08

$x=\sqrt{6}+\sqrt{5}$, $y=\sqrt{6}-\sqrt{5}$일 때, $\dfrac{x}{y}+\dfrac{y}{x}$의 값을 구하시오.

03 인수분해

개념북 ❶ 60쪽~64쪽 | 정답 및 풀이 ❶ 62쪽

한번더 개념 확인문제

01 다음 식을 인수분해하시오.

(1) $3x^2 - 9ax$

(2) $2a^2b - 4ab^2 + 10ab$

(3) $(x-1)^2 - 2(x-1)$

(4) $2(a-b) - a(b-a)$

02 다음 식을 인수분해하시오.

(1) $x^2 - \dfrac{1}{2}x + \dfrac{1}{16}$

(2) $4x^2 - 20xy + 25y^2$

(3) $2x^2 + 4x + 2$

03 다음 식이 완전제곱식이 되도록 ☐ 안에 알맞은 수를 구하시오.

(1) $x^2 - 6x + \boxed{}$ (2) $x^2 + \boxed{}x + 36$

(3) $a^2 + \dfrac{1}{3}a + \boxed{}$ (4) $a^2 + \boxed{}a + \dfrac{1}{9}$

04 다음 식을 인수분해하시오.

(1) $x^2 - 121$

(2) $16x^2 - 225$

(3) $25x^2 - 36y^2$

(4) $16ax^2 - 9ay^2$

05 다음 식을 인수분해하시오.

(1) $x^2 + 6x + 8$

(2) $x^2 + 2x - 35$

(3) $x^2 - 10x - 11$

06 다음 식을 인수분해하시오.

(1) $2x^2 - 17x + 36$

(2) $3x^2 - 7x - 6$

(3) $6x^2 + 5x + 1$

인수인 것 찾기

01 다음 중 다항식 $6a^2b+8ab^2$의 인수가 <u>아닌</u> 것은?

① a ② $2b$ ③ $2ab$

④ $a(3a+2b)$ ⑤ $2b(3a+4b)$

02 다음 중 $x-1$을 인수로 갖지 <u>않는</u> 다항식은?

① $x-1$ ② $a(x-1)$

③ $(x+1)(x-1)$ ④ $(x-1)^2$

⑤ $(x-1)+2$

공통인 인수를 이용한 인수분해

03 다음 중 인수분해한 것이 옳지 <u>않은</u> 것은?

① $2a^2-4a=2a(a-2)$

② $2a^3b+8ab^2=2ab(a^2+4b)$

③ $(a+b)^2-(a+b)=(a+b)(a+b-1)$

④ $2a^3-2a^2=2a(a+1)(a-1)$

⑤ $a(x+y)+b(x+y)=(a+b)(x+y)$

04 $y(x-3)+2(3-x)$를 인수분해하시오.

완전제곱식이 될 조건

05 다음 중 완전제곱식으로 인수분해할 수 <u>없는</u> 것은?

① $x^2-18x+81$ ② $9a^2+6a-3$

③ $a^2-a+\dfrac{1}{4}$ ④ $4x^2+4x+1$

⑤ $x^2+\dfrac{2}{3}x+\dfrac{1}{9}$

06 $x^2+ax+49$가 완전제곱식이 되도록 하는 상수 a의 값을 모두 구하시오.

근호 안이 완전제곱식으로 인수분해되는 식

07 $-2<a<3$일 때, $\sqrt{a^2-6a+9}+\sqrt{a^2+4a+4}$를 간단히 하면?

① -5 ② 1 ③ 5

④ $-2a-5$ ⑤ $2a+5$

08 $x<0,\ y>0$일 때, $\sqrt{x^2}+\sqrt{y^2}-\sqrt{x^2-2xy+y^2}$을 간단히 하시오.

인수분해 공식 종합

09 다음 중 인수분해가 바르게 된 것은?

① $ax+by=x(a+b)$

② $x^2+2x+1=(x-1)^2$

③ $4x^2-9y^2=(2x-3y)^2$

④ $x^2-3x+2=(x+2)(x+1)$

⑤ $2x^2+7x+5=(2x+5)(x+1)$

10 다음 중 인수분해한 것이 옳지 <u>않은</u> 것은?

① $2a^2-a-3=(2a-3)(a+1)$

② $9a^2+12ab+4b^2=(3a+2b)^2$

③ $2a^2-6=2(a-3)^2$

④ $25a^2-16b^2=(5a+4b)(5a-4b)$

⑤ $a^2x^2-7a^2x-8a^2=a^2(x+1)(x-8)$

11 다음 세 등식을 만족시키는 자연수 a, b, c, d에 대하여 $a+b+c+d$의 값을 구하시오.

$x^2+12x+36=(x+a)^2$

$3x^2-27=3(x-b)(x+c)$

$3x^2+4x-15=(x+c)(3x-d)$

공통인 인수 구하기

12 다음 중 두 다항식 x^2-7x+6과 $2x^2-5x+3$의 공통인 인수는?

① $x-1$　　② $x+1$　　③ $x-3$

④ $x+3$　　⑤ $2x-3$

13 두 다항식 $2x^2+7x+3$과 $2x^2+5x+2$의 1이 아닌 공통인 인수를 구하시오.

인수분해와 두 일차식의 합

14 $6x^2-x-2$가 x의 계수가 자연수인 두 일차식의 곱으로 인수분해될 때, 두 일차식의 합을 구하시오.

15 x의 계수가 1인 두 일차식의 곱이 x^2-x-6일 때, 두 일차식의 합을 구하시오.

인수분해를 이용하여 미지수의 값 구하기

16 $3x-5$가 $3x^2+ax-5$의 인수일 때, 상수 a의 값을 구하시오.

17 x^2+8x+k가 $(x+a)(x+b)$로 인수분해될 때, 상수 k의 최댓값을 구하시오.

(단, a, b는 $a<b$인 자연수)

전개와 인수분해

18 $(x-1)(x+3)-5=(x+A)(x+B)$일 때, $A+B$의 값을 구하시오. (단, A, B는 상수)

19 $(3x-5)(x+3)+11$을 인수분해하시오.

인수분해의 도형에의 활용

20 다음 그림의 정사각형과 직사각형을 모두 이용하여 하나의 큰 직사각형을 만들 때, 새로 만든 직사각형의 가로의 길이와 세로의 길이의 합을 구하시오.

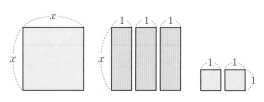

21 오른쪽 그림은 한 변의 길이가 $x+1$인 정사각형의 한 모퉁이에서 한 변의 길이가 2인 정사각형을 잘라 낸 것이다. 이때 남은 도형의 넓이와 같은 직사각형의 가로의 길이가 $x-1$일 때, 이 직사각형의 세로의 길이를 구하시오.

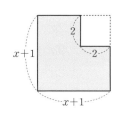

22 오른쪽 그림과 같은 사다리꼴의 넓이가 $3x^2+8x+4$일 때, 이 사다리꼴의 높이를 구하시오.

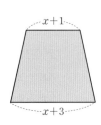

04 인수분해의 활용

한번더 개념 확인문제

개념북 ▶ 69쪽~70쪽 | 정답 및 풀이 ▶ 63쪽

01 다음 식을 인수분해하시오.

(1) $(x+1)^2-4(x+1)+4$

(2) $4(x-2)^2+5(x-2)+1$

(3) $(2x+1)^2-(x+2)^2$

02 다음 식을 인수분해하시오.

(1) $xy+yz+xz+z^2$

(2) $ax-by+ay-bx$

(3) $x^2-4x+xy-4y$

(4) x^2-y^2+4y-4

(5) $a^2-6a-4b^2+9$

(6) $x^2-2x-3-xy+3y$

03 인수분해 공식을 이용하여 다음을 계산하시오.

(1) $29\times126+29\times74$

(2) $3\times101^2-3$

(3) $990^2+2\times990\times10+10^2$

(4) $\sqrt{52^2-48^2}$

04 다음 식의 값을 구하시오.

(1) $a=105$일 때, $\sqrt{a^2-10a+25}$의 값

(2) $x=\dfrac{1}{\sqrt{2}+1}$일 때, x^2+2x+1의 값

(3) $x=5+2\sqrt{6}$, $y=5-2\sqrt{6}$일 때, x^2-y^2의 값

(4) $a=6.8$, $x=-11.2$일 때, $ax+3.2x+a+3.2$의 값

치환을 이용한 인수분해(1)

01 다음 중 다항식 $(x+3)^2-5(x+3)+4$의 인수인 것을 모두 고르면? (정답 2개)

① $x-2$ ② $x-1$ ③ $x+1$

④ $x+2$ ⑤ $x+3$

02 두 다항식 $(x-1)^2-2(x-1)-8$과 $2x^2-9x-5$의 1이 아닌 공통인 인수를 구하시오.

03 $(x+2y)(x+2y+3)+2$는 x의 계수가 1인 두 일차식의 곱으로 인수분해된다. 이때 이 두 일차식의 합은?

① $2x-4y$ ② $2x-4y-1$

③ $2x-4y+1$ ④ $2x+4y-3$

⑤ $2x+4y+3$

치환을 이용한 인수분해(2)

04 $(x-3)^2-(y-3)^2=(x+y+a)(x+by)$일 때, $a+b$의 값을 구하시오. (단, a, b는 상수)

05 $(x+1)^2+2(x+1)(y-2)-8(y-2)^2$을 인수분해하시오.

복잡한 식의 인수분해

06 $x^2-y^2-5x+5y$를 인수분해하면?

① $(x-y)(x-y-5)$
② $(x-y)(x-y+5)$
③ $(x-y)(x+y-5)$
④ $(x+y)(x-y-5)$
⑤ $(x+y)(x-y+5)$

07 $9x^2-6xy+y^2-z^2$을 인수분해하시오.

개념북 ⊙ 71쪽~72쪽 | 정답 및 풀이 ⊙ 64쪽

인수분해 공식을 이용한 수의 계산

08 $\dfrac{102^2 - 2 \times 102 \times 2 + 2^2}{101^2 - 99^2}$ 을 계산하면?

① $\dfrac{1}{4}$ ② $\dfrac{1}{2}$ ③ 2

④ 25   ⑤ 50

09 다음을 인수분해 공식을 이용하여 계산하시오.

$$3.14 \times 15^2 - 3.14 \times 5^2$$

10 $2021 \times 2023 + 1$은 어떤 자연수 a의 제곱일 때, a의 값은?

① 2020   ② 2021   ③ 2022

④ 2023   ⑤ 2024

인수분해 공식을 이용한 식의 값 구하기(1)

11 $x = 2\sqrt{7} - \sqrt{5}$, $y = 2\sqrt{7} + \sqrt{5}$일 때, $x^2 - y^2$의 값을 구하시오.

12 $x = \dfrac{1 + \sqrt{3}}{2}$, $y = \dfrac{1 - \sqrt{3}}{2}$일 때, $x^2 + y^2 - 2xy$의 값을 구하시오.

인수분해 공식을 이용한 식의 값 구하기(2)

13 $x + y = \sqrt{5} - 2$, $x - y = \sqrt{5} - 1$일 때, $x^2 - y^2 + 2x + 1$의 값을 구하시오.

14 $x + y = 3$, $x - y = 6$일 때, $x^2 - y^2 + 4x - 4y$의 값을 구하시오.

01

다음 중 나머지 넷과 1이 아닌 공통인 인수를 갖지 <u>않</u>는 다항식은?

① x^2+2x ② x^2+4x+4

③ x^2+x-2 ④ $2x^2+9x+10$

⑤ $2x^2+2x-12$

02

$\dfrac{1}{9}x^2+\boxed{}+\dfrac{1}{4}y^2$이 완전제곱식이 될 때, □ 안에 알맞은 식을 모두 구하시오.

03

$2x^2-5xy+3y^2=(x-y)(Ax-By)$일 때, $A+B$의 값을 구하시오. (단, A, B는 상수)

04

다음 두 다항식의 1이 아닌 공통인 인수를 구하시오.

$$ab+a-b-1, \quad a^2-ab-a+b$$

05

다음 식을 인수분해하시오.

$$(x-2)^2+3(x-2)-4$$

06

다음 중 인수분해한 것이 옳지 <u>않은</u> 것은?

① $(x+2)^2-7(x+2)+12=(x-1)(x-2)$

② $(x-y)(x-y-1)-12$
  $=(x-y-4)(x-y+3)$

③ $x^3-x^2-x+1=(x+1)^2(x-1)$

④ $a^2-4a-9b^2+4=(a+3b-2)(a-3b-2)$

⑤ $x^2+y^2-5x+5y-2xy+6$
  $=(x-y-3)(x-y-2)$

07

$(\sqrt{2}+1)^2-2(\sqrt{2}+1)(\sqrt{2}-1)+(\sqrt{2}-1)^2$을 인수분해 공식을 이용하여 계산하시오.

08

$x=\dfrac{1}{\sqrt{3}-\sqrt{2}}$, $y=\dfrac{1}{\sqrt{3}+\sqrt{2}}$일 때, x^3y-xy^3의 값은?

① $-4\sqrt{6}$ ② $-4\sqrt{3}$ ③ $4\sqrt{2}$

④ $4\sqrt{3}$ ⑤ $4\sqrt{6}$

01

$(x-2y)(4x+5y)$의 전개식에서 x^2의 계수와 xy의 계수의 합은?

① -2 ② -1 ③ 0
④ 1 ⑤ 2

02

다음 중 옳지 <u>않은</u> 것을 모두 고르면? (정답 2개)

① $(-5x+2y)(-5x-2y)=25x^2-4y^2$
② $(3x-4)(-x+7)=-3x^2+25x-28$
③ $(-a+10)(10+a)=a^2-100$
④ $\left(\dfrac{2}{3}x+\dfrac{1}{2}y\right)^2=\dfrac{4}{9}x^2+\dfrac{4}{3}xy+\dfrac{1}{4}y^2$
⑤ $(2x+1)(3x-1)=6x^2+x-1$

03

다음 중 $\left(-\dfrac{1}{2}x+3y\right)^2$과 전개식이 같은 것은?

① $\dfrac{1}{4}(x+6y)^2$ ② $\dfrac{1}{4}(x-6y)^2$
③ $\dfrac{1}{2}(x+6y)^2$ ④ $\dfrac{1}{2}(x-6y)^2$
⑤ $-\dfrac{1}{4}(x-6y)^2$

04

$\dfrac{\sqrt{3}}{\sqrt{3}-\sqrt{2}}=a+b\sqrt{6}$을 만족시키는 유리수 a, b에 대하여 a^2+b^2의 값을 구하시오.

05

$x-\dfrac{1}{x}=3$일 때, $x^2+\dfrac{1}{x^2}$의 값은?

① 8 ② 9 ③ 10
④ 11 ⑤ 12

06

다음 네 등식을 만족시키는 상수 a, b, c, d에 대하여 $a+b+c+d$의 값은?

$$2x^2-5x+3=(2x-3)(x+a)$$
$$x^2-16x+64=(x+b)^2$$
$$6x^2-5x-6=(2x-c)(3x+2)$$
$$xy+5x-y-5=(x-1)(y-d)$$

① -11 ② -5 ③ 1
④ 3 ⑤ 5

07

다음 중 아래 두 다항식의 공통인 인수인 것은?

$$5x^2-4x-1, \quad 3x^2-2x-1$$

① $x-1$ ② $x+1$ ③ $2x+1$
④ $3x-1$ ⑤ $5x+1$

08

다항식 $ax^2-2x+5b$가 $x-2$와 $2x+5$로 나누어떨어질 때, 상수 a, b에 대하여 $a+b$의 값은?

① -1　　　　② 0　　　　③ 1

④ 2　　　　⑤ 3

09

다음 그림과 같이 큰 직사각형의 한 모퉁이에서 가로의 길이가 1, 세로의 길이가 5인 직사각형을 잘라 내고 남은 도형 ㈜의 넓이와 직사각형 ㈏의 넓이가 같을 때, 직사각형 ㈏의 가로의 길이는?

① $12x-7$　　　② $12x-2$　　　③ $6x-1$

④ $6x+3$　　　⑤ $12x+7$

10

$x=\sqrt{3}+1$, $y=3$일 때, $(x+y)^2-2(x+y)-8$의 값을 구하시오.

11

인수분해 공식을 이용하여 다음을 계산하시오.

$$5^2-7^2+13^2-9^2+101^2-99^2$$

서술형 문제

12

$4x^2+(2k-4)x+25$가 완전제곱식이 되기 위한 상수 k의 값을 모두 구하시오. [4점]

풀이

답

13

$x=\dfrac{3}{2-\sqrt{7}}$, $y=\dfrac{3}{2+\sqrt{7}}$일 때, $3x^2+5xy+2y^2$의 값을 구하시오. [6점]

풀이

답

01 이차방정식과 그 해

개념북 ❂ 83쪽 | 정답 및 풀이 ❂ 66쪽

이차방정식의 뜻

01 다음 중 x에 대한 이차방정식인 것은?

① $y=5x+3$
② $x^2-3=x^2+7x$
③ $(x-2)^2+1=x^2$
④ $5x^2=4x-1$
⑤ $(x-4)(x+3)=x^2-5$

02 다음 중 x에 대한 이차방정식이 <u>아닌</u> 것을 모두 고르면? (정답 2개)

① $x^2=x$
② $5x^2-2x+1$
③ $2x^2=(2x+1)^2-1$
④ $x^2+3=(x+1)^2$
⑤ $(x+3)(x-1)=2(x-1)^2$

이차방정식이 되는 조건

03 $(a-1)x^2+2x-3=2x^2-x-3$이 x에 대한 이차방정식이 되기 위한 상수 a의 조건을 구하시오.

이차방정식의 해

04 다음 이차방정식 중 $x=3$을 해로 갖는 것은?

① $x(x-3)=5$
② $x^2+3x-9=0$
③ $x^2+6x+9=0$
④ $(x-2)(x+2)=5$
⑤ $3x^2-2x-8=12$

05 다음 중 [ ] 안의 수가 주어진 이차방정식의 해인 것을 모두 고르면? (정답 2개)

① $x^2+3x=0$ $[\,-3\,]$
② $x^2+5x=6$ $[\,-1\,]$
③ $x^2-8=0$ $[\,4\,]$
④ $x^2-4=0$ $\left[\,\dfrac{1}{2}\,\right]$
⑤ $3x^2+7x+2=0$ $[\,-2\,]$

한 근이 주어졌을 때, 미지수의 값 구하기

06 이차방정식 $2x^2+(k-1)x+3=0$의 한 근이 $x=-1$일 때, 상수 k의 값을 구하시오.

07 $x=3$이 두 이차방정식 $x^2-5x+a=0$, $2x^2-x-b=0$의 근일 때, $a-b$의 값을 구하시오.
(단, a, b는 상수)

02 인수분해를 이용한 이차방정식의 풀이

한번 더 개념 확인문제

개념북 ◆ 85쪽~86쪽 | 정답 및 풀이 ◆ 67쪽

01 다음 이차방정식을 푸시오.

(1) $x(x-3)=0$

(2) $(x+2)(x-2)=0$

(3) $(3x+1)(x-2)=0$

(4) $(x+1)(2x-1)=0$

(5) $\left(x-\dfrac{1}{2}\right)\left(x+\dfrac{2}{3}\right)=0$

(6) $4x(x-5)=0$

(7) $(3x+2)(4x-3)=0$

(4) $x^2-4x-21=0$

(5) $2x^2-9x-5=0$

(6) $x(x+2)=8$

(7) $x^2-18x+81=0$

(8) $25x^2-10x+1=0$

(9) $9x^2+12x+4=0$

(10) $(x+3)(x-3)=-4x-13$

02 다음 이차방정식을 인수분해를 이용하여 푸시오.

(1) $x^2-4x=0$

(2) $x^2-36=0$

(3) $x^2-7x+12=0$

03 다음 이차방정식이 중근을 갖도록 하는 상수 k의 값을 모두 구하시오.

(1) $x^2-8x+k=0$

(2) $x^2+2kx+49=0$

인수분해를 이용한 이차방정식의 풀이

01 다음 이차방정식 중 해가 $x=2$ 또는 $x=-3$인 것은?

① $x^2-2x=0$
② $(x-3)(x+1)=0$
③ $(x+3)(x-2)=0$
④ $(3x+1)(x-2)=0$
⑤ $3(x+3)(x+2)=0$

02 이차방정식 $x^2-6x-16=0$의 두 근이 $x=a$ 또는 $x=b$일 때, $a-b$의 값은? (단, $a>b$)

① 2 　② 4 　③ 6
④ 8 　⑤ 10

03 이차방정식 $2x^2+3x-9=0$의 두 근 사이에 있는 모든 정수의 합은?

① -2 　② -1 　③ 0
④ 1 　⑤ 2

한 근이 주어졌을 때, 다른 한 근 구하기

04 이차방정식 $x^2-x+a=0$의 한 근이 $x=-3$일 때, 다른 한 근을 구하시오. (단, a는 상수)

05 이차방정식 $x^2-2ax-(7-a)=0$의 한 근이 $x=5$일 때, 다른 한 근을 구하시오. (단, a는 상수)

06 이차방정식 $2x^2-5x+3a=0$의 해가 $x=-\dfrac{1}{2}$ 또는 $x=b$일 때, ab의 값을 구하시오. (단, a는 상수)

이차방정식의 근의 활용

07 이차방정식 $x^2+x-6=0$의 두 근 중 작은 근이 이차방정식 $x^2+2ax+3a=0$의 한 근일 때, 상수 a의 값은?

① 1 　② 2 　③ 3
④ 4 　⑤ 5

08 이차방정식 $x^2+ax-14=0$의 한 근이 $x=2$이고 다른 한 근이 이차방정식 $3x^2+bx-7=0$의 한 근일 때, $a+b$의 값을 구하시오. (단, a, b는 상수)

두 이차방정식의 공통인 근

09 두 이차방정식 $x^2-5x+4=0$, $3x^2=4x-1$을 동시에 만족시키는 x의 값을 구하시오.

10 두 이차방정식 $2x^2+ax+a-6=0$, $(x-3)(x+4)=0$의 양수인 해가 서로 같다고 할 때, 상수 a의 값은?

① -5 ② -4 ③ -3

④ -2 ⑤ -1

이차방정식의 중근

11 다음 **보기**에서 중근을 갖는 이차방정식을 모두 고른 것은?

> • 보기 •
> ㄱ. $x^2+4x+4=0$ ㄴ. $x^2-16=0$
> ㄷ. $x^2-4x-32=0$ ㄹ. $x^2-12x=-36$
> ㅁ. $25x^2+10x+1=0$

① ㄱ, ㄷ, ㄹ   ② ㄱ, ㄹ, ㅁ   ③ ㄴ, ㄷ, ㅁ

④ ㄴ, ㄹ, ㅁ   ⑤ ㄷ, ㄹ, ㅁ

12 이차방정식 $x^2+x+\dfrac{1}{4}=0$의 중근이 $x=a$, 이차방정식 $4x^2+12x+9=0$의 중근이 $x=b$일 때, $a+b$의 값을 구하시오.

이차방정식이 중근을 가질 조건

13 이차방정식 $x^2+2x-k=-6x-15$가 중근을 가질 때, 그 중근을 구하시오. (단, k는 상수)

14 두 이차방정식 $x^2-8x+a=0$, $x^2+\left(\dfrac{1}{2}a-10\right)x+b=0$이 모두 중근을 가질 때, ab의 값을 구하시오. (단, a, b는 상수)

15 이차방정식 $x^2+4x+a-1=0$이 중근 $x=b$를 가질 때, $a+b$의 값은? (단, a는 상수)

① 1 ② 2 ③ 3

④ 4 ⑤ 5

03 완전제곱식을 이용한 이차방정식의 풀이

한번 더 개념 확인문제

01 다음 이차방정식을 제곱근을 이용하여 푸시오.

(1) $x^2=4$

(2) $x^2-18=0$

(3) $2x^2=3$

(4) $-x^2+32=0$

02 다음 이차방정식을 제곱근을 이용하여 푸시오.

(1) $(x+2)^2-5=0$

(2) $(x+1)^2=4$

(3) $(2x-3)^2=7$

(4) $3(x+3)^2-18=0$

(5) $2(x-1)^2=1$

03 다음은 완전제곱식을 이용하여 이차방정식의 해를 구하는 과정이다. □ 안에 알맞은 수를 써넣으시오.

(1)
$$x^2+10x=-5$$
$$x^2+10x+\boxed{}=-5+\boxed{}$$
$$(x+\boxed{})^2=\boxed{}$$
$$x+\boxed{}=\pm2\sqrt{\boxed{}}$$
$$\therefore x=\boxed{}\pm2\sqrt{\boxed{}}$$

(2)
$$x^2-3x=2$$
$$x^2-3x+\boxed{}=2+\boxed{}$$
$$\left(x-\boxed{}\right)^2=\boxed{}$$
$$x-\boxed{}=\pm\frac{\sqrt{\boxed{}}}{2}$$
$$\therefore x=\frac{\boxed{}\pm\sqrt{\boxed{}}}{2}$$

04 다음 이차방정식을 완전제곱식을 이용하여 푸시오.

(1) $x^2+8x+4=0$

(2) $x^2-x-\dfrac{3}{4}=0$

(3) $2x^2+12x-8=0$

제곱근을 이용한 이차방정식의 풀이

01 이차방정식 $(x+4)^2-2=0$의 해가 $x=a\pm\sqrt{b}$일 때, $a+b$의 값을 구하시오. (단, a, b는 유리수)

02 이차방정식 $6(x-a)^2=18$의 해가 $x=1\pm\sqrt{b}$일 때, $a+b$의 값을 구하시오. (단, a, b는 유리수)

이차방정식이 해를 가질 조건

03 다음 중 x에 대한 이차방정식 $(x-p)^2=q$가 해를 가질 조건은? (단, p, q는 상수)

① $p\geq0$　　② $p>0$　　③ $p>0$, $q<0$
④ $q\geq0$　　⑤ $q>0$

04 다음 중 이차방정식 $(x+3)^2=6-2a$가 해를 갖지 않도록 하는 상수 a의 값이 <u>아닌</u> 것은?

① 3　　② 4　　③ 5
④ 6　　⑤ 7

완전제곱식을 이용한 이차방정식의 풀이

05 이차방정식 $x^2-6x+1=0$을 $(x+A)^2=B$의 꼴로 나타낼 때, $A+B$의 값은? (단, A, B는 상수)

① 2　　② 3　　③ 4
④ 5　　⑤ 6

06 다음은 완전제곱식을 이용하여 이차방정식 $x^2-8x+6=0$의 해를 구하는 과정의 일부이다. 이때 $A-B$의 값은? (단, A, B는 상수)

> $x^2-8x+6=0$에서
> 6을 우변으로 이항하면 $x^2-8x=-6$
> 양변에 A를 더하면 $x^2-8x+A=-6+A$
> 좌변을 완전제곱식으로 바꾸면 $(x-4)^2=B$

① 2　　② 3　　③ 4
④ 5　　⑤ 6

07 이차방정식 $x^2+5x+a=0$의 해가 $x=\dfrac{-5\pm\sqrt{21}}{2}$일 때, 상수 a의 값은?

① -3　　② -1　　③ 0
④ 1　　⑤ 3

01

이차방정식 $x^2+4x-2=0$의 한 근을 m이라 할 때, 다음 중 옳지 <u>않은</u> 것은?

① $2-4m-m^2=0$ ② $\dfrac{1}{2}m^2+2m=1$

③ $m-\dfrac{2}{m}=4$ ④ $m^2+4m=2$

⑤ $3m^2+12m-6=0$

02

이차방정식 $x^2+ax-3=0$의 한 근이 $x=3$이고 다른 한 근이 이차방정식 $3x^2-8x+b=0$의 한 근일 때, b의 값을 구하시오. (단, a, b는 상수)

03

두 이차방정식 $x^2+ax-a-6=0$, $(x+b)(x-2)=0$의 해가 서로 같을 때, ab의 값을 구하시오.
(단, a, b는 상수)

04

이차방정식 $x^2-2mx+4+3m=0$이 중근을 갖도록 하는 모든 상수 m의 값의 합을 구하시오.

05

두 이차방정식 $2x^2+5x-3=0$, $2(x+1)^2-8=0$의 공통인 근을 구하시오.

06

x에 대한 이차방정식 $3(x-A)^2=15$의 해가 $x=2\pm\sqrt{B}$일 때, $2A+B$의 값은?
(단, A, B는 유리수)

① 6 ② 7 ③ 8
④ 9 ⑤ 10

07

다음은 완전제곱식을 이용하여 이차방정식 $2x^2+3x-1=0$의 해를 구하는 과정의 일부이다. 이때 $A+B-C$의 값을 구하시오.
(단, A, B, C는 상수)

> $2x^2+3x-1=0$에서
>
> $x^2+\dfrac{3}{2}x-\dfrac{1}{2}=0$, $x^2+\dfrac{3}{2}x=\dfrac{1}{2}$
>
> $x^2+\dfrac{3}{2}x+A=\dfrac{1}{2}+A$
>
> $(x+B)^2=C$

04 이차방정식의 근의 공식

한번 더 개념 확인문제

01 다음 이차방정식을 근의 공식을 이용하여 푸시오.

(1) $x^2+3x-1=0$

(2) $x^2-5x+3=0$

(3) $2x^2+7x+4=0$

(4) $3x^2+3x-2=0$

(5) $x^2-4x-4=0$

(6) $x^2-2x-5=0$

(7) $2x^2+6x-3=0$

(8) $3x^2+8x+2=0$

02 다음 이차방정식을 푸시오.

(1) $\dfrac{1}{4}x^2+2x-1=0$

(2) $x^2+0.3x-0.1=0$

(3) $\dfrac{1}{6}x^2-0.5x+\dfrac{1}{12}=0$

(4) $3x^2-(x+2)(x+1)=0$

(5) $\dfrac{x(x-2)}{5}=\dfrac{(x+1)(x-2)}{3}$

03 다음 이차방정식을 치환을 이용하여 푸시오.

(1) $(x-2)^2-4(x-2)-5=0$

(2) $(x+4)^2=4(x+4)+32$

(3) $2(2x+3)^2+1=3(2x+3)$

04 다음 이차방정식의 서로 다른 근의 개수를 구하시오.

(1) $3x^2-x+1=0$

(2) $4x^2-3=2x(x+1)$

(3) $x^2=8x-16$

05 다음 조건을 만족시키는 이차방정식을 구하시오.

(1) 두 근이 -1, 5이고 x^2의 계수가 3이다.

(2) 중근이 -4이고 x^2의 계수가 -2이다.

이차방정식의 근의 공식(1)

01 이차방정식 $x^2+10x+23=0$의 근이 $x=A\pm\sqrt{B}$ 일 때, $2A+B$의 값을 구하시오.

(단, A, B는 유리수)

02 이차방정식 $x^2+4=3(x+2)$의 근이 $x=\dfrac{A\pm\sqrt{B}}{2}$ 일 때, $B-2A$의 값을 구하시오.

(단, A, B는 유리수)

이차방정식의 근의 공식(2)

03 이차방정식 $2x^2+4x+A=0$의 근이 $x=\dfrac{B\pm\sqrt{6}}{2}$일 때, $A-B$의 값을 구하시오. (단, A, B는 유리수)

04 이차방정식 $Ax^2+5x+1=0$의 근이 $x=\dfrac{-5\pm\sqrt{B}}{6}$ 일 때, $A+B$의 값을 구하시오. (단, A, B는 유리수)

계수가 분수 또는 소수인 이차방정식의 풀이

05 이차방정식 $0.3x^2=x-0.1$의 근이 $x=\dfrac{A\pm\sqrt{B}}{3}$일 때, $A+B$의 값을 구하시오. (단, A, B는 유리수)

06 이차방정식 $\dfrac{1}{4}x^2-\dfrac{1}{6}x+A=0$의 해가 $x=\dfrac{B\pm\sqrt{13}}{3}$일 때, $3AB$의 값을 구하시오.

(단, A, B는 유리수)

치환을 이용한 이차방정식의 풀이

07 이차방정식 $2(3x+1)^2-(3x+1)-6=0$의 두 근을 α, β라 할 때, $6\alpha+3\beta$의 값을 구하시오.

(단, $\alpha<\beta$)

08 $(a-b)(a-b+3)-10=0$일 때, $a-b$의 값을 구하시오. (단, $a<b$)

이차방정식의 근의 개수

09 다음 **보기**의 이차방정식 중에서 서로 다른 두 근을 갖는 것을 모두 고른 것은?

> ᴸ 보기 ᴸ
> ㄱ. $x^2-3x+7=0$ ㄴ. $x^2+4x-3=0$
> ㄷ. $4x^2-12x+9=0$ ㄹ. $3x^2+5x-1=0$

① ㄱ, ㄴ ② ㄱ, ㄷ ③ ㄴ, ㄷ
④ ㄴ, ㄹ ⑤ ㄷ, ㄹ

10 이차방정식 $2x^2-4x+(k+1)=0$이 근을 갖지 않도록 하는 실수 k의 값의 범위를 구하시오.

이차방정식 구하기

11 이차방정식 $3x^2+ax+b=0$의 두 근이 -3, 2일 때, $a-b$의 값을 구하시오. (단, a, b는 상수)

12 이차방정식 $4x^2+ax+b=0$의 두 근이 -1, $\frac{5}{4}$일 때, ab의 값을 구하시오. (단, a, b는 상수)

근의 조건이 주어졌을 때, 미지수의 값 구하기

13 이차방정식 $2x^2-6x+k=0$의 두 근의 차가 5일 때, 상수 k의 값을 구하시오.

14 이차방정식 $x^2-mx+12=0$의 한 근이 다른 한 근의 3배가 되도록 하는 모든 상수 m의 값의 곱을 구하시오.

잘못 보고 푼 이차방정식

15 은주와 명수가 이차방정식 $3x^2+px+q=0$을 푸는데 은주는 p를 잘못 보고 풀어서 두 근 $\frac{2}{3}$, -1을 얻었고, 명수는 q를 잘못 보고 풀어서 두 근 $\frac{2}{3}$, 1을 얻었다. 이 이차방정식을 바르게 푸시오.

(단, p, q는 상수)

16 이차방정식 $x^2+ax+b=0$을 푸는데 서희는 x의 계수를 잘못 보고 풀어서 두 근을 2, 3으로 구하였고 준희는 상수항을 잘못 보고 풀어서 두 근을 -1, 8로 구하였다. 처음 이차방정식의 해를 구하시오.

(단, a, b는 상수)

실력 확인하기

01

이차방정식 $x^2-3x-2=0$의 두 근의 합이 이차방정식 $x^2+kx+3=0$의 한 근일 때, 상수 k의 값은?

① -6 ② -4 ③ -2

④ 2 ⑤ 3

02

이차방정식 $\dfrac{(x-1)(x-3)}{4}=\dfrac{x(x-2)}{3}$의 해가 $x=A\pm\sqrt{B}$일 때, $A+B$의 값을 구하시오.

(단, A, B는 유리수)

03

다음 이차방정식을 푸시오.

$$\frac{1}{10}(x-1)^2=0.5x^2-0.3(x+1)$$

04

이차방정식 $4\left(x+\dfrac{1}{2}\right)^2-4\left(x+\dfrac{1}{2}\right)-3=0$의 두 근을 α, β라 할 때, $\alpha-\beta$의 값은? (단, $\alpha>\beta$)

① -4 ② -2 ③ 2

④ 4 ⑤ 6

05

이차방정식 $x^2+(k-2)x-(2k-4)=0$이 중근을 갖도록 하는 상수 k의 값을 모두 구하시오.

06

이차방정식 $3x^2+px+q=0$의 두 근이 $\dfrac{2}{3}$, 3일 때, 이차방정식 $qx^2-5x+p=0$의 해를 구하시오.

(단, p, q는 상수)

07

이차방정식 $x^2+(m-5)x+16=0$의 두 근의 비가 $1:4$일 때, 양수 m의 값을 구하시오.

08

이차방정식 $x^2+kx+(k-1)=0$의 x의 계수와 상수항을 바꾸어 풀었더니 한 근이 $x=-2$이었다. 처음 이차방정식의 해를 구하시오. (단, k는 상수)

05 이차방정식의 활용

개념북 ❷ 105쪽 | 정답 및 풀이 ❷ 71쪽

수에 대한 문제

01 연속하는 두 자연수의 곱이 240일 때, 이 두 수의 합을 구하시오.

02 연속하는 세 자연수가 있다. 가장 큰 수의 제곱은 다른 두 수의 제곱의 합보다 5만큼 작다고 할 때, 이 세 수의 곱을 구하시오.

실생활에서의 활용

03 석현이네 반 학생들에게 공책 126권을 남김없이 똑같이 나누어 주려고 한다. 한 학생이 받는 공책의 권수가 석현이네 반 학생 수보다 15만큼 작다고 할 때, 석현이네 반의 학생 수와 한 학생이 받는 공책의 권수의 합을 구하시오.

04 3학년 모든 학급에 공 120개를 남김없이 똑같이 나누어 주려고 한다. 한 학급에 돌아가는 공의 수는 학급의 수보다 2만큼 적다고 할 때, 전체 학급의 수를 구하시오.

위로 쏘아 올린 물체에 대한 문제

05 지면으로부터 45 m의 높이에서 초속 40 m로 똑바로 위로 쏘아 올린 물체의 t초 후의 지면으로부터의 높이는 $(-5t^2+40t+45)$ m라 한다. 이 물체가 지면에 떨어지는 것은 쏘아 올린 지 몇 초 후인지 구하시오.

06 지면에서 초속 35 m로 똑바로 위로 던져 올린 물체의 t초 후의 높이는 $(35t-5t^2)$ m라 한다. 이 물체의 높이가 처음으로 지면으로부터 50 m가 되는 것은 던져 올린 지 몇 초 후인지 구하시오.

도형에 대한 문제

07 오른쪽 그림과 같이 가로, 세로의 길이가 각각 21 m, 18 m인 직사각형 모양의 땅에 폭이 일정한 길을 만들려고 한다. 길을 제외한 땅의 넓이가 270 m²일 때, 길의 폭을 구하시오.

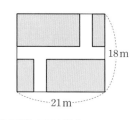

08 오른쪽 그림과 같은 두 정사각형의 넓이의 합이 65 cm²일 때, 작은 정사각형의 한 변의 길이를 구하시오.

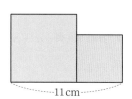

01

어떤 수 x에 5를 더하여 제곱해야 할 것을 잘못하여 x에 5를 더하여 2배하였더니 원래의 값보다 1만큼 커졌다. 어떤 수 x를 구하시오.

02

태민이는 동생보다 4살이 많고, 태민이의 나이의 제곱은 동생의 나이의 제곱의 2배보다 16살이 더 많다. 이때 동생의 나이를 구하시오.

03

어느 축구 선수가 위로 차 올린 축구공의 t초 후의 지면으로부터의 높이는 $(20t - 5t^2)$ m라 한다. 이 축구공이 15 m 높이에 있을 때는 공을 차 올린 지 몇 초 후인지 모두 구하시오.

04

자연수 1부터 n까지의 합은 $\dfrac{n(n+1)}{2}$이다. 자연수 1부터 k까지의 합이 153일 때, 자연수 k의 값을 구하시오.

05

아랫변의 길이와 높이가 서로 같은 사다리꼴이 있다. 윗변의 길이가 4 cm이고 넓이가 48 cm²일 때, 이 사다리꼴의 높이는?

① 4 cm   ② 5 cm   ③ 6 cm

④ 7 cm   ⑤ 8 cm

06

가로의 길이가 세로의 길이보다 4 m 더 긴 직사각형 모양의 꽃밭이 있다. 이 꽃밭의 가로의 길이를 5 m 늘이고, 세로의 길이를 1 m 줄였더니 넓이가 24 m²가 되었다. 처음 꽃밭의 세로의 길이를 구하시오.

07

가로, 세로의 길이가 각각 8 cm, 12 cm인 직사각형에서 가로의 길이는 매초 2 cm씩 늘어나고, 세로의 길이는 매초 1 cm씩 줄어들 때, 넓이가 처음 직사각형의 넓이와 같아지는 것은 몇 초 후인지 구하시오.

01

다음 **보기** 중 x에 대한 이차방정식의 개수를 구하시오.

> ─ 보기 ─
> ㄱ. $x+1=0$ ㄴ. $2x(x-3)+1=5$
> ㄷ. $(x+1)^2-4=0$ ㄹ. $x^2-2x=x(x-1)$
> ㅁ. $2x^2+3x-5$ ㅂ. $x(2+x^2)=x$

02

$x=a$가 이차방정식 $x^2-7x+1=0$의 한 근일 때, $a+\dfrac{1}{a}$의 값은?

① -7 ② -3 ③ -1
④ 3 ⑤ 7

03

이차방정식 $6x^2+11x-10=0$의 두 근 사이에 있는 정수의 개수는?

① 1 ② 2 ③ 3
④ 4 ⑤ 5

04

이차방정식 $6x^2-4x-a=0$의 한 근이 $x=1$일 때, 다른 한 근을 구하시오. (단, a는 상수)

05

이차방정식 $2x^2-12x+2k+4=0$이 중근을 가질 때, 상수 k의 값과 그 중근의 합은?

① 7 ② 8 ③ 9
④ 10 ⑤ 11

06

다음 이차방정식 중 두 근이 모두 음수인 것은?

① $x^2+2x=0$ ② $3x^2-12x+8=0$
③ $x^2-7x-18=0$ ④ $5x^2-8x+3=0$
⑤ $4x^2+28x+24=0$

07

이차방정식 $\dfrac{1}{3}x^2+\dfrac{1}{4}x-\dfrac{1}{4}=0$의 근이 $x=\dfrac{a\pm\sqrt{b}}{8}$일 때, $a+b$의 값은? (단, a, b는 유리수)

① 52 ② 54 ③ 56
④ 58 ⑤ 60

08

이차방정식 $\dfrac{1}{2}x^2+x-12=0$의 두 근 중 작은 근이 이차방정식 $x^2+ax-6=0$의 한 근일 때, 상수 a의 값을 구하시오.

09

다음 이차방정식 중 근의 개수가 나머지 넷과 <u>다른</u> 하나는?

① $x^2-6x+2=0$　　　② $x^2+5x-1=0$
③ $3x^2-x=1$　　　　④ $0.9x^2+3x+2.5=0$
⑤ $(x-4)(x-7)=-2$

10

x^2의 계수가 9이고 $x=\dfrac{2}{3}$를 중근으로 갖는 이차방정식을 $ax^2+bx+c=0$이라 할 때, $a-b+c$의 값은?

(단, a, b, c는 상수)

① 21　　　　② 23　　　　③ 25
④ 27　　　　⑤ 29

11

n명의 사람들이 한 명도 빠짐없이 서로 한 번씩 악수를 할 때의 총 횟수는 $\dfrac{n(n-1)}{2}$이라 한다. 동호네 모둠 학생들끼리 한 명도 빠짐없이 서로 한 번씩 악수를 한 총 횟수가 55라 할 때, 동호네 모둠 학생은 모두 몇 명인가?

① 9명　　　② 10명　　　③ 11명
④ 12명　　　⑤ 13명

서술형 문제

12

다음은 완전제곱식을 이용하여 $x^2-8x+9=0$의 해를 구하는 과정이다. A, B, C가 유리수일 때, $A+B-C$의 값을 구하시오. [5점]

$x^2-8x+9=0$에서 $x^2-8x=-9$
$x^2-8x+A=-9+A$
$(x-B)^2=C$
∴ $x=B\pm\sqrt{C}$

풀이

답

13

한 변의 길이가 x cm인 정사각형에서 가로의 길이를 6 cm만큼 줄이고, 세로의 길이를 12 cm만큼 늘여서 새로운 직사각형을 만들었더니 그 넓이가 88 cm^{2}가 되었다. 이때 원래 정사각형의 넓이를 구하시오. [5점]

풀이

답

01 이차함수 $y=ax^2$의 그래프

---

01 다음 중 이차함수가 <u>아닌</u> 것은?

① $y=1-3x^2$ ② $y=x^2+x$

③ $y=(x+1)^2-x$ ④ $y=(x+1)(x-2)$

⑤ $y=2x(x+1)-2x^2$

02 다음 **보기**에서 이차함수인 것을 모두 고르시오.

> • 보기 •
>
> ㄱ. $y=x^3+x^2$ ㄴ. $y=4x^2$
>
> ㄷ. $y=\dfrac{2}{x^2}+x$ ㄹ. $y=-x(x+1)$
>
> ㅁ. $y=(2x+1)(x+1)$
>
> ㅂ. $y=(x+3)^2-x^2$

03 이차함수 $f(x)=2x^2-4x+1$에 대하여
$f(2)=a$, $f(b)=-1$일 때, $a+b$의 값은?

① -3 ② -2 ③ -1

④ 1 ⑤ 2

---

04 이차함수 $f(x)=x^2-6x+8$에서 $f(a)=3$이 되도록 하는 a의 값을 모두 구하시오.

05 다음 중 이차함수 $y=ax^2$의 그래프에 대한 설명으로 옳지 <u>않은</u> 것은? (단, a는 상수)

① y축에 대칭이다.

② 꼭짓점의 좌표는 $(0, 0)$이다.

③ $a>0$일 때, 아래로 볼록한 포물선이다.

④ a의 절댓값이 클수록 그래프의 폭이 넓어진다.

⑤ 이차함수 $y=-ax^2$의 그래프와 x축에 서로 대칭이다.

06 다음 중 이차함수 $y=-3x^2$의 그래프에 대한 설명으로 옳은 것은?

① 점 $(2, 12)$를 지난다.

② 아래로 볼록한 포물선이다.

③ 꼭짓점의 좌표는 $(-3, 0)$이다.

④ $x>0$일 때, x의 값이 증가하면 y의 값은 감소한다.

⑤ 이차함수 $y=x^2$의 그래프와 x축에 서로 대칭이다.

07 이차함수 $y=\dfrac{3}{4}x^2$의 그래프가 점 $(-4, k)$를 지날 때, k의 값을 구하시오.

08 이차함수 $y=ax^2$의 그래프가 두 점 $(3, 3)$, $(-2, b)$를 지날 때, $a-b$의 값을 구하시오. (단, a는 상수)

09 오른쪽 그림과 같이 꼭짓점이 원점이고, 점 $(-4, -12)$를 지나는 포물선을 그래프로 하는 이차함수의 식을 구하시오.

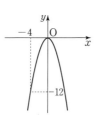

10 원점을 꼭짓점으로 하고, y축을 축으로 하며 점 $(2, 12)$를 지나는 포물선을 그래프로 하는 이차함수의 식을 구하시오.

11 다음 이차함수의 그래프 중 아래로 볼록하면서 폭이 가장 넓은 것은?

① $y=5x^2$ ② $y=\dfrac{1}{2}x^2$ ③ $y=x^2$

④ $y=-\dfrac{3}{4}x^2$ ⑤ $y=-2x^2$

12 다음 이차함수의 그래프 중 이차함수 $y=-x^2$의 그래프보다 폭이 좁은 것은?

① $y=\dfrac{3}{2}x^2$ ② $y=\dfrac{1}{4}x^2$ ③ $y=-\dfrac{1}{3}x^2$

④ $y=-\dfrac{2}{5}x^2$ ⑤ $y=-\dfrac{2}{3}x^2$

13 이차함수 $y=-4x^2$의 그래프와 x축에 서로 대칭인 그래프를 나타내는 이차함수의 식은?

① $y=\dfrac{1}{4}x^2$ ② $y=2x^2$ ③ $y=4x^2$

④ $y=-\dfrac{1}{4}x^2$ ⑤ $y=-2x^2$

14 오른쪽 그림과 같은 이차함수의 그래프와 x축에 서로 대칭인 그래프를 나타내는 이차함수의 식을 구하시오.

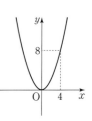

01

다음 중 y가 x에 대한 이차함수인 것을 모두 고르면?

(정답 2개)

① 한 모서리의 길이가 x cm인 정육면체의 겉넓이 y cm²
② 한 변의 길이가 x cm인 정삼각형의 둘레의 길이 y cm
③ 밑변의 길이가 x cm, 높이가 $3x$ cm인 평행사변형의 넓이 y cm²
④ 밑변의 길이가 5 cm, 높이가 $(4x+2)$ cm인 삼각형의 넓이 y cm²
⑤ 자동차를 타고 시속 60 km로 x시간 동안 이동한 거리 y km

02

이차함수 $f(x)=ax^2+x-3$에 대하여 $f(-1)=-2$, $f(3)=b$일 때, $a+b$의 값을 구하시오. (단, a는 상수)

03

다음 중 이차함수 $y=-x^2$의 그래프에 대한 설명으로 옳은 것은?

① x축에 대칭이다.
② 꼭짓점의 좌표는 $(0, -1)$이다.
③ 아래로 볼록한 포물선이다.
④ 제3, 4사분면을 지난다.
⑤ $x<0$일 때, x의 값이 증가하면 y의 값은 감소한다.

04

이차함수 $y=-2x^2$의 그래프가 점 $(a, 4a)$를 지날 때, a의 값을 구하시오. (단, $a\neq0$)

05

세 이차함수 $y=ax^2$, $y=-\dfrac{1}{2}x^2$, $y=-2x^2$의 그래프가 오른쪽 그림과 같을 때, 다음 중 상수 a의 값이 될 수 있는 것은?

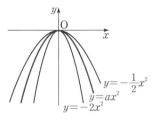

① -3
② -1
③ $-\dfrac{1}{4}$
④ 1
⑤ 4

06

다음 중 이차함수 $y=2x^2$의 그래프와 x축에 서로 대칭인 그래프가 지나는 점이 <u>아닌</u> 것은?

① $(-1, -2)$
② $(0, 0)$
③ $(1, -2)$
④ $(2, 8)$
⑤ $(3, -18)$

07

다음 **보기**의 이차함수의 그래프에 대한 설명으로 옳지 <u>않은</u> 것은?

┌ 보기 ┐

ㄱ. $y=x^2$	ㄴ. $y=-4x^2$	ㄷ. $y=4x^2$
ㄹ. $y=-\dfrac{1}{2}x^2$	ㅁ. $y=\dfrac{1}{3}x^2$	ㅂ. $y=-3x^2$

① 그래프의 폭이 가장 넓은 것은 ㅁ이다.
② 그래프가 위로 볼록한 것은 ㄴ, ㄹ, ㅂ이다.
③ 꼭짓점의 좌표는 모두 $(0, 0)$이다.
④ 그래프가 제1, 2사분면을 지나는 것은 ㄱ, ㄷ, ㅁ이다.
⑤ 그래프가 x축에 서로 대칭인 것은 ㅁ과 ㅂ이다.

02 이차함수 $y=a(x-p)^2+q$의 그래프

개념북 ◐ 124쪽~125쪽 | 정답 및 풀이 ◐ 75쪽

이차함수의 그래프 찾기

01 다음 중 이차함수 $y=-x^2+6$의 그래프가 될 수 있는 것은?

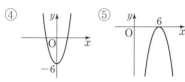

02 다음 중 이차함수 $y=3(x+2)^2-4$의 그래프가 될 수 있는 것은?

이차함수 $y=ax^2+q$의 그래프

03 이차함수 $y=ax^2$의 그래프를 y축의 방향으로 -3만큼 평행이동하면 점 $(-2, 5)$를 지날 때, 상수 a의 값을 구하시오.

04 다음 중 이차함수 $y=x^2$의 그래프를 y축의 방향으로 4만큼 평행이동한 그래프에 대한 설명으로 옳지 <u>않은</u> 것은?

① 점 $(-2, 8)$을 지난다.

② 아래로 볼록한 포물선이다.

③ 축의 방정식은 $x=0$이다.

④ 꼭짓점의 좌표는 $(0, -4)$이다.

⑤ $x<0$일 때, x의 값이 증가하면 y의 값은 감소한다.

이차함수 $y=a(x-p)^2$의 그래프

05 이차함수 $y=-5x^2$의 그래프를 x축의 방향으로 3만큼 평행이동하면 점 $(1, m)$을 지난다. 이때 m의 값을 구하시오.

06 다음 중 이차함수 $y=-4(x-1)^2$의 그래프에 대한 설명으로 옳은 것은?

① 제1, 2사분면을 지난다.

② 아래로 볼록한 포물선이다.

③ 축의 방정식은 $x=1$이다.

④ 꼭짓점의 좌표는 $(-1, 0)$이다.

⑤ 이차함수 $y=4x^2$의 그래프를 x축의 방향으로 1만큼 평행이동한 것이다.

이차함수 $y=a(x-p)^2+q$의 그래프

07 이차함수 $y=2(x-p)^2+1$의 그래프는 이차함수 $y=ax^2$의 그래프를 x축의 방향으로 3만큼, y축의 방향으로 q만큼 평행이동한 것이다. 이때 $a+p+q$의 값을 구하시오. (단, a, p는 상수)

08 다음 중 이차함수 $y=4(x+2)^2-5$의 그래프에 대한 설명으로 옳은 것은?

① 축의 방정식은 $x=2$이다.
② 위로 볼록한 포물선이다.
③ 꼭짓점의 좌표는 $(-2, 5)$이다.
④ y축과 만나는 점의 좌표는 $(0, -5)$이다.
⑤ 이차함수 $y=4x^2$의 그래프와 폭이 같다.

이차함수의 그래프에서 증가, 감소하는 범위

09 이차함수 $y=(x-5)^2+1$의 그래프에서 x의 값이 증가하면 y의 값도 증가하는 x의 값의 범위를 구하시오.

10 이차함수 $y=-3x^2$의 그래프를 x축의 방향으로 -4만큼, y축의 방향으로 -6만큼 평행이동한 그래프에서 x의 값이 증가하면 y의 값은 감소하는 x의 값의 범위를 구하시오.

이차함수 $y=a(x-p)^2+q$의 그래프에서 a, p, q의 부호

11 이차함수 $y=a(x-p)^2-q$의 그래프가 오른쪽 그림과 같을 때, 상수 a, p, q의 부호를 정하시오.

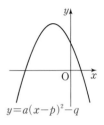

12 이차함수 $y=a(x+p)^2+q$의 그래프가 오른쪽 그림과 같을 때, 상수 a, p, q의 부호를 정하시오.

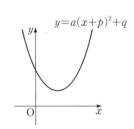

이차함수 $y=a(x-p)^2+q$의 그래프의 평행이동

13 이차함수 $y=5(x+1)^2-6$의 그래프를 x축의 방향으로 -3만큼, y축의 방향으로 4만큼 평행이동한 그래프를 나타내는 이차함수의 식을 구하시오.

14 이차함수 $y=-(x-3)^2+1$의 그래프를 x축의 방향으로 p만큼, y축의 방향으로 q만큼 평행이동하였더니 이차함수 $y=-x^2$의 그래프와 일치하였다. 이때 $p+q$의 값을 구하시오.

01

이차함수 $y=-3x^2$의 그래프를 y축의 방향으로 1만큼 평행이동한 그래프의 꼭짓점의 좌표를 구하시오.

02

이차함수 $y=2x^2$의 그래프를 x축의 방향으로 -3만큼 평행이동한 그래프가 점 $(-2, m)$을 지난다. 이때 m의 값을 구하시오.

03

다음 중 이차함수 $y=3(x-5)^2$의 그래프에 대한 설명으로 옳은 것을 모두 고르면? (정답 2개)

① 축의 방정식은 $x=5$이다.
② 꼭짓점의 좌표는 $(0, 5)$이다.
③ 제1, 2사분면을 지난다.
④ 위로 볼록한 포물선이다.
⑤ $x<5$일 때, x의 값이 증가하면 y의 값도 증가한다.

04

이차함수 $y=\dfrac{1}{2}x^2$의 그래프와 x축에 서로 대칭인 그래프를 x축의 방향으로 2만큼, y축의 방향으로 4만큼 평행이동한 그래프를 나타내는 이차함수의 식을 구하시오.

05

오른쪽 그림과 같이 꼭짓점의 좌표가 $(-2, 3)$이고 x축과의 교점 중 한 점의 좌표가 $(1, 0)$인 포물선을 그래프로 하는 이차함수의 식이

$y=a(x-p)^2+q$일 때, apq의 값은?

（단, a, p, q는 상수)

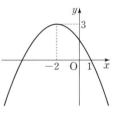

① -2　　② -1　　③ 1
④ 2　　⑤ 3

06

이차함수 $y=a(x+p)^2-q$의 그래프가 오른쪽 그림과 같을 때, 상수 a, p, q의 부호를 정하시오.

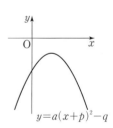

07

이차함수 $y=x^2-6$의 그래프를 x축의 방향으로 m만큼, y축의 방향으로 n만큼 평행이동하였더니 이차함수 $y=(x+4)^2-1$의 그래프와 일치하였다. 이때 mn의 값은?

① -20　　② -16　　③ -12
④ -10　　⑤ -8

01

다음 중 이차함수인 것을 모두 고르면? (정답 2개)

① $y=\dfrac{1}{x^2}-2$ ② $x^2-y=0$

③ $y=3x+9$ ④ $y=x^2+(1-x)^2$

⑤ $y=2x^3+(2x+1)^2$

02

다음 중 이차함수 $y=-\dfrac{1}{3}x^2$의 그래프에 대한 설명으로 옳지 <u>않은</u> 것은?

① 꼭짓점의 좌표는 $(0,\ 0)$이다.
② 제3, 4사분면을 지난다.
③ $x<0$일 때, x의 값이 증가하면 y의 값은 감소한다.
④ $x>0$일 때, x의 값이 증가하면 y의 값은 감소한다.
⑤ 일차함수 $y=\dfrac{1}{3}x^2$의 그래프와 x축에 서로 대칭이다.

03

네 이차함수 $y=\dfrac{3}{5}x^2$, $y=2x^2$,

$y=-\dfrac{3}{5}x^2$, $y=-2x^2$의 그래프가

오른쪽 그림과 같다. 그래프 ㉠이 점 $(5,\ a)$를 지날 때, a의 값을 구하시오.

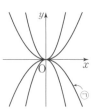

04

다음 중 아래의 조건을 모두 만족시키는 이차함수의 그래프의 식은?

> ㈎ 원점을 꼭짓점으로 하고 y축을 축으로 하는 포물선이다.
>
> ㈏ 이차함수 $y=\dfrac{1}{3}x^2$의 그래프보다 폭이 넓다.
>
> ㈐ $x>0$일 때, x의 값이 증가하면 y의 값은 감소한다.

① $y=-\dfrac{1}{4}x^2$ ② $y=-\dfrac{1}{2}x^2$ ③ $y=\dfrac{1}{4}x^2$

④ $y=\dfrac{1}{2}x^2$ ⑤ $y=x^2$

05

오른쪽 그림과 같이 원점을 꼭짓점으로 하고 점 $\left(\dfrac{1}{2},\ -1\right)$을 지나는 포물선을 그래프로 하는 이차함수의 식을 구하시오.

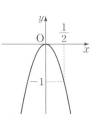

06

이차함수 $y=a(x-1)^2+12$의 그래프는 이차함수 $y=3x^2$의 그래프를 x축의 방향으로 p만큼, y축의 방향으로 q만큼 평행이동한 것이다. 이때 a^2+p^2+q의 값은? (단, a는 상수)

① 20 ② 21 ③ 22

④ 23 ⑤ 24

07

이차함수 $y=-3x^2$의 그래프를 x축의 방향으로 k만큼, y축의 방향으로 -1만큼 평행이동한 그래프가 점 $(3, -1)$을 지날 때, k의 값은?

① -1 ② 0 ③ 1

④ 2 ⑤ 3

08

일차함수 $y=ax+b$의 그래프가 오른쪽 그림과 같을 때, 다음 중 이차함수 $y=(x-a)^2+b$의 그래프가 될 수 있는 것은? (단, a, b는 상수)

①   ②   ③

④   ⑤

09

이차함수 $y=(x-p)^2+2p^2$의 그래프의 꼭짓점이 직선 $y=-x+1$ 위에 있을 때, 양수 p의 값은?

① $\dfrac{1}{3}$ ② $\dfrac{1}{2}$ ③ 1

④ 2 ⑤ 3

서술형 문제

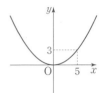

10

이차함수 $y=ax^2$의 그래프가 오른쪽 그림과 같을 때, 다음 물음에 답하시오. [4점]

(1) 상수 a의 값을 구하시오. [2점]

(2) 이 그래프가 점 $(-10, m)$을 지날 때, m의 값을 구하시오. [2점]

풀이

답

11

이차함수 $y=\dfrac{1}{2}x^2$의 그래프를 x축의 방향으로 2만큼, y축의 방향으로 -7만큼 평행이동한 그래프가 점 $(a, -5)$를 지날 때, a의 값을 구하시오. (단, $a \neq 0$)

[5점]

풀이

답

01 이차함수 $y=ax^2+bx+c$의 그래프

이차함수 $y=ax^2+bx+c$의 그래프 그리기

01 다음 중 이차함수 $y=-3x^2+6x+2$의 그래프는?

 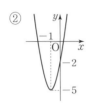 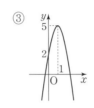

02 이차함수 $y=x^2+4x$의 그래프가 지나는 사분면을 모두 구하시오.

이차함수 $y=ax^2+bx+c$의 그래프

03 이차함수 $y=x^2+kx-2$의 그래프가 점 $(-3, 1)$을 지날 때, 이 그래프의 꼭짓점의 좌표를 (p, q), 축의 방정식을 $x=m$이라 한다. 이때 $p+q+m$의 값은?
(단, k는 상수)

① -9 ② -7 ③ -5
④ -3 ⑤ -1

04 이차함수 $y=-2x^2+4ax-10$의 그래프가 점 $(1, 4)$를 지날 때, 이 그래프의 축의 방정식을 구하시오.
(단, a는 상수)

이차함수 $y=ax^2+bx+c$의 그래프의 성질

05 다음 중 이차함수 $y=\dfrac{1}{2}x^2-x+\dfrac{7}{2}$의 그래프에 대한 설명으로 옳지 <u>않은</u> 것은?

① 꼭짓점의 좌표는 $(1, 3)$이다.
② 축의 방정식은 $x=-1$이다.
③ 이차함수 $y=\dfrac{1}{2}x^2$의 그래프와 모양이 같다.
④ 아래로 볼록한 포물선이다.
⑤ 제1, 2사분면을 지난다.

06 다음 **보기**에서 이차함수 $y=-2x^2+8x+3$의 그래프에 대한 설명으로 옳은 것을 모두 고르시오.

> **보기**
> ㄱ. 꼭짓점의 좌표는 $(2, 11)$이다.
> ㄴ. y축과의 교점의 좌표는 $(0, 11)$이다.
> ㄷ. $x>2$일 때, x의 값이 증가하면 y의 값은 감소한다.
> ㄹ. 제3사분면을 지나지 않는다.
> ㅁ. 축의 방정식은 $x=2$이다.

이차함수 $y=ax^2+bx+c$의 그래프의 평행이동

07 이차함수 $y=x^2+2x+3$의 그래프를 x축의 방향으로 -2만큼, y축의 방향으로 -1만큼 평행이동한 그래프의 꼭짓점의 좌표를 구하시오.

08 이차함수 $y=-2x^2-1$의 그래프를 x축의 방향으로 m만큼, y축의 방향으로 n만큼 평행이동한 그래프를 나타내는 이차함수의 식이 $y=-2x^2-4x+6$일 때, $m+n$의 값은?

① -8 ② -3 ③ 1
④ 3 ⑤ 8

이차함수 $y=ax^2+bx+c$의 그래프에서 a, b, c의 부호

09 이차함수 $y=ax^2+bx+c$의 그래프가 오른쪽 그림과 같을 때, 다음 중 옳은 것은?
(단, a, b, c는 상수)

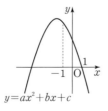

① $ab<0$ ② $ac>0$
③ $bc<0$ ④ $a+b+c>0$
⑤ $a-b+c<0$

10 이차함수 $y=ax^2+bx+c$의 그래프가 오른쪽 그림과 같을 때, 이차함수 $y=cx^2+bx+a$의 그래프의 꼭짓점은 제몇 사분면 위에 있는지 구하시오. (단, a, b, c는 상수)

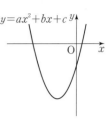

이차함수의 그래프와 삼각형의 넓이

11 오른쪽 그림과 같이 이차함수 $y=-x^2+4x+12$의 그래프와 x축과의 교점을 각각 A, B라 하고, y축과의 교점을 C라 할 때, △ABC의 넓이를 구하시오.

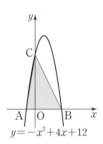

12 오른쪽 그림과 같이 이차함수 $y=ax^2+6$의 그래프와 x축과의 교점을 각각 A, B라 하고, y축과의 교점을 C라 하자. △ABC의 넓이가 12일 때, 상수 a의 값을 구하시오.

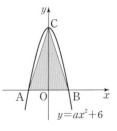

02 이차함수의 식 구하기

개념북 ▶ 140쪽 | 정답 및 풀이 ▶ 78쪽

꼭짓점의 좌표 또는 축의 방정식을 알 때, 이차함수의 식 구하기

01 꼭짓점의 좌표가 $(2, 3)$이고 점 $(0, 5)$를 지나는 포물선을 그래프로 하는 이차함수의 식을 구하시오.

02 축의 방정식이 $x=-2$이고 y축과 만나는 점의 y좌표가 1인 이차함수의 그래프가 두 점 $(-5, 6)$, $(-1, k)$를 지날 때, k의 값을 구하시오.

y축과의 교점과 두 점을 알 때, 이차함수의 식 구하기

03 세 점 $(0, 3)$, $(1, 0)$, $(2, 5)$를 지나는 포물선을 그래프로 하는 이차함수의 식을 $y=ax^2+bx+c$라 할 때, $a-b+c$의 값을 구하시오. (단, a, b, c는 상수)

04 세 점 $(0, -1)$, $(1, 1)$, $(-1, -7)$을 지나는 이차함수의 그래프의 꼭짓점의 좌표를 구하시오.

x축과 만나는 두 점을 알 때, 이차함수의 식 구하기

05 이차함수 $y=ax^2+bx+c$의 그래프가 x축과 두 점 $(-2, 0)$, $(3, 0)$에서 만나고 점 $(2, -4)$를 지난다. 이때 abc의 값을 구하시오. (단, a, b, c는 상수)

06 이차함수 $y=-\dfrac{1}{2}x^2$의 그래프와 모양이 같고, x축과 두 점 $(1, 0)$, $(4, 0)$에서 만나는 이차함수의 그래프가 y축과 만나는 점의 좌표를 구하시오.

01

이차함수 $y=2x^2+8x+5$의 그래프의 꼭짓점의 좌표와 축의 방정식을 구하시오.

02

이차함수 $y=-3x^2-6x+2$의 그래프의 꼭짓점이 이차함수 $y=2x^2-x+k$의 그래프 위에 있을 때, 상수 k의 값을 구하시오.

03

이차함수 $y=-x^2+6x+c$의 그래프가 제1사분면을 지나지 않도록 하는 상수 c의 값의 범위를 구하시오.

04

이차함수 $y=2x^2+4x+3$의 그래프를 x축의 방향으로 m만큼, y축의 방향으로 -2만큼 평행이동하였더니 이차함수 $y=2x^2-8x+n$의 그래프가 되었다. 이때 $m+n$의 값을 구하시오. (단, n은 상수)

05

이차함수 $y=ax^2+bx+c$의 그래프가 오른쪽 그림과 같을 때, 다음 중 옳지 <u>않은</u> 것은?

(단, a, b, c는 상수)

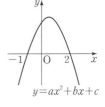

① $a<0$ ② $b<0$

③ $c>0$ ④ $a-b+c=0$

⑤ $a+b+c>0$

06

오른쪽 그림은 이차함수 $y=ax^2+bx+c$의 그래프이다. 이 이차함수의 그래프가 점 $(1, k)$를 지날 때, k의 값을 구하시오.

(단, a, b, c는 상수)

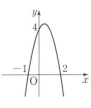

07

오른쪽 그림과 같이 꼭짓점의 좌표가 $(2, 8)$이고 y축과 만나는 점의 y좌표가 6인 이차함수의 그래프가 x축과 두 점 A, B에서 만날 때, 두 점 A, B 사이의 거리를 구하시오.

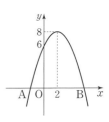

01

이차함수 $y=2x^2-4x+5$를 $y=a(x-p)^2+q$의 꼴로 나타낼 때, 상수 a, p, q에 대하여 $a+p+q$의 값은?

① 2   ② 3   ③ 4

④ 5   ⑤ 6

02

다음 이차함수 중 그 그래프의 축이 가장 오른쪽에 있는 것은?

① $y=x^2-3$ ② $y=(x-2)^2+5$

③ $y=x^2-6x+9$ ④ $y=-(x+1)^2+4$

⑤ $y=-2x^2+8x$

03

다음 **보기**에서 이차함수의 그래프가 제3사분면을 지나는 것을 모두 고른 것은?

> **보기**
>
> ㄱ. $y=x^2+3$ ㄴ. $y=-2x^2+8x-5$
>
> ㄷ. $y=\dfrac{1}{3}x^2-2x+1$ ㄹ. $y=\dfrac{1}{2}x^2+2x-3$

① ㄱ, ㄴ   ② ㄱ, ㄷ   ③ ㄱ, ㄹ

④ ㄴ, ㄷ   ⑤ ㄴ, ㄹ

04

이차함수 $y=-3x^2-6x-1$의 그래프에서 x의 값이 증가하면 y의 값도 증가하는 x의 값의 범위는?

① $x<-1$ ② $x>-1$ ③ $x<0$

④ $x<1$ ⑤ $x>1$

05

다음 중 이차함수 $y=-2x^2-4x+3$의 그래프에 대한 설명으로 옳지 <u>않은</u> 것은?

① 축의 방정식은 $x=1$이다.

② 위로 볼록한 포물선이다.

③ x축과 두 점에서 만난다.

④ 이차함수 $y=-2x^2$의 그래프를 x축의 방향으로 -1만큼, y축의 방향으로 5만큼 평행이동한 것이다.

⑤ y축과의 교점의 좌표는 $(0,\ 3)$이다.

06

이차함수 $y=-x^2+6x-14$의 그래프를 x축의 방향으로 m만큼, y축의 방향으로 n만큼 평행이동한 그래프를 나타내는 이차함수의 식이 $y=-x^2+10x-22$일 때, $m+n$의 값은?

① 6   ② 7   ③ 8

④ 9   ⑤ 10

07

이차함수 $y=ax^2+bx+c$의 그래프가 오른쪽 그림과 같을 때, 다음 중 옳은 것은? (단, a, b, c는 상수)

① $b<0$ ② $c<0$

③ $ab>0$ ④ $a-b+c>0$

⑤ $a-b<0$

08

오른쪽 그림과 같이 이차함수
$y=-\dfrac{1}{2}x^2-x+4$의 그래프의 꼭
짓점을 A, x축과의 교점을 각각
B, C라 할 때, $\triangle ABC$의 넓이를
구하시오.

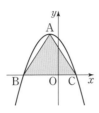

09

꼭짓점의 좌표가 $(-2, 3)$이고 점 $(0, -5)$를 지나는
포물선을 그래프로 하는 이차함수의 식을
$y=ax^2+bx+c$라 할 때, $2a+b-c$의 값은?
(단, a, b, c는 상수)

① -7 ② -5 ③ -3

④ 3 ⑤ 5

10

이차함수 $y=ax^2+bx+7$의 그래프가 두 점
$(-1, 17)$, $(1, 1)$을 지날 때, 상수 a, b에 대하여
a^2+b^2의 값은?

① 50 ② 53 ③ 61

④ 68 ⑤ 70

서술형 문제

11

이차함수 $y=-\dfrac{3}{4}x^2+3x-1$의 그래프에 대하여 다음
물음에 답하시오. [5점]

(1) 꼭짓점의 좌표를 구하시오. [2점]
(2) 축의 방정식을 구하시오. [1점]
(3) 그래프가 지나지 않는 사분면을 구하시오. [2점]

풀이

답

12

다음 포물선을 그래프로 하는 이차함수의 식을
$y=ax^2+bx+c$의 꼴로 나타내시오.
(단, a, b, c는 상수) [8점]

㉮ 꼭짓점의 좌표가 $(-2, 0)$이고 점 $(-5, 5)$를 지
나는 포물선
㉯ 축의 방정식이 $x=1$이고 두 점 $(-1, 9)$, $(2, 3)$
을 지나는 포물선
㉰ y축과 점 $(0, 2)$에서 만나고 두 점 $(-1, 4)$,
$(1, 4)$를 지나는 포물선
㉱ x축과 두 점 $(-3, 0)$, $(2, 0)$에서 만나고 점
$(-2, 2)$를 지나는 포물선

풀이

답

Memo

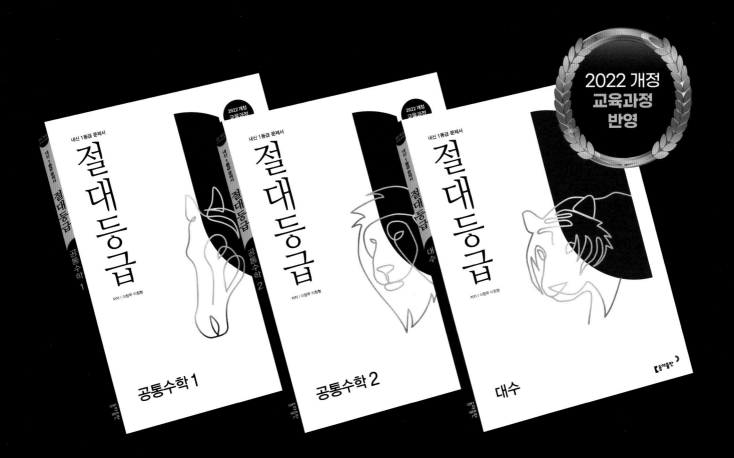

1등급의 절대기준

고등 수학 내신 1등급 문제서

대성마이맥 이창무 집필
수학 최상위 레벨 대표 강사

타임 어택 1, 3, 7분컷
실전 감각 UP

적중률 높이는 기출
교육 특구 및 전국 500개 학교 분석

1등급 확정
변별력 갖춘 A·B·C STEP

공통수학1, 공통수학2, 대수, 미적분Ⅰ, 확률과 통계, 미적분Ⅱ

수매씽 개념 중학 수학 3·1

내신과 등업을 위한 강력한 한 권!

개념 연산서 **수매씽 개념연산**
중등 : 1~3학년 1·2학기

개념 기본서 **수매씽 개념**
중등 : 1~3학년 1·2학기
고등 (22개정) : 공통수학1, 공통수학2

유형 기본서 **수매씽**
중등 : 1~3학년 1·2학기
고등 (15개정) : 수학(상), 수학(하), 수학I, 수학II, 확률과 통계, 미적분
고등 (22개정) : 공통수학1, 공통수학2

동아출판

📞 **Telephone** 1644-0600
🏠 **Homepage** www.bookdonga.com
✉ **Address** 서울시 영등포구 은행로 30 (우 07242)

• 정답 및 풀이는 동아출판 홈페이지 내 학습자료실에서 내려받을 수 있습니다.
• 교재에서 발견된 오류는 동아출판 홈페이지 내 정오표에서 확인 가능하며, 잘못 만들어진 책은 구입처에서 교환해 드립니다.
• 학습 상담, 제안 사항, 오류 신고 등 어떠한 이야기라도 들려주세요.

모바일 빠른 정답

수
매씽
MATHING

개념

정답 및 풀이

중학 수학 3·1

동아출판

I. 실수와 그 연산

1 제곱근과 실수

01 제곱근의 뜻과 표현

─ 7쪽~8쪽 ─

1 36, 36, 6, −6

1-❶ 100, 100, 10, −10

2 (1) ±1 (2) ±8 (3) 없다. (4) $\pm\dfrac{2}{5}$ (5) ±0.1

　 (6) ±0.6

2-❶ (1) ±7 (2) 0 (3) $\pm\dfrac{1}{4}$ (4) $\pm\dfrac{3}{8}$ (5) 없다.

　 (6) ±0.9

3 (1) ±5 (2) ±9 (3) ±1 (4) ±7 (5) $\pm\dfrac{1}{6}$

　 (6) $\pm\dfrac{3}{11}$

3-❶ (1) ±4 (2) ±10 (3) ±2 (4) ±12 (5) $\pm\dfrac{1}{8}$

　 (6) $\pm\dfrac{5}{13}$

4 (1) $\pm\sqrt{5}$ (2) $\pm\sqrt{11}$ (3) $\pm\sqrt{\dfrac{1}{2}}$ (4) $\pm\sqrt{0.8}$

4-❶ (1) $\pm\sqrt{8}$ (2) $\pm\sqrt{23}$ (3) $\pm\sqrt{\dfrac{3}{7}}$ (4) $\pm\sqrt{0.6}$

5 (1) 2 (2) −5 (3) 0.3 (4) $-\dfrac{7}{10}$

5-❶ (1) 3 (2) −6 (3) −0.4 (4) $\dfrac{12}{5}$

6 (1) ㉡ (2) ㉢ (3) ㉠ (4) ㉡

6-❶ (1) $\sqrt{10}$ (2) $-\sqrt{15}$ (3) $\pm\sqrt{0.3}$ (4) $\sqrt{13}$ (5) 4 (6) 5

---

2 (3) 음수의 제곱근은 없으므로 $-\dfrac{1}{9}$의 제곱근은 없다.

　(4) $\left(\dfrac{2}{5}\right)^2=\left(-\dfrac{2}{5}\right)^2=\dfrac{4}{25}$이므로 $\dfrac{4}{25}$의 제곱근은 $\pm\dfrac{2}{5}$이다.

　(5) $0.1^2=(-0.1)^2=0.01$이므로 0.01의 제곱근은 ±0.1이다.

　(6) $0.6^2=(-0.6)^2=0.36$이므로 0.36의 제곱근은 ±0.6이다.

2-❶ (3) $\left(\dfrac{1}{4}\right)^2=\left(-\dfrac{1}{4}\right)^2=\dfrac{1}{16}$이므로 $\dfrac{1}{16}$의 제곱근은 $\pm\dfrac{1}{4}$이다.

　(4) $\left(\dfrac{3}{8}\right)^2=\left(-\dfrac{3}{8}\right)^2=\dfrac{9}{64}$이므로 $\dfrac{9}{64}$의 제곱근은 $\pm\dfrac{3}{8}$이다.

　(5) 음수의 제곱근은 없으므로 −0.25의 제곱근은 없다.

　(6) $0.9^2=(-0.9)^2=0.81$이므로 0.81의 제곱근은 ±0.9이다.

3 (1) $5^2=25$이고 $5^2=(-5)^2=25$이므로

　　　5^2의 제곱근은 ±5이다.

　(2) $9^2=81$이고 $9^2=(-9)^2=81$이므로

　　　9^2의 제곱근은 ±9이다.

　(3) $(-1)^2=1$이고 $1^2=(-1)^2=1$이므로

　　　$(-1)^2$의 제곱근은 ±1이다.

---

　(4) $(-7)^2=49$이고 $7^2=(-7)^2=49$이므로

　　　$(-7)^2$의 제곱근은 ±7이다.

　(5) $\left(\dfrac{1}{6}\right)^2=\dfrac{1}{36}$이고 $\left(\dfrac{1}{6}\right)^2=\left(-\dfrac{1}{6}\right)^2=\dfrac{1}{36}$이므로

　　　$\left(\dfrac{1}{6}\right)^2$의 제곱근은 $\pm\dfrac{1}{6}$이다.

　(6) $\left(-\dfrac{3}{11}\right)^2=\dfrac{9}{121}$이고 $\left(\dfrac{3}{11}\right)^2=\left(-\dfrac{3}{11}\right)^2=\dfrac{9}{121}$이므로

　　　$\left(-\dfrac{3}{11}\right)^2$의 제곱근은 $\pm\dfrac{3}{11}$이다.

3-❶ (1) $4^2=16$이고 $4^2=(-4)^2=16$이므로

　　　4^2의 제곱근은 ±4이다.

　(2) $10^2=100$이고 $10^2=(-10)^2=100$이므로

　　　10^2의 제곱근은 ±10이다.

　(3) $(-2)^2=4$이고 $2^2=(-2)^2=4$이므로

　　　$(-2)^2$의 제곱근은 ±2이다.

　(4) $(-12)^2=144$이고 $12^2=(-12)^2=144$이므로

　　　$(-12)^2$의 제곱근은 ±12이다.

　(5) $\left(\dfrac{1}{8}\right)^2=\dfrac{1}{64}$이고 $\left(\dfrac{1}{8}\right)^2=\left(-\dfrac{1}{8}\right)^2=\dfrac{1}{64}$이므로

　　　$\left(\dfrac{1}{8}\right)^2$의 제곱근은 $\pm\dfrac{1}{8}$이다.

　(6) $\left(-\dfrac{5}{13}\right)^2=\dfrac{25}{169}$이고 $\left(\dfrac{5}{13}\right)^2=\left(-\dfrac{5}{13}\right)^2=\dfrac{25}{169}$이므로

　　　$\left(-\dfrac{5}{13}\right)^2$의 제곱근은 $\pm\dfrac{5}{13}$이다.

5 (1) $\sqrt{4}$는 4의 양의 제곱근이므로 $\sqrt{4}=2$

　(2) $-\sqrt{25}$는 25의 음의 제곱근이므로 $-\sqrt{25}=-5$

　(3) $\sqrt{0.09}$는 0.09의 양의 제곱근이므로 $\sqrt{0.09}=0.3$

　(4) $-\sqrt{\dfrac{49}{100}}$는 $\dfrac{49}{100}$의 음의 제곱근이므로

　　　$-\sqrt{\dfrac{49}{100}}=-\dfrac{7}{10}$

5-❶ (1) $\sqrt{9}$는 9의 양의 제곱근이므로 $\sqrt{9}=3$

　(2) $-\sqrt{36}$은 36의 음의 제곱근이므로

　　　$-\sqrt{36}=-6$

　(3) $-\sqrt{0.16}$은 0.16의 음의 제곱근이므로

　　　$-\sqrt{0.16}=-0.4$

　(4) $\sqrt{\dfrac{144}{25}}$는 $\dfrac{144}{25}$의 양의 제곱근이므로

　　　$\sqrt{\dfrac{144}{25}}=\dfrac{12}{5}$

6 (1) 6의 양의 제곱근 : $\sqrt{6}$ (㉡)

　(2) 6의 음의 제곱근 : $-\sqrt{6}$ (㉢)

　(3) 6의 제곱근 : $\pm\sqrt{6}$ (㉠)

　(4) 제곱근 6 : $\sqrt{6}$ (㉡)

6-❶ (5) 16의 양의 제곱근은 $\sqrt{16}=4$

　(6) 제곱근 25는 $\sqrt{25}=5$

01 ②	02 ③, ⑤	03 ①, ④	04 ②
05 ⑤	06 ②		

01 ① 4의 제곱근은 ±2이다.
　③ x가 a의 양의 제곱근이면 $x^2=a$이다.
　④ 제곱근 17은 $\sqrt{17}$이다.
　⑤ 0의 제곱근은 0이다. 즉, 1개이다.

02 ① 100의 제곱근은 ±10의 2개이다.
　② $4^2=16$의 제곱근은 ±4이다.
　③ $(-5)^2=25$의 제곱근은 ±5이다.
　④ 제곱근 0.01은 $\sqrt{0.01}=0.1$이다.

03 ① $\sqrt{49}$는 49의 양의 제곱근이므로 $\sqrt{49}=7$
　④ $\sqrt{0.36}$은 0.36의 양의 제곱근이므로 $\sqrt{0.36}=0.6$

04 -16의 제곱근 : 없다.
　0.64의 제곱근 : $\pm\sqrt{0.64}=\pm0.8$
　0.4의 제곱근 : $\pm\sqrt{0.4}$
　90의 제곱근 : $\pm\sqrt{90}$
　400의 제곱근 : $\pm\sqrt{400}=\pm20$
　따라서 근호를 사용하지 않고 제곱근을 나타낼 수 있는 것은 0.64, 400의 2개이다.

05 $\sqrt{16}=4$의 양의 제곱근은 2이므로 $a=2$
　$(-3)^2=9$의 음의 제곱근은 -3이므로 $b=-3$
　$\therefore a-b=2-(-3)=5$

06 $(-7)^2=49$의 양의 제곱근은 7이므로 $a=7$
　$\sqrt{81}=9$의 음의 제곱근은 -3이므로 $b=-3$
　$\therefore ab=7\times(-3)=-21$

02 제곱근의 성질과 대소 관계
──────11쪽~13쪽

1	(1) 8	(2) $-\dfrac{1}{6}$	(3) $\dfrac{3}{4}$	(4) 3.4
1-❶	(1) 100	(2) $\dfrac{2}{5}$	(3) -0.3	(4) $-\dfrac{2}{3}$
2	(1) $2x,\ -2x$	(2) $3x,\ -3x$	(3) $x-5,\ -x+5$	
2-❶	(1) x	(2) $-4x$	(3) $x+2$	(4) $-x-2$
3	(1) 4	(2) 11, 16, 19		
4	(1) 10	(2) 2		
5	(1) $<$	(2) $>$	(3) $<$	(4) $<$
5-❶	(1) $<$	(2) $>$	(3) $<$	(4) $<$
6	3, 9, 5, 6, 7, 8			
6-❶	(1) 11개	(2) 10개		

2 (1) $x>0$에서 $2x>0$　$\therefore \sqrt{(2x)^2}=2x$
　　$x<0$에서 $2x<0$　$\therefore \sqrt{(2x)^2}=-2x$
　(2) $x>0$에서 $-3x<0$　$\therefore \sqrt{(-3x)^2}=-(-3x)=3x$
　　$x<0$에서 $-3x>0$　$\therefore \sqrt{(-3x)^2}=-3x$
　(3) $x>5$에서 $x-5>0$　$\therefore \sqrt{(x-5)^2}=x-5$
　　$x<5$에서 $x-5<0$
　　$\therefore \sqrt{(x-5)^2}=-(x-5)=-x+5$

2-❶ (1) $x>0$에서 $-x<0$　$\therefore \sqrt{(-x)^2}=-(-x)=x$
　(2) $x<0$에서 $4x<0$　$\therefore \sqrt{(4x)^2}=-4x$
　(3) $x>-2$에서 $x+2>0$　$\therefore \sqrt{(x+2)^2}=x+2$
　(4) $x<-2$에서 $x+2<0$
　　$\therefore \sqrt{(x+2)^2}=-(x+2)=-x-2$

3 (1) $\sqrt{5+x}$가 자연수가 되려면 $5+x$는 제곱인 수이어야 한다.
　　이때 x가 자연수이므로 $5+x>5$
　　즉, $5+x=9,\ 16,\ 25,\ \cdots$
　　이때 x는 가장 작은 자연수이므로
　　$5+x=9$　$\therefore x=4$
　(2) $\sqrt{20-x}$가 자연수가 되려면 $20-x$는 제곱인 수이어야 한다.
　　x가 자연수이므로 $20-x<20$
　　즉, $20-x=1,\ 4,\ 9,\ 16$이므로
　　$20-x=1$일 때 $x=19$,　$20-x=4$일 때 $x=16$
　　$20-x=9$일 때 $x=11$,　$20-x=16$일 때 $x=4$
　　이때 x는 두 자리 자연수이므로 가능한 자연수 x는 11, 16, 19이다.

4 (1) $\sqrt{40x}=\sqrt{2^3\times5\times x}$ 가 자연수가 되려면 소인수의 지수가 모두 짝수가 되어야 하므로 자연수 x는 $x=2\times5\times$(자연수)^{2}의 꼴이다.
　　따라서 가장 작은 자연수 x는 10이다.
　(2) $\sqrt{\dfrac{50}{x}}=\sqrt{\dfrac{2\times5^2}{x}}$ 이 자연수가 되려면 소인수의 지수가 모두 짝수가 되어야 하므로 자연수 x는 $x=2\times$(자연수)^{2}의 꼴이다.
　　이때 x는 50의 약수이므로 가장 작은 자연수 x는 2이다.

5 (1) $3<5$이므로 $\sqrt{3}<\sqrt{5}$
　(2) $5<7$이므로 $\sqrt{5}<\sqrt{7}$　$\therefore -\sqrt{5}>-\sqrt{7}$
　(3) $4=\sqrt{16}$이고 $\sqrt{15}<\sqrt{16}$이므로 $\sqrt{15}<4$
　(4) $\dfrac{1}{2}=\sqrt{\dfrac{1}{4}}$이고 $\sqrt{\dfrac{1}{4}}<\sqrt{\dfrac{1}{3}}$이므로 $\dfrac{1}{2}<\sqrt{\dfrac{1}{3}}$

5-❶ (1) $5<6$이므로 $\sqrt{5}<\sqrt{6}$
　(2) $9<11$이므로 $\sqrt{9}<\sqrt{11}$　$\therefore -\sqrt{9}>-\sqrt{11}$
　(3) $6=\sqrt{36}$이고 $\sqrt{35}<\sqrt{36}$이므로 $\sqrt{35}<6$
　(4) $\dfrac{4}{3}=\sqrt{\dfrac{16}{9}}$이고 $\sqrt{\dfrac{16}{9}}<\sqrt{\dfrac{5}{2}}$이므로 $\dfrac{4}{3}<\sqrt{\dfrac{5}{2}}$

6-❶ (1) $2<\sqrt{x}<4$에서 각 변이 모두 양수이므로 각 변을 제곱하면 $4<x<16$
　　따라서 부등식을 만족시키는 자연수 x는 5, 6, $\cdots$, 14, 15의 11개이다.

(2) $4 \leq \sqrt{x} \leq 5$에서 각 변이 모두 양수이므로 각 변을 제곱하면 $16 \leq x \leq 25$

따라서 부등식을 만족시키는 자연수 x는 $16, 17, \cdots, 24, 25$의 10개이다.

개념 **완성하기** ————————14쪽~15쪽

01 ③, ④	**02** ④	**03** (1) 2 (2) 18 (3) 8 (4) 4	
04 ④	**05** $-4a$	**06** $2a-2b$	**07** 4
08 1	**09** ③	**10** 8	**11** ④
12 ③	**13** ②, ④	**14** $-\sqrt{5}, -\sqrt{3}, \sqrt{6}, 3, \sqrt{11}$	
15 8개	**16** 22		

01 ① $\sqrt{(-3)^2}=3$ ② $(-\sqrt{5})^2=5$ ⑤ $-\sqrt{(-8)^2}=-8$

02 ①, ②, ③, ⑤ 2   ④ -2

03 (1) $\sqrt{7^2}-\sqrt{(-5)^2}=7-5=2$

(2) $(-\sqrt{6})^2 \times \sqrt{(-3)^2}=6 \times 3=18$

(3) $\sqrt{(-12)^2} \div \sqrt{\left(\dfrac{3}{2}\right)^2}=12 \div \dfrac{3}{2}=12 \times \dfrac{2}{3}=8$

(4) $(\sqrt{3})^2 \times (-\sqrt{3})^2-\sqrt{(-5)^2}=3 \times 3-5=4$

04 ④ $\sqrt{(-4)^2} \div \left(-\sqrt{\dfrac{2}{3}}\right)^2=4 \div \dfrac{2}{3}=4 \times \dfrac{3}{2}=6$

⑤ $\sqrt{(-8)^2} \times (-\sqrt{2})^2-\sqrt{(-6)^2} \div \sqrt{4}=8 \times 2-6 \div 2=13$

05 $a<0$에서 $-a>0$, $4a<0$이므로

$\sqrt{a^2}-\sqrt{(-a)^2}+\sqrt{(4a)^2}=-a-(-a)+(-4a)$
$\qquad\qquad\qquad\qquad\qquad =-a+a-4a=-4a$

06 $a>0$, $b<0$에서 $-a<0$, $-b>0$이므로

$\sqrt{a^2}+\sqrt{b^2}+\sqrt{(-a)^2}+\sqrt{(-b)^2}$
$=a+(-b)-(-a)+(-b)=2a-2b$

07 $-2<x<2$에서 $x-2<0$, $-2-x<0$이므로

$\sqrt{(x-2)^2}+\sqrt{(-2-x)^2}=-(x-2)-(-2-x)$
$\qquad\qquad\qquad\qquad\qquad =-x+2+2+x=4$

08 $1<x<2$에서 $x-1>0$, $x-2<0$이므로

$\sqrt{(x-1)^2}+\sqrt{(x-2)^2}=x-1-(x-2)$
$\qquad\qquad\qquad\qquad\qquad =x-1-x+2=1$

09 $\sqrt{25-x}$가 자연수가 되려면 $25-x$는 제곱인 수이어야 한다.

이때 x가 자연수이므로 $25-x<25$

즉, $25-x=1, 4, 9, 16$이므로

$25-x=1$일 때 $x=24$, $25-x=4$일 때 $x=21$

$25-x=9$일 때 $x=16$, $25-x=16$일 때 $x=9$

따라서 자연수 x의 값이 될 수 없는 것은 ③이다.

10 $\sqrt{17+x}$가 자연수가 되려면 $17+x$는 제곱인 수이어야 한다.

이때 x가 자연수이므로 $17+x>17$

즉, $17+x=25, 36, 49, \cdots$

따라서 x의 값이 가장 작은 자연수이려면

$17+x=25$ $\therefore x=8$

11 $\sqrt{24x}=\sqrt{2^3 \times 3 \times x}$가 자연수가 되려면 소인수의 지수가 모두 짝수가 되어야 하므로 자연수 x는 $x=2 \times 3 \times ($자연수$)^2$의 꼴이다.

① $6=2 \times 3 \times 1^2$ ② $24=2 \times 3 \times 2^2$

③ $54=2 \times 3 \times 3^2$ ④ $72=2 \times 3 \times 2^2 \times 3$

⑤ $96=2 \times 3 \times 4^2$

따라서 자연수 x의 값이 될 수 없는 것은 ④이다.

12 $\sqrt{\dfrac{160}{x}}=\sqrt{\dfrac{2^5 \times 5}{x}}$가 자연수가 되려면 소인수의 지수가 모두 짝수가 되어야 하므로 자연수 x는 $x=2 \times 5 \times ($자연수$)^2$의 꼴이다.

이때 x는 160의 약수이므로 가능한 자연수 x는 $2 \times 5 \times 1^2=10$, $2 \times 5 \times 2^2=40$, $2 \times 5 \times 4^2=160$의 3개이다.

13 ① $2=\sqrt{4}$이고 $\sqrt{3}<\sqrt{4}$이므로 $\sqrt{3}<2$

② $13<15$이므로 $\sqrt{13}<\sqrt{15}$

③ $6<7$이므로 $\sqrt{6}<\sqrt{7}$ $\therefore -\sqrt{6}>-\sqrt{7}$

④ $2=\sqrt{4}$이고 $\sqrt{5}>\sqrt{4}$이므로 $\sqrt{5}>2$ $\therefore -\sqrt{5}<-2$

⑤ $-\sqrt{3}$은 음수, $\sqrt{2}$는 양수이므로 $-\sqrt{3}<\sqrt{2}$

따라서 옳은 것은 ②, ④이다.

14 음수끼리 대소를 비교하면

$3<5$이므로 $\sqrt{3}<\sqrt{5}$ $\therefore -\sqrt{5}<-\sqrt{3}$

양수끼리 대소를 비교하면

$6<9<11$이므로 $\sqrt{6}<\sqrt{9}<\sqrt{11}$ $\therefore \sqrt{6}<3<\sqrt{11}$

$\therefore -\sqrt{5}<-\sqrt{3}<\sqrt{6}<3<\sqrt{11}$

15 $3<\sqrt{2x}<5$의 각 변을 제곱하면

$9<2x<25$ $\therefore \dfrac{9}{2}<x<\dfrac{25}{2}$

따라서 주어진 부등식을 만족시키는 자연수 x는 5, 6, 7, 8, 9, 10, 11, 12의 8개이다.

16 $5<\sqrt{x+2}<7$의 각 변을 제곱하면

$25<x+2<49$ $\therefore 23<x<47$

따라서 주어진 부등식을 만족시키는 자연수 x 중에서 가장 작은 수는 24, 가장 큰 수는 46이므로 $a=24$, $b=46$

$\therefore b-a=46-24=22$

실력 **확인하기** ————————16쪽

01 ④	**02** ①	**03** 49	**04** ③
05 17	**06** ②, ⑤	**07** ②	**08** $-3a-2b$

01 직사각형의 넓이는 $3 \times 5=15$

넓이가 15인 정사각형의 한 변의 길이는 $\sqrt{15}$이다.

참고 넓이가 a인 정사각형의 한 변의 길이는 $\sqrt{a}$이다.

02 0.64의 양의 제곱근은 0.8이므로 $a=0.8$

$\dfrac{81}{16}$의 음의 제곱근은 $-\dfrac{9}{4}$이므로 $b=-\dfrac{9}{4}$

$\therefore 5ab=5\times0.8\times\left(-\dfrac{9}{4}\right)=-9$

03
$$\sqrt{(-9)^2}\times\sqrt{3^4}-(-\sqrt{8})^2\div\sqrt{\left(-\dfrac{1}{4}\right)^2}$$
$$=\sqrt{(-9)^2}\times\sqrt{9^2}-(-\sqrt{8})^2\div\sqrt{\left(-\dfrac{1}{4}\right)^2}$$
$$=9\times9-8\div\dfrac{1}{4}=81-32=49$$

04 $-3<a<-2$에서

① $a<0$이므로 $\sqrt{a^2}=-a$

② $a+3>0$이므로 $\sqrt{(a+3)^2}=a+3$

③ $a+2<0$이므로 $\sqrt{(a+2)^2}=-(a+2)=-a-2$

④ a가 음수이므로 $2-a>0$

　$\therefore \sqrt{(2-a)^2}=2-a$

⑤ a가 음수이므로 $3-a>0$

　$\therefore \sqrt{(3-a)^2}=3-a$

05 $\sqrt{19+x}$가 자연수가 되려면 $19+x$는 제곱인 수이어야 한다.

이때 x가 자연수이므로 $19+x>19$

즉, $19+x=25, 36, 49, \cdots$이므로

$19+x=25$일 때, $x=6$

$19+x=36$일 때, $x=17$

따라서 가장 작은 두 자리 자연수 x는 17이다.

06 ① $7>5$이므로 $\sqrt{7}>\sqrt{5}$

② $4=\sqrt{16}$이고 $\sqrt{6}<\sqrt{16}$이므로 $\sqrt{6}<4$

③ $3=\sqrt{9}$이고 $\sqrt{9}>\sqrt{8}$이므로 $3>\sqrt{8}$

④ $6>5$이므로 $\sqrt{6}>\sqrt{5}$　$\therefore -\sqrt{6}<-\sqrt{5}$

⑤ $4=\sqrt{16}$이고 $\sqrt{16}>\sqrt{11}$이므로 $4>\sqrt{11}$

　$\therefore -4<-\sqrt{11}$

따라서 두 수의 대소 관계가 옳은 것은 ②, ⑤이다.

07 $\sqrt{26}\leq\sqrt{4x}\leq6$의 각 변을 제곱하면

$26\leq4x\leq36$　$\therefore \dfrac{13}{2}\leq x\leq9$

따라서 주어진 부등식을 만족시키는 자연수 x는 $7, 8, 9$이므로 구하는 합은 $7+8+9=24$

08

> **전략 코칭**
>
> a, b의 부호를 이용하여 $a-b, -2a, 3b$의 부호를 먼저 확인한다.

$ab<0$에서 a, b의 부호는 서로 다르고 $a<b$이므로

$a<0, b>0$

즉, $a-b<0, -2a>0, 3b>0$이므로

$\sqrt{(a-b)^2}+\sqrt{(-2a)^2}-\sqrt{(3b)^2}$

$=-(a-b)+(-2a)-3b$

$=-a+b-2a-3b=-3a-2b$

참고 (양수)$-$(음수)>0, (음수)$-$(양수)<0

📺 **03 무리수와 실수**

18쪽~20쪽

1	(1) ×	(2) ×	(3) ○	**1-❶**	(1) ×	(2) ○	(3) ×
2	$\sqrt{3}, \pi$			**2-❶**	2개		
3	(1) ×	(2) ○	(3) ×	**3-❶**	(1) ×	(2) ○	(3) ×
4	(1) $\sqrt{20}$	(2) $\sqrt{26}$		**4-❶**	(1) $\sqrt{21}$	(2) 6	
5	(1) $\sqrt{2}$	(2) $1+\sqrt{2}$	(3) $1-\sqrt{2}$				
5-❶	(1) $\sqrt{5}$	(2) $-2+\sqrt{5}$	(3) $-2-\sqrt{5}$				
6	(1) ×	(2) ○	(3) ○	**6-❶**	(1) ×	(2) ○	(3) ○
7	(1) >	(2) <	(3) >	**7-❶**	(1) <	(2) <	(3) <

1 (1) 양의 유리수 $\dfrac{1}{2}$은 자연수가 아니다.

(2) 0은 유리수이다.

(3) 순환소수는 분수로 나타낼 수 있으므로 유리수이다.

1-❶ (1) $0.\dot{1}\dot{2}=\dfrac{12}{99}=\dfrac{4}{33}$이므로 유리수이다.

(3) 유리수는 양의 유리수, 0, 음의 유리수로 이루어져 있다.

2 $\sqrt{4}=2$ ➡ 유리수

$0=\dfrac{0}{1}$ ➡ 유리수

$0.\dot{6}=\dfrac{6}{9}=\dfrac{2}{3}$ ➡ 유리수

$-\sqrt{\dfrac{25}{4}}=-\dfrac{5}{2}$ ➡ 유리수

따라서 무리수는 $\sqrt{3}, \pi$이다.

2-❶ $-\sqrt{9}=-3$ ➡ 유리수

$0.4\dot{3}1\dot{5}=\dfrac{4311}{9990}=\dfrac{479}{1110}$ ➡ 유리수

따라서 무리수는 $\dfrac{\pi}{2}, -\sqrt{15}$의 2개이다.

3 (1) 순환소수는 무한소수이지만 유리수이다.

(3) 유리수이면서 무리수인 수는 없다.

3-❶ (1) $\sqrt{16}=4$이므로 유리수이다.

(2) 순환소수가 아닌 무한소수는 무리수이고 무리수는 실수이다.

(3) $\sqrt{4}=2$와 같이 $\sqrt{(제곱인 수)}$는 유리수이다.

4 (1) $x^2=4^2+2^2=20$　$\therefore x=\sqrt{20}$ ($\because x>0$)

(2) $x^2=5^2+1^2=26$　$\therefore x=\sqrt{26}$ ($\because x>0$)

4-❶ (1) $x^2=5^2-2^2=21$　$\therefore x=\sqrt{21}$ ($\because x>0$)

(2) $x^2=10^2-8^2=36$　$\therefore x=6$ ($\because x>0$)

5 (1) $\overline{AP}^2=1^2+1^2=2$　$\therefore \overline{AP}=\sqrt{2}$ ($\because \overline{AP}>0$)

(2) $\overline{AB}=\overline{AP}=\sqrt{2}$이므로 B : $1+\sqrt{2}$

(3) $\overline{AC}=\overline{AP}=\sqrt{2}$이므로 C : $1-\sqrt{2}$

5-❶ (1) $\overline{AP}^2=2^2+1^2=5$　$\therefore \overline{AP}=\sqrt{5}$ ($\because \overline{AP}>0$)

(2) $\overline{AB}=\overline{AP}=\sqrt{5}$이므로 B : $-2+\sqrt{5}$

(3) $\overline{AC}=\overline{AP}=\sqrt{5}$이므로 C : $-2-\sqrt{5}$

6 (1) 1과 2 사이에는 무수히 많은 무리수가 있다.

6-① (1) 수직선은 실수에 대응하는 점들로 완전히 메울 수 있고, 실수는 유리수와 무리수로 이루어져 있다.

7 (1) 양변에서 1을 빼면 $\sqrt{2}>1$ ∴ $1+\sqrt{2}>2$
   (2) 양변에서 3을 빼면 $-2<-\sqrt{2}$ ∴ $1<3-\sqrt{2}$
   (3) 양변에 1을 더하면 $3>\sqrt{5}$ ∴ $2>\sqrt{5}-1$

다른 풀이
   (1) $\sqrt{2}=1.\cdots$이므로 $1+\sqrt{2}=2.\cdots$ ∴ $1+\sqrt{2}>2$
   (2) $\sqrt{2}=1.\cdots$이므로 $3-\sqrt{2}=1.\cdots$ ∴ $1<3-\sqrt{2}$
   (3) $\sqrt{5}=2.\cdots$이므로 $\sqrt{5}-1=1.\cdots$ ∴ $2>\sqrt{5}-1$

7-① (1) 양변에서 1을 빼면 $\sqrt{3}<2$ ∴ $1+\sqrt{3}<3$
   (2) 양변에 2를 더하면 $\sqrt{2}<2$ ∴ $\sqrt{2}-2<0$
   (3) 양변에서 2를 빼면 $2<\sqrt{6}$ ∴ $4<\sqrt{6}+2$

다른 풀이
   (1) $\sqrt{3}=1.\cdots$이므로 $1+\sqrt{3}=2.\cdots$ ∴ $1+\sqrt{3}<3$
   (2) $\sqrt{2}=1.\cdots$이므로 $\sqrt{2}-2=-0.\cdots$ ∴ $\sqrt{2}-2<0$
   (3) $\sqrt{6}=2.\cdots$이므로 $\sqrt{6}+2=4.\cdots$ ∴ $4<\sqrt{6}+2$

개념 완성하기 ─────── 21쪽~22쪽

01 $\sqrt{2}$, π, $-\sqrt{8}$ 02 ④   03 ⑤
04 ④   05 (1) $\sqrt{5}$ (2) B : $3+\sqrt{5}$, C : $3-\sqrt{5}$
06 (1) $\sqrt{10}$ (2) B : $-1+\sqrt{10}$, C : $-1-\sqrt{10}$
07 P$(-3-\sqrt{6})$, Q$(-3+\sqrt{6})$
08 P : $2-\sqrt{7}$, Q : $2+\sqrt{7}$ 09 ③, ④   10 ③
11 $B<A<C$
12 ①

01 $\sqrt{100}=10$ → 유리수
   $0.\dot{5}=\dfrac{5}{9}$ → 유리수
   $-\sqrt{\dfrac{1}{9}}=-\dfrac{1}{3}$ → 유리수
   따라서 무리수인 것은 $\sqrt{2}$, π, $-\sqrt{8}$이다.

02 ② $0.\dot{7}=\dfrac{7}{9}$ ③ $\sqrt{121}=11$ ⑤ $\sqrt{\dfrac{4}{81}}=\dfrac{2}{9}$
   따라서 순환소수가 아닌 무한소수, 즉 무리수인 것은 ④이다.

03 ① 순환소수가 아닌 무한소수는 무리수이다.
   ② $0.\dot{2}=\dfrac{2}{9}$와 같이 무한소수 중 순환소수는 유리수이다.
   ③ 순환소수는 유리수이다.
   ④ $\sqrt{30}$은 무리수이므로 $\dfrac{(정수)}{(0이\ 아닌\ 정수)}$의 꼴로 나타낼 수 없다.
   ⑤ 무한소수 중 순환소수는 유리수이다.
   따라서 옳은 것은 ⑤이다.

04 ④ 1과 $\sqrt{2}$ 사이에도 무수히 많은 무리수가 있으므로 1에 가장 가까운 무리수는 $\sqrt{2}$가 아니다.

05 (1) $\overline{AP}^2=2^2+1^2=5$ ∴ $\overline{AP}=\sqrt{5}(∵\ \overline{AP}>0)$
   (2) $\overline{AB}=\overline{AC}=\overline{AP}=\sqrt{5}$이므로 두 점 B, C에 대응하는 수는 차례대로 $3+\sqrt{5}$, $3-\sqrt{5}$이다.

06 (1) $\overline{AP}^2=3^2+1^2=10$ ∴ $\overline{AP}=\sqrt{10}(∵\ \overline{AP}>0)$
   (2) $\overline{AB}=\overline{AC}=\overline{AP}=\sqrt{10}$이므로 두 점 B, C에 대응하는 수는 차례대로 $-1+\sqrt{10}$, $-1-\sqrt{10}$이다.

07 정사각형 ABCD의 넓이가 6이므로 $\overline{AB}=\sqrt{6}(∵\ \overline{AB}>0)$
   $\overline{AP}=\overline{AQ}=\overline{AB}=\sqrt{6}$이므로 P$(-3-\sqrt{6})$, Q$(-3+\sqrt{6})$

08 정사각형 ABCD의 넓이가 7이므로 $\overline{AB}=\sqrt{7}(∵\ \overline{AB}>0)$
   $\overline{AP}=\overline{AQ}=\overline{AB}=\sqrt{7}$이므로 두 점 P, Q에 대응하는 수는 차례대로 $2-\sqrt{7}$, $2+\sqrt{7}$이다.

09 ③ 유리수 $\dfrac{1}{3}$과 $\dfrac{1}{2}$ 사이에는 정수가 없다.
   ④ 수직선은 실수에 대응하는 점들로 완전히 메울 수 있다.

10 ㄱ. 유리수만으로는 수직선 위의 모든 점에 대응시킬 수 없다.
   ㄹ. 모든 실수는 수직선 위의 점에 대응하므로 모든 무리수는 수직선 위의 점에 대응한다.
   따라서 옳은 것은 ㄴ, ㄷ의 2개이다.

11 A, B의 대소 비교 : $4-\sqrt{3}$○2의 양변에서 4를 빼면
   $-\sqrt{3}>-2$, 즉 $4-\sqrt{3}>2$이므로 $A>B$
   A, C의 대소 비교 : $4-\sqrt{3}$○$\sqrt{5}+4$의 양변에서 4를 빼면
   $-\sqrt{3}<\sqrt{5}$, 즉 $4-\sqrt{3}<\sqrt{5}+4$이므로 $A<C$
   ∴ $B<A<C$

다른 풀이
   $\sqrt{3}=1.\cdots$이므로 $A=4-\sqrt{3}=2.\cdots$
   $\sqrt{5}=2.\cdots$이므로 $C=\sqrt{5}+4=6.\cdots$
   ∴ $B<A<C$

Self 코칭
두 수의 차, 부등식의 성질, 제곱근의 값을 이용하는 방법 중 편리한 것을 선택하여 대소를 비교한다.

12 $\sqrt{2}=1.\cdots$이므로 $b=\sqrt{2}+3=4.\cdots$ ∴ $a<b$
   $\sqrt{2}<\sqrt{3}$이므로 $\sqrt{2}+3<\sqrt{3}+3$ ∴ $b<c$
   ∴ $a<b<c$

실력 확인하기 ─────── 23쪽

01 3개   02 20개   03 ④, ⑤
04 P$(4-\sqrt{5})$, Q$(4+\sqrt{5})$ 05 $1-\sqrt{2}$ 06 $1+2\pi$

01 □ 안에 해당하는 수는 무리수이다.
   $\sqrt{\dfrac{9}{25}}=\dfrac{3}{5}$, $\sqrt{7^2}=7$이므로 유리수이다.
   따라서 무리수는 π, $\sqrt{2}$, $\sqrt{3}+1$의 3개이다.

02 ⑷에서 $\sqrt{x}$가 순환소수가 아닌 무한소수, 즉 무리수가 되려면 x는 제곱인 수가 아니어야 한다.

(가)에서 25 이하의 자연수 중 제곱인 수는 1, 4, 9, 16, 25의 5개이다.
따라서 조건을 모두 만족시키는 x는 $25-5=20$(개)이다.

03 ① $\sqrt{(제곱인\ 수)}$는 유리수이다.

② 3.14는 $\dfrac{314}{100}=\dfrac{157}{50}$이므로 유리수이다.

③ $0.\dot{1}=\dfrac{1}{9}$과 같이 무한소수인 유리수도 있다.

04 $\overline{AB}^2=1^2+2^2=5$ ∴ $\overline{AB}=\sqrt{5}\,(\because \overline{AB}>0)$
$\overline{AP}=\overline{AQ}=\overline{AB}=\sqrt{5}$이므로 P$(4-\sqrt{5})$, Q$(4+\sqrt{5})$이다.

05 주어진 수를 수직선 위에 나타내면 다음과 같다.

따라서 왼쪽에서 세 번째에 있는 수는 $1-\sqrt{2}$이다.

06 **전략 코칭**

바퀴의 둘레의 길이를 구한 후 기준점에서 바퀴의 둘레의 길이만큼 오른쪽으로 이동한 점에 대응하는 수를 구한다.

지름의 길이가 2인 원 모양의 바퀴의 둘레의 길이는 2π이므로 바퀴가 한 바퀴 구르면 점 P는 오른쪽으로 2π만큼 이동하게 된다.
따라서 점 P의 좌표가 P(1)이므로 점 P′에 대응하는 수는 $1+2\pi$이다.

실전!
중단원 마무리 ──────24쪽~26쪽──

01 ④	**02** ④	**03** $\sqrt{70}$ cm	**04** ④
05 -54	**06** ③	**07** 2	**08** $-10x$
09 ④	**10** ②	**11** ③	**12** 3
13 4개	**14** 1	**15** ⑤	**16** ④
17 ①	**18** ④	**19** 3개	
20 P : $2-\sqrt{10}$, Q : $3+\sqrt{10}$		**21** (1) 24 (2) 45 cm^2	

01 x는 9의 제곱근이다. ➡ x를 제곱하면 9이다.
➡ $x^2=9$

02 ① 제곱근 25는 $\sqrt{25}=5$이다.
② 양수의 제곱근은 2개, 음수의 제곱근은 없으므로 제곱근이 1개인 수는 0뿐이다.
③ $\sqrt{(-4)^2}=4$의 제곱근은 ±2이다.
④ $-\sqrt{2^2}=-2$이므로 음수의 제곱근은 없다.
⑤ 100의 두 제곱근은 ±10이므로 그 절댓값이 서로 같다.
따라서 옳지 않은 것은 ④이다.

03 직각삼각형의 넓이는 $\dfrac{1}{2}\times10\times14=70$(cm^2)

정사각형의 한 변의 길이를 x cm라 하면 정사각형의 넓이가 70 cm^{2}이므로
$x^2=70$ ∴ $x=\sqrt{70}\,(\because x>0)$
따라서 구하는 정사각형의 한 변의 길이는 $\sqrt{70}$ cm이다.

04 $\sqrt{1}=1$, $\sqrt{144}=12$, $\sqrt{\dfrac{49}{9}}=\dfrac{7}{3}$, $\sqrt{0.09}=0.3$

따라서 근호를 사용하지 않고 나타낼 수 있는 수는 $\sqrt{1}$, $\sqrt{144}$, $\sqrt{\dfrac{49}{9}}$, $\sqrt{0.09}$의 4개이다.

05 $\sqrt{16}=4$의 음의 제곱근은 -2이므로 $a=-2$
제곱근 144는 $\sqrt{144}=12$이므로 $b=12$
$(-9)^2=81$의 양의 제곱근은 9이므로 $c=9$
∴ $\dfrac{bc}{a}=\dfrac{12\times9}{-2}=-54$

06 ③ $-\sqrt{(-7)^2}=-7$

07 $\sqrt{3^2}-\sqrt{(-3)^2}\times\sqrt{\dfrac{16}{9}}+(-\sqrt{3})^2=3-3\times\dfrac{4}{3}+3=2$

08 $x<0$에서 $-9x>0$이므로
$\sqrt{x^2}+\sqrt{(-9x)^2}=-x+(-9x)=-10x$

09 ㄱ. $a>0$이므로 $\sqrt{a^2}=a$
ㄴ. $b<0$이므로 $-b>0$ ∴ $\sqrt{(-b)^2}=-b$
ㄷ. $a-b=(양수)-(음수)>0$이므로
$\sqrt{(a-b)^2}=a-b$
ㄹ. $b-a=(음수)-(양수)<0$이므로
$\sqrt{(b-a)^2}=-(b-a)=a-b$
따라서 옳은 것은 ㄱ, ㄴ, ㄷ이다.

10 $1<x<2$에서 $x-3<0$, $3-x>0$이므로
$\sqrt{(x-3)^2}+\sqrt{(3-x)^2}=-(x-3)+(3-x)=-2x+6$

11 $0<a<1$에서 $\dfrac{1}{a}>1$이므로

$a+\dfrac{1}{a}>0$, $a-\dfrac{1}{a}<0$

∴ $\sqrt{\left(a+\dfrac{1}{a}\right)^2}-\sqrt{\left(a-\dfrac{1}{a}\right)^2}=a+\dfrac{1}{a}-\left\{-\left(a-\dfrac{1}{a}\right)\right\}$

$=a+\dfrac{1}{a}+a-\dfrac{1}{a}=2a$

Self 코칭

$a=\dfrac{1}{2}$과 같이 $0<a<1$인 수 중 하나를 예로 들어 $a-\dfrac{1}{a}$의 부호를 확인할 수도 있다.

12 $\sqrt{13+x}$가 자연수가 되려면 $13+x$가 제곱인 수이어야 한다.
이때 x가 자연수이므로 $13+x>13$
즉, $13+x=16$, 25, 36, $\cdots$이므로 x의 값이 가장 작은 자연수이려면 $13+x=16$ ∴ $x=3$

13 $\sqrt{\dfrac{108}{n}}=\sqrt{\dfrac{2^2\times3^3}{n}}$이 자연수가 되려면 소인수의 지수가 모두 짝수가 되어야 하므로 자연수 n은 $n=3\times(자연수)^2$의 꼴이다.
이때 n은 108의 약수이므로 가능한 자연수 n은
$3\times1^2=3$, $3\times2^2=12$, $3\times3^2=27$, $3\times2^2\times3^2=108$의 4개이다.

14 $\sqrt{4}<\sqrt{7}<\sqrt{9}$에서 $2<\sqrt{7}<3$이므로 $3-\sqrt{7}>0$, $2-\sqrt{7}<0$

$\therefore \sqrt{(3-\sqrt{7})^2}+\sqrt{(2-\sqrt{7})^2}=3-\sqrt{7}-(2-\sqrt{7})$
$$=3-\sqrt{7}-2+\sqrt{7}=1$$

Self 코칭

$3-\sqrt{7}$과 $2-\sqrt{7}$의 부호를 먼저 확인한다.

15 ① $5=\sqrt{25}$이고 $\sqrt{26}>\sqrt{25}$이므로 $\sqrt{26}>5$

② $13>12$이므로 $\sqrt{13}>\sqrt{12}$

③ $4=\sqrt{16}$이고 $\sqrt{16}>\sqrt{15}$이므로 $4>\sqrt{15}$

$\therefore -4<-\sqrt{15}$

④ $\dfrac{1}{5}=\sqrt{\dfrac{1}{25}}$이고 $\dfrac{1}{3}>\dfrac{1}{25}$이므로 $\sqrt{\dfrac{1}{3}}>\sqrt{\dfrac{1}{25}}$

$\therefore \sqrt{\dfrac{1}{3}}>\dfrac{1}{5}$

⑤ $0.2=\sqrt{0.04}$이고 $0.04<0.2$이므로 $\sqrt{0.04}<\sqrt{0.2}$

$0.2<\sqrt{0.2}$ $\therefore -0.2>-\sqrt{0.2}$

따라서 두 수의 대소 관계가 옳지 않은 것은 ⑤이다.

16 $\sqrt{9}<\sqrt{10}<\sqrt{16}$, 즉 $3<\sqrt{10}<4$이므로 $f(10)=3$

$\sqrt{25}<\sqrt{30}<\sqrt{36}$, 즉 $5<\sqrt{30}<6$이므로 $f(30)=5$

$\sqrt{49}<\sqrt{50}<\sqrt{64}$, 즉 $7<\sqrt{50}<8$이므로 $f(50)=7$

$\therefore f(10)+f(30)+f(50)=3+5+7=15$

17 $\sqrt{2}<\sqrt{5x-2}\leq4$의 각 변을 제곱하면

$2<5x-2\leq16$, $4<5x\leq18$ $\therefore \dfrac{4}{5}<x\leq\dfrac{18}{5}$

따라서 주어진 부등식을 만족시키는 자연수 x는 1, 2, 3이므로 구하는 합은 $1+2+3=6$

18 ④ $1<\sqrt{2}<\sqrt{3}<2$이므로 $\sqrt{2}$와 $\sqrt{3}$ 사이에는 정수가 없다.

19 $\dfrac{(정수)}{(0이 아닌 정수)}$의 꼴로 나타낼 수 없는 수는 무리수이다.

$-\sqrt{16}-2=-4-2=-6 \rightarrow$ 유리수

$\sqrt{\dfrac{1}{9}}=\sqrt{\left(\dfrac{1}{3}\right)^2}=\dfrac{1}{3} \rightarrow$ 유리수

$\sqrt{121}=\sqrt{11^2}=11 \rightarrow$ 유리수

따라서 무리수는 $\sqrt{5}+1$, $\sqrt{38}$, 3π의 3개이다.

20 넓이가 10인 정사각형의 한 변의 길이는 $\sqrt{10}$이므로

$\overline{AP}=\overline{BQ}=\sqrt{10}$

따라서 두 점 P, Q에 대응하는 수는

P : $2-\sqrt{10}$, Q : $3+\sqrt{10}$

21 (1) $\sqrt{\dfrac{27x}{2}}=\sqrt{\dfrac{3^3\times x}{2}}$가 자연수가 되려면 소인수의 지수가 모두 짝수가 되어야 하므로 자연수 x는 $x=2\times3\times(자연수)^2$의 꼴이다.

이때 가능한 자연수 x는

$2\times3\times1^2=6$, $2\times3\times2^2=24$, $2\times3\times3^2=54$, $\cdots$

$\sqrt{33-x}$가 자연수가 되려면 $33-x$가 제곱인 수이어야 한다.

이때 x가 자연수이므로 $33-x<33$

즉, $33-x=1$, 4, 9, 16, 25이므로

$33-x=1$일 때 $x=32$, $33-x=4$일 때 $x=29$

$33-x=9$일 때 $x=24$, $33-x=16$일 때 $x=17$

$33-x=25$일 때 $x=8$

따라서 두 정사각형 A, B의 한 변의 길이가 모두 자연수가 되도록 하는 자연수 x는 24이다.

(2) 정사각형 A의 한 변의 길이는 $\sqrt{\dfrac{27\times24}{2}}=18\,(\mathrm{cm})$,

정사각형 B의 한 변의 길이는 $\sqrt{33-24}=3\,(\mathrm{cm})$이므로

직사각형 C의 넓이는

$(18-3)\times3=45\,(\mathrm{cm}^2)$

서술형 문제 ——————— 27쪽

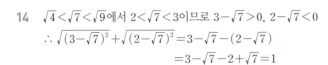

01 $2a$ **01-1** 3   **02** -13 **03** 21

04 P : $-1-\sqrt{5}$, Q : -1, R : $2+\sqrt{7}$

---

01 **채점 기준 ①** $3+a$, $3-a$의 부호 각각 구하기 ⋯ 2점

$a>3$에서 $3+a>0$, $3-a<0$

채점 기준 ② 주어진 식 간단히 하기 ⋯ 3점

$\sqrt{(3+a)^2}+\sqrt{(3-a)^2}=3+a-(3-a)$
$$=3+a-3+a=2a$$

01-1 **채점 기준 ①** $x+2$, $x-1$의 부호 각각 구하기 ⋯ 2점

$-2<x<1$에서 $x+2>0$, $x-1<0$

채점 기준 ② 주어진 식 간단히 하기 ⋯ 3점

$\sqrt{(x+2)^2}+\sqrt{(x-1)^2}=x+2-(x-1)$
$$=x+2-x+1=3$$

02 $\sqrt{625}=25$의 음의 제곱근은 -5이므로 $a=-5$ ⋯⋯ ❶

$(-8)^2=64$의 양의 제곱근은 8이므로 $b=8$ ⋯⋯ ❷

$\therefore a-b=-5-8=-13$ ⋯⋯ ❸

채점 기준	배점
❶ a의 값 구하기	2점
❷ b의 값 구하기	2점
❸ $a-b$의 값 구하기	1점

03 $\sqrt{84x}=\sqrt{2^2\times3\times7\times x}$가 자연수가 되려면 소인수의 지수가 모두 짝수가 되어야 하므로 자연수 x는 $x=3\times7\times(자연수)^2$의 꼴이다. ⋯⋯ ❶

이때 x는 가장 작은 자연수이므로

$x=3\times7=21$ ⋯⋯ ❷

채점 기준	배점
❶ x의 조건 구하기	3점
❷ 가장 작은 자연수 x의 값 구하기	2점

04 정사각형 A, B, C의 넓이가 각각 5, 9, 7이므로 한 변의 길이는 각각 $\sqrt{5}$, $\sqrt{9}=3$, $\sqrt{7}$ ⋯⋯ ❶

점 Q에 대응하는 수는 $2-3=-1$

점 P에 대응하는 수는 $-1-\sqrt{5}$

점 R에 대응하는 수는 $2+\sqrt{7}$ ⋯⋯ ❷

채점 기준	배점
❶ 세 정사각형의 한 변의 길이 각각 구하기	2점
❷ 세 점 P, Q, R에 대응하는 수 각각 구하기	3점

01 제곱근의 곱셈과 나눗셈

29쪽~31쪽

1 (1) $\sqrt{14}$ (2) $\sqrt{5}$ (3) $6\sqrt{14}$ (4) $2\sqrt{15}$

1-① (1) $\sqrt{21}$ (2) $\sqrt{33}$ (3) $3\sqrt{6}$ (4) $-8\sqrt{6}$

2 (1) $2\sqrt{5}$ (2) $3\sqrt{3}$ (3) $4\sqrt{3}$ (4) $-10\sqrt{2}$

2-① (1) $2\sqrt{2}$ (2) $-2\sqrt{7}$ (3) $3\sqrt{6}$ (4) $7\sqrt{2}$

3 (1) $\sqrt{32}$ (2) $-\sqrt{45}$ (3) $-\sqrt{40}$ (4) $\sqrt{75}$

3-① (1) $\sqrt{24}$ (2) $-\sqrt{80}$ (3) $-\sqrt{63}$ (4) $\sqrt{50}$

4 (1) $\sqrt{5}$ (2) $-\sqrt{2}$ (3) $2\sqrt{2}$ (4) $\sqrt{30}$

4-① (1) $-\sqrt{15}$ (2) $-\sqrt{11}$ (3) $\dfrac{2}{3}$ (4) $\sqrt{10}$

5 (1) $\dfrac{\sqrt{2}}{3}$ (2) $\dfrac{\sqrt{5}}{10}$ (3) $\dfrac{\sqrt{2}}{7}$ (4) $-\dfrac{\sqrt{3}}{5}$

5-① (1) $\dfrac{\sqrt{11}}{5}$ (2) $\dfrac{\sqrt{7}}{10}$ (3) $-\dfrac{\sqrt{3}}{4}$ (4) $\dfrac{\sqrt{3}}{2}$

6 (1) $\sqrt{\dfrac{5}{4}}$ (2) $\sqrt{\dfrac{12}{25}}$ (3) $-\sqrt{\dfrac{2}{3}}$ (4) $-\sqrt{\dfrac{75}{16}}$

6-① (1) $\sqrt{\dfrac{5}{36}}$ (2) $\sqrt{\dfrac{9}{8}}$ (3) $-\sqrt{\dfrac{3}{25}}$ (4) $-\sqrt{\dfrac{24}{49}}$

7 (1) $\dfrac{\sqrt{2}}{2}$ (2) $\dfrac{\sqrt{15}}{5}$ (3) $\dfrac{\sqrt{6}}{6}$ (4) $-2\sqrt{2}$

7-① (1) $\dfrac{\sqrt{11}}{11}$ (2) $\dfrac{\sqrt{14}}{7}$ (3) $\dfrac{\sqrt{15}}{15}$ (4) $-\dfrac{2\sqrt{6}}{9}$

8 (1) $\dfrac{\sqrt{2}}{6}$ (2) $\dfrac{3\sqrt{5}}{5}$ (3) $-\dfrac{\sqrt{2}}{10}$ (4) $-\dfrac{\sqrt{21}}{9}$ (5) $2\sqrt{6}$

(6) $\dfrac{\sqrt{2}}{4}$

8-① (1) $\dfrac{\sqrt{7}}{14}$ (2) $-\dfrac{\sqrt{6}}{6}$ (3) $\dfrac{\sqrt{6}}{8}$ (4) $\dfrac{2\sqrt{5}}{5}$ (5) $\dfrac{5\sqrt{6}}{6}$

(6) $-\dfrac{\sqrt{15}}{5}$

---

1 (2) $\sqrt{\dfrac{25}{6}} \times \sqrt{\dfrac{6}{5}} = \sqrt{\dfrac{25}{6} \times \dfrac{6}{5}} = \sqrt{5}$

(3) $3\sqrt{2} \times 2\sqrt{7} = (3 \times 2)\sqrt{2 \times 7} = 6\sqrt{14}$

(4) $2\sqrt{5} \times \sqrt{3} = 2\sqrt{5 \times 3} = 2\sqrt{15}$

1-① (2) $\sqrt{22} \times \sqrt{\dfrac{3}{2}} = \sqrt{22 \times \dfrac{3}{2}} = \sqrt{33}$

(3) $\sqrt{2} \times 3\sqrt{3} = 3\sqrt{2 \times 3} = 3\sqrt{6}$

(4) $4\sqrt{2} \times (-2\sqrt{3}) = \{4 \times (-2)\}\sqrt{2 \times 3} = -8\sqrt{6}$

2 (1) $\sqrt{20} = \sqrt{2^2 \times 5} = 2\sqrt{5}$ (2) $\sqrt{27} = \sqrt{3^2 \times 3} = 3\sqrt{3}$

(3) $\sqrt{48} = \sqrt{3 \times 4^2} = 4\sqrt{3}$

(4) $-\sqrt{200} = -\sqrt{2 \times 10^2} = -10\sqrt{2}$

2-① (1) $\sqrt{8} = \sqrt{2^2 \times 2} = 2\sqrt{2}$ (2) $-\sqrt{28} = -\sqrt{2^2 \times 7} = -2\sqrt{7}$

(3) $\sqrt{54} = \sqrt{3^2 \times 6} = 3\sqrt{6}$ (4) $\sqrt{98} = \sqrt{2 \times 7^2} = 7\sqrt{2}$

3 (1) $4\sqrt{2} = \sqrt{4^2 \times 2} = \sqrt{32}$ (2) $-3\sqrt{5} = -\sqrt{3^2 \times 5} = -\sqrt{45}$

(3) $-2\sqrt{10} = -\sqrt{2^2 \times 10} = -\sqrt{40}$

(4) $5\sqrt{3} = \sqrt{5^2 \times 3} = \sqrt{75}$

3-① (1) $2\sqrt{6} = \sqrt{2^2 \times 6} = \sqrt{24}$ (2) $-4\sqrt{5} = -\sqrt{4^2 \times 5} = -\sqrt{80}$

(3) $-3\sqrt{7} = -\sqrt{3^2 \times 7} = -\sqrt{63}$

(4) $5\sqrt{2} = \sqrt{5^2 \times 2} = \sqrt{50}$

4 (3) $4\sqrt{6} \div 2\sqrt{3} = \dfrac{4\sqrt{6}}{2\sqrt{3}} = \dfrac{4}{2}\sqrt{\dfrac{6}{3}} = 2\sqrt{2}$

(4) $\sqrt{6} \div \dfrac{1}{\sqrt{5}} = \sqrt{6} \times \sqrt{5} = \sqrt{30}$

4-① (3) $-\sqrt{12} \div (-3\sqrt{3}) = \dfrac{-\sqrt{12}}{-3\sqrt{3}} = \dfrac{1}{3}\sqrt{\dfrac{12}{3}} = \dfrac{1}{3}\sqrt{4} = \dfrac{2}{3}$

(4) $\dfrac{\sqrt{16}}{\sqrt{3}} \div \dfrac{\sqrt{8}}{\sqrt{15}} = \dfrac{\sqrt{16}}{\sqrt{3}} \times \dfrac{\sqrt{15}}{\sqrt{8}} = \sqrt{\dfrac{16}{3} \times \dfrac{15}{8}} = \sqrt{10}$

5 (1) $\sqrt{\dfrac{2}{9}} = \sqrt{\dfrac{2}{3^2}} = \dfrac{\sqrt{2}}{3}$

(2) $\sqrt{0.05} = \sqrt{\dfrac{5}{100}} = \sqrt{\dfrac{5}{10^2}} = \dfrac{\sqrt{5}}{10}$

(3) $\sqrt{\dfrac{4}{98}} = \sqrt{\dfrac{2}{49}} = \sqrt{\dfrac{2}{7^2}} = \dfrac{\sqrt{2}}{7}$

(4) $-\sqrt{0.12} = -\sqrt{\dfrac{12}{100}} = -\sqrt{\dfrac{3}{25}} = -\sqrt{\dfrac{3}{5^2}} = -\dfrac{\sqrt{3}}{5}$

5-① (1) $\sqrt{\dfrac{11}{25}} = \sqrt{\dfrac{11}{5^2}} = \dfrac{\sqrt{11}}{5}$

(2) $\sqrt{0.07} = \sqrt{\dfrac{7}{100}} = \sqrt{\dfrac{7}{10^2}} = \dfrac{\sqrt{7}}{10}$

(3) $-\sqrt{\dfrac{6}{32}} = -\sqrt{\dfrac{3}{16}} = -\sqrt{\dfrac{3}{4^2}} = -\dfrac{\sqrt{3}}{4}$

(4) $\sqrt{0.75} = \sqrt{\dfrac{75}{100}} = \sqrt{\dfrac{3}{4}} = \sqrt{\dfrac{3}{2^2}} = \dfrac{\sqrt{3}}{2}$

6 (1) $\dfrac{\sqrt{5}}{2} = \sqrt{\dfrac{5}{2^2}} = \sqrt{\dfrac{5}{4}}$

(2) $\dfrac{2\sqrt{3}}{5} = \sqrt{\dfrac{2^2 \times 3}{5^2}} = \sqrt{\dfrac{12}{25}}$

(3) $-\dfrac{\sqrt{6}}{3} = -\sqrt{\dfrac{6}{3^2}} = -\sqrt{\dfrac{6}{9}} = -\sqrt{\dfrac{2}{3}}$

(4) $-\dfrac{5\sqrt{3}}{4} = -\sqrt{\dfrac{5^2 \times 3}{4^2}} = -\sqrt{\dfrac{75}{16}}$

6-① (1) $\dfrac{\sqrt{5}}{6} = \sqrt{\dfrac{5}{6^2}} = \sqrt{\dfrac{5}{36}}$

(2) $\dfrac{3\sqrt{2}}{4} = \sqrt{\dfrac{3^2 \times 2}{4^2}} = \sqrt{\dfrac{18}{16}} = \sqrt{\dfrac{9}{8}}$

(3) $-\dfrac{\sqrt{3}}{5} = -\sqrt{\dfrac{3}{5^2}} = -\sqrt{\dfrac{3}{25}}$

(4) $-\dfrac{2\sqrt{6}}{7} = -\sqrt{\dfrac{2^2 \times 6}{7^2}} = -\sqrt{\dfrac{24}{49}}$

7 (1) $\dfrac{1}{\sqrt{2}} = \dfrac{1 \times \sqrt{2}}{\sqrt{2} \times \sqrt{2}} = \dfrac{\sqrt{2}}{2}$

(2) $\dfrac{\sqrt{3}}{\sqrt{5}} = \dfrac{\sqrt{3} \times \sqrt{5}}{\sqrt{5} \times \sqrt{5}} = \dfrac{\sqrt{15}}{5}$

(3) $\dfrac{\sqrt{2}}{2\sqrt{3}} = \dfrac{\sqrt{2} \times \sqrt{3}}{2\sqrt{3} \times \sqrt{3}} = \dfrac{\sqrt{6}}{6}$

(4) $-\dfrac{4}{\sqrt{2}} = -\dfrac{4 \times \sqrt{2}}{\sqrt{2} \times \sqrt{2}} = -\dfrac{4\sqrt{2}}{2} = -2\sqrt{2}$

7-① (1) $\dfrac{1}{\sqrt{11}} = \dfrac{1 \times \sqrt{11}}{\sqrt{11} \times \sqrt{11}} = \dfrac{\sqrt{11}}{11}$

(2) $\dfrac{\sqrt{2}}{\sqrt{7}}=\dfrac{\sqrt{2}\times\sqrt{7}}{\sqrt{7}\times\sqrt{7}}=\dfrac{\sqrt{14}}{7}$

(3) $\dfrac{\sqrt{3}}{3\sqrt{5}}=\dfrac{\sqrt{3}\times\sqrt{5}}{3\sqrt{5}\times\sqrt{5}}=\dfrac{\sqrt{15}}{15}$

(4) $-\dfrac{4}{3\sqrt{6}}=-\dfrac{4\times\sqrt{6}}{3\sqrt{6}\times\sqrt{6}}=-\dfrac{4\sqrt{6}}{18}=-\dfrac{2\sqrt{6}}{9}$

8 (1) $\dfrac{1}{\sqrt{18}}=\dfrac{1}{3\sqrt{2}}=\dfrac{1\times\sqrt{2}}{3\sqrt{2}\times\sqrt{2}}=\dfrac{\sqrt{2}}{6}$

(2) $\dfrac{6}{\sqrt{20}}=\dfrac{6}{2\sqrt{5}}=\dfrac{3}{\sqrt{5}}=\dfrac{3\times\sqrt{5}}{\sqrt{5}\times\sqrt{5}}=\dfrac{3\sqrt{5}}{5}$

(3) $-\sqrt{\dfrac{1}{50}}=-\dfrac{1}{5\sqrt{2}}=-\dfrac{1\times\sqrt{2}}{5\sqrt{2}\times\sqrt{2}}=-\dfrac{\sqrt{2}}{10}$

(4) $-\sqrt{\dfrac{7}{27}}=-\dfrac{\sqrt{7}}{3\sqrt{3}}=-\dfrac{\sqrt{7}\times\sqrt{3}}{3\sqrt{3}\times\sqrt{3}}=-\dfrac{\sqrt{21}}{9}$

(5) $\dfrac{12}{\sqrt{2}\sqrt{3}}=\dfrac{12}{\sqrt{6}}=\dfrac{12\times\sqrt{6}}{\sqrt{6}\times\sqrt{6}}=\dfrac{12\sqrt{6}}{6}=2\sqrt{6}$

(6) $\dfrac{\sqrt{3}}{2\sqrt{6}}=\dfrac{1}{2\sqrt{2}}=\dfrac{1\times\sqrt{2}}{2\sqrt{2}\times\sqrt{2}}=\dfrac{\sqrt{2}}{4}$

8-❶ (1) $\dfrac{1}{\sqrt{28}}=\dfrac{1}{2\sqrt{7}}=\dfrac{1\times\sqrt{7}}{2\sqrt{7}\times\sqrt{7}}=\dfrac{\sqrt{7}}{14}$

(2) $-\dfrac{2}{\sqrt{24}}=-\dfrac{2}{2\sqrt{6}}=-\dfrac{1}{\sqrt{6}}=-\dfrac{1\times\sqrt{6}}{\sqrt{6}\times\sqrt{6}}=-\dfrac{\sqrt{6}}{6}$

(3) $\sqrt{\dfrac{3}{32}}=\dfrac{\sqrt{3}}{4\sqrt{2}}=\dfrac{\sqrt{3}\times\sqrt{2}}{4\sqrt{2}\times\sqrt{2}}=\dfrac{\sqrt{6}}{8}$

(4) $\dfrac{2\sqrt{3}}{\sqrt{15}}=\dfrac{2}{\sqrt{5}}=\dfrac{2\times\sqrt{5}}{\sqrt{5}\times\sqrt{5}}=\dfrac{2\sqrt{5}}{5}$

(5) $\dfrac{5\sqrt{2}}{\sqrt{12}}=\dfrac{5}{\sqrt{6}}=\dfrac{5\times\sqrt{6}}{\sqrt{6}\times\sqrt{6}}=\dfrac{5\sqrt{6}}{6}$

(6) $-\dfrac{\sqrt{21}}{\sqrt{5}\sqrt{7}}=-\dfrac{\sqrt{3}}{\sqrt{5}}=-\dfrac{\sqrt{3}\times\sqrt{5}}{\sqrt{5}\times\sqrt{5}}=-\dfrac{\sqrt{15}}{5}$

개념 **완성하기** ──────── 32쪽~33쪽

01 ③	02 ④	03 ⑤	04 ②
05 ②	06 ③	07 ④	08 ⑤
09 ③	10 $-\dfrac{\sqrt{5}}{5}$	11 $\sqrt{6}$	12 $\sqrt{2}$

01 ③ $4\sqrt{24}\div\sqrt{6}=4\sqrt{\dfrac{24}{6}}=4\sqrt{4}=4\times2=8$

④ $\dfrac{5\sqrt{8}}{\sqrt{3}}\div\dfrac{\sqrt{4}}{\sqrt{6}}=\dfrac{5\sqrt{8}}{\sqrt{3}}\times\dfrac{\sqrt{6}}{\sqrt{4}}=5\sqrt{\dfrac{8}{3}\times\dfrac{6}{4}}=5\sqrt{4}=10$

⑤ $2\sqrt{6}\div\dfrac{1}{\sqrt{5}}=2\sqrt{6}\times\sqrt{5}=2\sqrt{30}$

02 $a=\sqrt{\dfrac{5}{2}}\times\sqrt{\dfrac{4}{5}}=\sqrt{\dfrac{5}{2}\times\dfrac{4}{5}}=\sqrt{2}$

$b=\sqrt{\dfrac{10}{3}}\div\sqrt{\dfrac{5}{6}}=\sqrt{\dfrac{10}{3}}\times\sqrt{\dfrac{6}{5}}=\sqrt{\dfrac{10}{3}\times\dfrac{6}{5}}=\sqrt{4}=2$

$\therefore ab=\sqrt{2}\times2=2\sqrt{2}$

03 $\sqrt{48}=\sqrt{4^2\times3}=4\sqrt{3}$이므로 $a=4$

$\dfrac{\sqrt{5}}{2}=\sqrt{\dfrac{5}{2^2}}=\sqrt{\dfrac{5}{4}}$이므로 $b=\dfrac{5}{4}$

$\therefore ab=4\times\dfrac{5}{4}=5$

04 $-\sqrt{45}=-\sqrt{3^2\times5}=-3\sqrt{5}$이므로 $a=-3$

$\dfrac{\sqrt{7}}{3}=\sqrt{\dfrac{7}{3^2}}=\sqrt{\dfrac{7}{9}}$이므로 $b=\dfrac{7}{9}$

$\therefore 3ab=3\times(-3)\times\dfrac{7}{9}=-7$

05 $\sqrt{90}=\sqrt{2\times3^2\times5}=3\times\sqrt{2}\times\sqrt{5}=3ab$

06 $\sqrt{0.75}=\sqrt{\dfrac{75}{100}}=\sqrt{\dfrac{3}{4}}=\dfrac{\sqrt{3}}{2}=\dfrac{a}{2}$

07 ① $\dfrac{\sqrt{3}}{\sqrt{6}}=\dfrac{1}{\sqrt{2}}=\dfrac{1\times\sqrt{2}}{\sqrt{2}\times\sqrt{2}}=\dfrac{\sqrt{2}}{2}$

② $\dfrac{1}{\sqrt{8}}=\dfrac{1}{2\sqrt{2}}=\dfrac{1\times\sqrt{2}}{2\sqrt{2}\times\sqrt{2}}=\dfrac{\sqrt{2}}{4}$

③ $\dfrac{\sqrt{5}}{3\sqrt{2}}=\dfrac{\sqrt{5}\times\sqrt{2}}{3\sqrt{2}\times\sqrt{2}}=\dfrac{\sqrt{10}}{6}$

④ $\dfrac{\sqrt{3}}{2\sqrt{5}}=\dfrac{\sqrt{3}\times\sqrt{5}}{2\sqrt{5}\times\sqrt{5}}=\dfrac{\sqrt{15}}{10}$

⑤ $\dfrac{\sqrt{8}}{3\sqrt{7}}=\dfrac{2\sqrt{2}}{3\sqrt{7}}=\dfrac{2\sqrt{2}\times\sqrt{7}}{3\sqrt{7}\times\sqrt{7}}=\dfrac{2\sqrt{14}}{21}$

따라서 분모를 유리화한 것으로 옳지 않은 것은 ④이다.

08 $\dfrac{6\sqrt{5}}{\sqrt{3}}=\dfrac{6\sqrt{5}\times\sqrt{3}}{\sqrt{3}\times\sqrt{3}}=\dfrac{6\sqrt{15}}{3}=2\sqrt{15}$이므로 $a=2$

$\dfrac{5}{\sqrt{12}}=\dfrac{5}{2\sqrt{3}}=\dfrac{5\times\sqrt{3}}{2\sqrt{3}\times\sqrt{3}}=\dfrac{5\sqrt{3}}{2\times3}=\dfrac{5}{6}\sqrt{3}$이므로 $b=\dfrac{5}{6}$

$\therefore ab=2\times\dfrac{5}{6}=\dfrac{5}{3}$

09 $\dfrac{\sqrt{3}}{\sqrt{2}}\times\sqrt{12}\div\sqrt{\dfrac{6}{5}}=\dfrac{\sqrt{3}}{\sqrt{2}}\times2\sqrt{3}\times\sqrt{\dfrac{5}{6}}=\sqrt{15}$

10 $\sqrt{6}\div(-\sqrt{12})\times\dfrac{2}{\sqrt{10}}=\sqrt{6}\times\left(-\dfrac{1}{2\sqrt{3}}\right)\times\dfrac{2}{\sqrt{10}}$

$=-\dfrac{1}{\sqrt{5}}=-\dfrac{\sqrt{5}}{5}$

11 (삼각형의 넓이)$=\dfrac{1}{2}\times\sqrt{8}\times\sqrt{18}=\dfrac{1}{2}\times2\sqrt{2}\times3\sqrt{2}=6$

삼각형과 정사각형의 넓이가 서로 같으므로

$x^2=6$ $\therefore x=\sqrt{6}\ (\because x>0)$

12 $2\sqrt{5}\times\sqrt{6}\times h=4\sqrt{15}$이므로

$h=\dfrac{4\sqrt{15}}{2\sqrt{5}\times\sqrt{6}}=\dfrac{2}{\sqrt{2}}=\dfrac{2\times\sqrt{2}}{\sqrt{2}\times\sqrt{2}}=\dfrac{2\sqrt{2}}{2}=\sqrt{2}$

02 제곱근의 덧셈과 뺄셈

──────── 35쪽~36쪽

1 (1) $3\sqrt{5}$ (2) $7\sqrt{6}-2\sqrt{3}$ (3) $-\sqrt{2}-2\sqrt{3}$ (4) $6\sqrt{5}$

1-❶ (1) $-\sqrt{7}$ (2) $-4\sqrt{3}+\sqrt{5}$ (3) $5\sqrt{5}$ (4) $3\sqrt{6}$

2 (1) $4+2\sqrt{3}$ (2) $-3\sqrt{2}+3$

2-❶ (1) $2-3\sqrt{2}$ (2) $15-\sqrt{10}$

3 (1) $12\sqrt{2}-5$ (2) 2 **3-❶** (1) $\sqrt{2}+3\sqrt{5}$ (2) $\dfrac{\sqrt{3}}{3}$

4 (1) $\sqrt{6}-\sqrt{5}$ (2) $-3\sqrt{2}+5\sqrt{3}$ (3) 2

4-❶ (1) $2\sqrt{3}+2\sqrt{6}$ (2) $2\sqrt{2}-7\sqrt{6}$ (3) $\sqrt{15}-\dfrac{2\sqrt{6}}{3}$

1 (3) $\sqrt{8}+\sqrt{12}-\sqrt{18}-4\sqrt{3}=2\sqrt{2}+2\sqrt{3}-3\sqrt{2}-4\sqrt{3}$
$\qquad\qquad\qquad\qquad\qquad\quad=(2-3)\sqrt{2}+(2-4)\sqrt{3}$
$\qquad\qquad\qquad\qquad\qquad\quad=-\sqrt{2}-2\sqrt{3}$

(4) $\dfrac{5}{\sqrt{5}}+\sqrt{125}=\dfrac{5\times\sqrt{5}}{\sqrt{5}\times\sqrt{5}}+5\sqrt{5}=\dfrac{5\sqrt{5}}{5}+5\sqrt{5}$
$\qquad\qquad\qquad=\sqrt{5}+5\sqrt{5}=6\sqrt{5}$

1-❶ (3) $4\sqrt{5}-\sqrt{20}+\sqrt{45}=4\sqrt{5}-2\sqrt{5}+3\sqrt{5}$
$\qquad\qquad\qquad\qquad\qquad=(4-2+3)\sqrt{5}=5\sqrt{5}$

(4) $\dfrac{\sqrt{3}}{\sqrt{2}}+\sqrt{6}+\sqrt{\dfrac{27}{2}}=\dfrac{\sqrt{3}\times\sqrt{2}}{\sqrt{2}\times\sqrt{2}}+\sqrt{6}+\dfrac{3\sqrt{3}\times\sqrt{2}}{\sqrt{2}\times\sqrt{2}}$
$\qquad\qquad\qquad\qquad\quad=\dfrac{\sqrt{6}}{2}+\sqrt{6}+\dfrac{3\sqrt{6}}{2}=3\sqrt{6}$

2 (1) $\sqrt{2}(\sqrt{8}+\sqrt{6})=\sqrt{2}\sqrt{8}+\sqrt{2}\sqrt{6}=\sqrt{16}+\sqrt{12}=4+2\sqrt{3}$
(2) $-(\sqrt{6}-\sqrt{3})\sqrt{3}=-\sqrt{6}\sqrt{3}+\sqrt{3}\sqrt{3}=-\sqrt{18}+3$
$\qquad\qquad\qquad\qquad\qquad=-3\sqrt{2}+3$

2-❶ (1) $(\sqrt{2}-3)\sqrt{2}=\sqrt{2}\sqrt{2}-3\sqrt{2}=2-3\sqrt{2}$
(2) $\sqrt{5}(3\sqrt{5}-\sqrt{2})=\sqrt{5}\times3\sqrt{5}-\sqrt{5}\sqrt{2}=15-\sqrt{10}$

3 (1) $7\sqrt{2}+\sqrt{5}(\sqrt{10}-\sqrt{5})=7\sqrt{2}+\sqrt{50}-5$
$\qquad\qquad\qquad\qquad\qquad=7\sqrt{2}+5\sqrt{2}-5=12\sqrt{2}-5$

(2) $\dfrac{3\sqrt{5}-\sqrt{15}}{\sqrt{5}}+\sqrt{3}-1=\dfrac{3\sqrt{5}}{\sqrt{5}}-\dfrac{\sqrt{15}}{\sqrt{5}}+\sqrt{3}-1$
$\qquad\qquad\qquad\qquad\qquad=3-\sqrt{3}+\sqrt{3}-1=2$

3-❶ (1) $(\sqrt{15}+\sqrt{6})\div\sqrt{3}+\dfrac{10}{\sqrt{5}}=\dfrac{\sqrt{15}+\sqrt{6}}{\sqrt{3}}+\dfrac{10}{\sqrt{5}}$
$\qquad\qquad\qquad\qquad\qquad\qquad=\sqrt{5}+\sqrt{2}+\dfrac{10\times\sqrt{5}}{\sqrt{5}\times\sqrt{5}}$
$\qquad\qquad\qquad\qquad\qquad\qquad=\sqrt{5}+\sqrt{2}+2\sqrt{5}$
$\qquad\qquad\qquad\qquad\qquad\qquad=\sqrt{2}+3\sqrt{5}$

(2) $\dfrac{\sqrt{2}-\sqrt{3}}{\sqrt{6}}+\dfrac{\sqrt{2}}{2}=\dfrac{\sqrt{2}}{\sqrt{6}}-\dfrac{\sqrt{3}}{\sqrt{6}}+\dfrac{\sqrt{2}}{2}$
$\qquad\qquad\qquad\qquad\quad=\dfrac{1}{\sqrt{3}}-\dfrac{1}{\sqrt{2}}+\dfrac{\sqrt{2}}{2}$
$\qquad\qquad\qquad\qquad\quad=\dfrac{1\times\sqrt{3}}{\sqrt{3}\times\sqrt{3}}-\dfrac{1\times\sqrt{2}}{\sqrt{2}\times\sqrt{2}}+\dfrac{\sqrt{2}}{2}$
$\qquad\qquad\qquad\qquad\quad=\dfrac{\sqrt{3}}{3}-\dfrac{\sqrt{2}}{2}+\dfrac{\sqrt{2}}{2}=\dfrac{\sqrt{3}}{3}$

4 (1) $\sqrt{2}(\sqrt{3}+\sqrt{10})-\sqrt{45}=\sqrt{6}+\sqrt{20}-\sqrt{45}$
$\qquad\qquad\qquad\qquad\qquad\quad=\sqrt{6}+2\sqrt{5}-3\sqrt{5}=\sqrt{6}-\sqrt{5}$

(2) $\sqrt{6}\left(\dfrac{1}{\sqrt{2}}+\dfrac{1}{\sqrt{3}}\right)+2(\sqrt{12}-\sqrt{8})$
$\qquad=\dfrac{\sqrt{6}}{\sqrt{2}}+\dfrac{\sqrt{6}}{\sqrt{3}}+2\sqrt{12}-2\sqrt{8}$
$\qquad=\sqrt{3}+\sqrt{2}+4\sqrt{3}-4\sqrt{2}=-3\sqrt{2}+5\sqrt{3}$

(3) $(2\sqrt{5}+\sqrt{2})\div\sqrt{2}-\sqrt{10}+1=\dfrac{2\sqrt{5}+\sqrt{2}}{\sqrt{2}}-\sqrt{10}+1$
$\qquad\qquad\qquad\qquad\qquad\qquad=\dfrac{(2\sqrt{5}+\sqrt{2})\times\sqrt{2}}{\sqrt{2}\times\sqrt{2}}-\sqrt{10}+1$
$\qquad\qquad\qquad\qquad\qquad\qquad=\dfrac{2\sqrt{10}+2}{2}-\sqrt{10}+1$
$\qquad\qquad\qquad\qquad\qquad\qquad=\sqrt{10}+1-\sqrt{10}+1=2$

4-❶ (1) $\sqrt{2}(\sqrt{6}-\sqrt{3})+\sqrt{54}=\sqrt{12}-\sqrt{6}+\sqrt{54}$
$\qquad\qquad\qquad\qquad\qquad\quad=2\sqrt{3}-\sqrt{6}+3\sqrt{6}$
$\qquad\qquad\qquad\qquad\qquad\quad=2\sqrt{3}+2\sqrt{6}$

(2) $\sqrt{32}-2\sqrt{24}-\sqrt{2}(2+3\sqrt{3})=4\sqrt{2}-4\sqrt{6}-2\sqrt{2}-3\sqrt{6}$
$\qquad\qquad\qquad\qquad\qquad\qquad\qquad=2\sqrt{2}-7\sqrt{6}$

(3) $\dfrac{\sqrt{5}-\sqrt{2}}{\sqrt{3}}+\dfrac{2}{3}\left(\sqrt{15}-\dfrac{\sqrt{6}}{2}\right)$
$\qquad=\dfrac{(\sqrt{5}-\sqrt{2})\times\sqrt{3}}{\sqrt{3}\times\sqrt{3}}+\dfrac{2\sqrt{15}}{3}-\dfrac{\sqrt{6}}{3}$
$\qquad=\dfrac{\sqrt{15}-\sqrt{6}}{3}+\dfrac{2\sqrt{15}}{3}-\dfrac{\sqrt{6}}{3}=\sqrt{15}-\dfrac{2\sqrt{6}}{3}$

🎁 개념 완성하기 ————37쪽

01 ④	02 ②	03 ⑤	04 $2\sqrt{2}-7$
05 3	06 -1	07 $\sqrt{2}+2\sqrt{3}$	08 $4\sqrt{2}+6\sqrt{3}$

01 ① $2\sqrt{3}+3\sqrt{3}-\sqrt{3}=(2+3-1)\sqrt{3}=4\sqrt{3}$
② $8\sqrt{2}+5\sqrt{2}-3\sqrt{2}=(8+5-3)\sqrt{2}=10\sqrt{2}$
③ $\sqrt{7}+2\sqrt{3}-(4\sqrt{3}+2\sqrt{7})=\sqrt{7}+2\sqrt{3}-4\sqrt{3}-2\sqrt{7}$
$\qquad\qquad\qquad\qquad\qquad\qquad=-2\sqrt{3}-\sqrt{7}$
④ $\sqrt{72}-\dfrac{4}{\sqrt{8}}=6\sqrt{2}-\dfrac{4}{2\sqrt{2}}=6\sqrt{2}-\dfrac{2}{\sqrt{2}}$
$\qquad\qquad\quad=6\sqrt{2}-\sqrt{2}=5\sqrt{2}$
⑤ $-\dfrac{18}{\sqrt{6}}+\sqrt{150}-\dfrac{4\sqrt{3}}{\sqrt{2}}=-\dfrac{18\sqrt{6}}{6}+5\sqrt{6}-\dfrac{4\sqrt{6}}{2}$
$\qquad\qquad\qquad\qquad\qquad=-3\sqrt{6}+5\sqrt{6}-2\sqrt{6}=0$

02 $\dfrac{3\sqrt{2}}{2}+\dfrac{13\sqrt{3}}{6}-\dfrac{7}{2\sqrt{3}}+\dfrac{11}{3\sqrt{2}}$
$=\dfrac{3}{2}\sqrt{2}+\dfrac{13}{6}\sqrt{3}-\dfrac{7}{6}\sqrt{3}+\dfrac{11}{6}\sqrt{2}=\dfrac{10}{3}\sqrt{2}+\sqrt{3}$
따라서 $a=\dfrac{10}{3}$, $b=1$이므로 $ab=\dfrac{10}{3}$

03 $\sqrt{2}(\sqrt{6}+\sqrt{12})+2\sqrt{3}(3+2\sqrt{2})$
$=2\sqrt{3}+2\sqrt{6}+6\sqrt{3}+4\sqrt{6}=8\sqrt{3}+6\sqrt{6}$
따라서 $a=8$, $b=6$이므로 $a+b=8+6=14$

04 $\sqrt{3}(\sqrt{6}+\sqrt{3})-\sqrt{5}\left(\dfrac{2}{\sqrt{10}}+2\sqrt{5}\right)=\sqrt{18}+3-\dfrac{2}{\sqrt{2}}-10$
$\qquad\qquad\qquad\qquad\qquad\qquad\qquad\quad=3\sqrt{2}+3-\sqrt{2}-10$
$\qquad\qquad\qquad\qquad\qquad\qquad\qquad\quad=2\sqrt{2}-7$

05 $\sqrt{3}(2\sqrt{3}-3)-a(1-\sqrt{3})=6-3\sqrt{3}-a+a\sqrt{3}$
$\qquad\qquad\qquad\qquad\qquad\qquad=(6-a)+(a-3)\sqrt{3}$
유리수가 되려면 무리수 부분이 0이어야 하므로
$a-3=0$ $\quad\therefore a=3$

06 $2+k\sqrt{2}+\sqrt{2}(1+2\sqrt{2})=2+k\sqrt{2}+\sqrt{2}+4$
$\qquad\qquad\qquad\qquad\qquad=6+(k+1)\sqrt{2}$
유리수가 되려면 무리수 부분이 0이어야 하므로
$k+1=0$ $\quad\therefore k=-1$

07 직육면체의 높이를 h라 하면
$4(3\sqrt{2}+2\sqrt{3}+h)=16\sqrt{2}+16\sqrt{3}$이므로
$12\sqrt{2}+8\sqrt{3}+4h=16\sqrt{2}+16\sqrt{3}$
$4h=4\sqrt{2}+8\sqrt{3}$ $\therefore h=\sqrt{2}+2\sqrt{3}$

08 직사각형의 세로의 길이를 h라 하면
$2\sqrt{3}\times h=6+4\sqrt{6}$이므로
$h=\dfrac{6+4\sqrt{6}}{2\sqrt{3}}=\dfrac{3+2\sqrt{6}}{\sqrt{3}}=\dfrac{3\sqrt{3}+6\sqrt{2}}{3}=\sqrt{3}+2\sqrt{2}$
$\therefore$ (둘레의 길이)$=2\{2\sqrt{3}+(\sqrt{3}+2\sqrt{2})\}$
$=2(2\sqrt{2}+3\sqrt{3})=4\sqrt{2}+6\sqrt{3}$

---

01 ③	**02** ④	**03** -1	**04** $4\sqrt{5}$
05 ②	**06** ④	**07** $16+20\sqrt{3}$	

01 ① $\sqrt{15}\times\sqrt{10}=\sqrt{150}=5\sqrt{6}$

② $\dfrac{1}{\sqrt{2}}\times3\sqrt{6}=3\sqrt{\dfrac{6}{2}}=3\sqrt{3}$

③ $\sqrt{6}\div\sqrt{\dfrac{2}{3}}=\sqrt{6}\times\sqrt{\dfrac{3}{2}}=\sqrt{9}=3$

⑤ $(\sqrt{24}-\sqrt{18})\div\sqrt{3}=\sqrt{8}-\sqrt{6}=2\sqrt{2}-\sqrt{6}$

02 $\sqrt{0.84}=\sqrt{\dfrac{84}{100}}=\dfrac{2\sqrt{3}\sqrt{7}}{10}=\dfrac{2ab}{10}=\dfrac{ab}{5}$

03 $\sqrt{63}-\sqrt{75}+\sqrt{27}-\sqrt{28}=3\sqrt{7}-5\sqrt{3}+3\sqrt{3}-2\sqrt{7}$
$=-2\sqrt{3}+\sqrt{7}$
따라서 $a=-2$, $b=1$이므로 $a+b=-2+1=-1$

04 $\sqrt{80}+\dfrac{5}{\sqrt{5}}-\dfrac{1}{2\sqrt{3}}\div\dfrac{1}{\sqrt{60}}=4\sqrt{5}+\dfrac{5\sqrt{5}}{5}-\dfrac{1}{2\sqrt{3}}\times2\sqrt{15}$
$=4\sqrt{5}+\sqrt{5}-\sqrt{5}=4\sqrt{5}$

05 $\sqrt{3}(5+3\sqrt{2})-\dfrac{6-2\sqrt{2}}{\sqrt{3}}=5\sqrt{3}+3\sqrt{6}-\dfrac{6\sqrt{3}-2\sqrt{6}}{3}$
$=5\sqrt{3}+3\sqrt{6}-2\sqrt{3}+\dfrac{2\sqrt{6}}{3}$
$=3\sqrt{3}+\dfrac{11\sqrt{6}}{3}$
따라서 $p=3$, $q=\dfrac{11}{3}$이므로 $pq=3\times\dfrac{11}{3}=11$

06 $\sqrt{2}(7\sqrt{2}-2)-k(3-4\sqrt{2})=14-2\sqrt{2}-3k+4k\sqrt{2}$
$=14-3k+(4k-2)\sqrt{2}$
유리수가 되려면 무리수 부분이 0이어야 하므로
$4k-2=0$ $\therefore k=\dfrac{1}{2}$

07 [전략 코칭]
직육면체의 높이를 미지수로 나타낸 후 직육면체의 부피와 원뿔의 부피를 구하여 등식을 세운다.

직육면체의 높이를 h라 하면

$V_1=\sqrt{2}\times\sqrt{6}\times h=\sqrt{12}h$, $V_2=\dfrac{1}{3}\times\pi\times2^2\times6\sqrt{6}=8\sqrt{6}\pi$

이때 $\dfrac{V_2}{V_1}=\dfrac{8\sqrt{6}\pi}{\sqrt{12}h}=\pi$이므로

$h=\dfrac{8\sqrt{6}}{\sqrt{12}}=\dfrac{8}{\sqrt{2}}=\dfrac{8\sqrt{2}}{2}=4\sqrt{2}$

$\therefore$ (직육면체의 겉넓이)$=2(\sqrt{2}\times\sqrt{6}+\sqrt{2}\times4\sqrt{2}+\sqrt{6}\times4\sqrt{2})$
$=2(2\sqrt{3}+8+8\sqrt{3})=16+20\sqrt{3}$

---

03 제곱근의 활용
─────────40쪽~41쪽

1	(1) 2.126 (2) 2.168
1-①	(1) 5.975 (2) 6.033
2	(1) 22.36 (2) 70.71 (3) 0.7071 (4) 0.2236
2-①	(1) 83.67 (2) 264.6 (3) 0.2646 (4) 0.08367
3	(1) > (2) > (3) >
3-①	(1) < (2) > (3) >
4	(1) 2 (2) 4 (3) 5
5	(1) $\sqrt{11}-3$ (2) $\sqrt{23}-4$ (3) $\sqrt{2}-1$

2 (1) $\sqrt{500}=\sqrt{5\times10^2}=10\sqrt{5}=10\times2.236=22.36$

(2) $\sqrt{5000}=\sqrt{50\times10^2}=10\sqrt{50}=10\times7.071=70.71$

(3) $\sqrt{0.5}=\sqrt{\dfrac{50}{10^2}}=\dfrac{\sqrt{50}}{10}=\dfrac{1}{10}\times7.071=0.7071$

(4) $\sqrt{0.05}=\sqrt{\dfrac{5}{10^2}}=\dfrac{\sqrt{5}}{10}=\dfrac{1}{10}\times2.236=0.2236$

2-① (1) $\sqrt{7000}=\sqrt{70\times10^2}=10\sqrt{70}=10\times8.367=83.67$

(2) $\sqrt{70000}=\sqrt{7\times100^2}=100\sqrt{7}=100\times2.646=264.6$

(3) $\sqrt{0.07}=\sqrt{\dfrac{7}{10^2}}=\dfrac{\sqrt{7}}{10}=\dfrac{1}{10}\times2.646=0.2646$

(4) $\sqrt{0.007}=\sqrt{\dfrac{70}{100^2}}=\dfrac{\sqrt{70}}{100}=\dfrac{1}{100}\times8.367=0.08367$

3 (1) $(2+\sqrt{2})-(\sqrt{2}+\sqrt{3})=2-\sqrt{3}=\sqrt{4}-\sqrt{3}>0$이므로
$2+\sqrt{2}>\sqrt{2}+\sqrt{3}$

(2) $4\sqrt{2}-(\sqrt{5}+2\sqrt{2})=2\sqrt{2}-\sqrt{5}=\sqrt{8}-\sqrt{5}>0$이므로
$4\sqrt{2}>\sqrt{5}+2\sqrt{2}$

(3) $(2+\sqrt{12})-(3+\sqrt{3})=2+2\sqrt{3}-3-\sqrt{3}=\sqrt{3}-1>0$이
므로 $2+\sqrt{12}>3+\sqrt{3}$

3-① (1) $(3\sqrt{2}-1)-(2+\sqrt{2})=2\sqrt{2}-3=\sqrt{8}-\sqrt{9}<0$이므로
$3\sqrt{2}-1<2+\sqrt{2}$

(2) $(2+3\sqrt{6})-(2\sqrt{6}+4)=\sqrt{6}-2=\sqrt{6}-\sqrt{4}>0$이므로
$2+3\sqrt{6}>2\sqrt{6}+4$

(3) $(\sqrt{18}+1)-(\sqrt{8}+2)=3\sqrt{2}+1-2\sqrt{2}-2=\sqrt{2}-1>0$
이므로 $\sqrt{18}+1>\sqrt{8}+2$

4 (1) $\sqrt{4}<\sqrt{5}<\sqrt{9}$, 즉 $2<\sqrt{5}<3$에서 $\sqrt{5}$의 정수 부분은 2이다.
(2) $\sqrt{16}<\sqrt{17}<\sqrt{25}$, 즉 $4<\sqrt{17}<5$에서 $\sqrt{17}$의 정수 부분은 4이다.

(3) $\sqrt{9}<\sqrt{13}<\sqrt{16}$, 즉 $3<\sqrt{13}<4$에서 $5<\sqrt{13}+2<6$

따라서 $\sqrt{13}+2$의 정수 부분은 5이다.

5 (1) $\sqrt{9}<\sqrt{11}<\sqrt{16}$, 즉 $3<\sqrt{11}<4$에서 $\sqrt{11}$의 정수 부분이 3이므로 소수 부분은 $\sqrt{11}-3$

(2) $\sqrt{16}<\sqrt{23}<\sqrt{25}$, 즉 $4<\sqrt{23}<5$에서 $\sqrt{23}$의 정수 부분이 4이므로 소수 부분은 $\sqrt{23}-4$

(3) $\sqrt{1}<\sqrt{2}<\sqrt{4}$, 즉 $1<\sqrt{2}<2$에서 $4<\sqrt{2}+3<5$

따라서 $\sqrt{2}+3$의 정수 부분이 4이므로 소수 부분은

$(\sqrt{2}+3)-4=\sqrt{2}-1$

개념 완성하기 ┤42쪽├

01 ①, ③ **02** ⑤ **03** ③ **04** ④

05 ②, ④ **06** $A<C<B$ **07** $2\sqrt{5}-4$

08 $6+3\sqrt{2}$

01 ① $\sqrt{0.51}=\dfrac{\sqrt{51}}{10}=0.7141$

② $\sqrt{0.051}=\dfrac{\sqrt{5.1}}{10}=0.2258$

③ $\sqrt{510}=10\sqrt{5.1}=22.58$

④ $\sqrt{5100}=10\sqrt{51}=71.41$

⑤ $\sqrt{51000}=100\sqrt{5.1}=225.8$

따라서 옳은 것은 ①, ③이다.

02 ① $\sqrt{382}=10\sqrt{3.82}=19.54$

② $\sqrt{3820}=10\sqrt{38.2}=61.81$

③ $\sqrt{0.382}=\dfrac{\sqrt{38.2}}{10}=0.6181$

④ $\sqrt{0.0382}=\dfrac{\sqrt{3.82}}{10}=0.1954$

⑤ $\sqrt{0.00382}=\dfrac{\sqrt{38.2}}{100}=0.06181$

따라서 옳지 않은 것은 ⑤이다.

03 $\sqrt{2800}=\sqrt{10^2\times2^2\times7}=20\sqrt{7}=20\times2.646=52.92$

04 $\sqrt{0.24}=\sqrt{\dfrac{24}{100}}=\dfrac{2\sqrt{6}}{10}=\dfrac{\sqrt{6}}{5}=\dfrac{1}{5}\times2.449=0.4898$

05 ① $(4\sqrt{2}-3)-(2\sqrt{2}-2)=2\sqrt{2}-1=\sqrt{8}-\sqrt{1}>0$이므로

$4\sqrt{2}-3>2\sqrt{2}-2$

② $(\sqrt{27}-2)-2\sqrt{3}=3\sqrt{3}-2-2\sqrt{3}=\sqrt{3}-2=\sqrt{3}-\sqrt{4}<0$

이므로 $\sqrt{27}-2<2\sqrt{3}$

③ $(\sqrt{20}-3)-(\sqrt{5}-2)=2\sqrt{5}-3-\sqrt{5}+2=\sqrt{5}-1>0$

이므로 $\sqrt{20}-3>\sqrt{5}-2$

④ $(4\sqrt{5}-2\sqrt{3})-(\sqrt{3}+2\sqrt{5})=2\sqrt{5}-3\sqrt{3}=\sqrt{20}-\sqrt{27}<0$

이므로 $4\sqrt{5}-2\sqrt{3}<\sqrt{3}+2\sqrt{5}$

⑤ $(3+\sqrt{6})-(\sqrt{8}+\sqrt{6})=3-\sqrt{8}=\sqrt{9}-\sqrt{8}>0$이므로

$3+\sqrt{6}>\sqrt{8}+\sqrt{6}$

따라서 옳은 것은 ②, ④이다.

06 $A-B=(3\sqrt{2}-2\sqrt{3})-(\sqrt{2}+\sqrt{3})$

$=2\sqrt{2}-3\sqrt{3}=\sqrt{8}-\sqrt{27}<0$

이므로 $A<B$

$B-C=(\sqrt{2}+\sqrt{3})-(2\sqrt{2}-\sqrt{3})$

$=2\sqrt{3}-\sqrt{2}=\sqrt{12}-\sqrt{2}>0$

이므로 $B>C$

$A-C=(3\sqrt{2}-2\sqrt{3})-(2\sqrt{2}-\sqrt{3})=\sqrt{2}-\sqrt{3}<0$

이므로 $A<C$ $\quad\therefore A<C<B$

07 $\sqrt{4}<\sqrt{5}<\sqrt{9}$, 즉 $2<\sqrt{5}<3$에서 $5<3+\sqrt{5}<6$

따라서 $3+\sqrt{5}$의 정수 부분은 5이므로

$x=(3+\sqrt{5})-5=\sqrt{5}-2$

$\therefore 2x=2\sqrt{5}-4$

08 $3\sqrt{2}=\sqrt{18}$이고 $\sqrt{16}<\sqrt{18}<\sqrt{25}$, 즉 $4<3\sqrt{2}<5$에서

$5<3\sqrt{2}+1<6$

따라서 $3\sqrt{2}+1$의 정수 부분 a는 $a=5$,

소수 부분 b는 $b=(3\sqrt{2}+1)-5=3\sqrt{2}-4$

$\therefore 2a+b=2\times5+(3\sqrt{2}-4)=6+3\sqrt{2}$

실력 확인하기 ┤43쪽├

01 186.2 **02** ⑤ **03** ⑤ **04** 7.6356

05 ⑤ **06** ② **07** $3-8a$ **08** 9개

01 $\sqrt{2.53}=1.591$이므로 $a=1.591$

$\sqrt{2.71}=1.646$이므로 $b=2.71$

$\therefore 100a+10b=159.1+27.1=186.2$

02 ① $\sqrt{0.037}=\dfrac{\sqrt{3.7}}{10}=0.1924$

② $\sqrt{0.00037}=\dfrac{\sqrt{3.7}}{100}=0.01924$

③ $-\sqrt{370}=-10\sqrt{3.7}=-19.24$

④ $\sqrt{37000}=100\sqrt{3.7}=192.4$

⑤ $\sqrt{370000}=100\sqrt{37}$이므로 $\sqrt{3.7}$의 값을 이용하여 구할 수 없다.

03 □ 안에 들어갈 수는 $\sqrt{16.4}$의 값이다.

이때 $\sqrt{1640}=10\sqrt{16.4}=40.50$이므로

$□=\sqrt{16.4}=\dfrac{1}{10}\times40.50=4.050$

04 $\sqrt{0.32}=\sqrt{\dfrac{32}{100}}=\dfrac{4\sqrt{2}}{10}=\dfrac{2\sqrt{2}}{5}=\dfrac{2}{5}\times1.414=0.5656$

$\sqrt{50}=5\sqrt{2}=5\times1.414=7.07$

$\therefore \sqrt{0.32}+\sqrt{50}=0.5656+7.07=7.6356$

05 ① $(2\sqrt{5}+2)-3\sqrt{5}=2-\sqrt{5}=\sqrt{4}-\sqrt{5}<0$이므로

$2\sqrt{5}+2<3\sqrt{5}$

② $\sqrt{25}-(3+\sqrt{2})=5-3-\sqrt{2}=2-\sqrt{2}=\sqrt{4}-\sqrt{2}>0$이므로 $\sqrt{25}>3+\sqrt{2}$

③ $(1+\sqrt{3})-2\sqrt{3}=1-\sqrt{3}<0$이므로 $1+\sqrt{3}<2\sqrt{3}$

④ $(\sqrt{90}-2\sqrt{2})-(\sqrt{10}+\sqrt{2})=3\sqrt{10}-2\sqrt{2}-\sqrt{10}-\sqrt{2}$
$\qquad\qquad\qquad\qquad\qquad\qquad\quad=2\sqrt{10}-3\sqrt{2}$
$\qquad\qquad\qquad\qquad\qquad\qquad\quad=\sqrt{40}-\sqrt{18}>0$
이므로 $\sqrt{90}-2\sqrt{2}>\sqrt{10}+\sqrt{2}$
⑤ $(3\sqrt{2}+1)-(2\sqrt{3}+1)=3\sqrt{2}-2\sqrt{3}=\sqrt{18}-\sqrt{12}>0$
이므로 $3\sqrt{2}+1>2\sqrt{3}+1$
따라서 옳지 않은 것은 ⑤이다.

06 $2\sqrt{3}=\sqrt{12}$이고 $\sqrt{9}<\sqrt{12}<\sqrt{16}$, 즉 $3<2\sqrt{3}<4$에서
$-4<-2\sqrt{3}<-3$
따라서 $2<6-2\sqrt{3}<3$이므로 $6-2\sqrt{3}$의 정수 부분 a는 $a=2$,
소수 부분 b는 $b=(6-2\sqrt{3})-2=4-2\sqrt{3}$
$\therefore \dfrac{b}{a}=\dfrac{4-2\sqrt{3}}{2}=2-\sqrt{3}$

07 전략 코칭

$\quad\sqrt{192}$의 소수 부분을 $\sqrt{3}$을 사용하여 나타내 본다.

$1<\sqrt{3}<2$에서 $-2<-\sqrt{3}<-1$ $\qquad \therefore 3<5-\sqrt{3}<4$
$5-\sqrt{3}$의 정수 부분은 3이므로
$a=(5-\sqrt{3})-3=2-\sqrt{3}$ $\quad$ …… ㉠
$13<\sqrt{192}<14$에서 $\sqrt{192}$의 정수 부분은 13이므로
(소수 부분)$=\sqrt{192}-13=8\sqrt{3}-13$
㉠에서 $\sqrt{3}=2-a$이므로 $\sqrt{192}$의 소수 부분은
$8(2-a)-13=16-8a-13=3-8a$

08 전략 코칭

$\quad\langle n \rangle=4$를 만족시키는 자연수 n은 $\sqrt{n}$의 정수 부분이 4인 수이다.

$4=\sqrt{16}$, $5=\sqrt{25}$이므로
$4\le\sqrt{n}<5$에서 $\sqrt{16}\le\sqrt{n}<\sqrt{25}$
즉, $16\le n<25$이므로 구하는 자연수 n은 16, 17, …, 24의 9개이다.

실전!
중단원 마무리 ————————|44쪽~45쪽|

01 ④	**02** ②	**03** ③	**04** ⑤
05 7	**06** $\dfrac{2\sqrt{3}}{3}$	**07** ④	**08** ③
09 $5\sqrt{10}$	**10** $-\sqrt{5}$	**11** ④, ⑤	**12** ③
13 $1+\sqrt{5}$	**14** ③	**15** $(6\sqrt{2}+10\sqrt{3})$ m	

01 ① $\sqrt{14}\times\sqrt{7}=\sqrt{2\times7\times7}=7\sqrt{2}$

② $3\sqrt{2}\times\sqrt{6}\div(-\sqrt{3})=-\dfrac{3\sqrt{2}\times\sqrt{6}}{\sqrt{3}}=-3\times2=-6$

③ $\sqrt{5}\times\sqrt{20}\div\sqrt{8}=\dfrac{\sqrt{5}\times\sqrt{20}}{\sqrt{8}}=\dfrac{5}{\sqrt{2}}=\dfrac{5\sqrt{2}}{2}$

④ $3\sqrt{8}\div\sqrt{4}\times\dfrac{\sqrt{2}}{\sqrt{6}}=3\sqrt{8}\times\dfrac{1}{\sqrt{4}}\times\dfrac{1}{\sqrt{3}}=\dfrac{3\sqrt{2}}{\sqrt{3}}=\dfrac{3\sqrt{6}}{3}$
$\qquad\qquad\qquad\qquad\qquad\quad=\sqrt{6}$

⑤ $\sqrt{15}\times(-\sqrt{3})\div\left(-\dfrac{\sqrt{5}}{\sqrt{2}}\right)=\sqrt{15}\times(-\sqrt{3})\times\left(-\dfrac{\sqrt{2}}{\sqrt{5}}\right)$
$\qquad\qquad\qquad\qquad\qquad\qquad\qquad\quad=3\sqrt{2}$
따라서 옳지 않은 것은 ④이다.

02 $\sqrt{3.36}=\sqrt{\dfrac{336}{100}}=\dfrac{\sqrt{2^4\times3\times7}}{10}=\dfrac{4\times\sqrt{3}\times\sqrt{7}}{10}=\dfrac{2ab}{5}$

03 ② $\sqrt{18}=\sqrt{3^2\times2}=3\sqrt{2}$

③ $\dfrac{3\sqrt{2}}{\sqrt{3}}=\dfrac{3\sqrt{2}\times\sqrt{3}}{\sqrt{3}\times\sqrt{3}}=\dfrac{3\sqrt{6}}{3}=\sqrt{6}$

④ $\dfrac{6}{\sqrt{2}}=\dfrac{6\times\sqrt{2}}{\sqrt{2}\times\sqrt{2}}=\dfrac{6\sqrt{2}}{2}=3\sqrt{2}$

⑤ $\dfrac{6\sqrt{6}}{\sqrt{12}}=\dfrac{6}{\sqrt{2}}=\dfrac{6\times\sqrt{2}}{\sqrt{2}\times\sqrt{2}}=\dfrac{6\sqrt{2}}{2}=3\sqrt{2}$
따라서 나머지 넷과 다른 하나는 ③이다.

04 ① $\sqrt{7}+\sqrt{3}$은 더 이상 계산되지 않는다.

② $\sqrt{8}-\sqrt{4}=2\sqrt{2}-2$

③ $\sqrt{3^2+4^2}=\sqrt{25}=5$

④ $-2\sqrt{3}=-\sqrt{2^2\times3}=-\sqrt{12}$

⑤ $\sqrt{12}+\sqrt{3}=2\sqrt{3}+\sqrt{3}=3\sqrt{3}$
따라서 옳은 것은 ⑤이다.

05 $\sqrt{48}(\sqrt{3}+1)+\dfrac{6-11\sqrt{3}}{\sqrt{3}}=4\sqrt{3}(\sqrt{3}+1)+\dfrac{6}{\sqrt{3}}-11$
$\qquad\qquad\qquad\qquad\qquad\qquad=12+4\sqrt{3}+2\sqrt{3}-11=1+6\sqrt{3}$
따라서 $a=1$, $b=6$이므로 $a+b=1+6=7$

06 $\dfrac{a}{\sqrt{3}}=\dfrac{\sqrt{3}+1}{\sqrt{3}}=\dfrac{3+\sqrt{3}}{3}$

$\dfrac{b}{\sqrt{3}}=\dfrac{\sqrt{3}-1}{\sqrt{3}}=\dfrac{3-\sqrt{3}}{3}$

$\therefore \dfrac{a}{\sqrt{3}}-\dfrac{b}{\sqrt{3}}=\dfrac{3+\sqrt{3}}{3}-\dfrac{3-\sqrt{3}}{3}=\dfrac{2\sqrt{3}}{3}$

07 $a\sqrt{\dfrac{9b}{a}}-b\sqrt{\dfrac{4a}{b}}=\sqrt{a^2\times\dfrac{9b}{a}}-\sqrt{b^2\times\dfrac{4a}{b}}=\sqrt{9ab}-\sqrt{4ab}$
$\qquad\qquad\qquad\quad=3\sqrt{ab}-2\sqrt{ab}=\sqrt{ab}=\sqrt{25}=5$

08 $5(a\sqrt{3}+3)-\sqrt{3}(4\sqrt{3}+12)=5a\sqrt{3}+15-12-12\sqrt{3}$
$\qquad\qquad\qquad\qquad\qquad\qquad=3+(5a-12)\sqrt{3}$
유리수가 되려면 무리수 부분이 0이어야 하므로
$5a-12=0$ $\qquad \therefore a=\dfrac{12}{5}$

09 (사다리꼴의 넓이)$=\dfrac{1}{2}\times\{(3\sqrt{2}-\sqrt{3})+(2\sqrt{2}+\sqrt{3})\}\times2\sqrt{5}$
$\qquad\qquad\qquad\qquad=\dfrac{1}{2}\times5\sqrt{2}\times2\sqrt{5}=5\sqrt{10}$

10 $\overline{PA}=\overline{PQ}=\sqrt{5}$, $\overline{RB}=\overline{RS}=\sqrt{5}$이므로 두 점 A, B의 좌표는
$A(-1-\sqrt{5})$, $B(2+\sqrt{5})$
즉, $a=-1-\sqrt{5}$, $b=2+\sqrt{5}$이므로
$2a+b=2(-1-\sqrt{5})+2+\sqrt{5}$
$\qquad\quad=-2-2\sqrt{5}+2+\sqrt{5}=-\sqrt{5}$

11 ① $\sqrt{0.05}=\sqrt{\dfrac{5}{100}}=\dfrac{\sqrt{5}}{10}=0.2236$

② $\sqrt{0.2}=\sqrt{\dfrac{2}{10}}=\sqrt{\dfrac{1}{5}}=\dfrac{1}{\sqrt{5}}=\dfrac{\sqrt{5}}{5}=0.4472$

③ $\sqrt{20}=2\sqrt{5}=4.472$

④ $\sqrt{150}=5\sqrt{6}$이므로 $\sqrt{6}$의 값이 주어져야 구할 수 있다.

⑤ $\sqrt{5000}=10\sqrt{50}=50\sqrt{2}$이므로 $\sqrt{50}$ 또는 $\sqrt{2}$의 값이 주어져야 구할 수 있다.

12 ① $(3\sqrt{7}-2)-2\sqrt{7}=\sqrt{7}-2=\sqrt{7}-\sqrt{4}>0$이므로
　　$3\sqrt{7}-2>2\sqrt{7}$

② $(\sqrt{27}-\sqrt{3})-(\sqrt{12}+1)=3\sqrt{3}-\sqrt{3}-2\sqrt{3}-1=-1<0$
　이므로 $\sqrt{27}-\sqrt{3}<\sqrt{12}+1$

③ $(\sqrt{50}-1)-(2\sqrt{2}+2)=5\sqrt{2}-1-2\sqrt{2}-2$
　　　　　　　　　　　　　$=3\sqrt{2}-3=\sqrt{18}-\sqrt{9}>0$
　이므로 $\sqrt{50}-1>2\sqrt{2}+2$

④ $(7-\sqrt{5})-(2+\sqrt{5})=5-2\sqrt{5}=\sqrt{25}-\sqrt{20}>0$이므로
　$7-\sqrt{5}>2+\sqrt{5}$

⑤ $(4\sqrt{5}-4)-(\sqrt{5}+1)=3\sqrt{5}-5=\sqrt{45}-\sqrt{25}>0$이므로
　$4\sqrt{5}-4>\sqrt{5}+1$

따라서 옳은 것은 ③이다.

13 $(3\sqrt{2}-2)-3=3\sqrt{2}-5=\sqrt{18}-\sqrt{25}<0$이므로
$3\sqrt{2}-2<3$
$(1+\sqrt{5})-3=\sqrt{5}-2=\sqrt{5}-\sqrt{4}>0$이므로 $1+\sqrt{5}>3$
$\therefore 3\sqrt{2}-2<3<1+\sqrt{5}$
따라서 수직선 위에 나타낼 때 가장 오른쪽에 있는 수는 가장 큰 수인 $1+\sqrt{5}$이다.

14 $2<\sqrt{5}<3$이므로 $1<\sqrt{5}-1<2$에서 $\sqrt{5}-1$의 정수 부분은 1이다.
$\therefore a=(\sqrt{5}-1)-1=\sqrt{5}-2$
$\therefore \dfrac{10}{a+2}=\dfrac{10}{(\sqrt{5}-2)+2}=\dfrac{10}{\sqrt{5}}=2\sqrt{5}$

15

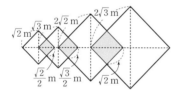

넓이가 $2\,\mathrm{m^2}$, $3\,\mathrm{m^2}$, $8\,\mathrm{m^2}$, $12\,\mathrm{m^2}$인 네 개의 정사각형의 한 변의 길이는 각각 $\sqrt{2}\,\mathrm{m}$, $\sqrt{3}\,\mathrm{m}$, $2\sqrt{2}\,\mathrm{m}$, $2\sqrt{3}\,\mathrm{m}$이므로 겹쳐진 세 정사각형의 한 변의 길이는 각각
$\dfrac{\sqrt{2}}{2}\,\mathrm{m}$, $\dfrac{\sqrt{3}}{2}\,\mathrm{m}$, $\dfrac{2\sqrt{2}}{2}=\sqrt{2}\,(\mathrm{m})$이다.

$\therefore$ (공원 전체의 둘레의 길이)
　$=$ (4개의 정사각형의 둘레의 길이)
　　　　$-$ (겹쳐진 3개의 정사각형의 둘레의 길이)
　$=4(\sqrt{2}+\sqrt{3}+2\sqrt{2}+2\sqrt{3})-4\left(\dfrac{\sqrt{2}}{2}+\dfrac{\sqrt{3}}{2}+\sqrt{2}\right)$
　$=4(3\sqrt{2}+3\sqrt{3})-4\left(\dfrac{3\sqrt{2}}{2}+\dfrac{\sqrt{3}}{2}\right)$
　$=12\sqrt{2}+12\sqrt{3}-6\sqrt{2}-2\sqrt{3}$
　$=6\sqrt{2}+10\sqrt{3}\,(\mathrm{m})$

서술형 문제 ─────────────── 46쪽

01 $4\sqrt{2}-3$	**01-1** $6-\sqrt{10}$	**02** 2
03 2	**04** $12\sqrt{2}$	

01 　채점 기준 **1** a의 값 구하기 ⋯ 2점
$2\sqrt{2}=\sqrt{8}$이고 $2<\sqrt{8}<3$이므로 $2\sqrt{2}$의 정수 부분은 2이다.
$\therefore a=2$
채점 기준 **2** b의 값 구하기 ⋯ 2점
$4\sqrt{2}=\sqrt{32}$이고 $5<\sqrt{32}<6$이므로 $4\sqrt{2}$의 정수 부분은 5이다.
$\therefore b=4\sqrt{2}-5$
채점 기준 **3** $a+b$의 값 구하기 ⋯ 1점
$a+b=2+(4\sqrt{2}-5)=4\sqrt{2}-3$

01-1 채점 기준 **1** a의 값 구하기 ⋯ 2점
$2<\sqrt{5}<3$이므로 $3<1+\sqrt{5}<4$에서 $1+\sqrt{5}$의 정수 부분은 3이다. 　$\therefore a=3$
채점 기준 **2** b의 값 구하기 ⋯ 2점
$3<\sqrt{10}<4$에서 $\sqrt{10}$의 정수 부분은 3이므로
$b=\sqrt{10}-3$
채점 기준 **3** $a-b$의 값 구하기 ⋯ 1점
$a-b=3-(\sqrt{10}-3)=6-\sqrt{10}$

02 $\dfrac{5}{\sqrt{20}}=\dfrac{5}{2\sqrt{5}}=\dfrac{5\times\sqrt{5}}{2\sqrt{5}\times\sqrt{5}}=\dfrac{5\sqrt{5}}{10}=\dfrac{\sqrt{5}}{2}$에서 $a=\dfrac{1}{2}$ ⋯⋯ ❶
$\sqrt{240}=\sqrt{4^2\times15}=4\sqrt{15}$에서 $b=4$ ⋯⋯ ❷
$\therefore ab=\dfrac{1}{2}\times4=2$ ⋯⋯ ❸

채점 기준	배점
❶ a의 값 구하기	2점
❷ b의 값 구하기	2점
❸ ab의 값 구하기	1점

03 $\sqrt{3}(2\sqrt{3}+4)-k\sqrt{3}(2-\sqrt{3})$
　$=6+4\sqrt{3}-2k\sqrt{3}+3k$
　$=(6+3k)+(4-2k)\sqrt{3}$ ⋯⋯ ❶
유리수가 되려면 무리수 부분이 0이어야 하므로 ⋯⋯ ❷
$4-2k=0$ 　$\therefore k=2$ ⋯⋯ ❸

채점 기준	배점
❶ 주어진 식 간단히 하기	2점
❷ 유리수가 되기 위한 조건 알기	1점
❸ k의 값 구하기	2점

04 (삼각형의 넓이)$=\dfrac{1}{2}\times\sqrt{24}\times\sqrt{6}=\dfrac{1}{2}\times2\sqrt{6}\times\sqrt{6}=6$ ⋯⋯ ❶
삼각형과 정사각형의 넓이의 비가 $1:3$이므로
정사각형의 넓이는 $6\times3=18$
정사각형의 한 변의 길이는 $\sqrt{18}=3\sqrt{2}$ ⋯⋯ ❷
$\therefore$ (정사각형의 둘레의 길이)$=4\times3\sqrt{2}=12\sqrt{2}$ ⋯⋯ ❸

채점 기준	배점
❶ 삼각형의 넓이 구하기	2점
❷ 정사각형의 한 변의 길이 구하기	3점
❸ 정사각형의 둘레의 길이 구하기	1점

1 다항식의 곱셈과 인수분해

01 곱셈 공식

— 49쪽~51쪽 —

1 (1) $ac+2ad+2bc+4bd$ (2) $-2a^2+3ab-b^2$
  (3) $3x^2+x-2$ (4) $4x^2+7xy-2y^2$

1-❶ (1) a^2+2a-8 (2) $3a^2-7ab-6b^2$
  (3) $10x^2-7x-12$ (4) $-2x^2+11xy-15y^2$

2 (1) $3x$, $3x$, 2, 9, 12, 4 (2) $9a^2+24ab+16b^2$
  (3) $25a^2+30a+9$ (4) $16x^2+24xy+9y^2$

2-❶ (1) $a^2+12a+36$ (2) $4x^2+28xy+49y^2$
  (3) $16y^2+16y+4$ (4) $36x^2+12x+1$

3 (1) $3x$, $3x$, 4, 9, 24, 16 (2) $4x^2-4x+1$
  (3) $49a^2-42ab+9b^2$ (4) $25x^2-20xy+4y^2$

3-❶ (1) $a^2-14a+49$ (2) $9a^2-12a+4$
  (3) $4x^2-24xy+36y^2$ (4) $\frac{1}{4}x^2-3xy+9y^2$

4 (1) 5, 25 (2) $1-4b^2$
  (3) $4x^2-y^2$ (4) $\frac{1}{4}x^2-y^2$

4-❶ (1) x^2-49 (2) x^2-9y^2
  (3) $-25x^2+16y^2$ (4) $\frac{4}{9}x^2-\frac{1}{4}y^2$

5 (1) -2, -2, 2, 8 (2) $x^2+3x-18$
  (3) x^2-8x+7 (4) $y^2+4y-45$

5-❶ (1) $b^2+4b-21$ (2) $x^2-9x+20$
  (3) $y^2+6y-16$ (4) $a^2+9a-10$

6 (1) 1, 2, 3, -5, 2, 7, 15 (2) $15x^2-x-6$
  (3) $10y^2-11y+3$ (4) $8b^2-10b-25$

6-❶ (1) $6x^2-7x-20$ (2) $16y^2+8y-3$
  (3) $6a^2-25a+14$ (4) $-12k^2+22k+4$

2 (4) $(-4x-3y)^2=\{-(4x+3y)\}^2$
$=(4x+3y)^2$
$=(4x)^2+2\times4x\times3y+(3y)^2$
$=16x^2+24xy+9y^2$

2-❶ (4) $(-6x-1)^2=\{-(6x+1)\}^2$
$=(6x+1)^2$
$=(6x)^2+2\times6x\times1+1^2$
$=36x^2+12x+1$

4 (4) $\left(y+\frac{1}{2}x\right)\left(\frac{1}{2}x-y\right)=\left(\frac{1}{2}x+y\right)\left(\frac{1}{2}x-y\right)$
$=\left(\frac{1}{2}x\right)^2-y^2=\frac{1}{4}x^2-y^2$

4-❶ (3) $(-5x+4y)(5x+4y)=(4y-5x)(4y+5x)$
$=(4y)^2-(5x)^2$
$=16y^2-25x^2$
$=-25x^2+16y^2$

 개념 완성하기 ——— 52쪽

01 12	**02** 2	**03** ④	**04** ⑤
05 9	**06** 15	**07** ③	**08** ①

01 $\left(\frac{3}{2}x+4\right)(6x-2)=9x^2-3x+24x-8$
$=9x^2+21x-8$
따라서 $a=9$, $b=21$이므로 $b-a=21-9=12$

다른 풀이
x^2의 계수는 $\frac{3}{2}\times6=9$이므로 $a=9$

x의 계수는 $\frac{3}{2}\times(-2)+4\times6=21$이므로 $b=21$

∴ $b-a=21-9=12$

02 $(3a-2b)(a+4b-1)=3a^2+12ab-3a-2ab-8b^2+2b$
$=3a^2+10ab-8b^2-3a+2b$
이므로 b^2의 계수는 -8이고, ab의 계수는 10이다.
따라서 구하는 계수의 합은 $-8+10=2$

다른 풀이
b^2의 계수는 $-2\times4=-8$
ab의 계수는 $3\times4+(-2)\times1=10$
따라서 구하는 계수의 합은 $-8+10=2$

03 ① $(2a+7b)^2=4a^2+28ab+49b^2$
② $(6x-y)^2=36x^2-12xy+y^2$
③ $(-2+3x)(-2-3x)=(-2)^2-(3x)^2=4-9x^2$
⑤ $(3y+4)(2y-5)=6y^2-7y-20$
따라서 옳은 것은 ④이다.

04 ⑤ $(4x-3)(x+5)=4x^2+17x-15$

05 $(x-a)(2x+7)=2x^2+(7-2a)x-7a$
이므로 $7-2a=b$, $-7a=14$
따라서 $a=-2$, $b=11$이므로 $a+b=-2+11=9$

06 $(3x+a)^2=9x^2+6ax+a^2$이므로
$6a=24$, $a^2=b$ ∴ $a=4$, $b=16$
또, $(x-3)(x+c)=x^2+(c-3)x-3c$이므로
$c-3=d$, $-3c=-12$ ∴ $c=4$, $d=1$
∴ $a+b-c-d=4+16-4-1=15$

07 $\left(\frac{1}{2}a-b\right)^2=\frac{1}{4}a^2-ab+b^2$
① $\frac{1}{2}(a-2b)^2=\frac{1}{2}(a^2-4ab+4b^2)=\frac{1}{2}a^2-2ab+2b^2$
② $-\frac{1}{2}(-a+2b)^2=-\frac{1}{2}(a^2-4ab+4b^2)$
$=-\frac{1}{2}a^2+2ab-2b^2$
③ $\frac{1}{4}(2b-a)^2=\frac{1}{4}(4b^2-4ab+a^2)=\frac{1}{4}a^2-ab+b^2$
④ $-\frac{1}{4}(a-2b)^2=-\frac{1}{4}(a^2-4ab+4b^2)$
$=-\frac{1}{4}a^2+ab-b^2$

⑤ $-\dfrac{1}{4}(-a+2b)^2=-\dfrac{1}{4}(a^2-4ab+4b^2)$
$=-\dfrac{1}{4}a^2+ab-b^2$

따라서 전개식이 같은 것은 ③이다.

08 $(-a+b)(a-b)=-(a-b)^2=-(a^2-2ab+b^2)$
$=-a^2+2ab-b^2$

① $-(a-b)^2=-(a^2-2ab+b^2)=-a^2+2ab-b^2$

② $-(a+b)(a-b)=-(a^2-b^2)=-a^2+b^2$

③ $(a+b)^2=a^2+2ab+b^2$

④ $(-a-b)^2=\{-(a+b)\}^2=(a+b)^2$
$=a^2+2ab+b^2$

⑤ $-(a+b)^2=-(a^2+2ab+b^2)=-a^2-2ab-b^2$

따라서 전개식이 같은 것은 ①이다.

02 곱셈 공식의 활용

─── 54쪽~55쪽 ───

1	(1) 10404 (2) 994009 (3) 3596 (4) 6888
1-❶	(1) 1002001 (2) 9604 (3) 120.96 (4) 10403
2	(1) $2-\sqrt{3}$ (2) $\sqrt{5}+\sqrt{3}$ (3) $3-2\sqrt{2}$
2-❶	(1) $\dfrac{\sqrt{7}-\sqrt{2}}{5}$ (2) $3+\sqrt{2}$ (3) $2-\sqrt{3}$
3	$4a^2+4ab+b^2-12a-6b+5$
3-❶	$x^2+6xy+9y^2+2x+6y-8$
4	(1) 40 (2) 44
5	(1) 27 (2) 29

1 (1) $102^2=(100+2)^2=100^2+2\times100\times2+2^2$
$=10000+400+4=10404$

(2) $997^2=(1000-3)^2=1000^2-2\times1000\times3+3^2$
$=1000000-6000+9=994009$

(3) $58\times62=(60-2)(60+2)=60^2-2^2$
$=3600-4=3596$

(4) $82\times84=(80+2)(80+4)=80^2+(2+4)\times80+2\times4$
$=6400+480+8=6888$

1-❶ (1) $1001^2=(1000+1)^2=1000^2+2\times1000\times1+1^2$
$=1000000+2000+1=1002001$

(2) $98^2=(100-2)^2=100^2-2\times100\times2+2^2$
$=10000-400+4=9604$

(3) $10.8\times11.2=(11-0.2)(11+0.2)=11^2-0.2^2$
$=121-0.04=120.96$

(4) $101\times103=(100+1)(100+3)$
$=100^2+(1+3)\times100+1\times3$
$=10000+400+3=10403$

2 (1) $\dfrac{1}{2+\sqrt{3}}=\dfrac{2-\sqrt{3}}{(2+\sqrt{3})(2-\sqrt{3})}=\dfrac{2-\sqrt{3}}{4-3}=2-\sqrt{3}$

(2) $\dfrac{2}{\sqrt{5}-\sqrt{3}}=\dfrac{2(\sqrt{5}+\sqrt{3})}{(\sqrt{5}-\sqrt{3})(\sqrt{5}+\sqrt{3})}$
$=\dfrac{2(\sqrt{5}+\sqrt{3})}{5-3}=\sqrt{5}+\sqrt{3}$

(3) $\dfrac{\sqrt{2}-1}{\sqrt{2}+1}=\dfrac{(\sqrt{2}-1)^2}{(\sqrt{2}+1)(\sqrt{2}-1)}=\dfrac{2-2\sqrt{2}+1}{2-1}=3-2\sqrt{2}$

2-❶ (1) $\dfrac{1}{\sqrt{7}+\sqrt{2}}=\dfrac{\sqrt{7}-\sqrt{2}}{(\sqrt{7}+\sqrt{2})(\sqrt{7}-\sqrt{2})}=\dfrac{\sqrt{7}-\sqrt{2}}{7-2}$
$=\dfrac{\sqrt{7}-\sqrt{2}}{5}$

(2) $\dfrac{7}{3-\sqrt{2}}=\dfrac{7(3+\sqrt{2})}{(3-\sqrt{2})(3+\sqrt{2})}=\dfrac{7(3+\sqrt{2})}{9-2}=3+\sqrt{2}$

(3) $\dfrac{\sqrt{3}-1}{\sqrt{3}+1}=\dfrac{(\sqrt{3}-1)^2}{(\sqrt{3}+1)(\sqrt{3}-1)}=\dfrac{3-2\sqrt{3}+1}{3-1}$
$=\dfrac{4-2\sqrt{3}}{2}=2-\sqrt{3}$

3 $2a+b=A$로 놓으면
$(2a+b-1)(2a+b-5)=(A-1)(A-5)$
$=A^2-6A+5$
$=(2a+b)^2-6(2a+b)+5$
$=4a^2+4ab+b^2-12a-6b+5$

3-❶ $x+3y=A$로 놓으면
$(x+3y+4)(x+3y-2)=(A+4)(A-2)$
$=A^2+2A-8$
$=(x+3y)^2+2(x+3y)-8$
$=x^2+6xy+9y^2+2x+6y-8$

4 (1) $a^2+b^2=(a-b)^2+2ab=6^2+2\times2=40$

(2) $(a+b)^2=(a-b)^2+4ab=6^2+4\times2=44$

5 (1) $a^2+\dfrac{1}{a^2}=\left(a-\dfrac{1}{a}\right)^2+2=5^2+2=27$

(2) $\left(a+\dfrac{1}{a}\right)^2=\left(a-\dfrac{1}{a}\right)^2+4=5^2+4=29$

개념 완성하기

─── 56쪽~57쪽 ───

01 ②	**02** ⑤	**03** $3\sqrt{2}+2$	**04** $23-14\sqrt{5}$
05 $-\dfrac{2\sqrt{2}}{7}$	**06** 5		
07 (1) $a^2-2ab+b^2+4a-4b+4$			
(2) $x^2+4xy+4y^2-5x-10y+4$			
08 ④	**09** ③	**10** ②	**11** 4
12 3	**13** (1) -1 (2) 20		
14 (1) -2 (2) 1	**15** 2		**16** $2\sqrt{2}$

01 $399^2=(400-1)^2$이므로 가장 편리한 곱셈 공식은 ②이다.

02
① $98^2=(100-2)^2$
② $104^2=(100+4)^2$
③ $53\times47=(50+3)(50-3)$
④ $9.9\times10.1=(10-0.1)(10+0.1)$
⑤ $41\times42=(40+1)(40+2)$
따라서 주어진 공식을 이용하면 계산하기 편리한 것은 ⑤이다.

03
$\dfrac{(\sqrt{2}+2)^2}{\sqrt{2}}+(\sqrt{2}+2)(\sqrt{2}-2)$
$=\dfrac{2+4\sqrt{2}+4}{\sqrt{2}}+(2-4)$
$=\dfrac{6+4\sqrt{2}}{\sqrt{2}}-2=\dfrac{6\sqrt{2}+8}{2}-2$
$=3\sqrt{2}+4-2=3\sqrt{2}+2$

04
$A=(\sqrt{5}-2)^2=5-4\sqrt{5}+4=9-4\sqrt{5}$
$B=(2\sqrt{5}+1)(\sqrt{5}-3)=10-5\sqrt{5}-3=7-5\sqrt{5}$
$\therefore A+2B=(9-4\sqrt{5})+2(7-5\sqrt{5})$
$\qquad\qquad=9-4\sqrt{5}+14-10\sqrt{5}=23-14\sqrt{5}$

05
$\dfrac{1}{3+\sqrt{2}}-\dfrac{1}{3-\sqrt{2}}=\dfrac{3-\sqrt{2}-(3+\sqrt{2})}{(3+\sqrt{2})(3-\sqrt{2})}$
$\qquad\qquad\qquad\qquad=\dfrac{-2\sqrt{2}}{9-2}=-\dfrac{2\sqrt{2}}{7}$

06
$\dfrac{\sqrt{7}-\sqrt{3}}{\sqrt{7}+\sqrt{3}}+\dfrac{\sqrt{7}+\sqrt{3}}{\sqrt{7}-\sqrt{3}}=\dfrac{(\sqrt{7}-\sqrt{3})^2+(\sqrt{7}+\sqrt{3})^2}{(\sqrt{7}+\sqrt{3})(\sqrt{7}-\sqrt{3})}$
$\qquad\qquad\qquad\qquad=\dfrac{(7-2\sqrt{21}+3)+(7+2\sqrt{21}+3)}{7-3}$
$\qquad\qquad\qquad\qquad=\dfrac{20}{4}=5$

07
(1) $a-b=A$로 놓으면
$(a-b+2)^2=(A+2)^2$
$\qquad\qquad\quad=A^2+4A+4$
$\qquad\qquad\quad=(a-b)^2+4(a-b)+4$
$\qquad\qquad\quad=a^2-2ab+b^2+4a-4b+4$
(2) $x+2y=A$로 놓으면
$(x+2y-1)(x+2y-4)$
$=(A-1)(A-4)=A^2-5A+4$
$=(x+2y)^2-5(x+2y)+4$
$=x^2+4xy+4y^2-5x-10y+4$

08
$3x+y=A$로 놓으면
$(3x+y-2)(3x+y+3)=(A-2)(A+3)$
$\qquad\qquad\qquad\qquad=A^2+A-6$
$\qquad\qquad\qquad\qquad=(3x+y)^2+(3x+y)-6$
$\qquad\qquad\qquad\qquad=9x^2+6xy+y^2+3x+y-6$
따라서 $a=6$, $b=3$, $c=1$이므로
$a+b-c=6+3-1=8$

09
$x=2+\sqrt{3}$에서 $x-2=\sqrt{3}$이므로 양변을 제곱하면
$(x-2)^2=3$, $x^2-4x+4=3$ $\therefore x^2-4x=-1$
$\therefore x^2-4x+6=-1+6=5$

10
$x=\dfrac{\sqrt{2}+1}{(\sqrt{2}-1)(\sqrt{2}+1)}=\sqrt{2}+1$에서 $x-1=\sqrt{2}$
양변을 제곱하면
$(x-1)^2=2$
$x^2-2x+1=2$ $\therefore x^2-2x=1$

11
$a+b=(2+\sqrt{3})+(2-\sqrt{3})=4$
$ab=(2+\sqrt{3})(2-\sqrt{3})=4-3=1$
$\therefore \dfrac{1}{a}+\dfrac{1}{b}=\dfrac{a+b}{ab}=\dfrac{4}{1}=4$

12
$x=\dfrac{2(3-\sqrt{7})}{(3+\sqrt{7})(3-\sqrt{7})}=\dfrac{2(3-\sqrt{7})}{9-7}=3-\sqrt{7}$
$y=\dfrac{2(3+\sqrt{7})}{(3-\sqrt{7})(3+\sqrt{7})}=\dfrac{2(3+\sqrt{7})}{9-7}=3+\sqrt{7}$
이므로 $x+y=(3-\sqrt{7})+(3+\sqrt{7})=6$,
$xy=(3-\sqrt{7})(3+\sqrt{7})=9-7=2$
$\therefore \dfrac{x+y}{xy}=\dfrac{6}{2}=3$

Self 코칭
곱셈 공식을 이용하여 먼저 분모의 유리화를 한 후, x, y의 값을 간단히 나타낸다.

13
(1) $(x+y)^2=x^2+y^2+2xy$이므로
$4^2=18+2xy$, $2xy=-2$ $\therefore xy=-1$
(2) $(x-y)^2=(x+y)^2-4xy=4^2-4\times(-1)=20$
다른 풀이
(2) $(x-y)^2=x^2+y^2-2xy=18-2\times(-1)=20$

14
(1) $(a-b)^2=a^2+b^2-2ab$이므로
$(-3)^2=5-2ab$, $2ab=-4$ $\therefore ab=-2$
(2) $(a+b)^2=(a-b)^2+4ab=(-3)^2+4\times(-2)=1$
다른 풀이
(2) $(a+b)^2=a^2+b^2+2ab=5+2\times(-2)=1$

15
$x^2-2x+1=0$의 양변을 x로 나누면
$x-2+\dfrac{1}{x}=0$, $x+\dfrac{1}{x}=2$
$\therefore x^2+\dfrac{1}{x^2}=\left(x+\dfrac{1}{x}\right)^2-2=2^2-2=2$

16
$\left(x-\dfrac{1}{x}\right)^2=\left(x+\dfrac{1}{x}\right)^2-4=(2\sqrt{3})^2-4=8$
이때 $x>1$이므로 $x-\dfrac{1}{x}>0$
$\therefore x-\dfrac{1}{x}=\sqrt{8}=2\sqrt{2}$

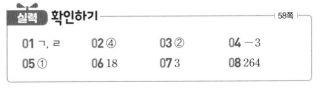

실력 확인하기 ————————— 58쪽 ⊢

01 ㄱ, ㄹ	**02** ④	**03** ②	**04** -3
05 ①	**06** 18	**07** 3	**08** 264

01 ㄴ. $(2x-6)^2=4x^2-24x+36$

ㄷ. $\left(\dfrac{3}{4}x+2\right)\left(\dfrac{3}{4}x-2\right)=\dfrac{9}{16}x^2-4$

따라서 옳은 것은 ㄱ, ㄹ이다.

02 $(2x+3)^2-(x+2)(3x-7)$
$=4x^2+12x+9-(3x^2-x-14)$
$=4x^2+12x+9-3x^2+x+14$
$=x^2+13x+23$
따라서 x의 계수는 13이고, 상수항은 23이므로 그 합은
$13+23=36$

03 $97\times103-99^2=(100-3)(100+3)-(100-1)^2$
$\qquad\qquad\qquad=100^2-3^2-(100^2-2\times100\times1+1^2)$
$\qquad\qquad\qquad=100^2-9-100^2+200-1=190$

04 $2x-y=A$로 놓으면
$(2x-y+3)(2x-y-3)=(A+3)(A-3)$
$\qquad\qquad\qquad\qquad\qquad=A^2-9$
$\qquad\qquad\qquad\qquad\qquad=(2x-y)^2-9$
$\qquad\qquad\qquad\qquad\qquad=4x^2-4xy+y^2-9$
따라서 $a=-4$, $b=0$, $c=1$이므로
$a+b+c=-4+0+1=-3$

05 $(x+y)^2=x^2+y^2+2xy$이므로
$4^2=24+2xy$, $2xy=-8$ $\quad\therefore xy=-4$
$\therefore \dfrac{x}{y}+\dfrac{y}{x}=\dfrac{x^2+y^2}{xy}=\dfrac{24}{-4}=-6$

06 $x=\dfrac{1}{\sqrt5-2}=\dfrac{\sqrt5+2}{(\sqrt5-2)(\sqrt5+2)}=\sqrt5+2$
$y=\dfrac{1}{\sqrt5+2}=\dfrac{\sqrt5-2}{(\sqrt5+2)(\sqrt5-2)}=\sqrt5-2$
따라서 $x+y=2\sqrt5$, $xy=1$이므로
$x^2+y^2=(x+y)^2-2xy=(2\sqrt5)^2-2=18$

07 전략 코칭
> 분배법칙을 이용하여 식을 전개한 후 주어진 식이 유리수가
> 될 조건을 생각해 본다.

$(2-\sqrt5)(a\sqrt5+6)=2a\sqrt5+12-5a-6\sqrt5$
$\qquad\qquad\qquad\qquad\quad=(12-5a)+(2a-6)\sqrt5$
이 수가 유리수가 되려면
$2a-6=0$, $2a=6$
$\therefore a=3$

08 전략 코칭
> 곱셈 공식 $(a+b)(a-b)=a^2-b^2$을 반복 이용하여 전개한다.

$(x-2)(x+2)(x^2+4)(x^4+16)$
$=(x^2-4)(x^2+4)(x^4+16)$
$=(x^4-16)(x^4+16)$
$=x^8-256$
따라서 $a=8$, $b=256$이므로
$a+b=8+256=264$

---

1 ㄱ, ㄴ, ㄹ, ㅂ   **1-❶** ⑤

2 (1) $a(x-2y)$ (2) $-x(x+3y)$
  (3) $2x(a-2b+3)$ (4) $(x+1)(a-b)$

2-❶ (1) $2x(x+2y)$ (2) $-x(2a+3b)$
  (3) $ab(a-b+2)$ (4) $(a+b)(x+4)$

3 (1) $(x+2)^2$ (2) $(2x-1)^2$
  (3) $(x+4y)^2$ (4) $3a(x-2)^2$

3-❶ (1) $(x-7)^2$ (2) $(3x+2)^2$
  (3) $(5x-y)^2$ (4) $2a(x+4)^2$

4 (1) 36, $(x+6)^2$ (2) 25, $(x+5y)^2$
  (3) ±6, $(3x\pm1)^2$

4-❶ (1) 16, $(x-4)^2$ (2) ±4, $(x\pm2y)^2$
  (3) ±28, $(2x\pm7)^2$

5 (1) $(x+5)(x-5)$ (2) $(5x+8y)(5x-8y)$
  (3) $(6x+1)(6x-1)$ (4) $(3x+y)(3x-y)$

5-❶ (1) $(a+4)(a-4)$ (2) $(3a+7b)(3a-7b)$
  (3) $(11a+1)(11a-1)$ (4) $(2a+5b)(2a-5b)$

6 (1) $\left(x+\dfrac{1}{2}\right)\left(x-\dfrac{1}{2}\right)$ (2) $\left(3x+\dfrac{1}{5}y\right)\left(3x-\dfrac{1}{5}y\right)$
  (3) $2(x+5)(x-5)$ (4) $5(3a+b)(3a-b)$

6-❶ (1) $\left(x+\dfrac{1}{10}\right)\left(x-\dfrac{1}{10}\right)$ (2) $\left(5x+\dfrac{1}{9}\right)\left(5x-\dfrac{1}{9}\right)$
  (3) $4(2a+b)(2a-b)$ (4) $-2(5x+2y)(5x-2y)$

7 -13, -8, -7, $(x-3)(x-4)$

7-❶ -6, 6, -3, 3, $(x+4)(x-10)$

8 (위에서부터) 2, -2, -2, 8

8-❶ (위에서부터) 4, 4, 4, 6

9 (1) $(x+4)(x-6)$ (2) $(x-2)(x+6)$
  (3) $(x+3)(x+4)$ (4) $(x-4)(x-7)$

9-❶ (1) $(x+1)(x+7)$ (2) $(x-6)(x-7)$
  (3) $(x-2)(x+5)$ (4) $(x+3)(x-5)$

10 (위에서부터) 5, 1, 1, -5, -15, 1, 1, -14

10-❶ (위에서부터) 1, 5, 1, -1, -5, 5, -1, -1, -6

11 (1) $(x-2)(2x+3)$ (2) $(2x+1)(5x-7)$
  (3) $(x-1)(5x-4)$ (4) $(x-y)(3x-2y)$

11-❶ (1) $(x+2)(2x+1)$ (2) $(x-2)(3x+8)$
  (3) $(2x-1)(2x-3)$ (4) $(x+4y)(3x+y)$

2-❶ (4) $2(a+b)+(x+2)(a+b)=(a+b)(2+x+2)$
$\qquad\qquad\qquad\qquad\qquad\qquad=(a+b)(x+4)$

3 (1) $x^2+4x+4=x^2+2\times x\times2+2^2=(x+2)^2$
  (2) $4x^2-4x+1=(2x)^2-2\times2x\times1+1^2=(2x-1)^2$
  (3) $x^2+8xy+16y^2=x^2+2\times x\times4y+(4y)^2=(x+4y)^2$
  (4) $3ax^2-12ax+12a=3a(x^2-4x+4)=3a(x-2)^2$

3-❶ (1) $x^2-14x+49=x^2-2\times x\times7+7^2=(x-7)^2$
  (2) $9x^2+12x+4=(3x)^2+2\times3x\times2+2^2=(3x+2)^2$

---

(3) $25x^2-10xy+y^2=(5x)^2-2\times5x\times y+y^2=(5x-y)^2$

(4) $2ax^2+16ax+32a=2a(x^2+8x+16)=2a(x+4)^2$

4 (1) $\square=\left(\dfrac{12}{2}\right)^2=36$ $\therefore\ x^2+12x+36=(x+6)^2$

(2) $\square=\left(\dfrac{10}{2}\right)^2=25$ $\therefore\ x^2+10xy+25y^2=(x+5y)^2$

(3) $\square=\pm2\times3\times1=\pm6$

     $\therefore\ 9x^2\pm6x+1=(3x\pm1)^2$

4-❶ (1) $\square=\left(\dfrac{-8}{2}\right)^2=16$ $\therefore\ x^2-8x+16=(x-4)^2$

(2) $\square=\pm2\times1\times2=\pm4$

     $\therefore\ x^2\pm4xy+4y^2=(x\pm2y)^2$

(3) $\square=\pm2\times2\times7=\pm28$

     $\therefore\ 4x^2\pm28x+49=(2x\pm7)^2$

5 (2) $25x^2-64y^2=(5x)^2-(8y)^2=(5x+8y)(5x-8y)$

(3) $36x^2-1=(6x)^2-1^2=(6x+1)(6x-1)$

(4) $-y^2+9x^2=9x^2-y^2=(3x)^2-y^2$

               $=(3x+y)(3x-y)$

5-❶ (2) $9a^2-49b^2=(3a)^2-(7b)^2=(3a+7b)(3a-7b)$

(3) $121a^2-1=(11a)^2-1^2=(11a+1)(11a-1)$

(4) $-25b^2+4a^2=4a^2-25b^2=(2a+5b)(2a-5b)$

6 (1) $x^2-\dfrac{1}{4}=x^2-\left(\dfrac{1}{2}\right)^2=\left(x+\dfrac{1}{2}\right)\left(x-\dfrac{1}{2}\right)$

(2) $9x^2-\dfrac{1}{25}y^2=(3x)^2-\left(\dfrac{1}{5}y\right)^2=\left(3x+\dfrac{1}{5}y\right)\left(3x-\dfrac{1}{5}y\right)$

(3) $2x^2-50=2(x^2-25)=2(x+5)(x-5)$

(4) $45a^2-5b^2=5(9a^2-b^2)=5(3a+b)(3a-b)$

6-❶ (1) $x^2-\dfrac{1}{100}=x^2-\left(\dfrac{1}{10}\right)^2=\left(x+\dfrac{1}{10}\right)\left(x-\dfrac{1}{10}\right)$

(2) $25x^2-\dfrac{1}{81}=(5x)^2-\left(\dfrac{1}{9}\right)^2=\left(5x+\dfrac{1}{9}\right)\left(5x-\dfrac{1}{9}\right)$

(3) $16a^2-4b^2=4(4a^2-b^2)=4(2a+b)(2a-b)$

(4) $-50x^2+8y^2=-2(25x^2-4y^2)$

               $=-2(5x+2y)(5x-2y)$

7

곱이 12인 두 정수	두 정수의 합
$-1,\ -12$	-13
$-2,\ -6$	-8
$-3,\ -4$	-7

$\therefore\ x^2-7x+12=(x-3)(x-4)$

7-❶

곱이 -40인 두 정수	두 정수의 합
$4,\ -10$	-6
$-4,\ 10$	6
$5,\ -8$	-3
$-5,\ 8$	3

$\therefore\ x^2-6x-40=(x+4)(x-10)$

8 $x^2+6x-16=(x-2)(x+8)$

$$\begin{array}{ccccc} 1 & \diagdown & -2 & \longrightarrow & -2 \\ 1 & \diagup & 8 & \longrightarrow & \underline{\ \ 8\ }(+ \\ & & & & 6 \end{array}$$

8-❶ $x^2+10x+24=(x+4)(x+6)$

$$\begin{array}{ccccc} 1 & \diagdown & 4 & \longrightarrow & 4 \\ 1 & \diagup & 6 & \longrightarrow & \underline{\ \ 6\ }(+ \\ & & & & 10 \end{array}$$

9 (1) 곱이 -24, 합이 -2인 두 정수는 $4,\ -6$이므로

     $x^2-2x-24=(x+4)(x-6)$

(2) 곱이 -12, 합이 4인 두 정수는 $-2,\ 6$이므로

     $x^2+4x-12=(x-2)(x+6)$

(3) 곱이 12, 합이 7인 두 정수는 $3,\ 4$이므로

     $x^2+7x+12=(x+3)(x+4)$

(4) 곱이 28, 합이 -11인 두 정수는 $-4,\ -7$이므로

     $x^2-11x+28=(x-4)(x-7)$

9-❶ (1) 곱이 7, 합이 8인 두 정수는 $1,\ 7$이므로

     $x^2+8x+7=(x+1)(x+7)$

(2) 곱이 42, 합이 -13인 두 정수는 $-6,\ -7$이므로

     $x^2-13x+42=(x-6)(x-7)$

(3) 곱이 -10, 합이 3인 두 정수는 $-2,\ 5$이므로

     $x^2+3x-10=(x-2)(x+5)$

(4) 곱이 -15, 합이 -2인 두 정수는 $3,\ -5$이므로

     $x^2-2x-15=(x+3)(x-5)$

10 $3x^2-14x-5=(x-5)(3x+1)$

$$\begin{array}{ccccc} 1 & \diagdown & -5 & \longrightarrow & -15 \\ 3 & \diagup & 1 & \longrightarrow & \underline{\ \ 1\ }(+ \\ & & & & -14 \end{array}$$

10-❶ $5x^2-6x+1=(x-1)(5x-1)$

$$\begin{array}{ccccc} 1 & \diagdown & -1 & \longrightarrow & -5 \\ 5 & \diagup & -1 & \longrightarrow & \underline{\ -1\ }(+ \\ & & & & -6 \end{array}$$

11 (1) $2x^2-x-6=(x-2)(2x+3)$

$$\begin{array}{ccccc} 1 & \diagdown & -2 & \longrightarrow & -4 \\ 2 & \diagup & 3 & \longrightarrow & \underline{\ \ 3\ }(+ \\ & & & & -1 \end{array}$$

(2) $10x^2-9x-7=(2x+1)(5x-7)$

$$\begin{array}{ccccc} 2 & \diagdown & 1 & \longrightarrow & 5 \\ 5 & \diagup & -7 & \longrightarrow & \underline{\ -14\ }(+ \\ & & & & -9 \end{array}$$

(3) $5x^2-9x+4=(x-1)(5x-4)$

$$\begin{array}{ccccc} 1 & \diagdown & -1 & \longrightarrow & -5 \\ 5 & \diagup & -4 & \longrightarrow & \underline{\ -4\ }(+ \\ & & & & -9 \end{array}$$

(4) $3x^2-5xy+2y^2=(x-y)(3x-2y)$

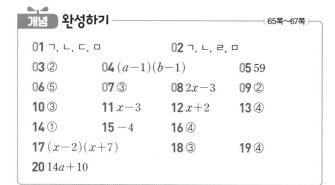

$$
\begin{array}{ccc}
1 & \searrow\nearrow & -1 \to -3 \\
3 & \nearrow\searrow & -2 \to \underline{-2}(+ \\
& & \quad\quad -5
\end{array}
$$

11-❶ (1) $2x^2+5x+2=(x+2)(2x+1)$

$$
\begin{array}{ccc}
1 & \nearrow & 2 \to 4 \\
2 & \searrow & 1 \to \underline{1}(+ \\
& & 5
\end{array}
$$

(2) $3x^2+2x-16=(x-2)(3x+8)$

$$
\begin{array}{ccc}
1 & \nearrow & -2 \to -6 \\
3 & \searrow & 8 \to \underline{8}(+ \\
& & 2
\end{array}
$$

(3) $4x^2-8x+3=(2x-1)(2x-3)$

$$
\begin{array}{ccc}
2 & \nearrow & -1 \to -2 \\
2 & \searrow & -3 \to \underline{-6}(+ \\
& & -8
\end{array}
$$

(4) $3x^2+13xy+4y^2=(x+4y)(3x+y)$

$$
\begin{array}{ccc}
1 & \nearrow & 4 \to 12 \\
3 & \searrow & 1 \to \underline{1}(+ \\
& & 13
\end{array}
$$

개념 **완성하기** ─────────── 65쪽~67쪽

01 ㄱ, ㄴ, ㄷ, ㅁ **02** ㄱ, ㄴ, ㄹ, ㅁ
03 ② **04** $(a-1)(b-1)$ **05** 59
06 ⑤ **07** ③ **08** $2x-3$ **09** ②
10 ③ **11** $x-3$ **12** $x+2$ **13** ④
14 ① **15** -4 **16** ④
17 $(x-2)(x+7)$ **18** ③ **19** ④
20 $14a+10$

01 $8x^2y-2y=2y(4x^2-1)=2y(2x+1)(2x-1)$
따라서 $8x^2y-2y$의 인수는 ㄱ, ㄴ, ㄷ, ㅁ이다.

02 $8ab^2-10a^2b=2ab(4b-5a)$
따라서 $8ab^2-10a^2b$의 인수는 ㄱ, ㄴ, ㄹ, ㅁ이다.

03 $-4a+16ab=16ab-4a=4a(4b-1)$

04 $a(b-1)-b+1=a(b-1)-(b-1)=(a-1)(b-1)$

05 $A=\left(\dfrac{14}{2}\right)^2=49$, $B=2\times1\times5=10\,(\because B$는 양수$)$
$\therefore A+B=49+10=59$

06 $A=\left(\dfrac{-6}{2}\right)^2=9$
$4x=2\times2x\times1$이므로 $B=2^2=4$
$\therefore A+B=9+4=13$

07 $x-1>0$, $x-2<0$이므로
$\sqrt{x^2-2x+1}+\sqrt{x^2-4x+4}=\sqrt{(x-1)^2}+\sqrt{(x-2)^2}$
$\qquad\qquad\qquad\qquad\qquad\qquad=x-1-(x-2)=1$

08 $x>0$, $x-3<0$이므로
$\sqrt{x^2-\sqrt{x^2-6x+9}}=\sqrt{x^2-\sqrt{(x-3)^2}}$
$\qquad\qquad\qquad\qquad\qquad=x+x-3=2x-3$

09 ② $(a+3)^2=a^2+6a+9\neq a^2+9$

10 ③ $x^2-2x-24=(x+4)(x-6)$

11 $x^2-4x+3=(x-3)(x-1)$
$2x^2-3x-9=(x-3)(2x+3)$
따라서 두 다항식의 1이 아닌 공통인 인수는 $x-3$이다.

12 $2x^2+x-6=(x+2)(2x-3)$
$x^2-4=(x+2)(x-2)$
$3x^2-4x-20=(x+2)(3x-10)$
따라서 세 다항식의 1이 아닌 공통인 인수는 $x+2$이다.

13 $2x^2-5x-12=(2x+3)(x-4)$
이므로 구하는 두 일차식의 합은
$(2x+3)+(x-4)=3x-1$

14 $6x^2-17x+5=(3x-1)(2x-5)$
이므로 구하는 두 일차식의 합은
$(3x-1)+(2x-5)=5x-6$

15 $x^2+ax-6=(x+2)(x+b)$
$\qquad\qquad\quad=x^2+(b+2)x+2b$
$2b=-6$에서 $b=-3$
$a=b+2=-3+2=-1$
$\therefore a+b=-1+(-3)=-4$

16 $ax^2+5x-2=(x+2)(3x+b)$
$\qquad\qquad\qquad=3x^2+(b+6)x+2b$
$a=3$, $-2=2b$에서 $b=-1$
$\therefore a+b=3+(-1)=2$

17 $(x-1)(x+6)-8=x^2+5x-6-8=x^2+5x-14$
$\qquad\qquad\qquad\qquad\qquad=(x-2)(x+7)$

18 $(x-5)(x+2)+6x=x^2-3x-10+6x=x^2+3x-10$
$\qquad\qquad\qquad\qquad\qquad\qquad=(x-2)(x+5)$
따라서 두 일차식의 합은
$(x-2)+(x+5)=2x+3$

19 주어진 그림의 정사각형과 직사각형의 넓이의 합은
$2x^2+5x+3$이고 $2x^2+5x+3=(2x+3)(x+1)$이므로
만들어진 큰 직사각형의 가로, 세로의 길이는 각각 $2x+3$,
$x+1$이다.
따라서 직사각형의 둘레의 길이는
$2\{(2x+3)+(x+1)\}=6x+8$

20 $10a^2+19a+6=(2a+3)(5a+2)$
이때 직사각형의 세로의 길이가 $2a+3$이므로 가로의 길이는
$5a+2$이다.
따라서 직사각형의 둘레의 길이는
$2\{(2a+3)+(5a+2)\}=14a+10$

04 인수분해의 활용

69쪽~70쪽

1	(1) $3x(9x+5)$	(2) $-(5x+3)(x+5)$
1-❶	(1) $(x+2)(x-6)$	(2) $(2x+7)(3x-2)$
2	(1) $(a-2b)(a-2)$	(2) $(a-1)(b+1)(b-1)$
	(3) $(x+y-4)(x-y-4)$	
2-❶	(1) $(a+b)(x-y)$	(2) $(x+y)(x-y-1)$
	(3) $(x+y-2)(x-y-2)$	
3	(1) 1700 (2) 2000 (3) 10000 (4) 40	
3-❶	(1) 72 (2) 95 (3) 2500 (4) 100	
4	(1) 2500 (2) 12	
4-❶	(1) 10000 (2) $4\sqrt{6}$	

1 (1) $3x+1=A$로 놓으면
$3(3x+1)^2-(3x+1)-2$
$=3A^2-A-2=(A-1)(3A+2)$
$=(3x+1-1)(9x+3+2)=3x(9x+5)$

(2) $2x-1=A$, $3x+4=B$로 놓으면
$(2x-1)^2-(3x+4)^2$
$=A^2-B^2=(A+B)(A-B)$
$=(2x-1+3x+4)(2x-1-3x-4)$
$=(5x+3)(-x-5)=-(5x+3)(x+5)$

1-❶ (1) $x-1=A$로 놓으면
$(x-1)^2-2(x-1)-15$
$=A^2-2A-15=(A+3)(A-5)$
$=(x-1+3)(x-1-5)$
$=(x+2)(x-6)$

(2) $x+1=A$, $x-4=B$로 놓으면
$6(x+1)^2+(x-4)(x+1)-(x-4)^2$
$=6A^2+AB-B^2=(3A-B)(2A+B)$
$=(3x+3-x+4)(2x+2+x-4)$
$=(2x+7)(3x-2)$

2 (1) $a^2-2ab-2a+4b=a(a-2b)-2(a-2b)$
$=(a-2b)(a-2)$

(2) $ab^2-a-b^2+1=a(b^2-1)-(b^2-1)$
$=(a-1)(b^2-1)$
$=(a-1)(b+1)(b-1)$

(3) $x^2-8x+16-y^2=(x-4)^2-y^2$
이때 $x-4=A$로 놓으면 주어진 식은
$A^2-y^2=(A+y)(A-y)$
$=(x-4+y)(x-4-y)$
$=(x+y-4)(x-y-4)$

2-❶ (1) $ax-ay+bx-by=a(x-y)+b(x-y)$
$=(a+b)(x-y)$

(2) $x^2-y-y^2-x=(x^2-y^2)-(x+y)$
$=(x+y)(x-y)-(x+y)$
$=(x+y)(x-y-1)$

(3) $x^2-4x+4-y^2=(x-2)^2-y^2$
이때 $x-2=A$로 놓으면 주어진 식은
$A^2-y^2=(A+y)(A-y)=(x-2+y)(x-2-y)$
$=(x+y-2)(x-y-2)$

3 (1) $17\times47+17\times53=17\times(47+53)=17\times100=1700$

(2) $105^2-95^2=(105+95)(105-95)=200\times10=2000$

(3) $99^2+2\times99\times1+1=(99+1)^2=100^2=10000$

(4) $\sqrt{58^2-42^2}=\sqrt{(58+42)(58-42)}=\sqrt{1600}=40$

3-❶ (1) $24\times36-24\times33=24\times(36-33)=24\times3=72$

(2) $48^2-47^2=(48+47)(48-47)=95\times1=95$

(3) $53^2-2\times53\times3+3^2=(53-3)^2=50^2=2500$

(4) $\sqrt{82^2+2\times82\times18+18^2}=\sqrt{(82+18)^2}=\sqrt{100^2}=100$

4 (1) $x^2+10x+25=(x+5)^2=(45+5)^2=50^2=2500$

(2) $x^2+2xy+y^2=(x+y)^2=(\sqrt{3}+2\sqrt{2}+\sqrt{3}-2\sqrt{2})^2$
$=(2\sqrt{3})^2=12$

4-❶ (1) $x^2-6x+9=(x-3)^2=(103-3)^2=100^2=10000$

(2) $x^2-y^2=(x+y)(x-y)$
$=(\sqrt{3}+\sqrt{2}+\sqrt{3}-\sqrt{2})(\sqrt{3}+\sqrt{2}-\sqrt{3}+\sqrt{2})$
$=2\sqrt{3}\times2\sqrt{2}=4\sqrt{6}$

개념 완성하기

71쪽~72쪽

01 (1) $(3x+10)(x+1)$	(2) $(x-2y-5)(x-2y-2)$		
02 ⑤	**03** (1) $3(3a+b)(a+9b)$	(2) $-3x(2x-7y)$	
04 ②			
05 (1) $(x+1)(x-1)(a+b)$			
(2) $(5a+3b-1)(5a-3b+1)$			
06 ①	**07** ②	**08** 10	**09** ④
10 ③	**11** ④	**12** ⑤	

01 (1) $x+3=A$로 놓으면
$3(x+3)^2-5(x+3)-2$
$=3A^2-5A-2=(3A+1)(A-2)$
$=\{3(x+3)+1\}\{(x+3)-2\}$
$=(3x+10)(x+1)$

(2) $x-2y=A$로 놓으면
$(x-2y)(x-2y-7)+10$
$=A(A-7)+10=A^2-7A+10$
$=(A-5)(A-2)=(x-2y-5)(x-2y-2)$

02 $a-3b=A$로 놓으면
$(a-3b)(a-3b-7)-18=A(A-7)-18$
$=A^2-7A-18$
$=(A+2)(A-9)$
$=(a-3b+2)(a-3b-9)$
따라서 두 일차식의 합은
$(a-3b+2)+(a-3b-9)=2a-6b-7$

03
(1) $5a+6b=A$, $4a-3b=B$로 놓으면
$$(5a+6b)^2-(4a-3b)^2$$
$$=A^2-B^2=(A+B)(A-B)$$
$$=(5a+6b+4a-3b)(5a+6b-4a+3b)$$
$$=(9a+3b)(a+9b)=3(3a+b)(a+9b)$$
(2) $x+y=A$, $x-2y=B$로 놓으면
$$2(x+y)^2-5(x-2y)(x+y)-3(x-2y)^2$$
$$=2A^2-5AB-3B^2=(2A+B)(A-3B)$$
$$=(2x+2y+x-2y)(x+y-3x+6y)$$
$$=3x(-2x+7y)=-3x(2x-7y)$$

04 $3x+1=A$, $2x-3=B$로 놓으면
$$(3x+1)^2-(2x-3)^2=A^2-B^2=(A+B)(A-B)$$
$$=(3x+1+2x-3)(3x+1-2x+3)$$
$$=(5x-2)(x+4)$$
따라서 $a=-2$, $b=4$이므로 $a+b=-2+4=2$

05
(1) $ax^2-a+bx^2-b=a(x^2-1)+b(x^2-1)$
$$=(x^2-1)(a+b)$$
$$=(x+1)(x-1)(a+b)$$
(2) $25a^2-9b^2+6b-1=25a^2-(9b^2-6b+1)$
$$=(5a)^2-(3b-1)^2$$
$$=(5a+3b-1)(5a-3b+1)$$

06 $x^3+y-x-x^2y=x(x^2-1)-y(x^2-1)=(x-y)(x^2-1)$
$$=(x-y)(x+1)(x-1)$$
따라서 주어진 다항식의 인수인 것은 ㄱ, ㄴ, ㄷ이다.

07 $95^2-10\times95+5^2=95^2-2\times95\times5+5^2$
$$=(95-5)^2=90^2$$

08 $\dfrac{12\times98+12\times2}{11^2-1}=\dfrac{12\times(98+2)}{(11+1)(11-1)}=\dfrac{12\times100}{12\times10}=10$

09 $x=\dfrac{1}{\sqrt{2}+1}=\dfrac{\sqrt{2}-1}{(\sqrt{2}+1)(\sqrt{2}-1)}=\sqrt{2}-1$
$$y=\dfrac{1}{\sqrt{2}-1}=\dfrac{\sqrt{2}+1}{(\sqrt{2}-1)(\sqrt{2}+1)}=\sqrt{2}+1$$
$$\therefore x^2+xy+x+y=x(x+y)+x+y=(x+y)(x+1)$$
$$=(\sqrt{2}-1+\sqrt{2}+1)(\sqrt{2}-1+1)$$
$$=2\sqrt{2}\times\sqrt{2}=4$$

10 $x^2y-xy^2=xy(x-y)$
$$=(2+\sqrt{3})(2-\sqrt{3})(2+\sqrt{3}-2+\sqrt{3})$$
$$=(4-3)\times2\sqrt{3}=2\sqrt{3}$$

11 $x^2-y^2+4x-4y=(x^2-y^2)+4(x-y)$
$$=(x+y)(x-y)+4(x-y)$$
$$=(x-y)(x+y+4)$$
$$=\sqrt{2}\times(\sqrt{3}+4)=\sqrt{6}+4\sqrt{2}$$

12 $a^2(a-b)+b^2(b-a)=a^2(a-b)-b^2(a-b)$
$$=(a-b)(a^2-b^2)$$
$$=(a-b)(a+b)(a-b)$$
$$=(a-b)^2(a+b)$$
$$=(-2)^2\times4=16$$

실력 확인하기

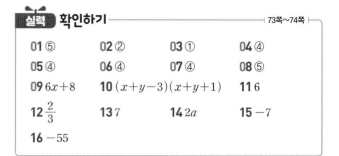

01 ⑤	**02** ②	**03** ①	**04** ④
05 ④	**06** ④	**07** ④	**08** ⑤
09 $6x+8$	**10** $(x+y-3)(x+y+1)$	**11** 6	
12 $\dfrac{2}{3}$	**13** 7	**14** $2a$	**15** -7
16 -55			

01 □ 안에 알맞은 양수를 각각 구하면
① □$=4$ ② □$=9$ ③ □$=9$ ④ □$=1$ ⑤ □$=\dfrac{2}{3}$
따라서 가장 작은 것은 ⑤이다.

02 $-1<a<3$이므로 $a+1>0$, $a-3<0$
$$\therefore \sqrt{a^2+2a+1}+\sqrt{a^2-6a+9}=\sqrt{(a+1)^2}+\sqrt{(a-3)^2}$$
$$=(a+1)-(a-3)=4$$

03 $x^2-81=(x-9)(x+9)$
$$x^2-7x-18=(x-9)(x+2)$$
따라서 두 다항식의 1이 아닌 공통인 인수는 $x-9$이다.

04 ① $2x^2-x-1=(x-1)(2x+1)$
② $5x^2-2x-3=(x-1)(5x+3)$
③ $-x^2-x+2=-(x^2+x-2)=-(x-1)(x+2)$
④ $2x^2+x-1=(x+1)(2x-1)$
⑤ $x^2-4x+3=(x-1)(x-3)$
따라서 $x-1$을 인수로 갖지 않는 다항식은 ④이다.

05 $x^2-Ax+12=(x-3)(x-B)=x^2-(B+3)x+3B$
$A=B+3$, $12=3B$에서 $A=7$, $B=4$
$$\therefore A+B=7+4=11$$

06 $2x^2+15x+m=(2x+3)(x+n)$(n은 상수)으로 놓으면
$$2x^2+15x+m=2x^2+(2n+3)x+3n$$
$2n+3=15$에서 $2n=12$, $n=6$
$m=3n$에서 $m=18$

07 $(3x+2)(5x-3)+4=15x^2+x-2=(3x-1)(5x+2)$
따라서 $A=3$, $B=-1$, $C=5$이므로
$$A+B+C=3+(-1)+5=7$$

08 $6a^2+7a-20=(3a-4)(2a+5)$
이때 화단의 가로의 길이가 $3a-4$이므로 세로의 길이는 $2a+5$이다.

09 주어진 직사각형의 넓이의 합은 $2x^2+7x+3$
$$2x^2+7x+3=(2x+1)(x+3)$$이므로
(직사각형의 둘레의 길이)$=2\{(2x+1)+(x+3)\}$
$$=2(3x+4)=6x+8$$

10 $x^2+2xy+y^2-2x-2y-3$
$$=(x^2+2xy+y^2)-2(x+y)-3$$
$$=(x+y)^2-2(x+y)-3$$
이때 $x+y=A$로 놓으면 주어진 식은
$$A^2-2A-3=(A-3)(A+1)=(x+y-3)(x+y+1)$$

11 $1003^2 - 997^2 = (1003 + 997)(1003 - 997) = 2000 \times 6$

$\therefore \square = 6$

12 $x + y = \dfrac{\sqrt{3} + \sqrt{2}}{2} + \dfrac{\sqrt{3} - \sqrt{2}}{2} = \dfrac{2\sqrt{3}}{2} = \sqrt{3}$

$x - y = \dfrac{\sqrt{3} + \sqrt{2}}{2} - \dfrac{\sqrt{3} - \sqrt{2}}{2} = \dfrac{2\sqrt{2}}{2} = \sqrt{2}$

$\therefore \dfrac{x^2 - 2xy + y^2}{x^2 + 2xy + y^2} = \dfrac{(x-y)^2}{(x+y)^2} = \dfrac{(\sqrt{2})^2}{(\sqrt{3})^2} = \dfrac{2}{3}$

13 $x = \dfrac{3 + \sqrt{5}}{3 - \sqrt{5}} = \dfrac{(3 + \sqrt{5})^2}{(3 - \sqrt{5})(3 + \sqrt{5})} = \dfrac{14 + 6\sqrt{5}}{4} = \dfrac{7 + 3\sqrt{5}}{2}$

$y = \dfrac{3 - \sqrt{5}}{3 + \sqrt{5}} = \dfrac{(3 - \sqrt{5})^2}{(3 + \sqrt{5})(3 - \sqrt{5})} = \dfrac{14 - 6\sqrt{5}}{4} = \dfrac{7 - 3\sqrt{5}}{2}$

$\therefore x^2 y + xy^2 = xy(x+y) = \dfrac{7 + 3\sqrt{5}}{2} \times \dfrac{7 - 3\sqrt{5}}{2} \times 7$

$\qquad\qquad\qquad = 1 \times 7 = 7$

14 〔전략 코칭〕

근호 안의 식을 완전제곱식으로 인수분해한다.

$a + b > 0$, $a - b < 0$이므로

$\sqrt{a^2 + 2ab + b^2} - \sqrt{a^2 - 2ab + b^2} = \sqrt{(a+b)^2} - \sqrt{(a-b)^2}$

$\qquad\qquad\qquad\qquad\qquad = a + b + (a - b) = 2a$

15 〔전략 코칭〕

$ax^2 + bx + c$가 $x + m$으로 나누어떨어진다.

➔ $ax^2 + bx + c$가 $x + m$을 인수로 갖는다.

$x^2 - 6x + k$가 $x + 1$로 나누어떨어지므로

$x^2 - 6x + k = (x + 1)(x + a)$ (a는 상수)로 놓을 수 있다.

$(x + 1)(x + a) = x^2 + (a + 1)x + a$이므로

$a + 1 = -6$에서 $a = -7$ $\quad \therefore k = a = -7$

16 〔전략 코칭〕

제곱의 차 공식을 이용할 수 있도록 적당한 항끼리 묶어 인수분해한다.

$1^2 - 2^2 + 3^2 - 4^2 + 5^2 - 6^2 + 7^2 - 8^2 + 9^2 - 10^2$

$= (1 + 2)(1 - 2) + (3 + 4)(3 - 4) + (5 + 6)(5 - 6)$

$\qquad\qquad + (7 + 8)(7 - 8) + (9 + 10)(9 - 10)$

$= -(3 + 7 + 11 + 15 + 19) = -55$

〔실전!〕
중단원 마무리 ─────────────────── 75쪽~77쪽

01 ③	**02** ③	**03** -6	**04** ①
05 ③	**06** $4x^2 - 4xy + y^2 + 2x - y - 6$		
07 ⑤	**08** 32	**09** ③	**10** ④
11 ④	**12** -2	**13** ②	**14** ②
15 ④	**16** $2x + 2$	**17** 11	
18 $(a - 2)(a - 3)$		**19** ③	**20** ⑤
21 $6\sqrt{2} - 3$	**22** 중기	**23** $(8x + 12)$ m	

01 ① $(-a + 2b)^2 = a^2 - 4ab + 4b^2$

② $(a - 3b)^2 = a^2 - 6ab + 9b^2$

④ $(x - 10)(x - 2) = x^2 - 12x + 20$

⑤ $(5x + 4)(-x + 7) = -5x^2 + 31x + 28$

따라서 옳은 것은 ③이다.

02 $(6x - 1)^2 - (3x + 2)^2$

$= (36x^2 - 12x + 1) - (9x^2 + 12x + 4)$

$= 27x^2 - 24x - 3$

따라서 $a = 27$, $b = -24$, $c = -3$이므로

$a + b - c = 27 + (-24) - (-3) = 6$

03 $(ax + 3)(5x - b) = 5ax^2 + (15 - ab)x - 3b$이므로

$5a = -15$, $-3b = 9$ $\quad \therefore a = -3$, $b = -3$

$\therefore a + b = -3 + (-3) = -6$

04

$\therefore$ (색칠한 부분의 넓이) $= (6x - 3)(4x - 3)$

$\qquad\qquad\qquad\qquad = 24x^2 - 30x + 9$

05 $\dfrac{7}{4 + \sqrt{2}} = \dfrac{7(4 - \sqrt{2})}{(4 + \sqrt{2})(4 - \sqrt{2})} = \dfrac{7(4 - \sqrt{2})}{16 - 2}$

$\qquad\qquad = \dfrac{4 - \sqrt{2}}{2} = 2 - \dfrac{1}{2}\sqrt{2}$

따라서 $a = 2$, $b = -\dfrac{1}{2}$이므로 $ab = 2 \times \left(-\dfrac{1}{2}\right) = -1$

06 $2x - y = A$로 놓으면

$(2x - y - 2)(2x - y + 3)$

$= (A - 2)(A + 3) = A^2 + A - 6$

$= (2x - y)^2 + (2x - y) - 6$

$= 4x^2 - 4xy + y^2 + 2x - y - 6$

07 $(x + y)^2 = x^2 + y^2 + 2xy = 10 + 2 \times 3 = 16$이므로

$(x + y)\left(\dfrac{1}{x} + \dfrac{1}{y}\right) = (x + y) \times \dfrac{x + y}{xy} = \dfrac{(x + y)^2}{xy} = \dfrac{16}{3}$

〔다른 풀이〕

$(x + y)\left(\dfrac{1}{x} + \dfrac{1}{y}\right) = 1 + \dfrac{x}{y} + \dfrac{y}{x} + 1 = 2 + \dfrac{x^2 + y^2}{xy}$

$\qquad\qquad\qquad\qquad = 2 + \dfrac{10}{3} = \dfrac{16}{3}$

08 $x + y = (\sqrt{7} + \sqrt{3}) + (\sqrt{7} - \sqrt{3}) = 2\sqrt{7}$

$xy = (\sqrt{7} + \sqrt{3})(\sqrt{7} - \sqrt{3}) = 7 - 3 = 4$

$\therefore x^2 + y^2 + 3xy = (x + y)^2 + xy = (2\sqrt{7})^2 + 4 = 32$

09 $x^2 + 4x + 1 = 0$의 양변을 x로 나누면

$x + 4 + \dfrac{1}{x} = 0$, $x + \dfrac{1}{x} = -4$

$\therefore x^2 + \dfrac{1}{x^2} = \left(x + \dfrac{1}{x}\right)^2 - 2 = (-4)^2 - 2 = 14$

10 $3x^3 + 6x = 3x(x^2 + 2)$이므로 ④ x^2은 인수가 아니다.

11 $\square = \pm 2 \times \dfrac{1}{4} \times \dfrac{1}{3} = \pm \dfrac{1}{6}$

12 $n+1 = \pm 2 \times 1 \times 5 = \pm 10$
따라서 n의 값은 9 또는 -11이므로 그 합은
$9 + (-11) = -2$

13 $2 < x < 3$이므로 $x-2 > 0$, $x-3 < 0$
$\therefore \sqrt{x^2 - 6x + 9} - \sqrt{x^2 - 4x + 4} = \sqrt{(x-3)^2} - \sqrt{(x-2)^2}$
$\qquad\qquad\qquad\qquad\qquad\qquad = -(x-3) - (x-2)$
$\qquad\qquad\qquad\qquad\qquad\qquad = -2x + 5$

14 ① $x^2 + 4x + 4 = (x+2)^2$
③ $4x^2 - 9 = (2x+3)(2x-3)$
④ $x^2 + 6x + 5 = (x+1)(x+5)$
⑤ $-6x^2y - 9y^2 = -3y(2x^2 + 3y)$
따라서 인수분해를 바르게 한 것은 ②이다.

15 $x^2 - x - 12 = (x-4)(x+3)$
$2x^2 - 5x - 12 = (x-4)(2x+3)$
따라서 두 다항식의 1이 아닌 공통인 인수는 $x-4$이다.

16 $x^2 + 2x - 3 = (x-1)(x+3)$이므로 두 일차식의 합은
$(x-1) + (x+3) = 2x+2$

17 $6x^2 + Ax - 20 = (2x+5)(3x+B)$
$\qquad\qquad\qquad\quad = 6x^2 + (2B+15)x + 5B$
따라서 $2B+15 = A$, $5B = -20$이므로
$A=7$, $B=-4$ $\quad \therefore A - B = 7 - (-4) = 11$

18 $a - 1 = A$로 놓으면
$(a-1)^2 - 3(a-1) + 2 = A^2 - 3A + 2 = (A-1)(A-2)$
$\qquad\qquad\qquad\qquad\qquad\qquad = (a-2)(a-3)$

19 $x^2 + 6y - y^2 - 9 = x^2 - (y^2 - 6y + 9) = x^2 - (y-3)^2$
$\qquad\qquad\qquad\qquad\quad = (x+y-3)(x-y+3)$

20 $x^2y^2 - x^2 - y^2 + 1 = x^2(y^2 - 1) - (y^2 - 1) = (x^2 - 1)(y^2 - 1)$
$\qquad\qquad\qquad\qquad\qquad\quad = (x+1)(x-1)(y+1)(y-1)$
따라서 ⑤ $x-y$는 인수가 아니다.

21 $x = \dfrac{1}{\sqrt{2}-1} = \sqrt{2}+1$, $y = \dfrac{1}{\sqrt{2}+1} = \sqrt{2}-1$이므로
$x+y = 2\sqrt{2}$, $x-y = 2$
$\therefore x^2 - 1 - y^2 + 2y = x^2 - (y^2 - 2y + 1) = x^2 - (y-1)^2$
$\qquad\qquad\qquad\qquad\quad = (x+y-1)(x-y+1)$
$\qquad\qquad\qquad\qquad\quad = 3(2\sqrt{2}-1) = 6\sqrt{2}-3$

22 민정 : $16x^2 - 24xy + 9y^2 = (4x-3y)^2$
한별 : $x^2 - 4xy - 5y^2 = (x-5y)(x+y)$
태우 : $-121x^2 + 4y^2 = 4y^2 - 121x^2 = (2y+11x)(2y-11x)$
따라서 인수분해를 바르게 한 사람은 중기이다.

23 $3x^2 + 10x + 8 = (3x+4)(x+2)$
이때 농구장의 가로의 길이가 $(3x+4)$ m이므로 세로의 길이는 $(x+2)$ m이다. 따라서 이 농구장의 둘레의 길이는
$2\{(3x+4) + (x+2)\} = 8x + 12$ (m)

서술형 **문제** ——— 78쪽 |

01 (1) $x^2 + 7x - 18$ (2) $(x+9)(x-2)$
01-1 10   **02** 4   **03** $6x+6$ **04** 1692

01 **채점 기준 1** 처음 이차식 구하기 … 4점
상현이는 상수항은 바르게 보았으므로
$(x+3)(x-6) = x^2 - 3x - 18$에서
처음 이차식의 상수항은 -18이다.
태연이는 x의 계수는 바르게 보았으므로
$(x-3)(x+10) = x^2 + 7x - 30$에서
처음 이차식의 x의 계수는 7이다.
따라서 처음 이차식은 $x^2 + 7x - 18$이다.
채점 기준 2 처음 이차식을 바르게 인수분해하기 … 2점
$x^2 + 7x - 18 = (x+9)(x-2)$

01-1 **채점 기준 1** a, b의 값 각각 구하기 … 2점
$(x+a)(x-5) = x^2 - 8x + b$이므로
$x^2 + (a-5)x - 5a = x^2 - 8x + b$
따라서 $a-5 = -8$, $-5a = b$이므로 $a = -3$, $b = 15$
채점 기준 2 c, d의 값 각각 구하기 … 2점
$(4x-3)(cx+1) = 12x^2 + dx - 3$이므로
$4cx^2 + (4-3c)x - 3 = 12x^2 + dx - 3$
따라서 $4c = 12$, $4-3c = d$이므로 $c = 3$, $d = -5$
채점 기준 3 $a+b+c+d$의 값 구하기 … 2점
$a+b+c+d = -3 + 15 + 3 + (-5) = 10$

02 $x^2 + \dfrac{1}{x^2} = \left(x - \dfrac{1}{x}\right)^2 + 2 = (\sqrt{5})^2 + 2 = 7$ …… ❶
$\therefore x^2 + \dfrac{1}{x^2} - 3 = 7 - 3 = 4$ …… ❷

채점 기준	배점
❶ $x^2 + \dfrac{1}{x^2}$의 값 구하기	3점
❷ $x^2 + \dfrac{1}{x^2} - 3$의 값 구하기	2점

03 정사각형과 직사각형의 넓이의 합은 $2x^2 + 5x + 2$ …… ❶
이것을 인수분해하면 $2x^2 + 5x + 2 = (2x+1)(x+2)$ …… ❷
따라서 큰 직사각형의 둘레의 길이는
$2\{(2x+1) + (x+2)\} = 2(3x+3) = 6x+6$ …… ❸

채점 기준	배점
❶ 정사각형과 직사각형의 넓이의 합 구하기	1점
❷ 인수분해하기	2점
❸ 큰 직사각형의 둘레의 길이 구하기	3점

04 $A = 41^2 - 2 \times 41 \times 1 + 1^2 = (41-1)^2 = 40^2 = 1600$ …… ❶
$B = 9.6^2 - 0.4^2 = (9.6+0.4)(9.6-0.4)$
$\quad = 10 \times 9.2 = 92$ …… ❷
$\therefore A + B = 1600 + 92 = 1692$ …… ❸

채점 기준	배점
❶ A의 값 구하기	2점
❷ B의 값 구하기	2점
❸ $A+B$의 값 구하기	1점

1 이차방정식

 01 이차방정식과 그 해

— 81쪽~82쪽 —

1	(1) $x=-1$ (2) $x=-2$
1-①	(1) $x=1$ (2) $x=5$
2	(1) × (2) ○ (3) × (4) ○
2-①	(1) × (2) ○ (3) ○ (4) ×
3	(1) $a\neq2$ (2) $a\neq-1$
3-①	(1) $a\neq3$ (2) $a\neq1$
4	(1) × (2) ○ (3) × (4) ○
4-①	(1) × (2) ○ (3) ○ (4) ○

2 (1) 등호가 없으므로 이차식이다.

(3) $x(x-2)=x^2+2$에서 $x^2-2x=x^2+2$

$-2x-2=0$ ➡ 일차방정식

(4) $2x^3+x^2-4=2x(x^2-2x+3)$에서

$2x^3+x^2-4=2x^3-4x^2+6x$

$5x^2-6x-4=0$ ➡ 이차방정식

2-① (1) 등호가 없으므로 이차식이다.

(2) $x^2+4x+4=0$ ➡ 이차방정식

(4) $(x+1)(x-1)=x^2+3x$에서 $x^2-1=x^2+3x$

$-3x-1=0$ ➡ 일차방정식

3 (1) $2ax^2+x-3=4x^2$에서 $(2a-4)x^2+x-3=0$

이 식이 이차방정식이 되려면

$2a-4\neq0$ ∴ $a\neq2$

(2) $ax^2+2x+6=-x^2-2x+1$에서 $(a+1)x^2+4x+5=0$

이 식이 이차방정식이 되려면

$a+1\neq0$ ∴ $a\neq-1$

3-① (1) $ax^2+2x+2=3x^2-x+2$에서 $(a-3)x^2+3x=0$

이 식이 이차방정식이 되려면

$a-3\neq0$ ∴ $a\neq3$

(2) $ax^2-x=(x+2)(x-1)$에서

$ax^2-x=x^2+x-2$, $(a-1)x^2-2x+2=0$

이 식이 이차방정식이 되려면

$a-1\neq0$ ∴ $a\neq1$

4 [ ] 안의 수를 주어진 이차방정식에 대입해 보면

(1) $1^2+6\times1-6=1\neq0$

(2) $(-5)^2-20=5=2\times(-5)+15$

(3) $(7-2)\times(7+3)=50\neq0$

(4) $\left(2\times\dfrac{1}{2}-1\right)^2=0$

4-① [ ] 안의 수를 주어진 이차방정식에 대입해 보면

(1) $3^2-3\times3-7=-7\neq0$

(2) $2\times(-1)^2-5\times(-1)-7=0$

(3) $(2\times2-1)\times(2-2)=0$

(4) $2\times(-6)^2-3=69=(-6)^2-3\times(-6)+15$

개념 완성하기

— 83쪽 —

01 ③	**02** ②, ⑤	**03** $a\neq2$	**04** $a\neq-\dfrac{1}{2}$
05 -1, 2	**06** ①, ④	**07** -4	**08** -1

01 ① $x^2-3x+2=x^2-4$, $-3x+6=0$ ➡ 일차방정식

② $x^2+2x=x^2+2x$ ➡ 이차방정식이 아니다. (항등식)

③ $3x^2+x-2=x^2$, $2x^2+x-2=0$ ➡ 이차방정식

④ $3x^2-x=3x^2-2x-1$, $x+1=0$ ➡ 일차방정식

⑤ $5x-1=3x+3$, $2x-4=0$ ➡ 일차방정식

따라서 이차방정식인 것은 ③이다.

02 ① $x^2=2x+6$, $x^2-2x-6=0$ ➡ 이차방정식

② $x^2-2x+1=1+x^2$, $-2x=0$ ➡ 일차방정식

③ $2x^2-5x-3=0$ ➡ 이차방정식

④ $x^2+x=0$ ➡ 이차방정식

⑤ $x^2-x-6=x^2+6$, $-x-12=0$ ➡ 일차방정식

따라서 이차방정식이 아닌 것은 ②, ⑤이다.

03 $(x-2)(x+2)=(a-1)x^2+x$에서

$x^2-4=(a-1)x^2+x$, $(2-a)x^2-x-4=0$

이 식이 이차방정식이 되려면

$2-a\neq0$ ∴ $a\neq2$

04 $-4x(ax-3)=2x^2+1$에서

$-4ax^2+12x=2x^2+1$, $(-4a-2)x^2+12x-1=0$

이 식이 이차방정식이 되려면

$-4a-2\neq0$ ∴ $a\neq-\dfrac{1}{2}$

05 주어진 수를 $x^2-x-2=0$에 대입해 보면

$x=-1$일 때, $(-1)^2-(-1)-2=0$

$x=0$일 때, $0^2-0-2=-2\neq0$

$x=1$일 때, $1^2-1-2=-2\neq0$

$x=2$일 때, $2^2-2-2=0$

따라서 이차방정식의 해가 되는 것은 -1, 2이다.

06 [ ] 안의 수를 주어진 이차방정식에 대입해 보면

① $1^2-2\times1+1=0$

② $4^2+5\times4+4=40\neq0$

③ $3^2-7\times3+10=-2\neq0$

④ $(-3)^2+(-3)-6=0$

⑤ $5^2-5\times5-6=-6\neq0$

따라서 [ ] 안의 수가 주어진 이차방정식의 해인 것은 ①, ④이다.

07 $x=-2$를 $2x^2+2x+a=0$에 대입하면

$8-4+a=0$ ∴ $a=-4$

08 $x=3$을 $x^2+ax+a-5=0$에 대입하면

$9+3a+a-5=0$, $4a+4=0$ ∴ $a=-1$

02 인수분해를 이용한 이차방정식의 풀이

85쪽~86쪽

1 (1) $x=-1$ 또는 $x=3$ (2) $x=0$ 또는 $x=2$

1-① (1) $x=-5$ 또는 $x=-6$ (2) $x=\dfrac{3}{5}$ 또는 $x=-\dfrac{2}{3}$

2 (1) $x=-2$ 또는 $x=3$ (2) $x=-\dfrac{3}{2}$ 또는 $x=\dfrac{3}{2}$

(3) $x=-1$ 또는 $x=9$ (4) $x=-3$ 또는 $x=4$

2-① (1) $x=0$ 또는 $x=1$ (2) $x=-5$ 또는 $x=5$

(3) $x=-1$ 또는 $x=6$ (4) $x=\dfrac{1}{3}$ 또는 $x=\dfrac{1}{2}$

3 (1) $x=4$ (2) $x=5$ (3) $x=-\dfrac{4}{3}$ (4) $x=-6$

3-① (1) $x=-9$ (2) $x=6$ (3) $x=\dfrac{2}{3}$ (4) $x=-2$

4 (1) 2 (2) -3 또는 3 (3) -16

4-① (1) 2 (2) 10 (3) -1 또는 1

---

1 (1) $x+1=0$ 또는 $x-3=0$이므로

$x=-1$ 또는 $x=3$

(2) $2x=0$ 또는 $x-2=0$이므로

$x=0$ 또는 $x=2$

1-① (1) $x+5=0$ 또는 $x+6=0$이므로

$x=-5$ 또는 $x=-6$

(2) $5x-3=0$ 또는 $3x+2=0$이므로

$x=\dfrac{3}{5}$ 또는 $x=-\dfrac{2}{3}$

2 (1) $(x+2)(x-3)=0$ $\therefore x=-2$ 또는 $x=3$

(2) $(2x+3)(2x-3)=0$ $\therefore x=-\dfrac{3}{2}$ 또는 $x=\dfrac{3}{2}$

(3) $x^2-8x-9=0$, $(x+1)(x-9)=0$

$\therefore x=-1$ 또는 $x=9$

(4) $x^2+2x+1-3x=13$, $x^2-x-12=0$

$(x+3)(x-4)=0$ $\therefore x=-3$ 또는 $x=4$

2-① (1) $x(x-1)=0$ $\therefore x=0$ 또는 $x=1$

(2) $(x+5)(x-5)=0$ $\therefore x=-5$ 또는 $x=5$

(3) $x^2-5x-6=0$, $(x+1)(x-6)=0$

$\therefore x=-1$ 또는 $x=6$

(4) $6x^2-5x+1=0$, $(3x-1)(2x-1)=0$

$\therefore x=\dfrac{1}{3}$ 또는 $x=\dfrac{1}{2}$

3 (1) $(x-4)^2=0$ $\therefore x=4$

(2) $(x-5)^2=0$ $\therefore x=5$

(3) $(3x+4)^2=0$ $\therefore x=-\dfrac{4}{3}$

(4) 양변을 2로 나누면 $x^2+12x+36=0$

$(x+6)^2=0$ $\therefore x=-6$

3-① (1) $(x+9)^2=0$ $\therefore x=-9$

(2) $(x-6)^2=0$ $\therefore x=6$

(3) $(3x-2)^2=0$ $\therefore x=\dfrac{2}{3}$

(4) 양변을 3으로 나누면 $x^2+4x+4=0$

$(x+2)^2=0$ $\therefore x=-2$

4 (1) $2k=\left(\dfrac{4}{2}\right)^2$에서 $2k=4$

$\therefore k=2$

(2) $9=\left(\dfrac{2k}{2}\right)^2$에서 $9=k^2$

$\therefore k=-3$ 또는 $k=3$

(3) $x^2-8x-k=0$이므로

$-k=\left(\dfrac{-8}{2}\right)^2$에서 $-k=16$

$\therefore k=-16$

4-① (1) $11-k=\left(\dfrac{6}{2}\right)^2$에서 $11-k=9$

$\therefore k=2$

(2) $2k+5=\left(\dfrac{-10}{2}\right)^2$에서 $2k+5=25$, $2k=20$

$\therefore k=10$

(3) $2x^2+8kx+8=0$의 양변을 2로 나누면

$x^2+4kx+4=0$이므로

$4=\left(\dfrac{4k}{2}\right)^2$에서 $4=4k^2$, $k^2=1$

$\therefore k=-1$ 또는 $k=1$

개념 완성하기

87쪽~88쪽

01 ⑤ **02** ③ **03** (1) -1 (2) $x=\dfrac{5}{2}$

04 (1) -3 (2) $x=-5$ **05** ① **06** ②

07 $x=-3$ **08** 1 **09** ⑤ **10** ④

11 ⑤ **12** ②

---

01 주어진 이차방정식의 좌변을 인수분해하면

$(2x-1)(4x-3)=0$ $\therefore x=\dfrac{1}{2}$ 또는 $x=\dfrac{3}{4}$

이때 $a<b$이므로 $a=\dfrac{1}{2}$, $b=\dfrac{3}{4}$

$\therefore 2a+4b=2\times\dfrac{1}{2}+4\times\dfrac{3}{4}=4$

02 주어진 이차방정식의 좌변을 인수분해하면

$(3x-1)(x+2)=0$ $\therefore x=\dfrac{1}{3}$ 또는 $x=-2$

이때 $a>b$이므로 $a=\dfrac{1}{3}$, $b=-2$

$\therefore 3a-b=3\times\dfrac{1}{3}-(-2)=3$

03 (1) $x=-2$를 $2x^2+ax-10=0$에 대입하면

$8-2a-10=0$, $-2a=2$ $\therefore a=-1$

(2) $a=-1$을 대입하면 $2x^2-x-10=0$이므로

$(2x-5)(x+2)=0$ $\therefore x=\dfrac{5}{2}$ 또는 $x=-2$

따라서 다른 한 근은 $x=\dfrac{5}{2}$

04
(1) $x=2$를 $x^2-mx-2m^2+8=0$에 대입하면
$4-2m-2m^2+8=0$, $-2m^2-2m+12=0$
$m^2+m-6=0$, $(m+3)(m-2)=0$
$\therefore m=-3$ 또는 $m=2$
이때 $m<0$이므로 $m=-3$
(2) $m=-3$을 대입하면 $x^2+3x-10=0$이므로
$(x-2)(x+5)=0$ $\therefore x=2$ 또는 $x=-5$
따라서 다른 한 근은 $x=-5$

05
$x^2-3x-10=0$에서 $(x-5)(x+2)=0$
$\therefore x=5$ 또는 $x=-2$
$x=-2$를 $x^2-2x+k=0$에 대입하면
$4+4+k=0$ $\therefore k=-8$

06
$x^2-1=0$에서 $(x+1)(x-1)=0$
$\therefore x=-1$ 또는 $x=1$
$x=1$을 $x^2-2kx+k+1=0$에 대입하면
$1-2k+k+1=0$ $\therefore k=2$

07
$x^2+x-6=0$에서 $(x+3)(x-2)=0$
$\therefore x=-3$ 또는 $x=2$
$x^2+8x+15=0$에서 $(x+3)(x+5)=0$
$\therefore x=-3$ 또는 $x=-5$
따라서 두 이차방정식의 공통인 근은 $x=-3$

08
$x^2-4x+3=0$에서 $(x-1)(x-3)=0$
$\therefore x=1$ 또는 $x=3$
$2x^2+x-3=0$에서 $(2x+3)(x-1)=0$
$\therefore x=-\frac{3}{2}$ 또는 $x=1$
따라서 두 이차방정식을 동시에 만족시키는 x의 값은 1이다.

09 ⑤ $4x^2-20x+25=0$에서 $(2x-5)^2=0$ $\therefore x=\frac{5}{2}$
따라서 중근을 갖는다.

10 중근을 가지려면 (완전제곱식)$=0$의 꼴이어야 한다.
ㄱ. $(x+1)^2=0$ $\therefore x=-1$
ㄷ. $x^2-6x+9=0$에서 $(x-3)^2=0$ $\therefore x=3$
ㄹ. $x^2-x+\frac{1}{4}=0$에서 $\left(x-\frac{1}{2}\right)^2=0$ $\therefore x=\frac{1}{2}$
따라서 중근을 갖는 이차방정식은 ㄱ, ㄷ, ㄹ이다.

11 $3k+4=\left(\frac{-10}{2}\right)^2$에서
$3k+4=25$, $3k=21$ $\therefore k=7$

12 $4x-8=x^2+6x+m$을 정리하면
$x^2+2x+m+8=0$ ...... ㉠
이 이차방정식이 중근을 가지므로
$m+8=\left(\frac{2}{2}\right)^2$에서 $m+8=1$ $\therefore m=-7$
$m=-7$을 ㉠에 대입하면 $x^2+2x+1=0$이므로
$(x+1)^2=0$ $\therefore x=-1$

따라서 $k=-1$이므로
$m+k=-7+(-1)=-8$

03 완전제곱식을 이용한 이차방정식의 풀이

90쪽~91쪽

1 (1) $x=\pm\sqrt{21}$ (2) $x=\pm6$
1-① (1) $x=\pm7$ (2) $x=\pm2\sqrt{3}$
2 (1) $x=2$ 또는 $x=-6$ (2) $x=3\pm\sqrt{3}$
(3) $x=5\pm\frac{\sqrt{2}}{2}$ (4) $x=\frac{-2\pm\sqrt{6}}{3}$
2-① (1) $x=2\pm2\sqrt{2}$ (2) $x=5$ 또는 $x=1$
(3) $x=2\pm\sqrt{6}$ (4) $x=\frac{-1\pm\sqrt{3}}{2}$
3 (1) $p=-4$, $q=12$ (2) $p=\frac{3}{2}$, $q=\frac{17}{4}$
(3) $p=-3$, $q=\frac{15}{2}$
3-① (1) $p=-1$, $q=8$ (2) $p=-\frac{1}{2}$, $q=\frac{13}{4}$
(3) $p=1$, $q=\frac{1}{2}$
4 (1) $x=2\pm\sqrt{5}$ (2) $x=-4\pm\sqrt{19}$
(3) $x=\frac{-1\pm\sqrt{33}}{4}$
4-① (1) $x=-3\pm\sqrt{5}$ (2) $x=2\pm\sqrt{3}$
(3) $x=1\pm\sqrt{11}$

1 (1) $x^2=21$ $\therefore x=\pm\sqrt{21}$
(2) $2x^2=72$, $x^2=36$ $\therefore x=\pm6$

1-① (1) $x^2=49$ $\therefore x=\pm7$
(2) $3x^2=36$, $x^2=12$ $\therefore x=\pm2\sqrt{3}$

2 (1) $x+2=\pm4$, $x=-2\pm4$ $\therefore x=2$ 또는 $x=-6$
(2) $(x-3)^2=3$, $x-3=\pm\sqrt{3}$ $\therefore x=3\pm\sqrt{3}$
(3) $(x-5)^2=\frac{1}{2}$, $x-5=\pm\sqrt{\frac{1}{2}}=\pm\frac{\sqrt{2}}{2}$ $\therefore x=5\pm\frac{\sqrt{2}}{2}$
(4) $3x+2=\pm\sqrt{6}$, $3x=-2\pm\sqrt{6}$ $\therefore x=\frac{-2\pm\sqrt{6}}{3}$

2-① (1) $x-2=\pm2\sqrt{2}$ $\therefore x=2\pm2\sqrt{2}$
(2) $(x-3)^2=4$, $x-3=\pm2$
$x=3\pm2$ $\therefore x=5$ 또는 $x=1$
(3) $(x-2)^2=6$, $x-2=\pm\sqrt{6}$ $\therefore x=2\pm\sqrt{6}$
(4) $2x+1=\pm\sqrt{3}$, $2x=-1\pm\sqrt{3}$ $\therefore x=\frac{-1\pm\sqrt{3}}{2}$

3 (1) $x^2-8x+4=0$에서 $x^2-8x=-4$
$x^2-8x+16=-4+16$
$(x-4)^2=12$ $\therefore p=-4$, $q=12$
(2) $2x^2+6x-4=0$에서 $x^2+3x-2=0$
$x^2+3x=2$, $x^2+3x+\frac{9}{4}=2+\frac{9}{4}$
$\left(x+\frac{3}{2}\right)^2=\frac{17}{4}$ $\therefore p=\frac{3}{2}$, $q=\frac{17}{4}$

Ⅲ. 이차방정식 **27**

(3) $2x^2-12x+3=0$에서 $x^2-6x+\dfrac{3}{2}=0$

$x^2-6x=-\dfrac{3}{2}$, $x^2-6x+9=-\dfrac{3}{2}+9$

$(x-3)^2=\dfrac{15}{2}$ $\quad\therefore p=-3,\ q=\dfrac{15}{2}$

3-① (1) $x^2-2x-7=0$에서 $x^2-2x=7$

$x^2-2x+1=7+1,\ (x-1)^2=8$

$\therefore p=-1,\ q=8$

(2) $2x^2-2x-6=0$에서 $x^2-x-3=0$

$x^2-x=3,\ x^2-x+\dfrac{1}{4}=3+\dfrac{1}{4}$

$\left(x-\dfrac{1}{2}\right)^2=\dfrac{13}{4}$ $\quad\therefore p=-\dfrac{1}{2},\ q=\dfrac{13}{4}$

(3) $2x^2+4x+1=0$에서 $x^2+2x+\dfrac{1}{2}=0$

$x^2+2x=-\dfrac{1}{2},\ x^2+2x+1=-\dfrac{1}{2}+1$

$(x+1)^2=\dfrac{1}{2}$ $\quad\therefore p=1,\ q=\dfrac{1}{2}$

4 (1) $x^2-4x-1=0$에서 $x^2-4x=1$

$x^2-4x+4=1+4,\ (x-2)^2=5$

$x-2=\pm\sqrt{5}$ $\quad\therefore x=2\pm\sqrt{5}$

(2) $x^2+8x-3=0$에서 $x^2+8x=3$

$x^2+8x+16=3+16,\ (x+4)^2=19$

$x+4=\pm\sqrt{19}$ $\quad\therefore x=-4\pm\sqrt{19}$

(3) $x^2+\dfrac{1}{2}x-2=0$에서 $x^2+\dfrac{1}{2}x=2$

$x^2+\dfrac{1}{2}x+\dfrac{1}{16}=2+\dfrac{1}{16},\ \left(x+\dfrac{1}{4}\right)^2=\dfrac{33}{16}$

$x+\dfrac{1}{4}=\pm\dfrac{\sqrt{33}}{4}$ $\quad\therefore x=-\dfrac{1}{4}\pm\dfrac{\sqrt{33}}{4}=\dfrac{-1\pm\sqrt{33}}{4}$

4-① (1) $x^2+6x+4=0$에서 $x^2+6x=-4$

$x^2+6x+9=-4+9,\ (x+3)^2=5$

$x+3=\pm\sqrt{5}$ $\quad\therefore x=-3\pm\sqrt{5}$

(2) $x^2-4x+1=0$에서 $x^2-4x=-1$

$x^2-4x+4=-1+4,\ (x-2)^2=3$

$x-2=\pm\sqrt{3}$ $\quad\therefore x=2\pm\sqrt{3}$

(3) $\dfrac{1}{2}x^2-x-5=0$에서 $x^2-2x-10=0$

$x^2-2x=10,\ x^2-2x+1=10+1$

$(x-1)^2=11,\ x-1=\pm\sqrt{11}$ $\quad\therefore x=1\pm\sqrt{11}$

개념 완성하기 ──────────────92쪽

01 ⑤	02 ①	03 ④	04 ①, ②
05 $\dfrac{3}{2}$	06 23		

01 $(x+3)^2-5=0$에서 $(x+3)^2=5$

$x+3=\pm\sqrt{5}$ $\quad\therefore x=-3\pm\sqrt{5}$

따라서 $a=-3,\ b=5$이므로

$a+b=-3+5=2$

02 $2(x+1)^2=12$에서 $(x+1)^2=6$

$x+1=\pm\sqrt{6}$ $\quad\therefore x=-1\pm\sqrt{6}$

따라서 $a=-1,\ b=6$이므로

$a-b=-1-6=-7$

03 $a(x-p)^2=q$가 이차방정식이므로 $a\ne0$

양변을 a로 나누면 $(x-p)^2=\dfrac{q}{a}$

이때 서로 다른 두 근을 가지려면

$\dfrac{q}{a}>0$ $\quad\therefore aq>0$

04 $(x-5)^2=3-a$가 근을 가지려면

$3-a\ge0$ $\quad\therefore a\le3$

참고 $a=3$이면 중근을 갖고, $a<3$이면 서로 다른 두 근을 갖는다.

05 $2x^2+4x-1=0$에서

양변을 2로 나누면 $x^2+2x-\dfrac{1}{2}=0$

$-\dfrac{1}{2}$ 을 우변으로 이항하면 $x^2+2x=\dfrac{1}{2}$

양변에 1을 더하면 $x^2+2x+1=\dfrac{1}{2}+1$

좌변을 완전제곱식으로 바꾸면 $(x+1)^2=\dfrac{3}{2}$

따라서 $a=1,\ b=1,\ c=\dfrac{3}{2}$이므로

$a-b+c=1-1+\dfrac{3}{2}=\dfrac{3}{2}$

06 $3x^2+18x-6=0$에서 양변을 3으로 나누면

$x^2+6x-2=0,\ x^2+6x=2$

$x^2+6x+9=2+9$

$(x+3)^2=11,\ x+3=\pm\sqrt{11}$ $\quad\therefore x=-3\pm\sqrt{11}$

따라서 $a=9,\ b=3,\ c=11$이므로

$a+b+c=9+3+11=23$

실력 확인하기 ──────────────93쪽~94쪽

01 ④	02 ⑤	03 ②	04 -5
05 $x=\dfrac{5}{2}$	06 ⑤	07 9	08 1
09 ②	10 ㄱ, ㄴ, ㄷ	11 22	12 $\dfrac{1}{2}$
13 $-6,\ 2$	14 6	15 12	

01 ① $-x^3+x^2+3x=0$ ➡ 이차방정식이 아니다.

② $x^2+4x+4=x^2-6x+9,\ 10x-5=0$ ➡ 일차방정식

③ $x^2+2x+1=x^2,\ 2x+1=0$ ➡ 일차방정식

④ $5x^2-3x-1=0$ ➡ 이차방정식

⑤ $2x^2+x=2x^2-x-1,\ 2x+1=0$ ➡ 일차방정식

따라서 이차방정식인 것은 ④이다.

02 $5x^2-3=a(x+1)(x-2)$에서 $5x^2-3=a(x^2-x-2)$

$5x^2-3=ax^2-ax-2a$, $(5-a)x^2+ax-3+2a=0$

이 식이 이차방정식이 되려면

$5-a\neq0$ $\quad\therefore a\neq5$

03 $x=-2$를 주어진 이차방정식에 대입해 보면

ㄱ. $(-2)^2-(-2)-6=0$

ㄴ. $(-2)^2+4\times(-2)+3=-1\neq0$

ㄷ. $(-2)^2+(-2)=2\neq8=4-2\times(-2)$

ㄹ. $(-2)\times(-2+2)=0=-2+2$

따라서 $x=-2$를 해로 갖는 것은 ㄱ, ㄹ이다.

04 $x^2+2x=35$에서 $x^2+2x-35=0$

$(x+7)(x-5)=0$ $\quad\therefore x=-7$ 또는 $x=5$

$3x^2-17x+10=0$에서 $(3x-2)(x-5)=0$

$\therefore x=\dfrac{2}{3}$ 또는 $x=5$

두 이차방정식의 공통인 근은 $x=5$이고 $\alpha<\beta$이므로

$\alpha=-7$, $\beta=\dfrac{2}{3}$

$\therefore \alpha+3\beta=-7+3\times\dfrac{2}{3}=-5$

05 $x=2$를 $2x^2-(a-3)x+10=0$에 대입하면

$8-2a+6+10=0$, $24-2a=0$

$-2a=-24$ $\quad\therefore a=12$

$a=12$를 대입하면 $2x^2-9x+10=0$이므로

$(x-2)(2x-5)=0$

$\therefore x=2$ 또는 $x=\dfrac{5}{2}$

따라서 다른 한 근은 $x=\dfrac{5}{2}$

06 $(x-2)(x-b)=0$에서 $x=2$ 또는 $x=b$

$x=2$를 $x^2+2x+a=0$에 대입하면

$4+4+a=0$ $\quad\therefore a=-8$

즉, $x^2+2x-8=0$이므로 $(x-2)(x+4)=0$

$-b=4$에서 $b=-4$

$\therefore ab=(-8)\times(-4)=32$

다른 풀이

$(x-2)(x-b)=0$의 좌변을 전개하면

$x^2-(2+b)x+2b=0$

이 이차방정식이 $x^2+2x+a=0$과 같으므로

$-(2+b)=2$, $2b=a$

$\therefore b=-4$, $a=-8$

$\therefore ab=32$

07 $3-k=\left(\dfrac{8}{2}\right)^2$에서 $3-k=16$ $\quad\therefore k=-13$

$k=-13$을 주어진 이차방정식에 대입하면

$x^2+8x+16=0$이므로

$(x+4)^2=0$ $\quad\therefore x=-4$

따라서 $a=-4$이므로

$a-k=-4-(-13)=9$

08 $3(x+a)^2=6$에서 $(x+a)^2=2$

$x+a=\pm\sqrt2$ $\quad\therefore x=-a\pm\sqrt2$

이때 해가 $x=1\pm\sqrt b$이므로

$-a=1$에서 $a=-1$, $b=2$

$\therefore a+b=-1+2=1$

09 $2x^2-8x-4=0$에서 양변을 2로 나누면

$x^2-4x-2=0$, $x^2-4x=2$

$x^2-4x+4=2+4$ $\quad\therefore (x-2)^2=6$

따라서 $a=2$, $b=6$이므로

$2a-b=2\times2-6=-2$

10 $(x-3)^2=5-k$에서

ㄱ. $k=4$이면 $(x-3)^2=1$, $x-3=\pm1$

$\quad\therefore x=4$ 또는 $x=2$

ㄴ. $k=5$이면 $(x-3)^2=0$ $\quad\therefore x=3$

ㄷ. $k=6$이면 $(x-3)^2=-1$

이때 우변이 음수이므로 해가 없다.

따라서 옳은 것은 ㄱ, ㄴ, ㄷ이다.

11 $x^2+6x+1=0$에서 $x^2+6x=-1$

$x^2+6x+9=-1+9$

$(x+3)^2=8$, $x+3=\pm2\sqrt2$ $\quad\therefore x=-3\pm2\sqrt2$

따라서 $a=9$, $b=3$, $c=8$, $d=2$이므로

$a+b+c+d=9+3+8+2=22$

12 **전략 코칭**

한 근이 $x=2k$이므로 주어진 이차방정식에 대입해 본다.

$x=2k$를 $2x^2-kx-3k=0$에 대입하면

$8k^2-2k^2-3k=0$, $6k^2-3k=0$, $2k^2-k=0$

$k(2k-1)=0$ $\quad\therefore k=0$ 또는 $k=\dfrac{1}{2}$

이때 $k\neq0$이므로 $k=\dfrac{1}{2}$

13 **전략 코칭**

(완전제곱식)$=0$의 꼴이 되기 위한 조건을 찾는다. 이때 조건은 m에 대한 이차방정식이 되므로 상수 m의 값이 2개가 나올 수 있음에 주의한다.

$-3m+7=\left\{\dfrac{-(m-4)}{2}\right\}^2$에서

$(m-4)^2=-12m+28$

$m^2-8m+16+12m-28=0$, $m^2+4m-12=0$

$(m+6)(m-2)=0$

$\therefore m=-6$ 또는 $m=2$

14 **전략 코칭**

두 이차방정식의 공통인 근을 먼저 구한 후 계수에 미지수가 있는 방정식에 대입하여 미지수의 값을 구한다.

$x^2-3x-18=0$에서 $(x-6)(x+3)=0$

$\therefore x=6$ 또는 $x=-3$

$(x-1)^2=25$에서 $x-1=\pm 5$

$\therefore x=6$ 또는 $x=-4$

따라서 두 이차방정식의 공통인 근은 $x=6$이므로

$x=6$을 $\frac{1}{2}x^2-ax+3a=0$에 대입하면

$\frac{1}{2}\times 36-6a+3a=0,\ -3a=-18$ $\therefore a=6$

15

$(x-1)^2=3k$에서 $x-1=\pm\sqrt{3k}$ $\therefore x=1\pm\sqrt{3k}$

해가 모두 정수이려면 $\sqrt{3k}$는 0 또는 자연수이어야 하므로

$k=0$ 또는 $k=3\times(\text{자연수})^2$이다.

따라서 가능한 k의 값은 $0,\ 3\times 1^2,\ 3\times 2^2,\ 3\times 3^2,\ \cdots$이므로

가장 작은 두 자리의 자연수 k의 값은 $3\times 2^2=12$

🐞04 이차방정식의 근의 공식

1 (1) $x=\dfrac{-1\pm\sqrt{13}}{2}$ (2) $x=\dfrac{-5\pm\sqrt{5}}{2}$

(3) $x=\dfrac{3\pm\sqrt{17}}{2}$ (4) $x=\dfrac{5\pm\sqrt{41}}{4}$

1-❶ (1) $x=\dfrac{-7\pm\sqrt{57}}{2}$ (2) $x=\dfrac{5\pm\sqrt{41}}{2}$

(3) $x=\dfrac{3\pm\sqrt{33}}{2}$ (4) $x=\dfrac{-5\pm\sqrt{17}}{4}$

2 (1) $x=4\pm 2\sqrt{2}$ (2) $x=2\pm\sqrt{7}$

(3) $x=-5\pm 2\sqrt{6}$ (4) $x=\dfrac{-3\pm\sqrt{7}}{2}$

2-❶ (1) $x=-2\pm\sqrt{3}$ (2) $x=1\pm\sqrt{5}$

(3) $x=-6\pm 3\sqrt{3}$ (4) $x=\dfrac{3\pm\sqrt{3}}{3}$

3 (1) $x=\dfrac{1\pm\sqrt{19}}{3}$ (2) $x=-3$ 또는 $x=\dfrac{1}{2}$

4 (1) $x=-\dfrac{1}{5}$ 또는 $x=\dfrac{1}{2}$ (2) $x=\dfrac{-2\pm\sqrt{5}}{2}$

5 (1) $x=2\pm\sqrt{11}$ (2) $x=-3$ 또는 $x=1$

6 (1) $x=-10$ 또는 $x=2$ (2) $x=4$

7 (1) 2 (2) 1 (3) 0

7-❶ (1) 0 (2) 2 (3) 1

8 (1) $k<\dfrac{23}{2}$ (2) $k=\dfrac{23}{2}$ (3) $k>\dfrac{23}{2}$

8-❶ (1) $m>-\dfrac{1}{12}$ (2) $m=-\dfrac{1}{12}$ (3) $m<-\dfrac{1}{12}$

9 (1) $2x^2+2x-12=0$ (2) $-x^2-10x-25=0$

9-❶ (1) $6x^2-5x+1=0$ (2) $2x^2-16x+32=0$

1 (1) $a=1$, $b=1$, $c=-3$이므로

$x=\dfrac{-1\pm\sqrt{1^2-4\times 1\times(-3)}}{2\times 1}=\dfrac{-1\pm\sqrt{13}}{2}$

(2) $a=1$, $b=5$, $c=5$이므로

$x=\dfrac{-5\pm\sqrt{5^2-4\times 1\times 5}}{2\times 1}=\dfrac{-5\pm\sqrt{5}}{2}$

(3) $a=1$, $b=-3$, $c=-2$이므로

$x=\dfrac{-(-3)\pm\sqrt{(-3)^2-4\times 1\times(-2)}}{2\times 1}=\dfrac{3\pm\sqrt{17}}{2}$

(4) $a=2$, $b=-5$, $c=-2$이므로

$x=\dfrac{-(-5)\pm\sqrt{(-5)^2-4\times 2\times(-2)}}{2\times 2}=\dfrac{5\pm\sqrt{41}}{4}$

1-❶ (1) $a=1$, $b=7$, $c=-2$이므로

$x=\dfrac{-7\pm\sqrt{7^2-4\times 1\times(-2)}}{2\times 1}=\dfrac{-7\pm\sqrt{57}}{2}$

(2) $a=1$, $b=-5$, $c=-4$이므로

$x=\dfrac{-(-5)\pm\sqrt{(-5)^2-4\times 1\times(-4)}}{2\times 1}=\dfrac{5\pm\sqrt{41}}{2}$

(3) $a=1$, $b=-3$, $c=-6$이므로

$x=\dfrac{-(-3)\pm\sqrt{(-3)^2-4\times 1\times(-6)}}{2\times 1}=\dfrac{3\pm\sqrt{33}}{2}$

(4) $a=2$, $b=5$, $c=1$이므로

$x=\dfrac{-5\pm\sqrt{5^2-4\times 2\times 1}}{2\times 2}=\dfrac{-5\pm\sqrt{17}}{4}$

2 (1) $a=1$, $b'=-4$, $c=8$이므로

$x=\dfrac{-(-4)\pm\sqrt{(-4)^2-1\times 8}}{1}=4\pm 2\sqrt{2}$

(2) $a=1$, $b'=-2$, $c=-3$이므로

$x=\dfrac{-(-2)\pm\sqrt{(-2)^2-1\times(-3)}}{1}=2\pm\sqrt{7}$

(3) $a=1$, $b'=5$, $c=1$이므로

$x=\dfrac{-5\pm\sqrt{5^2-1\times 1}}{1}=-5\pm 2\sqrt{6}$

(4) $a=2$, $b'=3$, $c=1$이므로

$x=\dfrac{-3\pm\sqrt{3^2-2\times 1}}{2}=\dfrac{-3\pm\sqrt{7}}{2}$

2-❶ (1) $a=1$, $b'=2$, $c=1$이므로

$x=\dfrac{-2\pm\sqrt{2^2-1\times 1}}{1}=-2\pm\sqrt{3}$

(2) $a=1$, $b'=-1$, $c=-4$이므로

$x=\dfrac{-(-1)\pm\sqrt{(-1)^2-1\times(-4)}}{1}=1\pm\sqrt{5}$

(3) $a=1$, $b'=6$, $c=9$이므로

$x=\dfrac{-6\pm\sqrt{6^2-1\times 9}}{1}=-6\pm 3\sqrt{3}$

(4) $a=3$, $b'=-3$, $c=2$이므로

$x=\dfrac{-(-3)\pm\sqrt{(-3)^2-3\times 2}}{3}=\dfrac{3\pm\sqrt{3}}{3}$

3 (1) 양변에 분모의 최소공배수 6을 곱하면

$3x^2-2x-6=0$

$\therefore x=\dfrac{-(-1)\pm\sqrt{(-1)^2-3\times(-6)}}{3}=\dfrac{1\pm\sqrt{19}}{3}$

(2) 양변에 분모의 최소공배수 10을 곱하면

$2x^2+5x-3=0$, $(x+3)(2x-1)=0$

$\therefore x=-3$ 또는 $x=\dfrac{1}{2}$

4

(1) 양변에 10을 곱하면 $10x^2-3x-1=0$

$(5x+1)(2x-1)=0$ ∴ $x=-\dfrac{1}{5}$ 또는 $x=\dfrac{1}{2}$

(2) 양변에 10을 곱하면 $4x^2+8x-1=0$

∴ $x=\dfrac{-4\pm\sqrt{4^2-4\times(-1)}}{4}=\dfrac{-2\pm\sqrt{5}}{2}$

5

(1) $(x-1)(x-3)=10$ 에서

$x^2-4x+3=10,\ x^2-4x-7=0$

∴ $x=\dfrac{-(-2)\pm\sqrt{(-2)^2-1\times(-7)}}{1}=2\pm\sqrt{11}$

(2) $(x+2)^2=2x+7$ 에서 $x^2+4x+4=2x+7$

$x^2+2x-3=0,\ (x+3)(x-1)=0$

∴ $x=-3$ 또는 $x=1$

6

(1) $x+5=A$ 로 놓으면 $A^2-2A-35=0$

$(A+5)(A-7)=0$ ∴ $A=-5$ 또는 $A=7$

이때 $A=x+5$ 이므로

$x+5=-5$ 또는 $x+5=7$

∴ $x=-10$ 또는 $x=2$

(2) $x-3=A$ 로 놓으면 $A^2-2A+1=0$

$(A-1)^2=0$ ∴ $A=1$

이때 $A=x-3$ 이므로

$x-3=1$ ∴ $x=4$

7

(1) $a=1,\ b=-4,\ c=3$ 이므로

$b^2-4ac=(-4)^2-4\times1\times3=4>0$ ➜ 근이 2개

(2) 주어진 식을 정리하면 $x^2-6x+9=0$

$a=1,\ b=-6,\ c=9$ 이므로

$b^2-4ac=(-6)^2-4\times1\times9=0$ ➜ 근이 1개

(3) $a=2,\ b=3,\ c=5$ 이므로

$b^2-4ac=3^2-4\times2\times5=-31<0$ ➜ 근이 0개

7-❶

(1) $a=1,\ b=-2,\ c=5$ 이므로

$b^2-4ac=(-2)^2-4\times1\times5=-16<0$ ➜ 근이 0개

(2) 주어진 식을 정리하면 $x^2-6x+2=0$

$a=1,\ b=-6,\ c=2$ 이므로

$b^2-4ac=(-6)^2-4\times1\times2=28>0$ ➜ 근이 2개

(3) 주어진 식을 정리하면 $x^2+6x+9=0$

$a=1,\ b=6,\ c=9$ 이므로

$b^2-4ac=6^2-4\times1\times9=0$ ➜ 근이 1개

8

$a=2,\ b=10,\ c=k+1$ 이므로

$b^2-4ac=10^2-4\times2\times(k+1)=-8k+92$

(1) $-8k+92>0$ 에서 $8k<92$ ∴ $k<\dfrac{23}{2}$

(2) $-8k+92=0$ 에서 $8k=92$ ∴ $k=\dfrac{23}{2}$

(3) $-8k+92<0$ 에서 $8k>92$ ∴ $k>\dfrac{23}{2}$

8-❶

$a=3,\ b=-5,\ c=2-m$ 이므로

$b^2-4ac=(-5)^2-4\times3\times(2-m)=12m+1$

(1) $12m+1>0$ 에서 $12m>-1$ ∴ $m>-\dfrac{1}{12}$

(2) $12m+1=0$ 에서 $12m=-1$ ∴ $m=-\dfrac{1}{12}$

(3) $12m+1<0$ 에서 $12m<-1$ ∴ $m<-\dfrac{1}{12}$

9

(1) $2(x-2)(x+3)=0$ 이므로 $2x^2+2x-12=0$

(2) $-(x+5)^2=0$ 이므로 $-x^2-10x-25=0$

9-❶

(1) $6\left(x-\dfrac{1}{2}\right)\left(x-\dfrac{1}{3}\right)=0$ 이므로 $6\left(x^2-\dfrac{5}{6}x+\dfrac{1}{6}\right)=0$

∴ $6x^2-5x+1=0$

(2) $2(x-4)^2=0$ 이므로 $2x^2-16x+32=0$

다른 풀이

(1) $(2x-1)(3x-1)=0$ 이므로 $6x^2-5x+1=0$

개념 완성하기 ——99쪽~100쪽

01 11	**02** 18	**03** -4	**04** 6
05 60	**06** $-5+\sqrt{15}$	**07** 10	**08** 4
09 ①, ⑤	**10** 0	**11** 12	**12** 2
13 4	**14** 20	**15** $x^2-3x-10=0$	
16 $x=-5$ 또는 $x=-1$			

01 $x=\dfrac{-1\pm\sqrt{1^2-3\times(-3)}}{3}=\dfrac{-1\pm\sqrt{10}}{3}$

따라서 $A=-1,\ B=10$ 이므로

$B-A=10-(-1)=11$

02 주어진 이차방정식의 괄호를 풀어 정리하면

$2x^2+6x-6=0,\ x^2+3x-3=0$

∴ $x=\dfrac{-3\pm\sqrt{3^2-4\times1\times(-3)}}{2\times1}=\dfrac{-3\pm\sqrt{21}}{2}$

따라서 $A=-3,\ B=21$ 이므로

$A+B=-3+21=18$

03 $x=\dfrac{-2\pm\sqrt{2^2-5\times A}}{5}=\dfrac{-2\pm\sqrt{4-5A}}{5}$

이때 해가 $x=\dfrac{B\pm\sqrt{14}}{5}$ 이므로 $B=-2$

$4-5A=14$ 에서 $-5A=10$ ∴ $A=-2$

∴ $A+B=-2+(-2)=-4$

04 $x=\dfrac{-(-5)\pm\sqrt{(-5)^2-4\times3\times A}}{2\times3}=\dfrac{5\pm\sqrt{25-12A}}{6}$

이때 해가 $x=\dfrac{B\pm\sqrt{13}}{6}$ 이므로 $B=5$

$25-12A=13$ 에서 $-12A=-12$ ∴ $A=1$

∴ $A+B=1+5=6$

05 주어진 이차방정식의 양변에 10을 곱하면 $2x^2+5x-5=0$

∴ $x=\dfrac{-5\pm\sqrt{5^2-4\times2\times(-5)}}{2\times2}=\dfrac{-5\pm\sqrt{65}}{4}$

따라서 $a=-5,\ b=65$ 이므로 $a+b=-5+65=60$

06 $0.5x^2+x+0.2=0$의 양변에 10을 곱하면 $5x^2+10x+2=0$

$$\therefore x=\frac{-5\pm\sqrt{5^2-5\times2}}{5}=\frac{-5\pm\sqrt{15}}{5}$$

$\frac{1}{5}x^2-\frac{1}{2}x+\frac{1}{5}=0$의 양변에 10을 곱하면 $2x^2-5x+2=0$

$(2x-1)(x-2)=0$ $\therefore x=\frac{1}{2}$ 또는 $x=2$

따라서 $a=\frac{-5+\sqrt{15}}{5}$, $b=\frac{1}{2}$이므로

$10ab=10\times\frac{-5+\sqrt{15}}{5}\times\frac{1}{2}=-5+\sqrt{15}$

07 $2x-1=A$로 놓으면 $12A^2-11A+2=0$

$(3A-2)(4A-1)=0$ $\therefore A=\frac{2}{3}$ 또는 $A=\frac{1}{4}$

이때 $A=2x-1$이므로

$2x-1=\frac{2}{3}$ 또는 $2x-1=\frac{1}{4}$ $\therefore x=\frac{5}{6}$ 또는 $x=\frac{5}{8}$

이때 $a>b$이므로 $a=\frac{5}{6}$, $b=\frac{5}{8}$

$\therefore 6a+8b=6\times\frac{5}{6}+8\times\frac{5}{8}=5+5=10$

08 $x-y=A$로 놓으면 $A(A-2)-8=0$

$A^2-2A-8=0$, $(A+2)(A-4)=0$

$\therefore A=-2$ 또는 $A=4$

이때 $A=x-y$이고 $x>y$이므로 $x-y>0$

$\therefore x-y=4$

09 ① $(-1)^2-4\times2\times1=-7<0$ ➡ 근이 없다.

② $5^2-4\times1\times2=17>0$ ➡ 서로 다른 두 근

③ $(-3)^2-4\times1\times(-5)=29>0$ ➡ 서로 다른 두 근

④ $8^2-4\times16\times1=0$ ➡ 중근

⑤ $(-3)^2-4\times4\times1=-7<0$ ➡ 근이 없다.

따라서 근이 없는 것은 ①, ⑤이다.

10 $(-3)^2-4\times1\times(-k+2)>0$이어야 하므로

$9+4k-8>0$, $4k>-1$ $\therefore k>-\frac{1}{4}$

따라서 가장 작은 정수 k의 값은 0이다.

11 두 근이 -2, 4이고 x^2의 계수가 2인 이차방정식은

$2(x+2)(x-4)=0$에서 $2x^2-4x-16=0$

따라서 $a=-4$, $b=-16$이므로

$a-b=-4-(-16)=12$

12 두 근이 $-\frac{1}{4}$, $\frac{1}{2}$이고 x^2의 계수가 8인 이차방정식은

$8\left(x+\frac{1}{4}\right)\left(x-\frac{1}{2}\right)=0$에서 $8x^2-2x-1=0$

따라서 $a=-2$, $b=-1$이므로

$ab=(-2)\times(-1)=2$

13 두 근의 차가 3이므로 두 근을 a, $a+3$이라 하면

두 근이 a, $a+3$이고 x^2의 계수가 1인 이차방정식은

$(x-a)\{x-(a+3)\}=0$, $x^2-(2a+3)x+a(a+3)=0$

이 이차방정식이 $x^2-5x+k=0$과 같으므로

$-(2a+3)=-5$에서 $2a+3=5$ $\therefore a=1$

$a(a+3)=k$에서 $k=a(a+3)=1\times4=4$

14 두 근의 비가 2 : 3이므로 두 근을 $2a$, $3a$라 하면

두 근이 $2a$, $3a$이고 x^2의 계수가 1인 이차방정식은

$(x-2a)(x-3a)=0$, $x^2-5ax+6a^2=0$

이 이차방정식이 $x^2-10x+m+4=0$과 같으므로

$-5a=-10$에서 $a=2$

$6a^2=m+4$에서 $6\times2^2=m+4$ $\therefore m=20$

15 준호가 푼 이차방정식은

$(x-1)(x+10)=0$에서 $x^2+9x-10=0$

이것은 q를 바르게 본 것이므로 $q=-10$

또, 수호가 푼 이차방정식은

$(x+1)(x-4)=0$에서 $x^2-3x-4=0$

이것은 p를 바르게 본 것이므로 $p=3$

따라서 구하는 이차방정식은 $x^2-3x-10=0$

16 x의 계수를 잘못 본 이차방정식은

$(x-5)(x-1)=0$에서 $x^2-6x+5=0$

$\therefore$ (상수항)$=5$

상수항을 잘못 본 이차방정식은

$(x+2)(x+4)=0$에서 $x^2+6x+8=0$

$\therefore$ (x의 계수)$=6$

따라서 원래 이차방정식은 $x^2+6x+5=0$이므로

$(x+5)(x+1)=0$

$\therefore x=-5$ 또는 $x=-1$

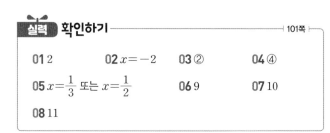

실력 **확인하기** ──────────────────────┤101쪽├

01 2	**02** $x=-2$	**03** ②	**04** ④
05 $x=\frac{1}{3}$ 또는 $x=\frac{1}{2}$		**06** 9	**07** 10
08 11			

01 $x=\frac{-3\pm\sqrt{3^2-4\times1\times1}}{2\times1}=\frac{-3\pm\sqrt{5}}{2}$

따라서 $a=-3$, $b=5$이므로

$a+b=-3+5=2$

02 $0.2x^2-0.1x-1=0$의 양변에 10을 곱하면

$2x^2-x-10=0$, $(x+2)(2x-5)=0$

$\therefore x=-2$ 또는 $x=\frac{5}{2}$

$\frac{3}{10}(x^2+x)=\frac{3}{5}$의 양변에 10을 곱하면

$3(x^2+x)=6$, $x^2+x=2$, $x^2+x-2=0$

$(x+2)(x-1)=0$ $\therefore x=-2$ 또는 $x=1$

따라서 두 이차방정식의 공통인 근은 $x=-2$이다.

03 $x+2=A$로 놓으면 $A^2-2A-8=0$

$(A+2)(A-4)=0$ $\therefore A=-2$ 또는 $A=4$

즉, $x+2=-2$ 또는 $x+2=4$이므로 $x=-4$ 또는 $x=2$

따라서 α, β는 -4, 2이므로

$\alpha+\beta=-4+2=-2$

04 $(m-2)^2-4\times1\times9=0$에서 $(m-2)^2=36$

$m-2=\pm6$ $\therefore m=8$ 또는 $m=-4$

따라서 모든 m의 값의 합은

$8+(-4)=4$

> **다른 풀이**
> $\left(\dfrac{m-2}{2}\right)^2=9$에서 $(m-2)^2=36$
> $m-2=\pm6$ $\therefore m=8$ 또는 $m=-4$
> 따라서 모든 m의 값의 합은 $8+(-4)=4$

05 두 근이 2, 3이고 x^2의 계수가 1인 이차방정식은

$(x-2)(x-3)=0$에서 $x^2-5x+6=0$

따라서 $a=-5$, $b=6$이므로

$6x^2-5x+1=0$에서 $(3x-1)(2x-1)=0$

$\therefore x=\dfrac{1}{3}$ 또는 $x=\dfrac{1}{2}$

06 두 근의 차가 2이므로 두 근을 α, $\alpha+2$라 하면

x^2의 계수가 2인 이차방정식은 $2(x-\alpha)\{x-(\alpha+2)\}=0$

$2x^2-2(2\alpha+2)x+2\alpha(\alpha+2)=0$

이 방정식이 $2x^2-8x+k-3=0$과 같으므로

$-2(2\alpha+2)=-8$에서 $2\alpha+2=4$ $\therefore \alpha=1$

$2\alpha(\alpha+2)=k-3$에서

$k=2\alpha(\alpha+2)+3=2\times3+3=9$

07 **전략 코칭**

> 이차방정식 $ax^2+bx+c=0$에서 b^2-4ac의 부호를 이용하여 m의 값의 범위를 먼저 구한다.

$4(m-3)^2-4(m+3)(m-4)>0$이어야 하므로

$(m-3)^2-(m+3)(m-4)>0$

$(m^2-6m+9)-(m^2-m-12)>0$

$-5m>-21$ $\therefore m<\dfrac{21}{5}$

따라서 자연수 m의 값은 1, 2, 3, 4이므로 구하는 합은 10이다.

08 **전략 코칭**

> 두 사람이 구한 근을 이용하여 각각의 이차방정식을 구한 후 바르게 본 항을 찾아 원래의 이차방정식을 구한다.

A가 푼 이차방정식은

$(x+3)(x-6)=0$에서 $x^2-3x-18=0$

이것은 상수항을 바르게 본 것이므로 원래의 이차방정식의 상수항은 -18

B가 푼 이차방정식은

$(x+1)(x-8)=0$에서 $x^2-7x-8=0$

이것은 x의 계수를 바르게 본 것이므로 원래의 이차방정식의 x의 계수는 -7

즉, 원래의 이차방정식은 $x^2-7x-18=0$이므로

$(x-9)(x+2)=0$ $\therefore x=9$ 또는 $x=-2$

따라서 원래의 이차방정식의 두 근의 차는

$9-(-2)=11$

---

05 이차방정식의 활용

103쪽~104쪽

1	(1) $x+1$	(2) $x^2+x-132=0$		(3) 11, 12		
1-①	(1) $x+2$	(2) $x^2+2x-143=0$		(3) 11, 13		
2	(1) 2초 후 또는 4초 후		(2) 6초 후			
2-①	(1) 3초 후 또는 9초 후		(2) 12초 후			
3	4	**4**	2	**5**	1	

1   (2) $x^2+(x+1)^2=265$에서 $2x^2+2x-264=0$

$\therefore x^2+x-132=0$

(3) $(x+12)(x-11)=0$ $\therefore x=-12$ 또는 $x=11$

이때 x는 자연수이므로 $x=11$

따라서 두 자연수는 11, 12이다.

1-①   (2) $x(x+2)=143$에서 $x^2+2x-143=0$

(3) $(x+13)(x-11)=0$ $\therefore x=-13$ 또는 $x=11$

이때 x는 자연수이므로 $x=11$

따라서 두 홀수는 11, 13이다.

2   (1) $30t-5t^2=40$에서 $t^2-6t+8=0$

$(t-2)(t-4)=0$ $\therefore t=2$ 또는 $t=4$

따라서 공의 높이가 40 m가 되는 것은 2초 후 또는 4초 후이다.

(2) 지면에 떨어지는 것은 높이가 0 m일 때이므로

$30t-5t^2=0$, $t^2-6t=0$, $t(t-6)=0$

$\therefore t=0$ 또는 $t=6$

이때 $t>0$이므로 공이 지면에 떨어지는 것은 6초 후이다.

2-①   (1) $60t-5t^2=135$에서 $t^2-12t+27=0$

$(t-3)(t-9)=0$ $\therefore t=3$ 또는 $t=9$

따라서 물로켓의 높이가 135 m가 되는 것은 3초 후 또는 9초 후이다.

(2) 지면에 떨어지는 것은 높이가 0 m일 때이므로

$60t-5t^2=0$, $t^2-12t=0$, $t(t-12)=0$

$\therefore t=0$ 또는 $t=12$

이때 $t>0$이므로 물로켓이 지면에 떨어지는 것은 12초 후이다.

3   새로 만든 직사각형의 가로의 길이는 $(8+x)$ cm, 세로의 길이는 $(5+x)$ cm이므로

$(8+x)(5+x)=8\times5+68$에서

$x^2+13x-68=0$, $(x+17)(x-4)=0$

$\therefore x=-17$ 또는 $x=4$

이때 $x>0$이므로 $x=4$

4 $(18-x)(10-x)=128$에서 $x^2-28x+52=0$

$(x-2)(x-26)=0$ $\therefore x=2$ 또는 $x=26$

이때 $0<x<10$이므로 $x=2$

5 상자의 밑면의 가로와 세로의 길이는 각각 $(8-2x)$ cm,

$(6-2x)$ cm이므로

$(8-2x)(6-2x)=24$에서 $4x^2-28x+24=0$

$x^2-7x+6=0$, $(x-1)(x-6)=0$ $\therefore x=1$ 또는 $x=6$

이때 $0<x<3$이므로 $x=1$

개념 **완성하기** ─────────── 105쪽 ├

01 6, 7, 8	**02** 22	**03** 14쪽, 15쪽	**04** 4명
05 10초 후	**06** 4초 후	**07** 6 cm	**08** 7 cm

01 연속하는 세 자연수를 $x-1$, x, $x+1$이라 하면

$(x+1)^2=2x(x-1)-20$에서 $x^2-4x-21=0$

$(x+3)(x-7)=0$ $\therefore x=-3$ 또는 $x=7$

이때 $x>1$이므로 $x=7$

따라서 세 자연수는 6, 7, 8이다.

02 연속하는 두 짝수를 x, $x+2$라 하면

$x^2+(x+2)^2=244$에서 $2x^2+4x-240=0$

$x^2+2x-120=0$, $(x+12)(x-10)=0$

$\therefore x=-12$ 또는 $x=10$

이때 x는 자연수이므로 $x=10$

따라서 두 짝수는 10, 12이므로 그 합은 $10+12=22$

03 펼친 두 면의 쪽수는 연속하는 자연수이므로 x, $x+1$이라 하면

$x(x+1)=210$에서 $x^2+x-210=0$

$(x+15)(x-14)=0$ $\therefore x=-15$ 또는 $x=14$

이때 x는 자연수이므로 $x=14$

따라서 두 면의 쪽수는 14쪽, 15쪽이다.

04 친구들의 수를 x명이라 하면 한 친구에게 돌아가는 구슬의

개수는 $x+6$이므로

$x(x+6)=40$에서 $x^2+6x-40=0$

$(x+10)(x-4)=0$ $\therefore x=-10$ 또는 $x=4$

이때 $x>0$이므로 $x=4$

따라서 친구들은 모두 4명이다.

05 $50+45t-5t^2=0$에서 $t^2-9t-10=0$

$(t+1)(t-10)=0$ $\therefore t=-1$ 또는 $t=10$

이때 $t>0$이므로 $t=10$

따라서 물체가 지면에 떨어지는 것은 던져 올린 지 10초 후이다.

---

06 $40t-5t^2=80$에서 $t^2-8t+16=0$, $(t-4)^2=0$ $\therefore t=4$

따라서 물체의 높이가 80 m가 되는 것은 던져 올린 지 4초후이다.

07 처음 원의 반지름의 길이를 x cm라 하면 반지름의 길이를

3 cm 줄인 원의 반지름의 길이는 $(x-3)$ cm이므로

$(x-3)^2\pi=\dfrac{1}{4}x^2\pi$에서 $3x^2-24x+36=0$

$x^2-8x+12=0$, $(x-2)(x-6)=0$

$\therefore x=2$ 또는 $x=6$

이때 $x>3$이므로 $x=6$

따라서 처음 원의 반지름의 길이는 6 cm이다.

08 큰 정사각형의 한 변의 길이를 x cm라 하면 작은 정사각형

의 한 변의 길이는 $(12-x)$ cm이므로

$x^2+(12-x)^2=74$에서 $2x^2-24x+70=0$

$x^2-12x+35=0$, $(x-5)(x-7)=0$

$\therefore x=5$ 또는 $x=7$

이때 $x>12-x$, 즉 $x>6$이므로 $x=7$

따라서 큰 정사각형의 한 변의 길이는 7 cm이다.

실력 **확인하기** ─────────── 106쪽 ├

01 -1 또는 -3	**02** 23
03 형 : 10살, 준영 : 6살	**04** 십각형
05 4 cm 또는 6 cm	**06** 15 m 또는 20 m
07 4초 후	

01 $(x+3)^2=2(x+3)$에서 $x^2+6x+9=2x+6$

$x^2+4x+3=0$, $(x+1)(x+3)=0$

$\therefore x=-1$ 또는 $x=-3$

02 엄마의 생일을 x일이라 하면 아빠의 생일은 $(x+7)$일이므로

$x(x+7)=120$에서 $x^2+7x-120=0$

$(x+15)(x-8)=0$ $\therefore x=-15$ 또는 $x=8$

이때 $x>0$이므로 $x=8$

따라서 엄마의 생일은 8일이고 아빠의 생일은 15일이므로

두 날짜의 합은 $8+15=23$

03 형의 나이를 x살이라 하면 준영이의 나이는 $(x-4)$살이므로

$x^2=3(x-4)^2-8$에서 $2x^2-24x+40=0$

$x^2-12x+20=0$, $(x-2)(x-10)=0$

$\therefore x=2$ 또는 $x=10$

이때 $x-4>0$, 즉 $x>4$이므로 $x=10$

따라서 형의 나이는 10살이고 준영이의 나이는

$10-4=6$(살)이다.

참고 동생의 나이를 x살로 놓고 풀어도 된다.

이때 형의 나이는 $(x+4)$살이고 이차방정식은

$(x+4)^2=3x^2-8$로 표현된다.

---

04 $\dfrac{n(n-3)}{2}=35$에서 $n^2-3n-70=0$

$(n+7)(n-10)=0$ $\quad \therefore n=-7$ 또는 $n=10$

이때 $n>3$이므로 $n=10$

따라서 구하는 다각형은 십각형이다.

05 정사각형의 한 변의 길이를 x cm라 하면 새로 만든 직사각형의 가로의 길이는 $(x-2)$ cm, 세로의 길이는 $(x+12)$ cm이므로

$(x-2)(x+12)=2x^2$에서 $x^2-10x+24=0$

$(x-4)(x-6)=0$ $\quad \therefore x=4$ 또는 $x=6$

따라서 정사각형의 한 변의 길이는 4 cm 또는 6 cm이다.

06 보호 구역의 세로의 길이를 x m라 하면 가로의 길이는 $(70-2x)$ m이므로

$x(70-2x)=600$에서 $2x^2-70x+600=0$

$x^2-35x+300=0$, $(x-15)(x-20)=0$

$\therefore x=15$ 또는 $x=20$

따라서 보호 구역의 세로의 길이는 15 m 또는 20 m이다.

07 전략 코칭

x초 후의 $\overline{\text{PB}}$의 길이와 $\overline{\text{BQ}}$의 길이를 x를 사용한 식으로 나타낸 후 삼각형 PBQ의 넓이를 이용하여 이차방정식을 세운다.

두 점 P, Q가 동시에 출발한 지 x초 후의 $\overline{\text{PB}}$의 길이는 $(8-x)$ cm이고 $\overline{\text{BQ}}$의 길이는 $2x$ cm이므로

$\dfrac{1}{2}\times(8-x)\times 2x=16$에서 $x^2-8x+16=0$

$(x-4)^2=0$ $\quad \therefore x=4$

따라서 △PBQ의 넓이가 16 cm²가 되는 것은 4초 후이다.

실전! 중단원 **마무리** |107쪽~109쪽|

01 ⑤	**02** ②	**03** ②	**04** 3
05 1	**06** 3	**07** ⑤	**08** -15
09 ⑤	**10** 5	**11** 7	**12** ⑤
13 $x=\dfrac{-3\pm\sqrt{17}}{4}$		**14** $\dfrac{5}{2}$	**15** ④
16 ①	**17** ①	**18** 27	**19** ②
20 9	**21** 11명	**22** 8마리	**23** $\dfrac{1+\sqrt{5}}{2}$

01 ⑤ $x^2+3x=x^2-x-6$, $4x+6=0$ ➡ 일차방정식

02 [ ] 안의 수를 주어진 이차방정식에 대입해 보면

① $1^2+1=2\neq 0$

② $(-2)^2-2\times(-2)-8=0$

③ $(-3)^2-3=6\neq 0$

④ $3^2+3-6=6\neq 0$

⑤ $(-1+5)\times(-1-1)=-8\neq 0$

따라서 [ ] 안의 수가 주어진 이차방정식의 해인 것은 ②이다.

03 $x=a$를 $x^2-4x+1=0$에 대입하면 $a^2-4a+1=0$

이때 $a\neq 0$이므로 양변을 a로 나누면

$a-4+\dfrac{1}{a}=0$ $\quad \therefore a+\dfrac{1}{a}=4$

$\therefore a^2+\dfrac{1}{a^2}=\left(a+\dfrac{1}{a}\right)^2-2=4^2-2=14$

참고 $x=0$을 $x^2-4x+1=0$에 대입하면 $1\neq 0$

따라서 $x=0$은 근이 아니므로 $a\neq 0$임을 알 수 있다.

04 $x=1$을 $x^2+ax-2a=0$에 대입하면

$1+a-2a=0$ $\quad \therefore a=1$

$a=1$을 대입하면 $x^2+x-2=0$이므로

$(x+2)(x-1)=0$ $\quad \therefore x=-2$ 또는 $x=1$

따라서 $b=-2$이므로 $a-b=1-(-2)=3$

05 $(x-1)(x+4)=2(x+1)$에서

$x^2+3x-4=2x+2$, $x^2+x-6=0$

$(x+3)(x-2)=0$ $\quad \therefore x=-3$ 또는 $x=2$

이때 $a<b$이므로 $a=-3$, $b=2$

$\therefore a+2b=-3+2\times 2=1$

06 $x^2+4x-21=0$에서 $(x-3)(x+7)=0$

$\therefore x=3$ 또는 $x=-7$

$x=-7$을 $x^2+3ax+11+a=0$에 대입하면

$49-21a+11+a=0$

$20a=60$ $\quad \therefore a=3$

07 ⑤ $x^2-6x=-9$에서 $x^2-6x+9=0$

$(x-3)^2=0$ $\quad \therefore x=3$

08 $3(x+5)^2-1=0$에서 $(x+5)^2=\dfrac{1}{3}$

$x+5=\pm\sqrt{\dfrac{1}{3}}=\pm\dfrac{\sqrt{3}}{3}$ $\quad \therefore x=-5\pm\dfrac{\sqrt{3}}{3}$

따라서 $A=-5$, $B=3$이므로

$AB=(-5)\times 3=-15$

09 $x^2+4x=7$, $x^2+4x+4=7+4$

$(x+2)^2=11$, $x+2=\pm\sqrt{11}$

$\therefore x=-2\pm\sqrt{11}$

따라서 ⑤에 알맞은 수는 $-2\pm\sqrt{11}$이다.

10 $(x-1)(x-5)=4$에서

$x^2-6x+5=4$, $x^2-6x=-1$

$x^2-6x+9=-1+9$ $\quad \therefore (x-3)^2=8$

따라서 $p=-3$, $q=8$이므로

$p+q=-3+8=5$

11 $9x^2-6x-4=0$에서

$x=\dfrac{-(-3)\pm\sqrt{(-3)^2-9\times(-4)}}{9}$

$=\dfrac{3\pm 3\sqrt{5}}{9}=\dfrac{1\pm\sqrt{5}}{3}$

따라서 $a=1$, $b=5$이므로

$2a+b=2\times 1+5=7$

12 ㄱ. $k=9$일 때, $x^2-4x+9=0$에서
$(-4)^2-4\times1\times9=-20<0$
즉, 이차방정식의 해는 없다.
ㄴ. $k=4$일 때, $x^2-4x+4=0$에서
$(x-2)^2=0$ ∴ $x=2$
즉, 중근을 갖는다.
ㄷ. $k=1$일 때, $x^2-4x+1=0$에서
$x=-(-2)\pm\sqrt{(-2)^2-1\times1}=2\pm\sqrt{3}$
즉, $x=2+\sqrt{3}$을 한 근으로 갖는다.
따라서 옳은 것은 ㄴ, ㄷ이다.

13 주어진 이차방정식의 양변에 6을 곱하면
$2x^2+3x=1$, $2x^2+3x-1=0$
∴ $x=\dfrac{-3\pm\sqrt{3^2-4\times2\times(-1)}}{2\times2}=\dfrac{-3\pm\sqrt{17}}{4}$

14 주어진 이차방정식의 양변에 10을 곱하면
$2x^2-5x-3=0$, $(2x+1)(x-3)=0$
∴ $x=-\dfrac{1}{2}$ 또는 $x=3$
따라서 두 근의 합은 $-\dfrac{1}{2}+3=\dfrac{5}{2}$

15 $a-b=A$로 놓으면 $A(A-5)=14$
$A^2-5A-14=0$, $(A+2)(A-7)=0$
∴ $A=-2$ 또는 $A=7$
이때 $A=a-b$이고 $a>b$이므로 $a-b>0$
∴ $a-b=7$

16 $x^2+6x-k+3=0$이 근을 갖지 않으려면
$6^2-4\times1\times(-k+3)<0$이어야 하므로
$36+4k-12<0$, $4k<-24$ ∴ $k<-6$
따라서 근을 갖지 않도록 하는 k의 값은 ① -9이다.

17 두 근이 3, -5이고 x^2의 계수가 2인 이차방정식은
$2(x-3)(x+5)=0$에서 $2x^2+4x-30=0$
따라서 $a=4$, $b=-30$이므로
$a+b=4+(-30)=-26$

18 두 근을 α, 3α라 하면 x^2의 계수가 1인 이차방정식은
$(x-\alpha)(x-3\alpha)=0$, $x^2-4\alpha x+3\alpha^2=0$
$-4\alpha=-12$에서 $\alpha=3$
$3\alpha^2=k$에서 $k=3\alpha^2=27$

19 $x^2-2x-1=0$의 해를 구하면
$x=\dfrac{-(-1)\pm\sqrt{(-1)^2-1\times(-1)}}{1}=1\pm\sqrt{2}$
따라서 $\alpha=1+\sqrt{2}$, $\beta=1-\sqrt{2}$ 또는 $\alpha=1-\sqrt{2}$, $\beta=1+\sqrt{2}$
이므로
$\alpha+\beta=2$, $\alpha\beta=-1$
∴ $\dfrac{\beta}{\alpha}+\dfrac{\alpha}{\beta}=\dfrac{\alpha^2+\beta^2}{\alpha\beta}=\dfrac{(\alpha+\beta)^2-2\alpha\beta}{\alpha\beta}$
$=\dfrac{2^2-2\times(-1)}{-1}=-6$

다른 풀이

이차방정식 $ax^2+bx+c=0$의 두 근을 α, β라 할 때,
$\alpha+\beta=-\dfrac{b}{a}$, $\alpha\beta=\dfrac{c}{a}$인 관계가 성립하므로 이를 이용하여 풀 수도 있다.
이차방정식 $x^2-2x-1=0$의 두 근이 α, β이므로
$\alpha+\beta=-\dfrac{-2}{1}=2$, $\alpha\beta=\dfrac{-1}{1}=-1$
∴ $\dfrac{\beta}{\alpha}+\dfrac{\alpha}{\beta}=\dfrac{\alpha^2+\beta^2}{\alpha\beta}=\dfrac{2^2-2\times(-1)}{-1}=-6$

20 연속하는 세 자연수를 $x-1$, x, $x+1$이라 하면
$(x+1)^2=(x-1)^2+x^2-60$에서
$x^2+2x+1=x^2-2x+1+x^2-60$
$x^2-4x-60=0$, $(x-10)(x+6)=0$
∴ $x=10$ 또는 $x=-6$
이때 x는 자연수이므로 $x=10$
따라서 세 자연수 중 가장 작은 자연수는 9이다.

21 학생 수를 x명이라 하면 한 학생이 받는 사탕의 개수는 $x-2$이므로
$x(x-2)=99$에서 $x^2-2x-99=0$
$(x-11)(x+9)=0$ ∴ $x=11$ 또는 $x=-9$
이때 $x>0$이므로 $x=11$
따라서 학생 수는 11명이다.

22 숲속에 있는 원숭이를 x마리라 하면
$\left(\dfrac{1}{4}x\right)^2+4=x$에서 $\dfrac{1}{16}x^2-x+4=0$
$x^2-16x+64=0$, $(x-8)^2=0$ ∴ $x=8$
따라서 숲속에 있는 원숭이는 모두 8마리이다.

23 $\overline{AB}=1+x$이므로 $\overline{AC}:\overline{BC}=\overline{BC}:\overline{AB}$에서
$1:x=x:(1+x)$
$x^2=x+1$, $x^2-x-1=0$ ∴ $x=\dfrac{1\pm\sqrt{5}}{2}$
이때 $x>0$이므로 $x=\dfrac{1+\sqrt{5}}{2}$

🎀 **서술형 문제** ———————110쪽

$01\ k=\dfrac{9}{8}$, $x=\dfrac{3}{2}$ 01-1 2
$02\ x=3\pm\sqrt{5}$ $03\ a=1$, $b=3$, $c=4$ $04\ 4\,\text{m}$

01 채점 기준 **1** 상수 k의 값 구하기 …3점
$x^2-3x+2k=0$이 중근을 가지므로
$2k=\left(\dfrac{-3}{2}\right)^2$에서 $2k=\dfrac{9}{4}$ ∴ $k=\dfrac{9}{8}$

채점 기준 **2** 중근 구하기 …2점
$k=\dfrac{9}{8}$를 주어진 이차방정식에 대입하면

$$x^2-3x+\frac{9}{4}=0, \left(x-\frac{3}{2}\right)^2=0$$
$$\therefore x=\frac{3}{2}$$

01-1 채점 기준 **1** a의 값 구하기 …2점

$(-12)^2-4\times3a\times4=0$이어야 하므로

$144-48a=0$ $\therefore a=3$

채점 기준 **2** b의 값 구하기 …2점

$a=3$을 주어진 이차방정식에 대입하면

$9x^2-12x+4=0, (3x-2)^2=0$ $\therefore x=\frac{2}{3}$

$\therefore b=\frac{2}{3}$

채점 기준 **3** ab의 값 구하기 …1점

$ab=3\times\frac{2}{3}=2$

02 $2x^2-12x+8=0$의 양변을 2로 나누면

$x^2-6x+4=0, x^2-6x=-4$

$x^2-6x+9=-4+9$

$(x-3)^2=5$ ······ ❶

$x-3=\pm\sqrt{5}$ $\therefore x=3\pm\sqrt{5}$ ······ ❷

채점 기준	배점
❶ $(x-p)^2=q$의 꼴로 나타내기	3점
❷ 이차방정식의 해 구하기	2점

03 $20t-5t^2=15$에서 $t^2-4t+3=0$ ······ ❶

$(t-1)(t-3)=0$ $\therefore t=1$ 또는 $t=3$

따라서 높이가 15 m가 되는 것은 1초 후, 3초 후이므로

$a=1, b=3$ ······ ❷

지면에 떨어지는 것은 높이가 0 m일 때이므로

$20t-5t^2=0$에서 $t^2-4t=0$ ······ ❸

$t(t-4)=0$ $\therefore t=0$ 또는 $t=4$

이때 $t>0$이어야 하므로 $t=4$

$\therefore c=4$ ······ ❹

채점 기준	배점
❶ 물체의 높이가 15 m가 될 때의 식 세우기	1점
❷ a, b의 값 각각 구하기	2점
❸ 물체가 지면에 떨어질 때의 식 세우기	1점
❹ c의 값 구하기	2점

04 도로의 폭을 x m라 하면 $(30-x)(24-x)=520$ ······ ❶

$x^2-54x+200=0, (x-50)(x-4)=0$

$\therefore x=50$ 또는 $x=4$ ······ ❷

이때 $0<x<24$이므로 $x=4$

따라서 도로의 폭은 4 m이다. ······ ❸

채점 기준	배점
❶ x에 대한 이차방정식 세우기	2점
❷ 이차방정식의 해 구하기	2점
❸ 조건에 맞는 도로의 폭 구하기	1점

1 이차함수와 그 그래프

01 이차함수 $y=ax^2$의 그래프

─113쪽~115쪽─

1 (1) 2, 4 (2) -2, 4 (3) -2, 4

1-❶ (1) × (2) × (3) ○ (4) ○

2 (1) × (2) ○ (3) × (4) ○

2-❶ ㄱ, ㄹ

3 (1) 원점, 아래 (2) 1, 2 (3) 증가

3-❶ ㄱ, ㄷ

4 (1) 원점, 위 (2) 3, 4 (3) 감소

4-❶ ㄴ, ㄷ

5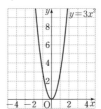

5-❶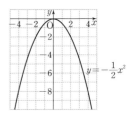

6 (1) ㄴ, ㄹ (2) ㄹ (3) ㄴ과 ㄷ

6-❶ (1) ㄴ, ㄷ, ㅂ (2) ㄴ (3) ㄷ과 ㄹ

1 (2) x의 값이 2만큼 증가할 때 y의 값은 4만큼 감소하므로

$$a=\frac{-4}{2}=-2$$

y절편이 4이므로 $b=4$

1-❶ (1) $1\neq3\times1+2$이므로 점 $(1, 1)$을 지나지 않는다.

(2) 일차함수 $y=3x+2$의 그래프는 오른쪽 그림과 같으므로 제1, 2, 3사분면을 지난다.

2 (1) $(x$에 대한 이차식$)=0$의 꼴이므로 이차방정식이다.

(3) $y=5x+2$에서 $5x+2$가 일차식이므로 이차함수가 아니다.

(4) $y=2(x-1)^2=2x^2-4x+2$이므로 이차함수이다.

2-❶ ㄴ. $y=\frac{1}{x^2}$에서 x^2이 분모에 있으므로 이차함수가 아니다.

ㄷ. $y=3x(x+1)-3x^2=3x^2+3x-3x^2=3x$

에서 $3x$가 일차식이므로 이차함수가 아니다.

ㄹ. $y=2x(x-2)+6(x-1)$

$=2x^2-4x+6x-6=2x^2+2x-6$

이므로 이차함수이다.

따라서 이차함수인 것은 ㄱ, ㄹ이다.

3-❶ ㄴ. 이차함수 $y=x^2$의 그래프는 y축에 대칭이다.

4-❶ ㄱ. 이차함수 $y=-x^2$의 그래프의 꼭짓점의 좌표는 $(0, 0)$이다.

ㄷ. $x=-2$를 $y=-x^2$에 대입하면

$y=-(-2)^2=-4$이므로 점 $(-2, -4)$를 지난다.

6 (1) 이차함수 $y=ax^2$의 그래프는 $a>0$일 때 아래로 볼록하므로 그래프가 아래로 볼록한 것은 ㄴ, ㄹ이다.

(2) 이차함수 $y=ax^2$의 그래프의 폭은 a의 절댓값이 작을수록 넓어지므로 그래프의 폭이 가장 넓은 것은 ㄹ이다.

(3) 두 이차함수 $y=3x^2$과 $y=-3x^2$의 그래프가 x축에 서로 대칭이므로 ㄴ과 ㄷ이다.

6-❶ (1) 이차함수 $y=ax^2$의 그래프는 $a<0$일 때 위로 볼록하므로 그래프가 위로 볼록한 것은 ㄴ, ㄷ, ㅂ이다.

(2) 이차함수 $y=ax^2$의 그래프의 폭은 a의 절댓값이 클수록 좁아지므로 그래프의 폭이 가장 좁은 것은 ㄴ이다.

(3) 두 이차함수 $y=\dfrac{3}{2}x^2$과 $y=-\dfrac{3}{2}x^2$의 그래프가 x축에 서로 대칭이므로 ㄷ과 ㄹ이다.

개념 완성하기 ——————————— 116쪽~117쪽

01 ①	**02** ㄴ, ㄷ	**03** -3	**04** ⑤
05 ㄱ, ㄷ	**06** ③	**07** 5	**08** -1
09 $y=-\dfrac{1}{4}x^2$	**10** $y=2x^2$	**11** ③	
12 ㄱ, ㄴ, ㄹ, ㄷ	**13** ①	**14** 12	

---

01 ① $y=\pi x^2$이므로 이차함수이다.

② $y=\dfrac{1}{2}\times x\times 10=5x$이므로 이차함수가 아니다.

③ $y=x+(x+5)=2x+5$이므로 이차함수가 아니다.

④ $y=x^3$이므로 이차함수가 아니다.

⑤ (거리)=(속력)×(시간)에서 $y=5x$이므로 이차함수가 아니다.

따라서 이차함수인 것은 ①이다.

02 ㄱ. $y=4x$이므로 이차함수가 아니다.

ㄴ. $y=\dfrac{1}{2}\times x\times x=\dfrac{1}{2}x^2$이므로 이차함수이다.

ㄷ. $y=4\pi x^2$이므로 이차함수이다.

ㄹ. $y=\pi\times5^2\times2x=50\pi x$이므로 이차함수가 아니다.

따라서 이차함수인 것은 ㄴ, ㄷ이다.

03 $f(-1)=(-1)^2-4\times(-1)+a=1+4+a=5+a$

즉, $5+a=2$이므로 $a=-3$

04 $f(2)=-3\times2^2+2a+7=-12+2a+7=-5+2a$

즉, $-5+2a=3$이므로 $2a=8$ $\therefore a=4$

따라서 $f(x)=-3x^2+4x+7$이므로

$f(1)=-3\times1^2+4\times1+7=-3+4+7=8$

05 ㄴ. 꼭짓점의 좌표는 $(0,\ 0)$이다.

ㄹ. $x>0$일 때, x의 값이 증가하면 y의 값도 증가한다.

따라서 옳은 것은 ㄱ, ㄷ이다.

06 ③ 이차함수 $y=-\dfrac{1}{3}x^2$의 그래프는 y축에 대칭이다.

07 이차함수 $y=ax^2$의 그래프가 점 $(-2,\ 2)$를 지나므로

$2=a\times(-2)^2,\ 2=4a$ $\therefore a=\dfrac{1}{2}$

즉, 이차함수 $y=\dfrac{1}{2}x^2$의 그래프가 점 $(3,\ b)$를 지나므로

$b=\dfrac{1}{2}\times3^2=\dfrac{9}{2}$

$\therefore a+b=\dfrac{1}{2}+\dfrac{9}{2}=\dfrac{10}{2}=5$

08 이차함수 $y=3x^2$의 그래프가 점 $(a,\ -3a)$를 지나므로

$-3a=3a^2,\ 3a^2+3a=0,\ 3a(a+1)=0$

$\therefore a=0$ 또는 $a=-1$

이때 $a\neq0$이므로 $a=-1$

09 원점을 꼭짓점으로 하고, y축을 축으로 하는 포물선을 그래프로 하는 이차함수의 식을 $y=ax^2$으로 놓으면

이 그래프가 점 $(2,\ -1)$을 지나므로

$-1=a\times2^2,\ -1=4a$ $\therefore a=-\dfrac{1}{4}$

따라서 구하는 이차함수의 식은 $y=-\dfrac{1}{4}x^2$이다.

10 이차함수 $y=f(x)$의 그래프가 원점을 꼭짓점으로 하고, y축을 축으로 하므로 이차함수의 식을 $y=ax^2$으로 놓으면

이 그래프가 점 $(2,\ 8)$을 지나므로

$8=a\times2^2,\ 8=4a$ $\therefore a=2$

따라서 구하는 이차함수의 식은 $y=2x^2$이다.

11 이차함수 $y=ax^2$의 그래프에서 a의 절댓값이 클수록 그래프의 폭이 좁아지므로 각 함수에서 a의 절댓값의 크기를 비교해 보면

$\left|\dfrac{1}{4}\right|<\left|-\dfrac{2}{3}\right|<|3|<|-4|<|-5|$

따라서 이차함수 $y=-5x^2$의 그래프의 폭이 가장 좁다.

12 이차함수 $y=ax^2$의 그래프에서 a의 절댓값이 작을수록 그래프의 폭이 넓어지므로 각 함수에서 a의 절댓값의 크기를 비교해 보면

$|-1|<|2|<\left|\dfrac{5}{2}\right|<|-3|$

따라서 그래프의 폭이 넓은 것부터 차례대로 나열하면 ㄱ, ㄴ, ㄹ, ㄷ이다.

13 두 이차함수 $y=ax^2$과 $y=-ax^2$의 그래프가 x축에 서로 대칭이므로 이차함수 $y=6x^2$의 그래프와 x축에 서로 대칭인 그래프를 나타내는 이차함수의 식은 $y=-6x^2$이다.

14 이차함수 $y=-\dfrac{3}{4}x^2$의 그래프와 x축에 서로 대칭인 그래프를 나타내는 이차함수의 식은 $y=\dfrac{3}{4}x^2$이다.

이 그래프가 점 $(4,\ k)$를 지나므로

$k=\dfrac{3}{4}\times4^2=12$

실력 **확인하기**───────118쪽

01 -3	**02** ②	**03** -3	**04** ③
05 ②	**06** ⑤	**07** ㄷ, ㄹ	**08** $a \neq 4$

01 $f(1)=2 \times 1^2 + 1 - 6 = 2 + 1 - 6 = -3$

$f(-2)=2 \times (-2)^2 + (-2) - 6 = 8 - 2 - 6 = 0$

$\therefore f(1)-f(-2)=-3-0=-3$

02 ② 아래로 볼록한 포물선이다.

03 이차함수 $y=-\dfrac{1}{3}x^2$의 그래프가 점 $(-3, k)$를 지나므로

$k=-\dfrac{1}{3} \times (-3)^2 = -3$

04 점선으로 나타나는 그래프의 식을 $y=ax^2$으로 놓으면 아래로 볼록한 포물선이므로 $a>0$이다.

또, 이차함수 $y=2x^2$의 그래프보다 폭이 넓으므로 a의 절댓값이 2보다 작다.

따라서 점선으로 나타나는 그래프의 식은 $0<a<2$를 만족시켜야 하므로 점선으로 나타나는 그래프의 식이 될 수 있는 것은 ③이다.

> **Self 코칭**
>
> 점선으로 나타나는 그래프는 이차함수 $y=2x^2$의 그래프와 x축 사이에 위치해 있는 아래로 볼록한 포물선이므로 $a>0$인 조건을 포함하여 a의 값의 범위를 구한다.

05 원점을 꼭짓점으로 하고, y축을 축으로 하는 포물선을 그래프로 하는 이차함수의 식을 $y=ax^2$으로 놓으면

이 그래프가 점 $(-2, -6)$을 지나므로

$-6=a \times (-2)^2$, $-6=4a$ $\therefore a=-\dfrac{3}{2}$

따라서 구하는 이차함수의 식은 $y=-\dfrac{3}{2}x^2$이다.

06 이차함수 $y=ax^2$의 그래프가 위로 볼록하려면 $a<0$

또, a의 절댓값이 클수록 그래프의 폭이 좁아지므로 그래프가 위로 볼록하면서 폭이 가장 좁은 것은 ⑤이다.

07 ㄱ. 원점을 꼭짓점으로 하고 y축을 축으로 하는 포물선이다.

ㄴ. $a<0$일 때, 위로 볼록하다.

ㄹ. $y=ax^2$에 $x=1$을 대입하면 $y=a$이므로 점 $(1, a)$를 지난다.

따라서 옳은 것은 ㄷ, ㄹ이다.

08 > **전략 코칭**
>
> 주어진 함수의 식을 $y=ax^2+bx+c$의 꼴로 정리하였을 때, 우변 ax^2+bx+c가 x에 대한 이차식이 되어야 하므로 $a \neq 0$이어야 한다.

$y=(2x+1)^2 - x(ax+5) + 1 = (4-a)x^2 - x + 2$

x에 대한 이차함수가 되려면 (x^2의 계수)$\neq 0$이어야 하므로

$4-a \neq 0$ $\therefore a \neq 4$

😊 **02** 이차함수 $y=a(x-p)^2+q$의 그래프

───────120쪽~123쪽

1 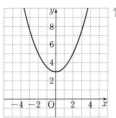 **1-❶**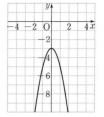

(1) $(0, 3)$ (2) $x=0$ (1) $(0, -3)$ (2) $x=0$

2 (1) $y=4x^2+7$ (2) $(0, 7)$ (3) $x=0$

2-❶ (1) $y=-4x^2-6$ (2) $(0, -6)$ (3) $x=0$

3 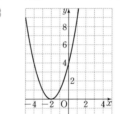 **3-❶**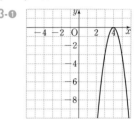

(1) $(-2, 0)$ (2) $x=-2$ (1) $(4, 0)$ (2) $x=4$

4 (1) $y=\dfrac{1}{2}(x+3)^2$ (2) $(-3, 0)$ (3) $x=-3$

(4) $x>-3$

4-❶ (1) $y=-6(x-5)^2$ (2) $(5, 0)$ (3) $x=5$ (4) $x>5$

5 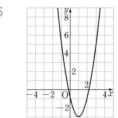 **5-❶**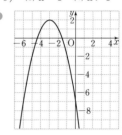

(1) $(1, -3)$ (2) $x=1$ (1) $(-3, 2)$ (2) $x=-3$

6 (1) $y=-4(x+2)^2-6$ (2) $(-2, -6)$

(3) $x=-2$ (4) $x<-2$

6-❶ (1) $y=3(x-2)^2+4$ (2) $(2, 4)$ (3) $x=2$

(4) $x<2$

7 $a<0, p<0, q>0$ **7-❶** $a>0, p<0, q<0$

8 $y=5(x+3)^2+4$ **8-❶** $y=-3(x+3)^2+9$

4 (4) 이차함수 $y=\dfrac{1}{2}(x+3)^2$의 그래프는 오른쪽 그림과 같다. 따라서 x의 값이 증가하면 y의 값도 증가하는 x의 값의 범위는 $x>-3$이다.

4-❶ (4) 이차함수 $y=-6(x-5)^2$의 그래프는 오른쪽 그림과 같다. 따라서 x의 값이 증가하면 y의 값은 감소하는 x의 값의 범위는 $x>5$이다.

7 이차함수 $y=a(x-p)^2+q$의 그래프가 위로 볼록하므로 $a<0$

꼭짓점이 제2사분면 위에 있으므로 $p<0, q>0$

7-❶ 이차함수 $y=a(x-p)^2+q$의 그래프가

아래로 볼록하므로 $a>0$

꼭짓점이 제3사분면 위에 있으므로 $p<0$, $q<0$

8 이차함수 $y=5(x+4)^2+6$의 그래프를 x축의 방향으로 1만큼, y축의 방향으로 -2만큼 평행이동한 그래프의 식은
$y=5(x+4-1)^2+6-2=5(x+3)^2+4$

Self 코칭

이차함수 $y=a(x-p)^2+q$의 그래프를 x축의 방향으로 m만큼, y축의 방향으로 n만큼 평행이동한 그래프의 식
➡ $y=a(x-p-m)^2+q+n$

8-❶ 이차함수 $y=-3(x+2)^2+7$의 그래프를 x축의 방향으로 -1만큼, y축의 방향으로 2만큼 평행이동한 그래프의 식은
$y=-3(x+2+1)^2+7+2=-3(x+3)^2+9$

개념 완성하기 ┤124쪽~125쪽├

01 ②	02 ①	03 -8	04 ④
05 ③	06 ⑤	07 -8	08 ③
09 $x<-3$	10 $x<2$	11 $a<0, p>0, q<0$	
12 ④	13 8	14 -1	

01 이차함수 $y=\dfrac{1}{2}(x+4)^2$의 그래프의 꼭짓점의 좌표는

$(-4, 0)$이고 $\dfrac{1}{2}>0$이므로 아래로 볼록한 포물선이다.

따라서 그래프가 될 수 있는 것은 ②이다.

02 이차함수 $y=-2(x-3)^2+1$의 그래프의 꼭짓점의 좌표는 $(3, 1)$이고 $-2<0$이므로 위로 볼록한 포물선이다.

따라서 그래프가 될 수 있는 것은 ①이다.

03 이차함수 $y=3x^2$의 그래프를 y축의 방향으로 k만큼 평행이동한 그래프를 나타내는 이차함수의 식은 $y=3x^2+k$

이 그래프가 점 $(2, 4)$를 지나므로
$4=3\times2^2+k$, $4=12+k$ ∴ $k=-8$

04 ① $x=2$를 $y=2x^2-5$에 대입하면
$y=2\times2^2-5=8-5=3$이므로 점 $(2, 3)$을 지난다.

② 아래로 볼록한 포물선이다.

③ 축의 방정식은 $x=0$이다.

⑤ 이차함수 $y=2x^2$의 그래프를 y축의 방향으로 -5만큼 평행이동한 것이다.

따라서 옳은 것은 ④이다.

05 꼭짓점의 좌표가 $(5, 0)$이므로 이차함수 $y=-x^2$의 그래프를 x축의 방향으로 5만큼 평행이동한 그래프이다.

따라서 주어진 이차함수의 그래프의 식은 $y=-(x-5)^2$

이 그래프가 점 $(7, k)$를 지나므로
$k=-(7-5)^2=-4$

06 ⑤ 이차함수 $y=-\dfrac{1}{3}x^2$의 그래프를 x축의 방향으로 -6만큼 평행이동한 것이다.

07 이차함수 $y=-2(x+2)^2-6$의 그래프는 이차함수 $y=-2x^2$의 그래프를 x축의 방향으로 -2만큼, y축의 방향으로 -6만큼 평행이동한 것이므로 $p=-2$, $q=-6$
∴ $p+q=-2+(-6)=-8$

08 이차함수 $y=(x-1)^2+4$의 그래프는 오른쪽 그림과 같이 꼭짓점이 제1사분면 위에 있고 아래로 볼록한 포물선이다.

③ 꼭짓점의 좌표는 $(1, 4)$이다.

④ $y=(x-1)^2+4$에 $x=0$을 대입하면
$y=(0-1)^2+4=1+4=5$

즉, y축과 만나는 점의 좌표는 $(0, 5)$이다.

⑤ 그래프의 폭은 x^2의 계수가 결정하므로 이차함수 $y=x^2+3$의 그래프와 폭이 같다.

따라서 옳지 않은 것은 ③이다.

09 이차함수 $y=-4(x+3)^2-7$의 그래프는 축의 방정식이 $x=-3$이고 위로 볼록하므로 x의 값이 증가하면 y의 값도 증가하는 x의 값의 범위는 $x<-3$이다.

10 이차함수 $y=\dfrac{3}{4}x^2$의 그래프를 x축의 방향으로 2만큼, y축의 방향으로 -1만큼 평행이동한 그래프는 축의 방정식이 $x=2$이고 아래로 볼록하므로 x의 값이 증가하면 y의 값은 감소하는 x의 값의 범위는 $x<2$이다.

11 그래프가 위로 볼록하므로 $a<0$

꼭짓점이 제4사분면 위에 있으므로 $p>0$, $q<0$

12 ① 그래프가 아래로 볼록하므로 $a>0$

② 이차함수 $y=a(x+p)^2+q$의 그래프의 꼭짓점의 좌표는 $(-p, q)$이고 꼭짓점이 제3사분면 위에 있으므로 $-p<0$, $q<0$, 즉 $p>0$, $q<0$

③ $pq<0$

④ $p>0$, $-q>0$이므로 $p-q>0$

⑤ $apq<0$

따라서 옳은 것은 ④이다.

13 이차함수 $y=3(x+2)^2-6$의 그래프를 x축의 방향으로 p만큼, y축의 방향으로 q만큼 평행이동한 그래프의 식은
$y=3(x+2-p)^2-6+q$

이 그래프가 $y=3x^2$의 그래프와 일치하므로
$2-p=0$, $-6+q=0$ ∴ $p=2$, $q=6$
∴ $p+q=2+6=8$

14 이차함수 $y=-\dfrac{1}{2}(x-1)^2+7$의 그래프를 x축의 방향으로 p만큼, y축의 방향으로 q만큼 평행이동한 그래프의 식은
$y=-\dfrac{1}{2}(x-1-p)^2+7+q$

이 그래프가 $y=-\dfrac{1}{2}(x+2)^2+9$의 그래프와 일치하므로

$-1-p=2, 7+q=9$ ∴ $p=-3, q=2$

∴ $p+q=-3+2=-1$

실력 확인하기 ─────── 126쪽

01 ⑤	02 ③	03 ②	04 1
05 ③	06 −18	07 4	

01 이차함수 $y=-3x^2$의 그래프를 y축의 방향
으로 -2만큼 평행이동한 그래프를 나타내
는 이차함수의 식은 $y=-3x^2-2$
⑤ 꼭짓점의 좌표는 $(0, -2)$이다.

02 이차함수 $y=\frac{1}{3}x^2+q$의 그래프가 점 $(-3, 2)$를 지나므로
$2=\frac{1}{3}\times(-3)^2+q, 2=3+q$ ∴ $q=-1$
따라서 주어진 이차함수의 식은 $y=\frac{1}{3}x^2-1$이므로
이 그래프의 꼭짓점의 좌표는 $(0, -1)$이다.

03 ② 이차함수 $y=-3(x+2)^2$의 그래프의 축의 방정식이
$x=-2$이고 위로 볼록한 그래프이므로 $x>-2$일 때 x
의 값이 증가하면 y의 값은 감소한다.

04 이차함수 $y=a(x-p)^2+q$의 그래프의 꼭짓점의 좌표가
$(4, -1)$이므로 $p=4, q=-1$
즉, 이차함수 $y=a(x-4)^2-1$의 그래프가 점 $(2, -9)$를 지
나므로 $-9=a\times(2-4)^2-1, -9=4a-1$
$4a=-8$ ∴ $a=-2$
∴ $a+p+q=-2+4+(-1)=1$

05 $y=(x-2)^2-3$에 $x=0$을 대입하면 $y=(0-2)^2-3=1$
이므로 이 그래프가 y축과 만나는 점의 좌
표는 $(0, 1)$이다.
따라서 이차함수 $y=(x-2)^2-3$의 그래
프는 오른쪽 그림과 같으므로 그래프가 지
나지 않는 사분면은 제3사분면이다.

06 전략 코칭

이차함수 $y=ax^2$의 그래프와 x축에 서로 대칭인 그래프를 나
타내는 이차함수의 식은 $y=-ax^2$이다.

이차함수 $y=4x^2$의 그래프와 x축에 서로 대칭인 그래프를
나타내는 이차함수의 식은 $y=-4x^2$
이차함수 $y=-4x^2$의 그래프를 x축의 방향으로 -3만큼,
y축의 방향으로 -2만큼 평행이동한 그래프를 나타내는 이
차함수의 식은 $y=-4(x+3)^2-2$
이 그래프가 점 $(-1, k)$를 지나므로
$k=-4\times(-1+3)^2-2=-16-2=-18$

07 전략 코칭

$\triangle AOB$에서 $\overline{OB}$를 밑변으로 생각하면 꼭짓점 A의 x좌표의
절댓값이 삼각형의 높이가 된다.

꼭짓점 A의 좌표는 $(-4, 6)$이고
$y=-\frac{1}{4}(x+4)^2+6$에 $x=0$을 대입하면
$y=-\frac{1}{4}\times(0+4)^2+6=-4+6=2$
즉, 그래프가 y축과 만나는 점 B의 좌표는 $(0, 2)$이다.
오른쪽 그림과 같이 점 A에서 y축에 내
린 수선의 발을 H라 하면
$\overline{OB}=2, \overline{AH}=4$이므로
$\triangle AOB=\frac{1}{2}\times\overline{OB}\times\overline{AH}$
$=\frac{1}{2}\times2\times4=4$

실전! 중단원 마무리 ─────── 127쪽~129쪽

01 ②, ④	02 ②	03 ④	04 ⑤
05 ③	06 ④	07 ②	08 ⑤
09 ①, ⑤	10 ⑤	11 −2	12 5
13 ⑤	14 ④	15 ④	16 2
17 −3	18 ⑤	19 2	

01 ① $y=2\pi x$ ② $y=x^2$ ③ $y=5x$
④ $y=\frac{1}{2}\times4x\times x=2x^2$
⑤ $y=\frac{1}{2}\times(3x+x)\times5=10x$
따라서 y가 x에 대한 이차함수인 것은 ②, ④이다.

02 $f(-2)=(-2)^2+(-2)-2=4-2-2=0$

03 ㄱ. y축을 축으로 한다.
ㄹ. a의 절댓값이 클수록 그래프의 폭이 좁아진다.
따라서 옳은 것은 ㄴ, ㄷ, ㅁ이다.

04 ⑤ $x>0$일 때, x의 값이 증가하면 y의 값도 증가하는 것은
ㄱ, ㄴ, ㄹ이다.

05 이차함수 $y=ax^2$의 그래프가 위로 볼록하려면 $a<0$이어야
한다. 위로 볼록한 이차함수 $y=-x^2, y=-\frac{1}{2}x^2,$
$y=-4x^2$의 그래프 중에서 폭이 가장 넓은 것은 a의 절댓값
이 가장 작은 ③ $y=-\frac{1}{2}x^2$이다.

06 이차함수 $y=2x^2$의 그래프가 점 $(-3, a)$를 지나므로
$a=2\times(-3)^2=18$
이차함수 $y=2x^2$의 그래프와 x축에 서로 대칭인 그래프를
나타내는 이차함수의 식은 $y=-2x^2$이므로 $b=-2$
∴ $a-b=18-(-2)=20$

08 이차함수 $y=2x^2+6$의 그래프는 이차함수 $y=2x^2$의 그래프를 y축의 방향으로 6만큼 평행이동한 것이므로 $\overline{AB}=6$

09 x^2의 계수가 같으면 그래프를 평행이동하여 포갤 수 있다.
따라서 x^2의 계수가 5인 이차함수의 식을 찾으면 ①, ⑤이다.

10 이차함수 $y=\dfrac{1}{2}x^2$의 그래프를 x축의 방향으로 4만큼 평행이동한 그래프를 나타내는 이차함수의 식은 $y=\dfrac{1}{2}(x-4)^2$
이 그래프가 점 $(-2, a)$를 지나므로
$a=\dfrac{1}{2}\times(-2-4)^2=\dfrac{1}{2}\times36=18$

11 이차함수 $y=3x^2$의 그래프를 x축의 방향으로 p만큼, y축의 방향으로 q만큼 평행이동한 그래프의 식은 $y=3(x-p)^2+q$
이 그래프가 $y=a(x-1)^2-6$의 그래프와 일치하므로
$a=3,\ p=1,\ q=-6$
$\therefore a+p+q=3+1+(-6)=-2$

12 주어진 이차함수의 그래프의 꼭짓점의 좌표가 $(3, 1)$이므로
$p=3,\ q=1$, 즉 $y=a(x-3)^2+1$
이 그래프가 점 $(0, 4)$를 지나므로
$4=9a+1,\ 9a=3$ $\therefore a=\dfrac{1}{3}$
$\therefore 3a+p+q=3\times\dfrac{1}{3}+3+1=5$

13 ⑤ 이차함수 $y=2x^2$의 그래프를 x축의 방향으로 -4만큼, y축의 방향으로 -3만큼 평행이동한 것이다.

14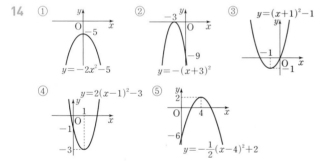
따라서 그래프가 모든 사분면을 지나는 것은 ④이다.

15 일차함수 $y=ax+b$의 그래프에서
기울기가 음수이므로 $a<0$
y절편이 양수이므로 $b>0$
즉, 이차함수 $y=a(x-b)^2$의 그래프는 $a<0$이므로 위로 볼록하고, $b>0$이므로 (꼭짓점의 x좌표)>0이다.
따라서 이차함수 $y=a(x-b)^2$의 그래프로 적당한 것은 ④이다.

16 이차함수 $y=-(x-k)^2+3k$의 그래프의 꼭짓점의 좌표는 $(k, 3k)$
점 $(k, 3k)$가 일차함수 $y=-x+8$의 그래프 위에 있으므로
$3k=-k+8,\ 4k=8$ $\therefore k=2$

17 이차함수 $y=-4(x-1)^2+2$의 그래프를 x축의 방향으로 p만큼, y축의 방향으로 q만큼 평행이동한 그래프를 나타내는 이차함수의 식은 $y=-4(x-1-p)^2+2+q$

이 그래프가 $y=-4x^2$의 그래프와 일치하므로
$-1-p=0,\ 2+q=0$ $\therefore p=-1,\ q=-2$
$\therefore p+q=-1+(-2)=-3$

18 이차함수 $y=(x-3)^2$의 그래프의 꼭짓점 $(3, 0)$을 A, 이차함수 $y=(x-3)^2-9$의 그래프의 꼭짓점 $(3, -9)$를 B, 점 B에서 y축에 내린 수선의 발을 C라 하면 빗금 친 부분 ㉠, ㉡의 넓이가 서로 같으므로 색칠한 부분의 넓이는 직사각형 OCBA의 넓이와 같다. 즉, $\overline{OA}=3$, $\overline{AB}=9$이므로
(색칠한 부분의 넓이)$=\square OCBA=3\times9=27$

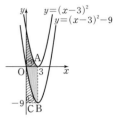

> **Self 코칭**
>
> 그래프를 평행이동하여도 그래프의 모양은 변하지 않음을 이용하여 색칠한 부분을 직사각형 모양으로 변형해 본다.

19 이차함수 $y=ax^2$의 그래프가 점 $\left(10, \dfrac{1}{2}\right)$을 지나므로
$\dfrac{1}{2}=a\times10^2$ $\therefore a=\dfrac{1}{200}$
달리는 차의 속력이 시속 20 km일 때 제동 거리가 k m이므로 이차함수 $y=\dfrac{1}{200}x^2$의 그래프는 점 $(20, k)$를 지난다.
$\therefore k=\dfrac{1}{200}\times20^2=2$

서술형 문제 ──────── ┤130쪽├

| **01** 9 | **01-1** 6 | **02** 9 | **03** $\dfrac{2}{3}$ | **04** 32 |

01 **채점 기준 ①** 꼭짓점의 좌표를 이용하여 그래프를 나타내는 식 정하기 $\cdots$2점

이차함수 $y=ax^2$의 그래프를 평행이동한 그래프의 꼭짓점의 좌표가 $(2, 0)$이므로 이 그래프를 나타내는 이차함수의 식은 $y=a(x-2)^2$

채점 기준 ② 주어진 그래프를 나타내는 식 구하기 $\cdots$2점
이 그래프가 점 $(0, 4)$를 지나므로
$4=a\times(0-2)^2,\ 4a=4$ $\therefore a=1$
따라서 주어진 그래프를 나타내는 이차함수의 식은 $y=(x-2)^2$

채점 기준 ③ k의 값 구하기 $\cdots$2점
이 그래프가 점 $(5, k)$를 지나므로
$k=(5-2)^2=9$

01-1 **채점 기준 ①** a의 값 구하기 $\cdots$2점
주어진 그래프는 이차함수 $y=-2x^2$의 그래프를 y축의 방향으로 -1만큼 평행이동한 것이므로 $a=-1$

채점 기준 2 b의 값 구하기 ···2점

주어진 그래프를 나타내는 이차함수의 식은

$y=-2x^2-1$

이 그래프가 점 $(1, b)$를 지나므로

$b=-2\times1^2-1=-3$

채점 기준 3 $2ab$의 값 구하기 ···1점

$2ab=2\times(-1)\times(-3)=6$

02 꼭짓점의 좌표가 $(0, -3)$이므로 구하는 이차함수의 식을

$y=ax^2-3$으로 놓으면 ······ ❶

이 그래프가 점 $(-3, 0)$을 지나므로

$0=a\times(-3)^2-3, 9a=3$ ∴ $a=\dfrac{1}{3}$

따라서 이차함수의 식은

$y=\dfrac{1}{3}x^2-3$ ······ ❷

이 그래프가 점 $(6, k)$를 지나므로

$k=\dfrac{1}{3}\times6^2-3=9$ ······ ❸

채점 기준	배점
❶ 꼭짓점의 좌표를 이용하여 그래프를 나타내는 식 정하기	2점
❷ 이차함수의 식 구하기	2점
❸ k의 값 구하기	2점

Self 코칭

꼭짓점의 좌표가 $(0, q)$인 그래프를 나타내는 이차함수의 식

➡ $y=ax^2+q$

03 이차함수 $y=\dfrac{2}{3}x^2$의 그래프를 x축의 방향으로 -3만큼,

y축의 방향으로 -2만큼 평행이동한 그래프의 식은

$y=\dfrac{2}{3}(x+3)^2-2$ ······ ❶

이 그래프가 점 $(-1, m)$을 지나므로

$m=\dfrac{2}{3}\times2^2-2=\dfrac{2}{3}$ ······ ❷

채점 기준	배점
❶ 평행이동한 그래프의 식 구하기	2점
❷ m의 값 구하기	3점

04 이차함수 $y=-\dfrac{1}{2}(x-2)^2+8$의 그래프의 꼭짓점 A의 좌

표는 $(2, 8)$이다. ······ ❶

$y=-\dfrac{1}{2}(x-2)^2+8$에 $y=0$을 대입하면

$0=-\dfrac{1}{2}(x-2)^2+8, \dfrac{1}{2}(x-2)^2=8$

$(x-2)^2=16, x-2=\pm4$ ∴ $x=-2$ 또는 $x=6$

∴ B$(-2, 0)$, C$(6, 0)$

이때 $\overline{BC}=6-(-2)=8$이므로

$\triangle ABC=\dfrac{1}{2}\times8\times8=32$ ······ ❸

채점 기준	배점
❶ 점 A의 좌표 구하기	2점
❷ 점 B, C의 좌표 각각 구하기	3점
❸ $\triangle ABC$의 넓이 구하기	2점

---

2 이차함수의 활용

01 이차함수 $y=ax^2+bx+c$의 그래프

132쪽~134쪽

1 4, 4, 4, 4, 8, 2, 5

1-❶ (1) $y=\dfrac{1}{2}(x-4)^2-2$ (2) $y=-3(x-1)^2+4$

2

2-❶ (1) 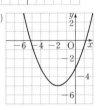 (2)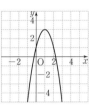

3 (1) $(1, -16)$ (2) $x=1$ (3) $(-1, 0), (3, 0)$
(4) $(0, -12)$ (5) $x>1$ (6) $x<1$

3-❶ (1) $\left(2, \dfrac{1}{2}\right)$ (2) $x=2$ (3) $(1, 0), (3, 0)$
(4) $\left(0, -\dfrac{3}{2}\right)$ (5) $x<2$ (6) $x>2$

4 x축의 방향으로 3만큼, y축의 방향으로 -8만큼

4-❶ x축의 방향으로 2만큼, y축의 방향으로 7만큼

5 (1) 아래, $>$ (2) 왼, 같은, $>$ (3) 위, $>$

5-❶ (1) 위, $<$ (2) 오른, 다른, $>$ (3) 아래, $<$

6 (1) $a>0, b<0, c>0$ (2) $a<0, b>0, c<0$

6-❶ (1) $a>0, b>0, c=0$ (2) $a<0, b>0, c>0$

1-❶ (1) $y=\dfrac{1}{2}x^2-4x+6=\dfrac{1}{2}(x^2-8x)+6$

$=\dfrac{1}{2}(x^2-8x+16-16)+6=\dfrac{1}{2}(x-4)^2-2$

(2) $y=-3x^2+6x+1=-3(x^2-2x)+1$

$=-3(x^2-2x+1-1)+1=-3(x-1)^2+4$

2 $y=2x^2-8x+5=2(x^2-4x)+5$

$=2(x^2-4x+4-4)+5=2(x-2)^2-3$

2-❶ (1) $y=\dfrac{1}{2}x^2+2x-3=\dfrac{1}{2}(x^2+4x)-3$

$=\dfrac{1}{2}(x^2+4x+4-4)-3=\dfrac{1}{2}(x+2)^2-5$

(2) $y=-2x^2+4x+1=-2(x^2-2x)+1$

$=-2(x^2-2x+1-1)+1=-2(x-1)^2+3$

3 (1) $y=4x^2-8x-12=4(x^2-2x)-12$

$=4(x^2-2x+1-1)-12=4(x-1)^2-16$

따라서 꼭짓점의 좌표는 $(1, -16)$

(3) $y=4x^2-8x-12$에 $y=0$을 대입하면

$4x^2-8x-12=0, x^2-2x-3=0, (x+1)(x-3)=0$

∴ $x=-1$ 또는 $x=3$

따라서 x축과의 교점의 좌표는 $(-1, 0), (3, 0)$

3-❶ (1) $y=-\dfrac{1}{2}x^2+2x-\dfrac{3}{2}=-\dfrac{1}{2}(x^2-4x)-\dfrac{3}{2}$

$\qquad =-\dfrac{1}{2}(x^2-4x+4-4)-\dfrac{3}{2}=-\dfrac{1}{2}(x-2)^2+\dfrac{1}{2}$

따라서 꼭짓점의 좌표는 $\left(2,\ \dfrac{1}{2}\right)$

(3) $y=-\dfrac{1}{2}x^2+2x-\dfrac{3}{2}$에 $y=0$을 대입하면

$\qquad -\dfrac{1}{2}x^2+2x-\dfrac{3}{2}=0,\ x^2-4x+3=0,\ (x-1)(x-3)=0$

$\qquad \therefore x=1$ 또는 $x=3$

따라서 x축과의 교점의 좌표는 $(1,\ 0),\ (3,\ 0)$

4 $y=x^2-6x+1=(x^2-6x+9-9)+1=(x-3)^2-8$

이므로 $y=x^2$의 그래프를 x축의 방향으로 3만큼, y축의 방향으로 -8만큼 평행이동한 것이다.

4-❶ $y=-3x^2+12x-5=-3(x^2-4x)-5$

$\qquad =-3(x^2-4x+4-4)-5=-3(x-2)^2+7$

이므로 $y=-3x^2$의 그래프를 x축의 방향으로 2만큼, y축의 방향으로 7만큼 평행이동한 것이다.

6 (1) 그래프가 아래로 볼록하므로 $a>0$

축이 y축의 오른쪽에 있으므로 a와 b의 부호는 서로 다르다. 즉, $b<0$

y축과의 교점이 x축보다 위쪽에 있으므로 $c>0$

(2) 그래프가 위로 볼록하므로 $a<0$

축이 y축의 오른쪽에 있으므로 a와 b의 부호는 서로 다르다. 즉, $b>0$

y축과의 교점이 x축보다 아래쪽에 있으므로 $c<0$

6-❶ (1) 그래프가 아래로 볼록하므로 $a>0$

축이 y축의 오른쪽에 있으므로 a와 $-b$의 부호는 서로 다르다. 즉, $-b<0$이므로 $b>0$

y축과의 교점이 원점이므로 $c=0$

(2) 그래프가 위로 볼록하므로 $a<0$

축이 y축의 왼쪽에 있으므로 a와 $-b$의 부호는 서로 같다. 즉, $-b<0$이므로 $b>0$

y축과의 교점이 x축보다 위쪽에 있으므로 $c>0$

개념 **완성하기** ────── 135쪽~136쪽

01 ①   **02** ④   **03** ③   **04** 12

05 ⑤   **06** ⑤   **07** 4

08 $y=x^2-2x+6$ **09** ⑤   **10** ④

11 27   **12** 27

01 $y=x^2+6x+7=(x^2+6x+9-9)+7=(x+3)^2-2$

꼭짓점의 좌표가 $(-3,\ -2)$이고 아래로 볼록한 포물선이다.

또, $x=0$일 때 $y=7$이므로 y축과의 교점의 좌표는 $(0,\ 7)$이다.

따라서 구하는 이차함수의 그래프는 ①이다.

02 $y=-2x^2+4x-3=-2(x^2-2x)-3$

$\qquad =-2(x^2-2x+1-1)-3=-2(x-1)^2-1$

꼭짓점의 좌표가 $(1,\ -1)$이고 위로 볼록한 포물선이다.

또, $x=0$일 때 $y=-3$이므로 y축과의 교점의 좌표는 $(0,\ -3)$이다.

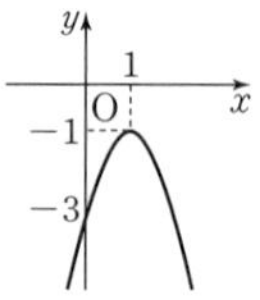

따라서 그래프는 오른쪽 그림과 같으므로 그래프가 지나지 않는 사분면은 제1, 2사분면이다.

03 이차함수 $y=-2x^2+kx+4$의 그래프가 점 $(1,\ -2)$를 지나므로 $-2=-2\times 1^2+k\times 1+4$ $\therefore k=-4$

$\therefore y=-2x^2-4x+4=-2(x^2+2x)+4$

$\qquad =-2(x^2+2x+1-1)+4=-2(x+1)^2+6$

따라서 그래프의 꼭짓점의 좌표는 $(-1,\ 6)$이다.

04 이차함수 $y=2x^2+8x+k$의 그래프가 점 $(-1,\ 5)$를 지나므로 $5=2\times(-1)^2+8\times(-1)+k$ $\therefore k=11$

$\therefore y=2x^2+8x+11=2(x^2+4x)+11$

$\qquad =2(x^2+4x+4-4)+11=2(x+2)^2+3$

따라서 꼭짓점의 좌표는 $(-2,\ 3)$이므로 $m=-2,\ n=3$

$\therefore k+m+n=11+(-2)+3=12$

05 $y=-x^2-4x+1=-(x^2+4x)+1$

$\qquad =-(x^2+4x+4-4)+1$

$\qquad =-(x+2)^2+5$

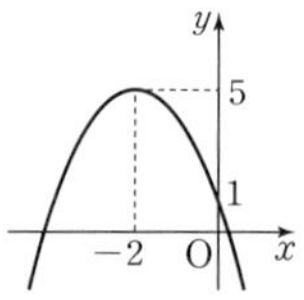

이므로 그래프는 오른쪽 그림과 같다.

⑤ 그래프는 모든 사분면을 지난다.

06 $y=3x^2-6x-1=3(x^2-2x)-1$

$\qquad =3(x^2-2x+1-1)-1$

$\qquad =3(x-1)^2-4$

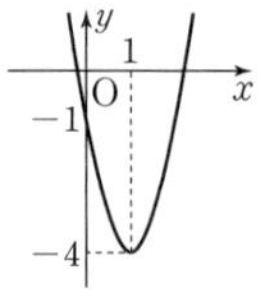

이므로 그래프는 오른쪽 그림과 같다.

⑤ 이차함수 $y=3x^2$의 그래프를 x축의 방향으로 1만큼, y축의 방향으로 -4만큼 평행이동한 것이다.

07 $y=2x^2+4x-1=2(x^2+2x)-1$

$\qquad =2(x^2+2x+1-1)-1=2(x+1)^2-3$

이 그래프를 x축의 방향으로 m만큼, y축의 방향으로 n만큼 평행이동한 그래프의 식은 $y=2(x+1-m)^2-3+n$

$y=2x^2-8x+6=2(x^2-4x+4-4)+6=2(x-2)^2-2$

이므로 $1-m=-2,\ -3+n=-2$ $\therefore m=3,\ n=1$

$\therefore m+n=3+1=4$

08 $y=x^2-6x+10=(x^2-6x+9-9)+10=(x-3)^2+1$

이 그래프를 x축의 방향으로 -2만큼, y축의 방향으로 4만큼 평행이동한 그래프의 식은

$y=(x-3+2)^2+1+4=(x-1)^2+5=x^2-2x+6$

09 그래프가 아래로 볼록하므로 $a>0$

축이 y축의 왼쪽에 있으므로 a와 b의 부호는 서로 같다. 즉, $b>0$

y축과의 교점이 x축보다 위쪽에 있으므로 $c>0$

④ $a>0$, $b>0$이므로 $ab>0$

⑤ $y=ax^2+bx+c$에 $x=1$을 대입하면 $y=a+b+c$

　주어진 그래프에서 $x=1$일 때 $y>0$이므로 $a+b+c>0$

Self 코칭

$f(x)=ax^2+bx+c$로 놓으면 주어진 그래프에서
$f(1)>0$임을 알 수 있다. 이때 $f(1)=a+b+c$이므로
$a+b+c>0$

10 그래프가 위로 볼록하므로 $a<0$

축이 y축의 오른쪽에 있으므로 a와 b의 부호는 서로 다르다.

즉, $b>0$

y축과의 교점이 x축보다 위쪽에 있으므로 $c>0$

② $a<0$, $b>0$이므로 $ab<0$

③ $b>0$, $c>0$이므로 $bc>0$

④ $a<0$, $-c<0$이므로 $a-c<0$

⑤ $y=ax^2+bx+c$에 $x=2$를 대입하면 $y=4a+2b+c$

　주어진 그래프에서 $x=2$일 때 $y>0$이므로 $4a+2b+c>0$

11
$y=-x^2-2x+8=-(x^2+2x)+8$
$\quad=-(x^2+2x+1-1)+8=-(x+1)^2+9$

이므로 꼭짓점 A의 좌표는 A$(-1, 9)$

$y=-x^2-2x+8$에 $y=0$을 대입하면 $-x^2-2x+8=0$

$x^2+2x-8=0$, $(x+4)(x-2)=0$

$\therefore x=-4$ 또는 $x=2$　$\therefore$ B$(-4, 0)$, C$(2, 0)$

$\therefore \triangle ABC=\dfrac{1}{2}\times 6\times 9=27$

12
$y=-x(x-6)=-x^2+6x$
$\quad=-(x^2-6x+9-9)=-(x-3)^2+9$

이므로 꼭짓점 A의 좌표는 A$(3, 9)$

$y=-x(x-6)$에 $y=0$을 대입하면 $-x(x-6)=0$

$x(x-6)=0$　$\therefore x=0$ 또는 $x=6$

$\therefore$ O$(0, 0)$, B$(6, 0)$

$\therefore \triangle AOB=\dfrac{1}{2}\times 6\times 9=27$

02 이차함수의 식 구하기

138쪽~139쪽

1 $y=2x^2-12x+13$

1-❶ $a=-\dfrac{1}{4}$, $b=-2$, $c=-5$

2 $y=3x^2+6x-2$

2-❶ $a=-2$, $b=12$, $c=-10$

3 $y=-3x^2+7$

3-❶ $a=1$, $b=4$, $c=5$

4 $y=-4x^2-8x+12$

4-❶ $a=-1$, $b=3$, $c=-2$

1 꼭짓점의 좌표가 $(3, -5)$이므로 이차함수의 식을
$y=a(x-3)^2-5$로 놓으면

이 그래프가 점 $(1, 3)$을 지나므로

$3=4a-5$, $4a=8$　$\therefore a=2$

따라서 구하는 이차함수의 식은

$y=2(x-3)^2-5$
$\quad=2(x^2-6x+9)-5$
$\quad=2x^2-12x+13$

1-❶ 꼭짓점의 좌표가 $(-4, -1)$이므로 이차함수의 식을
$y=a(x+4)^2-1$로 놓으면

이 그래프가 점 $(0, -5)$를 지나므로

$-5=16a-1$, $16a=-4$　$\therefore a=-\dfrac{1}{4}$

따라서 구하는 이차함수의 식은

$y=-\dfrac{1}{4}(x+4)^2-1$
$\quad=-\dfrac{1}{4}(x^2+8x+16)-1$
$\quad=-\dfrac{1}{4}x^2-2x-5$

$\therefore a=-\dfrac{1}{4}$, $b=-2$, $c=-5$

2 축의 방정식이 $x=-1$이므로 이차함수의 식을
$y=a(x+1)^2+q$로 놓으면

이 그래프가 두 점 $(-2, -2)$, $(1, 7)$을 지나므로

$-2=a+q$　……㉠

$7=4a+q$　……㉡

㉠, ㉡을 연립하여 풀면 $a=3$, $q=-5$

따라서 구하는 이차함수의 식은

$y=3(x+1)^2-5=3(x^2+2x+1)-5$
$\quad=3x^2+6x-2$

2-❶ 축의 방정식이 $x=3$이므로 이차함수의 식을
$y=a(x-3)^2+q$로 놓으면

이 그래프가 두 점 $(1, 0)$, $(0, -10)$을 지나므로

$0=4a+q$　……㉠

$-10=9a+q$　……㉡

㉠, ㉡을 연립하여 풀면 $a=-2$, $q=8$

따라서 구하는 이차함수의 식은

$y=-2(x-3)^2+8=-2(x^2-6x+9)+8$
$\quad=-2x^2+12x-10$

$\therefore a=-2$, $b=12$, $c=-10$

3 그래프가 y축과 점 $(0, 7)$에서 만나므로 이차함수의 식을
$y=ax^2+bx+7$로 놓으면

이 그래프가 두 점 $(-1, 4)$, $(2, -5)$를 지나므로

$4=a-b+7$에서 $a-b=-3$　……㉠

$-5=4a+2b+7$에서 $4a+2b=-12$　……㉡

㉠, ㉡을 연립하여 풀면 $a=-3$, $b=0$

따라서 구하는 이차함수의 식은 $y=-3x^2+7$이다.

3-❶ 그래프가 y축과 점 $(0, 5)$에서 만나므로 $c=5$이고
이차함수의 식을 $y=ax^2+bx+5$로 놓으면
이 그래프가 두 점 $(-3, 2)$, $(1, 10)$을 지나므로
$2=9a-3b+5$에서 $9a-3b=-3$ ······ ㉠
$10=a+b+5$에서 $a+b=5$ ······ ㉡
㉠, ㉡을 연립하여 풀면 $a=1$, $b=4$

4 그래프가 x축과 두 점 $(-3, 0)$, $(1, 0)$에서 만나므로
이차함수의 식을 $y=a(x+3)(x-1)$로 놓으면
이 그래프가 점 $(0, 12)$를 지나므로
$12=a\times(0+3)\times(0-1)$에서 $-3a=12$ ∴ $a=-4$
따라서 구하는 이차함수의 식은
$y=-4(x+3)(x-1)=-4(x^2+2x-3)$
$\qquad=-4x^2-8x+12$

4-❶ 그래프가 x축과 두 점 $(1, 0)$, $(2, 0)$에서 만나므로
이차함수의 식을 $y=a(x-1)(x-2)$로 놓으면
이 그래프가 점 $(0, -2)$를 지나므로
$-2=a\times(0-1)\times(0-2)$에서 $2a=-2$ ∴ $a=-1$
따라서 구하는 이차함수의 식은
$y=-(x-1)(x-2)=-(x^2-3x+2)$
$\qquad=-x^2+3x-2$
∴ $a=-1$, $b=3$, $c=-2$

개념 완성하기 ──────────── 140쪽

01 ③　　　　02 -2　　　　03 $(-1, 7)$　　04 5
05 ④　　　　06 6

---

01 꼭짓점의 좌표가 $(4, 7)$이므로 이차함수의 식을
$y=a(x-4)^2+7$로 놓으면
이 그래프가 점 $(2, 5)$를 지나므로
$5=4a+7$, $4a=-2$ ∴ $a=-\dfrac{1}{2}$
따라서 구하는 이차함수의 식은
$y=-\dfrac{1}{2}(x-4)^2+7=-\dfrac{1}{2}x^2+4x-1$
이 식에 $x=0$을 대입하면 $y=-1$이므로 y축과 만나는 점의
좌표는 $(0, -1)$이다.

02 축의 방정식이 $x=-2$이므로 이차함수의 식을
$y=a(x+2)^2+q$로 놓으면
이 그래프가 두 점 $(-1, -2)$, $(0, -8)$을 지나므로
$-2=a+q$ ······ ㉠
$-8=4a+q$ ······ ㉡
㉠, ㉡을 연립하여 풀면 $a=-2$, $q=0$
따라서 구하는 이차함수의 식은
$y=-2(x+2)^2=-2(x^2+4x+4)=-2x^2-8x-8$
이므로 $a=-2$, $b=-8$, $c=-8$
∴ $a+b-c=-2+(-8)-(-8)=-2$

---

03 그래프가 y축과 점 $(0, 6)$에서 만나므로 이차함수의 식을
$y=ax^2+bx+6$으로 놓으면
이 그래프가 두 점 $(1, 3)$, $(-4, -2)$를 지나므로
$3=a+b+6$에서 $a+b=-3$ ······ ㉠
$-2=16a-4b+6$에서 $16a-4b=-8$ ······ ㉡
㉠, ㉡을 연립하여 풀면 $a=-1$, $b=-2$
따라서 구하는 이차함수의 식은
$y=-x^2-2x+6=-(x+1)^2+7$
이므로 꼭짓점의 좌표는 $(-1, 7)$이다.

04 그래프가 y축과 점 $(0, -1)$에서 만나므로 이차함수의 식을
$y=ax^2+bx-1$로 놓으면
이 그래프가 두 점 $(-1, 2)$, $(1, 0)$을 지나므로
$2=a-b-1$에서 $a-b=3$ ······ ㉠
$0=a+b-1$에서 $a+b=1$ ······ ㉡
㉠, ㉡을 연립하여 풀면 $a=2$, $b=-1$
따라서 구하는 이차함수의 식은 $y=2x^2-x-1$이고
이 그래프가 점 $(2, k)$를 지나므로
$k=8-2-1=5$

05 그래프가 x축과 두 점 $(-1, 0)$, $(3, 0)$에서 만나므로 이차
함수의 식을 $y=a(x+1)(x-3)$으로 놓으면
이 그래프가 이차함수 $y=5x^2$의 그래프와 모양이 같으므로
$a=5$
따라서 구하는 이차함수의 식은
$y=5(x+1)(x-3)=5(x^2-2x-3)$
$\qquad=5x^2-10x-15$

06 그래프가 x축과 두 점 $(-3, 0)$, $(9, 0)$에서 만나므로 이차
함수의 식을 $y=a(x+3)(x-9)$로 놓으면
이 그래프가 점 $(0, -9)$를 지나므로
$-9=a\times(0+3)\times(0-9)$에서
$-27a=-9$ ∴ $a=\dfrac{1}{3}$
따라서 구하는 이차함수의 식은
$y=\dfrac{1}{3}(x+3)(x-9)=\dfrac{1}{3}(x^2-6x-27)$
$\qquad=\dfrac{1}{3}x^2-2x-9$
이므로 $a=\dfrac{1}{3}$, $b=-2$, $c=-9$
∴ $abc=\dfrac{1}{3}\times(-2)\times(-9)=6$

실력 확인하기 ──────────── 141쪽

01 ⑤　　　　02 33　　　　03 ①　　　　04 -4
05 ②　　　　06 -14　　　　07 ②

---

01 ① 축의 방정식은 $x=1$이다.
② $y=x^2-2x+5=(x-1)^2+4$
　　이므로 축의 방정식은 $x=1$이다.

③ $y=-x(x-2)=-(x-1)^2+1$
이므로 축의 방정식은 $x=1$이다.

④ $y=\dfrac{1}{2}x^2-x+3=\dfrac{1}{2}(x-1)^2+\dfrac{5}{2}$
이므로 축의 방정식은 $x=1$이다.

⑤ $y=-3x^2-6x-3=-3(x+1)^2$
이므로 축의 방정식은 $x=-1$이다.

따라서 축의 방정식이 나머지 넷과 다른 것은 ⑤이다.

02 $y=\dfrac{1}{2}x^2+3x-1=\dfrac{1}{2}(x^2+6x+9-9)-1$

$\qquad =\dfrac{1}{2}(x+3)^2-\dfrac{11}{2}$

이므로 이 이차함수의 그래프는 $y=\dfrac{1}{2}x^2$의 그래프를 x축의

방향으로 -3만큼, y축의 방향으로 $-\dfrac{11}{2}$만큼 평행이동한

것이다.

따라서 $a=-3$, $b=-\dfrac{11}{2}$이므로

$2ab=2\times(-3)\times\left(-\dfrac{11}{2}\right)=33$

03 $y=-x^2+6x+a=-(x-3)^2+9+a$
이 이차함수의 그래프의 꼭짓점 $(3, 9+a)$가 x축 위에 있으려면 y좌표가 0이어야 하므로
$9+a=0$ $\qquad \therefore a=-9$

04 $y=2x^2-4x-6$에 $y=0$을 대입하면
$2x^2-4x-6=0$, $x^2-2x-3=0$
$(x+1)(x-3)=0$ $\qquad \therefore x=-1$ 또는 $x=3$
따라서 $p=-1$, $q=3$ 또는 $p=3$, $q=-1$이므로 $p+q=2$
$y=2x^2-4x-6$에 $x=0$을 대입하면
$y=2\times0^2-4\times0-6=-6$ $\qquad \therefore r=-6$
$\therefore p+q+r=2+(-6)=-4$

05 꼭짓점의 좌표가 $(-1, -5)$이므로 이차함수의 식을
$y=a(x+1)^2-5$로 놓으면
이 그래프가 점 $(-2, -3)$을 지나므로
$-3=a-5$ $\qquad \therefore a=2$
따라서 구하는 이차함수의 식은 $y=2(x+1)^2-5$
이 그래프가 점 $(1, k)$를 지나므로
$k=8-5=3$

06 이차함수 $y=2x^2+bx+c$의 그래프가 x축과 만나는 두 점의
좌표가 $(-2, 0)$, $(3, 0)$이므로 이차함수의 식은
$y=2(x+2)(x-3)=2(x^2-x-6)=2x^2-2x-12$
따라서 $b=-2$, $c=-12$이므로
$b+c=-2+(-12)=-14$

다른 풀이
$y=2x^2+bx+c$에 두 점 $(-2, 0)$, $(3, 0)$의 좌표를 각각
대입하면 $0=8-2b+c$, $0=18+3b+c$
두 식을 연립하여 풀면 $b=-2$, $c=-12$

07 전략 코칭

이차함수 $y=ax^2+bx+c$에서
(1) a의 부호 : 그래프의 모양에 따라 결정
(2) b의 부호 : 축의 위치에 따라 결정
(3) c의 부호 : y축과의 교점의 위치에 따라 결정

이차함수 $y=ax^2+bx+c$의 그래프가 위로 볼록하므로
$a<0$
축이 y축의 오른쪽에 있으므로 a와 b의 부호는 서로 다르다.
즉, $b>0$
y축과의 교점이 x축보다 위쪽에 있으므로 $c>0$
이차함수 $y=cx^2+bx+a$의 그래프는
$c>0$이므로 아래로 볼록하다.
$b>0$에서 c와 b의 부호가 서로 같으므로 축은 y축의 왼쪽에
위치한다.
$a<0$에서 y축과의 교점은 x축보다 아래쪽에 있다.
따라서 이차함수 $y=cx^2+bx+a$의 그래프로 알맞은 것은
②이다.

실전! 중단원 마무리 ───────── 142쪽~144쪽

01 3	02 ⑤	03 ⑤	04 9
05 ③	06 ②	07 ②, ③	08 ①
09 ③	10 -5	11 $y=x^2-10x+25$	
12 ③	13 ②	14 10	15 ②
16 ①	17 ③	18 ③	19 2초 후

01 $y=\dfrac{1}{2}x^2+x+k=\dfrac{1}{2}(x^2+2x)+k$

$\qquad =\dfrac{1}{2}(x^2+2x+1-1)+k=\dfrac{1}{2}(x+1)^2-\dfrac{1}{2}+k$

꼭짓점의 좌표가 $\left(-1, \dfrac{5}{2}\right)$이므로

$-\dfrac{1}{2}+k=\dfrac{5}{2}$ $\qquad \therefore k=3$

02 ① $y=x^2-2x$
$\qquad =(x-1)^2-1$

② $y=x^2+4x+5$
$\qquad =(x+2)^2+1$

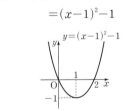

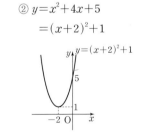

③

④ $y=-2x^2+8x-8$
$\qquad =-2(x-2)^2$

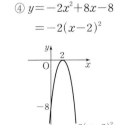

⑤ $y=-3x^2+6x+1$
　　$=-3(x-1)^2+4$

따라서 그래프가 모든 사분면을 지나는 것은 ⑤이다.

03 $y=x^2+x-6$에 $y=0$을 대입하면
$x^2+x-6=0$, $(x-2)(x+3)=0$
$\therefore x=2$ 또는 $x=-3$
따라서 $p=2$, $q=-3$ 또는 $p=-3$, $q=2$이므로 $pq=-6$
$y=x^2+x-6$에 $x=0$을 대입하면
$y=0^2+0-6=-6$　　$\therefore r=-6$
$\therefore pqr=(-6)\times(-6)=36$

04 $y=-2x^2+px+1=-2\left(x^2-\dfrac{p}{2}x\right)+1$
$=-2\left(x^2-\dfrac{p}{2}x+\dfrac{p^2}{16}-\dfrac{p^2}{16}\right)+1$
$=-2\left(x-\dfrac{p}{4}\right)^2+\dfrac{p^2}{8}+1$
축의 방정식은 $x=\dfrac{p}{4}$이므로 $\dfrac{p}{4}=-2$　　$\therefore p=-8$
따라서 꼭짓점의 y좌표는 $\dfrac{p^2}{8}+1=\dfrac{(-8)^2}{8}+1=9$

05 그래프가 위로 볼록한 것은 ①, ③, ④이고
$\left|-\dfrac{1}{2}\right|<|-1|<|-3|$이므로
그래프의 폭이 가장 좁은 것은 ③이다.

06 $y=x^2-6x+5=(x-3)^2-4$
ㄴ. 축의 방정식은 $x=3$이다.
ㄹ. $x<3$일 때 x의 값이 증가하면 y의 값은 감소한다.
따라서 옳은 것은 ㄱ, ㄷ이다.

07 $y=-\dfrac{3}{2}x^2+3x-\dfrac{7}{2}=-\dfrac{3}{2}(x^2-2x)-\dfrac{7}{2}$
$=-\dfrac{3}{2}(x^2-2x+1-1)-\dfrac{7}{2}=-\dfrac{3}{2}(x-1)^2-2$
② 축의 방정식은 $x=1$이다.
③ y축과의 교점의 좌표는 $\left(0,\ -\dfrac{7}{2}\right)$이다.
따라서 옳지 않은 것은 ②, ③이다.

08 $y=-\dfrac{1}{2}x^2+2x+1=-\dfrac{1}{2}(x^2-4x)+1$
$=-\dfrac{1}{2}(x^2-4x+4-4)+1=-\dfrac{1}{2}(x-2)^2+3$
따라서 x의 값이 증가할 때 y의 값도 증가하는 x의 값의 범위는 $x<2$

09 y축을 축으로 하고 그래프가 x축과 만나는 두 점 사이의 거리가 6이므로 그래프가 x축과 만나는 두 점의 좌표는 $(-3,\ 0)$, $(3,\ 0)$이다.

즉, 이차함수의 식은
$y=(x+3)(x-3)=x^2-9$
따라서 $a=0$, $b=-9$이므로 $a-b=0-(-9)=9$

10 주어진 이차함수의 그래프의 꼭짓점의 좌표가 $(-3,\ -5)$이므로 이차함수의 식을 $y=a(x+3)^2-5$로 놓으면
이 그래프가 점 $(0,\ 4)$를 지나므로
$4=9a-5$　　$\therefore a=1$
따라서 이차함수의 식은 $y=(x+3)^2-5$
이 그래프를 x축의 방향으로 4만큼, y축의 방향으로 -1만큼 평행이동한 그래프의 식은
$y=(x+3-4)^2-5-1=(x-1)^2-6$
$x=0$일 때, $y=-5$이므로 y축과 만나는 점의 y좌표는 -5

11 $y=x^2-6x+4=(x-3)^2-5$
이 그래프를 x축의 방향으로 2만큼, y축의 방향으로 5만큼 평행이동한 그래프의 식은
$y=(x-3-2)^2-5+5=(x-5)^2=x^2-10x+25$

12 그래프가 위로 볼록하므로 $a<0$
축이 y축의 왼쪽에 있으므로 a와 $-b$의 부호는 서로 같다.
즉, $-b<0$에서 $b>0$
y축과의 교점이 x축보다 아래쪽에 있으므로 $-c<0$에서 $c>0$

13 주어진 일차함수의 그래프에서 $a>0$, $b>0$
이차함수 $y=ax^2+bx+ab$의 그래프는
$a>0$이므로 아래로 볼록하다.
a와 b의 부호가 같으므로 축은 y축의 왼쪽에 위치한다.
$ab>0$이므로 y축과의 교점이 x축보다 위쪽에 있다.
따라서 이차함수 $y=ax^2+bx+ab$의 그래프로 알맞은 것은 ②이다.

14 $y=-x^2+3x+4$에 $y=0$을 대입하면
$-x^2+3x+4=0$, $x^2-3x-4=0$, $(x+1)(x-4)=0$
$\therefore x=-1$ 또는 $x=4$
$\therefore A(-1,\ 0)$, $B(4,\ 0)$
$y=-x^2+3x+4$에 $x=0$을 대입하면 $y=4$이므로 $C(0,\ 4)$
$\therefore \triangle ABC=\dfrac{1}{2}\times5\times4=10$

15 이차항의 계수가 -2이고 꼭짓점의 좌표가 $(-2,\ -3)$인 포물선을 그래프로 하는 이차함수의 식은
$y=-2(x+2)^2-3$
$=-2(x^2+4x+4)-3$
$=-2x^2-8x-11$

16 꼭짓점의 좌표가 $(4, 4)$이므로 이차함수의 식을
$y=a(x-4)^2+4$로 놓으면
이 그래프가 원점을 지나므로
$0=16a+4$, $16a=-4$ $\therefore a=-\dfrac{1}{4}$
따라서 구하는 이차함수의 식은
$y=-\dfrac{1}{4}(x-4)^2+4=-\dfrac{1}{4}x^2+2x$

17 조건 ㈎에서 x축과 한 점에서 만나므로 그래프의 꼭짓점이
x축 위에 있다. 즉, 꼭짓점의 y좌표는 0이다.
조건 ㈏에서 축의 방정식이 $x=1$이므로 꼭짓점의 x좌표는 1
이다.
즉, 꼭짓점의 좌표가 $(1, 0)$이므로 주어진 조건을 만족시키
는 이차함수의 식을 $y=a(x-1)^2$으로 놓으면
조건 ㈐에서 이 그래프가 점 $(3, -2)$를 지나므로
$-2=4a$ $\therefore a=-\dfrac{1}{2}$
따라서 구하는 이차함수의 식은 $y=-\dfrac{1}{2}(x-1)^2$
③ $x=0$일 때 $y=-\dfrac{1}{2}$이므로 점 $\left(0, -\dfrac{1}{2}\right)$을 지난다.

18 두 점 $(-3, 0)$, $(4, 0)$은 그래프와 x축과의 교점이므로
이차함수의 식을 $y=a(x+3)(x-4)$로 놓으면
이 그래프가 점 $(0, -2)$를 지나므로
$-2=a\times(0+3)\times(0-4)$에서 $-12a=-2$ $\therefore a=\dfrac{1}{6}$
따라서 구하는 이차함수의 식은
$y=\dfrac{1}{6}(x+3)(x-4)=\dfrac{1}{6}x^2-\dfrac{1}{6}x-2$

19 $y=60x-5x^2$에 $y=100$을 대입하면
$100=60x-5x^2$, $x^2-12x+20=0$
$(x-2)(x-10)=0$ $\therefore x=2$ 또는 $x=10$
이때 폭죽이 올라가면서 터졌으므로 쏘아 올린 지 2초 후에
터진 것이다.

서술형 문제 ───── 145쪽

01 (1) $(-4, 2)$ (2) $x=-4$
(3) x축의 방향으로 -4만큼, y축의 방향으로 2만큼
01-1 (1) $(1, 5)$ (2) $x=1$
(3) x축의 방향으로 1만큼, y축의 방향으로 5만큼
02 18 **03** -1 **04** $y=x^2+4x+5$

01 채점기준 **1** 꼭짓점의 좌표 구하기 …2점
$y=-x^2-8x-14=-(x^2+8x)-14$
$=-(x^2+8x+16-16)-14=-(x+4)^2+2$
이므로 꼭짓점의 좌표는 $(-4, 2)$이다.

채점기준 **2** 축의 방정식 구하기 …1점
축의 방정식은 $x=-4$이다.

채점기준 **3** 어떻게 평행이동한 것인지 구하기 …2점
주어진 그래프는 이차함수 $y=-x^2$의 그래프를 x축의 방향
으로 -4만큼, y축의 방향으로 2만큼 평행이동한 것이다.

01-1 채점기준 **1** 꼭짓점의 좌표 구하기 …2점
$y=3x^2-6x+8=3(x^2-2x)+8$
$=3(x^2-2x+1-1)+8$
$=3(x-1)^2+5$
이므로 꼭짓점의 좌표는 $(1, 5)$이다.

채점기준 **2** 축의 방정식 구하기 …1점
축의 방정식은 $x=1$이다.

채점기준 **3** 어떻게 평행이동한 것인지 구하기 …2점
주어진 그래프는 이차함수 $y=3x^2$의 그래프를 x축의 방향으
로 1만큼, y축의 방향으로 5만큼 평행이동한 것이다.

02 이차함수 $y=4x^2+ax-6$의 그래프의 꼭짓점의 좌표가
$(-1, b)$이고 이차항의 계수가 4이므로 이차함수의 식을
$y=4(x+1)^2+b$로 놓을 수 있다.
$y=4(x+1)^2+b=4x^2+8x+4+b$
$\therefore a=8$ ······ ❶
$4+b=-6$에서 $b=-10$ ······ ❷
$\therefore a-b=8-(-10)=18$ ······ ❸

채점 기준	배점
❶ a의 값 구하기	2점
❷ b의 값 구하기	2점
❸ $a-b$의 값 구하기	1점

03 $y=x^2-2ax+a^2-a+1$
$=(x-a)^2-a+1$
이므로 꼭짓점의 좌표는 $(a, -a+1)$ ······ ❶
꼭짓점이 직선 $y=2x+4$ 위에 있으므로
$-a+1=2a+4$, $3a=-3$ $\therefore a=-1$ ······ ❷

채점 기준	배점
❶ 꼭짓점의 좌표를 a로 나타내기	3점
❷ a의 값 구하기	2점

04 조건 ㈎에서 축의 방정식이 $x=-2$이고 조건 ㈏에서 이차함
수 $y=x^2$의 그래프를 평행이동한 것이므로 구하는 이차함수
의 식을 $y=(x+2)^2+q$로 놓으면 ······ ❶
이 그래프가 점 $(-3, 2)$를 지나므로
$2=1+q$ $\therefore q=1$ ······ ❷
따라서 구하는 이차함수의 식은
$y=(x+2)^2+1=x^2+4x+5$ ······ ❸

채점 기준	배점
❶ 조건 ㈎, ㈏를 이용하여 이차함수의 식 정하기	2점
❷ 조건 ㈐를 이용하여 q의 값 구하기	2점
❸ 조건을 만족시키는 이차함수의 식을 $y=ax^2+bx+c$의 꼴로 나타내기	2점

I. 실수와 그 연산

1 제곱근과 실수

01 제곱근의 뜻과 표현

개념 확인문제 —————2쪽

01 (1) ± 10 (2) 0 (3) $\pm\dfrac{1}{3}$ (4) 없다. (5) ± 0.2 (6) ± 0.7

02 (1) ± 3 (2) ± 6 (3) ± 5 (4) ± 9 (5) $\pm\dfrac{1}{7}$ (6) $\pm\dfrac{4}{9}$

03 (1) $\pm\sqrt{7}$ (2) $\pm\sqrt{15}$ (3) $\pm\sqrt{0.1}$ (4) $\pm\sqrt{\dfrac{1}{13}}$

04 (1) 1 (2) 8 (3) 11 (4) -0.5 (5) $\dfrac{7}{8}$ (6) -3

05 (1) $\sqrt{3}$ (2) $-\sqrt{3}$ (3) $\pm\sqrt{3}$ (4) $\sqrt{3}$

06 (1) 6 (2) -6 (3) ± 6 (4) 6

02 (1) $3^2=9$의 제곱근은 ± 3이다.
(2) $6^2=36$의 제곱근은 ± 6이다.
(3) $(-5)^2=25$의 제곱근은 ± 5이다.
(4) $(-9)^2=81$의 제곱근은 ± 9이다.
(5) $\left(\dfrac{1}{7}\right)^2=\dfrac{1}{49}$의 제곱근은 $\pm\dfrac{1}{7}$이다.
(6) $\left(-\dfrac{4}{9}\right)^2=\dfrac{16}{81}$의 제곱근은 $\pm\dfrac{4}{9}$이다.

04 (6) $\sqrt{81}$은 81의 양의 제곱근이므로 $\sqrt{81}=9$
∴ $-\dfrac{\sqrt{81}}{3}=-\dfrac{9}{3}=-3$

개념 완성하기 —————3쪽

01 ③, ④ **02** ⑤ **03** ② **04** ⑤
05 ⑤ **06** ③ **07** 4 **08** $-\dfrac{16}{3}$

01 ① 2의 제곱근은 $\pm\sqrt{2}$이다.
② $(-6)^2=36$의 제곱근은 ± 6이다.
③ 제곱근 4는 $\sqrt{4}=2$이다.
⑤ 제곱근 9는 $\sqrt{9}=3$이다.
따라서 옳은 것은 ③, ④이다.

02 ② 제곱근 7은 $\sqrt{7}$이므로 양수이다.
③ 4의 제곱근은 ± 2의 2개이다.
⑤ $(-2)^2=4$의 제곱근은 ± 2이다.
따라서 옳지 않은 것은 ⑤이다.

03 ①, ③, ④, ⑤ ± 4 ② $\sqrt{16}=4$
따라서 나머지 넷과 다른 하나는 ②이다.

04 ⑤ $\sqrt{\dfrac{1}{81}}$은 $\dfrac{1}{81}$의 양의 제곱근이므로 $\sqrt{\dfrac{1}{81}}=\dfrac{1}{9}$

05 주어진 수의 제곱근을 각각 구해 보면
① $\pm\dfrac{1}{2}$ ② ± 12 ③ ± 0.7 ④ ± 2 ⑤ $\pm\sqrt{18}$
따라서 근호를 사용하지 않고 제곱근을 나타낼 수 없는 것은
⑤이다.

06 $3^2=9$의 음의 제곱근은 -3이므로 $a=-3$
16의 양의 제곱근은 4이므로 $b=4$
∴ $a+b=-3+4=1$

07 0.36의 양의 제곱근은 0.6이므로 $a=0.6$
$\sqrt{16}=4$의 음의 제곱근은 -2이므로 $b=-2$
∴ $10a+b=10\times 0.6+(-2)=4$

08 $\dfrac{16}{81}$의 양의 제곱근은 $\dfrac{4}{9}$이므로 $a=\dfrac{4}{9}$
$(-12)^2=144$의 음의 제곱근은 -12이므로 $b=-12$
∴ $ab=\dfrac{4}{9}\times(-12)=-\dfrac{16}{3}$

02 제곱근의 성질과 대소 관계

개념 확인문제 —————4쪽

01 (1) 7 (2) 5 (3) 11 (4) 6 (5) -2.4 (6) $-\dfrac{1}{3}$

02 (1) $2a$ (2) $3a$ (3) $-4a$ (4) $-5a$

03 (1) $x-1$ (2) $x-2$ (3) $3-x$ (4) $4-x$

04 (1) 5 (2) 19

05 (1) 3 (2) 10

06 (1) $<$ (2) $>$ (3) $<$ (4) $>$ (5) $<$ (6) $<$

07 (1) 17개 (2) 10개

02 (1) $a>0$에서 $2a>0$ ∴ $\sqrt{(2a)^2}=2a$
(2) $a>0$에서 $-3a<0$
∴ $\sqrt{(-3a)^2}=-(-3a)=3a$
(3) $a<0$에서 $4a<0$ ∴ $\sqrt{(4a)^2}=-4a$
(4) $a<0$에서 $-5a>0$ ∴ $\sqrt{(-5a)^2}=-5a$

03 (1) $x>1$에서 $x-1>0$ ∴ $\sqrt{(x-1)^2}=x-1$
(2) $x>2$에서 $2-x<0$
∴ $\sqrt{(2-x)^2}=-(2-x)=x-2$
(3) $x<3$에서 $x-3<0$
∴ $\sqrt{(x-3)^2}=-(x-3)=3-x$
(4) $x<4$에서 $4-x>0$ ∴ $\sqrt{(4-x)^2}=4-x$

04
(1) $\sqrt{20+x}$가 자연수가 되려면 $20+x$는 제곱인 수이어야 한다.

이때 x가 자연수이므로 $20+x>20$

즉, $20+x=25,\ 36,\ 49,\ \cdots$

따라서 x의 값이 가장 작은 자연수이려면

$20+x=25$ $\quad\therefore x=5$

(2) $\sqrt{100-x}$가 자연수가 되려면 $100-x$는 제곱인 수이어야 한다.

이때 x가 자연수이므로 $100-x<100$

즉, $100-x=1,\ 4,\ 9,\ \cdots,\ 81$이므로 x의 값이 가장 작은 자연수이려면

$100-x=81$ $\quad\therefore x=19$

05
(1) $\sqrt{27x}=\sqrt{3^2\times3\times x}$가 자연수가 되려면 소인수의 지수가 모두 짝수가 되어야 하므로 자연수 x는 $x=3\times(자연수)^2$의 꼴이다.

따라서 가장 작은 자연수 x는 3이다.

(2) $\sqrt{\dfrac{40}{x}}=\sqrt{\dfrac{2^3\times5}{x}}$가 자연수가 되려면 소인수의 지수가 모두 짝수가 되어야 하므로 자연수 x는 $x=2\times5\times(자연수)^2$의 꼴이다.

이때 x는 40의 약수이므로 가장 작은 자연수 x는 10이다.

06
(1) $2<7$이므로 $\sqrt2<\sqrt7$

(2) $3=\sqrt9$이고 $\sqrt9>\sqrt8$이므로 $3>\sqrt8$

(3) $5=\sqrt{25}$이고 $\sqrt{24}<\sqrt{25}$이므로 $\sqrt{24}<5$

(4) $2<3$이므로 $\sqrt2<\sqrt3$ $\quad\therefore -\sqrt2>-\sqrt3$

(5) $3=\sqrt9$이고 $\sqrt{10}>\sqrt9$이므로 $\sqrt{10}>3$ $\quad\therefore -\sqrt{10}<-3$

(6) $4=\sqrt{16}$이고 $\sqrt{17}>\sqrt{16}$이므로 $\sqrt{17}>4$
$\quad\therefore -\sqrt{17}<-4$

07
(1) $3\le\sqrt x\le5$의 각 변을 제곱하면 $9\le x\le25$

따라서 부등식을 만족시키는 자연수 x는 $9,\ 10,\ \cdots,\ 25$의 17개이다.

(2) $5<\sqrt x<6$의 각 변을 제곱하면 $25<x<36$

따라서 부등식을 만족시키는 자연수 x는 $26,\ 27,\ \cdots,\ 35$의 10개이다.

한번 더
개념 완성하기 ——————— |5쪽~6쪽|

01 ②	**02** ⑤	**03** ③	**04** 7
05 $-3a$	**06** $-3a-3b$		**07** 2
08 1	**09** 2, 10, 14	**10** 4개	**11** 30
12 2개	**13** ④, ⑤	**14** $-\sqrt3$, -1, $\sqrt3$, 2, $\sqrt5$	
15 25개	**16** 34		

01
① $\sqrt{(-5)^2}=5$ 　 ③ $-\left(\sqrt{\dfrac56}\right)^2=-\dfrac56$

④ $\sqrt{(-4)^2}=4$ 　 ⑤ $(-\sqrt3)^2=3$

따라서 옳은 것은 ②이다.

02
② $\sqrt{(-3)^2}=3$이므로 $\{\sqrt{(-3)^2}\}^2=3^2=9$

⑤ $(-\sqrt{0.09})^2=0.09$

03
③ $(-\sqrt5)^2\times\sqrt{(-3)^2}=5\times3=15$

④ $\sqrt{\left(-\dfrac43\right)^2}\div(-\sqrt{4^2})=\dfrac43\div(-4)=\dfrac43\times\left(-\dfrac14\right)=-\dfrac13$

⑤ $\sqrt{(-3)^2}\times\sqrt{(-2)^2}+(-\sqrt{5^2})=3\times2-5=1$

04
$(-\sqrt{4^2})^2\div(-\sqrt{2^2})+\sqrt{5^2}\times\sqrt{(-3)^2}$
$=(-4)^2\div(-2)+5\times3$
$=16\div(-2)+15$
$=-8+15=7$

05
$a<0$에서 $-a>0$, $-3a>0$
$\therefore \sqrt{(-a)^2}-\sqrt{a^2}+\sqrt{(-3a)^2}=-a-(-a)+(-3a)$
$\qquad\qquad\qquad\qquad\qquad =-3a$

06
$b<a<0$에서 $a<0$, $b<0$, $-2a>0$, $2b<0$
$\therefore \sqrt{a^2}+\sqrt{b^2}+\sqrt{(-2a)^2}+\sqrt{(2b)^2}$
$\quad =-a-b+(-2a)-2b$
$\quad =-3a-3b$

07
$-1<x<1$에서 $x-1<0$, $x+1>0$
$\therefore \sqrt{(x-1)^2}+\sqrt{(x+1)^2}=-(x-1)+(x+1)=2$

08
$2<x<3$에서 $x-2>0$, $3-x>0$
$\therefore \sqrt{(x-2)^2}+\sqrt{(3-x)^2}=(x-2)+(3-x)=1$

09
$\sqrt{29-2x}$가 자연수가 되려면 $29-2x$는 제곱인 수이어야 한다.

이때 x가 자연수이므로 $29-2x<29$

즉, $29-2x=1,\ 4,\ 9,\ 16,\ 25$이므로

$29-2x=1$일 때 $x=14$, 　 $29-2x=4$일 때 $x=\dfrac{25}{2}$

$29-2x=9$일 때 $x=10$, 　 $29-2x=16$일 때 $x=\dfrac{13}{2}$

$29-2x=25$일 때 $x=2$

따라서 구하는 자연수 x는 2, 10, 14이다.

10
$\sqrt{25+x}$가 한 자리 자연수가 되려면 $25+x$가 100보다 작은 제곱인 수이어야 한다.

이때 x가 자연수이므로 $25+x>25$

즉, 25보다 크고 100보다 작은 제곱인 수이어야 하므로
$25+x=36,\ 49,\ 64,\ 81$

$25+x=36$일 때 $x=11$, 　 $25+x=49$일 때 $x=24$

$25+x=64$일 때 $x=39$, 　 $25+x=81$일 때 $x=56$

따라서 자연수 x는 11, 24, 39, 56의 4개이다.

11
$\sqrt{2^3\times3^3\times5x}$가 자연수가 되려면 소인수의 지수가 모두 짝수가 되어야 하므로 자연수 x는 $x=2\times3\times5\times(자연수)^2$의 꼴이다.

따라서 가장 작은 자연수 x는 $2\times3\times5=30$

12
$\sqrt{\dfrac{84}{x}}=\sqrt{\dfrac{2^2\times3\times7}{x}}$이 자연수가 되려면 소인수의 지수가 모두 짝수가 되어야 하므로 자연수 x는 $x=3\times7\times(자연수)^2$의 꼴이다.

I. 실수와 그 연산 　**51**

이때 x는 84의 약수이므로 가능한 자연수 x는
$3 \times 7 \times 1^2 = 21$, $3 \times 7 \times 2^2 = 84$의 2개이다.

13 ① $4 = \sqrt{16}$이고 $\sqrt{16} > \sqrt{11}$이므로 $4 > \sqrt{11}$
② $7 < 8$이므로 $\sqrt{7} < \sqrt{8}$
③ $5 > 3$이므로 $\sqrt{5} > \sqrt{3}$ ∴ $-\sqrt{5} < -\sqrt{3}$
따라서 옳은 것은 ④, ⑤이다.

14 음수끼리 대소를 비교하면
$\sqrt{3} > 1$이므로 $-\sqrt{3} < -1$
양수끼리 대소를 비교하면
$\sqrt{3} < \sqrt{4} < \sqrt{5}$이므로 $\sqrt{3} < 2 < \sqrt{5}$
∴ $-\sqrt{3} < -1 < \sqrt{3} < 2 < \sqrt{5}$

15 $2 < \sqrt{3x} < 9$의 각 변을 제곱하면
$4 < 3x < 81$ ∴ $\dfrac{4}{3} < x < 27$
따라서 주어진 부등식을 만족시키는 자연수 x는 2, 3, 4, ⋯, 26의 25개이다.

16 $4 < \sqrt{x+1} < \sqrt{20}$의 각 변을 제곱하면
$16 < x+1 < 20$ ∴ $15 < x < 19$
따라서 주어진 부등식을 만족시키는 자연수 x 중에서 가장 작은 수는 16, 가장 큰 수는 18이므로 $a=16$, $b=18$
∴ $a+b = 16+18 = 34$

실력 **확인하기** ————————————7쪽

01 ②, ④   **02** ①   **03** -4 **04** ④
05 -7 **06** 7   **07** 4, 9, 12, 13
08 $-\sqrt{40}$

01 ① -9는 음수이므로 제곱근은 없다.
③ 제곱하여 0.2가 되는 수는 $\pm\sqrt{0.2}$이다.
⑤ $\sqrt{(-2)^2} = 2$의 제곱근은 $\pm\sqrt{2}$의 2개이다.
따라서 옳은 것은 ②, ④이다.

02 음수의 제곱근은 없으므로 제곱근을 구할 수 없는 것은 ①이다.

03 $\dfrac{25}{81}$의 음의 제곱근은 $-\dfrac{5}{9}$이므로 $a = -\dfrac{5}{9}$
0.36의 양의 제곱근은 0.6이므로 $b = 0.6$
∴ $12ab = 12 \times \left(-\dfrac{5}{9}\right) \times 0.6 = 12 \times \left(-\dfrac{5}{9}\right) \times \dfrac{6}{10} = -4$

04 ① $-\sqrt{(-3)^2} = -3$ ② $-\sqrt{4^2} = -4$ ③ $(-\sqrt{3})^2 = 3$
④ $\sqrt{(-4)^2} = 4$ ⑤ $(\sqrt{5})^2 = 5$
따라서 두 번째로 큰 수는 ④ $\sqrt{(-4)^2}$이다.

Self 코칭
$a > 0$일 때, 제곱근의 성질에서 $(\sqrt{a})^2 = a$, $(-\sqrt{a})^2 = a$, $\sqrt{a^2} = a$, $\sqrt{(-a)^2} = a$임을 이용한다.

05 $-\sqrt{3^2} \times \sqrt{4^3} \times \sqrt{\dfrac{1}{2^2}} + \sqrt{(-5)^2} = -3 \times \sqrt{8^2} \times \sqrt{\left(\dfrac{1}{2}\right)^2} + 5$
$= -3 \times 8 \times \dfrac{1}{2} + 5 = -7$

06 $2 < a < 3$에서 $a > 0$, $3-a > 0$, $2-a < 0$, $2+a > 0$
∴ $\sqrt{a^2} + \sqrt{(3-a)^2} - \sqrt{(2-a)^2} + \sqrt{(2+a)^2}$
$= a + (3-a) + (2-a) + (2+a) = 7$

07 $\sqrt{-x+13}$이 정수가 되려면 $-x+13$은 0 또는 제곱인 수이어야 한다.
이때 x가 자연수이므로 $-x+13 < 13$
즉, $-x+13 = 0$, 1, 4, 9이므로
$-x+13 = 0$일 때 $x = 13$, $-x+13 = 1$일 때 $x = 12$
$-x+13 = 4$일 때 $x = 9$, $-x+13 = 9$일 때 $x = 4$
따라서 구하는 자연수 x는 4, 9, 12, 13이다.

08 $\sqrt{(-6)^2} = 6$, $-\sqrt{6^2} = -6$, $(-\sqrt{40})^2 = 40$, $\sqrt{(-24)^2} = 24$
이때 음수 -6과 $-\sqrt{40}$의 대소를 비교하면
$6 = \sqrt{36}$이고 $\sqrt{36} < \sqrt{40}$이므로 $6 < \sqrt{40}$ ∴ $-6 > -\sqrt{40}$
따라서 가장 작은 수는 $-\sqrt{40}$이다.

03 무리수와 실수

개념 **완성하기** ————————8쪽~9쪽

01 $\sqrt{3}$, π **02** ③   **03** ①, ⑤   **04** ⑤
05 $1+\sqrt{10}$ **06** $B(1+\sqrt{13})$, $C(1-\sqrt{5})$
07 $P(-1-\sqrt{5})$, $Q(-1+\sqrt{5})$ **08** 점 D
09 ②   **10** ㄴ, ㄷ, ㄹ   **11** ②   **12** $a < c < b$

01 $\sqrt{49} = 7$, $0.1\dot{2} = \dfrac{11}{90}$, $\sqrt{\dfrac{9}{16}} = \dfrac{3}{4}$, $-\sqrt{25} = -5$는 유리수이므로 무리수는 $\sqrt{3}$, π이다.

02 ③ $\sqrt{64} = 8$의 제곱근은 $\pm\sqrt{8}$이므로 무리수이다.

03 ① 순환소수가 아닌 무한소수만 무리수이다.
⑤ π는 제곱해도 유리수가 되지 않는다.

04 ① 순환소수는 유리수이다.
② 무리수는 유리수가 아니므로 순환소수로 나타낼 수 없다.
③ π는 순환소수가 아닌 무한소수이다.
④ $\sqrt{2} = 1.4142\cdots$이므로 순환소수로 나타낼 수 없다.
⑤ 유한소수는 유리수이므로 무리수가 아니다.
따라서 옳은 것은 ⑤이다.

05 $\overline{AP}^2 = 3^2 + 1^2 = 10$ ∴ $\overline{AP} = \sqrt{10}$ ($\because \overline{AP} > 0$)
$\overline{AB} = \overline{AP} = \sqrt{10}$이므로 $B: 1+\sqrt{10}$

06 $\overline{AP}^2 = 3^2 + 2^2 = 13$ ∴ $\overline{AP} = \sqrt{13}$ ($\because \overline{AP} > 0$)
$\overline{AB} = \overline{AP} = \sqrt{13}$이므로 점 B의 좌표는 $B(1+\sqrt{13})$
$\overline{AQ}^2 = 1^2 + 2^2 = 5$ ∴ $\overline{AQ} = \sqrt{5}$ ($\because \overline{AQ} > 0$)
$\overline{AC} = \overline{AQ} = \sqrt{5}$이므로 점 C의 좌표는 $C(1-\sqrt{5})$

07 정사각형 ABCD의 넓이가 5이므로 $\overline{AB}=\sqrt{5}$ ($\because$ $\overline{AB}>0$)
$\overline{AP}=\overline{AQ}=\overline{AB}=\sqrt{5}$이므로 P($-1-\sqrt{5}$), Q($-1+\sqrt{5}$)

08 정사각형의 대각선의 길이는 $\sqrt{1^2+1^2}=\sqrt{2}$이므로
A($-1-\sqrt{2}$), B($1-\sqrt{2}$), C($-1+\sqrt{2}$), D($\sqrt{2}$),
E($1+\sqrt{2}$)

09 ① $\sqrt{5}$와 $\sqrt{6}$ 사이에는 무수히 많은 유리수가 있다.
③ 순환소수가 아닌 무한소수는 무리수이고, 무리수는 수직
   선 위의 점에 대응시킬 수 있다.
④ 서로 다른 두 정수 사이에는 무수히 많은 무리수가 있다.
⑤ 무리수이면서 동시에 유리수인 수는 존재하지 않는다.
따라서 옳은 것은 ②이다.

10 ㄱ. 수직선 위의 점에 대응하는 수 중 무리수는 순환소수로
   나타낼 수 없다.
따라서 옳은 것은 ㄴ, ㄷ, ㄹ이다.

11 ① $\sqrt{3}=1.\cdots$이므로 $2+\sqrt{3}=3.\cdots$ $\therefore$ $2+\sqrt{3}>3$
② $\sqrt{2}>1$이므로 양변에 $\sqrt{3}$을 더하면 $\sqrt{3}+\sqrt{2}>\sqrt{3}+1$
③ $\sqrt{5}<4$이므로 양변에 $\sqrt{2}$를 더하면 $\sqrt{5}+\sqrt{2}<4+\sqrt{2}$
④ $\sqrt{3}>\sqrt{2}$이므로 양변에 1을 더하면 $1+\sqrt{3}>1+\sqrt{2}$
⑤ $-\sqrt{2}>-\sqrt{3}$이므로 양변에 3을 더하면 $3-\sqrt{2}>3-\sqrt{3}$
따라서 두 수의 대소 관계가 옳은 것은 ②이다.

12 a, c의 대소를 비교하면
$\sqrt{7}<3$의 양변에 $\sqrt{3}$을 더하면 $\sqrt{7}+\sqrt{3}<3+\sqrt{3}$ $\therefore$ $a<c$
b, c의 대소를 비교하면
$\sqrt{7}>\sqrt{3}$의 양변에 3을 더하면 $\sqrt{7}+3>3+\sqrt{3}$ $\therefore$ $b>c$
$\therefore$ $a<c<b$

한번 더
실력 확인하기 ──────── 10쪽

01 ②	02 ②, ④	03 ③, ④	04 $\sqrt{2}$
05 ①	06 ③		

01 ㄱ. $-\sqrt{144}=-12$ ㄴ. $-0.\dot{2}=-\dfrac{2}{9}$ ㅁ. $\sqrt{\dfrac{49}{4}}=\dfrac{7}{2}$
따라서 무리수는 ㄷ, ㄹ의 2개이다.

02 ① $\sqrt{81}=9$의 제곱근은 ±3이므로 유리수이다.
② $\sqrt{169}=13$의 제곱근은 $\pm\sqrt{13}$이므로 무리수이다.
③ $\sqrt{16\times3^4\times5^4}=\sqrt{2^4\times3^4\times5^4}=\sqrt{(2^2\times3^2\times5^2)^2}$
   $=2^2\times3^2\times5^2=900$
   즉, 900의 제곱근은 ±30이므로 유리수이다.
④ $\sqrt{\pi^4}=\pi^2$의 제곱근은 $\pm\pi$이므로 무리수이다.
⑤ $\sqrt{\dfrac{81}{16}}=\dfrac{9}{4}$의 제곱근은 $\pm\dfrac{3}{2}$이므로 유리수이다.
따라서 그 제곱근이 순환소수가 아닌 무한소수, 즉 무리수인
것은 ②, ④이다.

03 ① 0은 유리수이다.
② $2=\sqrt{4}$와 같이 유리수도 근호를 사용하여 나타낼 수 있다.
⑤ 무리수는 모두 분수의 꼴로 나타낼 수 없다.
따라서 옳은 것은 ③, ④이다.

04 $\overline{AC}^2=1^2+1^2=2$ $\therefore$ $\overline{AC}=\sqrt{2}$ ($\because$ $\overline{AC}>0$)
$\overline{BD}=\overline{AC}=\sqrt{2}$이고 점 P에 대응하는 수가 $1-\sqrt{2}$이므로 점
B에 대응하는 수는 1, 점 A에 대응하는 수는 0이다.
따라서 점 Q에 대응하는 수는 $\sqrt{2}$이다.

05 $4=\sqrt{16}$, $5=\sqrt{25}$이므로 $\sqrt{16}$과 $\sqrt{25}$ 사이에 있는 수가 아닌
것은 ①이다.

06 ① $\sqrt{6}=2.\cdots$이므로 $\sqrt{6}+2=4.\cdots$ $\therefore$ $\sqrt{6}+2>3$
② $3>2$이므로 양변에 $\sqrt{3}$을 더하면 $3+\sqrt{3}>2+\sqrt{3}$
③ $-\sqrt{5}>-\sqrt{6}$이므로 양변에 3을 더하면 $3-\sqrt{5}>3-\sqrt{6}$
④ $2<3$이므로 양변에 $\sqrt{2}$를 더하면 $2+\sqrt{2}<3+\sqrt{2}$
⑤ $\sqrt{5}<\sqrt{7}$이므로 양변에서 2를 빼면 $\sqrt{5}-2<\sqrt{7}-2$
따라서 두 수의 대소 관계가 옳은 것은 ③이다.

한번 더
실전 중단원 마무리 ──────── 11쪽~12쪽

01 ③, ⑤	02 ⑤	03 $\sqrt{21}$ cm	04 81, -81
05 ④	06 4	07 ②	08 ②
09 21	10 ㄹ, ㅁ, ㅂ	11 ④	

◆서술형 문제

12 3개	13 18

01 ① 제곱근 9는 $\sqrt{9}=3$이다.
② -4는 음수이므로 제곱근은 없다.
④ 0의 제곱근은 0이다.
따라서 옳은 것은 ③, ⑤이다.

02 주어진 수의 제곱근을 각각 구하면
① ±7 ② ±4 ③ ±0.6
④ $\pm\dfrac{5}{8}$ ⑤ $\pm\sqrt{\dfrac{24}{25}}$
따라서 근호를 사용하지 않고 제곱근을 나타낼 수 없는 것은
⑤이다.

03 (직사각형의 넓이)$=7\times3=21$ (cm²)이므로
(정사각형의 한 변의 길이)$=\sqrt{21}$ cm

04 $(-3)^4=81$이고 $\sqrt{a^2}=|a|$이므로
$\sqrt{a^2}=81$을 만족시키는 a의 값은 81, -81이다.

05 $\sqrt{(-4)^2}=4$, $-\sqrt{4^2}=-4$, $(-\sqrt{20})^2=20$, $\sqrt{(-15)^2}=15$
따라서 가장 작은 수와 가장 큰 수의 합은
$-4+20=16$

06 $a>2$에서 $2+a>0$, $2-a<0$

$\therefore \sqrt{(2+a)^2}-\sqrt{(2-a)^2}=(2+a)-\{-(2-a)\}$
$\qquad\qquad\qquad\qquad\quad =2+a+(2-a)=4$

07 $\sqrt{21-x}$가 자연수가 되려면 $21-x$가 제곱인 수이어야 한다.

이때 x가 자연수이므로 $21-x<21$

즉, $21-x=1$, 4, 9, 16이므로 x의 값이 가장 작은 자연수이려면

$21-x=16$ $\quad\therefore x=5$

08 $3=\sqrt{9}$, $4=\sqrt{16}$, $5=\sqrt{25}$이므로

$f(10)=f(11)=f(12)=\cdots=f(15)=3$

$f(16)=f(17)=f(18)=f(19)=4$

$\therefore f(10)+f(11)+f(12)+\cdots+f(19)=3\times 6+4\times 4=34$

09 $6<\sqrt{4x+1}\leq 11$의 각 변을 제곱하면

$36<4x+1\leq 121$, $35<4x\leq 120$ $\quad\therefore \dfrac{35}{4}<x\leq 30$

따라서 자연수 x의 값 중 가장 큰 값은 30, 가장 작은 값은 9이므로 $M=30$, $m=9$

$\therefore M-m=30-9=21$

10 ㄱ. $-\sqrt{9}=-3$ ㄴ. $\sqrt{0.04}=0.2$

따라서 ㈎에 해당하는 수는 무리수이므로 ㄹ, ㅁ, ㅂ이다.

11 정사각형의 대각선의 길이는 $\sqrt{1^2+1^2}=\sqrt{2}$이므로
$-1+\sqrt{2}$에 대응하는 점은 -1에서 $\sqrt{2}$만큼 오른쪽에 있는 점 D이다.

◆서술형문제◆

12 ㈏에서 $\sqrt{3x}$가 유리수이므로 자연수 x는

$x=3\times(자연수)^2$의 꼴이어야 한다. ······ ❶

㈎에서 x가 30 이하의 자연수이므로 가능한 x는

3×1^2, 3×2^2, 3×3^2의 3개이다. ······ ❷

채점 기준	배점
❶ x의 조건 구하기	3점
❷ x의 개수 구하기	2점

13 $\sqrt{48x}=\sqrt{2^4\times 3\times x}$가 자연수가 되려면 소인수의 지수가 모두 짝수가 되어야 하므로 자연수는 $x=3\times(자연수)^2$의 꼴이다.

따라서 x의 값 중에서 가장 작은 수는 3이므로 $a=3$ ······ ❶

$\sqrt{\dfrac{240}{y}}=\sqrt{\dfrac{2^4\times 3\times 5}{y}}$가 자연수가 되려면 소인수의 지수가 모두 짝수가 되어야 하므로 자연수 y는 $y=3\times 5\times(자연수)^2$의 꼴이다.

이때 y는 240의 약수이므로 y의 값 중에서 가장 작은 수는 15이다.

$\therefore b=15$ ······ ❷

$\therefore a+b=3+15=18$ ······ ❸

채점 기준	배점
❶ a의 값 구하기	2점
❷ b의 값 구하기	2점
❸ $a+b$의 값 구하기	1점

---

2 근호를 포함한 식의 계산

01 제곱근의 곱셈과 나눗셈

한번 더
개념 확인문제 ────────────── 13쪽

01 (1) $\sqrt{6}$ (2) $-\sqrt{14}$ (3) $-15\sqrt{14}$ (4) $2\sqrt{10}$

02 (1) $2\sqrt{11}$ (2) $5\sqrt{2}$ (3) $3\sqrt{7}$ (4) $10\sqrt{10}$

03 (1) $\sqrt{28}$ (2) $\sqrt{48}$ (3) $\sqrt{150}$ (4) $-\sqrt{288}$

04 (1) $\sqrt{5}$ (2) $-\sqrt{7}$ (3) $2\sqrt{6}$ (4) $\sqrt{2}$

05 (1) $\dfrac{\sqrt{7}}{4}$ (2) $\dfrac{\sqrt{11}}{10}$ (3) $\dfrac{2\sqrt{3}}{5}$ (4) $\dfrac{2\sqrt{2}}{5}$

06 (1) $\sqrt{\dfrac{3}{4}}$ (2) $\sqrt{\dfrac{5}{16}}$ (3) $-\sqrt{\dfrac{7}{3}}$ (4) $-\sqrt{\dfrac{25}{12}}$

07 (1) $\dfrac{\sqrt{7}}{7}$ (2) $\dfrac{2\sqrt{5}}{5}$ (3) $\dfrac{3\sqrt{7}}{14}$ (4) $3\sqrt{3}$ (5) $\dfrac{\sqrt{3}}{6}$

　　(6) $\dfrac{\sqrt{5}}{15}$ (7) $\dfrac{3\sqrt{5}}{5}$ (8) $\dfrac{\sqrt{14}}{7}$

04 (4) $\dfrac{\sqrt{28}}{\sqrt{6}}\div\dfrac{\sqrt{7}}{\sqrt{3}}=\dfrac{\sqrt{28}}{\sqrt{6}}\times\dfrac{\sqrt{3}}{\sqrt{7}}=\sqrt{\dfrac{28}{6}\times\dfrac{3}{7}}=\sqrt{2}$

05 (2) $\sqrt{0.11}=\sqrt{\dfrac{11}{100}}=\sqrt{\dfrac{11}{10^2}}=\dfrac{\sqrt{11}}{10}$

　　(3) $\sqrt{\dfrac{24}{50}}=\sqrt{\dfrac{12}{25}}=\sqrt{\dfrac{2^2\times 3}{5^2}}=\dfrac{2\sqrt{3}}{5}$

　　(4) $\sqrt{0.32}=\sqrt{\dfrac{32}{100}}=\sqrt{\dfrac{8}{25}}=\sqrt{\dfrac{2^2\times 2}{5^2}}=\dfrac{2\sqrt{2}}{5}$

한번 더
개념 완성하기 ────────────── 14쪽~15쪽

01 ⑤	**02** $\sqrt{3}$	**03** -1	**04** 4
05 ②	**06** ④	**07** ⑤	**08** 3
09 ⑤	**10** ⑤	**11** $\dfrac{5\sqrt{2}}{3}$	**12** $-\dfrac{3\sqrt{10}}{5}$

13 (1) $2\sqrt{5}$ cm (2) $40\sqrt{5}$ cm^3　　**14** $\sqrt{133}$

15 $4\sqrt{5}$

01 ④ $\dfrac{5\sqrt{7}}{2}\div\dfrac{\sqrt{14}}{\sqrt{2}}=\dfrac{5\sqrt{7}}{2}\times\dfrac{\sqrt{2}}{\sqrt{14}}=\dfrac{5}{2}$

　　⑤ $\sqrt{27}\div\dfrac{1}{\sqrt{3}}=3\sqrt{3}\times\sqrt{3}=3\times 3=9$

02 $a=\sqrt{\dfrac{14}{3}}\times\sqrt{\dfrac{9}{7}}=\sqrt{\dfrac{14}{3}\times\dfrac{9}{7}}=\sqrt{6}$

　　$b=\dfrac{\sqrt{3}}{\sqrt{5}}\div\dfrac{\sqrt{6}}{\sqrt{20}}=\dfrac{\sqrt{3}}{\sqrt{5}}\times\dfrac{\sqrt{20}}{\sqrt{6}}=\sqrt{\dfrac{3}{5}\times\dfrac{20}{6}}=\sqrt{2}$

　　$\therefore a\div b=\sqrt{6}\div\sqrt{2}=\sqrt{\dfrac{6}{2}}=\sqrt{3}$

03 $\sqrt{96}=\sqrt{4^2\times 6}=4\sqrt{6}$이므로 $a=4$

　　$\sqrt{45}=\sqrt{3^2\times 5}=3\sqrt{5}$이므로 $b=5$

　　$\therefore a-b=4-5=-1$

04 $\sqrt{180}=\sqrt{6^2\times5}=6\sqrt{5}$이므로 $a=6$

$\dfrac{2}{3}\sqrt{3}=\sqrt{\dfrac{4}{9}\times3}=\sqrt{\dfrac{4}{3}}$이므로 $b=\dfrac{4}{3}$

$\therefore \sqrt{2ab}=\sqrt{2\times6\times\dfrac{4}{3}}=\sqrt{16}=4$

05 ① $\sqrt{24}=2\sqrt{6}$ $\therefore \square=2$

② $\sqrt{60}=2\sqrt{15}$ $\therefore \square=15$

③ $\sqrt{75}=5\sqrt{3}$ $\therefore \square=3$

④ $\sqrt{98}=7\sqrt{2}$ $\therefore \square=7$

⑤ $\sqrt{125}=5\sqrt{5}$ $\therefore \square=5$

따라서 $\square$ 안에 들어갈 수가 가장 큰 것은 ②이다.

06 $\sqrt{150}=\sqrt{2\times3\times5^2}=5\times\sqrt{2}\times\sqrt{3}=5ab$

07 ⑤ $\sqrt{24}=\sqrt{2^3\times3}=\sqrt{2^3}\times\sqrt{3}=(\sqrt{2})^3\times\sqrt{3}=a^3b$

08 $\dfrac{3\sqrt{2}}{\sqrt{5}}=\dfrac{3\sqrt{2}\times\sqrt{5}}{\sqrt{5}\times\sqrt{5}}=\dfrac{3\sqrt{10}}{5}$이므로 $a=\dfrac{3}{5}$

$\dfrac{5\sqrt{3}}{\sqrt{6}}=\dfrac{5}{\sqrt{2}}=\dfrac{5\times\sqrt{2}}{\sqrt{2}\times\sqrt{2}}=\dfrac{5\sqrt{2}}{2}$이므로 $b=\dfrac{5}{2}$

$\therefore 2ab=2\times\dfrac{3}{5}\times\dfrac{5}{2}=3$

09 ⑤ $\dfrac{18}{\sqrt{2}\sqrt{3}}=\dfrac{18}{\sqrt{6}}=\dfrac{18\times\sqrt{6}}{\sqrt{6}\times\sqrt{6}}=\dfrac{18\sqrt{6}}{6}=3\sqrt{6}$

10 $\dfrac{5\sqrt{2}}{\sqrt{11}}\times\sqrt{33}\div\dfrac{\sqrt{5}}{\sqrt{12}}=\dfrac{5\sqrt{2}}{\sqrt{11}}\times\sqrt{33}\times\dfrac{2\sqrt{3}}{\sqrt{5}}$

$=5\sqrt{2}\times\sqrt{3}\times\dfrac{2\sqrt{3}}{\sqrt{5}}$

$=\dfrac{30\sqrt{2}}{\sqrt{5}}=6\sqrt{10}$

따라서 $m=6$, $n=10$이므로

$m+n=6+10=16$

11 $\dfrac{\sqrt{5}}{\sqrt{3}}\times\sqrt{21}\div\dfrac{3\sqrt{7}}{\sqrt{10}}=\dfrac{\sqrt{5}}{\sqrt{3}}\times\sqrt{21}\times\dfrac{\sqrt{10}}{3\sqrt{7}}$

$=\dfrac{\sqrt{5}\times\sqrt{10}}{3}=\dfrac{5\sqrt{2}}{3}$

12 $\dfrac{3\sqrt{2}}{\sqrt{6}}\div(-5\sqrt{3})\times\dfrac{15\sqrt{2}}{\sqrt{5}}=\dfrac{3}{\sqrt{3}}\times\left(-\dfrac{1}{5\sqrt{3}}\right)\times\dfrac{15\sqrt{2}}{\sqrt{5}}$

$=-\dfrac{3\sqrt{2}}{\sqrt{5}}=-\dfrac{3\sqrt{10}}{5}$

13 (1) 정육면체의 한 모서리의 길이를 x cm라 하면

$6x^2=120$, $x^2=20$ $\therefore x=\sqrt{20}=2\sqrt{5}(\because x>0)$

따라서 정육면체의 한 모서리의 길이는 $2\sqrt{5}$ cm이다.

(2) (정육면체의 부피)$=2\sqrt{5}\times2\sqrt{5}\times2\sqrt{5}=40\sqrt{5}$ (cm³)

14 원뿔의 밑면의 반지름의 길이를 x라 하면

$\dfrac{1}{3}\times\pi x^2\times5=180\pi$이므로 $x^2=108$

$\therefore x=\sqrt{108}=\sqrt{6^2\times3}=6\sqrt{3}(\because x>0)$

따라서 밑면의 반지름의 길이는 $6\sqrt{3}$이므로 피타고라스 정리에 의하여 모선의 길이는

$\sqrt{5^2+(6\sqrt{3})^2}=\sqrt{133}$

15 밑면의 한 변의 길이를 x라 하면

$\dfrac{1}{3}\times x^2\times15=400$이므로 $x^2=80$

$\therefore x=\sqrt{80}=\sqrt{4^2\times5}=4\sqrt{5}(\because x>0)$

따라서 밑면의 한 변의 길이는 $4\sqrt{5}$이다.

02 제곱근의 덧셈과 뺄셈

한번 더
개념 확인문제 ────16쪽

01 (1) $8\sqrt{3}$ (2) $\sqrt{3}$ (3) $5\sqrt{3}$

02 (1) $6\sqrt{2}$ (2) $2\sqrt{5}-5\sqrt{6}$ (3) $4\sqrt{2}$ (4) $2\sqrt{3}$

(5) $15\sqrt{2}-\sqrt{3}$ (6) $\dfrac{9\sqrt{10}}{10}$

03 (1) $\sqrt{6}+2\sqrt{3}$ (2) $3\sqrt{2}-\sqrt{15}$ (3) $2+\sqrt{6}$

04 (1) $\dfrac{\sqrt{6}-\sqrt{14}}{2}$ (2) $\sqrt{6}+1$ (3) $2-\sqrt{2}$ (4) $\dfrac{\sqrt{15}+\sqrt{6}}{6}$

05 (1) $4\sqrt{2}-3\sqrt{3}$ (2) $5\sqrt{2}+3\sqrt{6}$

01 (2) $\sqrt{12}-\sqrt{3}=2\sqrt{3}-\sqrt{3}=\sqrt{3}$

(3) $\sqrt{12}+\sqrt{27}=2\sqrt{3}+3\sqrt{3}=5\sqrt{3}$

02 (3) $\sqrt{50}-\sqrt{32}+\sqrt{18}=5\sqrt{2}-4\sqrt{2}+3\sqrt{2}=4\sqrt{2}$

(4) $3\sqrt{3}+\sqrt{27}-2\sqrt{12}=3\sqrt{3}+3\sqrt{3}-4\sqrt{3}=2\sqrt{3}$

(5) $3\sqrt{8}-5\sqrt{3}+3\sqrt{18}+\sqrt{48}=6\sqrt{2}-5\sqrt{3}+9\sqrt{2}+4\sqrt{3}$

$=15\sqrt{2}-\sqrt{3}$

(6) $\dfrac{\sqrt{5}}{\sqrt{2}}+\sqrt{10}-\sqrt{\dfrac{18}{5}}=\dfrac{\sqrt{10}}{2}+\sqrt{10}-\dfrac{3\sqrt{2}}{\sqrt{5}}$

$=\dfrac{\sqrt{10}}{2}+\sqrt{10}-\dfrac{3\sqrt{10}}{5}$

$=\dfrac{9\sqrt{10}}{10}$

04 (3) $\dfrac{\sqrt{24}-\sqrt{12}}{\sqrt{6}}=\sqrt{4}-\sqrt{2}=2-\sqrt{2}$

(4) $\dfrac{\sqrt{5}+\sqrt{2}}{\sqrt{12}}=\dfrac{(\sqrt{5}+\sqrt{2})\times\sqrt{3}}{2\sqrt{3}\times\sqrt{3}}=\dfrac{\sqrt{15}+\sqrt{6}}{6}$

05 (1) $\sqrt{6}(\sqrt{3}-\sqrt{2})+\dfrac{\sqrt{10}-\sqrt{15}}{\sqrt{5}}=3\sqrt{2}-2\sqrt{3}+\sqrt{2}-\sqrt{3}$

$=4\sqrt{2}-3\sqrt{3}$

(2) $\sqrt{2}(\sqrt{27}+3)+\sqrt{12}\div\dfrac{\sqrt{6}}{2}=\sqrt{2}(3\sqrt{3}+3)+2\sqrt{3}\times\dfrac{2}{\sqrt{6}}$

$=3\sqrt{6}+3\sqrt{2}+2\sqrt{2}$

$=5\sqrt{2}+3\sqrt{6}$

01 $\sqrt{3}$ 02 $\dfrac{5}{6}$ 03 1 04 -7

05 $\dfrac{1}{2}$ 06 -3 07 $12+2\sqrt{15}$

08 $36\sqrt{3}$

01 ② 02 ① 03 3 04 $10\sqrt{3}-14$

05 ⑤ 06 $\dfrac{7}{12}$ 07 $16\sqrt{3}$ cm²

01 $\sqrt{6}\div\dfrac{4\sqrt{2}}{3}+\dfrac{\sqrt{12}}{4}-\dfrac{3}{4\sqrt{3}}=\sqrt{6}\times\dfrac{3}{4\sqrt{2}}+\dfrac{2\sqrt{3}}{4}-\dfrac{3\sqrt{3}}{12}$

$\qquad\qquad =\dfrac{3\sqrt{3}}{4}+\dfrac{2\sqrt{3}}{4}-\dfrac{\sqrt{3}}{4}=\sqrt{3}$

02 $\dfrac{2\sqrt{2}}{\sqrt{3}}+\dfrac{3}{\sqrt{6}}-\dfrac{7\sqrt{3}}{3\sqrt{2}}+\dfrac{5\sqrt{2}}{2\sqrt{3}}$

$=\dfrac{2\sqrt{6}}{3}+\dfrac{3\sqrt{6}}{6}-\dfrac{7\sqrt{6}}{6}+\dfrac{5\sqrt{6}}{6}=\dfrac{5}{6}\sqrt{6}$

$\therefore a=\dfrac{5}{6}$

03 $\sqrt{3}(\sqrt{24}+\sqrt{2})+\sqrt{2}(\sqrt{27}+\sqrt{3})$
$=\sqrt{3}(2\sqrt{6}+\sqrt{2})+\sqrt{2}(3\sqrt{3}+\sqrt{3})$
$=6\sqrt{2}+\sqrt{6}+4\sqrt{6}=6\sqrt{2}+5\sqrt{6}$
따라서 $a=6$, $b=5$이므로 $a-b=6-5=1$

04 $\dfrac{\sqrt{2}}{\sqrt{5}}(\sqrt{10}-\sqrt{2})+\dfrac{\sqrt{5}}{\sqrt{2}}(\sqrt{10}+\sqrt{5})=2-\dfrac{2\sqrt{5}}{5}+5+\dfrac{5\sqrt{2}}{2}$

$\qquad\qquad =7+\dfrac{5}{2}\sqrt{2}-\dfrac{2}{5}\sqrt{5}$

따라서 $a=7$, $b=\dfrac{5}{2}$, $c=-\dfrac{2}{5}$이므로

$abc=7\times\dfrac{5}{2}\times\left(-\dfrac{2}{5}\right)=-7$

05 $\sqrt{3}(1-a\sqrt{3})-2a\sqrt{3}=\sqrt{3}-3a-2a\sqrt{3}=-3a+(1-2a)\sqrt{3}$
유리수가 되려면 무리수 부분이 0이어야 하므로

$1-2a=0$ $\therefore a=\dfrac{1}{2}$

06 $3\sqrt{5}(\sqrt{5}+2)+k(2\sqrt{5}+5)=15+6\sqrt{5}+2k\sqrt{5}+5k$

$\qquad\qquad =(15+5k)+(6+2k)\sqrt{5}$

유리수가 되려면 무리수 부분이 0이어야 하므로

$6+2k=0$ $\therefore k=-3$

07 직육면체의 전개도에서 옆면만 그려 보면 다음 그림과 같다.

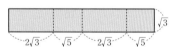

따라서 옆면은 직사각형이므로 구하는 옆넓이는
$(2\sqrt{3}+\sqrt{5}+2\sqrt{3}+\sqrt{5})\times\sqrt{3}=(4\sqrt{3}+2\sqrt{5})\times\sqrt{3}$

$\qquad\qquad =12+2\sqrt{15}$

08 밑면인 정사각형의 한 변의 길이를 x라
하면 $x^2=48$이므로
$x=\sqrt{48}=4\sqrt{3}\ (\because x>0)$
따라서 정사각뿔의 모든 모서리의 길이
의 합은
$5\sqrt{3}\times4+4\sqrt{3}\times4=20\sqrt{3}+16\sqrt{3}=36\sqrt{3}$

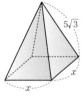

01 ② $3\sqrt{2}\times3\sqrt{3}=9\sqrt{6}$

⑤ $\dfrac{\sqrt{2}}{\sqrt{5}}\left(\dfrac{1}{\sqrt{2}}-\sqrt{2}\right)=\dfrac{\sqrt{10}}{5}\times\left(\dfrac{\sqrt{2}}{2}-\sqrt{2}\right)$

$\qquad\qquad =\dfrac{\sqrt{10}}{5}\times\left(-\dfrac{\sqrt{2}}{2}\right)=-\dfrac{\sqrt{5}}{5}$

02 $\sqrt{0.004}=\sqrt{\dfrac{4}{1000}}=\dfrac{2}{10\sqrt{10}}=\dfrac{\sqrt{10}}{50}=\dfrac{\sqrt{2}\times\sqrt{5}}{50}=\dfrac{ab}{50}$

03 $\sqrt{98}+\sqrt{63}-\sqrt{112}-\sqrt{18}=7\sqrt{2}+3\sqrt{7}-4\sqrt{7}-3\sqrt{2}$

$\qquad\qquad =4\sqrt{2}-\sqrt{7}$

따라서 $a=4$, $b=-1$이므로 $a+b=4-1=3$

04 $\sqrt{108}+\dfrac{4\sqrt{6}}{\sqrt{2}}-\dfrac{\sqrt{10}}{3}\div\dfrac{\sqrt{5}}{21\sqrt{2}}$

$=6\sqrt{3}+4\sqrt{3}-\dfrac{\sqrt{10}}{3}\times\dfrac{21\sqrt{2}}{\sqrt{5}}$

$=6\sqrt{3}+4\sqrt{3}-14=10\sqrt{3}-14$

05 ⑤ $\dfrac{1-\sqrt{2}}{\sqrt{2}}=\dfrac{(1-\sqrt{2})\times\sqrt{2}}{2}=\dfrac{\sqrt{2}-2}{2}$

06 $(\sqrt{2}+1)\div\sqrt{5}+\dfrac{\sqrt{5}+\sqrt{10}}{\sqrt{2}}=\dfrac{\sqrt{2}+1}{\sqrt{5}}+\dfrac{\sqrt{5}+\sqrt{10}}{\sqrt{2}}$

$\qquad\qquad =\dfrac{\sqrt{10}+\sqrt{5}}{5}+\dfrac{\sqrt{10}+2\sqrt{5}}{2}$

$\qquad\qquad =\dfrac{2\sqrt{10}+2\sqrt{5}+5\sqrt{10}+10\sqrt{5}}{10}$

$\qquad\qquad =\dfrac{12\sqrt{5}+7\sqrt{10}}{10}$

$\qquad\qquad =\dfrac{6}{5}\sqrt{5}+\dfrac{7}{10}\sqrt{10}$

따라서 $a=\dfrac{6}{5}$, $b=\dfrac{7}{10}$이므로

$\dfrac{b}{a}=\dfrac{7}{10}\div\dfrac{6}{5}=\dfrac{7}{10}\times\dfrac{5}{6}=\dfrac{7}{12}$

07 꼭짓점 A에서 밑변 BC에 내린 수선의
발을 H라 하면 △ABH에서
$\overline{BH}=\dfrac{1}{2}\times8=4\,(cm)$이므로 피타고라
스 정리에 의하여
$\overline{AH}=\sqrt{8^2-4^2}=\sqrt{48}=4\sqrt{3}\,(cm)$

$\therefore \triangle ABC=\dfrac{1}{2}\times8\times4\sqrt{3}=16\sqrt{3}\,(cm^2)$

Self 코칭

한 변의 길이가 a인 정삼각형의 높이를
h, 넓이를 S라 하면

(1) $h=\dfrac{\sqrt{3}}{2}a\to h=\sqrt{a^2-\left(\dfrac{a}{2}\right)^2}=\dfrac{\sqrt{3}}{2}a$

(2) $S=\dfrac{\sqrt{3}}{4}a^2\to S=\dfrac{1}{2}\times a\times\dfrac{\sqrt{3}}{2}a=\dfrac{\sqrt{3}}{4}a^2$

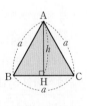

03 제곱근의 활용

──── 19쪽

개념 완성하기

01 ①, ③ 02 ⑤ 03 ② 04 ②

05 ⑤ 06 $C<B<A$ 07 $10-\sqrt{5}$

08 $\dfrac{3\sqrt{5}-6}{7}$

01 ② $\sqrt{0.021}=\dfrac{\sqrt{2.1}}{10}=0.1449$ ④ $\sqrt{2100}=10\sqrt{21}=45.83$

 ⑤ $\sqrt{21000}=100\sqrt{2.1}=144.9$

02 ⑤ $\sqrt{41000}=100\sqrt{4.1}=202.5$

03 $\sqrt{2000}=\sqrt{5\times2^2\times10^2}=20\sqrt{5}=20\times2.236=44.72$

04 $\sqrt{0.12}=\sqrt{\dfrac{12}{100}}=\dfrac{2\sqrt{3}}{10}=\dfrac{\sqrt{3}}{5}=\dfrac{1}{5}\times1.732=0.3464$

05 ① $(3\sqrt{2}+1)-4\sqrt{2}=1-\sqrt{2}<0$ ∴ $3\sqrt{2}+1<4\sqrt{2}$

 ② $(\sqrt{5}+\sqrt{7})-2\sqrt{5}=\sqrt{7}-\sqrt{5}>0$ ∴ $\sqrt{5}+\sqrt{7}>2\sqrt{5}$

 ③ $(\sqrt{7}+3)-2\sqrt{7}=3-\sqrt{7}=\sqrt{9}-\sqrt{7}>0$ ∴ $\sqrt{7}+3>2\sqrt{7}$

 ④ $(2+\sqrt{3})-(1+\sqrt{3})=1>0$ ∴ $2+\sqrt{3}>1+\sqrt{3}$

 ⑤ $(2\sqrt{6}+1)-(3\sqrt{2}+1)=2\sqrt{6}-3\sqrt{2}=\sqrt{24}-\sqrt{18}>0$

   ∴ $2\sqrt{6}+1>3\sqrt{2}+1$

 따라서 두 실수의 대소 관계가 옳은 것은 ⑤이다.

06 $A-B=(3\sqrt{5}+2)-(3\sqrt{5}+\sqrt{3})=2-\sqrt{3}=\sqrt{4}-\sqrt{3}>0$

 이므로 $A>B$

 $B-C=(3\sqrt{5}+\sqrt{3})-(6+\sqrt{3})=3\sqrt{5}-6=\sqrt{45}-\sqrt{36}>0$

 이므로 $B>C$ ∴ $C<B<A$

07 $\sqrt{4}<\sqrt{5}<\sqrt{9}$, 즉 $2<\sqrt{5}<3$에서 $4<\sqrt{5}+2<5$

 따라서 $\sqrt{5}+2$의 정수 부분 a는 $a=4$, 소수 부분 b는

 $b=(\sqrt{5}+2)-4=\sqrt{5}-2$

 ∴ $2a-b=2\times4-(\sqrt{5}-2)=10-\sqrt{5}$

08 $3\sqrt{5}=\sqrt{45}$이고 $\sqrt{36}<\sqrt{45}<\sqrt{49}$, 즉 $6<3\sqrt{5}<7$에서

 $7<3\sqrt{5}+1<8$

 따라서 $3\sqrt{5}+1$의 정수 부분 a는 $a=7$, 소수 부분 b는

 $b=(3\sqrt{5}+1)-7=3\sqrt{5}-6$

 ∴ $\dfrac{b}{a}=\dfrac{3\sqrt{5}-6}{7}$

실력 확인하기

──── 20쪽

01 ④ 02 17.92 03 ④ 04 ⑤

05 ③ 06 $2\sqrt{5}$ 07 19

01 ① $\sqrt{0.0012}=\dfrac{\sqrt{12}}{100}=0.03464$

 ② $\sqrt{0.12}=\dfrac{\sqrt{12}}{10}=0.3464$

 ③ $\sqrt{1200}=10\sqrt{12}=34.64$

 ④ $\sqrt{12000}=100\sqrt{1.2}$이므로 $\sqrt{12}$의 값을 이용할 수 없다.

 ⑤ $\sqrt{120000}=100\sqrt{12}=346.4$

02 $\sqrt{321}=\sqrt{3.21\times10^2}=10\sqrt{3.21}$이고

 제곱근표에서 $\sqrt{3.21}=1.792$이므로

 $\sqrt{321}=10\sqrt{3.21}=17.92$

03 $\sqrt{451}=\sqrt{4.51\times10^2}=10\sqrt{4.51}=21.24$이므로 $\sqrt{4.51}=2.124$

 $\sqrt{4510}=\sqrt{45.1\times10^2}=10\sqrt{45.1}=67.16$이므로

  $\sqrt{45.1}=6.716$

 따라서 $x=2.124$, $y=6.716$이므로

 $x+y=2.124+6.716=8.840$

04 $\sqrt{960}=4\sqrt{60}=4\times7.746=30.984$

05 ① $(\sqrt{18}-3)-(\sqrt{8}-2)=(3\sqrt{2}-3)-(2\sqrt{2}-2)$

       $=\sqrt{2}-1>0$

   ∴ $\sqrt{18}-3>\sqrt{8}-2$

 ② $(2+\sqrt{7})-(2\sqrt{7}-1)=3-\sqrt{7}=\sqrt{9}-\sqrt{7}>0$

   ∴ $2+\sqrt{7}>2\sqrt{7}-1$

 ③ $(3\sqrt{3}-5)-(4\sqrt{3}-6)=-\sqrt{3}+1<0$

   ∴ $3\sqrt{3}-5<4\sqrt{3}-6$

 ④ $(5\sqrt{2}+1)-(7\sqrt{2}-1)=2-2\sqrt{2}=\sqrt{4}-\sqrt{8}<0$

   ∴ $5\sqrt{2}+1<7\sqrt{2}-1$

 ⑤ $(5-\sqrt{3})-(1+\sqrt{3})=4-2\sqrt{3}=\sqrt{16}-\sqrt{12}>0$

   ∴ $5-\sqrt{3}>1+\sqrt{3}$

 따라서 두 실수의 대소 관계가 옳지 않은 것은 ③이다.

06 $2\sqrt{5}=\sqrt{20}$이고 $\sqrt{16}<\sqrt{20}<\sqrt{25}$, 즉 $4<2\sqrt{5}<5$에서

 $-5<-2\sqrt{5}<-4$이므로 $5<10-2\sqrt{5}<6$

 따라서 $10-2\sqrt{5}$의 정수 부분 a는 $a=5$,

 소수 부분 b는 $b=(10-2\sqrt{5})-5=5-2\sqrt{5}$

 ∴ $a-b=5-(5-2\sqrt{5})=2\sqrt{5}$

07 $1\le x<4$일 때 $1\le\sqrt{x}<2$이므로

 $N(1)=N(2)=N(3)=1$

 $4\le x<9$일 때 $2\le\sqrt{x}<3$이므로

 $N(4)=N(5)=N(6)=N(7)=N(8)=2$

 $9\le x<16$일 때 $3\le\sqrt{x}<4$이므로

 $N(9)=N(10)=3$

 ∴ $N(1)+N(2)+\cdots+N(10)=1\times3+2\times5+3\times2=19$

실전! 중단원 마무리

──── 21쪽~22쪽

01 234 02 ② 03 $100a+\dfrac{1}{10}b$

04 $2\sqrt{3}$ 05 1 06 $3\sqrt{3}+5\sqrt{2}$

07 $(72+26\sqrt{15})$ cm² 08 ⑤ 09 ③

10 ③ 11 ⑤

→ 서술형 문제 ←

12 $a=\dfrac{3}{2}$, $b=\dfrac{1}{6}$ 13 $(20\sqrt{2}+24\sqrt{6})$ cm

01 $3\sqrt{5} \times 5\sqrt{3} = 15\sqrt{15}$이므로 $a=15$

$\sqrt{\dfrac{15}{2}} \div \sqrt{\dfrac{5}{6}} = \sqrt{\dfrac{15}{2}} \times \sqrt{\dfrac{6}{5}} = 3$이므로 $b=3$

$\therefore a^2+b^2 = 15^2+3^2 = 225+9 = 234$

02 $\sqrt{125} = 5\sqrt{5}$이므로 $a=5$

$\sqrt{180} = \sqrt{2^2 \times 3^2 \times 5} = 6\sqrt{5}$이므로 $b=6$

$\therefore a-b = 5-6 = -1$

03 $\sqrt{27000} = \sqrt{2.7 \times 100^2} = 100\sqrt{2.7} = 100a$

$\sqrt{0.51} = \sqrt{\dfrac{51}{10^2}} = \dfrac{\sqrt{51}}{10} = \dfrac{1}{10}b$

$\therefore \sqrt{27000} + \sqrt{0.51} = 100a + \dfrac{1}{10}b$

04 (삼각형의 넓이)$= \dfrac{1}{2} \times \sqrt{32} \times \sqrt{27}$

$\qquad\qquad\qquad = \dfrac{1}{2} \times 4\sqrt{2} \times 3\sqrt{3} = 6\sqrt{6} \ (\text{cm}^2)$

삼각형과 직사각형의 넓이가 서로 같으므로

$\sqrt{18} \times x = 6\sqrt{6}$에서 $x = \dfrac{6\sqrt{6}}{\sqrt{18}} = \dfrac{6\sqrt{6}}{3\sqrt{2}} = 2\sqrt{3}$

05 $\sqrt{45} - \dfrac{5\sqrt{2}}{\sqrt{3}} - \dfrac{5}{\sqrt{5}} + \dfrac{12}{\sqrt{54}} = 3\sqrt{5} - \dfrac{5\sqrt{2}}{\sqrt{3}} - \dfrac{5}{\sqrt{5}} + \dfrac{4}{\sqrt{6}}$

$\qquad\qquad\qquad\qquad\qquad = 3\sqrt{5} - \dfrac{5\sqrt{6}}{3} - \sqrt{5} + \dfrac{2\sqrt{6}}{3}$

$\qquad\qquad\qquad\qquad\qquad = 2\sqrt{5} - \sqrt{6}$

따라서 $a=2$, $b=-1$이므로

$a+b = 2-1 = 1$

06 $\dfrac{\sqrt{10}}{\sqrt{3}} \div \dfrac{\sqrt{5}}{\sqrt{6}} \times \dfrac{9}{\sqrt{12}} + \sqrt{18} - \dfrac{4}{\sqrt{2}} + \sqrt{32}$

$= \dfrac{\sqrt{10}}{\sqrt{3}} \times \dfrac{\sqrt{6}}{\sqrt{5}} \times \dfrac{9}{2\sqrt{3}} + 3\sqrt{2} - 2\sqrt{2} + 4\sqrt{2}$

$= 3\sqrt{3} + 5\sqrt{2}$

07 (겉넓이)

$= (\sqrt{3}+2\sqrt{5}) \times 2\sqrt{3} \times 2 + \{2(\sqrt{3}+2\sqrt{5}) + 2 \times 2\sqrt{3}\} \times 3\sqrt{5}$

$= 12 + 8\sqrt{15} + (6\sqrt{3}+4\sqrt{5}) \times 3\sqrt{5}$

$= 12 + 8\sqrt{15} + 18\sqrt{15} + 60$

$= 72 + 26\sqrt{15} \ (\text{cm}^2)$

08 ① $\sqrt{0.0032} = \dfrac{\sqrt{32}}{100} = \dfrac{1}{100} \times 5.657 = 0.05657$

② $\sqrt{0.017} = \dfrac{\sqrt{1.7}}{10} = \dfrac{1}{10} \times 1.304 = 0.1304$

③ $\sqrt{3200} = 10\sqrt{32} = 10 \times 5.657 = 56.57$

④ $\sqrt{17000} = 100\sqrt{1.7} = 100 \times 1.304 = 130.4$

⑤ $\sqrt{170000} = 100\sqrt{17}$의 값은 알 수 없다.

09 ① $(\sqrt{12}-1) - (-1+\sqrt{11}) = \sqrt{12} - \sqrt{11} > 0$

$\quad \therefore \sqrt{12}-1 > -1+\sqrt{11}$

② $(\sqrt{5}-2) - (4-\sqrt{5}) = 2\sqrt{5} - 6 = \sqrt{20} - \sqrt{36} < 0$

$\quad \therefore \sqrt{5}-2 < 4-\sqrt{5}$

③ $(3\sqrt{3}+\sqrt{7}) - (2\sqrt{3}+\sqrt{7}) = \sqrt{3} > 0$

$\quad \therefore 3\sqrt{3}+\sqrt{7} > 2\sqrt{3}+\sqrt{7}$

④ $(\sqrt{3}-2) - (\sqrt{3}-\sqrt{5}) = \sqrt{5} - 2 = \sqrt{5} - \sqrt{4} > 0$

$\quad \therefore \sqrt{3}-2 > \sqrt{3}-\sqrt{5}$

⑤ $(4\sqrt{3}-3) - (2\sqrt{3}-1) = 2\sqrt{3} - 2 = \sqrt{12} - \sqrt{4} > 0$

$\quad \therefore 4\sqrt{3}-3 > 2\sqrt{3}-1$

따라서 두 실수의 대소 관계가 옳은 것은 ③이다.

10 $A-B = (\sqrt{3}+\sqrt{5}) - (2+\sqrt{3}) = \sqrt{5} - 2 = \sqrt{5} - \sqrt{4} > 0$

이므로 $A > B$

$A-C = (\sqrt{3}+\sqrt{5}) - (\sqrt{5}+2) = \sqrt{3} - 2 = \sqrt{3} - \sqrt{4} < 0$

이므로 $A < C$

$\therefore B < A < C$

11 $1 < \sqrt{3} < 2$에서 $6 < 5+\sqrt{3} < 7$이므로 $5+\sqrt{3}$의 정수 부분은 6

이다. $\quad \therefore a=6$

$\sqrt{4} < \sqrt{5} < \sqrt{9}$, 즉 $2 < \sqrt{5} < 3$에서 $-3 < -\sqrt{5} < -2$이므로

$1 < 4-\sqrt{5} < 2$

$4-\sqrt{5}$의 정수 부분은 1이므로

$b = (4-\sqrt{5}) - 1 = 3 - \sqrt{5}$

$\therefore a-b = 6 - (3-\sqrt{5}) = 3 + \sqrt{5}$

◆ 서술형 문제

12 $\dfrac{3}{\sqrt{2}} + \dfrac{5}{\sqrt{6}} - \sqrt{2}(a+\sqrt{3}) + b\sqrt{6}$

$= \dfrac{3\sqrt{2}}{2} + \dfrac{5\sqrt{6}}{6} - a\sqrt{2} - \sqrt{6} + b\sqrt{6}$

$= \left(\dfrac{3}{2} - a\right)\sqrt{2} + \left(b - \dfrac{1}{6}\right)\sqrt{6}$ ····· ❶

유리수가 되려면 무리수 부분이 모두 0이어야 하므로

$\dfrac{3}{2} - a = 0 \quad \therefore a = \dfrac{3}{2}$ ····· ❷

$b - \dfrac{1}{6} = 0 \quad \therefore b = \dfrac{1}{6}$ ····· ❸

채점 기준	배점
❶ 주어진 식 간단히 하기	2점
❷ a의 값 구하기	1점
❸ b의 값 구하기	1점

13 네 개의 정사각형 모양의 색종이의 한 변의 길이는 각각

$\sqrt{24} = 2\sqrt{6} \ (\text{cm})$, $\sqrt{32} = 4\sqrt{2} \ (\text{cm})$, $\sqrt{72} = 6\sqrt{2} \ (\text{cm})$,

$\sqrt{150} = 5\sqrt{6} \ (\text{cm})$ ····· ❶

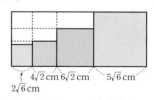

$2\sqrt{6}$ cm $\quad 4\sqrt{2}$ cm $\quad 6\sqrt{2}$ cm $\quad 5\sqrt{6}$ cm

만든 도형의 둘레의 길이는 큰 직사각형의 둘레의 길이와 같으므로

$2 \times \{(2\sqrt{6}+4\sqrt{2}+6\sqrt{2}+5\sqrt{6}) + 5\sqrt{6}\}$ ····· ❷

$= 2 \times (10\sqrt{2}+12\sqrt{6})$

$= 20\sqrt{2} + 24\sqrt{6} \ (\text{cm})$ ····· ❸

채점 기준	배점
❶ 각 정사각형 모양의 색종이의 한 변의 길이 구하기	2점
❷ 도형의 둘레의 길이 구하는 식 세우기	2점
❸ 도형의 둘레의 길이 구하기	2점

1 다항식의 곱셈과 인수분해

01 곱셈 공식

개념 확인문제 ——————23쪽

01 (1) $2ac+4ad-3bc-6bd$　(2) $15x^2-13x-20$

02 (1) $x^2+16x+64$　(2) $4a^2+12a+9$　(3) $9b^2-24b+16$
　　(4) $x^2-14xy+49y^2$　(5) $\dfrac{9}{4}x^2+15xy+25y^2$

03 (1) x^2-100　(2) $4a^2-81b^2$　(3) $25a^2-\dfrac{9}{16}b^2$
　　(4) $\dfrac{1}{9}x^2-64y^2$

04 (1) $a^2+13a+36$　(2) $x^2-4x-21$　(3) $x^2+2x-48$
　　(4) $y^2-14y+45$　(5) $a^2+3ab+2b^2$　(6) $x^2-7xy-30y^2$

05 (1) $3x^2+x-14$　(2) $12a^2-17a-5$　(3) $10x^2-27x+5$
　　(4) $21x^2+16x+3$　(5) $10x^2+17xy-20y^2$
　　(6) $-3x^2-2xy+16y^2$

01 (2) $(5x+4)(3x-5)=15x^2-25x+12x-20$
　　　　　　　　　　$=15x^2-13x-20$

03 (3) $\left(5a-\dfrac{3}{4}b\right)\left(\dfrac{3}{4}b+5a\right)=\left(5a-\dfrac{3}{4}b\right)\left(5a+\dfrac{3}{4}b\right)$
　　　　　　　　　　　　$=(5a)^2-\left(\dfrac{3}{4}b\right)^2$
　　　　　　　　　　　　$=25a^2-\dfrac{9}{16}b^2$

　　(4) $\left(-\dfrac{1}{3}x+8y\right)\left(-\dfrac{1}{3}x-8y\right)=\left(-\dfrac{1}{3}x\right)^2-(8y)^2$
　　　　　　　　　　　　　　　$=\dfrac{1}{9}x^2-64y^2$

개념 완성하기 ——————24쪽

01 -2	**02** ①	**03** ㄷ, ㄹ	**04** 17
05 -19	**06** 4	**07** ②	**08** ②

01 $(x-5y)(6x+2y-4)$
　　$=6x^2+2xy-4x-30xy-10y^2+20y$
　　$=6x^2-28xy-10y^2-4x+20y$
　　따라서 $a=6$, $b=-28$, $c=20$이므로
　　$a+b+c=6+(-28)+20=-2$

다른 풀이
x^2의 계수는 $1\times6=6$이므로 $a=6$
xy의 계수는 $1\times2+(-5)\times6=-28$이므로 $b=-28$
y의 계수는 $(-5)\times(-4)=20$이므로 $c=20$
$\therefore a+b+c=6+(-28)+20=-2$

Self 코칭
(다항식)$\times$(다항식)의 전개식에서 특정한 항의 계수를 구할 때에는 필요한 항이 나오는 부분만 전개하여 구할 수도 있다.

02 ① $3\times(-4)=-12$이므로 $\square=12$
　　② $-4+2=-2$이므로 $\square=2$
　　③ $(-1)\times1=-1$이므로 $\square=1$
　　④ $\square=2\times(-4)+4\times3=4$
　　⑤ $\square=(-2)\times(-1)=2$
　　따라서 $\square$ 안의 수가 가장 큰 것은 ①이다.

03 ㄱ. $(9x+2)^2=81x^2+36x+4$
　　ㄴ. $(-a+3b)^2=a^2-6ab+9b^2$
　　따라서 옳은 것은 ㄷ, ㄹ이다.

04 $3(x+4)(x+3)+(2x-5)(2x+5)$
　　$=3(x^2+7x+12)+(4x^2-25)$
　　$=3x^2+21x+36+4x^2-25$
　　$=7x^2+21x+11$
　　따라서 $a=7$, $b=21$, $c=11$이므로
　　$a+b-c=7+21-11=17$

05 $(ax-5)^2=a^2x^2-10ax+25$
　　　　　　　　$=36x^2-60x+b$
　　즉, $a^2=36$, $-10a=-60$에서 $a=6$, $b=25$
　　$\therefore a-b=6-25=-19$

06 $(6x+a)(-x+4)-(x+1)^2$
　　$=-6x^2+(24-a)x+4a-(x^2+2x+1)$
　　$=-7x^2+(22-a)x+4a-1$
　　이때 x의 계수가 18이므로
　　$22-a=18$　$\therefore a=4$

07 ① $(x-y)^2=x^2-2xy+y^2$
　　② $(-x-y)^2=\{-(x+y)\}^2=(x+y)^2$
　　　　　　　　$=x^2+2xy+y^2$
　　③ $(-x+y)^2=\{-(x-y)\}^2=(x-y)^2$
　　　　　　　　$=x^2-2xy+y^2$
　　④ $(-y+x)^2=(x-y)^2=x^2-2xy+y^2$
　　⑤ $(x+y)^2-4xy=x^2+2xy+y^2-4xy$
　　　　　　　　　$=x^2-2xy+y^2$
　　따라서 전개식이 나머지 넷과 다른 하나는 ②이다.

08 $(-2a+3b)^2=4a^2-12ab+9b^2$
　　① $(2a+3b)^2=4a^2+12ab+9b^2$
　　② $(2a-3b)^2=4a^2-12ab+9b^2$
　　③ $-(2a-3b)^2=-(4a^2-12ab+9b^2)$
　　　　　　　　　$=-4a^2+12ab-9b^2$
　　④ $-(-2a+3b)^2=-(4a^2-12ab+9b^2)$
　　　　　　　　　$=-4a^2+12ab-9b^2$
　　⑤ $-(-2a-3b)^2=-(4a^2+12ab+9b^2)$
　　　　　　　　　$=-4a^2-12ab-9b^2$
　　따라서 $(-2a+3b)^2$과 전개식이 같은 것은 ②이다.

한번 더
개념 확인문제 —————25쪽—

01 (1) 11025　(2) 996004　(3) 4896　(4) 1005004
02 (1) $14-6\sqrt{5}$　(2) 1　　**03** (1) $\sqrt{3}+\sqrt{2}$　(2) $4-\sqrt{5}$
04 (1) $4\sqrt{2}-3\sqrt{3}$　(2) $2-\sqrt{2}$
05 (1) $4x^2+4xy+y^2-12x-6y+9$
　　 (2) $a^2-4ab+4b^2-a+2b-6$
　　 (3) $16x^2-16xy+4y^2+8x-4y-15$
　　 (4) $4x^2+12xy+9y^2-z^2$
06 (1) 70　(2) 76　　　　**07** (1) 28　(2) 40
08 (1) 14　(2) 12　　　　**09** (1) 11　(2) 13

01 (1) $105^2=(100+5)^2=100^2+2\times100\times5+5^2$
　　　　　$=10000+1000+25=11025$
　　(2) $998^2=(1000-2)^2=1000^2-2\times1000\times2+2^2$
　　　　　$=1000000-4000+4=996004$
　　(3) $68\times72=(70-2)(70+2)=70^2-2^2$
　　　　　$=4900-4=4896$
　　(4) $1001\times1004=(1000+1)(1000+4)$
　　　　　$=1000^2+5\times1000+4=1005004$

02 (1) $(\sqrt{5}-3)^2=(\sqrt{5})^2-2\times\sqrt{5}\times3+3^2$
　　　　　$=5-6\sqrt{5}+9=14-6\sqrt{5}$
　　(2) $(2-\sqrt{3})(2+\sqrt{3})=2^2-(\sqrt{3})^2=4-3=1$

03 (1) $\dfrac{1}{\sqrt{3}-\sqrt{2}}=\dfrac{\sqrt{3}+\sqrt{2}}{(\sqrt{3}-\sqrt{2})(\sqrt{3}+\sqrt{2})}=\sqrt{3}+\sqrt{2}$
　　(2) $\dfrac{11}{4+\sqrt{5}}=\dfrac{11(4-\sqrt{5})}{(4+\sqrt{5})(4-\sqrt{5})}=4-\sqrt{5}$

04 (1) $\sqrt{6}(\sqrt{3}-\sqrt{2})-\dfrac{1}{\sqrt{3}+\sqrt{2}}$
　　　$=\sqrt{18}-\sqrt{12}-\dfrac{\sqrt{3}-\sqrt{2}}{(\sqrt{3}+\sqrt{2})(\sqrt{3}-\sqrt{2})}$
　　　$=3\sqrt{2}-2\sqrt{3}-(\sqrt{3}-\sqrt{2})$
　　　$=4\sqrt{2}-3\sqrt{3}$
　　(2) $\dfrac{1}{\sqrt{2}+1}+\dfrac{1}{3+\sqrt{8}}$
　　　$=\dfrac{\sqrt{2}-1}{(\sqrt{2}+1)(\sqrt{2}-1)}+\dfrac{3-\sqrt{8}}{(3+\sqrt{8})(3-\sqrt{8})}$
　　　$=(\sqrt{2}-1)+(3-2\sqrt{2})=2-\sqrt{2}$

05 (1) $2x+y=A$로 놓으면
　　　$(2x+y-3)^2=(A-3)^2=A^2-6A+9$
　　　　　　　　$=(2x+y)^2-6(2x+y)+9$
　　　　　　　　$=4x^2+4xy+y^2-12x-6y+9$
　　(2) $a-2b=A$로 놓으면
　　　$(a-2b+2)(a-2b-3)=(A+2)(A-3)$
　　　　　　　　　　$=A^2-A-6$
　　　　　　　　　　$=(a-2b)^2-(a-2b)-6$
　　　　　　　　　　$=a^2-4ab+4b^2-a+2b-6$

　　(3) $4x-2y=A$로 놓으면
　　　$(4x-2y+5)(4x-2y-3)$
　　　$=(A+5)(A-3)=A^2+2A-15$
　　　$=(4x-2y)^2+2(4x-2y)-15$
　　　$=16x^2-16xy+4y^2+8x-4y-15$
　　(4) $2x+3y=A$로 놓으면
　　　$(2x+3y+z)(2x+3y-z)=(A+z)(A-z)$
　　　　　　　　　　　$=A^2-z^2$
　　　　　　　　　　　$=(2x+3y)^2-z^2$
　　　　　　　　　　　$=4x^2+12xy+9y^2-z^2$

06 (1) $x^2+y^2=(x+y)^2-2xy$
　　　　　$=(-8)^2-2\times(-3)=70$
　　(2) $(x-y)^2=(x+y)^2-4xy$
　　　　　$=(-8)^2-4\times(-3)=76$

07 (1) $x^2+y^2=(x-y)^2+2xy=4^2+2\times6=28$
　　(2) $(x+y)^2=(x-y)^2+4xy=4^2+4\times6=40$

08 (1) $a^2+\dfrac{1}{a^2}=\left(a+\dfrac{1}{a}\right)^2-2=4^2-2=14$
　　(2) $\left(a-\dfrac{1}{a}\right)^2=\left(a+\dfrac{1}{a}\right)^2-4=4^2-4=12$

09 (1) $a^2+\dfrac{1}{a^2}=\left(a-\dfrac{1}{a}\right)^2+2=(-3)^2+2=11$
　　(2) $\left(a+\dfrac{1}{a}\right)^2=\left(a-\dfrac{1}{a}\right)^2+4=(-3)^2+4=13$

한번 더
개념 완성하기 —————26쪽~27쪽—

01 ③	**02** 169	**03** $6-\sqrt{15}$	**04** 16
05 $\dfrac{9\sqrt{5}-5}{4}$	**06** $\sqrt{6}-\sqrt{2}$	**07** -8	**08** ①
09 5	**10** 3	**11** $2\sqrt{3}$	**12** ④
13 (1) 4　(2) 20		**14** 50	**15** ④
16 14			

01 $121\times119=(120+1)(120-1)$이므로
　　가장 편리한 곱셈 공식은 ③이다.

02 $82\times83=(\boxed{80}+2)(80+\boxed{3})=\boxed{80}^2+5\times80+\boxed{6}$
　　　　　　$=6806$
　　따라서 □ 안에 알맞은 네 수의 합은
　　$80+3+80+6=169$

03 $\dfrac{(\sqrt{5}-\sqrt{3})^2}{2}+(\sqrt{5}+\sqrt{3})(\sqrt{5}-\sqrt{3})$
　　$=\dfrac{5-2\sqrt{15}+3}{2}+(5-3)$
　　$=4-\sqrt{15}+2=6-\sqrt{15}$

04
$$(\sqrt{7}+1)(\sqrt{7}-1)+(2\sqrt{3}+\sqrt{2})(2\sqrt{3}-\sqrt{2})$$
$$=(7-1)+(12-2)=16$$

05
$$\frac{\sqrt{5}}{3-\sqrt{5}}+\frac{2\sqrt{5}}{3+\sqrt{5}}$$
$$=\frac{\sqrt{5}(3+\sqrt{5})}{(3-\sqrt{5})(3+\sqrt{5})}+\frac{2\sqrt{5}(3-\sqrt{5})}{(3+\sqrt{5})(3-\sqrt{5})}$$
$$=\frac{3\sqrt{5}+5}{4}+\frac{6\sqrt{5}-10}{4}$$
$$=\frac{9\sqrt{5}-5}{4}$$

06
$$\frac{1}{\sqrt{3}+\sqrt{2}}+\frac{1}{\sqrt{4}+\sqrt{3}}+\frac{1}{\sqrt{5}+\sqrt{4}}+\frac{1}{\sqrt{6}+\sqrt{5}}$$
$$=\frac{\sqrt{3}-\sqrt{2}}{(\sqrt{3}+\sqrt{2})(\sqrt{3}-\sqrt{2})}+\frac{\sqrt{4}-\sqrt{3}}{(\sqrt{4}+\sqrt{3})(\sqrt{4}-\sqrt{3})}$$
$$+\frac{\sqrt{5}-\sqrt{4}}{(\sqrt{5}+\sqrt{4})(\sqrt{5}-\sqrt{4})}+\frac{\sqrt{6}-\sqrt{5}}{(\sqrt{6}+\sqrt{5})(\sqrt{6}-\sqrt{5})}$$
$$=\frac{\sqrt{3}-\sqrt{2}}{3-2}+\frac{\sqrt{4}-\sqrt{3}}{4-3}+\frac{\sqrt{5}-\sqrt{4}}{5-4}+\frac{\sqrt{6}-\sqrt{5}}{6-5}$$
$$=(\sqrt{3}-\sqrt{2})+(\sqrt{4}-\sqrt{3})+(\sqrt{5}-\sqrt{4})+(\sqrt{6}-\sqrt{5})$$
$$=\sqrt{6}-\sqrt{2}$$

07 $x-4y=A$로 놓으면
$$(x-4y+1)(x-4y-1)=(A+1)(A-1)=A^2-1$$
$$=(x-4y)^2-1$$
$$=x^2-8xy+16y^2-1$$
따라서 $a=1$, $b=-8$, $c=-1$이므로
$a+b+c=1+(-8)+(-1)=-8$

08 $(a-b+c)(a+b-c)=\{a-(b-c)\}\{a+(b-c)\}$이므로
$b-c=X$로 놓으면 주어진 식은
$$(a-X)(a+X)=a^2-X^2=a^2-(b-c)^2$$
$$=a^2-(b^2-2bc+c^2)$$
$$=a^2-b^2-c^2+2bc$$

09 $x=3+\sqrt{6}$에서 $x-3=\sqrt{6}$
양변을 제곱하면 $(x-3)^2=6$
$x^2-6x+9=6$ ∴ $x^2-6x=-3$
∴ $x^2-6x+8=-3+8=5$

10 $x=\dfrac{1}{\sqrt{5}-2}=\dfrac{\sqrt{5}+2}{(\sqrt{5}-2)(\sqrt{5}+2)}=\sqrt{5}+2$에서
$x-2=\sqrt{5}$
양변을 제곱하면 $(x-2)^2=5$
$x^2-4x+4=5$ ∴ $x^2-4x=1$
∴ $x^2-4x+2=1+2=3$

11 $x+y=(\sqrt{3}+\sqrt{2})+(\sqrt{3}-\sqrt{2})=2\sqrt{3}$
$xy=(\sqrt{3}+\sqrt{2})(\sqrt{3}-\sqrt{2})=3-2=1$
∴ $\dfrac{1}{x}+\dfrac{1}{y}=\dfrac{x+y}{xy}=\dfrac{2\sqrt{3}}{1}=2\sqrt{3}$

12 $x=\dfrac{2}{\sqrt{6}-2}=\dfrac{2(\sqrt{6}+2)}{(\sqrt{6}-2)(\sqrt{6}+2)}=\sqrt{6}+2$
$y=\dfrac{2}{\sqrt{6}+2}=\dfrac{2(\sqrt{6}-2)}{(\sqrt{6}+2)(\sqrt{6}-2)}=\sqrt{6}-2$

∴ $x(y+2)-y(x+2)=xy+2x-xy-2y$
$$=2(x-y)$$
$$=2(\sqrt{6}+2-\sqrt{6}+2)=8$$

13 (1) $(x-y)^2=x^2+y^2-2xy$이므로
$2^2=12-2xy$, $2xy=8$ ∴ $xy=4$
(2) $(x+y)^2=(x-y)^2+4xy=2^2+4\times4=20$

14 $(a-b)^2=(a+b)^2-4ab$이므로
$6^2=8^2-4ab$, $4ab=28$ ∴ $ab=7$
∴ $a^2+b^2=(a+b)^2-2ab=8^2-2\times7=50$

[다른 풀이]
$(a+b)^2+(a-b)^2=2(a^2+b^2)=64+36=100$
∴ $a^2+b^2=50$

15 $x^2-6x+1=0$의 양변을 x로 나누면
$x-6+\dfrac{1}{x}=0$, $x+\dfrac{1}{x}=6$
∴ $x^2+\dfrac{1}{x^2}=\left(x+\dfrac{1}{x}\right)^2-2=6^2-2=34$

16 $\left(x-\dfrac{1}{x}\right)^2=\left(x+\dfrac{1}{x}\right)^2-4=(3\sqrt{2})^2-4=14$

[한번 더] 실력 확인하기 ————28쪽

01 ③	**02** ⑤	**03** 8	**04** 2
05 -23	**06** 2022	**07** -6	**08** 22

01 $(3x-y+1)(x-2y)=3x^2-6xy-xy+2y^2+x-2y$
$$=3x^2-7xy+2y^2+x-2y$$

02 (색칠한 직사각형의 넓이)$=(a-b)^2=a^2-2ab+b^2$

03
$$(1-x)(1+x)(1+x^2)(1+x^4)$$
$$=(1-x^2)(1+x^2)(1+x^4)$$
$$=(1-x^4)(1+x^4)=1-x^8$$
∴ $n=8$

04 $(ax+6)(2x+b)=2ax^2+(ab+12)x+6b$
$$=10x^2-3x-18$$
즉, $2a=10$에서 $a=5$, $6b=-18$에서 $b=-3$
∴ $a+b=5+(-3)=2$

05 $(x+3)(x-a)=x^2+(3-a)x-3a=x^2-b$
이므로 $3-a=0$, $-3a=-b$ ∴ $a=3$, $b=9$
따라서
$(ax+4)(x-b)=(3x+4)(x-9)=3x^2-23x-36$
이므로 x의 계수는 -23이다.

06 $\dfrac{2019\times2023+3}{2020}=\dfrac{(2020-1)(2020+3)+3}{2020}$
$$=\dfrac{2020^2+2\times2020-3+3}{2020}$$
$$=2020+2=2022$$

07 $4+x=A$로 놓으면

$$(4+x-y)(4+x+ay)=(A-y)(A+ay)$$
$$=A^2+(ay-y)A-ay^2$$
$$=(4+x)^2+(ay-y)(4+x)-ay^2$$

이때 y^2의 계수가 5이므로 $-a=5$에서 $a=-5$

$$\therefore (4+x)^2+(-5y-y)(4+x)+5y^2$$
$$=(4+x)^2-6y(4+x)+5y^2$$
$$=x^2+8x+16-24y-6xy+5y^2$$

따라서 xy의 계수는 -6이다.

다른 풀이

y^2의 계수가 5이므로 $-1\times a=5$에서 $a=-5$

따라서 $(4+x-y)(4+x-5y)$에서 xy의 계수는

$$1\times(-5)+(-1)\times 1=-6$$

08 $x+y=(\sqrt{6}+\sqrt{5})+(\sqrt{6}-\sqrt{5})=2\sqrt{6}$

$xy=(\sqrt{6}+\sqrt{5})(\sqrt{6}-\sqrt{5})=6-5=1$

$x^2+y^2=(x+y)^2-2xy=(2\sqrt{6})^2-2\times 1=22$

$$\therefore \frac{x}{y}+\frac{y}{x}=\frac{x^2+y^2}{xy}=\frac{22}{1}=22$$

---

03 인수분해

한번 더
개념 확인문제 ──────── 29쪽 ─

01 (1) $3x(x-3a)$ (2) $2ab(a-2b+5)$
     (3) $(x-1)(x-3)$ (4) $(a+2)(a-b)$

02 (1) $\left(x-\dfrac{1}{4}\right)^2$ (2) $(2x-5y)^2$ (3) $2(x+1)^2$

03 (1) 9 (2) ± 12 (3) $\dfrac{1}{36}$ (4) $\pm\dfrac{2}{3}$

04 (1) $(x+11)(x-11)$ (2) $(4x+15)(4x-15)$
     (3) $(5x+6y)(5x-6y)$ (4) $a(4x+3y)(4x-3y)$

05 (1) $(x+2)(x+4)$ (2) $(x-5)(x+7)$
     (3) $(x+1)(x-11)$

06 (1) $(2x-9)(x-4)$ (2) $(3x+2)(x-3)$
     (3) $(2x+1)(3x+1)$

01 (3) $(x-1)^2-2(x-1)=(x-1)\{(x-1)-2\}$
$$=(x-1)(x-3)$$

   (4) $2(a-b)-a(b-a)=2(a-b)+a(a-b)$
$$=(a-b)(2+a)$$
$$=(a+2)(a-b)$$

02 (3) $2x^2+4x+2=2(x^2+2x+1)=2(x+1)^2$

03 (1) $\square=\left(\dfrac{-6}{2}\right)^2=9$

   (2) $\square=\pm 2\times 1\times 6=\pm 12$

   (3) $\square=\left(\dfrac{1}{2}\times\dfrac{1}{3}\right)^2=\left(\dfrac{1}{6}\right)^2=\dfrac{1}{36}$

---

   (4) $\square=\pm 2\times 1\times\dfrac{1}{3}=\pm\dfrac{2}{3}$

04 (4) $16ax^2-9ay^2=a(16x^2-9y^2)=a(4x+3y)(4x-3y)$

한번 더
개념 완성하기 ──────── 30쪽~32쪽 ─

01 ④	**02** ⑤	**03** ④
04 $(x-3)(y-2)$	**05** ②	**06** $-14,\ 14$
07 ③	**08** 0	**09** ⑤ **10** ③
11 17	**12** ①	**13** $2x+1$ **14** $5x-1$
15 $2x-1$	**16** -2	**17** 15 **18** 2
19 $(3x-2)(x+2)$	**20** $2x+3$	**21** $x+3$
22 $3x+2$		

01 $6a^2b+8ab^2=2ab(3a+4b)$
따라서 $6a^2b+8ab^2$의 인수가 아닌 것은 ④이다.

02 ⑤ $(x-1)+2=x+1$이므로 $x-1$을 인수로 갖지 않는다.

03 ④ $2a^3-2a^2=2a^2(a-1)$

04 $y(x-3)+2(3-x)=y(x-3)-2(x-3)$
$$=(x-3)(y-2)$$

05 ① $x^2-18x+81=(x-9)^2$
② $9a^2+6a-3=3(3a^2+2a-1)=3(a+1)(3a-1)$
③ $a^2-a+\dfrac{1}{4}=\left(a-\dfrac{1}{2}\right)^2$
④ $4x^2+4x+1=(2x+1)^2$
⑤ $x^2+\dfrac{2}{3}x+\dfrac{1}{9}=\left(x+\dfrac{1}{3}\right)^2$

따라서 완전제곱식으로 인수분해할 수 없는 것은 ②이다.

06 $a=\pm 2\times 1\times 7=\pm 14$

07 $a-3<0,\ a+2>0$이므로
$$\sqrt{a^2-6a+9}+\sqrt{a^2+4a+4}=\sqrt{(a-3)^2}+\sqrt{(a+2)^2}$$
$$=-(a-3)+a+2=5$$

08 $x<0,\ y>0$이므로 $x-y<0$
$$\therefore \sqrt{x^2}+\sqrt{y^2}-\sqrt{x^2-2xy+y^2}$$
$$=\sqrt{x^2}+\sqrt{y^2}-\sqrt{(x-y)^2}$$
$$=-x+y+(x-y)=0$$

09 ① $ax+by$는 인수분해되지 않는다.
② $x^2+2x+1=(x+1)^2$
③ $4x^2-9y^2=(2x+3y)(2x-3y)$
④ $x^2-3x+2=(x-2)(x-1)$

따라서 인수분해가 바르게 된 것은 ⑤이다.

10 ③ $2a^2-6=2(a^2-3)$
⑤ $a^2x^2-7a^2x-8a^2=a^2(x^2-7x-8)$
$$=a^2(x+1)(x-8)$$

11 $x^2+12x+36=(x+6)^2$　∴ $a=6$
$3x^2-27=3(x^2-9)=3(x-3)(x+3)$
∴ $b=3$, $c=3$
$3x^2+4x-15=(x+3)(3x-5)$　∴ $d=5$
∴ $a+b+c+d=6+3+3+5=17$

12 $x^2-7x+6=(x-1)(x-6)$
$2x^2-5x+3=(x-1)(2x-3)$
따라서 두 다항식의 공통인 인수는 ① $x-1$이다.

13 $2x^2+7x+3=(2x+1)(x+3)$
$2x^2+5x+2=(2x+1)(x+2)$
따라서 두 다항식의 1이 아닌 공통인 인수는 $2x+1$이다.

14 $6x^2-x-2=(3x-2)(2x+1)$
이므로 구하는 두 일차식의 합은
$(3x-2)+(2x+1)=5x-1$

15 $x^2-x-6=(x-3)(x+2)$
이므로 구하는 두 일차식의 합은
$(x-3)+(x+2)=2x-1$

16 $3x-5$가 $3x^2+ax-5$의 인수이므로
$3x^2+ax-5=(3x-5)(x+b)$ (b는 상수)로 놓으면
$3x^2+ax-5=3x^2+(3b-5)x-5b$
$-5=-5b$에서 $b=1$
∴ $a=3b-5=3-5=-2$

17 $x^2+8x+k=(x+a)(x+b)$에서
$x^2+8x+k=x^2+(a+b)x+ab$
이때 $a+b=8$, $ab=k$이므로 합이 8이고 $a<b$인 두 자연수
a, b의 순서쌍 (a, b)는 $(1, 7)$, $(2, 6)$, $(3, 5)$이다.
따라서 $k=ab$이므로 k의 최댓값은 $a=3$, $b=5$일 때이다.
∴ (k의 최댓값)$=3\times5=15$

18 $(x-1)(x+3)-5=x^2+2x-8$
$\qquad\qquad\qquad\quad=(x+4)(x-2)$
∴ $A+B=4+(-2)=2$

19 $(3x-5)(x+3)+11=3x^2+4x-4$
$\qquad\qquad\qquad\qquad\ =(3x-2)(x+2)$

20 $x^2+3x+2=(x+1)(x+2)$
이므로 만들어진 큰 직사각형의 가로, 세로의 길이는 각각
$x+1$, $x+2$이다.
따라서 가로의 길이와 세로의 길이의 합은
$(x+1)+(x+2)=2x+3$

21 잘라 내고 남은 도형의 넓이는
$(x+1)^2-2^2=x^2+2x+1-4$
$\qquad\qquad\qquad=x^2+2x-3$
$\qquad\qquad\qquad=(x+3)(x-1)$
따라서 이 도형과 넓이가 같은 직사각형의 가로의 길이가
$x-1$이므로 세로의 길이는 $x+3$이다.

22 사다리꼴의 넓이는
$\dfrac{1}{2}\times\{(x+1)+(x+3)\}\times(높이)=3x^2+8x+4$
이므로
$(x+2)\times(높이)=(x+2)(3x+2)$
따라서 사다리꼴의 높이는 $3x+2$이다.

---

04 인수분해의 활용

한번 더
개념 확인문제　　　　　　　　　　33쪽

01 (1) $(x-1)^2$　　(2) $(x-1)(4x-7)$
　　(3) $3(x+1)(x-1)$
02 (1) $(x+z)(y+z)$　　(2) $(a-b)(x+y)$
　　(3) $(x-4)(x+y)$　　(4) $(x+y-2)(x-y+2)$
　　(5) $(a+2b-3)(a-2b-3)$
　　(6) $(x-3)(x-y+1)$
03 (1) 5800　(2) 30600　(3) 1000000　(4) 20
04 (1) 100　　(2) 2　　(3) $40\sqrt{6}$　　(4) -102

01 (1) $x+1=A$로 놓으면
$(x+1)^2-4(x+1)+4=A^2-4A+4=(A-2)^2$
$\qquad\qquad\qquad\qquad\qquad\quad=(x+1-2)^2=(x-1)^2$

(2) $x-2=A$로 놓으면
$4(x-2)^2+5(x-2)+1=4A^2+5A+1$
$\qquad\qquad\qquad\qquad\quad=(A+1)(4A+1)$
$\qquad\qquad\qquad\qquad\quad=(x-2+1)(4x-8+1)$
$\qquad\qquad\qquad\qquad\quad=(x-1)(4x-7)$

(3) $2x+1=A$, $x+2=B$로 놓으면
$(2x+1)^2-(x+2)^2=A^2-B^2=(A+B)(A-B)$
$\qquad\qquad\qquad\qquad\quad=(3x+3)(x-1)$
$\qquad\qquad\qquad\qquad\quad=3(x+1)(x-1)$

02 (1) $xy+yz+xz+z^2=y(x+z)+z(x+z)$
$\qquad\qquad\qquad\qquad\quad=(x+z)(y+z)$
(2) $ax-by+ay-bx=x(a-b)+y(a-b)$
$\qquad\qquad\qquad\qquad=(a-b)(x+y)$
(3) $x^2-4x+xy-4y=x(x-4)+y(x-4)$
$\qquad\qquad\qquad\qquad=(x-4)(x+y)$
(4) $x^2-y^2+4y-4=x^2-(y^2-4y+4)$
$\qquad\qquad\qquad\quad=x^2-(y-2)^2$
$\qquad\qquad\qquad\quad=(x+y-2)(x-y+2)$
(5) $a^2-6a-4b^2+9=a^2-6a+9-4b^2$
$\qquad\qquad\qquad\qquad=(a-3)^2-(2b)^2$
$\qquad\qquad\qquad\qquad=(a-3+2b)(a-3-2b)$
$\qquad\qquad\qquad\qquad=(a+2b-3)(a-2b-3)$

(6) $x^2-2x-3-xy+3y=x^2-2x-3-(xy-3y)$
$$=(x-3)(x+1)-(x-3)y$$
$$=(x-3)(x-y+1)$$

03 (1) $29\times126+29\times74=29\times(126+74)$
$$=29\times200=5800$$
(2) $3\times101^2-3=3\times(101^2-1)$
$$=3\times(101+1)(101-1)$$
$$=3\times102\times100=30600$$
(3) $990^2+2\times990\times10+10^2=(990+10)^2$
$$=1000^2=1000000$$
(4) $\sqrt{52^2-48^2}=\sqrt{(52+48)(52-48)}$
$$=\sqrt{100\times4}=\sqrt{400}=20$$

04 (1) $\sqrt{a^2-10a+25}=\sqrt{(a-5)^2}=\sqrt{(105-5)^2}$
$$=\sqrt{100^2}=100$$
(2) $x=\dfrac{1}{\sqrt2+1}=\dfrac{\sqrt2-1}{(\sqrt2+1)(\sqrt2-1)}=\sqrt2-1$이므로
$$x^2+2x+1=(x+1)^2=(\sqrt2-1+1)^2=2$$
(3) $x+y=(5+2\sqrt6)+(5-2\sqrt6)=10,$
$x-y=(5+2\sqrt6)-(5-2\sqrt6)=4\sqrt6$이므로
$$x^2-y^2=(x+y)(x-y)=10\times4\sqrt6=40\sqrt6$$
(4) $ax+3.2x+a+3.2=x(a+3.2)+(a+3.2)$
$$=(a+3.2)(x+1)$$
$$=(6.8+3.2)(-11.2+1)$$
$$=10\times(-10.2)=-102$$

한번 더
개념 완성하기 ────────────34쪽~35쪽

01 ②, ④ | **02** $x-5$ | **03** ⑤ | **04** -7
05 $(x+4y-7)(x-2y+5)$ | **06** ③
07 $(3x-y+z)(3x-y-z)$ | **08** ④ | **09** 628
10 ③ | **11** $-8\sqrt{35}$ | **12** 3 | **13** $5-\sqrt5$
14 42

01 $x+3=A$로 놓으면
$(x+3)^2-5(x+3)+4=A^2-5A+4$
$$=(A-1)(A-4)$$
$$=(x+3-1)(x+3-4)$$
$$=(x+2)(x-1)$$

02 $x-1=A$로 놓으면
$(x-1)^2-2(x-1)-8=A^2-2A-8$
$$=(A+2)(A-4)$$
$$=(x-1+2)(x-1-4)$$
$$=(x+1)(x-5)$$
$2x^2-9x-5=(2x+1)(x-5)$
따라서 두 다항식의 1이 아닌 공통인 인수는 $x-5$이다.

03 $x+2y=A$로 놓으면
$(x+2y)(x+2y+3)+2=A(A+3)+2$
$$=A^2+3A+2$$
$$=(A+1)(A+2)$$
$$=(x+2y+1)(x+2y+2)$$
따라서 구하는 두 일차식의 합은
$(x+2y+1)+(x+2y+2)=2x+4y+3$

04 $x-3=A$, $y-3=B$로 놓으면
$(x-3)^2-(y-3)^2=A^2-B^2=(A+B)(A-B)$
$$=(x-3+y-3)(x-3-y+3)$$
$$=(x+y-6)(x-y)$$
따라서 $a=-6$, $b=-1$이므로
$a+b=-6+(-1)=-7$

05 $x+1=A$, $y-2=B$로 놓으면
$(x+1)^2+2(x+1)(y-2)-8(y-2)^2$
$=A^2+2AB-8B^2$
$=(A+4B)(A-2B)$
$=(x+1+4y-8)(x+1-2y+4)$
$=(x+4y-7)(x-2y+5)$

06 $x^2-y^2-5x+5y=(x+y)(x-y)-5(x-y)$
$$=(x-y)(x+y-5)$$

07 $9x^2-6xy+y^2-z^2=(3x-y)^2-z^2$
$$=(3x-y+z)(3x-y-z)$$

08 $\dfrac{102^2-2\times102\times2+2^2}{101^2-99^2}=\dfrac{(102-2)^2}{(101+99)(101-99)}$
$$=\dfrac{100^2}{200\times2}=25$$

09 $3.14\times15^2-3.14\times5^2=3.14\times(15^2-5^2)$
$$=3.14\times(15+5)(15-5)$$
$$=3.14\times20\times10=628$$

10 $2021\times2023+1=2021\times(2021+2)+1$
$$=2021^2+2\times2021+1$$
$$=(2021+1)^2=2022^2$$
$$\therefore a=2022$$

11 $x^2-y^2=(x+y)(x-y)$
$$=(2\sqrt7-\sqrt5+2\sqrt7+\sqrt5)(2\sqrt7-\sqrt5-2\sqrt7-\sqrt5)$$
$$=4\sqrt7\times(-2\sqrt5)=-8\sqrt{35}$$

12 $x^2+y^2-2xy=(x-y)^2=\left(\dfrac{1+\sqrt3}{2}-\dfrac{1-\sqrt3}{2}\right)^2$
$$=(\sqrt3)^2=3$$

13 $x^2-y^2+2x+1=x^2+2x+1-y^2=(x+1)^2-y^2$
$$=(x+y+1)(x-y+1)$$
$$=(\sqrt5-1)\times\sqrt5=5-\sqrt5$$

14 $x^2-y^2+4x-4y=(x+y)(x-y)+4(x-y)$
$$=(x-y)(x+y+4)$$
$$=6\times(3+4)=42$$

한번더
실력 확인하기 ————————36쪽

01 ⑤ 02 $-\dfrac{1}{3}xy$, $\dfrac{1}{3}xy$ 03 5

04 $a-1$ 05 $(x+2)(x-3)$ 06 ③

07 4 08 ⑤

---

01 ① $x^2+2x=x(x+2)$

② $x^2+4x+4=(x+2)^2$

③ $x^2+x-2=(x+2)(x-1)$

④ $2x^2+9x+10=(x+2)(2x+5)$

⑤ $2x^2+2x-12=2(x^2+x-6)=2(x-2)(x+3)$

①, ②, ③, ④ $x+2$를 인수로 갖는다.

따라서 나머지 넷과 1이 아닌 공통인 인수를 갖지 않는 다항식은 ⑤이다.

02 $\dfrac{1}{9}x^2+\boxed{}+\dfrac{1}{4}y^2=\left(\dfrac{1}{3}x\pm\dfrac{1}{2}y\right)^2$이므로

$\boxed{}=\pm2\times\dfrac{1}{3}x\times\dfrac{1}{2}y=\pm\dfrac{1}{3}xy$

03 $2x^2-5xy+3y^2=(x-y)(2x-3y)$

따라서 $A=2$, $B=3$이므로 $A+B=2+3=5$

04 $ab+a-b-1=a(b+1)-(b+1)=(a-1)(b+1)$

$a^2-ab-a+b=a(a-b)-(a-b)=(a-1)(a-b)$

따라서 두 다항식의 1이 아닌 공통인 인수는 $a-1$이다.

05 $x-2=A$로 놓으면

$(x-2)^2+3(x-2)-4=A^2+3A-4=(A+4)(A-1)$

$\qquad\qquad\qquad\qquad\quad=(x-2+4)(x-2-1)$

$\qquad\qquad\qquad\qquad\quad=(x+2)(x-3)$

06 ① $x+2=A$로 놓으면

$(x+2)^2-7(x+2)+12=A^2-7A+12=(A-3)(A-4)$

$\qquad\qquad\qquad\qquad\qquad\quad=(x-1)(x-2)$

② $x-y=A$로 놓으면

$(x-y)(x-y-1)-12=A(A-1)-12$

$\qquad\qquad\qquad\qquad\quad=A^2-A-12=(A-4)(A+3)$

$\qquad\qquad\qquad\qquad\quad=(x-y-4)(x-y+3)$

③ $x^3-x^2-x+1=x^2(x-1)-(x-1)$

$\qquad\qquad\qquad=(x-1)(x^2-1)$

$\qquad\qquad\qquad=(x-1)(x+1)(x-1)$

$\qquad\qquad\qquad=(x+1)(x-1)^2$

④ $a^2-4a-9b^2+4=a^2-4a+4-9b^2=(a-2)^2-(3b)^2$

$\qquad\qquad\qquad\qquad=(a-2+3b)(a-2-3b)$

$\qquad\qquad\qquad\qquad=(a+3b-2)(a-3b-2)$

⑤ $x^2+y^2-5x+5y-2xy+6$

$=(x^2-2xy+y^2)-5(x-y)+6$

$=(x-y)^2-5(x-y)+6$

이때 $x-y=A$로 놓으면 주어진 식은

$A^2-5A+6=(A-3)(A-2)=(x-y-3)(x-y-2)$

따라서 옳지 않은 것은 ③이다.

---

07 $\sqrt{2}+1=A$, $\sqrt{2}-1=B$로 놓으면

$(\sqrt{2}+1)^2-2(\sqrt{2}+1)(\sqrt{2}-1)+(\sqrt{2}-1)^2$

$=A^2-2AB+B^2=(A-B)^2$

$=(\sqrt{2}+1-\sqrt{2}+1)^2=2^2=4$

08 $x=\dfrac{1}{\sqrt{3}-\sqrt{2}}=\dfrac{\sqrt{3}+\sqrt{2}}{(\sqrt{3}-\sqrt{2})(\sqrt{3}+\sqrt{2})}=\sqrt{3}+\sqrt{2}$,

$y=\dfrac{1}{\sqrt{3}+\sqrt{2}}=\dfrac{\sqrt{3}-\sqrt{2}}{(\sqrt{3}+\sqrt{2})(\sqrt{3}-\sqrt{2})}=\sqrt{3}-\sqrt{2}$

이므로

$x+y=(\sqrt{3}+\sqrt{2})+(\sqrt{3}-\sqrt{2})=2\sqrt{3}$

$x-y=(\sqrt{3}+\sqrt{2})-(\sqrt{3}-\sqrt{2})=2\sqrt{2}$

$xy=(\sqrt{3}+\sqrt{2})(\sqrt{3}-\sqrt{2})=1$

$\therefore x^3y-xy^3=xy(x^2-y^2)=xy(x+y)(x-y)$

$\qquad\qquad\qquad=1\times2\sqrt{3}\times2\sqrt{2}=4\sqrt{6}$

한번더
실전! 중단원 마무리 ————————37쪽~38쪽

01 ④ 02 ③, ④ 03 ② 04 10

05 ④ 06 ① 07 ① 08 ②

09 ① 10 $3+6\sqrt{3}$ 11 464

▶ 서술형 문제 ◀ ----------------------

12 -8, 12 13 $40+4\sqrt{7}$

---

01 $(x-2y)(4x+5y)=4x^2+5xy-8xy-10y^2$

$\qquad\qquad\qquad=4x^2-3xy-10y^2$

x^2의 계수는 4이고 xy의 계수는 -3이므로 그 합은

$4+(-3)=1$

다른 풀이

x^2의 계수는 $1\times4=4$

xy의 계수는 $1\times5+(-2)\times4=-3$

따라서 구하는 합은 $4+(-3)=1$

02 ③ $(-a+10)(10+a)=(10-a)(10+a)=100-a^2$

④ $\left(\dfrac{2}{3}x+\dfrac{1}{2}y\right)^2=\left(\dfrac{2}{3}x\right)^2+2\times\dfrac{2}{3}x\times\dfrac{1}{2}y+\left(\dfrac{1}{2}y\right)^2$

$\qquad\qquad\qquad\quad=\dfrac{4}{9}x^2+\dfrac{2}{3}xy+\dfrac{1}{4}y^2$

03 $\left(-\dfrac{1}{2}x+3y\right)^2=\left\{-\dfrac{1}{2}(x-6y)\right\}^2=\dfrac{1}{4}(x-6y)^2$

04 $\dfrac{\sqrt{3}}{\sqrt{3}-\sqrt{2}}=\dfrac{\sqrt{3}(\sqrt{3}+\sqrt{2})}{(\sqrt{3}-\sqrt{2})(\sqrt{3}+\sqrt{2})}=3+\sqrt{6}$

따라서 $a=3$, $b=1$이므로 $a^2+b^2=3^2+1^2=10$

05 $x^2+\dfrac{1}{x^2}=\left(x-\dfrac{1}{x}\right)^2+2=3^2+2=11$

06 $2x^2-5x+3=(2x-3)(x-1)$이므로 $a=-1$

$x^2-16x+64=(x-8)^2$이므로 $b=-8$

$6x^2-5x-6=(2x-3)(3x+2)$이므로 $c=3$

$xy+5x-y-5=x(y+5)-(y+5)=(x-1)(y+5)$

이므로 $d=-5$

$\therefore a+b+c+d=-1+(-8)+3+(-5)=-11$

07 $5x^2-4x-1=(x-1)(5x+1)$

$3x^2-2x-1=(x-1)(3x+1)$

따라서 두 다항식의 공통인 인수는 $x-1$이다.

08 $ax^2-2x+5b$가 $x-2$와 $2x+5$로 나누어떨어지므로

$ax^2-2x+5b=c(x-2)(2x+5)$ (c는 상수)로 놓을 수 있다.

$ax^2-2x+5b=c(2x^2+x-10)=2cx^2+cx-10c$이므로

$a=2c,\ -2=c,\ 5b=-10c$

$\therefore a=-4,\ b=4,\ c=-2$

$\therefore a+b=-4+4=0$

09 (㉮의 넓이)$=(4x-1)(3x+2)-5=12x^2+5x-2-5$

$\qquad\qquad\qquad =12x^2+5x-7=(x+1)(12x-7)$

이때 ㉯의 세로의 길이가 $x+1$이므로 가로의 길이는

$12x-7$이다.

10 $x+y=A$로 놓으면

$(x+y)^2-2(x+y)-8=A^2-2A-8=(A-4)(A+2)$

$\qquad\qquad\qquad\qquad\quad =(x+y-4)(x+y+2)$

$\qquad\qquad\qquad\qquad\quad =(\sqrt{3}+1+3-4)(\sqrt{3}+1+3+2)$

$\qquad\qquad\qquad\qquad\quad =\sqrt{3}(\sqrt{3}+6)=3+6\sqrt{3}$

11 $5^2-7^2+13^2-9^2+101^2-99^2$

$=(5+7)(5-7)+(13+9)(13-9)+(101+99)(101-99)$

$=-24+88+400=464$

Self 코칭

$a^2-b^2+c^2-d^2+\cdots$ 꼴의 수의 계산은 2항씩 짝을 지어 인수분해 공식 $a^2-b^2=(a+b)(a-b)$를 이용한다.

◦서술형 문제◦

12 $4x^2+(2k-4)x+25=(2x)^2+(2k-4)x+5^2$이 완전제곱식이 되려면

$2k-4=\pm2\times2\times5=\pm20$ ⋯⋯ ❶

$2k-4=-20$에서 $2k=-16$ $\therefore k=-8$

$2k-4=20$에서 $2k=24$ $\therefore k=12$

따라서 가능한 상수 k의 값은 -8, 12이다. ⋯⋯ ❷

채점 기준	배점
❶ 주어진 식이 완전제곱식이 되기 위한 조건 알기	2점
❷ k의 값 모두 구하기	2점

13 $x=\dfrac{3}{2-\sqrt{7}}=\dfrac{3(2+\sqrt{7})}{(2-\sqrt{7})(2+\sqrt{7})}=-(2+\sqrt{7})=-2-\sqrt{7}$

$y=\dfrac{3}{2+\sqrt{7}}=\dfrac{3(2-\sqrt{7})}{(2+\sqrt{7})(2-\sqrt{7})}=-(2-\sqrt{7})$

$\qquad =-2+\sqrt{7}$ ⋯⋯ ❶

$\therefore 3x^2+5xy+2y^2=(x+y)(3x+2y)$ ⋯⋯ ❷

$\qquad\qquad\qquad\qquad =-4(-6-3\sqrt{7}-4+2\sqrt{7})$

$\qquad\qquad\qquad\qquad =-4(-10-\sqrt{7})=40+4\sqrt{7}$ ⋯⋯ ❸

채점 기준	배점
❶ x, y의 분모를 유리화하기	2점
❷ $3x^2+5xy+2y^2$ 인수분해하기	2점
❸ $3x^2+5xy+2y^2$의 값 구하기	2점

1 이차방정식

01 이차방정식과 그 해

한번 더

개념 완성하기 ┤39쪽├

01 ④	**02** ②, ④	**03** $a\neq3$	**04** ④
05 ①, ⑤	**06** 6	**07** -9	

01 ① $y=5x+3$ ➡ 일차함수

② $-7x-3=0$ ➡ 일차방정식

③ $x^2-4x+4+1=x^2,\ -4x+5=0$ ➡ 일차방정식

④ $5x^2-4x+1=0$ ➡ 이차방정식

⑤ $x^2-x-12=x^2-5,\ -x-7=0$ ➡ 일차방정식

따라서 이차방정식인 것은 ④이다.

02 ① $x^2-x=0$ ➡ 이차방정식

② $5x^2-2x+1$ ➡ 이차식

③ $2x^2=4x^2+4x+1-1,\ -2x^2-4x=0$ ➡ 이차방정식

④ $x^2+3=x^2+2x+1,\ -2x+2=0$ ➡ 일차방정식

⑤ $x^2+2x-3=2x^2-4x+2,\ -x^2+6x-5=0$

$\qquad$ ➡ 이차방정식

따라서 이차방정식이 아닌 것은 ②, ④이다.

03 $(a-1)x^2+2x-3=2x^2-x-3$에서 $(a-3)x^2+3x=0$

이 식이 이차방정식이 되려면 $a-3\neq0$ $\therefore a\neq3$

04 $x=3$을 주어진 이차방정식에 대입해 보면

① $3\times(3-3)=0\neq5$

② $3^2+3\times3-9=9\neq0$

③ $3^2+6\times3+9=36\neq0$

④ $(3-2)\times(3+2)=5$

⑤ $3\times3^2-2\times3-8=13\neq12$

따라서 $x=3$을 해로 갖는 것은 ④이다.

05 [ ] 안의 수를 주어진 이차방정식에 대입해 보면

① $(-3)^2+3\times(-3)=0$

② $(-1)^2+5\times(-1)=-4\neq6$

③ $4^2-8=8\neq0$

④ $\left(\dfrac{1}{2}\right)^2-4=-\dfrac{15}{4}\neq0$

⑤ $3\times(-2)^2+7\times(-2)+2=0$

따라서 [ ] 안의 수가 주어진 이차방정식의 해인 것은 ①, ⑤이다.

06 $x=-1$을 $2x^2+(k-1)x+3=0$에 대입하면

$2-(k-1)+3=0,\ -k+6=0$ $\therefore k=6$

07 $x=3$을 $x^2-5x+a=0$에 대입하면

$9-15+a=0$ $\therefore a=6$

$x=3$을 $2x^2-x-b=0$에 대입하면

$18-3-b=0$ $\therefore b=15$

$\therefore a-b=6-15=-9$

02 인수분해를 이용한 이차방정식의 풀이

[한번 더] 개념 확인문제 ——————40쪽

01 (1) $x=0$ 또는 $x=3$ (2) $x=-2$ 또는 $x=2$

(3) $x=-\dfrac{1}{3}$ 또는 $x=2$ (4) $x=-1$ 또는 $x=\dfrac{1}{2}$

(5) $x=\dfrac{1}{2}$ 또는 $x=-\dfrac{2}{3}$ (6) $x=0$ 또는 $x=5$

(7) $x=-\dfrac{2}{3}$ 또는 $x=\dfrac{3}{4}$

02 (1) $x=0$ 또는 $x=4$ (2) $x=-6$ 또는 $x=6$

(3) $x=3$ 또는 $x=4$ (4) $x=7$ 또는 $x=-3$

(5) $x=-\dfrac{1}{2}$ 또는 $x=5$ (6) $x=-4$ 또는 $x=2$

(7) $x=9$ (8) $x=\dfrac{1}{5}$

(9) $x=-\dfrac{2}{3}$ (10) $x=-2$

03 (1) 16 (2) -7 또는 7

02 (1) $x(x-4)=0$ ∴ $x=0$ 또는 $x=4$

(2) $(x+6)(x-6)=0$ ∴ $x=-6$ 또는 $x=6$

(3) $(x-3)(x-4)=0$ ∴ $x=3$ 또는 $x=4$

(4) $(x-7)(x+3)=0$ ∴ $x=7$ 또는 $x=-3$

(5) $(2x+1)(x-5)=0$ ∴ $x=-\dfrac{1}{2}$ 또는 $x=5$

(6) $x^2+2x-8=0$, $(x+4)(x-2)=0$

∴ $x=-4$ 또는 $x=2$

(7) $(x-9)^2=0$ ∴ $x=9$

(8) $(5x-1)^2=0$ ∴ $x=\dfrac{1}{5}$

(9) $(3x+2)^2=0$ ∴ $x=-\dfrac{2}{3}$

(10) $x^2-9=-4x-13$, $x^2+4x+4=0$, $(x+2)^2=0$

∴ $x=-2$

03 (1) $k=\left(\dfrac{-8}{2}\right)^2=16$

(2) $49=\left(\dfrac{2k}{2}\right)^2$에서 $49=k^2$ ∴ $k=-7$ 또는 $k=7$

[한번 더] 개념 완성하기 ——————41쪽~42쪽

01 ③	**02** ⑤	**03** ①	**04** $x=4$
05 $x=-1$	**06** -3	**07** ③	**08** 25
09 1	**10** ③	**11** ②	**12** -2
13 $x=-4$	**14** 16	**15** ③	

01 ③ $(x+3)(x-2)=0$에서 $x=-3$ 또는 $x=2$

02 주어진 이차방정식의 좌변을 인수분해하면

$(x+2)(x-8)=0$ ∴ $x=-2$ 또는 $x=8$

이때 $a>b$이므로 $a=8$, $b=-2$

∴ $a-b=8-(-2)=10$

03 주어진 이차방정식의 좌변을 인수분해하면

$(x+3)(2x-3)=0$ ∴ $x=-3$ 또는 $x=\dfrac{3}{2}$

-3과 $\dfrac{3}{2}$ 사이에 있는 모든 정수는 -2, -1, 0, 1이므로

구하는 합은 $-2+(-1)+0+1=-2$

04 $x=-3$을 $x^2-x+a=0$에 대입하면

$9+3+a=0$ ∴ $a=-12$

$a=-12$를 대입하면 $x^2-x-12=0$이므로

$(x+3)(x-4)=0$ ∴ $x=-3$ 또는 $x=4$

따라서 다른 한 근은 $x=4$

05 $x=5$를 $x^2-2ax-(7-a)=0$에 대입하면

$25-10a-7+a=0$, $18-9a=0$ ∴ $a=2$

$a=2$를 대입하면 $x^2-4x-5=0$이므로

$(x-5)(x+1)=0$ ∴ $x=5$ 또는 $x=-1$

따라서 다른 한 근은 $x=-1$

06 $x=-\dfrac{1}{2}$을 $2x^2-5x+3a=0$에 대입하면

$\dfrac{1}{2}+\dfrac{5}{2}+3a=0$, $3+3a=0$ ∴ $a=-1$

$a=-1$을 대입하면 $2x^2-5x-3=0$이므로

$(2x+1)(x-3)=0$ ∴ $x=-\dfrac{1}{2}$ 또는 $x=3$

따라서 $b=3$이므로

$ab=(-1)\times3=-3$

07 $x^2+x-6=0$에서 $(x+3)(x-2)=0$

∴ $x=-3$ 또는 $x=2$

$x=-3$을 $x^2+2ax+3a=0$에 대입하면

$9-6a+3a=0$, $-3a=-9$ ∴ $a=3$

08 $x=2$를 $x^2+ax-14=0$에 대입하면

$4+2a-14=0$, $2a=10$ ∴ $a=5$

$a=5$를 대입하면 $x^2+5x-14=0$이므로

$(x-2)(x+7)=0$ ∴ $x=2$ 또는 $x=-7$

$x=-7$을 $3x^2+bx-7=0$에 대입하면

$147-7b-7=0$, $-7b=-140$ ∴ $b=20$

∴ $a+b=5+20=25$

09 $x^2-5x+4=0$에서 $(x-1)(x-4)=0$

∴ $x=1$ 또는 $x=4$

$3x^2=4x-1$에서 $3x^2-4x+1=0$

$(3x-1)(x-1)=0$ ∴ $x=\dfrac{1}{3}$ 또는 $x=1$

따라서 두 이차방정식을 동시에 만족시키는 x의 값은 1이다.

10 $(x-3)(x+4)=0$의 해는 $x=3$ 또는 $x=-4$

$x=3$을 $2x^2+ax+a-6=0$에 대입하면

$18+3a+a-6=0$, $4a=-12$ ∴ $a=-3$

III. 이차방정식 **67**

11
ㄱ. $(x+2)^2=0$ $\quad\therefore x=-2$

ㄴ. $(x+4)(x-4)=0$ $\quad\therefore x=-4$ 또는 $x=4$

ㄷ. $(x-8)(x+4)=0$ $\quad\therefore x=8$ 또는 $x=-4$

ㄹ. $x^2-12x+36=0$, $(x-6)^2=0$ $\quad\therefore x=6$

ㅁ. $(5x+1)^2=0$ $\quad\therefore x=-\dfrac{1}{5}$

따라서 중근을 갖는 것은 ㄱ, ㄹ, ㅁ이다.

12 $x^2+x+\dfrac{1}{4}=0$에서 $\left(x+\dfrac{1}{2}\right)^2=0$, $x=-\dfrac{1}{2}$ $\quad\therefore a=-\dfrac{1}{2}$

$4x^2+12x+9=0$에서 $(2x+3)^2=0$, $x=-\dfrac{3}{2}$ $\quad\therefore b=-\dfrac{3}{2}$

$\therefore a+b=-\dfrac{1}{2}+\left(-\dfrac{3}{2}\right)=-2$

13 $x^2+2x-k=-6x-15$에서 $x^2+8x-k+15=0$

이 이차방정식이 중근을 가지므로

$-k+15=\left(\dfrac{8}{2}\right)^2$에서 $-k+15=16$ $\quad\therefore k=-1$

$k=-1$을 대입하면 $x^2+8x+16=0$이므로

$(x+4)^2=0$ $\quad\therefore x=-4$

14 $x^2-8x+a=0$이 중근을 가지므로 $a=\left(\dfrac{-8}{2}\right)^2=16$

$a=16$을 $x^2+\left(\dfrac{1}{2}a-10\right)x+b=0$에 대입하면

$x^2-2x+b=0$

$b=\left(\dfrac{-2}{2}\right)^2=1$이므로 $ab=16\times1=16$

15 $a-1=\left(\dfrac{4}{2}\right)^2$에서 $a-1=4$ $\quad\therefore a=5$

$a=5$를 대입하면 $x^2+4x+4=0$이므로

$(x+2)^2=0$ $\quad\therefore x=-2$

따라서 $b=-2$이므로 $a+b=5+(-2)=3$

🐞03 완전제곱식을 이용한 이차방정식의 풀이

한번 더
개념 확인문제 ─────43쪽─

01 (1) $x=\pm2$ (2) $x=\pm3\sqrt{2}$

(3) $x=\pm\dfrac{\sqrt{6}}{2}$ (4) $x=\pm4\sqrt{2}$

02 (1) $x=-2\pm\sqrt{5}$ (2) $x=1$ 또는 $x=-3$

(3) $x=\dfrac{3\pm\sqrt{7}}{2}$ (4) $x=-3\pm\sqrt{6}$

(5) $x=1\pm\dfrac{\sqrt{2}}{2}$

03 (1) 25, 25, 5, 20, 5, 5, -5, 5

(2) $\dfrac{9}{4}$, $\dfrac{9}{4}$, $\dfrac{3}{2}$, $\dfrac{17}{4}$, $\dfrac{3}{2}$, 17, 3, 17

04 (1) $x=-4\pm2\sqrt{3}$ (2) $x=\dfrac{3}{2}$ 또는 $x=-\dfrac{1}{2}$

(3) $x=-3\pm\sqrt{13}$

---

04 (1) $x^2+8x+4=0$에서 $x^2+8x=-4$

$x^2+8x+16=-4+16$, $(x+4)^2=12$

$x+4=\pm2\sqrt{3}$ $\quad\therefore x=-4\pm2\sqrt{3}$

(2) $x^2-x-\dfrac{3}{4}=0$에서 $x^2-x=\dfrac{3}{4}$

$x^2-x+\dfrac{1}{4}=\dfrac{3}{4}+\dfrac{1}{4}$, $\left(x-\dfrac{1}{2}\right)^2=1$

$x-\dfrac{1}{2}=\pm1$ $\quad\therefore x=\dfrac{3}{2}$ 또는 $x=-\dfrac{1}{2}$

(3) $2x^2+12x-8=0$에서 $x^2+6x-4=0$

$x^2+6x=4$, $x^2+6x+9=4+9$, $(x+3)^2=13$

$x+3=\pm\sqrt{13}$ $\quad\therefore x=-3\pm\sqrt{13}$

한번 더
개념 완성하기 ─────44쪽─

01 -2 **02** 4 **03** ④ **04** ①

05 ④ **06** ⑤ **07** ④

01 $(x+4)^2=2$, $x+4=\pm\sqrt{2}$ $\quad\therefore x=-4\pm\sqrt{2}$

따라서 $a=-4$, $b=2$이므로

$a+b=-4+2=-2$

02 $(x-a)^2=3$, $x-a=\pm\sqrt{3}$ $\quad\therefore x=a\pm\sqrt{3}$

따라서 $a=1$, $b=3$이므로

$a+b=1+3=4$

03 $q=0$이면 중근, $q>0$이면 서로 다른 두 근을 가지므로 해를 가질 조건은 ④ $q\geq0$이다.

04 $(x+3)^2=6-2a$가 해를 갖지 않으려면

$6-2a<0$, $-2a<-6$ $\quad\therefore a>3$

05 $x^2-6x+1=0$에서 $x^2-6x=-1$

$x^2-6x+9=-1+9$ $\quad\therefore (x-3)^2=8$

따라서 $A=-3$, $B=8$이므로

$A+B=-3+8=5$

06 $x^2-8x+6=0$에서

6을 우변으로 이항하면 $x^2-8x=-6$

양변에 16을 더하면 $x^2-8x+16=-6+16$

좌변을 완전제곱식으로 바꾸면 $(x-4)^2=10$

따라서 $A=16$, $B=10$이므로

$A-B=16-10=6$

07 $x^2+5x+a=0$에서 $x^2+5x=-a$

$x^2+5x+\left(\dfrac{5}{2}\right)^2=-a+\left(\dfrac{5}{2}\right)^2$

$\left(x+\dfrac{5}{2}\right)^2=\dfrac{25-4a}{4}$, $x+\dfrac{5}{2}=\pm\dfrac{\sqrt{25-4a}}{2}$

$\therefore x=\dfrac{-5\pm\sqrt{25-4a}}{2}$

이때 $25-4a=21$이므로 $-4a=-4$ $\quad\therefore a=1$

$$x^2+\frac{3}{2}x+\frac{9}{16}=\frac{1}{2}+\frac{9}{16}$$

$$\left(x+\frac{3}{4}\right)^2=\frac{17}{16}$$

따라서 $A=\frac{9}{16}$, $B=\frac{3}{4}$, $C=\frac{17}{16}$이므로

$$A+B-C=\frac{9}{16}+\frac{3}{4}-\frac{17}{16}=\frac{1}{4}$$

01 $x=m$을 $x^2+4x-2=0$에 대입하면

$m^2+4m-2=0$ ······ ㉠

① ㉠의 양변에 -1을 곱하면 $2-4m-m^2=0$

② ㉠의 양변에 $\frac{1}{2}$을 곱하면

$\quad\frac{1}{2}m^2+2m-1=0$ $\quad\therefore \frac{1}{2}m^2+2m=1$

③ ㉠의 양변을 m으로 나누면

$\quad m+4-\frac{2}{m}=0$ $\quad\therefore m-\frac{2}{m}=-4$

④ ㉠에서 $m^2+4m=2$

⑤ ㉠의 양변에 3을 곱하면 $3m^2+12m-6=0$

따라서 옳지 않은 것은 ③이다.

02 $x=3$을 $x^2+ax-3=0$에 대입하면

$9+3a-3=0$, $3a=-6$ $\quad\therefore a=-2$

$a=-2$를 대입하면 $x^2-2x-3=0$이므로

$(x-3)(x+1)=0$ $\quad\therefore x=3$ 또는 $x=-1$

$x=-1$을 $3x^2-8x+b=0$에 대입하면

$3+8+b=0$ $\quad\therefore b=-11$

03 $(x+b)(x-2)=0$의 해는 $x=-b$ 또는 $x=2$

$x=2$를 $x^2+ax-a-6=0$에 대입하면

$4+2a-a-6=0$ $\quad\therefore a=2$

$a=2$를 대입하면 $x^2+2x-8=0$이므로

$(x+4)(x-2)=0$ $\quad\therefore b=4$

$\therefore ab=2\times4=8$

04 $4+3m=\left(\frac{-2m}{2}\right)^2$에서 $4+3m=m^2$

$m^2-3m-4=0$, $(m-4)(m+1)=0$

$\therefore m=4$ 또는 $m=-1$

따라서 모든 m의 값의 합은 $4+(-1)=3$

05 $2x^2+5x-3=0$에서 $(x+3)(2x-1)=0$

$\therefore x=-3$ 또는 $x=\frac{1}{2}$

$2(x+1)^2-8=0$에서 $2(x+1)^2=8$, $(x+1)^2=4$

$x+1=\pm2$ $\quad\therefore x=1$ 또는 $x=-3$

따라서 두 이차방정식의 공통인 근은 $x=-3$

06 $3(x-A)^2=15$에서 $(x-A)^2=5$, $x-A=\pm\sqrt{5}$

$\therefore x=A\pm\sqrt{5}$

즉, $A=2$, $B=5$이므로

$2A+B=2\times2+5=9$

07 $2x^2+3x-1=0$에서 $x^2+\frac{3}{2}x-\frac{1}{2}=0$, $x^2+\frac{3}{2}x=\frac{1}{2}$

04 이차방정식의 근의 공식

[한번 더]
개념 확인문제 ───|46쪽|

01 (1) $x=\dfrac{-3\pm\sqrt{13}}{2}$ (2) $x=\dfrac{5\pm\sqrt{13}}{2}$

(3) $x=\dfrac{-7\pm\sqrt{17}}{4}$ (4) $x=\dfrac{-3\pm\sqrt{33}}{6}$

(5) $x=2\pm2\sqrt{2}$ (6) $x=1\pm\sqrt{6}$

(7) $x=\dfrac{-3\pm\sqrt{15}}{2}$ (8) $x=\dfrac{-4\pm\sqrt{10}}{3}$

02 (1) $x=-4\pm2\sqrt{5}$ (2) $x=-\dfrac{1}{2}$ 또는 $x=\dfrac{1}{5}$

(3) $x=\dfrac{3\pm\sqrt{7}}{2}$ (4) $x=-\dfrac{1}{2}$ 또는 $x=2$

(5) $x=-\dfrac{5}{2}$ 또는 $x=2$

03 (1) $x=7$ 또는 $x=1$ (2) $x=-8$ 또는 $x=4$

(3) $x=-\dfrac{5}{4}$ 또는 $x=-1$

04 (1) 0 (2) 2 (3) 1

05 (1) $3x^2-12x-15=0$ (2) $-2x^2-16x-32=0$

02 (1) 양변에 4를 곱하면 $x^2+8x-4=0$

$\therefore x=\dfrac{-4\pm\sqrt{4^2-1\times(-4)}}{1}=-4\pm2\sqrt{5}$

(2) 양변에 10을 곱하면 $10x^2+3x-1=0$

$(2x+1)(5x-1)=0$ $\quad\therefore x=-\dfrac{1}{2}$ 또는 $x=\dfrac{1}{5}$

(3) 양변에 12를 곱하면 $2x^2-6x+1=0$

$\therefore x=\dfrac{-(-3)\pm\sqrt{(-3)^2-2\times1}}{2}=\dfrac{3\pm\sqrt{7}}{2}$

(4) 괄호를 풀어 정리하면 $3x^2-(x^2+3x+2)=0$

$2x^2-3x-2=0$, $(2x+1)(x-2)=0$

$\therefore x=-\dfrac{1}{2}$ 또는 $x=2$

(5) 양변에 15를 곱하면 $3x(x-2)=5(x+1)(x-2)$

괄호를 풀어 정리하면 $3x^2-6x=5x^2-5x-10$

$2x^2+x-10=0$, $(2x+5)(x-2)=0$

$\therefore x=-\dfrac{5}{2}$ 또는 $x=2$

03 (1) $x-2=A$로 놓으면 $A^2-4A-5=0$

$(A-5)(A+1)=0$ $\quad\therefore A=5$ 또는 $A=-1$

이때 $A=x-2$이므로 $x-2=5$ 또는 $x-2=-1$

$\therefore x=7$ 또는 $x=1$

(2) $x+4=A$로 놓고 정리하면 $A^2-4A-32=0$

$(A+4)(A-8)=0$ $\quad \therefore A=-4$ 또는 $A=8$

이때 $A=x+4$이므로 $x+4=-4$ 또는 $x+4=8$

$\therefore x=-8$ 또는 $x=4$

(3) $2x+3=A$로 놓고 정리하면 $2A^2-3A+1=0$

$(2A-1)(A-1)=0$ $\quad \therefore A=\dfrac{1}{2}$ 또는 $A=1$

이때 $A=2x+3$이므로 $2x+3=\dfrac{1}{2}$ 또는 $2x+3=1$

$\therefore x=-\dfrac{5}{4}$ 또는 $x=-1$

04

(1) $a=3$, $b=-1$, $c=1$이므로

$b^2-4ac=(-1)^2-4\times3\times1=-11<0$ ➡ 근이 0개

(2) 주어진 식을 정리하면 $2x^2-2x-3=0$

$a=2$, $b=-2$, $c=-3$이므로

$b^2-4ac=(-2)^2-4\times2\times(-3)=28>0$ ➡ 근이 2개

(3) 주어진 식을 정리하면 $x^2-8x+16=0$

$a=1$, $b=-8$, $c=16$이므로

$b^2-4ac=(-8)^2-4\times1\times16=0$ ➡ 근이 1개

05

(1) $3(x+1)(x-5)=0$ $\quad \therefore 3x^2-12x-15=0$

(2) $-2(x+4)^2=0$ $\quad \therefore -2x^2-16x-32=0$

한번 더

개념 완성하기 |47쪽~48쪽|

01 -8	**02** 11	**03** 1	**04** 16
05 27	**06** -1	**07** -4	**08** -5
09 ④	**10** $k>1$	**11** 21	**12** 5
13 -8	**14** -64	**15** $x=-\dfrac{1}{3}$ 또는 $x=2$	
16 $x=1$ 또는 $x=6$			

01 $x=\dfrac{-5\pm\sqrt{5^2-1\times23}}{1}=-5\pm\sqrt{2}$

따라서 $A=-5$, $B=2$이므로

$2A+B=2\times(-5)+2=-8$

02 $x^2+4=3(x+2)$에서 $x^2-3x-2=0$

$\therefore x=\dfrac{-(-3)\pm\sqrt{(-3)^2-4\times1\times(-2)}}{2\times1}=\dfrac{3\pm\sqrt{17}}{2}$

따라서 $A=3$, $B=17$이므로

$B-2A=17-2\times3=11$

03 $x=\dfrac{-2\pm\sqrt{2^2-2\times A}}{2}=\dfrac{-2\pm\sqrt{4-2A}}{2}$

따라서 $B=-2$이고, $4-2A=6$에서 $A=-1$

$\therefore A-B=-1-(-2)=1$

04 $x=\dfrac{-5\pm\sqrt{5^2-4\times A\times1}}{2\times A}=\dfrac{-5\pm\sqrt{25-4A}}{2A}$

$2A=6$에서 $A=3$

$25-4A=B$에서 $B=25-12=13$

$\therefore A+B=3+13=16$

05 양변에 10을 곱하여 정리하면 $3x^2-10x+1=0$

$\therefore x=\dfrac{-(-5)\pm\sqrt{(-5)^2-3\times1}}{3}=\dfrac{5\pm\sqrt{22}}{3}$

따라서 $A=5$, $B=22$이므로 $A+B=5+22=27$

06 양변에 12를 곱하면 $3x^2-2x+12A=0$

$\therefore x=\dfrac{-(-1)\pm\sqrt{(-1)^2-3\times12A}}{3}=\dfrac{1\pm\sqrt{1-36A}}{3}$

따라서 $B=1$이고, $1-36A=13$에서 $A=-\dfrac{1}{3}$

$\therefore 3AB=3\times\left(-\dfrac{1}{3}\right)\times1=-1$

07 $3x+1=A$로 놓으면 $2A^2-A-6=0$

$(2A+3)(A-2)=0$ $\quad \therefore A=-\dfrac{3}{2}$ 또는 $A=2$

이때 $A=3x+1$이므로 $3x+1=-\dfrac{3}{2}$ 또는 $3x+1=2$

$\therefore x=-\dfrac{5}{6}$ 또는 $x=\dfrac{1}{3}$

이때 $\alpha<\beta$이므로 $\alpha=-\dfrac{5}{6}$, $\beta=\dfrac{1}{3}$

$\therefore 6\alpha+3\beta=6\times\left(-\dfrac{5}{6}\right)+3\times\dfrac{1}{3}=-4$

08 $a-b=A$로 놓으면

$A(A+3)-10=0$, $A^2+3A-10=0$

$(A-2)(A+5)=0$ $\quad \therefore A=2$ 또는 $A=-5$

이때 $A=a-b$이고 $a<b$이므로 $a-b<0$

$\therefore a-b=-5$

09 ㄱ. $(-3)^2-4\times1\times7=-19<0$ ➡ 근이 0개

ㄴ. $4^2-4\times1\times(-3)=28>0$ ➡ 근이 2개

ㄷ. $(-12)^2-4\times4\times9=0$ ➡ 근이 1개

ㄹ. $5^2-4\times3\times(-1)=37>0$ ➡ 근이 2개

따라서 서로 다른 두 근을 갖는 것은 ㄴ, ㄹ이다.

10 $(-4)^2-4\times2\times(k+1)<0$이어야 하므로

$16-8k-8<0$, $-8k<-8$ $\quad \therefore k>1$

11 두 근이 -3, 2이고 x^2의 계수가 3인 이차방정식은

$3(x+3)(x-2)=0$에서 $3x^2+3x-18=0$

따라서 $a=3$, $b=-18$이므로

$a-b=3-(-18)=21$

12 두 근이 -1, $\dfrac{5}{4}$이고 x^2의 계수가 4인 이차방정식은

$4(x+1)\left(x-\dfrac{5}{4}\right)=0$에서 $4x^2-x-5=0$

따라서 $a=-1$, $b=-5$이므로

$ab=(-1)\times(-5)=5$

13 두 근을 α, $\alpha+5$라 하면 x^2의 계수가 2인 이차방정식은
$$2(x-\alpha)\{x-(\alpha+5)\}=0$$
$$\therefore 2x^2-2(2\alpha+5)x+2\alpha(\alpha+5)=0$$
따라서 $-2(2\alpha+5)=-6$에서 $\alpha=-1$이므로
$$k=2\alpha(\alpha+5)=-2\times4=-8$$

14 두 근을 α, 3α라 하면 x^2의 계수가 1인 이차방정식은
$$(x-\alpha)(x-3\alpha)=0 \qquad \therefore x^2-4\alpha x+3\alpha^2=0$$
$3\alpha^2=12$에서 $\alpha=\pm2$이므로
$$-m=-4\alpha\text{에서 } m=4\alpha=\pm8$$
따라서 모든 m의 값의 곱은 $8\times(-8)=-64$

15 은주가 푼 이차방정식은
$$3\left(x-\frac{2}{3}\right)(x+1)=0\text{에서 } 3x^2+x-2=0$$
이것은 q를 바르게 본 것이므로 $q=-2$
명수가 푼 이차방정식은
$$3\left(x-\frac{2}{3}\right)(x-1)=0\text{에서 } 3x^2-5x+2=0$$
이것은 p를 바르게 본 것이므로 $p=-5$
따라서 원래 이차방정식은 $3x^2-5x-2=0$이므로
$$(3x+1)(x-2)=0 \qquad \therefore x=-\frac{1}{3} \text{ 또는 } x=2$$

16 서희가 푼 이차방정식은
$$(x-2)(x-3)=0\text{에서 } x^2-5x+6=0$$
이것은 상수항을 바르게 본 것이므로 $b=6$
준희가 푼 이차방정식은
$$(x+1)(x-8)=0\text{에서 } x^2-7x-8=0$$
이것은 x의 계수를 바르게 본 것이므로 $a=-7$
따라서 처음 이차방정식은 $x^2-7x+6=0$이므로
$$(x-1)(x-6)=0 \qquad \therefore x=1 \text{ 또는 } x=6$$

한번더
실력 확인하기 ──────── 49쪽

01 ②	**02** 11	**03** $x=\dfrac{1\pm\sqrt{65}}{8}$
04 ③	**05** -6 또는 2	**06** $x=\dfrac{11}{6}$ 또는 $x=-1$
07 15	**08** $x=-5$ 또는 $x=-1$	

01 $x^2-3x-2=0$에서
$$x=\frac{-(-3)\pm\sqrt{(-3)^2-4\times1\times(-2)}}{2\times1}=\frac{3\pm\sqrt{17}}{2}$$
두 근의 합은 3이므로 $x=3$을 $x^2+kx+3=0$에 대입하면
$$9+3k+3=0, \ 3k=-12 \qquad \therefore k=-4$$

02 양변에 12를 곱하여 정리하면
$$3(x^2-4x+3)=4(x^2-2x), \ x^2+4x-9=0$$
$$\therefore x=\frac{-2\pm\sqrt{2^2-1\times(-9)}}{1}=-2\pm\sqrt{13}$$

따라서 $A=-2$, $B=13$이므로 $A+B=-2+13=11$

03 양변에 10을 곱하면 $(x-1)^2=5x^2-3(x+1)$
$$x^2-2x+1=5x^2-3x-3, \ 4x^2-x-4=0$$
$$\therefore x=\frac{-(-1)\pm\sqrt{(-1)^2-4\times4\times(-4)}}{2\times4}=\frac{1\pm\sqrt{65}}{8}$$

Self 코칭
먼저 양변에 10을 곱하여 각 항의 계수와 상수항을 모두 정수로 만든 후 식을 정리한다.

04 $x+\dfrac{1}{2}=A$로 놓으면 $4A^2-4A-3=0$
$$(2A+1)(2A-3)=0 \qquad \therefore A=-\frac{1}{2} \text{ 또는 } A=\frac{3}{2}$$
이때 $A=x+\dfrac{1}{2}$이므로 $x+\dfrac{1}{2}=-\dfrac{1}{2}$ 또는 $x+\dfrac{1}{2}=\dfrac{3}{2}$
$$\therefore x=-1 \text{ 또는 } x=1$$
그런데 $\alpha>\beta$이므로 $\alpha=1$, $\beta=-1$
$$\therefore \alpha-\beta=1-(-1)=2$$

05 $(k-2)^2-4\times1\times\{-(2k-4)\}=0$이어야 하므로
$$k^2+4k-12=0, \ (k+6)(k-2)=0$$
$$\therefore k=-6 \text{ 또는 } k=2$$

06 두 근이 $\dfrac{2}{3}$, 3이고 x^2의 계수가 3인 이차방정식은
$$3\left(x-\frac{2}{3}\right)(x-3)=0\text{에서 } 3x^2-11x+6=0$$
따라서 $p=-11$, $q=6$이므로 $6x^2-5x-11=0$의 해는
$$(6x-11)(x+1)=0 \qquad \therefore x=\frac{11}{6} \text{ 또는 } x=-1$$

07 두 근을 α, 4α라 하면 x^2의 계수가 1인 이차방정식은
$$(x-\alpha)(x-4\alpha)=0 \qquad \therefore x^2-5\alpha x+4\alpha^2=0$$
$4\alpha^2=16$에서 $\alpha^2=4$ $\qquad \therefore \alpha=\pm2$
$m-5=-5\alpha$에서 $m-5=-10$ 또는 $m-5=10$
$$\therefore m=-5 \text{ 또는 } m=15$$
따라서 양수 m의 값은 15이다.

08 $x^2+kx+(k-1)=0$의 x의 계수와 상수항을 바꾸면
$$x^2+(k-1)x+k=0$$
$x=-2$를 이 이차방정식에 대입하면
$$4-2(k-1)+k=0, \ 4-2k+2+k=0 \qquad \therefore k=6$$
따라서 처음 이차방정식은 $x^2+6x+5=0$이므로
$$(x+5)(x+1)=0 \qquad \therefore x=-5 \text{ 또는 } x=-1$$

---

05 이차방정식의 활용

한번더
개념 완성하기 ──────── 50쪽

01 31	**02** 120	**03** 27	**04** 12학급
05 9초 후	**06** 2초 후	**07** 3 m	**08** 4 cm

01 연속하는 두 자연수를 x, $x+1$이라 하면

$x(x+1)=240$에서 $x^2+x-240=0$

$(x+16)(x-15)=0$ $\therefore x=-16$ 또는 $x=15$

이때 x는 자연수이므로 $x=15$

따라서 연속하는 두 자연수는 15, 16이므로 그 합은

$15+16=31$

02 연속하는 세 자연수를 $x-1$, x, $x+1$이라 하면

$(x+1)^2=(x-1)^2+x^2-5$에서 $x^2-4x-5=0$

$(x+1)(x-5)=0$ $\therefore x=-1$ 또는 $x=5$

이때 $x>1$이므로 $x=5$

따라서 연속하는 세 자연수는 4, 5, 6이므로 그 곱은

$4\times5\times6=120$

03 석현이네 반 학생 수를 x명이라 하면 한 학생이 받는 공책의 권수는 $(x-15)$권이므로

$x(x-15)=126$에서 $x^2-15x-126=0$

$(x+6)(x-21)=0$ $\therefore x=-6$ 또는 $x=21$

이때 $x>15$이므로 $x=21$

따라서 석현이네 반의 학생 수는 21명이고, 한 학생이 받는 공책의 권수는 $21-15=6$(권)이므로 그 합은 $21+6=27$

04 전체 학급의 수를 x학급이라 하면 한 학급에 돌아가는 공의 수는 $(x-2)$개이므로

$x(x-2)=120$에서 $x^2-2x-120=0$

$(x+10)(x-12)=0$ $\therefore x=-10$ 또는 $x=12$

이때 $x>2$이므로 $x=12$

따라서 전체 학급의 수는 12학급이다.

05 $-5t^2+40t+45=0$에서 $t^2-8t-9=0$

$(t+1)(t-9)=0$ $\therefore t=-1$ 또는 $t=9$

이때 $t>0$이므로 $t=9$

따라서 물체가 지면에 떨어지는 것은 쏘아 올린 지 9초 후이다.

06 $35t-5t^2=50$에서 $t^2-7t+10=0$

$(t-2)(t-5)=0$ $\therefore t=2$ 또는 $t=5$

따라서 물체의 높이가 처음으로 50 m가 되는 것은 던져 올린 지 2초 후이다.

07 길의 폭을 x m라 하면 길을 제외한 땅의 넓이는 오른쪽 그림에서 색칠한 부분의 넓이와 같으므로

$(21-x)(18-x)=270$에서

$x^2-39x+108=0$, $(x-3)(x-36)=0$

$\therefore x=3$ 또는 $x=36$

이때 $0<x<18$이므로 $x=3$

따라서 길의 폭은 3 m이다.

08 작은 정사각형의 한 변의 길이를 x cm라 하면 큰 정사각형의 한 변의 길이는 $(11-x)$ cm이므로

$x^2+(11-x)^2=65$에서 $x^2-11x+28=0$

$(x-4)(x-7)=0$ $\therefore x=4$ 또는 $x=7$

이때 $x<11-x$, 즉 $x<\dfrac{11}{2}$이므로 $x=4$

따라서 작은 정사각형의 한 변의 길이는 4 cm이다.

한번 더

실력 확인하기 　　　　　　　　　　　51쪽

01 -4	02 8살	03 1초 후 또는 3초 후
04 17	05 ⑤	06 3 m	07 8초 후

01 $2(x+5)=(x+5)^2+1$에서 $x^2+8x+16=0$

$(x+4)^2=0$ $\therefore x=-4$

02 동생의 나이를 x살이라 하면 태민이의 나이는 $(x+4)$살이므로

$(x+4)^2=2x^2+16$에서 $x^2-8x=0$

$x(x-8)=0$ $\therefore x=0$ 또는 $x=8$

이때 $x>0$이므로 $x=8$

따라서 동생의 나이는 8살이다.

03 $20t-5t^2=15$에서 $t^2-4t+3=0$

$(t-1)(t-3)=0$ $\therefore t=1$ 또는 $t=3$

따라서 축구공이 15 m 높이에 있을 때는 공을 차 올린 지 1초 후 또는 3초 후이다.

04 $\dfrac{k(k+1)}{2}=153$에서 $k^2+k-306=0$

$(k+18)(k-17)=0$ $\therefore k=-18$ 또는 $k=17$

이때 k는 자연수이므로 $k=17$

05 사다리꼴의 높이를 x cm라 하면 아랫변의 길이도 x cm이므로

$\dfrac{1}{2}\times(4+x)\times x=48$에서 $x^2+4x-96=0$

$(x+12)(x-8)=0$ $\therefore x=-12$ 또는 $x=8$

이때 $x>0$이므로 $x=8$

따라서 사다리꼴의 높이는 8 cm이다.

06 처음 꽃밭의 세로의 길이를 x m라 하면 가로의 길이는 $(x+4)$ m이므로 새로 만들어진 꽃밭의 가로의 길이는 $(x+9)$ m, 세로의 길이는 $(x-1)$ m이다.

이때 $(x+9)(x-1)=24$에서 $x^2+8x-33=0$

$(x+11)(x-3)=0$ $\therefore x=-11$ 또는 $x=3$

이때 $x>1$이므로 $x=3$

따라서 처음 꽃밭의 세로의 길이는 3 m이다.

07 x초 후에 직사각형의 가로의 길이는 $(8+2x)$ cm, 세로의 길이는 $(12-x)$ cm이므로

$(8+2x)(12-x)=8\times12$에서

$x^2-8x=0$, $x(x-8)=0$

$\therefore x=0$ 또는 $x=8$

이때 $x>0$이므로 $x=8$

따라서 처음 직사각형의 넓이와 같아지는 것은 8초 후이다.

실전! 중단원 마무리 ——— 52쪽~53쪽

01 2	02 ⑤	03 ③	04 $x=-\dfrac{1}{3}$
05 ④	06 ⑤	07 ②	08 5
09 ④	10 ③	11 ③	

◆ 서술형 문제 ◆ ----------------------

12 13 13 100 cm²

---

01 ㄱ. 일차방정식

ㄴ. $2x^2-6x-4=0$ ➡ 이차방정식

ㄷ. $x^2+2x-3=0$ ➡ 이차방정식

ㄹ. $-x=0$ ➡ 일차방정식

ㅁ. 이차식

ㅂ. $x^3+x=0$ ➡ 이차방정식이 아니다.

따라서 이차방정식인 것은 ㄴ, ㄷ의 2개이다.

02 $x=a$를 $x^2-7x+1=0$에 대입하면

$a^2-7a+1=0$

이때 $a\neq0$이므로 양변을 a로 나누면

$a-7+\dfrac{1}{a}=0$ ∴ $a+\dfrac{1}{a}=7$

03 $6x^2+11x-10=0$에서

$(2x+5)(3x-2)=0$ ∴ $x=-\dfrac{5}{2}$ 또는 $x=\dfrac{2}{3}$

따라서 두 근 사이의 정수는 -2, -1, 0의 3개이다.

04 $x=1$을 $6x^2-4x-a=0$에 대입하면

$6-4-a=0$, $2-a=0$ ∴ $a=2$

$a=2$를 대입하면 $6x^2-4x-2=0$이므로

$3x^2-2x-1=0$, $(3x+1)(x-1)=0$

∴ $x=-\dfrac{1}{3}$ 또는 $x=1$

따라서 다른 한 근은 $x=-\dfrac{1}{3}$

05 $2x^2-12x+2k+4=0$, 즉 $x^2-6x+k+2=0$이 중근을 가
지려면

$k+2=\left(\dfrac{-6}{2}\right)^2=9$ ∴ $k=7$

즉, $x^2-6x+9=0$이므로 $(x-3)^2=0$

∴ $x=3$

따라서 구하는 합은 $7+3=10$

06 ① $x(x+2)=0$ ∴ $x=0$ 또는 $x=-2$

② $x=\dfrac{-(-6)\pm\sqrt{(-6)^2-3\times8}}{3}=\dfrac{6\pm2\sqrt{3}}{3}$

③ $(x+2)(x-9)=0$ ∴ $x=-2$ 또는 $x=9$

④ $(5x-3)(x-1)=0$ ∴ $x=\dfrac{3}{5}$ 또는 $x=1$

⑤ $x^2+7x+6=0$, $(x+1)(x+6)=0$

∴ $x=-1$ 또는 $x=-6$

따라서 두 근이 모두 음수인 것은 ⑤이다.

07 양변에 12를 곱하면 $4x^2+3x-3=0$

∴ $x=\dfrac{-3\pm\sqrt{3^2-4\times4\times(-3)}}{2\times4}=\dfrac{-3\pm\sqrt{57}}{8}$

따라서 $a=-3$, $b=57$이므로

$a+b=(-3)+57=54$

08 양변에 2를 곱하면 $x^2+2x-24=0$

$(x-4)(x+6)=0$ ∴ $x=4$ 또는 $x=-6$

$x=-6$을 $x^2+ax-6=0$에 대입하면

$36-6a-6=0$, $30-6a=0$ ∴ $a=5$

09 ① $(-6)^2-4\times1\times2=28>0$ ➡ 근이 2개

② $5^2-4\times1\times(-1)=29>0$ ➡ 근이 2개

③ $3x^2-x-1=0$에서 $(-1)^2-4\times3\times(-1)=13>0$

➡ 근이 2개

④ $9x^2+30x+25=0$에서 $30^2-4\times9\times25=0$

➡ 근이 1개

⑤ $x^2-11x+30=0$에서 $(-11)^2-4\times1\times30=1>0$

➡ 근이 2개

따라서 근의 개수가 나머지 넷과 다른 하나는 ④이다.

10 x^2의 계수가 9이고 $x=\dfrac{2}{3}$를 중근으로 갖는 이차방정식은

$9\left(x-\dfrac{2}{3}\right)^2=0$에서 $9x^2-12x+4=0$

따라서 $a=9$, $b=-12$, $c=4$이므로

$a-b+c=9-(-12)+4=25$

11 $\dfrac{n(n-1)}{2}=55$에서 $n(n-1)=110$, $n^2-n-110=0$

$(n+10)(n-11)=0$ ∴ $n=-10$ 또는 $n=11$

이때 $n>0$이므로 $n=11$

따라서 동호네 모둠 학생은 11명이다.

◆ 서술형 문제 ◆ ----------------------

12 $x^2-8x+9=0$에서 $x^2-8x=-9$

$x^2-8x+16=-9+16$, $(x-4)^2=7$ ∴ $x=4\pm\sqrt{7}$

따라서 $A=16$, $B=4$, $C=7$이므로 ······ ❶

$A+B-C=16+4-7=13$ ······ ❷

채점 기준	배점
❶ A, B, C의 값 각각 구하기	3점
❷ $A+B-C$의 값 구하기	2점

13 새로 만든 직사각형의 가로의 길이는 $(x-6)$ cm, 세로의
길이는 $(x+12)$ cm이므로

$(x-6)(x+12)=88$ ······ ❶

$x^2+6x-160=0$, $(x+16)(x-10)=0$

∴ $x=-16$ 또는 $x=10$

이때 $x>6$이므로 $x=10$ ······ ❷

따라서 원래 정사각형의 한 변의 길이는 10 cm이므로 그 넓
이는 100 cm²이다. ······ ❸

채점 기준	배점
❶ x에 대한 이차방정식 세우기	2점
❷ 조건에 맞는 이차방정식의 해 구하기	2점
❸ 정사각형의 넓이 구하기	1점

1 이차함수와 그 그래프

01 이차함수 $y=ax^2$의 그래프

한번 더

개념 완성하기 ─────────── 54쪽~55쪽

01 ⑤	**02** ㄴ, ㄹ, ㅁ	**03** ⑤	**04** 1 또는 5
05 ④	**06** ④	**07** 12	**08** -1
09 $y=-\dfrac{3}{4}x^2$	**10** $y=3x^2$	**11** ②	**12** ①
13 ③	**14** $y=-\dfrac{1}{2}x^2$		

01 ③ $y=(x+1)^2-x=x^2+x+1$이므로 이차함수이다.
　④ $y=(x+1)(x-2)=x^2-x-2$이므로 이차함수이다.
　⑤ $y=2x(x+1)-2x^2=2x$이므로 이차함수가 아니다.
　따라서 이차함수가 아닌 것은 ⑤이다.

02 ㄱ. $y=x^3+x^2$에서 x^3+x^2이 이차식이 아니므로 이차함수가
　　아니다.
　ㄷ. $y=\dfrac{2}{x^2}+x$에서 x^2이 분모에 있으므로 이차함수가 아니다.
　ㄹ. $y=-x(x+1)=-x^2-x$이므로 이차함수이다.
　ㅁ. $y=(2x+1)(x+1)=2x^2+3x+1$이므로 이차함수이다.
　ㅂ. $y=(x+3)^2-x^2=6x+9$에서 $6x+9$가 일차식이므로
　　이차함수가 아니다.
　따라서 이차함수인 것은 ㄴ, ㄹ, ㅁ이다.

03 $f(2)=2\times2^2-4\times2+1=8-8+1=1$　∴ $a=1$
　$f(b)=2b^2-4b+1=-1$이므로
　$2b^2-4b+2=0$, $2(b-1)^2=0$　∴ $b=1$
　∴ $a+b=1+1=2$

04 $f(a)=a^2-6a+8=3$이므로 $a^2-6a+5=0$
　$(a-1)(a-5)=0$　∴ $a=1$ 또는 $a=5$

05 ④ a의 절댓값이 클수록 그래프의 폭이 좁아진다.

06 ① $x=2$일 때 $y=-3\times2^2=-12$이므로
　　점 $(2, -12)$를 지난다.
　② 위로 볼록한 포물선이다.
　③ 꼭짓점의 좌표는 $(0, 0)$이다.
　⑤ 이차함수 $y=3x^2$의 그래프와 x축에 서로 대칭이다.
　따라서 옳은 것은 ④이다.

07 이차함수 $y=\dfrac{3}{4}x^2$의 그래프가 점 $(-4, k)$를 지나므로
　$k=\dfrac{3}{4}\times(-4)^2=12$

08 이차함수 $y=ax^2$의 그래프가 점 $(3, 3)$을 지나므로
　$3=a\times3^2$, $3=9a$　∴ $a=\dfrac{1}{3}$
　즉, 이차함수 $y=\dfrac{1}{3}x^2$의 그래프가 점 $(-2, b)$를 지나므로

$b=\dfrac{1}{3}\times(-2)^2=\dfrac{4}{3}$
　∴ $a-b=\dfrac{1}{3}-\dfrac{4}{3}=-1$

09 주어진 그래프가 원점을 꼭짓점으로 하고, y축을 축으로 하
　므로 이차함수의 식을 $y=ax^2$으로 놓으면
　이 그래프가 점 $(-4, -12)$를 지나므로
　$-12=a\times(-4)^2$, $-12=16a$　∴ $a=-\dfrac{3}{4}$
　따라서 구하는 이차함수의 식은 $y=-\dfrac{3}{4}x^2$이다.

10 원점을 꼭짓점으로 하고, y축을 축으로 하는 포물선을 그래
　프로 하는 이차함수의 식을 $y=ax^2$으로 놓으면
　이 그래프가 점 $(2, 12)$를 지나므로
　$12=a\times2^2$, $12=4a$　∴ $a=3$
　따라서 구하는 이차함수의 식은 $y=3x^2$이다.

11 이차함수 $y=ax^2$의 그래프가 아래로 볼록하려면 $a>0$
　아래로 볼록한 이차함수 $y=5x^2$, $y=\dfrac{1}{2}x^2$, $y=x^2$의 그래프
　중 폭이 가장 넓은 것은 a의 절댓값이 가장 작은 ②이다.

12 이차함수 $y=ax^2$의 그래프가 이차함수 $y=-x^2$의 그래프보
　다 폭이 좁으려면 $|a|>1$이어야 한다.
　따라서 이를 만족시키는 이차함수는 ①이다.

13 이차함수 $y=-4x^2$의 그래프와 x축에 서로 대칭인 그래프
　를 나타내는 이차함수의 식은 $y=4x^2$이다.

14 주어진 그래프가 원점을 꼭짓점으로 하고, y축을 축으로 하
　므로 이차함수의 식을 $y=ax^2$으로 놓으면
　이 그래프가 점 $(4, 8)$을 지나므로
　$8=a\times4^2$, $8=16a$　∴ $a=\dfrac{1}{2}$

　따라서 주어진 이차함수의 그래프를 나타내는 식은 $y=\dfrac{1}{2}x^2$
　이고, 이 그래프와 x축에 서로 대칭인 그래프를 나타내는 이
　차함수의 식은 $y=-\dfrac{1}{2}x^2$이다.

한번 더

실력 확인하기 ─────────── 56쪽

01 ①, ③	**02** 20	**03** ④	**04** -2
05 ②	**06** ④	**07** ⑤	

01 ① $y=6x^2$이므로 이차함수이다.
　② $y=3x$이므로 일차함수이다.
　③ $y=3x^2$이므로 이차함수이다.
　④ $y=\dfrac{1}{2}\times5\times(4x+2)=10x+5$이므로 일차함수이다.
　⑤ $y=60x$이므로 일차함수이다.
　따라서 이차함수인 것은 ①, ③이다.

02 $f(-1)=a\times(-1)^2+(-1)-3=-2$

$a-4=-2$ $\quad\therefore a=2$

따라서 $f(x)=2x^2+x-3$이므로

$f(3)=2\times3^2+3-3=18$ $\quad\therefore b=18$

$\therefore a+b=2+18=20$

03 ① y축에 대칭이다.

② 꼭짓점의 좌표는 $(0,\,0)$이다.

③ 위로 볼록한 포물선이다.

⑤ $x<0$일 때, x의 값이 증가하면 y의 값도 증가한다.

따라서 옳은 것은 ④이다.

04 이차함수 $y=-2x^2$의 그래프가 점 $(a,\,4a)$를 지나므로

$4a=-2a^2$, $2a^2+4a=0$, $2a(a+2)=0$

$\therefore a=0$ 또는 $a=-2$

이때 $a\neq0$이므로 $a=-2$

05 이차함수 $y=ax^2$의 그래프는

이차함수 $y=-2x^2$의 그래프보다 폭이 넓으므로 $|a|<2$

이차함수 $y=-\dfrac{1}{2}x^2$의 그래프보다 폭이 좁으므로 $|a|>\dfrac{1}{2}$

이차함수 $y=ax^2$의 그래프는 위로 볼록하므로 $a<0$

따라서 $-2<a<-\dfrac{1}{2}$이므로 a의 값이 될 수 있는 것은 ② 이다.

06 이차함수 $y=2x^2$의 그래프와 x축에 서로 대칭인 그래프를 나타내는 이차함수의 식은 $y=-2x^2$이다.

④ $x=2$일 때 $y=-2\times2^2=-8$이므로 점 $(2,\,-8)$을 지난다.

07 ⑤ 그래프가 x축에 서로 대칭인 것은 ㄴ과 ㄷ이다.

🐜 02 이차함수 $y=a(x-p)^2+q$의 그래프

[한번 더] 개념 완성하기 ——————— 57쪽~58쪽

01 ①	**02** ③	**03** 2	**04** ④
05 -20	**06** ③	**07** 6	**08** ⑤
09 $x>5$	**10** $x>-4$	**11** $a<0,\ p<0,\ q<0$	
12 $a>0,\ p<0,\ q>0$		**13** $y=5(x+4)^2-2$	
14 -4			

01 이차함수 $y=-x^2+6$의 그래프의 꼭짓점의 좌표는 $(0,\,6)$이고 $-1<0$이므로 위로 볼록한 포물선이다.

따라서 그래프가 될 수 있는 것은 ①이다.

02 이차함수 $y=3(x+2)^2-4$의 그래프의 꼭짓점의 좌표는

$(-2,\,-4)$이고 $3>0$이므로 아래로 볼록한 포물선이다.

따라서 그래프가 될 수 있는 것은 ③이다.

03 이차함수 $y=ax^2$의 그래프를 y축의 방향으로 -3만큼 평행 이동한 그래프를 나타내는 이차함수의 식은 $y=ax^2-3$

이 그래프가 점 $(-2,\,5)$를 지나므로

$5=a\times(-2)^2-3$, $4a=8$ $\quad\therefore a=2$

04 이차함수 $y=x^2$의 그래프를 y축의 방향으로 4만큼 평행이동 한 그래프를 나타내는 이차함수의 식은 $y=x^2+4$

④ 꼭짓점의 좌표는 $(0,\,4)$이다.

05 이차함수 $y=-5x^2$의 그래프를 x축의 방향으로 3만큼 평행 이동한 그래프를 나타내는 이차함수의 식은 $y=-5(x-3)^2$

이 그래프가 점 $(1,\,m)$을 지나므로

$m=-5\times(1-3)^2=-20$

06 ① 제3, 4사분면을 지난다.

② 위로 볼록한 포물선이다.

④ 꼭짓점의 좌표는 $(1,\,0)$이다.

⑤ 이차함수 $y=-4x^2$의 그래프를 x축의 방향으로 1만큼 평 행이동한 것이다.

따라서 옳은 것은 ③이다.

07 이차함수 $y=ax^2$의 그래프를 x축의 방향으로 3만큼, y축의 방향으로 q만큼 평행이동한 그래프의 식은

$y=a(x-3)^2+q$

이 그래프와 $y=2(x-p)^2+1$의 그래프가 일치하므로

$a=2$, $p=3$, $q=1$ $\quad\therefore a+p+q=2+3+1=6$

08 ① 축의 방정식은 $x=-2$이다.

② 아래로 볼록한 포물선이다.

③ 꼭짓점의 좌표는 $(-2,\,-5)$이다.

④ $y=4(x+2)^2-5$에 $x=0$을 대입하면

$y=4\times(0+2)^2-5=16-5=11$

즉, y축과 만나는 점의 좌표는 $(0,\,11)$이다.

따라서 옳은 것은 ⑤이다.

09 이차함수 $y=(x-5)^2+1$의 그래프는 축의 방정식이 $x=5$ 이고 아래로 볼록하므로 x의 값이 증가하면 y의 값도 증가하 는 x의 값의 범위는 $x>5$이다.

10 이차함수 $y=-3x^2$의 그래프를 x축의 방향으로 -4만큼, y축의 방향으로 -6만큼 평행이동한 그래프의 식은

$y=-3(x+4)^2-6$

이 그래프의 축의 방정식은 $x=-4$이고 위로 볼록하므로

x의 값이 증가하면 y의 값은 감소하는 x의 값의 범위는

$x>-4$이다.

11 그래프가 위로 볼록하므로 $a<0$

꼭짓점 $(p,\,-q)$가 제2사분면 위에 있으므로

$p<0$, $-q>0$, 즉 $p<0$, $q<0$

12 그래프가 아래로 볼록하므로 $a>0$

꼭짓점 $(-p,\,q)$가 제1사분면 위에 있으므로

$-p>0$, $q>0$, 즉 $p<0$, $q>0$

13 이차함수 $y=5(x+1)^2-6$의 그래프를 x축의 방향으로 -3만큼, y축의 방향으로 4만큼 평행이동한 그래프의 식은
$$y=5(x+1+3)^2-6+4=5(x+4)^2-2$$

14 이차함수 $y=-(x-3)^2+1$의 그래프를 x축의 방향으로 p만큼, y축의 방향으로 q만큼 평행이동한 그래프의 식은
$$y=-(x-3-p)^2+1+q$$
이 그래프가 $y=-x^2$의 그래프와 일치하므로
$$-3-p=0,\ 1+q=0 \quad \therefore p=-3,\ q=-1$$
$$\therefore p+q=-3+(-1)=-4$$

한번 더
실력 확인하기 ─────────────59쪽─┤

01 $(0, 1)$　　**02** 2　　**03** ①, ③

04 $y=-\dfrac{1}{2}(x-2)^2+4$　　**05** ④

06 $a<0,\ p<0,\ q>0$　　**07** ①

01 이차함수 $y=-3x^2$의 그래프를 y축의 방향으로 1만큼 평행이동한 그래프를 나타내는 이차함수의 식은 $y=-3x^2+1$이므로 꼭짓점의 좌표는 $(0, 1)$이다.

02 이차함수 $y=2x^2$의 그래프를 x축의 방향으로 -3만큼 평행이동한 그래프를 나타내는 이차함수의 식은 $y=2(x+3)^2$
이 그래프가 점 $(-2, m)$을 지나므로
$$m=2\times(-2+3)^2=2$$

03 ② 꼭짓점의 좌표는 $(5, 0)$이다.
④ 아래로 볼록한 포물선이다.
⑤ $x<5$일 때, x의 값이 증가하면 y의 값은 감소한다.
따라서 옳은 것은 ①, ③이다.

04 이차함수 $y=\dfrac{1}{2}x^2$의 그래프와 x축에 서로 대칭인 그래프를 나타내는 이차함수의 식은 $y=-\dfrac{1}{2}x^2$
이 그래프를 x축의 방향으로 2만큼, y축의 방향으로 4만큼 평행이동한 그래프를 나타내는 이차함수의 식은
$$y=-\dfrac{1}{2}(x-2)^2+4$$

05 그래프의 꼭짓점의 좌표가 $(-2, 3)$이므로 $p=-2$, $q=3$
즉, $y=a(x+2)^2+3$
이 그래프가 점 $(1, 0)$을 지나므로
$$0=a\times(1+2)^2+3,\ 9a=-3 \quad \therefore a=-\dfrac{1}{3}$$
$$\therefore apq=\left(-\dfrac{1}{3}\right)\times(-2)\times3=2$$

06 그래프가 위로 볼록하므로 $a<0$
꼭짓점 $(-p, -q)$가 제4사분면 위에 있으므로
$$-p>0,\ -q<0,\ 즉\ p<0,\ q>0$$

07 이차함수 $y=x^2-6$의 그래프를 x축의 방향으로 m만큼, y축의 방향으로 n만큼 평행이동한 그래프의 식은

$$y=(x-m)^2-6+n$$
이 그래프가 $y=(x+4)^2-1$의 그래프와 일치하므로
$$-m=4,\ -6+n=-1 \quad \therefore m=-4,\ n=5$$
$$\therefore mn=(-4)\times5=-20$$

한번 더
실전! **중단원 마무리** ─────60쪽~61쪽─┤

01 ②, ④　　**02** ③　　**03** -15　　**04** ①

05 $y=-4x^2$　　**06** ③　　**07** ⑤　　**08** ②

09 ②

◆ 서술형 문제 ◆ ----------------

10 (1) $\dfrac{3}{25}$　　(2) 12　　**11** 4

01 ② $y=x^2$이므로 이차함수이다.
④ $y=x^2+(1-x)^2=2x^2-2x+1$이므로 이차함수이다.
⑤ $y=2x^3+(2x+1)^2=2x^3+4x^2+4x+1$이므로 이차함수가 아니다.
따라서 이차함수인 것은 ②, ④이다.

02 ③ $x<0$일 때, x의 값이 증가하면 y의 값도 증가한다.

03 그래프 ㉠을 나타내는 이차함수의 식은 $y=-\dfrac{3}{5}x^2$이다.
이 그래프가 점 $(5, a)$를 지나므로
$$a=-\dfrac{3}{5}\times5^2=-15$$

04 조건 ㈎에서 구하는 이차함수의 식은 $y=ax^2$의 꼴이다.
조건 ㈏에서 $|a|<\left|\dfrac{1}{3}\right|$이고, 조건 ㈐에서 $a<0$이다.
따라서 주어진 조건을 모두 만족시키는 이차함수의 식은
① $y=-\dfrac{1}{4}x^2$이다.

05 이차함수의 그래프가 원점을 꼭짓점으로 하고 y축을 축으로 하므로 이차함수의 식을 $y=ax^2$으로 놓으면 이 그래프가 점 $\left(\dfrac{1}{2}, -1\right)$을 지나므로
$$-1=a\times\left(\dfrac{1}{2}\right)^2,\ \dfrac{1}{4}a=-1 \quad \therefore a=-4$$
따라서 구하는 이차함수의 식은 $y=-4x^2$이다.

06 이차함수 $y=3x^2$의 그래프를 x축의 방향으로 p만큼, y축의 방향으로 q만큼 평행이동한 그래프를 나타내는 이차함수의 식은 $y=3(x-p)^2+q$
이 그래프가 $y=a(x-1)^2+12$의 그래프와 일치하므로
$$a=3,\ p=1,\ q=12$$
$$\therefore a^2+p^2+q=9+1+12=22$$

07 이차함수 $y=-3x^2$의 그래프를 x축의 방향으로 k만큼, y축의 방향으로 -1만큼 평행이동한 그래프를 나타내는 이차함수의 식은 $y=-3(x-k)^2-1$
이 그래프가 점 $(3, -1)$을 지나므로
$$-1=-3(3-k)^2-1,\ (3-k)^2=0 \quad \therefore k=3$$

08 일차함수 $y=ax+b$의 그래프에서 기울기와 y절편이 모두 음수이므로 $a<0$, $b<0$
이차함수 $y=(x-a)^2+b$의 그래프는 아래로 볼록하고 $a<0$, $b<0$이므로 꼭짓점은 제3사분면 위에 있다.
따라서 $y=(x-a)^2+b$의 그래프가 될 수 있는 것은 ②이다.

09 이차함수 $y=(x-p)^2+2p^2$의 그래프의 꼭짓점의 좌표는 $(p, 2p^2)$이고, 이 점이 직선 $y=-x+1$ 위에 있으므로
$2p^2=-p+1$, $2p^2+p-1=0$, $(p+1)(2p-1)=0$
$\therefore p=-1$ 또는 $p=\dfrac{1}{2}$
이때 $p>0$이므로 $p=\dfrac{1}{2}$

◆ 서술형 문제 ◆

10 (1) 이차함수 $y=ax^2$의 그래프가 점 $(5, 3)$을 지나므로
$3=a\times5^2$, $25a=3$ $\qquad\therefore a=\dfrac{3}{25}$ ...... ❶

(2) 이차함수 $y=\dfrac{3}{25}x^2$의 그래프가 점 $(-10, m)$을 지나므로
$m=\dfrac{3}{25}\times(-10)^2=12$ ...... ❷

채점 기준	배점
❶ a의 값 구하기	2점
❷ m의 값 구하기	2점

11 이차함수 $y=\dfrac{1}{2}x^2$의 그래프를 x축의 방향으로 2만큼, y축의 방향으로 -7만큼 평행이동한 그래프를 나타내는 이차함수의 식은 $y=\dfrac{1}{2}(x-2)^2-7$ ...... ❶
이 그래프가 점 $(a, -5)$를 지나므로
$-5=\dfrac{1}{2}(a-2)^2-7$, $\dfrac{1}{2}(a-2)^2=2$
$(a-2)^2=4$, $a-2=\pm2$ $\qquad\therefore a=0$ 또는 $a=4$
이때 $a\neq0$이므로 $a=4$ ...... ❷

채점 기준	배점
❶ 평행이동한 그래프의 식 구하기	2점
❷ a의 값 구하기	3점

② 이차함수의 활용

🎯 01 이차함수 $y=ax^2+bx+c$의 그래프

한번 더
개념 완성하기 ──── 62쪽~63쪽

01 ③	02 제1사분면, 제2사분면, 제3사분면		
03 ③	04 $x=4$	05 ②	06 ㄱ, ㄷ, ㅁ
07 $(-3, 1)$	08 ⑤	09 ③	10 제1사분면
11 48	12 $-\dfrac{3}{2}$		

01 $y=-3x^2+6x+2=-3(x^2-2x)+2$
$\qquad=-3(x^2-2x+1-1)+2=-3(x-1)^2+5$
이므로 꼭짓점의 좌표는 $(1, 5)$이고 위로 볼록한 포물선이다.
또, $x=0$일 때 $y=2$이므로 y축과의 교점의 좌표는 $(0, 2)$이다.
따라서 구하는 이차함수의 그래프는 ③이다.

02 $y=x^2+4x=(x^2+4x+4)-4=(x+2)^2-4$
이므로 꼭짓점의 좌표는 $(-2, -4)$이고 아래로 볼록한 포물선이다.
또, $x=0$일 때 $y=0$이므로 원점을 지난다.
따라서 그래프는 오른쪽 그림과 같으므로 그래프가 지나는 사분면은 제1, 2, 3사분면이다.

03 이차함수 $y=x^2+kx-2$의 그래프가 점 $(-3, 1)$을 지나므로
$1=(-3)^2+k\times(-3)-2$, $3k=6$ $\qquad\therefore k=2$
$\therefore y=x^2+2x-2=(x^2+2x+1-1)-2=(x+1)^2-3$
따라서 꼭짓점의 좌표는 $(-1, -3)$, 축의 방정식은 $x=-1$
이므로 $p=-1$, $q=-3$, $m=-1$
$\therefore p+q+m=-1+(-3)+(-1)=-5$

04 이차함수 $y=-2x^2+4ax-10$의 그래프가 점 $(1, 4)$를 지나므로 $4=-2\times1^2+4a\times1-10$, $4a=16$ $\qquad\therefore a=4$
$\therefore y=-2x^2+16x-10=-2(x^2-8x)-10$
$\qquad=-2(x^2-8x+16-16)-10=-2(x-4)^2+22$
따라서 축의 방정식은 $x=4$이다.

05 $y=\dfrac{1}{2}x^2-x+\dfrac{7}{2}=\dfrac{1}{2}(x^2-2x)+\dfrac{7}{2}$
$\qquad=\dfrac{1}{2}(x^2-2x+1-1)+\dfrac{7}{2}$
$\qquad=\dfrac{1}{2}(x-1)^2+3$
이므로 그래프는 오른쪽 그림과 같다.
② 축의 방정식은 $x=1$이다.

06 $y=-2x^2+8x+3=-2(x^2-4x)+3$
$\qquad=-2(x^2-4x+4-4)+3$
$\qquad=-2(x-2)^2+11$
이므로 그래프는 오른쪽 그림과 같다.
ㄴ. y축과의 교점의 좌표는 $(0, 3)$이다.
ㄹ. 모든 사분면을 지난다.
따라서 옳은 것은 ㄱ, ㄷ, ㅁ이다.

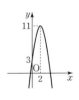

07 $y=x^2+2x+3=(x^2+2x+1-1)+3=(x+1)^2+2$
이 그래프를 x축의 방향으로 -2만큼, y축의 방향으로 -1만큼 평행이동한 그래프의 식은
$y=(x+1+2)^2+2-1=(x+3)^2+1$
따라서 평행이동한 그래프의 꼭짓점의 좌표는 $(-3, 1)$이다.

08 이차함수 $y=-2x^2-1$의 그래프를 x축의 방향으로 m만큼, y축의 방향으로 n만큼 평행이동한 그래프의 식은
$y=-2(x-m)^2-1+n$

$$y=-2x^2-4x+6=-2(x^2+2x)+6$$
$$=-2(x^2+2x+1-1)+6$$
$$=-2(x+1)^2+8$$

이고 두 그래프가 일치하므로
$$-m=1,\ -1+n=8 \qquad \therefore m=-1,\ n=9$$
$$\therefore m+n=-1+9=8$$

09 그래프가 위로 볼록하므로 $a<0$
축이 y축의 왼쪽에 있으므로 a와 b의 부호는 서로 같다.
즉, $b<0$
y축과의 교점이 x축보다 위쪽에 있으므로 $c>0$
① $a<0$, $b<0$이므로 $ab>0$
② $a<0$, $c>0$이므로 $ac<0$
④ $y=ax^2+bx+c$에 $x=1$을 대입하면 $y=a+b+c$
　주어진 그래프에서 $x=1$일 때 $y=0$이므로 $a+b+c=0$
⑤ $y=ax^2+bx+c$에 $x=-1$을 대입하면 $y=a-b+c$
　주어진 그래프에서 $x=-1$일 때 $y>0$이므로 $a-b+c>0$
따라서 옳은 것은 ③이다.

10 그래프가 아래로 볼록하므로 $a>0$
축이 y축의 왼쪽에 있으므로 a와 b의 부호는 서로 같다.
즉, $b>0$
y축과의 교점이 x축보다 아래쪽에 있으므로 $c<0$
이차함수 $y=cx^2+bx+a$의 그래프에서
$c<0$이므로 위로 볼록한 포물선이다.
$c<0$, $b>0$으로 부호가 서로 다르므로 축은 y축의 오른쪽에
위치한다.
$a>0$이므로 y축과의 교점이 x축보다 위쪽
에 위치한다.
따라서 이차함수 $y=cx^2+bx+a$의 그
래프는 오른쪽 그림과 같으므로 꼭짓점
은 제1사분면 위에 있다.

11 $y=-x^2+4x+12$에 $y=0$을 대입하면
$$-x^2+4x+12=0,\ x^2-4x-12=0$$
$$(x+2)(x-6)=0 \qquad \therefore x=-2 \ \text{또는} \ x=6$$
즉, A$(-2, 0)$, B$(6, 0)$이므로 $\overline{AB}=8$
$y=-x^2+4x+12$에 $x=0$을 대입하면 $y=12$
즉, C$(0, 12)$이므로 $\overline{OC}=12$
$$\therefore \triangle ABC=\frac{1}{2}\times\overline{AB}\times\overline{OC}$$
$$=\frac{1}{2}\times 8\times 12=48$$

12 $y=ax^2+6$에 $x=0$을 대입하면 $y=6$이므로 C$(0, 6)$
$\triangle ABC=\dfrac{1}{2}\times\overline{AB}\times\overline{OC}=\dfrac{1}{2}\times\overline{AB}\times 6=12$에서
$$3\overline{AB}=12 \qquad \therefore \overline{AB}=4$$
$$\therefore \overline{OB}=\frac{1}{2}\overline{AB}=\frac{1}{2}\times 4=2$$
점 B$(2, 0)$은 이차함수 $y=ax^2+6$의 그래프 위의 점이므로
$$0=4a+6,\ 4a=-6 \qquad \therefore a=-\frac{3}{2}$$

---

02 이차함수의 식 구하기

개념 완성하기 ─────────────────┤64쪽├

01 $y=\dfrac{1}{2}(x-2)^2+3$	**02** -2	**03** 14
04 $(1, 1)$	**05** 6	**06** $(0, -2)$

01 꼭짓점의 좌표가 $(2, 3)$이므로 이차함수의 식을
$y=a(x-2)^2+3$으로 놓으면
이 그래프가 점 $(0, 5)$를 지나므로
$$5=4a+3,\ 4a=2 \qquad \therefore a=\frac{1}{2}$$
따라서 구하는 이차함수의 식은 $y=\dfrac{1}{2}(x-2)^2+3$

02 축의 방정식이 $x=-2$이므로 이차함수의 식을
$y=a(x+2)^2+q$로 놓으면
이 그래프가 y축과 만나는 점의 y좌표가 1이므로 점 $(0, 1)$
을 지난다. 즉, $4a+q=1$ ⋯⋯ ㉠
또, 이 그래프가 점 $(-5, 6)$을 지나므로
$9a+q=6$ ⋯⋯ ㉡
㉠, ㉡을 연립하여 풀면 $a=1$, $q=-3$
따라서 구하는 이차함수의 식은 $y=(x+2)^2-3$이고
이 그래프가 점 $(-1, k)$를 지나므로
$$k=(-1+2)^2-3=-2$$

03 그래프가 y축과 점 $(0, 3)$에서 만나므로 $c=3$이고
이차함수의 식을 $y=ax^2+bx+3$으로 놓으면
이 그래프가 두 점 $(1, 0)$, $(2, 5)$를 지나므로
$$0=a+b+3 \qquad \therefore a+b=-3 \ \cdots\cdots ㉠$$
$$5=4a+2b+3 \qquad \therefore 4a+2b=2 \ \cdots\cdots ㉡$$
㉠, ㉡을 연립하여 풀면 $a=4$, $b=-7$
$$\therefore a-b+c=4-(-7)+3=14$$

04 그래프가 y축과 점 $(0, -1)$에서 만나므로 이차함수의 식을
$y=ax^2+bx-1$로 놓으면
이 그래프가 두 점 $(1, 1)$, $(-1, -7)$을 지나므로
$$1=a+b-1 \qquad \therefore a+b=2 \ \cdots\cdots ㉠$$
$$-7=a-b-1 \qquad \therefore a-b=-6 \ \cdots\cdots ㉡$$
㉠, ㉡을 연립하여 풀면 $a=-2$, $b=4$
따라서 구하는 이차함수의 식은
$$y=-2x^2+4x-1=-2(x^2-2x)-1=-2(x-1)^2+1$$
이므로 꼭짓점의 좌표는 $(1, 1)$이다.

05 그래프가 x축과 두 점 $(-2, 0)$, $(3, 0)$에서 만나므로 이차
함수의 식을 $y=a(x+2)(x-3)$으로 놓으면
이 그래프가 점 $(2, -4)$를 지나므로
$$-4=a\times(2+2)\times(2-3),\ -4a=-4 \qquad \therefore a=1$$
따라서 구하는 이차함수의 식은
$$y=(x+2)(x-3)=x^2-x-6$$이므로
$$a=1,\ b=-1,\ c=-6 \qquad \therefore abc=1\times(-1)\times(-6)=6$$

06 이차함수 $y=-\dfrac{1}{2}x^2$의 그래프와 모양이 같고, x축과 두 점

$(1, 0)$, $(4, 0)$에서 만나므로 구하는 이차함수의 식은

$y=-\dfrac{1}{2}(x-1)(x-4)$

이 식에 $x=0$을 대입하면 $y=-\dfrac{1}{2}\times(0-1)\times(0-4)=-2$

이므로 y축과 만나는 점의 좌표는 $(0, -2)$이다.

한번 더
실력 확인하기 ─────────── 65쪽

01 꼭짓점의 좌표 : $(-2, -3)$, 축의 방정식 : $x=-2$

02 2 **03** $c\le-9$ **04** 10 **05** ②

06 4 **07** 8

---

01 $y=2x^2+8x+5=2(x+2)^2-3$
이므로 꼭짓점의 좌표는 $(-2, -3)$, 축의 방정식은
$x=-2$이다.

02 $y=-3x^2-6x+2=-3(x+1)^2+5$
이므로 꼭짓점의 좌표는 $(-1, 5)$이다.
이 꼭짓점이 이차함수 $y=2x^2-x+k$의 그래프 위에 있으므로
$5=2+1+k$ $\therefore k=2$

03 $y=-x^2+6x+c=-(x-3)^2+9+c$
이므로 꼭짓점의 좌표는 $(3, 9+c)$이고 위로 볼록한 포물선
이다.
이 그래프가 제1사분면을 지나지 않으려면 꼭짓점이 x축 또
는 제4사분면 위에 있어야 하므로 꼭짓점의 y좌표는 0보다
작거나 같아야 한다. 즉, $9+c\le0$ $\therefore c\le-9$

04 $y=2x^2+4x+3=2(x+1)^2+1$
이 그래프를 x축의 방향으로 m만큼, y축의 방향으로 -2만
큼 평행이동한 그래프의 식은
$y=2(x+1-m)^2+1-2=2(x+1-m)^2-1$
이때 $y=2x^2-8x+n=2(x-2)^2-8+n$이므로
$1-m=-2$, $-1=-8+n$ $\therefore m=3, n=7$
$\therefore m+n=3+7=10$

05 ① 그래프가 위로 볼록하므로 $a<0$
② 축이 y축의 오른쪽에 있으므로 a와 b의 부호는 서로 다르
다. 즉, $b>0$
③ y축과의 교점이 x축보다 위쪽에 있으므로 $c>0$
④ 주어진 그래프에서 $x=-1$일 때 $y=0$이므로 $a-b+c=0$
⑤ 주어진 그래프에서 $x=1$일 때 $y>0$이므로 $a+b+c>0$
따라서 옳지 않은 것은 ②이다.

06 그래프가 x축과 두 점 $(-1, 0)$, $(2, 0)$에서 만나므로 이차
함수의 식을 $y=a(x+1)(x-2)$로 놓으면
이 그래프가 점 $(0, 4)$를 지나므로 $4=-2a$ $\therefore a=-2$
따라서 $y=-2(x+1)(x-2)=-2x^2+2x+4$의 그래프가
점 $(1, k)$를 지나므로 $k=-2+2+4=4$

---

07 꼭짓점의 좌표가 $(2, 8)$이므로 이차함수의 식을
$y=a(x-2)^2+8$로 놓으면
이 그래프가 점 $(0, 6)$을 지나므로
$6=4a+8$, $4a=-2$ $\therefore a=-\dfrac{1}{2}$
즉, 주어진 이차함수의 식은 $y=-\dfrac{1}{2}(x-2)^2+8$
이 식에 $y=0$을 대입하면 $0=-\dfrac{1}{2}(x-2)^2+8$
$(x-2)^2=16$, $x-2=\pm4$ $\therefore x=-2$ 또는 $x=6$
따라서 A$(-2, 0)$, B$(6, 0)$이므로 두 점 A, B 사이의 거
리는 $6-(-2)=8$

한번 더
실전 중단원 마무리 ─────────── 66쪽~67쪽

01 ⑤ **02** ③ **03** ⑤ **04** ①

05 ① **06** ⑤ **07** ⑤ **08** $\dfrac{27}{2}$

09 ① **10** ④

▶서술형 문제
11 (1) $(2, 2)$ (2) $x=2$ (3) 제2사분면

12 (가) $y=\dfrac{5}{9}x^2+\dfrac{20}{9}x+\dfrac{20}{9}$ (나) $y=2x^2-4x+3$

(다) $y=2x^2+2$ (라) $y=-\dfrac{1}{2}x^2-\dfrac{1}{2}x+3$

---

01 $y=2x^2-4x+5=2(x^2-2x)+5=2(x-1)^2+3$
이므로 $a=2$, $p=1$, $q=3$ $\therefore a+p+q=2+1+3=6$

02 ① 축의 방정식은 $x=0$
② 축의 방정식은 $x=2$
③ $y=x^2-6x+9=(x-3)^2$이므로 축의 방정식은 $x=3$
④ 축의 방정식은 $x=-1$
⑤ $y=-2x^2+8x=-2(x-2)^2+8$이므로 축의 방정식은
$x=2$
따라서 그래프의 축이 가장 오른쪽에 있는 것은 ③이다.

03 ㄱ. $y=x^2+3$

ㄴ. $y=-2x^2+8x-5$
$\qquad\qquad =-2(x-2)^2+3$

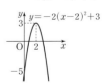

ㄷ. $y=\dfrac{1}{3}x^2-2x+1$
$\qquad =\dfrac{1}{3}(x-3)^2-2$

ㄹ. $y=\dfrac{1}{2}x^2+2x-3$
$\qquad =\dfrac{1}{2}(x+2)^2-5$

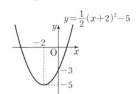

따라서 그래프가 제3사분면을 지나는 것은 ㄴ, ㄹ이다.

04 $y=-3x^2-6x-1=-3(x+1)^2+2$

축의 방정식이 $x=-1$이고 (이차항의 계수)<0이므로
x의 값이 증가하면 y의 값도 증가하는 x의 값의 범위는
$x<-1$이다.

05 $y=-2x^2-4x+3=-2(x+1)^2+5$

① 축의 방정식은 $x=-1$이다.

06 $y=-x^2+6x-14=-(x-3)^2-5$

이 그래프를 x축의 방향으로 m만큼, y축의 방향으로 n만큼
평행이동한 그래프의 식은
$y=-(x-3-m)^2-5+n$
이때 $y=-x^2+10x-22=-(x-5)^2+3$이고 두 그래프가
일치하므로
$-3-m=-5, -5+n=3$ ∴ $m=2, n=8$
∴ $m+n=10$

07 그래프가 위로 볼록하므로 $a<0$
축이 y축의 오른쪽에 있으므로 a, b의 부호는 서로 다르다.
즉, $b>0$
y축과의 교점이 x축보다 위쪽에 있으므로 $c>0$
③ $a<0$, $b>0$이므로 $ab<0$
④ 알 수 없다.
⑤ $a<0$, $b>0$이므로 $a-b<0$

08 $y=-\dfrac{1}{2}x^2-x+4=-\dfrac{1}{2}(x^2+2x)+4$

$=-\dfrac{1}{2}(x+1)^2+\dfrac{9}{2}$

이므로 꼭짓점 A의 좌표는 $A\left(-1, \dfrac{9}{2}\right)$

$y=-\dfrac{1}{2}x^2-x+4$에 $y=0$을 대입하면

$-\dfrac{1}{2}x^2-x+4=0, x^2+2x-8=0$

$(x+4)(x-2)=0$ ∴ $x=-4$ 또는 $x=2$

따라서 $B(-4, 0)$, $C(2, 0)$이므로 $\overline{BC}=2-(-4)=6$

∴ $\triangle ABC=\dfrac{1}{2}\times6\times\dfrac{9}{2}=\dfrac{27}{2}$

09 꼭짓점의 좌표가 $(-2, 3)$이므로 구하는 이차함수의 식을
$y=a(x+2)^2+3$으로 놓으면
이 그래프가 점 $(0, -5)$를 지나므로
$-5=4a+3, 4a=-8$ ∴ $a=-2$
따라서 이차함수의 식은
$y=-2(x+2)^2+3=-2x^2-8x-5$
이므로 $a=-2$, $b=-8$, $c=-5$
∴ $2a+b-c=2\times(-2)-8+5=-7$

10 그래프가 점 $(-1, 17)$을 지나므로
$17=a-b+7$에서 $a-b=10$ ······ ㉠
그래프가 점 $(1, 1)$을 지나므로
$1=a+b+7$에서 $a+b=-6$ ······ ㉡
㉠, ㉡을 연립하여 풀면 $a=2$, $b=-8$
∴ $a^2+b^2=2^2+(-8)^2=68$

11 (1) $y=-\dfrac{3}{4}x^2+3x-1=-\dfrac{3}{4}(x^2-4x)-1$

$=-\dfrac{3}{4}(x-2)^2+2$ ······ ❶

따라서 꼭짓점의 좌표는 $(2, 2)$이다. ······ ❷

(2) 축의 방정식은 $x=2$이다. ······ ❸

(3) 이차함수 $y=-\dfrac{3}{4}x^2+3x-1$의 그래프

는 오른쪽 그림과 같으므로 제2사분면을

지나지 않는다. ······ ❹

채점 기준	배점
❶ 이차함수의 식 변형하기	1점
❷ 꼭짓점의 좌표 구하기	1점
❸ 축의 방정식 구하기	1점
❹ 그래프가 지나지 않는 사분면 구하기	2점

12 ㈎ 꼭짓점의 좌표가 $(-2, 0)$이므로 이차함수의 식을
$y=a(x+2)^2$으로 놓으면
이 그래프가 점 $(-5, 5)$를 지나므로
$5=9a$ ∴ $a=\dfrac{5}{9}$

∴ $y=\dfrac{5}{9}(x+2)^2=\dfrac{5}{9}x^2+\dfrac{20}{9}x+\dfrac{20}{9}$ ······ ❶

㈏ 축의 방정식이 $x=1$이므로 이차함수의 식을
$y=a(x-1)^2+q$로 놓으면
이 그래프가 두 점 $(-1, 9)$, $(2, 3)$을 지나므로
$9=4a+q$ ······ ㉠
$3=a+q$ ······ ㉡
㉠, ㉡을 연립하여 풀면 $a=2$, $q=1$
∴ $y=2(x-1)^2+1=2x^2-4x+3$ ······ ❷

㈐ y축과 점 $(0, 2)$에서 만나므로 이차함수의 식을
$y=ax^2+bx+2$로 놓으면
이 그래프가 두 점 $(-1, 4)$, $(1, 4)$를 지나므로
$4=a-b+2$에서 $a-b=2$ ······ ㉠
$4=a+b+2$에서 $a+b=2$ ······ ㉡
㉠, ㉡을 연립하여 풀면 $a=2$, $b=0$
∴ $y=2x^2+2$ ······ ❸

㈑ x축과 두 점 $(-3, 0)$, $(2, 0)$에서 만나므로 이차함수의
식을 $y=a(x+3)(x-2)$로 놓으면
이 그래프가 점 $(-2, 2)$를 지나므로
$2=-4a$ ∴ $a=-\dfrac{1}{2}$

∴ $y=-\dfrac{1}{2}(x+3)(x-2)$

$=-\dfrac{1}{2}(x^2+x-6)=-\dfrac{1}{2}x^2-\dfrac{1}{2}x+3$ ······ ❹

채점 기준	배점
❶ 포물선 ㈎를 그래프로 하는 이차함수의 식 구하기	2점
❷ 포물선 ㈏를 그래프로 하는 이차함수의 식 구하기	2점
❸ 포물선 ㈐를 그래프로 하는 이차함수의 식 구하기	2점
❹ 포물선 ㈑를 그래프로 하는 이차함수의 식 구하기	2점

교과서에서 쏙 배운 **정답 및 풀이**

1 제곱근과 실수

2쪽~4쪽

01	$5\sqrt{2}$ cm	01-❶	$2\sqrt{15}$ cm	02	(1) 5 (2) 9
02-❶	24	03	$2a$	04	8
05	8 cm	06	160	07	35 cm²
08	$\sqrt{17}$	09	$-1+18\pi$	10	뇌터

01 한 변의 길이가 20 cm인 정사각형의 넓이는 $20^2=400(\text{cm}^2)$
각 단계에서 생기는 정사각형의 넓이는 바로 전 단계의 정사각형의 넓이의 $\frac{1}{2}$이므로 [3단계]에서 생기는 정사각형의 넓이는
$$400\times\frac{1}{2}\times\frac{1}{2}\times\frac{1}{2}=50(\text{cm}^2)$$
따라서 [3단계]에서 생기는 정사각형의 한 변의 길이는
$\sqrt{50}=5\sqrt{2}(\text{cm})$

01-❶ 한 변의 길이가 $\sqrt{960}$ cm인 정사각형의 넓이는
$(\sqrt{960})^2=960(\text{cm}^2)$
각 단계에서 생기는 정사각형의 넓이는 바로 전 단계의 정사각형의 넓이의 $\frac{1}{2}$이므로 [4단계]에서 생기는 정사각형의 넓이는
$$960\times\frac{1}{2}\times\frac{1}{2}\times\frac{1}{2}\times\frac{1}{2}=60(\text{cm}^2)$$
따라서 [4단계]에서 생기는 정사각형의 한 변의 길이는
$\sqrt{60}=2\sqrt{15}(\text{cm})$

02 (1) $5<\sqrt{26}<6$이므로
$\sqrt{26}$ 이하의 자연수는 1, 2, 3, 4, 5의 5개이다.
(2) $\sqrt{x}$ 이하의 자연수의 개수가 4이려면
$4\le\sqrt{x}<5$이므로 $16\le x<25$
따라서 조건을 만족시키는 자연수 x의 개수는
$24-15=9$

02-❶ $f(3)=f(4)=1$,
$f(5)=f(6)=f(7)=f(8)=f(9)=2$,
$f(10)=f(11)=f(12)=f(13)=3$
이므로
$f(3)+f(4)+f(5)+\cdots+f(12)+f(13)$
$=1\times2+2\times5+3\times4=24$

03 $a>1$이면 $a>\frac{1}{a}$이므로 $a+\frac{1}{a}>0$, $\frac{1}{a}-a<0$
$$\therefore\sqrt{\left(a+\frac{1}{a}\right)^2}+\sqrt{\left(\frac{1}{a}-a\right)^2}=\left(a+\frac{1}{a}\right)-\left(\frac{1}{a}-a\right)$$
$$=a+\frac{1}{a}-\frac{1}{a}+a=2a$$

04 계산 상자에 $\sqrt{n}$을 넣었을 때, 4가 나오려면 $\sqrt{n}$의 정수 부분이 4이어야 한다. 이때 $\sqrt{n}$이 무리수이므로 $\sqrt{16}<\sqrt{n}<\sqrt{25}$

따라서 무리수 $\sqrt{n}$의 개수는 $\sqrt{17}$, $\sqrt{18}$, $\cdots$, $\sqrt{24}$의 8이다.

05 반지름의 길이가 4 cm인 원형 배수관의 단면의 넓이는
$\pi\times4^2=16\pi(\text{cm}^2)$
반지름의 길이가 6 cm인 원형 배수관의 단면의 넓이는
$\pi\times6^2=36\pi(\text{cm}^2)$
따라서 교체할 배수관의 단면의 넓이는
$16\pi+36\pi=52\pi(\text{cm}^2)$ 이상이므로 단면의 반지름의 길이는 $\sqrt{52}$ cm 이상이다.
$7<\sqrt{52}<8$이고 단면의 반지름의 길이는 자연수이므로 단면이 가장 작은 배수관의 단면의 반지름의 길이는 8 cm이다.

06 v가 자연수가 되려면
$$v=\sqrt{2\times9.8\times h}=\sqrt{2\times\frac{98}{10}\times h}=\sqrt{\frac{2\times7^2}{5}\times h}$$
에서 $h=2\times5\times(\text{자연수})^2$의 꼴이어야 한다.
따라서 v가 자연수가 되도록 하는 세 자리의 자연수 h의 값 중 가장 작은 수는 $h=2\times5\times4^2=160$

07 그림 A의 넓이가 $6n$ cm²이므로
그림 A의 한 변의 길이는 $\sqrt{6n}$ cm
그림 A의 한 변의 길이가 자연수이므로
$n=2\times3\times(\text{자연수})^2$의 꼴이어야 한다. 즉, 가능한 n의 값은
$2\times3\times1^2=6$, $2\times3\times2^2=24$, $2\times3\times3^2=54$, $\cdots$ ……㉠
그림 B의 넓이가 $(49-n)$ cm²이므로
그림 B의 한 변의 길이는 $\sqrt{49-n}$ cm
그림 B의 한 변의 길이가 자연수이므로 $49-n=(\text{자연수})^2$의 꼴이어야 한다. 즉, 가능한 n의 값은 $49-n=1$, 4, 9, 16, 25, 36에서 $n=48$, 45, 40, 33, 24, 13 ……㉡
이때 ㉠, ㉡을 동시에 만족시키는 n의 값은 24이므로 그림 A의 한 변의 길이는 $\sqrt{6\times24}=12(\text{cm})$, 그림 B의 한 변의 길이는 $\sqrt{49-24}=5(\text{cm})$
따라서 그림 C의 넓이는
$5\times(12-5)=5\times7=35(\text{cm}^2)$

08 $\overline{\text{AC}}=\sqrt{3^2+1^2}=\sqrt{10}$이므로 $\overline{\text{AP}}=\overline{\text{AC}}=\sqrt{10}$
이때 점 P에 대응하는 수가 $-3-\sqrt{10}$이므로 점 A에 대응하는 수는 -3이고, 점 B에 대응하는 수는 0이다.
$\overline{\text{BD}}=\sqrt{4^2+1^2}=\sqrt{17}$이므로 $\overline{\text{BQ}}=\overline{\text{BD}}=\sqrt{17}$
따라서 점 Q에 대응하는 수는 $\sqrt{17}$이다.

09 (원의 둘레의 길이)$=2\pi\times3=6\pi$이므로
$\overline{\text{AA}'}=3\times6\pi=18\pi$
따라서 점 A′에 대응하는 수는 $-1+18\pi$

10 [질문 1] 수직선은 실수에 대응하는 점들로 완전히 채워진다.
(○)
[질문 2] π는 무리수이므로 π에 대응하는 점은 수직선 위에 존재한다. (×)
[질문 3] 무한소수 중 순환소수는 유리수이다. (×)
따라서 각 질문에서 맞는 방향쪽으로 이동할 때, 도착 지점에서 만나는 수학자는 뇌터이다.

2 근호를 포함한 식의 계산

5쪽~7쪽

01 $18\sqrt{5}$ cm	**01-❶** $\sqrt{30}$ cm	**02** 22.45 km
02-❶ 4.472초	**03** $8\sqrt{5}$	**04** $16+6\sqrt{2}$
05 $(16+16\sqrt{2})$ m		**06** 11
07 $2\sqrt{2}$ cm	**08** $2+\dfrac{3}{2}\sqrt{2}$	**09** 48
10 $\dfrac{19}{6}\sqrt{2}$		

01 정사각형 모양의 색종이의 한 변의 길이는 각각 $\sqrt{5}$ cm, $\sqrt{45}(=3\sqrt{5})$ cm, $\sqrt{20}(=2\sqrt{5})$ cm이다.
이어 붙인 모양 전체의 둘레의 길이는 다음 직사각형의 둘레의 길이와 같다.

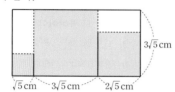

$$\therefore (둘레의 길이) = 2\{(\sqrt{5}+3\sqrt{5}+2\sqrt{5})+3\sqrt{5}\}$$
$$= 2\times 9\sqrt{5} = 18\sqrt{5}(\text{cm})$$

01-❶ 조건 ㈎에서
(색종이 A의 한 변의 길이)$=\sqrt{6}$(cm)
조건 ㈏에서
(색종이 B의 한 변의 길이)$=\sqrt{6}\times\sqrt{3}=\sqrt{18}=3\sqrt{2}$(cm)
색종이 B의 넓이는 $(3\sqrt{2})^2=18(\text{cm}^2)$이므로
조건 ㈐에서 색종이 C의 넓이는 $18\times\dfrac{5}{3}=30(\text{cm}^2)$
$\therefore$ (색종이 C의 한 변의 길이)$=\sqrt{30}$(cm)

02 $\sqrt{12.6\times 40}=\sqrt{504}=10\sqrt{5.04}$
$=10\times 2.245=22.45(\text{km})$

02-❶ $\sqrt{\dfrac{98}{4.9}}=\sqrt{20}=2\sqrt{5}$
$=2\times 2.236=4.472(초)$

03 $a>0$, $b>0$, $c>0$이고 $abc=80$이므로
$$\dfrac{3}{2}a\sqrt{\dfrac{bc}{a}}+\dfrac{1}{3}b\sqrt{\dfrac{ac}{b}}+\dfrac{1}{6}c\sqrt{\dfrac{ab}{c}}$$
$$=\dfrac{3}{2}\sqrt{\dfrac{bc}{a}\times a^2}+\dfrac{1}{3}\sqrt{\dfrac{ac}{b}\times b^2}+\dfrac{1}{6}\sqrt{\dfrac{ab}{c}\times c^2}$$
$$=\dfrac{3}{2}\sqrt{abc}+\dfrac{1}{3}\sqrt{abc}+\dfrac{1}{6}\sqrt{abc}$$
$$=\left(\dfrac{3}{2}+\dfrac{1}{3}+\dfrac{1}{6}\right)\sqrt{abc}$$
$$=2\sqrt{abc}=2\sqrt{80}$$
$$=2\times 4\sqrt{5}=8\sqrt{5}$$

04 각 변의 길이를 표시하면 오른쪽
그림과 같다.
①+②$=2\sqrt{2}-\sqrt{2}=\sqrt{2}$
③+④$=4+4-\sqrt{2}=8-\sqrt{2}$
이므로

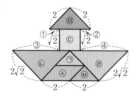

$$(도형의 둘레의 길이)$$
$$=2+2+\sqrt{2}+\sqrt{2}+\sqrt{2}+(8-\sqrt{2})+2\sqrt{2}+2+2+2\sqrt{2}$$
$$=16+6\sqrt{2}$$

05 네 변의 중점을 연결하여 만든 정사각형의 넓이는 처음 정사각형의 넓이의 $\dfrac{1}{2}$이므로 직각삼각형 ①, ③의 빗변의 길이는
$$\sqrt{64\times\dfrac{1}{2}}=\sqrt{32}=4\sqrt{2}(\text{m})$$

$\therefore$ (직각삼각형 ①의 둘레의 길이)
$=4+4+4\sqrt{2}=8+4\sqrt{2}(\text{m})$
정사각형 ②는 네 변의 중점을 3번 연결하여 만든 것이므로
정사각형 ②의 넓이는 $64\times\dfrac{1}{2}\times\dfrac{1}{2}\times\dfrac{1}{2}=8(\text{m}^2)$
$\therefore$ (정사각형 ②의 한 변의 길이)$=\sqrt{8}=2\sqrt{2}(\text{m})$
즉, (정사각형 ②의 둘레의 길이)$=4\times 2\sqrt{2}=8\sqrt{2}(\text{m})$이고
①과 ③은 합동인 도형이므로
(담장의 길이)$=2(8+4\sqrt{2})+8\sqrt{2}=16+16\sqrt{2}(\text{m})$

06 $\square\text{EFGH}=\dfrac{1}{2}\square\text{ABCD}=\dfrac{1}{2}\times 600=300$
$\square\text{IJKL}=\dfrac{1}{2}\square\text{EFGH}=\dfrac{1}{2}\times 300=150$
$\therefore$ ($\square\text{IJKL}$의 한 변의 길이)$=\sqrt{150}=5\sqrt{6}$
즉, $a=5$, $b=6$이므로 $a+b=5+6=11$

07 세 직각이등변삼각형의 빗변이 아닌 변의 길이를 작은 것부터 차례로 a cm, b cm, c cm라 하면
$\dfrac{1}{2}a^2=1$이므로 $a^2=2$ $\therefore a=\sqrt{2}$ ($\because a>0$)
$\dfrac{1}{2}b^2=4$이므로 $b^2=8$ $\therefore b=\sqrt{8}=2\sqrt{2}$ ($\because b>0$)
$\dfrac{1}{2}c^2=9$이므로 $c^2=18$
$\therefore c=\sqrt{18}=3\sqrt{2}$ ($\because c>0$)
$\overline{\text{BC}}=3\sqrt{2}+2\sqrt{2}=5\sqrt{2}(\text{cm})$
$\overline{\text{AB}}=\sqrt{2}+2\sqrt{2}=3\sqrt{2}(\text{cm})$
$\therefore \overline{\text{BC}}-\overline{\text{AB}}=5\sqrt{2}-3\sqrt{2}=2\sqrt{2}(\text{cm})$

08 빨간색 원의 반지름의 길이는 $\sqrt{1^2+1^2}=\sqrt{2}$이므로
$\text{A}(1-\sqrt{2})$, $\text{D}(1+\sqrt{2})$
파란색 원의 반지름의 길이는 $\dfrac{\sqrt{2}}{2}$이므로 $\text{C}\left(1+\dfrac{\sqrt{2}}{2}\right)$
초록색 원의 중심이 원점이고 $\text{A}(1-\sqrt{2})$이므로 $\text{B}(\sqrt{2}-1)$
따라서 네 점 A, B, C, D에 대응하는 수의 합은
$(1-\sqrt{2})+(\sqrt{2}-1)+\left(1+\dfrac{\sqrt{2}}{2}\right)+(1+\sqrt{2})=2+\dfrac{3}{2}\sqrt{2}$

09 눈금 0으로부터 눈금 27까지의 거리는 $\sqrt{27}=3\sqrt{3}$
아래 위치한 자에서 눈금 3으로부터 눈금 x까지의 거리가 $3\sqrt{3}$이므로 눈금 0으로부터 눈금 x까지의 거리는
$\sqrt{3}+3\sqrt{3}=4\sqrt{3}$
$4\sqrt{3}=\sqrt{48}$인 곳에 표시한 수가 x이므로 $x=48$

특별한 부록

10 $f(x)$는 $\sqrt{x}$보다 작은 자연수의 개수이므로

$f(1)=0$

$f(2)=f(3)=f(4)=1$

$f(5)=f(6)=f(7)=f(8)=f(9)=2$

$f(10)=f(11)=f(12)=\cdots=f(16)=3$

$f(17)=f(18)=f(19)=\cdots=f(25)=4$

$\vdots$

$f(1)+f(2)+\cdots+f(16)=1\times3+2\times5+3\times7=34$이고,

$f(17)+f(18)=4+4=8$이므로

$f(1)+f(2)+f(3)+\cdots+f(18)=42$

$\therefore n=18$

$\therefore \sqrt{n}+\dfrac{1}{\sqrt{n}}=\sqrt{18}+\dfrac{1}{\sqrt{18}}=3\sqrt{2}+\dfrac{1}{3\sqrt{2}}$

$\qquad\qquad\qquad =3\sqrt{2}+\dfrac{\sqrt{2}}{6}=\dfrac{19}{6}\sqrt{2}$

Ⅱ. 다항식의 곱셈과 인수분해

1 다항식의 곱셈과 인수분해

01	15	**01-①**	-13	**02**	20
03	$16x^2-x-8$	**04**	$4x^2+17xy+8y^2$		
05	6	**06**	352	**07**	$225\ \text{m}^2$
08	37	**09**	5151	**10**	$11160\pi\ \text{cm}^2$
11	$525\pi\ \text{cm}^3$	**12**	52		
13	$(9a-8b)(-3a+4b)$			**14**	$x=7,\ 11$
15	기태 : 190개, 민하 : 210개				

8쪽~11쪽

01 $x^2+8x+k=(x+a)(x+b)$에서 $a+b=8$, $ab=k$

이때 a, b가 정수이므로 k가 될 수 있는 수 중에서 가장 큰 수는 $a=3$, $b=5$ 또는 $a=5$, $b=3$일 때 $k=15$

01-① $x^2+mx+12=(x+a)(x+b)$에서 $a+b=m$, $ab=12$

이때 a, b가 정수이므로 m의 값이 될 수 있는 수 중에서 가장 작은 수는 $a=-12$, $b=-1$ 또는 $a=-1$, $b=-12$일 때 $m=-13$

02 ① $(x-1)^2=x^2-2x+1$에서 $a=-2$, $b=1$

$\therefore -a-b=-(-2)-1=1$

② $(3x+4)(2x-1)=6x^2+5x-4$에서

$a=6$, $b=5$, $c=-4$

$\therefore a+b+c=6+5+(-4)=7$

육각형의 각 꼭짓점에 있는 수의 합이 63이므로 색칠한 칸에 알맞은 수는

$63-(13+1+7+14+8)=63-43=20$

03 주어진 전개도에서 서로 마주 보는 면에 적힌 일차식은

$2x+1$과 $3x-5$, $3x+1$과 $3x+1$, $x-2$와 $x+2$이므로

$A+B+C$

$=(2x+1)(3x-5)+(3x+1)^2+(x-2)(x+2)$

$=(6x^2-7x-5)+(9x^2+6x+1)+(x^2-4)$

$=16x^2-x-8$

04 (색칠한 부분의 넓이)

$=\square AGHE+\square EIJD+\square IFCJ$

$=\square AGHE+\square EFCD$

$=(2x+3y)^2+y(5x-y)$

$=4x^2+12xy+9y^2+5xy-y^2$

$=4x^2+17xy+8y^2$

05 $(x-a)(x+3)=x^2+(3-a)x-3a$에서

$-3a=-12$ $\quad\therefore a=4$

$3-a=-b$, $3-4=-b$ $\quad\therefore b=1$

즉, 직각삼각형의 빗변의 길이는 $4+1=5$, 밑변의 길이는 $4-1=3$이므로 (높이)$=\sqrt{5^2-3^2}=4$

$\therefore$ (직각삼각형의 넓이)$=\dfrac{1}{2}\times3\times4=6$

06 두 정사각형의 둘레의 길이의 합이 40이므로

$4x+4y=40$에서 $x+y=10$

두 정사각형의 넓이의 합이 56이므로 $x^2+y^2=56$

$x^2+y^2=(x+y)^2-2xy$이므로

$56=10^2-2xy$, $2xy=44$ $\quad\therefore xy=22$

따라서 두 정사각형의 둘레의 길이의 곱은

$4x\times4y=16xy=16\times22=352$

07 $a^2+b^2=(a+b)^2-2ab$에서

$425=25^2-2ab$, $2ab=200$ $\quad\therefore ab=100$

$\therefore$ (중앙 구역의 넓이)$=(a+b)^2-4ab$

$\qquad\qquad\qquad\qquad =25^2-4\times100=225(\text{m}^2)$

08 $999^2+1999=(1000-1)^2+(2000-1)$

$\qquad\qquad\qquad =1000^2-2000+1+2000-1$

$\qquad\qquad\qquad =1000^2=1\times10^6$

즉, $a=1$, $b=6$이므로 $a^2+b^2=1^2+6^2=37$

09 $(Ax-B)(x+7)=Ax^2+(7A-B)x-7B$이므로

$A=5$이고 $-7B=-7$에서 $B=1$

$(2x+D)(x-3)=2x^2+(D-6)x-3D$이므로

$-3D=-3$에서 $D=1$, $D-6=-C$에서 $C=5$

즉, $A=5$, $B=1$, $C=5$, $D=1$이므로 지유의 핸드폰 비밀번호는 5151이다.

10 (흰색 영역의 넓이)$=121^2\pi-59^2\pi$

$\qquad\qquad\qquad\qquad =(121+59)\times(121-59)\pi$

$\qquad\qquad\qquad\qquad =180\times62\pi=11160(\text{cm}^2)$

11 (두루마리 화장지의 부피)

$=7.75^2\pi\times10-2.75^2\pi\times10$

$=(7.75^2-2.75^2)\pi\times10$

$=(7.75+2.75)\times(7.75-2.75)\pi\times10$

$=10.5\times5\times\pi\times10=525\pi(\text{cm}^3)$

12 $x^2-8ax+b+2ax+2b=x^2-6ax+3b$

이 식이 완전제곱식이 되려면 $(-3a)^2=3b$이므로

$9a^2=3b$ $\quad\therefore b=3a^2$

a, b가 50 이하의 자연수이므로 이를 만족시키는 순서쌍
(a, b)는 $(1, 3)$, $(2, 12)$, $(3, 27)$, $(4, 48)$이다.
$a=4$, $b=48$일 때 $a+b$의 값이 최대이므로
$a+b$의 최댓값은 $4+48=52$

13 $\overline{AE}=\overline{AB}=\overline{DC}=2b$이므로 $\overline{ED}=\overline{AD}-\overline{AE}=3a-2b$
$\therefore \overline{EG}=\overline{ED}=3a-2b$
$\overline{HC}=\overline{DC}-\overline{DH}=\overline{DC}-\overline{ED}$
$\quad\quad=2b-(3a-2b)=-3a+4b$
이므로
$\overline{FJ}=\overline{FC}-\overline{JC}=\overline{ED}-\overline{HC}$
$\quad\quad=(3a-2b)-(-3a+4b)=6a-6b$
$\therefore \overline{EG}^2-\overline{FJ}^2$
$\quad=(3a-2b)^2-(6a-6b)^2$
$\quad=\{(3a-2b)+(6a-6b)\}\{(3a-2b)-(6a-6b)\}$
$\quad=(9a-8b)(-3a+4b)$

14 $x^2-2x-24=(x-6)(x+4)$
소수는 1과 자기 자신만을 약수로 가지고, x는 자연수이므로
$x-6=1$ $\therefore x=7$
$(7-6)(7+4)=11$이므로 그때의 소수는 11이다.

15 기태가 가져가는 바둑돌의 개수는
$1^2+(3^2-2^2)+(5^2-4^2)+\cdots+(19^2-18^2)$
$=1+(3+2)(3-2)+(5+4)(5-4)$
$\quad+\cdots+(19+18)(19-18)$
$=1+(2+3)+(4+5)+\cdots+(18+19)=190$
민하가 가져가는 바둑돌의 개수는
$(2^2-1^2)+(4^2-3^2)+(6^2-5^2)+\cdots+(20^2-19^2)$
$=(2+1)(2-1)+(4+3)(4-3)+(6+5)(6-5)$
$\quad+\cdots+(20+19)(20-19)$
$=(1+2)+(3+4)+(5+6)+\cdots+(19+20)=210$

Ⅲ. 이차방정식

1 이차방정식

12쪽~16쪽

01	12자, 18자	**01-❶**	250보
02	(1) $\dfrac{-1+\sqrt{5}}{2}$ (2) $\dfrac{1+\sqrt{5}}{2}$	**02-❶**	$\dfrac{1+\sqrt{5}}{2}$
03	3	**04**	$x=5$
05	(6), (2), (5), (1), (3), (4)	**06**	1
07	22	**08**	$\dfrac{1+\sqrt{41}}{4}$	**09**	$\dfrac{1}{18}$
10	$\dfrac{1}{2}$	**11**	3, 4	**12**	8월 7일
13	27 m²	**14**	$(1+\sqrt{3})$ m	**15**	4초 후
16	$\dfrac{3}{2}$ cm	**17**	18 cm	**18**	3 cm

01 작은 정사각형의 한 변의 길이를 x자라고 하면
큰 정사각형의 한 변의 길이는 $(x+6)$자이다.
두 정사각형의 넓이의 합은 468평방자이므로
$x^2+(x+6)^2=468$, $2x^2+12x-432=0$
$x^2+6x-216=0$, $(x+18)(x-12)=0$
$\therefore x=-18$ 또는 $x=12$
이때 $x>0$이므로 $x=12$
따라서 두 정사각형의 각 변의 길이는 12자, 18자이다.

01-❶ $\overline{CF}$를 그어 생각하면 오른쪽
그림과 같이
$\triangle ABC \backsim \triangle ADE$
(AA 닮음)이므로
$\overline{AC}:\overline{AE}=\overline{BC}:\overline{DE}$
마을의 한 변의 길이를 x보라 하면
$\overline{BC}=\dfrac{1}{2}x$보, $\overline{AE}=(20+x+14)$보이므로
$20:(20+x+14)=\dfrac{1}{2}x:1775$, $\dfrac{1}{2}x(x+34)=35500$
$x^2+34x-71000=0$, $(x+284)(x-250)=0$
$\therefore x=-284$ 또는 $x=250$
이때 $x>0$이므로 마을의 한 변의 길이는 250보이다.

02 (1) □ABCD∽□DEFC이므로 $\overline{AB}:\overline{DE}=\overline{BC}:\overline{EF}$
$\overline{DE}=x$라 하면 $1:x=(1+x):1$
$x(1+x)=1$, $x^2+x-1=0$
이때 $x>0$이므로 $x=\dfrac{-1+\sqrt{5}}{2}$
(2) $\overline{AD}=1+x=1+\dfrac{-1+\sqrt{5}}{2}=\dfrac{1+\sqrt{5}}{2}$

02-❶ $\overline{AB}=\overline{AE}=1$ cm이므로 $\overline{DE}=(x-1)$ cm
□ABCD와 □DEFC는 서로 닮은 도형이므로
$\overline{AD}:\overline{DC}=\overline{AB}:\overline{DE}$에서 $x:1=1:(x-1)$
$x(x-1)=1$, $x^2-x-1=0$
이때 $x>0$이므로 $x=\dfrac{1+\sqrt{5}}{2}$

03 각 이차방정식의 해를 구하면
(1) $x^2+x=0$, $x(x+1)=0$ $\therefore x=-1$ 또는 $x=0$
(2) $x^2+2x-3=0$, $(x-1)(x+3)=0$
$\therefore x=-3$ 또는 $x=1$
(3) $2x^2=8$, $x^2=4$ $\therefore x=-2$ 또는 $x=2$
(4) $x^2-12x=-36$, $x^2-12x+36=0$, $(x-6)^2=0$
$\therefore x=6$ (중근)
(5) $x^2+3x=-2$, $x^2+3x+2=0$, $(x+1)(x+2)=0$
$\therefore x=-2$ 또는 $x=-1$
따라서 빗금 친 부분이 나타내는 수는 3이다.

04 주어진 이차방정식의 상수항이 -5이므로
$(x+1)(x-5)=0$임을 알 수 있다.
$\therefore x=-1$ 또는 $x=5$
따라서 나머지 한 해는 $x=5$이다.

05 $2x^2-8x=-4$, $x^2-4x=-2$, $x^2-4x+4=-2+4$
$(x-2)^2=2$, $x-2=\pm\sqrt{2}$　∴ $x=2\pm\sqrt{2}$
따라서 카드를 풀이 순서대로 나열하면
(6), (2), (5), (1), (3), (4)이다.

06 점 $(a-3, 2a^2-5)$가 일차함수 $y=ax-1$의 그래프 위의 점
이므로 $2a^2-5=a(a-3)-1$
$2a^2-5=a^2-3a-1$, $a^2+3a-4=0$
$(a+4)(a-1)=0$　∴ $a=-4$ 또는 $a=1$
이때 일차함수 $y=ax-1$의 그래프가 제2사분면을 지나지
않으므로 $a>0$이다.
따라서 $a=1$이다.

07 주어진 직사각형 모양의 천의 넓이의 합은
$x^2+2\times12x+12^2=x^2+24x+144=(x+12)^2$
이때 $1156=34^2$이므로 $(x+12)^2=34^2$
$x+12=34$　∴ $x=22$

08 주어진 대수 막대로 만든 직사각형의 넓이는
$2x^2+3x+1=(2x+1)(x+1)$
따라서 짧은 변의 길이는 $x+1$이다.
$2x^2+3x+1=5$에서 $2x^2+3x-4=0$
∴ $x=\dfrac{-3\pm\sqrt{3^2-4\times2\times(-4)}}{2\times2}=\dfrac{-3\pm\sqrt{41}}{4}$
이때 $x>0$이므로 $x=\dfrac{-3+\sqrt{41}}{4}$
따라서 직사각형의 짧은 변의 길이는
$x+1=\dfrac{-3+\sqrt{41}}{4}+1=\dfrac{1+\sqrt{41}}{4}$

09 이차방정식 $x^2-2ax+b=0$이 중근을 가지려면
$(-a)^2=b$, 즉 $b=a^2$
a, b는 모두 6 이하의 자연수이므로
$b=a^2$을 만족시키는 순서쌍 (a, b)는 $(1, 1)$, $(2, 4)$의 2개이다.
전체 경우의 수는 $6\times6=36$이므로
구하는 확률은 $\dfrac{2}{36}=\dfrac{1}{18}$

10 이차방정식 $x^2+4x+\square=0$이 서로 다른 두 근을 가지려면
$2^2-\square>0$이어야 한다. 즉, $4-\square>0$이므로 $\square<4$
가능한 $\square$의 값은 0, 1, 2, 3이므로 구하는 확률은
$\dfrac{4}{8}=\dfrac{1}{2}$

11 근의 짝수 공식을 이용하면
$x=-3\pm\sqrt{3^2-(a+5)}=-3\pm\sqrt{4-a}$
이때 a가 자연수이므로 해가 유리수가 되려면 $4-a=1$,
$4-a=0$이어야 한다.
∴ $a=3$ 또는 $a=4$

12 영어 캠프가 시작되는 날을 8월 x일이라 하면
$x^2+(x+1)^2+(x+2)^2=194$, $3x^2+6x+5=194$
$x^2+2x-63=0$, $(x+9)(x-7)=0$
이때 $x>0$이므로 $x=7$
따라서 영어 캠프가 시작되는 날은 8월 7일이다.

13 오른쪽 그림과 같이 창
고의 한 변의 길이를 x m
라 하면 B 동아리가 사용
하는 공간의 넓이가
18 m^2이므로
$x\times\{(12-x)-x\}=18$
$12x-2x^2=18$, $x^2-6x+9=0$
$(x-3)^2=0$　∴ $x=3$
따라서 A 동아리가 사용하는 공간의 넓이는
$(12-x)\times x=(12-3)\times3=27(\text{m}^2)$

14 화단의 반지름의 길이를 r m라 하면
(화단의 넓이)$=\pi r^2(\text{m}^2)$
(지압로의 넓이)$=\pi(r+2)^2-\pi r^2=(4r+4)\pi(\text{m}^2)$
지압로의 넓이는 화단의 넓이의 2배이므로
$(4r+4)\pi=2\pi r^2$, $4r+4=2r^2$, $r^2-2r-2=0$
∴ $r=1\pm\sqrt{3}$
이때 $r>0$이므로 $r=1+\sqrt{3}$
따라서 화단의 반지름의 길이는 $(1+\sqrt{3})$ m이다.

15 두 점 P, Q가 동시에 출발한 지 x초 후의 각 선분의 길이는
$\overline{\text{DP}}=2x$ cm, $\overline{\text{PC}}=(24-2x)$ cm, $\overline{\text{QC}}=3x$ cm
$\triangle\text{PQC}=\dfrac{1}{2}\times(24-2x)\times3x=96$에서
$3x^2-36x+96=0$, $x^2-12x+32=0$
$(x-4)(x-8)=0$　∴ $x=4$ 또는 $x=8$
따라서 $\triangle\text{PQC}$의 넓이가 처음으로 96 cm^{2}가 되는 것은 4초
후이다.

16 $\triangle\text{APR}$∽$\triangle\text{ABC}$(AA 닮음)이므로
$\overline{\text{AR}}:\overline{\text{PR}}=\overline{\text{AC}}:\overline{\text{BC}}=4:2=2:1$
$\overline{\text{PR}}=x$ cm라 하면 $\overline{\text{AR}}=2x$ cm, $\overline{\text{RC}}=(4-2x)$ cm
$\square\text{PQCR}=x\times(4-2x)=1.5(\text{cm}^2)$이므로
$4x-2x^2=1.5$, $2x^2-4x+1.5=0$
$4x^2-8x+3=0$, $(2x-1)(2x-3)=0$
∴ $x=\dfrac{1}{2}$ 또는 $x=\dfrac{3}{2}$
이때 $\overline{\text{PQ}}<\overline{\text{PR}}$이므로 $x=\dfrac{3}{2}$　∴ $\overline{\text{PR}}=\dfrac{3}{2}$ cm

17 $\overline{\text{AC}}$를 지름으로 하는 반원의 반지름의 길이를 r cm라 하면
$\overline{\text{AB}}=2\times12=24(\text{cm})$이므로 $\overline{\text{BC}}=(24-2r)$ cm
즉, $\overline{\text{BC}}$를 지름으로 하는 반원의 반지름의 길이는
$\dfrac{1}{2}\times\overline{\text{BC}}=\dfrac{1}{2}(24-2r)=12-r(\text{cm})$
색칠한 부분의 넓이가 27π cm^{2}이므로
$\dfrac{1}{2}\times\pi\times12^2-\dfrac{1}{2}\pi r^2-\dfrac{1}{2}\pi(12-r)^2=27\pi$
$12^2-r^2-(12-r)^2=54$, $-2r^2+24r-54=0$
$r^2-12r+27=0$, $(r-3)(r-9)=0$
∴ $r=3$ 또는 $r=9$
이때 $\overline{\text{AC}}<\overline{\text{BC}}$이므로 $r=3$
따라서 $\overline{\text{BC}}$의 길이는 $24-2r=24-2\times3=18(\text{cm})$

18 $\triangle AEH \equiv \triangle BFE \equiv \triangle CGF \equiv \triangle DHG$ (RHS 합동)이므로 $\overline{AH}=x$ cm라 하면 $\overline{DG}=\overline{AH}=x$ cm, $\overline{HD}=(12-x)$ cm $\triangle DHG$가 직각삼각형이므로 피타고라스 정리에 의하여
$(12-x)^2+x^2=(3\sqrt{10})^2$, $2x^2-24x+144=90$
$2x^2-24x+54=0$, $x^2-12x+27=0$
$(x-3)(x-9)=0$ ∴ $x=3$ 또는 $x=9$
이때 $\overline{DH}>\overline{AH}$이므로 $x=3$ ∴ $\overline{AH}=3$ cm

1 이차함수와 그 그래프

──│17쪽~21쪽│──

01 (1) 풀이 참조 (2) $y=x^2$ (3) 이차함수이다.
01-❶ 이차함수이다. **02** 20
02-❶ 27 **03** 1 **04** 서연, 풀이 참조
05 (1) $y=\dfrac{1}{196}x^2$ (2) 4배 **06** $a>b>d>c$
07 $\dfrac{1}{2}$ **08** -1 **09** 150
10 각곡유목 **11** $0<a<\dfrac{1}{4}$ **12** 8
13 풀이 참조 **14** ②
15 $y=2(x-3)^2-2$ **16** -5
17 (1) $a=-1$, $q=3$ (2) C$(-3,\,-6)$, D$(3,\,-6)$
(3) 32

01 (1)

x	1	2	3	4	…
y	1	4	9	16	…

(2) $y=x^2$
(3) y가 x에 대한 이차식으로 나타내어지므로 y는 x에 대한 이차함수이다.

01-❶ [1단계]에서 사용한 하얀색 바둑돌의 개수는 4,
[2단계]에서 사용한 하얀색 바둑돌의 개수는 9,
[3단계]에서 사용한 하얀색 바둑돌의 개수는 16이므로
y를 x에 대한 식으로 나타내면 $y=(x+1)^2$
이때 y가 x에 대한 이차식으로 나타내어지므로 y는 x에 대한 이차함수이다.

02 두 이차함수 $y=-x^2+4$, $y=-(x-5)^2+4$의 그래프의 폭이 같으므로 다음 그림에서 ㉠의 넓이와 ㉡의 넓이는 같다. 따라서 색칠한 부분의 넓이는 빗금 친 직사각형의 넓이와 같다. 이차함수 $y=-(x-5)^2+4$의 그래프의 꼭짓점 B의 좌표는 $(5,\,4)$이므로 색칠한 부분의 넓이는 $5\times4=20$

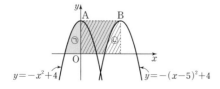

02-❶ 두 이차함수 $y=(x+3)^2$, $y=(x+3)^2-9$의 그래프의 폭이 같으므로 오른쪽 그림에서 ㉠의 넓이와 ㉡의 넓이는 같다. 따라서 색칠한 부분의 넓이는 빗금 친 직사각형의 넓이와 같으므로 색칠한 부분의 넓이는 $3\times9=27$

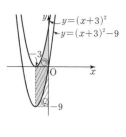

03 $f(-1)=3\times(-1)^2+a=3+a$,
$f(0)=3\times0^2+a=a$, $f(1)=3\times1^2+a=3+a$에서
$f(-1)+f(0)+f(1)=9$이므로 $(3+a)+a+(3+a)=9$
$3a+6=9$, $3a=3$ ∴ $a=1$

04 [그림 1]에서 $y=(x+1)^2-1=x^2+2x$이므로 y는 x에 대한 이차함수이다. 따라서 민재는 옳게 말하였다.
[그림 2]에서 $y=(x+1)^2-x^2=2x+1$이므로 y는 x에 대한 이차함수가 아니다. 따라서 서연이는 잘못 말하였다.

05 (1) 같은 조건에서 제동 거리는 속력의 제곱에 비례하므로 구하는 식을 $y=ax^2$으로 놓고 $x=28$, $y=4$를 대입하면
$4=a\times28^2$, $4=a\times784$ ∴ $a=\dfrac{1}{196}$
이때 표의 다른 값을 대입해도 $y=\dfrac{1}{196}x^2$이 성립함을 확인할 수 있다.
(2) x와 y 사이에 $y=\dfrac{1}{196}x^2$인 관계가 성립하므로 x의 값을 2배하면 y의 값은 4배가 된다.

06 $y=ax^2$, $y=bx^2$의 그래프는 아래로 볼록하고 $y=cx^2$, $y=dx^2$의 그래프는 위로 볼록하므로
$a>0$, $b>0$, $c<0$, $d<0$
또, $y=ax^2$, $y=cx^2$의 그래프가 $y=bx^2$, $y=dx^2$의 그래프보다 폭이 좁으므로
$|a|>|b|$, $|c|>|d|$
따라서 a, b, c, d의 대소 관계는 $a>b>d>c$

07 점 C의 y좌표가 2이므로 $2x^2=2$에서 $x^2=1$ ∴ $x=\pm1$
즉, 두 점 B, C의 좌표는 각각 $(-1,\,2)$, $(1,\,2)$이다.
$\overline{BC}=1-(-1)=2$이므로 $\overline{AB}=\overline{CD}=\dfrac{1}{2}\overline{BC}=1$
따라서 두 점 A, D의 좌표는 각각 $(-2,\,2)$, $(2,\,2)$이다.
$y=ax^2$의 그래프가 점 D$(2,\,2)$를 지나므로
$2=4a$ ∴ $a=\dfrac{1}{2}$

08 $\overline{AD}=2-(-4)=6$이고 $\square ABCD$는 평행사변형이므로
$\overline{BC}=\overline{AD}=6$
이차함수 $y=ax^2$의 그래프는 y축에 대칭이므로 점 C$(3,\,-9)$이다.
$y=ax^2$에 $x=3$, $y=-9$를 대입하면 $-9=9a$ ∴ $a=-1$

09 $y=ax^2$의 그래프가 점 $(-2,\,1)$을 지나므로
$1=a\times(-2)^2$, $4a=1$ ∴ $a=\dfrac{1}{4}$

따라서 주어진 이차함수의 식은 $y=\dfrac{1}{4}x^2$이다.

$y=\dfrac{1}{4}x^2$의 그래프는 y축에 대칭이고 $\overline{CD}=16$이므로

점 C의 x좌표는 8, 점 D의 x좌표는 -8이다.

즉, C(8, 16), D(-8, 16)

$\therefore$ (사다리꼴 ABCD의 넓이)$=\dfrac{1}{2}\times(16+4)\times(16-1)$

$\qquad\qquad\qquad\qquad\qquad =150$

10 (1) $y=\dfrac{1}{3}x^2$의 그래프는 아래로 볼록한 포물선이다. (○)

$\quad\to$ 刻(각)

(2) $y=-6x^2$의 그래프는 $x>0$일 때 x의 값이 증가하면 y의 값은 감소한다. (×) $\to$ 鵠(곡)

(3) $y=-x^2$의 그래프는 $y=-\dfrac{3}{2}x^2$의 그래프보다 폭이 넓다.

(○) $\to$ 類(유)

(4) $y=3x^2$의 그래프와 $y=-3x^2$의 그래프는 x축에 대하여 서로 대칭이다. (○) $\to$ 鶩(목)

따라서 구하는 사자성어는 각곡유목이다.

11 $y=a(x+2)^2-1$의 그래프의 꼭짓점의 좌표는 $(-2, -1)$이고 $a>0$이므로 그래프가 모든 사분면을 지나려면 오른쪽 그림과 같이 $x=0$에서의 함숫값이 0보다 작아야 한다.

즉, $4a-1<0$에서 $4a<1$ $\therefore a<\dfrac{1}{4}$

이때 $a>0$이므로 구하는 a의 값의 범위는 $0<a<\dfrac{1}{4}$

12 $\overline{PQ}=8$이므로 $\overline{PR}=\overline{QR}=\dfrac{1}{2}\overline{PQ}=4$

즉, 두 점 P, Q의 x좌표는 각각 -4, 4이므로

y좌표는 $y=\dfrac{1}{2}\times4^2=8$

따라서 점 R의 좌표는 (0, 8)이므로 $\overline{OR}=8$

13 ① $y=6x^2$의 그래프를 y축의 방향으로 2만큼 평행이동한 것이다.

② $y=6x^2+2$의 그래프를 x축의 방향으로 3만큼, y축의 방향으로 -2만큼 평행이동한 것이다.

③ $y=6x^2$의 그래프를 x축의 방향으로 3만큼, y축의 방향으로 2만큼 평행이동한 것이다.

④ $y=6x^2+2$의 그래프를 x축의 방향으로 3만큼 평행이동한 것이다.

⑤ $y=6(x-3)^2$의 그래프를 y축의 방향으로 2만큼 평행이동한 것이다.

14 이차함수 $y=ax^2$의 그래프를 x축의 방향으로 p만큼 평행이동하면 축과 꼭짓점의 x좌표는 변하지만 그래프의 폭과 꼭짓점의 y좌표는 변하지 않는다.

15 주사위를 던져 나온 눈의 수가 홀수와 짝수 1번씩이므로 이차함수 $y=2x^2$의 그래프를 x축의 방향으로 3만큼, y축의 방

향으로 -2만큼 평행이동한 그래프를 나타내는 이차함수의 식은 $y=2(x-3)^2-2$

16 $y=(x+2)^2$의 그래프의 꼭짓점의 좌표는 $(-2, 0)$

$y=(x-3)^2$의 그래프의 꼭짓점의 좌표는 $(3, 0)$

$y=(x+2)^2+q$의 그래프의 꼭짓점의 좌표는 $(-2, q)$

$y=(x-3)^2$의 그래프는 $y=(x+2)^2$의 그래프를 x축의 방향으로 5만큼 평행이동한 것이므로 $\overline{AB}=5$

또, $\overline{AC}=\overline{AB}=5$이므로 $y=(x+2)^2+q$의 그래프는 $y=(x+2)^2$의 그래프를 y축의 방향으로 -5만큼 평행이동한 것이다. $\therefore q=-5$

17 (1) 그래프의 꼭짓점의 좌표가 (0, 3)이므로 $q=3$

$\quad y=ax^2+3$의 그래프가 점 A(1, 2)를 지나므로

$\quad 2=a+3$ $\therefore a=-1$

(2) $\overline{CD}=6$이고 그래프가 y축에 대칭이므로 점 D의 x좌표는 3이다. $y=-x^2+3$에 $x=3$을 대입하면

$\quad y=-3^2+3=-6$

$\quad \therefore$ C(-3, -6), D(3, -6)

(3) $\overline{AB}=1-(-1)=2$, $\overline{CD}=6$이고 □ABCD는 사다리꼴이므로

$\quad \square ABCD=\dfrac{1}{2}\times(2+6)\times\{2-(-6)\}$

$\qquad\qquad\quad =\dfrac{1}{2}\times8\times8=32$

2 이차함수의 활용

01	$\dfrac{10}{3}$	**01-❶**	-2	**02**	16 m
02-❶	13 m	**03**	24	**04**	11
05	2	**06**	$y=x^2+2x-24$		
07	22	**08**	8		
09	(1) 6초	(2) 180 m	(3) 175 m		

01 $y=4x^2+4kx+k^2+k-5$

$=4\left(x^2+kx+\dfrac{k^2}{4}-\dfrac{k^2}{4}\right)+k^2+k-5$

$=4\left(x+\dfrac{k}{2}\right)^2+k-5$

이므로 꼭짓점의 좌표는 $\left(-\dfrac{k}{2}, k-5\right)$

꼭짓점이 직선 $y=x$ 위에 있으므로 $k-5=-\dfrac{k}{2}$

$2k-10=-k$, $3k=10$ $\therefore k=\dfrac{10}{3}$

01-❶ $y=x^2+2px+4p^2=(x^2+2px+p^2)+3p^2$

$=(x+p)^2+3p^2$

이므로 꼭짓점의 좌표는 $(-p, 3p^2)$

주어진 일차함수의 그래프의 식은 $y=\dfrac{6}{2}x+6=3x+6$이므

로 이차함수의 그래프의 꼭짓점의 좌표를 대입하면

$3p^2=-3p+6$

$3p^2+3p-6=0$, $p^2+p-2=0$, $(p+2)(p-1)=0$
∴ $p=-2$ 또는 $p=1$
이때 $p<0$이므로 $p=-2$

02 오른쪽 그림과 같이 지점 O가 원점, 지면이 x축, 선분 OP가 y축 위에 있도록 좌표평면 위에 나타내고 R, Q, T, S를 잡으면

P(0, 8), Q(4, 0), R(4, 10), S(8, 0)
이 이차함수의 그래프의 꼭짓점의 좌표가
P(0, 8)이므로 이차함수의 식을 $y=ax^2+8$로 놓으면
이 그래프가 점 R(4, 10)을 지나므로
$10=a\times4^2+8$, $16a=2$ ∴ $a=\dfrac{1}{8}$
즉, 이차함수의 식은 $y=\dfrac{1}{8}x^2+8$이다.
이때 점 T의 x좌표는 8이므로 그때의 y좌표는
$\dfrac{1}{8}\times8^2+8=16$
따라서 지점 S에서 지점 T까지의 높이는 16 m이다.

02-❶ 오른쪽 그림과 같이 지점 O가 원점, 지면이 x축, 선분 OP가 y축 위에 있도록 좌표평면 위에 나타내면
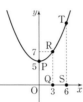
P(0, 5), Q(3, 0), R(3, 7), S(6, 0)
이 이차함수의 그래프의 꼭짓점의 좌표가 P(0, 5)이므로 이차함수의 식을 $y=ax^2+5$로 놓으면
이 그래프가 점 R(3, 7)을 지나므로
$7=a\times3^2+5$, $9a=2$ ∴ $a=\dfrac{2}{9}$
즉, 이차함수의 식은 $y=\dfrac{2}{9}x^2+5$이다.
이때 점 T의 x좌표는 6이므로 그때의 y좌표는
$\dfrac{2}{9}\times6^2+5=13$
따라서 지점 S에서 지점 T까지의 높이는 13 m이다.

03 $y=-x^2-4x+12$에 $x=0$을 대입하면
$y=12$ ∴ C(0, 12)
$y=-x^2-4x+12$에 $y=0$을 대입하면
$0=-x^2-4x+12$, $x^2+4x-12=0$
$(x+6)(x-2)=0$ ∴ $x=-6$ 또는 $x=2$
∴ A(−6, 0), B(2, 0)
$y=-x^2-4x+12=-(x+2)^2+16$에서 D(−2, 0)
∴ $\triangle$CDB$=\dfrac{1}{2}\times4\times12=24$

04 이차함수의 그래프의 꼭짓점의 좌표가 $(2, -1)$이므로 이차함수의 식을 $y=k(x-2)^2-1$로 놓자.
그래프가 y축과 만나는 점의 좌표가 $(0, 3)$이므로
$3=4k-1$, $4k=4$ ∴ $k=1$
따라서 이차함수의 식은 $y=(x-2)^2-1$
이 그래프가 두 점 $(4, a)$, $(5, b)$를 지나므로
$a=(4-2)^2-1=3$, $b=(5-2)^2-1=8$
∴ $a+b=3+8=11$

05 이차함수의 그래프의 꼭짓점의 좌표가 $(2, 3)$이므로 이차함수의 식을 $y=a(x-2)^2+3$으로 놓자.
그래프가 점 $(1, 2)$를 지나므로
$2=a(1-2)^2+3$, $2=a+3$ ∴ $a=-1$
따라서 이차함수의 식은 $y=-(x-2)^2+3$
이 그래프가 점 $(3, k)$를 지나므로 $k=-(3-2)^2+3=2$

06 축의 방정식이 $x=-1$이고 x축과 만나는 두 점 사이의 거리가 10이므로 그래프가 x축과 만나는 두 점의 좌표는 $(-6, 0)$, $(4, 0)$이다.
이차함수의 그래프의 식을 $y=a(x+6)(x-4)$로 놓으면
이 그래프가 점 $(-8, 24)$를 지나므로
$24=a\times(-2)\times(-12)$, $24a=24$ ∴ $a=1$
따라서 이 포물선을 그래프로 하는 이차함수의 식은
$y=(x+6)(x-4)=x^2+2x-24$

07 주어진 그래프의 축의 방정식이 $x=-1$이므로 그래프의 식을 $y=a(x+1)^2+q$로 놓으면
이 그래프가 점 $(0, 8)$을 지나므로 $8=a+q$ ……㉠
이 그래프가 점 $(-4, 0)$을 지나므로 $0=9a+q$ ……㉡
㉠, ㉡을 연립하여 풀면 $a=-1$, $q=9$
따라서 주어진 이차함수의 식은 $y=-(x+1)^2+9$
∴ $\square$ABOC$=\dfrac{1}{2}\times3\times9+\dfrac{1}{2}\times(9+8)\times1=22$

08 이차함수 $y=x^2+ax+b$의 그래프가 x축에 접하므로 이 그래프가 나타내는 이차함수의 식을 $y=(x-k)^2$으로 놓으면
이 그래프가 점 $(2, 4)$를 지나므로 $4=(2-k)^2$
$k^2-4k=0$, $k(k-4)=0$ ∴ $k=0$ 또는 $k=4$
이때 이 그래프가 원점을 지나지 않으므로 $k\neq0$
따라서 $y=(x-4)^2$, 즉 $y=x^2-8x+16$이므로
$a=-8$, $b=16$ ∴ $a+b=-8+16=8$

09 (1) $h=-5t^2+60t=-5(t^2-12t+36-36)$
$=-5(t-6)^2+180$
이므로 첫 번째 폭죽이 가장 높이 도달했을 때는 6초 후이다. 따라서 6초 후에 두 번째 폭죽을 쏘아 올려야 한다.
(2) $-5t^2+60t=135$에서 $5t^2-60t+135=0$
$t^2-12t+27=0$, $(t-3)(t-9)=0$
∴ $t=3$ 또는 $t=9$
즉, 첫 번째 폭죽이 올라 가면서 135 m에 도달하는 시간은 3초이고, 내려 오면서 135 m에 도달하는 시간은 9초이다.
따라서 두 번째 폭죽을 쏘아 올린 지 6초 후의 높이는
$-5\times6^2+60\times6=180$(m)
(3) $-5t^2+60t=160$에서 $5t^2-60t+160=0$
$t^2-12t+32=0$, $(t-4)(t-8)=0$
∴ $t=4$ 또는 $t=8$
즉, 첫 번째 폭죽이 내려 오면서 160 m 높이에 있을 때의 시간은 8초이고, 첫 번째 폭죽을 쏘아 올린 지 3초 후에 두 번째 폭죽을 쏘아 올렸으므로 두 번째 폭죽을 쏘아 올린 지 5초 후의 높이는 $-5\times5^2+60\times5=175$(m)